JN437479

지형학

— 요약 · Q&A · 용어해설 —

Geomorphology

김주환

동국대학교출판부

지형학

요약 · Q&A · 용어해설

Geomorphology

머 리 말

전공서적의 책을 만든다고 자료를 수집하고 원고를 정리할 때마다 여러 가지 생각이 든다. 잘 팔리지도 않는 이런 책을 또 만들어야 하나 하는 생각을 하게 되는 것이다. 내용이 너무 전문적이고 대중성이 없다보니 책 만드는 수고에 비해 그 호응이 터무니없이 작기 때문일는지도 모르겠다. 그러나 그러한 문제는 그런대로 견딜 만하다. 그보다 더 허전한 감이 드는 것은 전공 학생들조차 그 학기에 배우는 교재에 별 관심이 없다고 느껴질 때이다. 이런 경우에는 쓸쓸한 회의감마저 밀려온다.

그래도 또 자료를 뒤적여 무엇인가를 만들어내고 싶은 생각을 접을 수 없는 것은 아마도 인쇄물이 갖는 마력에 빠져 헤어나지 못하는 중증의 마니아가 아니면 학문하는 사람으로서 한 권의 책을 내는 것이 최대의 보람이자 긍지이기 때문인 것도 같다.

동국대학교출판부를 통해 『地形學』이라는 전공서적을 만든 적이 있다. 그런데 욕심을 내다보니 책의 분량이 좀 많아졌다. 나름대로 아이디어를 내서 만든다고 이것저것을 넣다보니 그렇게 되었나보다. 아마도 오랜 시간 동안 마련한 자료들이라 놓치기가 아까웠는지도 모르겠다. 책을 만든 사람의 입장에서는 열심히 잘 만들었다고 하는 자부심을 가지고 있겠지만 그건 저자의 생각이고 실제로 책을 사서 읽는 사람들의 생각은 그와는 전혀 다를 수가 있다. 따라서 책을 사용하는 사람들의 냉정하고 객관적인 비판을 겸허하게 받아들이는 마음 자세가 무엇보다도 필요하리라고 생각한다.

책을 여러 번 만드는 과정에서 가장 고마웠던 모 제자의 수고를 빼놓을 수가 없다. 그는 책을 손수 구입해서 오자와 탈자는 물론 내용이 명쾌하지 않은 부분까지도 잘 정리하여 나에게 전달해 주었다. 책을 만드는 이의 입장에서는 이보다 더 고마운 선물이 있을 수가 없다. 앞으로 개정판을 낼 때는 그 고마운 마음의 내용들을 꼭 반영하기로 마음먹고 있다.

이제 다시 두꺼운 지형학 책을 얇게 탈바꿈시켜 놓는 작업을 시도해보았다. 그러니까 꼭 노트 정리하는 기분으로 작업한 것이다.

책 전체를 크게 두 부분으로 나누어 전반부는 구조지형학, 후반부는 기후지형학으로 구분하였다. 두꺼운 지형학 책을 보고 정리하는 기분으로 이 책을 본다면 많은 도움이 되리라고 생각한다. 이제서 느낀 것은 아니지만 책은 너무 두꺼워도, 또는 너무 얇아도 문제가 있다는 생각이 든다. 얼마 전에 만든 『地表起伏』이라는 책은 너무 심하게 요약이 되어서 읽는 이에게 오히려 불편을 주는 것 같았다. 여기에 다시 정리해 보고 싶은 책은 『地形學』과 『地表起伏』의 중간쯤의 형태라고 생각하는 것이 좋을 듯하다.

그래도 자꾸 책을 만들고 싶은 마음이 드는 것은, 나와 함께 공부한 학생들이 지형학에서는 적어도 이 정도의 내용은 알아야 되지 않겠느냐고 하는, 나 혼자 정해 놓은 기준에 충실해보려는 시도쯤으로 이해해주기 바란다.

이 책을 만드는 데 도움을 주신 많은 분들에게 감사한다.

2009. 4. 25

김 주 환

차례

Q2. 경동지괴와 우리나라의 경동성 지형을 비교 설명하시오.

Q3. 추가령 구조곡과 추가령 지구대, 추가령 열곡의 명칭에 대해 각자의 소견을 논하시오.

Q4. 우리나라 각지에는 적색토가 널리 분포한다. 이들 적색토를 현재의 기후와는 관련 없는 고토양이라고 한다면 그의 형성과정을 추론해보시오.

Q5. 우리나라 하천의 사행에 대하여 각자의 소견을 논하시오.

Q & A 기후지형학

제 1장 기후지형학이란 무엇인가? / 325

Q1. 오늘날 데이비스(Davis)의 침식윤회설이 비판을 받고 있는 이유를 설명하시오.

Q2. 지형윤회설의 기본적인 전제조건을 설명하시오.

Q3. 펭크(Penck)와 데이비스(Davis)의 사면발달에 대한 입장을 비교 설명하고 그 타당성에 대한 각자의 소견을 논하시오.

Q4. 동적평형설을 설명하고 펭크와 데이비스의 설을 비교하시오.

Q5. 삭평형작용과 적평형작용에 의해 형성되는 지형을 예를 들어 설명하시오.

제 2장 기후대별 지형의 특색 / 330

Q1. 반건조기후 지역과 습윤기후 지역의 하계밀도에 대해 설명하시오.

Q2. 건조기후 지역의 선상지 발달에 대하여 설명하시오.

Q3. 하천 회춘의 증거가 될 만한 지형적 특징들의 예를 들고 설명하시오.

Q4. 하안단구의 사진을 제시하고 해안단구와 비교하시오.

Q5. 지형발달에 관여하는 빙하의 영향을 설명하시오.

제 3장 풍화작용 / 335

Q1. 기계적 풍화를 촉진하는 인자의 예를 설명하시오.

Q2. 화학적 풍화작용과 기후와의 관계를 설명하시오.

Q3. 화학적 풍화작용과 물리적 풍화작용과의 관계를 설명하시오.

Q4. 암석의 저항력을 결정짓는 인자에 대하여 설명하시오.

Q5. 기후현상이 토양의 발달에 미치는 영향을 정리하시오.

Q6. 토양단면에 관해 설명하시오.

요약

구조지형학

제 1 장. 지표기복에 대한 관심

I 서론

1. 자연관과 지구관의 문제

■ "인간은 자연의 일부이다" – 상호보완적 관계

■ "현재의 지구는 우리만의 것이 아니고 우리 후손에게 물려줄 인류 모두의 자산이다" – 원형에 가까운 것을 물려줄 의무가 있음

■ "문화인으로서 자연을 대하자" – 자연에 대한 겸손함 / 지사학의 연구 결과

※ 지사학의 5대 법칙

- 동일과정(同一過程)의 법칙 : 일관된 변화를 강조
- 지층누중(地層累重)의 법칙 : 아래 지층이 먼저 퇴적 / 대비(對比), 동정(同定)의 증거로 활용
- 동물군 천이(遷移)의 법칙 : 특정시대의 생물은 다른 시대에 나타나지 않음 / 화석 → 특정 동식물의 분포 + 당시의 환경 이해에 도움
- 부정합(不整合)의 법칙 : 해침 · 해퇴 파악 가능 → 침식기준면 변화
- 관입(貫入)의 법칙 : 지층 형성의 선후관계 파악 가능 / 기반암(전), 암맥(후)

⇒ 지표상에 한번 나타났던 생물은 다시 나타나지 않음
지구 역사의 초기부터 현재까지 출현하였던 생물은 계속해서 고등해졌음

2. 인간불필요론의 대두

■ 위기의식 감지에 따른 생존 차원의 근본대책 수립이 필요함

■ 자연 환경에 대한 관심 : 자연 앞에서 겸손해야 함

3. 자연을 자연으로 대하자

■ 건전한 시민의식 향상 : 자연과 더불어 사는 지혜가 필요

※ 충주석과 기심(機心)의 내용을 읽고 느낀 바를 발표하시오.

· 구조지형학 pp. 36~37 참조

Ⅱ 백두대간과 풍수지리에 대한 이해

4. 백두대간의 중요성 : 1대간, 1정간, 13정맥(백두산 장군봉 ~ 지리산 천왕봉)

■ 한반도 자연환경과 생태계 근본을 이루는 연결축 / 생물종 다양성의 공급원

■ 한반도 생활환경 및 문화 결정 / 한반도 삶의 모습 규정(유역별 문화 차이 존재)

■ 교류의 현장 : 백두대간 축 기준 국토관리체계 관심

5. 백두대간 구간 : 총길이 1,625㎞(지리산 ~ 향로봉 680㎞)

■ 7개 국립공원(설악 · 오대 · 소백 · 지리 · 덕유 · 월악 · 속리산) / 2개 도립공원(태백산, 문경새재)

■ 종주 코스 : 삶의 터전 파악 및 명승지 탐방 기회

6. 백두대간의 보전과 관리 : 자연에 대한 의식 전환이 필요

■ 훼손 원인 : 등산객 증가, 무분별한 개발, 환경영향평가 등 각종 규제조치의 형식적 적용

■ 백두대간의 효율적 관리 방안 : 개발행위 제한 / 핵심, 완충, 전이구역 구분 보존 · 관리

- 핵심구역 : 전체 면적의 49%, 자연환경 우수한 곳, 능선 양쪽 300m / 보존 · 복원
- 완충구역 : 핵심구역 주변지역 / 제한적 개발
- 전이구역 : 개발 가능성이 높은 지역 / 지속가능한 이용

※ 현재의 산맥구분법과 백두대간을 주장하는 산경표의 내용을 정리해 보시오.

7. 풍수의 개념과 역사

■ 관점 : 합리적 · 과학적 요소 인정, 전통적 지식체계 인정 / 신앙
→ 전통지리학, 동양적 생활과학, 경험과학

■ 기본요소 : 산+물+방위+사람 / 자연관, 지리관(우리와 함께 살아가는 신성한 존재로 인정)

8. 풍수의 명칭과 용어

■ 명칭

- 감여(堪輿) : 천지가 만상을 지탱 / 땅과 인간의 관계 근본적, 발생론적 입장 관찰
- 지리(地理) : 산수의 지세, 지형, 동정(動靜) / 땅과 인간의 관계 학리적 설명
- 지술(地術) : 지리술 / 피흉, 구복이라는 술법에 중점

■ 용어

- 산(山) : 절대적 조건 / 지형학적 개념과는 일치하지 않음
- 용(龍) : 산 정상으로부터 뻗어나가는 땅의 기복
- 맥(脈), 절(節) : 용 속에 감추어진 산의 정기 = 혈관
- 혈(穴) : 생기가 가장 몰려 있는 핵심적인 곳 / 혈을 이룬 것 = 결혈(結穴)
- 명당(明堂) : 청룡, 백호로 둘러싸인 곳
- 득(得), 파(破) : 혈 앞을 흐르는 물(보이는 곳-득, 안 보이는 곳-파)
- 좌향(坐向) : 혈의 중심(관을 넣는 곳-좌, 좌가 정면으로 향하는 방위-향)

9. 풍수의 기본 원리 : 음양론+오행론 / 우리나라와 중국의 전통적 지리과학

■ 4요소 : 산 · 수 · 방위 · 사람

■ 원리

- 간룡(看龍)법 : 용맥의 흐름이 좋고 나쁨을 논하는 것.
- 장풍(藏風)법 : 명당에 자리 잡은 혈장 선정 / 명당 주변의 지세에 대한 이론

- 득수(得水)법 : 물은 반드시 길한 방위에서 흉한 방위로 흘러가야 함.
- 정혈(定穴)법 : 음택과 양택을 정함.
- 좌향(坐向)론 : 방위와 관계 / 전개후폐(前開後閉 혈의 앞쪽이 열리고 뒤쪽으로 의지 / 선호성 방위)
- 형국(形局)론 : 지세의 외관에 의하여 감응 여부 판단 / 지기의 덕을 얻어 보자는 사상

  ⇒ 건강한 장소(길지), 과학+토템의 양면성

10. 풍수를 보는 입장

■ 주거 입지 조건 : 산세, 용수, 남향, 토양

■ 자연의 법칙 이해, 적응 → 풍수의 지혜 → 자연과 인간의 조화로운 삶 추구

〈표 1-1〉 풍수의 기본 원리

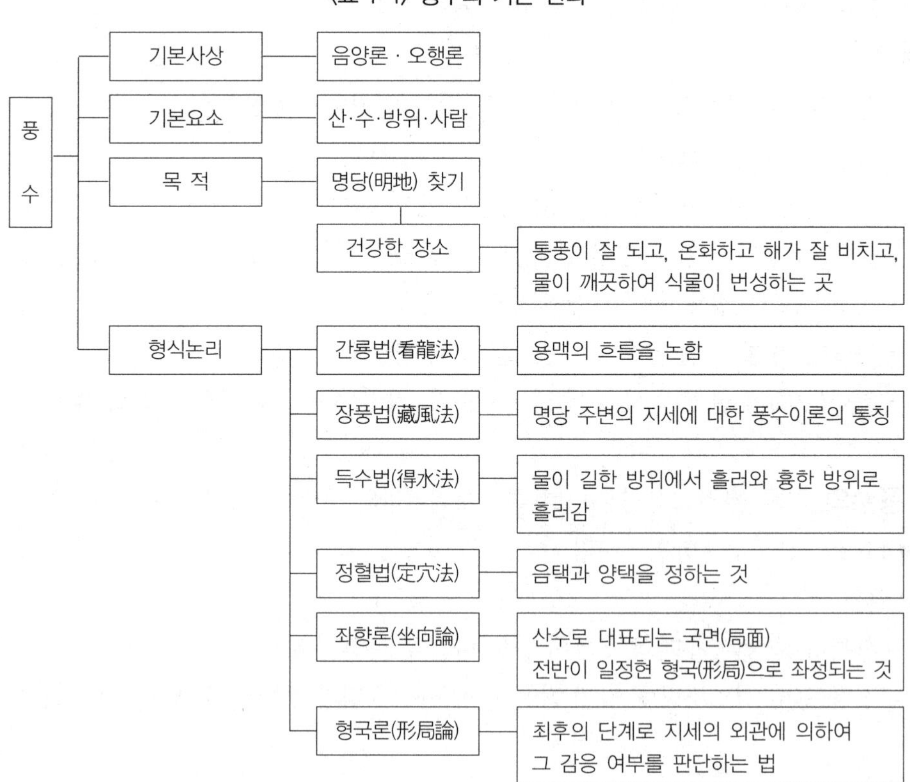

Ⅲ 시대에 따른 지형관의 변화

11. 고대와 중세의 지형에 대한 관심

■ 헤로도투스(B.C. 484?~425) : "이집트는 나일 강의 선물" – 나일 강 하류 삼각주 형성

■ 아리스토텔레스(B.C. 385~322)

- 용수의 기원, 우수의 흐름, 지진과 화산과의 관계, 해면의 변화, 하천 퇴적작용에 관한 것 생각

■ 스트라보(B.C. 64~A.D. 25)

- 육지의 융기, 침강 현상 관찰 / 베수비우스 산 – 화산 형성 / 삼각주의 형성 (유역분지의 특성에 따라 다르며 충적물질이 중요)

■ 세네카(B.C. ?~A.D. 65) : 지진, 하천에 대한 우수의 의미 / 침식작용, 곡의 형성 고찰

■ 아비케나(980~1037) : 지반 융기 시 형성되는 산지 / 침식에 의해 생기는 산지 (차별침식)

12. 중세 이후의 지형에 대한 관심 : 르네상스 이후 지리적 사상, 지형에 관한 연구 활발

■ 레오나르도 다빈치(1452~1919) : 유수의 침식 작용에 의한 곡의 형성 / 운반, 퇴적 작용 인정

■ 알리콜라(1494~1555), 버나드 파리씨(1510~1590), 니콜라우스 스테노 (1638~1687) : 유수에 의한 지표 침식 인정 / 하천지형 연구 등장

■ 베르너(1749~1817) : 『암석수성론(岩石水成論)』 / 대양, 퇴적물, 암석 형성 / 근대 지형학의 탄생 촉진

■ 큐비에(1812) : 천변지이설(天變地異說, 격변설) / 지각변동(부정합, 단층, 조개 화석 등)

13. 지형학의 여명

- 격변설 반대
- 휴튼(1726~1797) : 지형은 침식을 받아 서서히 낮아지고 변화
- 뷰퐁(1707~1788) : 격변설 반대 / 침식기준면 개념 도입(하천의 침식력 강조, 육지는 낮아짐)
- 구에르하르트(1715~1786) : 하천 침식에 의한 산지 삭박 언급 / 침식물질 범람원 형성
- 데마르(1725~1815) : 하천에 의한 계곡 형성(프랑스)
- 소쉬르(1740~1799) : 하천의 침식에 의한 계곡 형성, 빙하의 침식력 인식

제 2 장. 지형학이란

Ⅰ 지형학의 정의와 개념

14. 지형학의 정의와 내용

■ 정의 : 지(地)+형(形)+학(學) / 지표기복 형태 기술, 연구하는 학문

■ 지리학적 입장 : 지표기복(환경 및 지역 구성 요소 인식)

■ 내용 : 야외조사 필수

- 암석과 지표기복의 발달과의 관계 연구 : 기반암의 특성 구조 파악, 지질구조선의 영향을 받음
- 지표기복 발달의 과정 연구 : 편년, 기후가 끼친 영향
- 작용(Process)에 관한 연구 : 인접과학의 지식, 방법론 활용
- 지형과 기후와의 관계 연구 : 지형에 대한 기후의 영향

15. 지형학의 개념 : 지표 형태의 기술 · 분류, 발생 기원, 발달 변화, 지형형성 작용 규명

- 지질학적 성격 : 최후(제4기)의 지표기복 현상 연구
- 지리학적 성격 : 인류활동의 환경, 특정 지역의 구성 요소

→ 지질학+지리학 양면적 성격 / 지형학의 연구는 지질학적 소양과 학문적 배경을 먼저 습득해야 한다.

16. 현대 지형학의 발달 : 격변설 지양

■ 휴튼(1726~1797) : "동일과정설"–"현재는 과거의 열쇠다" / 하계망 이론 정리

■ 플레이페어(1748~1819) : 휴튼 이론 정리 / 휴튼의 지구의 이론에 대한 정리

■ 라이엘(1797~1875) : 휴튼의 이론 정리 · 보급 / 지형변화 인정 / 동일조건에

의한 변화는 아니다.

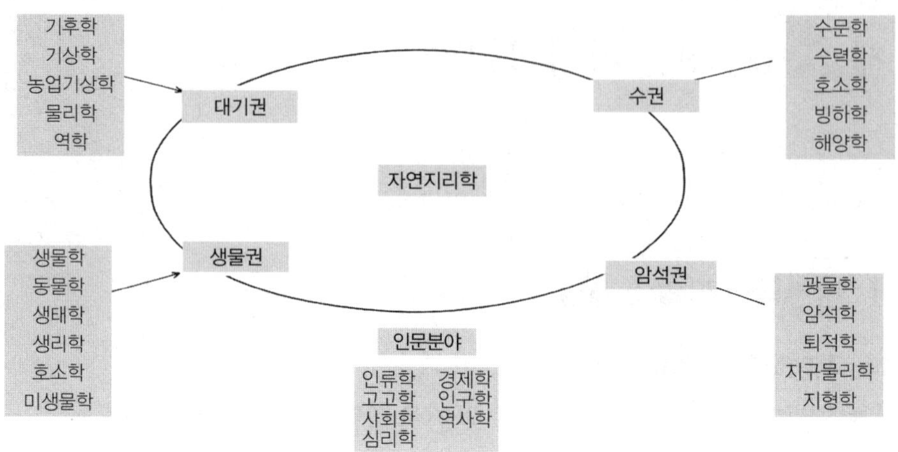

〈그림 2-1〉 자연지리학의 학문적 기초

Ⅱ 지형학의 연구 분야

17. 구조지형학 : 지각변동 관련 / 지질구조 특성 반영

■ 지각변동과 관련 : 지형의 기본적인 형태가 지각변동을 받아 형성

- "변동지형" : 단층 및 습곡운동

■ 지질구조의 특성 반영 : 암석의 삭박에 대한 저항성의 차에 의해 형성

- "조직지형" : 수평층 · 습곡 · 곡동에 의해 변위된 지층, 단층, 절리 구조 및 암석의 성질 포괄적 지칭

■ 현재 연구동향

- 절리가 지형형성 작용에 미치는 영향
- 암석의 성질에 따른 침식의 차이
- 하계망과 지질구조와의 관계
- 기복량과 암석의 관계
- 감입곡류에 대한 연구

18. 기후지형학 : 기후에 의한 지형발달

- 고기후의 영향 : 유물지형 / 현재, 과거의 유물지형 구분
- 과거의 기후환경, 지형 발달 : 산록완사면, 선상지, 애추, 암괴원, 단구, 내륙분지
- 한국의 기후지형 연구 : 건조, 주빙하, 열대 기후 관심 / 한국의 과거 기후, 지형변화

19. 기능적 · 지사학적 · 발생론적 지형학

- 기능적 지형학 : 지형체계 구성요소, 매개변수 관심
  - 야외경험 측정+자료, 통계
  - 지형형성 작용, 지표 형태의 실험적 모방
  - 합리적 가정, 이론 통합
- 지사학적 · 발생론적 지형학 : 제4기 동안의 구조운동, 기후변화의 결과가 현 지형발달에 미치는 영향 연구
  - 단위지형 인식
  - 구조 · 영력에 의해 영향 받는 지형의 인식
  - 지형형성 작용에 의해 영향 받는 상대적, 절대적 연대 결정
  - 지형, 퇴적물질의 분석, 퇴적상황의 대비 → 단위 지형 형성의 기구 조사
  - 형태요소, 퇴적물 구조운동이나 기후변화 현상과 시간적으로 관련시켜 고찰 → 정확한 지형형성의 시기 확인

20. 유럽의 지형학 : 빙하지형 연구

- 아가씨(1807~1873) : 『빙하의 연구』 / 빙하시대 증거 확인
- 페첼(1826~1875) : 지형발달의 원리 종합 / 침식기구 지식 부족
- 리히트호펜(1833~1905) : 지체구조와 기복의 관계 설명
- 펭크(1858~1905) : 『지표형태론』 – 풍화 · 침식 · 퇴적 작용

21. 미국의 지형학 : 침식지형 연구

- 데이비스(1850~1934), 파우웰(1834~1902) : 지질구조의 중요성, 하천침식의

결과에 관심
- 선행곡, 필종곡, 표생곡, 침식기준면 용어 사용

※ 침식기준면 : "육지는 침식에 의해 궁극적으로 해면보다 약간 높은 고도로 낮아진다."

- ■ 길버트(1843~1918) : 유수의 침식 · 운반 · 퇴적 작용 / 하곡의 발달과정(측방침식 중요성 강조) / 미국 최초의 지형학자
- ■ 데이비스(1850~1934) : 『윤회설』 → 지질구조, 지형형성 작용, 발달단계

22. 데이비스와 펭크의 지형관

〈표 2-1〉 데이비스와 펭크의 지형관

데이비스	펭크
급격한 지반 융기, 지반의 안정	육지 융기율 서서히 증가
형태의 관찰만에 의한 논리적 추리 (현실에 부적합)	준평원 도달 불가

※ 나라별 관심 영역 : 전문 분야의 통일원리 시급 요망
- 미국 : 지형의 형성 작용
- 프랑스, 독일 : 기후지형학
- 영국 : 삭박면의 편년
- 폴란드 : 제4기
- 소련 : 응용지형학
- 한국 : 제4기

Ⅲ 지형학의 접근 이론

23. 해면 변화와 신지구조론

- ■ 제4기 : 해수면 변동 / 침식 · 퇴적 작용의 변화
- ■ 수에스(1988) : 『해수면 승강운동』 – 빙하성 해면 변화(해면 변화의 원인)
- ■ 옵루체프(1948) : 『신지구조론』 – 신생대 제 3~4기에 일어난 지각운동 연구
- ■ 변동지형 : 지각운동의 직접적인 영향 / 습곡 · 단층지형 구분

24. 판구조론과 지형 : 아서 홈즈

- 맨틀의 대류 : 대륙지각, 대양지각 이동
- 조산운동(부딪히는 곳), 열곡(충돌 후 분산 지역) 형성
- 불연속면 : 지구핵과 맨틀 사이 / 맨틀과 지각 사이(모호로비칫치 불연속면)
- 약권 : 암석권 밑 지진파의 저속도층(디히츠)
- 지판 : 이동, 충돌

25. 작용론과 지형학 : 사면, 하천, 해안지형의 형성작용 중심 연구

- 사면발달의 이론 : 데이비스의 경사감소설, 펭크의 평행후퇴설
- 매스 무브먼트 : 샤프(1938), 슘(1963), 존(1967)
- 하천작용 : 마르제, 펭크, 길버트, 레오폴드, 울만, 밀러, 허튼, 스트랄러, 모리사와, 슘 등
- 해안작용 : 존슨 『해안작용과 해안선의 발달』, 셰퍼드 『해저지질학』, 퀴넨 『해양지질학』

26. 지형형성 작용과 기구 : 지형발달 원동력 / 침식 · 운반 · 퇴적의 매개체

- 외적작용 : 지각의 외부에서 일어나는 일 / 기구에 의해 진행
- 내적작용 : 지구 내부의 열에너지에 의해 발생 / 지각변동, 화산활동
- 지구외적작용 : 거대한 운석에 의한 지표의 변화
- 평형작용 : 지표의 평형에 영향 / 각종 기구의 침식, 퇴적작용(삭평형작용, 적평형작용)

Ⅳ 지형학 연구의 응용과 연구동향 및 과제

27. 지형학의 응용

- 토지 이용도 작성 : 항공사진판독, landsat 영상분석, GIS분석 → 지형학도 작성
- 환경보전 및 자연재해 관련

■ 환경 영향평가의 대상(지형)

■ 인문지형학

28. 지형학의 연구동향과 과제 : 『지리학』, 『지리학연구』

■ 주제별 연구동향 / 연구 업적물 발표 회수 : 꾸준한 지형학 연구(64.7%~68.4%)

■ 과제

- 자연과학적 측면 : 현재의 지형발달 성인 규명, 미래의 지형 현상 예측
- 지리학적 측면 : 자연환경으로서 지형적 특성 파악 / 인간의 미래지향적 삶에 활용
- 응용지형학 분야 연구

제 3 장. 구조지형과 지질학과의 관계

I 구조지형학의 개념과 범위

29. 구조지형학의 개념

■ 개념 : 풍화 · 침식 작용에 대한 암석의 저항성 차이로 인해 형성된 지형 (구조기복 연구)

• 배사곡, 향사산릉, 메사(Mesa), 호그백(Hogback), 케스타(Cuesta)

30. 구조지형학의 범위와 목표

■ 범위 : 단층(Fault), 습곡(Fold structure), 절리(Joint)

※ 구조기복 : 침식작용에 의해 깎인 지형 / 정적인 개념
조직기복 : 지각변동 자체의 표현 / 동적인 개념

■ 목표 : 기복 지형의 메커니즘 파악(구조지질학의 목적과 동일)

• 과거~현재의 지각의 움직임 / 현대를 움직이고 있는 메커니즘 파악

※ 구조지질학 : 다양한 암석의 배치 / 조립의 기하학을 명확하게 하는 학문 - 지각 변동을 일으킨 내적 요인 규명

■ 구조지형 연구가 구조지질학보다 유리한 점

• 구조 현상에 시간적 한계 부여 / 특징 있는 구조현상의 공간적 확대 용이

31. 구조기복의 형성

- 1차 지형 : 지질구조를 형성하는 운동이 그 상태 그대로 기복 형성하는 경우
- 2차 지형 : 구조의 형성과 그 후 발생하는 지형 기복의 형성 시기 사이(비조산기 시기)의 준평원화(스칸디나비아 반도)

32. 구조현상의 규모 : 5가지 분류

- 1차 지형 : 10~10,000㎞의 대지형 / 지향사, 충상단층, 변환단층, 조산대~해령, 열곡 등
- 2차 지형 : 10m~10㎞ / 협의의 구조지질학 범주 / 습곡, 단층, 지루(Horst), 지구(Graben)
- 3차 지형 : 1㎝~10m / 노두 관찰
- 4차 지형 : 10μ~1㎝ / 암석의 조직, 구조, 편리, 엽리, 절리 등
- 5차 지형 : 1μ~10μ / rock mechanics, 전자현미경

Ⅱ 지질학의 개념과 분류

33. 지질학의 개념 : 지구와 지구를 구성한 물질의 역사 규명 학문

- 휴튼(Hutton 1726~1797), 라이엘(Lyell 1797~1895), 윌리엄 스미스(William Smith 1769~1839)

34. 지질학의 목표와 범위

- 지구의 역사와 그 변천 과정 규명 학문
- 시 · 공간적 범위 / 인접 학문과의 관계 형성

35. 지질학의 분류 : 구성물질, 지구의 구조, 형성작용

- 구성물질 : 광물학, 암석학, 고생물학, 결정광학 등
- 지구의 구조 : 구조지질학, 지구조론, 지구물리학, 동력지질학 등

■ 형성 작용 : 지사학, 층서학, 지구연대기학 등

※ 주요 분야

- 광물학(mineralogy) : 광물(지각 구성 단위) 연구 / 암석학 연구
- 암석학(petrology) : 화성암, 퇴적암, 변성암 관련 연구
- 층서학(stratigraphy) : 암석의 생성시기, 순서 규명 / 지구의 역사 규명에 중요
- 동력지질학(dynamic geology) : 지구에 가해지는 힘의 변화에 따른 변화 연구
- 지사학(historical geology) : 지구의 역사 편찬
- 응용지질학(applied geology) : 인류의 복지 위한 응용
- 해양지질학(marine geology) : 해양에 관한 자료 습득 위한 연구

36. 지질학의 응용 : 인류의 복지를 위한 이용 / 응용지질학

■ 토목지질학, 수문지질학, 광상학, 해양지질학

Ⅲ 지질구조가 지형 발달에 미치는 영향

37. 지질과 지형과의 관계

■ 지형(지표의 기복)의 접근방식 : 암석학, 구조지질학 / 지표 현상

→ 구조지질학적 입장 강조

38. 산지지형에 미치는 영향

■ 지구구조론

- 판구조론 : 충돌 시 섭입 / 압등(押登)
- 열하분출(화산작용)
- 단층 : 지구대, 지루 / 습곡 : 역전기복 / 절리
- 교차산각 : 사행(곡 변형)

39. 평야지형에 미치는 영향 : 해수면 변동 / 구조운동

■ 구조평야 : 지층구조 반영 / 대륙의 안정 지역에 위치

- 유럽 평원, 미국의 중앙평원, 시베리아 평원, 오스트레일리아 중앙평원
- 케스타 지형 : 연한 지층 침식 / 경암층 남아 있는 지형

■ 하계망 발달 : 구조선을 따라 흐름

■ 침식기준면과의 연관성

40. 풍화지형에 미치는 영향

■ 암석의 경도 : 조암광물의 풍화에 대한 저항도 중요

■ 절리의 영향 : 파쇄(서리의 쐐기작용) / 심층풍화 / 구상풍화 / 석회암의 용해작용

※ 심층풍화 : 고온 다습 / 지하의 암석이 화학적으로 풍화되는 것
암석의 조직 보전 / 핵석 형성(화강암, 현무암)

※ 절리 : 토오르 / 석회동굴의 내부구조 형성 / 카르스트 지형 발달
사면발달에 관련

제 4 장. 야외조사

I 야외지질학과 야외조사

41. 야외지질학

■ 목적 : 암석의 상호관계 조사 / 지역의 지질구조 해명
암석의 생성순서 규명, 지각변동의 역사 규명자료 수집

■ 방법 : 지표 지질조사, 지구물리탐사, 지구화학탐사, 시추, 해저조사

■ 다른 종류의 암석이 접촉했을 경우 : 정합, 부정합, 관입, 단층, 전이
(지사 규명에 중요 요소)

■ 생물층서학적 지질 분류, 정량적 연대 측정, 새롭거나 개량된 실내 연구
새로운 원격탐사와 개량된 기본 지질도면, 새로운 야외조사 기술 발전
자료의 수치 분석과 병행

42. 야외조사

■ 기초

- 암석의 조직 : 지질도상의 주요 정보 / 실제 지형연구의 귀납적 추리 단서 제공
- 지층의 주향과 경사 : 해석적 성격
- 암체들 간의 지리적 관계 : 시대의 선후 파악
- 지질도 작성 중요

Ⅱ 야외조사의 준비작업

43. 사전조사와 준비

■ 사전답사의 기본 목적

- 그 지역이 선정된 연구주제에 적절한 것인지 확인
- 연구기관과 조사비에 알맞은 야외조사 계획 / 지도, 지질도 휴대

■ 예비적 항공사진 판독 : 큰 축척의 지형도 휴대 필요

■ 지세, 교통편 고려

※ 참고사항

- 해당지역의 주요 암석 단위
- 암석의 동사(同斜) 구조
- 습곡, 단층, 부정합이 해당지역까지 계속되는지?
- 관입암체의 접촉의 노출 여부
- 해당지역에 서로 다른 구조적 지형의 발달 여부
- 변형된 암석단위의 구조적 특징의 일관성 여부
- 암석의 채집 여부
- 야외조사에 대한 지형과 식생의 영향

44. 야외조사 용구

■ 암석표본 채취용 망치 / 크리노메터 / 필드 노트 / 지형도 / 필기도구 루페 / 샘플 주머니 : 헝겊 주머니, 비닐 봉지, 헌 신문, 표기용 유성 매직, 잉크, 자 / 기타 : 쌍안경, 카메라, 면장갑, 우의, 참고문헌 등

45. 야장의 활용

■ 기사들의 사용 문체, 전보용 문장 / 약자 사용

■ 노두 앞에서의 즉각 필기

■ 사실 제시 / 성인적 의미 용어 사용 자제

■ 사진 요약 / 기록 : 스케치, 그림 이용

III 야외작업

46. 노두의 조사

■ 관찰 방법

- 지층의 원지성 여부
- 지층의 수평 및 경사 여부
- 지층의 불연속 유무
- 색이나 구성물질의 성질 등의 차이에 따른 구별
- 단층이나 습곡현상의 유무
- 풍화면 이면의 신선한 면 관찰
- 단층과 그 층후
- 암상 관찰 : 색 / 구성물의 종류 · 입도 · 형상 / 고결 정도 / 구성물질의 퇴적 양태 / 화석 / 암상의 변화 / 지층 중의 부정합면 탐지와 상하암층의 상이점 조사

47. 크리노메터의 사용법

■ 지층의 주향과 경사의 측정 기구 : 방위침, 경사측정용 침, 진자형 침, 수준기

■ 퇴적면 규명 : 선상구조 찾아내고 이것의 평평한 면 찾음

- 주향 : 수평 유지, 장축면을 퇴적면에 접촉시킨 후 방위침 확인
- 경사 : 주향에 수직되게 장축면을 놓고 진자형 침이 가리키는 안쪽 눈금 확인

■ 동, 서의 표기 반대

48. 주향과 경사의 측정

■ 주향 : 판상의 면과 수평면이 이루는 교선의 방향

■ 경사 : 주향에 직각으로 잰 경사면의 각(표면의 최대 경사각)

■ 측정 방법

- 단일 노두의 개층이 수m 이상, 국부적 상하 나타날 경우 : 부분적 불균일성의 평균값
- 작은 노두에서의 측정 절차 : 대표적인 면 선택 / 콤파스의 방위각 확인
- 성층면의 노출이 클 경우 : 크리노메터 사용

· 완만한 경사의 지층 : 정밀측정 불가

49. 노두의 사진

■ 고려사항

• 노두 전체 모습
• 잘 노출된 접촉면
• 시대의 선후관계를 나타내는 상
• 암석의 조성과 조직의 변이
• 일차적인 구조와 이차적인 구조의 근접 사진

■ 훈련 / 생각 필요

■ 사진 촬영 전 고려사항

• 시선과 광선의 방향 : 층리와 수평 유지 / 수평, 수직의 물체 포함
• 대상물의 접근
• 초점의 심도 : 근접촬영 시 이용 / 렌즈의 조리개 개폐

■ 축척 : 해머, 동전 이용

50. 노두의 그림 : 가능한 한 단순하게 나타냄

■ 스케치 : 시간 절약, 복잡한 형태나 관계 규명

■ 축척, 지리적 방향표시 필수

■ 노두에 대한 설명 필요

51. 야장의 기록 내용

■ 층서학적 단위의 명칭, 명명된 단위와의 관계

■ 기술하는 지역

■ 지역의 지세, 지형, 토양, 식생 및 노두

■ 암석단위의 전체적 형태와 구조

■ 암석단위의 두께

■ 주요 암종과 단위 내에서의 분포

■ 특수한 암종과 그들의 층서학적 위치 및 성인적인 관련성

■ 단위 내의 일차적 구조(색, 조직, 두께, 범위, 형태, 점이, 엽리 등)

■ 화석

■ 풍화 정도, 습도와의 관계, 굳기, 입도 크기, 분급도, 조직 배열상태 등

- ■ 접촉면의 예리, 점이 / 부정합, 관입관계 / 단층작용의 지시물 여하 / 접촉면의 위치 기준
- ■ 벽개, 결합체, 암맥, 탄화수소의 존재, 변형구조 등 이차적 특징
- ■ 암석 단위들을 구별하는 데 유용한 특징
- ■ 단위의 해석

Ⅳ 실내작업과 정리

52. 실내작업

- ■ 암석의 표본 정리
- ■ 지질도 / 지질단면도 작성
- ■ 연구의 요약 : 연구 목적 / 연구 방법 / 결론

53. 보고서의 작성

- ■ 설계단계 / 작성단계
- ■ 순서
  - • 연구의 목적 / 의도
  - • 연구에서 시행한 의도
  - • 새로 발견되었거나 측정된 자료들
  - • 실제로 얻은 자료와 증거들
- ■ 유의사항
  - • 한 가지 주제만 다룰 것
  - • 꼭 표현하려는 사항이 무엇인가 고려
  - • 가능한 한 단순하고 직설적인 표현 사용
  - • 사사, 참고문헌, 목록과 도표, 초록, 본문의 체제 검토

제5장. 지각의 구성

I 지구의 구조와 표면

54. 지구의 구조 : 지각(earth crust) / 맨틀(mantle) / 핵(core)

■ 지각 : 평균두께 35㎞, 밀도 2.7~3.0gr/㎤

- 대륙지각 : 10~60㎞(평균 35㎞), 화강암질 암석, 시알(sial)층
- 대양지각 : 평균 7㎞, 현무암질 및 반려암질 암석, 시마(sima)층
- 암석권(lithosphere), 연약권(asthenosphere), 중간권(mesosphere)

※ 모호로비칫치면(모호면) : 지각, 맨틀의 경계

■ 맨틀 : 지각~지하 2,900㎞, 초염기성 암석(비중 3.3), 감람암질 형성

- 점이지대 : 하부맨틀과 외핵 사이

■ 핵 : 맨틀 아래 / 고온, 고밀도

- 외핵 : 액체상태 / 내핵 : 고체상태

55. 지각변동과 지각평형설

■ 지각변동 : 지구의 1차적 기복 형성 / 대산계, 도호, 해구, 대서양 중앙해령 등

- 지구 내부의 열 순환 관련 : 습곡 · 단층 · 화산 지형 형성

■ 지각평형설 : 지각이 높이 있는 곳에는 뿌리도 깊숙이 들어가 있기 때문에 지구에서 받는 압력은 일정

- 침강 · 융기 : 북아메리카 북부, 스칸디나비아 반도(융기율 100년 30㎝ 이상)

56. 지구의 표면 : 육지 29%, 해양 71%

■ 육지 : 초대륙(pangea) → 표이(drift)

- 대륙 : 유라시아, 남북아메리카, 아프리카, 오세아니아, 남극대륙
- 섬 : 육도(해수면 상승, 육지의 침강으로 산지의 일부가 섬으로 남아 있는 것), 양도(육지와 관계없이 해양의 한가운데 형성된 것)

■ 해양

- 대양 : 오랜 형성시기, 넓은 면적, 염분 일정, 독립된 해류체계, 조석파 형성, 해구 소유(태평양, 대서양, 인도양)
- 부속해 : 부분적으로 분리된 좁은 바다

Ⅱ 대륙의 지각과 지형

57. 대륙의 구성과 대륙지각

■ 대륙의 구성 : 신생대 이전 암석 구성

- 순상지, 고기습곡산지
- 침식, 융기 반복 : 화강암, 변성암, 지표 노출

■ 대륙지각 : 판의 분열, 결합 / 부력 때문에 가라앉지 않음 / 영구 존속

〈그림 5-1〉 지구의 판

58. 대륙의 지형 : 선캄브리아 순상지, 고기 및 신기 습곡산지

■ 순상지 : 안정된 대륙지각의 핵심부(유럽 발트, 시베리아 앙가라, 캐나다 로렌시아)

• 수차례 조산운동 경험 / 편암, 편마암 변질

• 조륙운동 : 지각의 승강운동(안정지역) / 조산운동(불안정지역)

■ 고기습곡산지 : 순상지 주변 / 조산대 따라 형성 / 애팔래치아, 우랄 산맥

■ 신기습곡산지 : 고기습곡산지 바깥쪽 / 환태평양 조산대, 알프스-히말라야 조산대

• 지각의 불안정, 지진 및 화산활동 활발

⇒ 대륙지각의 확장

Ⅲ 대양의 지각과 지형

59. 대양지각 : 지구 표면적의 약 70%

챌린저(Challenger) 호, 엘빈(Alvin) 호에 의한 시추, 탐사

■ 제1층 : 퇴적물로 형성, 상부

■ 제2층 : 현무암

■ 제3층 : 현무암, 반려암

■ 이하 : 감람암 추정

※ 오피(ophiolite) : 대양지각(현무암, 반려암, 감람암 등)이 이동 중 육지로 노출된 것

→ 섭입, 압등에 의한 육화 / 조산대와 일치

60. 대양분지 지형 : 대륙붕, 대양저, 중앙해령

■ 대륙붕(continental shelf) : 수심 200m 미만의 평평한 해저지형

■ 대륙사면(continental slope) : 대륙붕의 말단~경사 6° 내외 급사면

■ 대양저(ocean floor) : 대륙사면의 종점부터 수심 3,000~4,000m

• 해산(seamount) : 원추형의 산 / 기요(guyot) : 정상부가 평평하게 절단

※ 중앙해령 : 해저 산맥 / 단열선 따라 발달 / 열곡 형성
해구 : 해양지각이 대륙지각 밑으로 내려가는 곳

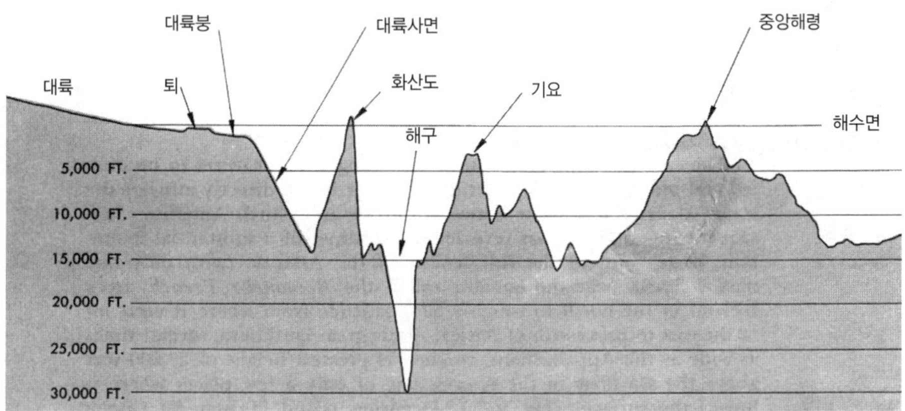

〈그림 5-2〉 해저 지형의 구성

제 6 장. 광물과 암석

Ⅰ 암석과 광물

61. 암석과 광물 : 화성암, 퇴적암, 변성암 / 광물

■ 화성암(火成岩) : 지하의 마그마가 지표, 지하에서 굳어서 된 암석

■ 퇴적암(堆積岩) : 풍화, 침식에 의한 물질들이 다양한 생물의 유해와 퇴적

■ 변성암(變成岩) : 화성암, 퇴적암이 고온고압에 의해 변화
모재(parent material)보다 굳고, 조밀

■ 암석의 분포비율 : 지표 – 퇴적물과 퇴적암이 전체 육지 면적의 75% 차지
→ 지하로 갈수록 퇴적암의 비율이 낮아짐 – 화성암과 변성암의 비율이 높아짐

■ 암석의 구분 : SiO_2의 양을 기준

• 산성암(66% 이상), 중성암(66~52%), 염기성암(52~45%), 초염기성암(45% 이하)

■ 광물 : 자연산(自然産), 무기적(無機的)으로 생성된 균질 고체

• 일정한 화학조성 : 광물의 구성 성분이 일정한 비율로 결합

• 일정한 결정구조 : 광물이 결정체이어야 함

• 단체 : 금강석, 황 등과 같이 하나의 원소로 됨

• 화합물 : 암염, 방해석 등과 같이 몇 개의 원소로 됨

• 자연계에서 산출된 광물 : 2,000여 종, 지각을 구성하는 광물 : 300여 종, 그 중에서 산출된 것 : 100여 종, 조암광물 : 30여 종

• 조암광물의 90% 이상 – 규산염광물, 기타 – 산화광물, 황화광물, 탄산염광물 및 황산염광물

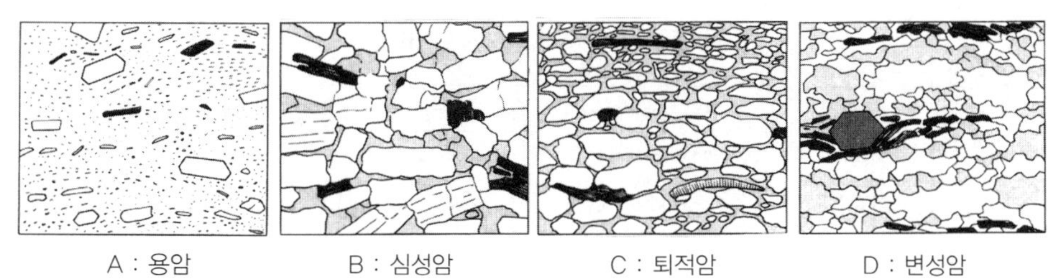

〈그림 6-1〉 암석의 조직

Ⅱ 광물에 대한 이해

62. 광물

■ 결정(結晶) : 구성원자나 이온들이 3차원적이고 규칙적으로 배열되어 있는 내부적 규칙성이 외부로 나타나는 다면체

• 일반적 성질 : 벽개(劈開), 단구(斷口), 경도(硬度), 점착성(粘着性), 비중(比重), 색, 전기적 성질, 열적 성질, 방사능 등

벽개(劈開) : 일정한 방향으로 평탄면을 보이며 쪼개지는 성질

단구(斷口) : 물리적 힘에 의한 깨진 자국

경도(硬度) : 힘에 대한 저항력

점착성(粘着性) : 변형의 유형, 정도에 따라 다름

비중(比重) : 광물과 물의 밀도의 비

색 : 광물의 화학조성, 결정구조, 불순물 및 물리적 효과에 따라 다름

63. **조암광물** : 90% 이상 규산염광물 / 7대 조암광물

■ 감람석 : 녹색 / 마그마 분화 초기에 정출 / 염기성 광물 / 비중 3.2~3.4, 경도 6.5~7

■ 휘석 : 암녹색~흑색 / 비중 3.2~3.4, 경도 5~6

■ 각섬석 : 주상결정 산출 / 비중 2.9~3.5, 경도 5~6

■ 운모 : 흑운모, 백운모

■ 장석 : 지각의 50% / 조흔색, 백색

〈표 6-1〉 정장석과 사장석의 비교

종류	색	비중	경도
정장석	백색, 회색, 홍색	2.5~2.6	6
사장석	무색, 백색, 회색	2.6~2.72	6

■ 석영 : 완전한 SiO_4 사면체

■ 기타

- 산화광물 : 산소가 다른 광물과 직접 결합한 화합물 / 얼음, 강옥, 적철석, 자철석
- 황화광물 : 황이 철, 은, 동과 결합한 화합물 / 황철광, 황동광
- 탄산화광물 : 탄소이온 1개 + 산소이온 3개 / 방해석, 마그네사이트
- 황산염광물 : 황이온 1개 + 산소이온 4개 / 경석고, 중정석

Ⅲ 암석의 성인론

64. 암석의 수성론과 화성론

■ 수성론 : 베르너(Werner) "지구상의 모든 암석은 해저에 침전된 퇴적암"

- 화산작용 설명 / 변성작용의 개념 설명 없음

■ 화성론 : 휴튼(Hutton) 『The theory of the Earth』

- 화강암맥의 다른 암석 관입 근거 주장
- 화강암 주위 암석 → 수성암이 열에 의해 변한 변성암 주장

■ 결론

- 1820년 전후 : 화성론 우세 / 19C 정리
- 암석학 성립의 토대

65. 이화학적 성인론으로서의 방향

■ 물리적 조건과 관련한 이화학적 과정으로 이해

■ 지구조론적 면과 관련한 생성사의 이해

■ 하커(Alfred Harker) : 지구조론적인 면 + 물리화학적인 면 / 스코틀랜드의 제3기 화산암

- 화성암의 형성 원인 : 마그마의 결정 분화작용

■ 보웬(Bowen) : "반응원리" 개념

■ 에스콜라(P. E. Eskola) : 지구상의 변성암 → 생성온도, 압력에 의해 분류

66. 암석의 성인론과 지구조론

■ 제2차 세계대전 : 화성암, 변성암의 성인론에 대한 기초

1950년대 : 세계의 여러 지역에서 암석에 관한 연구 조사

1960년대 : 대양저의 암석 연구 → 판구조론의 전개와 같은 시기

■ 판구조론 : 발산, 수렴, 변환단층

- 발산(diverge) : 판 사이의 경계 / 중앙해령 형성 / 변성작용 수반
- 수렴(converge) : 판 사이의 경계 / 해구, 호상열도, 화산도 / 변성작용 수반
- 변환단층(transform fault) : 횡으로 작용하는 판 사이의 경계

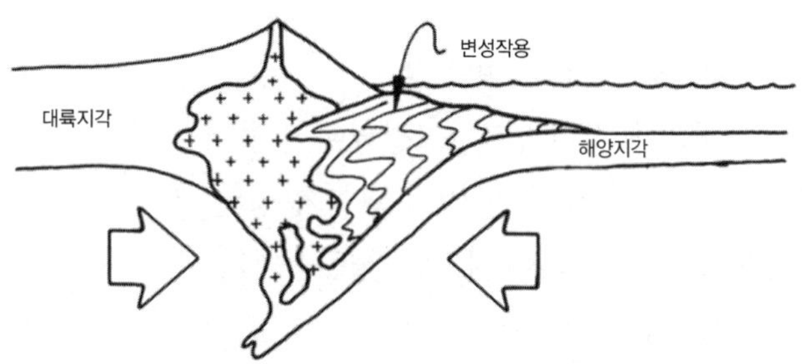

〈그림 6-2〉 판의 수렴대 주변에서의 변성작용

67. 화강암 논쟁

■ 화성암, 심성암의 조성상의 차이

■ 화강암 내 작은 양의 심성암이 나타나는 이유

■ 화강암체가 형성되기 위한 마그마가 어떻게 공간을 채웠는지에 대한 의문

※ 화강암화 작용 : 변성작용에 의한 화강암 생성 과정

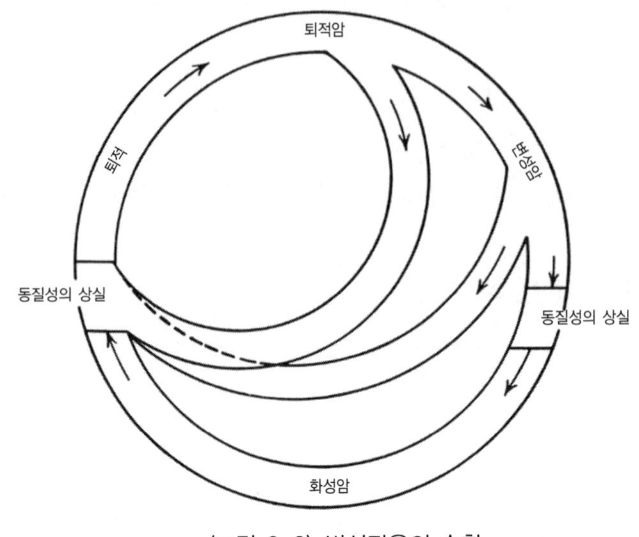

〈그림 6-3〉 변성작용의 순환

Ⅳ 암석에 대한 이해

68. 암석의 분류 : 화성암, 퇴적암, 변성암

- ■ 화성암 : 용융상태의 물질이 냉각, 고결되어 만들어진 암석
- ■ 퇴적암 : 풍화, 침식에 의해 운반, 퇴적되어 형성된 암석
- ■ 변성암 : 본래의 암석이 변하여 새로운 성질을 가진 암석으로 변화

※ 클라크(F. W. Clarke, 1847~1931)

- • 화성암 : 퇴적암 = 95 : 5

⇒ 암석의 분포 : 현실 파악 불가능 / 암석명 거론

69. 화성암 : 고온의 마그마가 지각에 관입, 지표 분출하여 냉각, 고화되면서 생성

- ■ 마그마의 냉각 고화의 진행 : 화성암의 광물조성에 영향
  - • 원인 : 결정분화, 동화, 가스에 의한 운반
  - • SiO_2(마그마 분화의 대표적 성분 변화) : 지각 중에서 가장 많은 성분

조암광물은 대부분 규산염광물이기 때문

70. 퇴적암 : 풍화, 침식에 의해 운반, 퇴적된 것

■ 쇄설성 퇴적암 : 기존 암석의 파편, 점토들이 쌓여 굳어진 암석

• 속성작용(diagenesis) : 퇴적물이 굳은 암석으로 되는 과정

다져짐(compaction), 교결(cementation), 결정질화(crystallization) / 사암, 역암, 셰일

■ 화학적 퇴적암 : 용액으로 운반된 물질은 운반이 정지된 장소에서 화학반응, 증발에 의해 과포화되었을 때 침전, 퇴적

■ 유기적 퇴적암 : 퇴적분지에 서식하는 동물의 골각, 껍질, 죽은 식물의 유해가 쌓여 암석화된 것

※ 석회암 : 화학적 / 유기적 퇴적암

71. 변성암 : 고온 고압, 새로운 화학성분의 첨가, 제거에 의한 변성광물 생성 암석의 변화

■ 변성작용 : 고온 고압 등의 새로운 조건에서 조암광물의 화학성분에 변화(변성광물)

※ 변질 : 풍화작용을 받은 암석 / 변성 : 풍화가 미치지 않은 암석

■ 암석 변화의 주요 원인 : 압력, 온도, 화학성분의 변화

• 압력 : 편압(한 방향에 대하여 크게 작용)

• 온도 : 고온의 화학반응 촉진, 성분 첨가

• 화학성분의 변화 : 외부로부터의 성분 첨가

72. 암석의 윤회 : 태양에너지, 방사능에 의한 열

■ 마그마 냉각(결정작용) → 화성암(풍화, 침식, 압축, 고결작용) → 퇴적암(열, 압력, 화학적 작용 등의 변성작용) → 변성암(고온 고압의 용융) → 마그마 생성

※ 태양에너지 : 풍화, 침식, 퇴적 / 지표의 평탄화 역할

지구내적 에너지 : 변성, 용융작용 / 지표의 기복

⇒ 두 가지 작용의 평형상태 유지(암석의 윤회) / 자연의 대순환 법칙

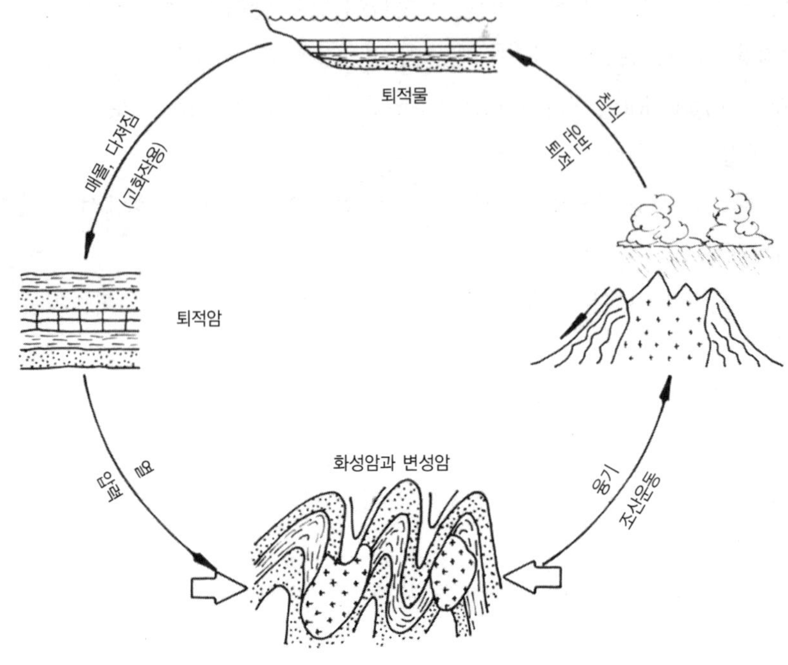

〈그림 6-4〉 암석의 윤회

73. 야외에서의 암석 식별 방법

■ 경도 : 유리 이용 측정 / 유리를 긁어 단단함, 연함 판단

■ 결정 : 빛을 반사, 반짝이는 표면

■ 크기 : 조립질(결정을 반 이상 확인 가능) / 세립질(확대경) / 중립질

■ 화성암

• 색 : 화강암, 유문암 – 밝은 색 / 조립등립질(화) / 유리질, 반상조직(유)

현무암 – 검은 색 / 유리질, 반상조직

반려암 – 담회색, 담녹색 / 조립등립질

• 광물 : 흰색 광물 – 사장석, 정장석

회색 광물 – 석영
암녹색, 검은 색 광물 – 각섬석, 휘석
암갈색, 검은 색 – 흑운모

■ 퇴적암

- 역암 – 다양한 크기, 입자
- 사암 – 석영, 장석의 입자

■ 변성암

- 혼펠스 : 암흑색
- 대리암 : 밝은 흰색, 회색 / 염산 반응 시 거품 발생
- 점판암 : 암흑색, 엽리구조
- 규암 : 흰색, 분홍색, 회색
- 편마암 : 어두운 색 + 밝은 색 → 불안정, 불규칙적 배열 / 안구상 조직
  흑운모, 각섬석(유색광물) / 석영, 장석(무색광물)

제 7 장. 지진과 지각변동

Ⅰ 지진에 관한 이해

74. 지진의 원인과 다발지역

■ 지진의 원인 : 판구조론에 의한 영향

• 지각의 경계 부근 / 밀치고 밀릴 때 모서리가 부딪혀 생기는 충격파

■ 다발지역 : 환태평양지진대(세계 지진의 약 80%) 집중

※ 활단층(Active fault)

• 제4기 이후 현재 사이에 단층활동 존재, 앞으로도 활동할 것으로 예상하는 단층

• 산 안드레아스 단층(San Andreas)

※ 지진의 예측 : 활단층의 주향에 직각으로 구를 파고, 단층의 변위량, 변위 연대 활동시기 조사

75. 지진 피해와 지반조건

■ 지반조건에 따른 지진재해의 크기 결정

• 균일, 단단한 지층이 훨씬 지하 깊은 곳까지 연속 : 좋은 지반, 지진에 강함

• 부드럽고 물을 함유한 지층이 깊은 장소 / 부드러운 지층, 단단한 지층이 교대로 겹쳐 있는 장소 : 나쁜 지반, 지진에 약함

※ 연약지반 : 충적층이 두꺼운 장소

• 저지, 요지, 물과 관계 있는 장소

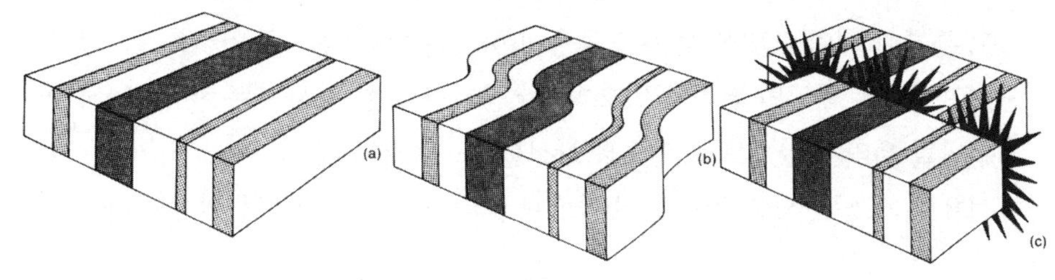

〈그림 7-1〉 지진의 기원

76. 지진재해의 예

〈표 7-1〉 지진의 강도와 그 피해

장소 / 강도	날짜 / 시간	피해
일본 관동 대지진 / 7.9	1923. 9. 1 / 11:58	사망 및 행불자 14만 명
샌프란시스코 지진 / 6.9	1989. 10. 17 / 17:04	사망 272명 / 부상 1400여 명
한국 홍성 지진	1978. 10. 7	–

■ 지진재해의 위험성에 대한 관심 증가

- 추가령 지역 : 지각 운동에 따른 단층지역
- 옥천 지향사대 : 판구조 기인

⇒ 우리나라, 지진안정대라기보다는 세계의 큰 지진대처럼 대지진이 없을 뿐

77. 지진의 방재와 대피 요령

■ 내진규정에 의한 규제

- 산 안드레아스 단층대 : 단층을 따라 400m 이내 공공건물, 항구적 건물 건축 금지

■ 대피요령

- 화장실, 욕실의 경우 : 불 끄고 옷 입은 후 대기
- 거리에 있을 경우 : 도로 한가운데로 이동
- 자동차에 타고 있을 경우 : 도로 우측에 주차 후 차에서 떨어진 곳으로 이동

• 자기자신과 가족의 안전 – 크게 흔들리는 시간은 1~2분 정도이다. 중심이 낮고 튼튼한 테이블 밑에 들어가 몸을 피하거나 방석 등으로 머리를 보호한다.
• 해안에서는 해일의 염려가 있으며, 산 근처나 급한 경사지는 산사태나 절벽이 무너질 우려가 있으므로 신속히 안전한 곳으로 대피한다.
• 석유나 가스, 전열기구 등은 중간밸브를 잠그거나 스위치를 꺼야 한다.

Ⅱ 지각변동에 관한 이해

78. 지각변동 : 급격하거나 완만한 지각의 움직임으로 생기는 지각의 변형 및 그 변위
• 변화 측정 가능 : 단층, 지각의 상하운동 / 지진 · 화산 작용과 관련
• 변화 측정 불가 : 단층, 습곡 / 조산 · 조륙 · 지괴 운동과 관련
■ 변동대 : 현재 지각변동이 진행되고 있는 지대 / 화산 · 지진 작용 수반
• 환태평양 · 알프스 · 히말라야 변동대 / 중앙해령대, 해구지대
: 지각이 항상 움직이고 화산, 지진, 습곡 산맥 형성
■ 지각변동의 원인
• 제2차 세계대전 이전 : 지각수축설, 반발설, 지각평형설, 대륙이동설, 맨틀 대류설 등
• 제2차 세계대전 이후 : 해저확장설, 판구조론

※ 지구 상에 가장 새로운 습곡산맥 : 알프스–히말라야 산맥, 환태평양조산대
• 고생대~중생대 : 칼레도니아 · 바리스칸 · 우랄 · 텐산 · 쿤룬 · 애팔래치아 산맥
• 송림변동, 대보조산운동 : 차령 · 소백 산맥, 옥천습곡대

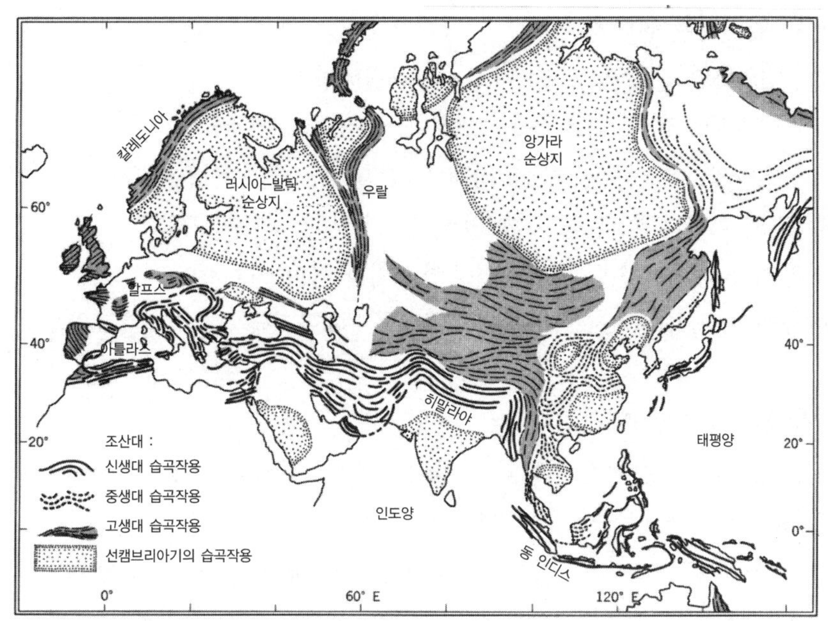

〈그림 7-1〉 유라시아 지역의 산맥도

79. 지각의 광역운동

① 조산운동과 조산대의 특성

■ 조산대 : 습곡과 단층 작용을 받은 지층이 길고 좁은 산맥을 이루고 있는 것

■ 조산운동 : 변형대를 형성시키는 운동

② 지향사 : 장기간의 침강, 퇴적이 계속된 좁고 긴 지대

③ 조산대의 융기

■ 조륙운동 : 지각에 수직 방향의 힘이 작용하여 넓은 지역에 장기간에 걸쳐 융기, 침강하는 것

- 지각평형 : 지각이 항상 균형을 유지하려고 하는 작용

80. 최근의 지각운동

■ 이탈리아 베니스 : 아드리아 해로 침강 중

- 해안의 하강요곡 현상 : 하부에 있는 퇴적물에서 물, 천연가스가 빠져나옴으

로써 일어나는 현상

■ 변위 : 1906년 샌프란시스코 지진, 수평 변위량 5m
1872년 캘리포니아 오웬스 계곡, 수직 변위량 4m
1964년 알래스카 지진, 최대 융기량 13m, 최대 침강량 2m

■ 대륙판의 이동 : 해양판과 두께 및 열전도의 차이, 지구의 자전

- 아라비아 암판 : 북쪽, 유라시아 / 아프리카 암판 : 남서쪽
- 에베레스트 : 매년 1㎝씩 융기 / 인도 대륙 : 매년 5㎝가량 티베트고원으로 전진

81. 안정대륙의 내부

■ 순상지(shield) : 결정질 기반암 / 저지대 위치 / 고생대 이래 지각변동 전무 퇴적층으로 된 탁상지로 둘러싸임

- 캐나다 순상지 : 고생대 퇴적층의 기반암으로 구성 / 퇴적분지 존재
- 미시간, 일리노이 분지 : 대륙의 암석권이 신장 → 얇아지면서 형성
- 칼레도니아 순상지 : 퇴적층 → 안정 → 변성암 존재

82. 연해의 기원 : 호상열도와 대륙 사이

■ 호상열도가 대양 한가운데서 생겼다는 견해

- 처음부터 대양의 한가운데서 형성, 그 주변 바다의 일부분이 연해 / 베링 해

■ 호상열도는 대륙 주변에서 분리되어 전진했다는 견해

- 대륙에서 분리되어 대양으로 이동함에 따라 형성 / 동해

83. 지각변동의 증거

■ 상하운동(육지, 해안의 융기 / 침강) / 해안단구 / 수몰육지 / 심성암, 변성암의 노출 / 퇴적암 등

- 침수해안 : 굴곡이 심한 해안선, 다도해 / 이미 존재하고 있던 육지의 침수로 형성
- 해안단구 : 해안에 나타나는 계단상의 구릉지
과거에 평탄화 된 파식대지, 퇴적대지가 상승된 것

• 수몰육지 : 이전에 육지였던 곳이 침수된 것
• 육지의 상하운동
• 암석의 노출 : 지하 깊은 곳에서 고결된 심성암이 지표에서 발견
• 퇴적암에서 볼 수 있는 증거 : 성층면, 층리 형성 → 습곡, 단층
• 단층운동 : 지각의 틈을 따라 양쪽의 지각이 상대적으로 반대방향으로 이동
• 암석의 노출 : 지하 깊은 곳에서 고결된 심성암이 지표에서 발견
• 퇴적암에서 볼 수 있는 증거 : 성층면, 층리 형성 → 습곡, 단층
• 단층운동 : 지각의 틈을 따라 양쪽의 지각이 서로 반대방향으로 이동

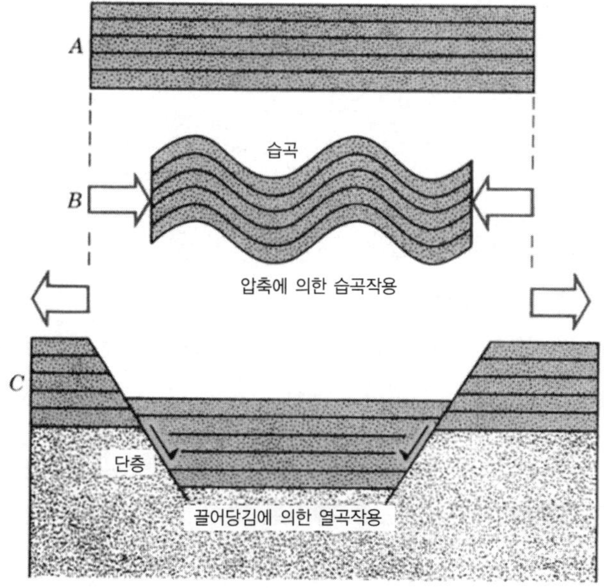

〈그림 7-2〉 습곡과 단층

제 8 장. 화산지형

I 서언

84. 화산의 정의와 지형변화

■ 정의 : 지하에 있는 용융물질의 저장 장소가 구멍이나 틈을 통해 지표에 열려 녹은 돌, 가스, 화산회를 분출하는 곳

※ 화산작용(vulcanism) : 마그마가 지각 내외에서 일으키는 모든 활동

- 협의 : 마그마의 작용이 지표에 나타나는 것
- 광의 : 마그마의 지하에서의 활동 포함

■ 지형변화 : 침식에 의한 평탄화

- 부(負) : 수증기 폭발에 의하여 화산체의 일부를 파괴하는 경우
- 정(正) : 용암, 화산쇄설물의 분출 · 퇴적

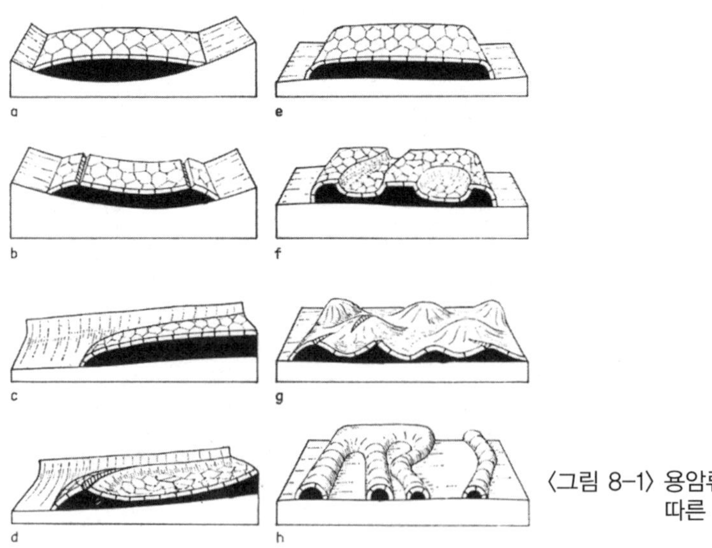

〈그림 8-1〉 용암류의 형태에 따른 지형변화

Ⅱ 마그마와 용암대지

85. 마그마와 용암

■ 마그마(magma) : 화도 맨 밑에 저장되어 있는 용융물질

■ 용암(lava) : 마그마가 지표에 분출(고압가스 + 녹은 돌 구성)된 것

※ 일출식 분출(effusive eruption) : 현무암질 용암 / 용암류 형성, 멀리 쉽게 흘러감

폭발식 분출(explosive eruption) : 산성 용암 / 가스압이 화도 내 축적, 폭발현상

※ 용암터널(lava tunnel) : 현무암질 용암의 표면 고결 / 내부에 고온의 액상용암 내부의 액상용암 유출 → 공동(空洞) 형성

※ 베개용암(pillow lava) : 용암의 해저분출, 육상의 화산에서 유출된 용암이 해중으로 들어가면 특수 구조 지형 형성 / 둥근 모양, 베개구조

※ 주상절리(columnar joint) : 용암의 냉각 시 발생하는 수축현상 / 6각형 모양의 수직절리

86. 용암대지 : 현무암 용암의 광범위한 열하분출 → 현무암 대평원 형성

■ 용암평원 : 현무암질 용암 분출 → 기존의 평원 피복

• 오스트레일리아 빅토리아 주(15,000㎢), 인도 데칸 고원(50만㎢)

※ 스텝토우(steptoe) : 용암평원을 뚫고 섬처럼 솟아 있는 기반암의 구릉

■ 철원 · 평강 용암대지 : 용암이 하곡을 따라 흐르고 평평한 대지 지형 형성

87. 용암동굴 : 생성 = 파괴 / 굳어진 용암류의 중앙부에 형성된 긴 동굴

■ 형성과정

• 용암류 흐름(표면, 측면, 저면의 냉각 / 고결) → 용암의 계속되는 공급 → 중앙부를 통해 하류 이동 → 용암공급 중단 → 용암동굴 형성

Ⅲ 화산체의 형성과 형태

88. 화산의 분출 양식 : 열하분출(fissure eruption), 중심 분출(central eruption)

- ■ 하와이식 분화 : 비교적 온화한 활동 / 용암만을 분출 / 중심 분출
- ■ 스트롬볼리식 분화 : 폭발 분출 / 고비율의 화산쇄설물 / 주기적, 연속적 분화
- ■ 볼칸식 분화 : 용암의 폭발이 번갈아 일어남 / 전후 폭발 기간 중 장기간의 쉬는 시간 폭발에 의한 암편 / 화산재, 화산탄 등의 쇄설물 수반
  - • 베수비아 식, 플리니 식
- ■ 펠레식 분화 : 열운을 수반한 분화 / 인산암, 석영안산암질 마그마의 활동
- ■ 혼합식 분화 : 수십 년에 한 번 정도 폭발

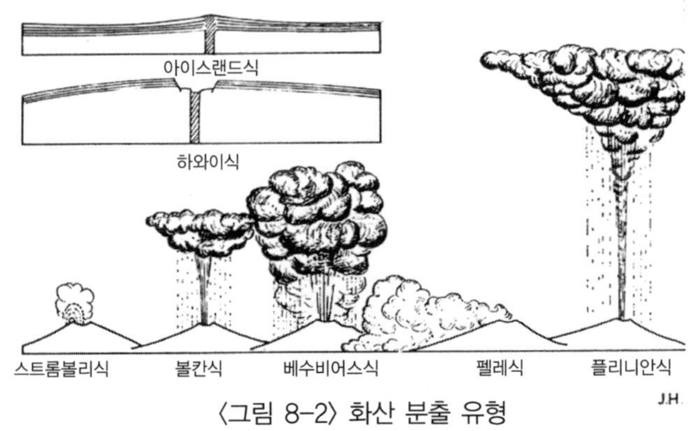

〈그림 8-2〉 화산 분출 유형

89. 화산의 형태 : 순상, 성층, 측, 복합화산

〈표 8-1〉 화산의 형태와 특징

형　태	특　징
순상화산(shield volano) = 아스피테(aspite)	현무암질 용암 / 거대한 방패, 완만 경사의 돔 형태 / 밑부분이 넓은 화산체
성층화산(strabo volcano) = 복성화산(composite volcano)	원추 모양(화산쇄설물 + 용암류 퇴적) 폭발분화, 멀리 흘러가지 못함
측화산(adventive volcano) = 기생화산	경석구, 용암원정구 형성
복합화산(compound volcano)	두 개 이상의 화산체가 겹쳐서 이루어진 화산 거대한 화구 안에 중앙화구구가 형성된 화산 / 제주도 한라산, 울릉도

90. 화산의 분포

〈표 8-2〉 화산의 분포와 특징

분 포	특 징	비 고
환태평양조산대	도호 집중분포, 해구	매우 불안정, 지각판 수렴
아메리카 대륙, 태평양 연변	안데스 · 록키 산맥	지각 불안정
해령 부근	해저산맥	지각 불안정
아이슬란드	화산활동 활발 일부가 해수면 부상	–

※ 해양지각 관련 : 현무암질 용암, 순상화산
도호, 아메리카 서쪽 : 안산암질

91. 화산회우와 편년

■ 화산회우(ash shower) : 화산쇄설물이 화산 주위에 광범위하게 떨어지는 것

■ 편년 : 화산의 분출 연대 측정

- 층서의 대비(correlation) 활용 / 지사를 밝히는 귀중한 자료

92. 화산쇄설물과 가스

■ 화산쇄설물 : 화산폭발에 의하여 지표로 방출되어 쌓인 파편상의 고결물 전체

- 화산암괴(volcanic block) : 32㎜ 이상
- 화산력(lapilli) : 4~32㎜
- 화산회(volcanic ash) : 4㎜ 이하

■ 화산가스 : 수증기(95%~99.9%) 구성

- 화산지형 형성에는 직접적 영향 무관
- 가스 내부의 수소 + 산소 → 폭발 → 초생수, 처녀수 형성

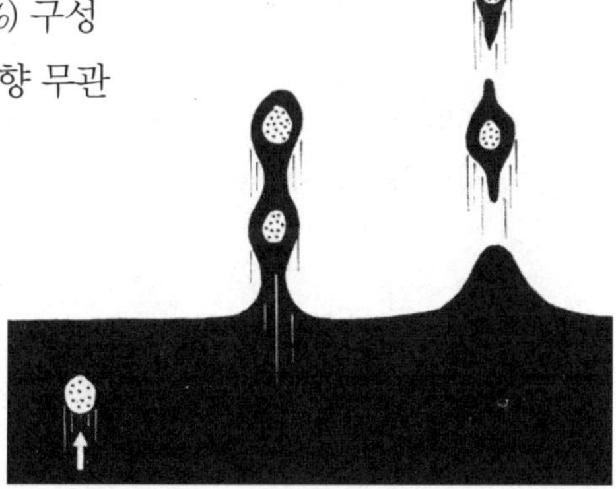

〈그림 8-3〉 화산탄의 형성

Ⅳ 화구와 칼데라

93. 화구(crater) : 화도가 지표와 만나는 화도의 맨 위쪽 부분이 화도의 직경보다 큰 직경을 갖는 요지(凹地)

■ 칼데라 : 직경 1㎞ 넘는 것

〈표 8-3〉 화구의 구분과 개념

구 분	개 념	비 고
마르 (maar)	화산가스의 폭발분화에 의해 형성 화구에 가까운 지형	
분석구 (cinder cone)	폭발식 분화에 의해서 방출된 화산쇄설물이 화구를 중심으로 집적되어 생긴 원추구	
용암원정구 (종상화산, tholiode)	안산암질, 조면암질 용암이 저온 상태에서 꽉 채우 면서 천천히 올라올 때 돔형, 종형의 화산체가 화구 위에 형성된 것	절리 발달 하부사면 형성

94. 칼데라 : 화산체가 형성된 후 2차적으로 만들어진 분지 / 큰 폭발이나 산정부의 함몰로 형성

■ 개념

- 협의 : 화산호 활동의 직접적인 영향으로 생긴 폭발칼데라 및 함몰칼데라
- 광의 : 화산지역에 있어서 침식, 함몰로 생긴 모든 형태의 요지(凹地)

■ 형태 : 그렌코(glen coe) 형, 크라카토아(krakatoa) 형

- 그렌코(glen coe) 형 : 칼데라 주변부에 용암이 얇고 넓게 덮여 있어 화성암이 드러난 곳
- 크라카토아(krakatoa) 형 : 칼데라 주변부가 많은 화산 분출물로 구성
  안산암 구성, 가파른 하구벽

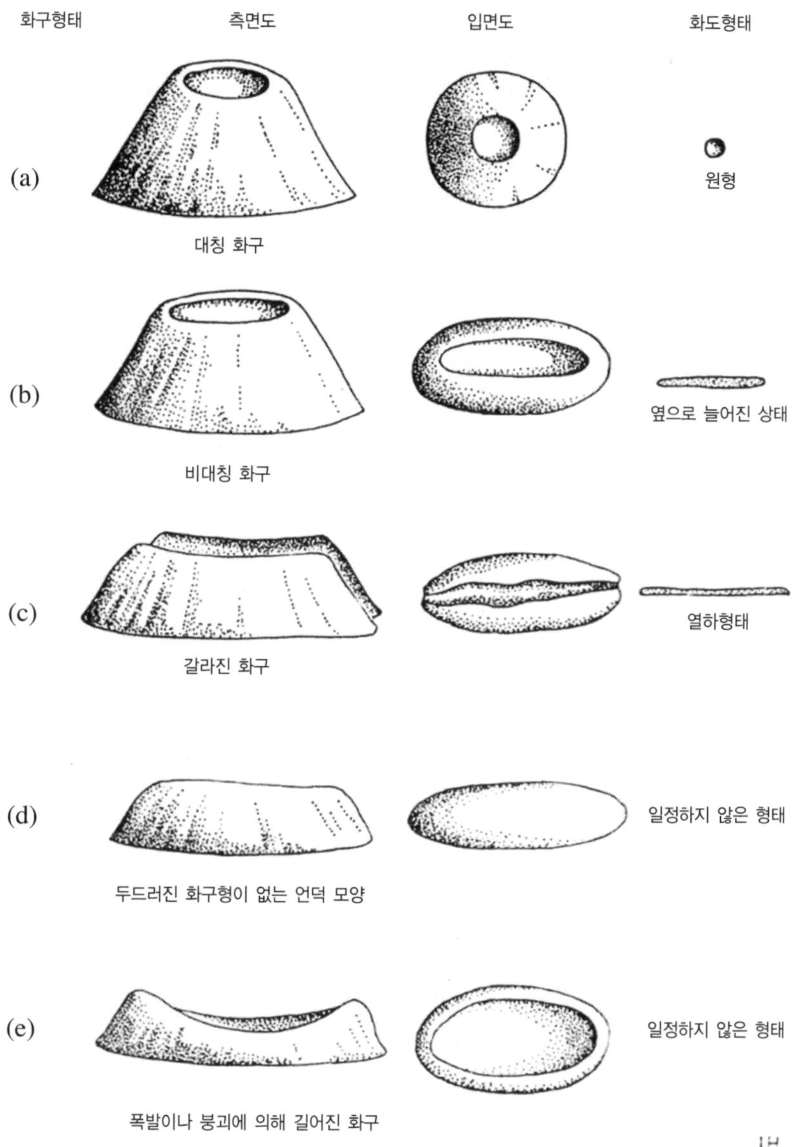
화구형태
측면도
입면도
화도형태
(a)
원형
대칭 화구
(b)
옆으로 늘어진 상태
비대칭 화구
(c)
열하형태
갈라진 화구
(d)
일정하지 않은 형태
두드러진 화구형이 없는 언덕 모양
(e)
일정하지 않은 형태
폭발이나 붕괴에 의해 길어진 화구

〈그림 8-4〉 화구의 형태

V 화산체의 개석과 후화산작용

95. 화산체의 개석 : 암석의 종류, 화산체의 크기, 기후, 강수량 고려

- 화산단계 : 방사상 하계망의 발달 → 하천의 두부침식 → 쟁탈현상
- 플라네즈 단계
  - 상부에서부터 해체 / 화구는 초기단계 소실
  - 하부에서는 통합, 쟁탈전 일어나지 않음
- 플라네즈(planeze) : 삼각형의 원지형면
- 잔유화산 단계 : 침식에 의한 플라네즈 제거
- 개석단계 : 침식의 진행 / 암맥(dike), 화산경(volcanic neck) 존재 / Ship Rock

96. 후화산작용(post volcano action) : 휴화산 내지 사화산의 상태에 들어간 후에 오랫동안 계속 일어나는 작용

- 분기공(vesicle), 온천(hot spring), 간헐천(geyser), 탄산천(carburetted spring)
- 온천 : 물리적, 화학적으로 보통의 물과는 성질이 다른 천연의 특수한 물이 땅속에서 지표로 나오는 현상
- 간헐천(geyser) : 비등천(boiling spring)이 주기적으로 폭발하듯이 끓음

※ 비등천(boiling spring) : 온천수의 온도가 높아서 끓게 되는 것
  - 조건 : 지하에 다량의 과열 증기 공급 / 공동의 존재 / 지하수의 충분한 공급

97. 화산의 피해

- A.D. 79년 베수비우스 화산 : 폼페이 주민들의 화석화
- B.C. 16C 산토린 화산 : 고대 문명국 멸망
- 1902. 5. 8 펠레 화산 : 성 피에르 시가지 매몰

  ⇒ 화산활동의 초기단계 짐작 가능

제 9 장. 세계의 대지형

I 대륙표이설

98. 대륙표이설의 발달

■ 곤드와나 대륙(Gondwana land)

• 남아메리카 + 아프리카 + 오스트레일리아 + 남극대륙 + 마다가스카르 섬 + 인도반도

■ 대륙표이설(continental drift) : "베게너(A.Wegener)"

• 대서양 양쪽 대륙의 암석, 지질구조, 화석 등의 유사성 → 판게아(pangaea)

■ 해저확장설(sea floor spreading theory)

• 대서양 중앙해령, 열곡에 대한 자료 수집

99. 대륙표이의 증거 : 고지자기, 자북극의 궤도, 남반구 대륙의 다양한 증거, 화석

■ 고지자기 : 화산암(자철석, 적철석 포함) 굳어질 때 광물의 지자기의 방향으로 자화(磁化)

■ 자북극의 궤도 : 북미, 유럽의 자북극 일치, 북미 + 유럽 → 대서양 찾을 수 없음

■ 남반구 대륙

• 아프리카, 남극, 오스트레일리아, 인디안, 마다가스카르, 남아메리카 : 분리 사실 발견(고생대-하나의 대륙 / 중생대~신생대-분리)

• 남아메리카 동남부, 아프리카 남부, 인도 남부, 오스트레일리아, 남극대륙 : 빙하 흔적

■ 화석(fossil) : 멀리 떨어져 있는 두 대륙에 비슷한 화석 발견

〈그림 9-1〉 대륙표이의 증거(고대 빙하의 증거)

Ⅱ 해저확장설

100. 해저확정설의 대두

■ 1960년대 헤스(H.Hess), 디이쯔(R.Dietz)

• 하부맨틀 → 상승작용, 해양지각 형성 → 열곡 중심, 반대방향으로 이동 → 해저 확장 → 해구의 대륙지각 아래 섭입

101. 고지자기와 해저 확장

■ 고자북(paleomagnetic pole)의 위치 : 암석의 자북에 평행하게 위치

• 자북의 이동 / 대륙별 위치 불일치 → 극의 위치, 대륙의 이동방향 불일치

■ 해저 암석의 자성(magnetism) : 해령 중심 양측 대칭 / 반대쪽 = 동일시대의 것 멀리 있는 것일수록 오래된 물질

정상적 극성(normal polarity), 반전된 극성(reversed polarity)의 교대 등장

■ 지자기 줄무늬(magnetic stripes)에 의한 해저 확장률 측정

• 남동 태평양 : 15~20cm/year / 대서양 : 연 2~5cm/year

102. 도호와 해구

■ primary arc

• 환태평양지대 : 아메리카 대륙 서쪽 연변 호(弧) 분포 / 태평양 서쪽 해양 위치
  베링 해, 오호츠크 해, 동해, 동지나해, 남지나해 등의 분포
• 유라시아–멜라네시아 대 : 지중해 지역~환태평양

※ 특색 : 대륙의 중앙부 → 불룩하게 돌출 / 세계의 대산계(조산대)

■ 해구 : 도호의 인접 해저

※ 해구 형성 : 해양지각이 맨틀로 빨려들어가는 곳
  도호, 기타 대산맥 형성 : 대륙지각 + 해양지각 / 암석의 누적현상

103. 열곡과 관련된 해저지형

■ 열점(hotspot) : 틈(rift)이 발달함에 따라 낙하된 지괴 / 지구대 형성
■ 열점의 작용 → 대륙지각 분열 / 열곡의 발달 → 단층 → 해양분지 생성

Ⅲ 판구조론

104. 판구조론의 발달

■ 판구조론의 개념 변화(plate tectonic theory)
  • 유라시아 대륙이동설 : 지구의 1차적 기복 설명 / 지구조론적 모델
  • 유라시아 대서양 중앙해령 / 호상열도(도호, 해구) 실체
  • 유라시아 해양저 확장설
■ 구성 : 6개의 판(유라시아 · 호주 · 아메리카 · 남극대륙 · 아프리카 · 태평양 판)
  • 유라시아 해양지각 : 태평양판 / 대륙지각 : 나머지 5개판
■ 판과 판 사이의 경계 : 분리 / 접합
  • 유라시아 분리 : 현무암질 마그마 / 새로운 해양지각 형성
    대륙지각 판 밑으로 45° 섭입(베니오프 대) / 화산, 지진 발생

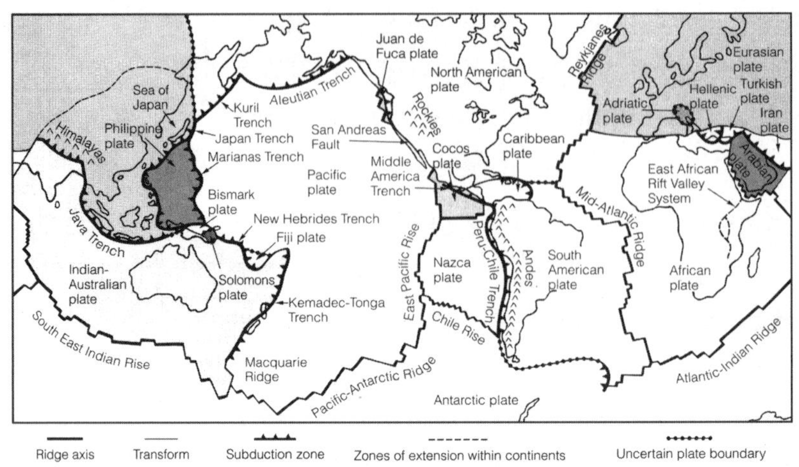

〈그림 9-2〉 지구의 판(Ⅰ)

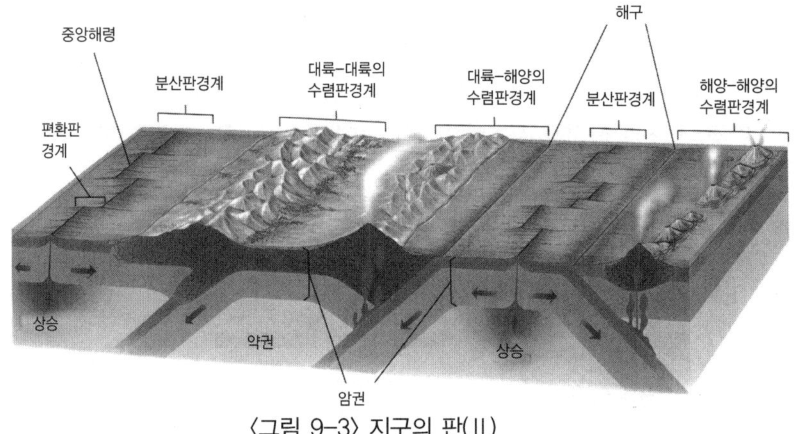

〈그림 9-3〉 지구의 판(Ⅱ)

105. 지판의 운동

■ 지판의 구조와 진화

- 해령 → 뜨거운 물질 → 새로운 지각 형성 / 지각의 확장, 냉각상태, 재가열, 용융

■ 지판의 운동률

- 수cm/1년 / 약 18.3cm/1년(태평양 및 나즈카 지판 사이)

106. 지판운동의 형태

- 변환단층의 경계 : 중첩현상, 분리작용 일어나지 않음
  지판운동의 방향 – 상대적 확대 방향
- 지자기 이상대 : 줄무늬, 아이소크론은 생성되는 해령 축에 평행, 대칭
  고기 지판의 위치, 모양 반영
- 세 개의 지판들이 서로 만나는 점(삼중 접합점)
  - 태평양 · 코코스 · 나즈카 지판 / 구상의 지구 표면 위에서 운동

107. 지판의 경계

〈표 9-1〉 지판의 경계와 특징

구 분	특 징	비 고
분산판 경계 (divergent plate boundaries)	해양지각의 서로 반대 방향 이동 염기성 마그마에 의한 새로운 해양지각 형성 / 해령 형성	2개의 지판(해양지판)
수렴판 경계 (convergent plate boundaries)	중앙해령에서 형성된 해양지각이 맨틀 층을 향해 대륙지각 밑으로 섭입	해양지각 + 해양지각 해양지각 + 대륙지각 대륙지각 + 대륙지각
측방운동판 경계 (lateral motion plate boundaries)	2개의 지판이 수평이동	산 안드레아스 단층지대

Ⅳ 조산운동

108. 조산작용

- 높은 산맥 형성
- 산맥 형성에 관련된 지각의 침강운동 + 침강된 지각의 그 후에 받은 변동까지 내포
- 지각 밑의 맨틀과 지각과의 상호작용
- 구분 : 강괴 / 조산대

• 강괴 : 각 대륙의 핵심 / 순상지
유라시아 대륙(앙가라, 발틱), 아프리카 대륙(아프리카)
캐나다 대륙(캐나다 순상지)

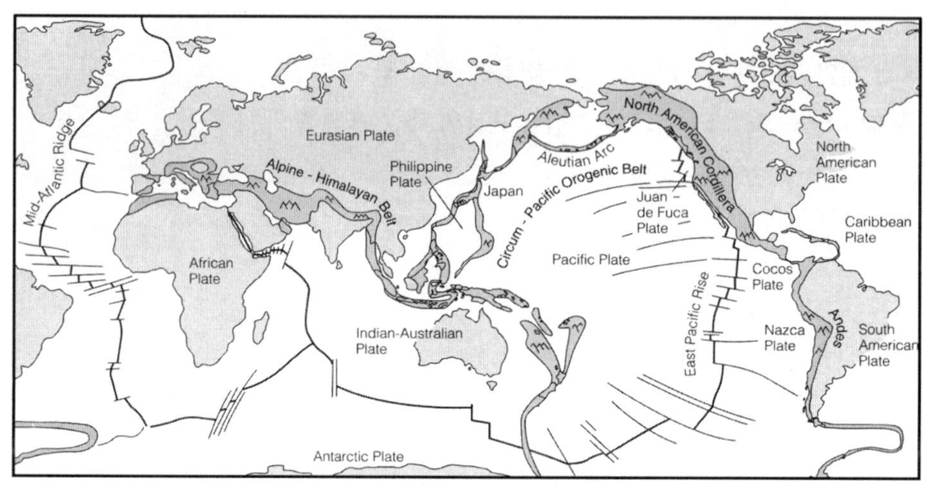

〈그림 9-4〉 환태평양조산대와 알프스히말라야조산대

109. 조산대의 화성활동

■ 화성윤회(magmatic cycle)

• 오피올라이트(ophiolite) → 화강암 관입(intrution) → 화성활동

■ 코트(Coat, 1962)

• 심발지진대(benioff zone)를 따라 해양지각, 해구 퇴적물이 맨틀 밑으로 섭입
→ 호상열도의 화산활동, 화산암의 조성

• H_2O 상승(퇴적물에서 방출) → 맨틀의 감람암 속의 산소분압 상승
→ 현무암질 마그마의 칼크-알칼리 계열 분화

⇒ 설명의 불가능(1970년대)

110. 나빼 구조 = 복와구조(nappe structure) : 구조가 다른 이지성(異地性)의 대규모의 지괴가 원기반암체를 덮고 있는 구조

■ 아간드(Argand)

• 알프스 조산운동 : 기반암의 상향운동, 암석의 수평운동 / 수직 방향의 압축, 요곡 → 아프리카 + 유럽 대륙과의 충돌 / 스위스 알프스

111. 지향사와 조산운동

※ 1969년 미첼(A.H Mitchell), 리딩(H.G Reading)의 대륙연변부 분류

• 대서양 형 : 해구가 존재하지 않은 것

• 안데스 형 : 산맥과 경사가 급한 해구로 경계 이어지는 곳

• 호상열도 형 : 호상열도, 해구 존재

■ 지향사의 유형 : 대서양 · 안데스 · 호상열도 · 일본해 · 지중해 형

■ 지향사에서의 조산운동 : 안데스 형, 호상열도, 히말라야 형

■ 지향사의 구분 : 차지향사(miogeosyncline), 완지향사(eugeosyncline)

• 차지향사 : 대륙 기원의 퇴적물이 쌓인 퇴적분지, 얕은 바다
지각변동이 심하지 않고 내륙 쪽으로 갈수록 지층이 얇아짐
남북 아메리카, 아프리카 대륙의 대서양 쪽 대륙붕

• 완지향사 : 대륙사면 밑의 대륙대, 해구에서 천해성 + 심해성 퇴적물이 쌓여 이루어진 것 / 지각변동을 심하게 받은 상태

112. 코르딜레라 형 조산대 : 대륙 주변의 습곡산계, 대양 쪽의 해구 발달

• 북아메리카의 코르딜레라 산계, 남아메리카의 안데스 산계

■ 조산운동 : 해구(퇴적물), 대륙 연변부(화강암대, 화산호)

↑ ↑

고압형 변성작용 저압형 변성작용

• 저압형 변성작용
융기 → 플리쉬(flysh) 퇴적물 형성(대양, 대륙) → 몰라쎄(molasse) 퇴적

※ 플리쉬(flysh), 몰라쎄(molasse)

- 플리쉬 : 조산기의 해성 퇴적물 / 알프스가 융기하는 동안의 퇴적물 → 침식, 변형작용
- 몰라쎄 : 후조산기에 형성된 육성층
  삭마작용에 의한 두꺼운 지향사 퇴적층(자갈, 모래, 점토 등)

113. 지판의 충돌과 조산대

■ 섭입 : 대륙과 호상열도 사이 연해(해양성 지각) → 섭입, 해구 형성

■ 열지향사 : 대륙붕 상의 퇴적물 / 우지향사 : 해구, 호상열도의 화산호의 암석
수렴 시 → 호상열도의 대륙 쪽에는 새로운 섭입대 형성, 앞의 섭입 방향과 반대
→ 대륙 주변의 섭입(코르딜레라 형 조산대 형성) / 충돌 시 섭입 종료

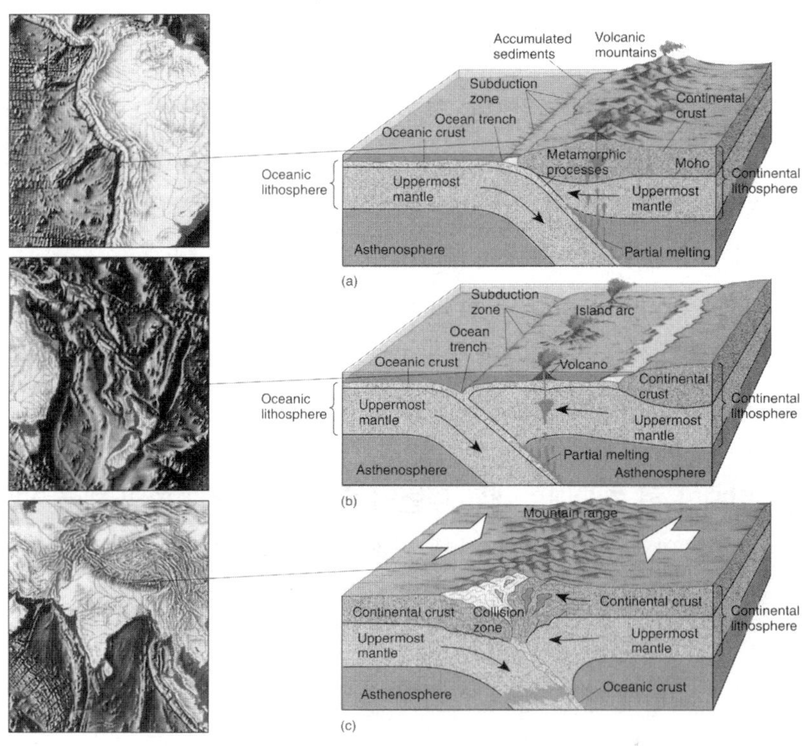

〈그림 9-5〉 판 수렴의 세 가지 형태
(a) : 해양판과 대륙판의 충돌
(b) : 해양판과 해양판의 충돌
(c) : 대륙판과 대륙판의 충돌

제 10 장. 절리

I 절리의 개념

114. 절리의 정의

■ 응력계의 균일성 : 퇴적층 내의 한 조(組)의 절리 생성
→ (침식작용) 다른 한 조의 절리 생성

■ 절리 : 균열, 분할선 / 암석을 분할하는 면 또는 표면, 암괴의 움직임 없음

115. 절리의 기원

■ "Rocks were, jointed, along the fracture, just as bricks are put together in a wall"

- 벽돌이 벽에 차곡차곡 쌓여 있는 것 같은 현상 / 갈라진 모습 = 절리

■ 형태 : 수직적, 수평적 / 주향절리, 경사절리

■ 화강암의 절리 : 냉각에 의한 수축

■ 절리의 발달 : 퇴적암체의 수축 / 화성암체의 장력에 의한 발달(액체 → 고체 상태) 지구의 외부층의 변형에 의한 방법에 따라 발달

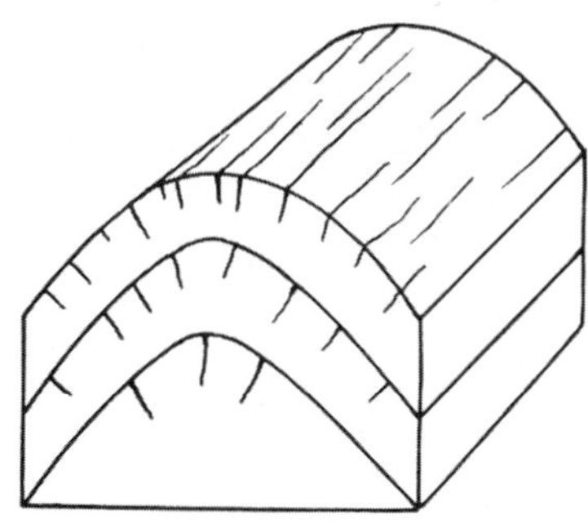

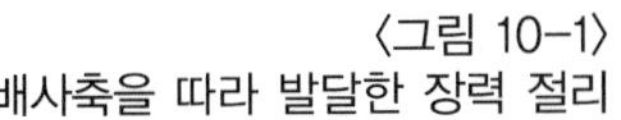

〈그림 10-1〉
배사축을 따라 발달한 장력 절리

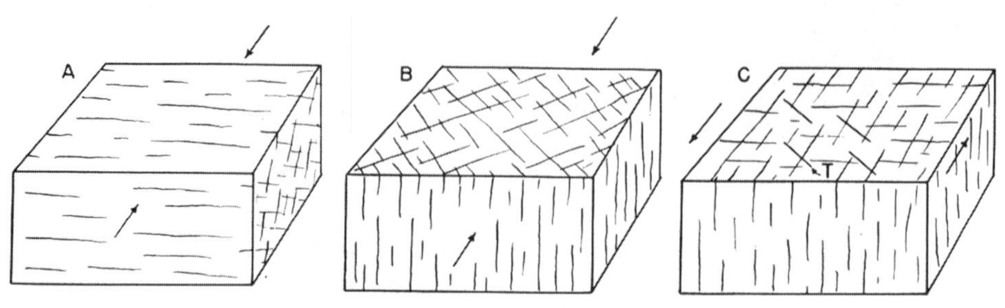

〈그림 10-2〉 힘에 따른 4방향의 균열

Ⅱ 절리의 발달과 타 구조와의 관계

116. 절리의 발달 : 암석(등질조직)

- 화강암, 섬장암, 현무암, 셰일, 슬라이트 등

■ 암석의 노출이 심한 지표 부근 / 수cm~수백m(간격)
지하 12km까지 발생 가능(경암)

■ 평행한 그룹, 세트 형성

⇒ 암석의 입지가 미세할수록

117. 절리의 분류

■ 방법 : 기하학적 · 성인적 방법

- 기하학적 방법 : 기술적, 적용 / 절리의 기원 알 수 없음
- 성인적 방법 : 의미 / 쉽게 적용되지 않음

■ 기준 : 압축, 장력, 지역구조, 층리면과의 관계

〈표 10-1〉 절리의 분류

분류 기준	종 류
압축에 의한 것	1) 화학적인 변질작용의 결과로 생긴 불규칙한 균열(crack) 2) 화성암 내의 사각절리(diagonal joint) 3) 층리가 발달한 암석 내의 규칙한 절리(regluar joint)
장력에 의한 것	1) 수축작용으로 인한 불규칙한 균열 2) 화성암 내의 교차절리(cross joint)
지역구조에 발달	1) 종절리(longitudinal joint) 2) 교차절리(cross joint) 3) 사절리(diagonal joint)
층리면과의 관계	1) 주향절리(strike joint) 2) 경사절리(dip joint) 3) 층절리(bedding joint)

118. 절리와 화강암 풍화 유형

〈표 10-2〉 화강암에 발달한 절리의 유형

분 류		유 형
직선상(linear)	수평상(horizontal)	
	수직상(vertical)	
교차상(cross)		
T 또는 Y 상 (T or Y)		
복합교차상 (cross check)		
곡면상 (curviplanar)		
방사상 (radial)		
불규칙상 (irregular)		

119. 절리의 형태

■ 화산암 → 주상절리 / 심성암 : 판상절리, 방상절리

〈표 10-3〉 절리의 형태

구 분	특 징
주상절리	수직적인 육각형의 기둥 / 현무암 대부분 불규칙한 다각형
판상절리	괴상으로 존재하는 암석의 지표 노출 지표에 평등한 동심원상 발달 / 안산암
방상절리	육면체로 쪼개짐 / 화강암

120. 절리와 타 구조와의 관계

■ 습곡, 단층과 관련

- 주 절리와 배사와의 관계 : 배사 쪽 날개의 경사 여부 → 절리 발달
- 절리의 발달 : 습곡축, 날개의 방향, 규모, 형태와 관련
- 주 단층선 중심의 암층의 위치 이동 : 우상균열(pinnate fracture) 발생 (이동 시 규모가 작고 섬세한 균열 발생)

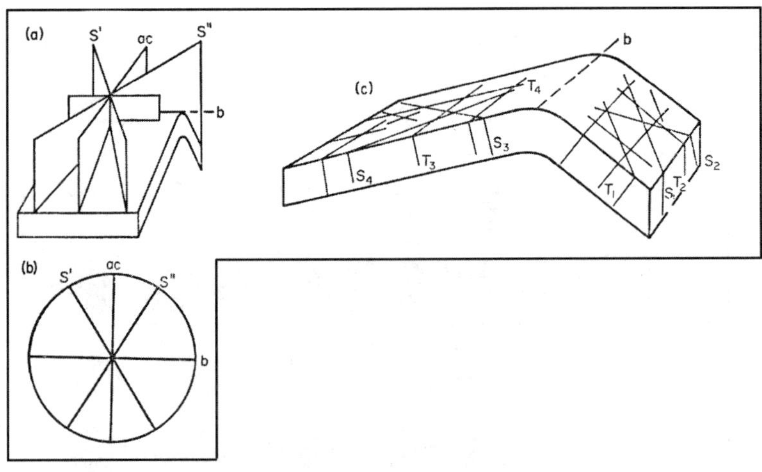

〈그림 10-2〉 습곡이 일어났을 때 생기는 절리 발달

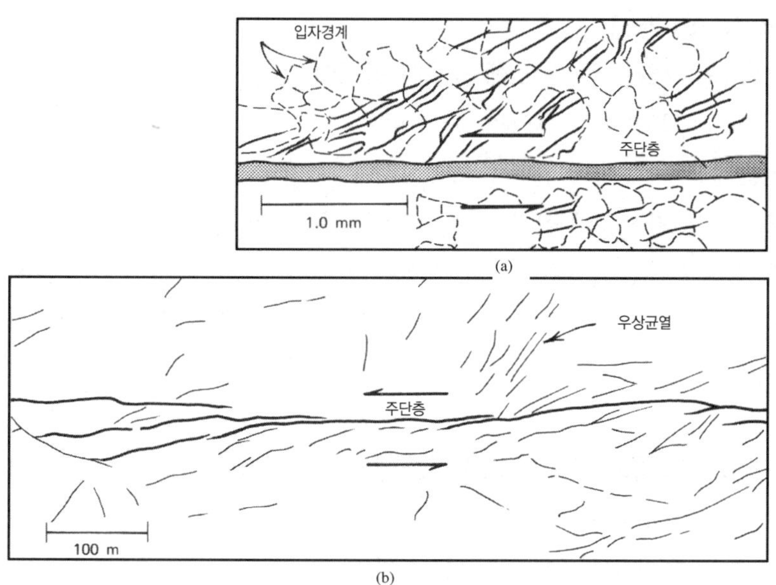

〈그림 10-3〉 단층과 관련이 있는 우상균열의 예(a, b)

Ⅲ 절리의 측정과 표현

121. 절리의 측정 : 지층에서와 같은 방법

- 주향 : 성층면과 수평면과의 교선이 남북 방향에 대해 이루는 각도를 북을 기준으로 나타낸 것
- 경사 : 성층면과 수평면이 이루는 각 중 최대의 것
- 측정방법
  - 주향 : 북을 중심으로 동쪽, 서쪽으로 90° 까지 정리 가능
    원형 모양의 눈금에서 바깥쪽의 것 측정

※ 경사계(clinometer) : 동쪽, 서쪽의 기호 반대

- 경사계로의 측정 시 주향은 북 기준 / 읽기 편하도록 기계 조작

122. 절리밀도의 개념

■ 개념 : 야외 관찰 가능, 노두에 발달한 절리의 밀집 정도
단위 면적 내 분포하는 절리의 총 길이

■ 유형(12개)

- Ⅰ의 유형 : 기반암에 절리가 나타나지 않은 상태
- Ⅱ의 유형 : 직경 1m의 범위 내에 절리의 길이가 1m 정도까지 나타나는 경우
- Ⅲ(1~2m), Ⅳ(2~3m), Ⅴ(3~4m), Ⅵ(4~5m), Ⅶ(5~6m), Ⅷ(6~7m), Ⅸ(7~8m), Ⅹ(8~9m), Ⅺ(9~10m), Ⅻ(10m 이상)

123. 점 다이아그램과 등치선 다이아그램

■ 점 다이아그램(point-diagram)

- 점의 빈도 수에 따른 절리의 경향성 확인
- 구조현상 전체의 정량적인 분석이나 경향성을 알기가 어려움

■ 등치선 다이아그램(contour-diagram)

- 점계산 : cc → pc / 등고선 작성 방법과 동일

124. D-D 다이아그램

- 절리, 단층이나 습곡, 암맥 등의 기타 구조적 현상 정량적 표기 적당
  → 곡면절리 표현 해결
- 주향, 경사, 노두 크기 표시 / 구조현상의 주향, 경사의 집중 경향 파악

※ 문제점 : 노두 높이의 표현, 곡면 구조의 측정 및 표현 문제

125. 각종 다이아그램

■ 주향빈도 다이아그램 : 반원사의 그래프에 주향과 빈도 표현한 것

■ 균열방위빈도 다이아그램 : 한 지점에서 타 지점으로 옮겨 가는 경향

■ 경사방향통계도 다이아그램

■ 절리도 : 노두에서 주향, 경사, 규모 표시 가능

⇒ 주향과 경사를 포함한 빈도에 노두의 크기까지 삽입하여 정량적 판독을 가능케 하는 다이아그램의 개발 필요

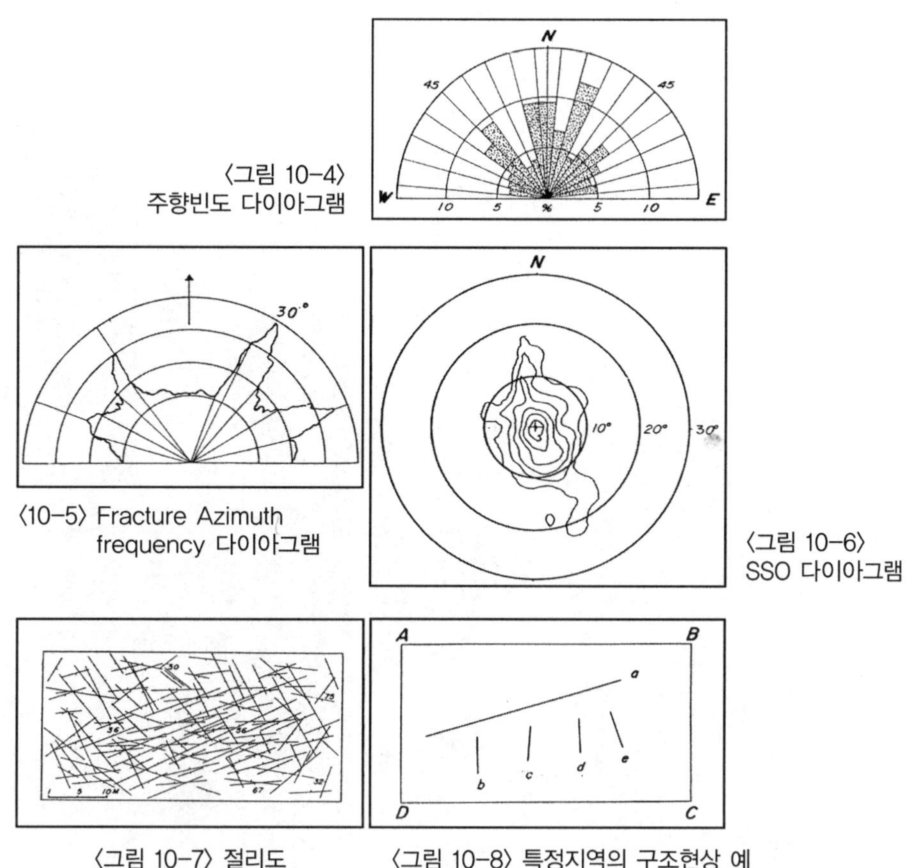

〈그림 10-4〉 주향빈도 다이아그램

〈10-5〉 Fracture Azimuth frequency 다이아그램

〈그림 10-6〉 SSO 다이아그램

〈그림 10-7〉 절리도

〈그림 10-8〉 특정지역의 구조현상 예

Ⅳ 절리의 영향과 중요성

126. 절리의 영향

■ 침식, 지형발달에 영향

- 개착(開鑿)작업, 풍화 진전
- 단애, 자연교, 아취, 암석 돔, 동굴 등

• 평형 작용

■ 자연경관의 형성

■ 석회동굴 발달 방향, 공간적 형태에 영향

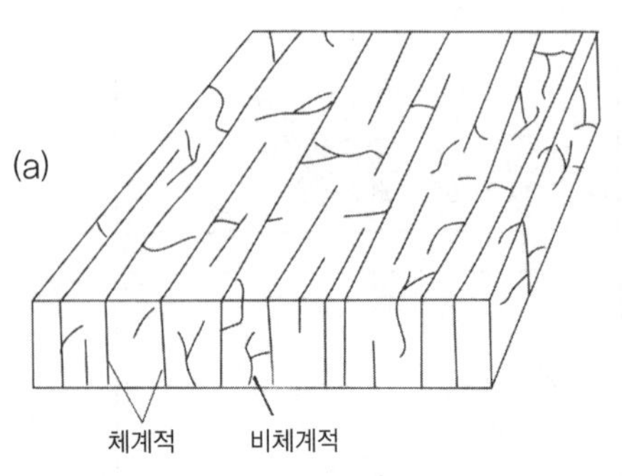

(b)

〈그림 10-9〉 절리의 체계

(a) : 체계적 · 비체계적 절리

(b) : 침식을 규제하는 체계적인 절리

〈그림 10-10〉 절리의 경관

127. 절리의 중요성

■ 풍화작용 / 지형형성 → 자연 생태계 영향

■ 토양형성 영향 : 석회암 지형 / 동굴 내부 구조, 형태, 지하수의 유통 등

■ 토목설계, 시공분야 : 절리의 발생 상태, 형상, 벌어진 정도, 경사각, 충전물, 변질 정도 등

제 11 장. 단층지형

I 단층의 형성과 종류

128. 단층의 구조와 종류

- ■ 정의 : 단층면을 사이에 두고 양쪽 지괴가 서로 어긋나기 때문에 생기는 현상
- ■ 구조 : 지괴, 단층면, 상반, 하반, 단층선, 단층경면
  - • 지괴
  - • 단층면(fault plain) : 지괴의 분리면
  - • 상반 : 단층면 위쪽 지괴 / 하반 : 단층면 아래쪽 지괴
  - • 단층선 : 단층면이 지표면과 만나는 선
  - • 단층경면(slickenside) : 지괴간의 마찰에 의한 연마, 광택
  - • 단층점토(fault clay) : 암석이 미세하게 분쇄
  - • 단층각력(fault breccia) : 단층면 양쪽의 암석이 부서져서 형성
    점토질, 사질 파쇄물과 혼합
  - • 단층파쇄대 : 단층점토, 단층각력으로 형성
    지하수의 부존 양호, 다량의 용수 습득 가능
  - • 드래그(drag) : 지괴가 움직일 때 지층이 국부적으로 휘어지는 현상
- ■ 종류 : 정단층, 역단층, 주향단층
  - • 정단층(normal, gravity fault) : 상반이 아래로 내려간 단층 / 장력에 의해 형성
  - • 역단층(reverse fault) : 상반이 하반위로 밀려 올라가는 단층
    횡압력의 작용으로 인한 지각의 압축
  - • 충상단층(thrust fault) : 수평면에 대한 단층면의 경사가 45° 이하

• 오버드러스트단층(overthrust fault) : 10° 이하 / 충상단층보다 완만한 경사
• 주향이동단층(strike-slip fault, transcurrent fault)
  지괴간의 변위 방향이 주향과 평행한 단층
  → 지진발생가능 : 산 안드레아스 단층(최고 규모, 지진 수반)

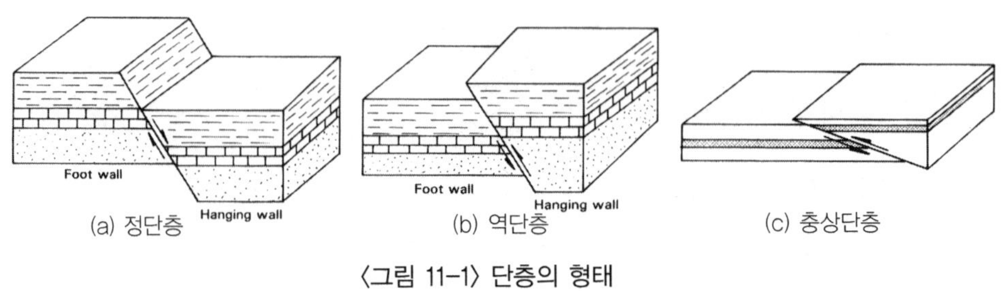

(a) 정단층 (b) 역단층 (c) 충상단층

〈그림 11-1〉 단층의 형태

129. 지진단층(seismic fault, earthquake fault) : 지진에 의해 형성된 단층

■ 미국 캘리포니아 오언즈밸리 단층(1870), 산 안드레아스 단층(1906), 일본 미도리 단층(1892)

130. 활단층(active fault) : 활동 가능성 있는 것 / 오랜 안정지괴

■ 울산 단층(울산만~경주) : 역단층 / 양산 단층(다대포~영해) : 주향이동단층

■ 외동읍 말방리 사곡지 북편 지점 노두 : 활단층

• 단층선 경계로 상반이 하반에 비해 2m 정도 위쪽에 분포

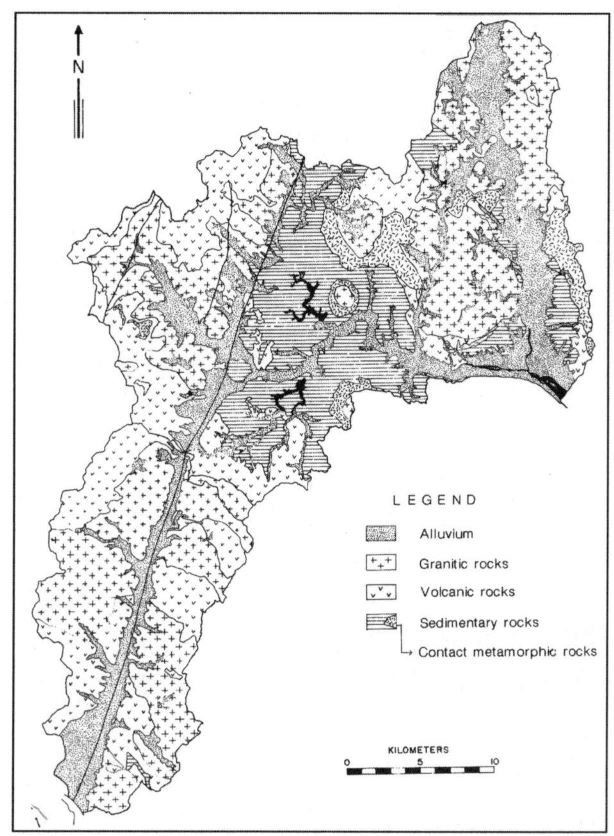

〈그림 11-2〉 태화강과 양산천 유역의 지질(김주환, 1983)

Ⅱ 단층애와 단층선애

131. 단층애(fault scarp)

- 협의 : 단층운동으로 형성된 급사면, 단층면으로 이루어진 사면
- 광의 : 침식을 받아 변형된 것 포함

132. 단층애의 인정

- 주의점

• 애(崖)의 연장은 직선상 또는 선상 모양
• 애는 가까운 것과 동일계통의 것
• 단층단(fault bench)과 세분된 계단 단층애의 경우 다수
• 개석 도중 산각말단면 형성
• 하천 : 산지 중에서 유년곡(幼年谷), 하방침식 중에서 산지의 상승, 차별운동 한 것
• 퇴적지형이 침식지형으로 남는 경우 소구릉, 소요지 형성
• 급애의 연장이 바다까지 계속 / 해식붕 없이 해중까지 연장

■ 지질적 증거
• 단층파쇄대 형성, 단층경면, 드래그, 샘 형성

133. 단층선애(fault-line scarp)

■ 개념 : 지괴간의 차별침식으로 인한 단층면의 노출로 나타난 직선평면의 급사면 안정지괴 지역 관찰 가능
• 단층 이후 생겨난 단층 구조를 따라 침식 진행되면서 원래의 단층애와 비슷한 모습의 절벽사면이 단층면을 따라 발달한 경우

■ 종류 : 재종단층선애(resequent fault line scarp)
역종단층선애(obsequent fault line scarp)
• 재종단층선애 : 직선평면의 급사면 = 원래의 단층애 방향
• 역종단층선애 : 직선평면의 급사면 ≠ 원래의 단층애 방향

Ⅲ 단층곡과 단층선곡

134. 단층곡(fault valley)

■ 개념 : 단층변위의 직접적인 결과로 형성된 골짜기 / 좁고 긴 저지

• 연약한 지반 : 단층운동을 받은 부분 / 좁고 길며 선상(線上)

• 단층선에 따라 형성된 계곡

■ 구분 : 침식곡, 구조곡

• 침식곡 : 외적 영력(하천, 빙하 등)

• 구조곡 : 내적 영력(단층, 습곡작용을 강하게 받아 형성)

■ 하천 : 홍수 시 재해 유발

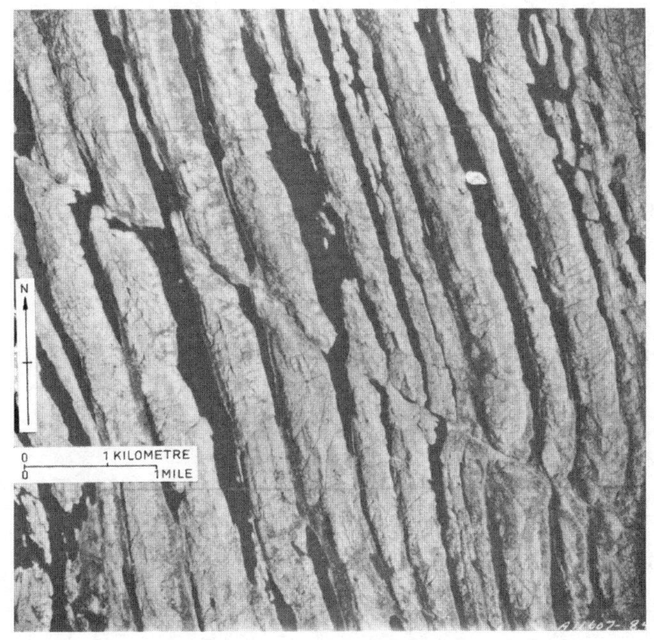

〈그림 11-3〉 단층곡과 능선

135. 단층선곡(fault-line valley) : 차별침식에 기인한 곳 = 적종곡(subsequent valley)

• 단층선 → 파쇄대 형성(저항 약한 장소) → 침식력 작용

■ 지질구조선(tectolineament) : 주절리(master joint)와 관련

• 대규모의 지각변동, 조산운동(고생대~중생대) / 추가령 구조곡

Ⅳ 단층산지

136. 단층지괴(fault block) : 단층에 의한 지각의 구획

■ 지루(horst) : 두 정단층으로 둘러싸여 있으며 폭에 비해 길이가 길고 인접지역에 대하여 상대적으로 융기한 지괴

• 산맥 형성

■ 지구(지구대, garben, rift valley) : 두 평행 정단층에 의해 상대적으로 낮아져서 생긴 좁고 긴 골짜기

• 산악지방에서 통로로 이용

■ 길주-명천 지구대 : 함경선 철도의 통로 이용 / 칠보산 지루 위치

137. 단층산지의 종류

■ 단층산지 : 상승지괴, 함몰지괴 / 경동지괴, 지루지괴

• 상승지괴(uplift block) : 단층산지, 지괴산지 형성

• 함몰지괴(depressed block) : 단층분지, 단층저지 형성

• 경동지괴(tilted block) : 한쪽이 급한 사면(전면), 반대쪽 완만한 사면(배면)(비대칭적 산지)

• 지루지괴(horst block) : 정단층, 폭에 비해 길이가 길고 양측에 대하여 상대적으로 융기한 지괴

※ 반도지루(halbinsel horst) : 3면의 단층애
완전지루(voll horst) : 2개의 평행 단층들이 사면에 둘러싸여 있는 지괴

138. 세계의 단층지형 : 환태평양조산대

■ 일본 : 동북, 서남(fossa magma) / 서남(중앙구조선)

■ 중국 : 산서성~섬서성
동(오대산맥, 태행산맥), 중(북-대동분지, 남-태원, 평양, 운성분지)

■ 동아프리카 지구대 : 대열곡(Great Rift Valley)

• 수직에 가까운 정단층 / 지구계(공간적) 구성

• 화산활동이 일어나기 적합한 장소 / 백악기 후기에 발달

제 12 장. 습곡 및 퇴적암층의 지형

I 습곡의 개념과 종류

139. 습곡의 개념과 구조

■ 습곡(fold) : 횡압력을 받은 지층이 굴곡된 단면 형성

- 퇴적암, 화산암, 변성암 지층에 잘 발달
- 배사(anticline) / 향사(syncline) : 복배사, 복향사
- 지각변동 / 기복역전 확인 가능

■ 구조 : 배사구조 / 향사구조

- 역전(overturned) : 습곡작용
- 돔과 분지(dome, basin) : 지층이 어떤 점을 향해, 멀리 가면서 방사상으로 기울고 있는 습곡 구조

⇒ 어떤 지역의 수평적 횡압력에 의한 지각 구성

140. 습곡의 종류

■ 정습곡(normal fold) : 습곡축면 수직, 날개는 반대 방향으로 같은 각도로 기울어지는 습곡(대칭습곡, symmetrical fold)

- 경사습곡(비대칭습곡) : 습곡축면이 한쪽으로 기울고 두 날개의 기울기가 다른 습곡

■ 횡와습곡(recombent fold) : 복잡한 구조, 대규모 / 알프스 산지 / 단층과 결부

- 축면과 두 날개의 경사 방향이 같은 습곡 / 기존의 더 큰 횡압력을 받은 결과 생성

■ 평행습곡(parallel fold) : 성층면이 평행하게 휘어진 습곡

■ 배심습곡(dome shaped fold) : 어떤 지점을 중심으로 하여 지층이 모두 밖으로 향하여 기울어진 구조

• 대접을 엎어 놓은 형태

■ 향심습곡(centroclinal fold) : 지층의 경사가 모두 한 점을 중심으로 기울어져서 우묵한 대접 같은 구조

※ 침강습곡(plunging fold) : 습곡의 축이 어느 한쪽으로 기울어진 습곡
침강배사(plunging anticline) : 배사 / 침강향사(plunging syncline) : 향사

Ⅱ 습곡산지의 형성과 개석

141. 습곡산지의 형성

■ 과정

• 지향사 침강(퇴적물 퇴적) → 습곡(판구조 운동) → 퇴적암 지대의 폭 감소, 두께 증가 → 단층운동, 화성암의 관입, 화산활동 / 저반(batholith) / 오랜 동안의 삭박작용

■ 주요 조산운동 시기

• 알타이 산지, 스칸디나비아 산지, 영국의 호수지역

• 텐샨 산지, 중부 프랑스와 스페인 고원

• 히말라야 · 안데스 · 록키 · 아틀라스 산맥

142. 습곡산지의 개석과 사면의 발달

■ 정습곡구조의 지층 개석 : 지층 주향을 따라 산릉, 하곡 평행 발달

• 산릉의 비대칭적 단면

■ 단애(escarpment) : 경사사면의 반대쪽 사면에 경암층의 상단부 절단되어 경사 급함

■ 동사산릉(homoclinal ridge)

• 호그백(hogback) : 경암층의 경사가 40~45° 이상의 급경사

풍화작용, 매스무스먼트의 영향 → 침식에 의한 사면의 후퇴 증가

143. 습곡산지의 지형윤회 - 쥐라기식 기복 / 불규칙, 복잡

■ 쥐라(Jura) 산맥 : 단순 습곡구조 / 다양한 습곡지형 발달

■ 쥐라식 기복(Jura-type-relief) : 단순 습곡구조에서 나타나는 기복

- 산릉, 하곡 발달(배사산릉, 향사곡) / 몽(mont), 발(val)
- 뤼즈(ruz) 형성 : 배사산릉에서의 소규모의 하곡
- 꽁브(combes) : 절리를 따라 침식 진행, 경암층 개석

  산릉과 평행한 소규모의 협곡 발달

  → 꽁브 + 뤼즈 연결 : 클뤼즈(cluse), 고지(gorge), 수극(water gap)

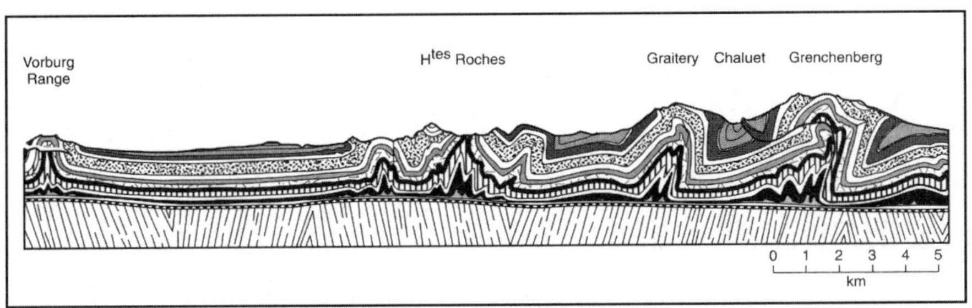

〈그림 12-1〉 쥐라 산맥의 단면도

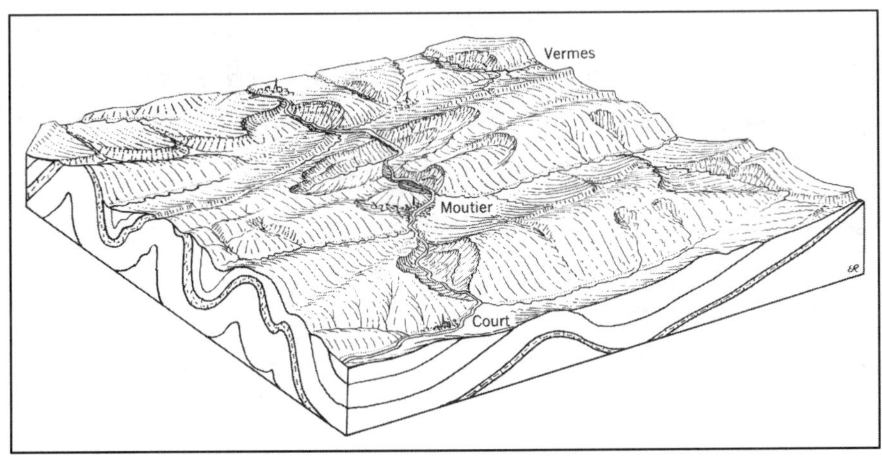

〈12-2〉 쥐라 산맥

144. 습곡산지의 지형윤회 - 애팔래치아식 기복

■ 준평원 상태의 평탄화 기복 → 지각변동, 침식재개 / 능선과 계곡

■ 애팔래치아 산맥

- 습곡부 : 고생대의 역암, 사암(경암층 / 산릉) / 석회암, 혈암(연암층 / 곡) 구성

■ 능선과 계곡 지방

- 북동 - 남서의 평행 산릉, 하곡 분포
- 경암층, 연암층 상호 교대 분포
- 서스퀘하나, 달러웨어, 포토맥 등의 대하천
- 일부 하천 등의 격자상 하계망 패턴
- 정상부가 평탄한 산릉 : 과거 평탄했던 침식면의 유물지형
- 풍극(wind gap) 존재 : 하천쟁탈에 의해 형성된 구유로

Ⅲ 습곡과 하계망

145. 습곡산지의 하계망 패턴

■ 격자상 패턴(trellis pattern) : 암석의 경연, 지층의 경사, 구조 직접 반영

■ 적종하(subsequent stream) : 연암층으로 구성된 향사부의 곡을 따라 습곡 지층의 주향과 평행하게 흐르는 하천이 직선상으로 길게 발달

■ 필종하(consequent stream) : 일반 경사 방향(최대 경사 방향)을 따라 흐르는 것

■ 재종하(resequent stream) : 적종곡의 양쪽 사면을 따라 흘러내리는 짧은 지류

■ 역종하(obsequent stream) : 지층 경사와 반대로 흐르는 것

■ 방사상(radial pattern), 환상(loop pattern) : 돔상의 산지 개석

146. 표생하 또는 적재하

■ 선행하 : 습곡산지 형성 전의 하천이 하방침식을 계속하여 원래의 유로 유지

■ 표생하(superposed stream) = 적재하

- 기반암 위에 놓인 지표 상의 하천 → 원래의 유로 유지(피복층의 침식, 제거)

→ 산릉의 돌출부 횡단 / 협곡 형성

147. 하천쟁탈(stream piracy, river capture)

- ■ 침식력이 작은 하천의 유수 → 큰 하천의 유역으로 유입 / 하천 유로 변경
- ■ 절두하천(beheaded stream) : 쟁탈당한 하천
- ■ 쟁탈굽치(elbow of capture) : 쟁탈당한 하천, 쟁탈한 하천이 만나는 지점
- ■ 무능하천(misfit stream) : 하천쟁탈로 인해 제 기능을 발휘하지 못하는 하천

148. 돔산지의 개석 : 저반돔, 병반돔, 암염돔

- ■ 저반돔(batholith dome) : "Black Hills"
  - • 주변보다 높고, 타원형 형태 / 정상에 기반암 노출 → 화성암의 저반 상승이 원인
- ■ 병반돔(laccolith dome) : 퇴적지층 사이에 화성암체인 병반 관입 / 저반돔보다 소규모(유타 주 헨리 산지 / 몬타나 주 하이우드 산지)
- ■ 암염돔(salt dome) : 고밀도 퇴적암 지층에 저밀도 암염 주입 → 암염융기(diapir)

Ⅳ 퇴적암층의 지형

149. 구조평야의 발달

- ■ 안정지괴(stable landmass), 순상지(shield) – 퇴적층 피복
  → 서서히 융기, 침식 → 지층구조 반영, 광대하고 평탄한 평야 형성
- ■ 구조평야(structural plain) : 고생대, 중생대층 / 순상지 주변 분포
  - • 아래쪽 변성암의 부정합면 존재(선캄브리아이언)

⇒ 지반의 안정

- ■ 유럽 평원, 러시아 평원, 미국의 중앙평원, 서시베리아 평원, 오스트레일리아 중앙평원

150. 대지의 발달 : 수평지층의 완만한 조륙운동 / 콜로라도 고원

- 지형적 / 지질적 의미 중시 : 표면의 평탄, 주위보다 높은 기복 / 지질구조가 수평적
- 모암(cap rock) : 경암층 구성의 지층
- 메사(mesa) : 모암으로 보호된 탁상의 구릉이 평원에 잔류
- 뷰트(butte) : 메사 중에서 모암의 면적이 작은 탁상 구릉

151. 완경사의 지층과 케스타의 발달

- 케스타(cuesta) : 경암, 연암의 호층 → 경사진 경우, 차별침식
  → 경암층의 부분 남아 비대칭적 구릉열, 연암층의 저지열
  → 구릉열, 저지열 평행 배열
  - 석회암, 사암, 백악(chalk) : 투수성이 큰 암석
  - 호그백(hogback) : 급사면(전면), 완사면(배후)
    → 풍화, 매스 무브먼트, 침식작용 → 경사 증가
  - 해안평야(coastal plain) : 미국 멕시코 만(해저의 퇴적암층의 융기)
  - 파리분지(Paris basin) : 케스타의 환상배열(경사 완만한 돔산지, 차별침식에 의한 개석)

제 13 장. 해양

I 서언

152. 해양에 관한 관심 : 해도의 작성

- 해양 퇴적물(심해 퇴적물) 연구
  - 챌린저 호의 항해(1872~1876) : 레나(A.F. Renard)에 의해 연구
  - 알바트로스 호의 항해(1888~1920) : 해저에 의한 지식(태평양 동부의 심해)
- 미티오 호 : 음향 측심 기구 이용 남대서양 단면 작성(Stock, 1993)
- 지구 물리학적 탐사 : 대양저에 깔린 층의 성질 결정할 수 있는 기초적 자료 다수 보유
  - 난센(Fridt of Nansen)의 북극 탐험(1893~1896) : 극빙에 얼어붙은 중력 측정
  - 후예 마이네쯔(Vening Meinesz, 1932, 1934) : 네덜란드 잠수함에서 측정작업
  - 대양과 대륙이 지각 두께에 있어서 뚜렷한 차이 존재 : 모홀(Mohole)계획 유도

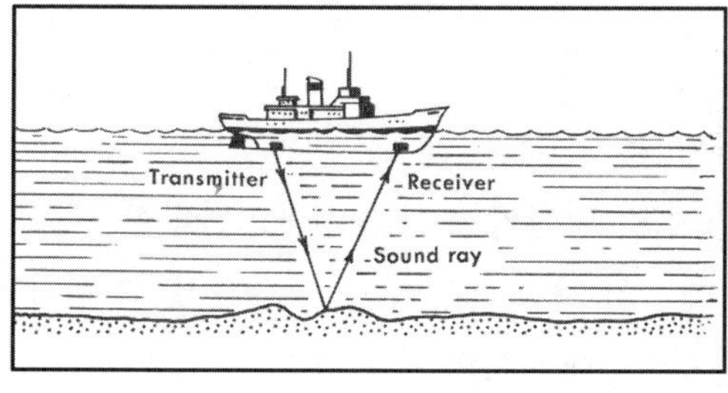

〈그림 13-1〉 전자파 반사 음향기

〈그림 13-2〉 물의 깊이 측정

Ⅱ 해저지형

153. 대륙붕과 대륙사면

■ 구성 : 대륙주변부, 대양저 평원, 대양저 산맥

- 대륙주변부 : 대륙붕(continental shelf), 대륙사면(continental slope) 대륙대(continental rise), 주변 해구(marginal trench), 주변 대지(marginal plateau)

■ 대륙붕 : 해안선에서 수심 200m까지 비교적 완경사 해저 / 평균 수심 135m

- 특징 : 대륙의 연장선 위에서 관찰 가능한 해저 지형 / 평균 경사 7°
  해저자원 개발 관련 영해, 경제수역 문제 대립 지역
  얕은 수심, 풍부한 영양염류, 어족 풍부, 수산업의 중심지
  평야와 접하고 있는 곳 넓고, 산록 주변부 협소 → 연안 육지의 지형과 연속 의미
  곡지 형성(신생대 제4기 뷔름빙기 때 해수면 하강 시 육지의 침식)

■ 대륙사면 : 대륙붕의 끝에서 심해저 쪽으로 평균 1:40 정도의 경사로 기울어져 있는 곳 / 경사각 0°~4°

- 특징 : 대륙대 접속 또는 해구 연결, 평균 수심 3,600m~4,000m까지 발달

154. 대륙대와 주변대지

■ 대륙대(continental rise) : 대륙붕 사면의 하부에 완만한 경사, 다소 기복 존재

- 대륙붕과 대륙사면으로부터 저탁류에 의해 운반된 물질이 대륙사면 기슭에 쌓여 형성된 지형
- 수심 1,370m~3,960m / 평균기울기 1:150(약 1.2° 미만)
- 심해저와 대륙과의 점이지역(지진, 화산활동 거의 없음), 완만한 기복

※ 태평양 연변 : 기원이 새로운 해구의 지형 / 험한 지형, 지진 및 화산 활동 활발
대서양 · 인도양 연변 : 오래된 해구, 대륙대의 지형

■ 주변대지(marginal plateau) : 완만한 평탄면 형성하는 대륙대

- 육붕의 가라앉은 형상 / 패류 및 해식 작용에 의한 흔적 존재

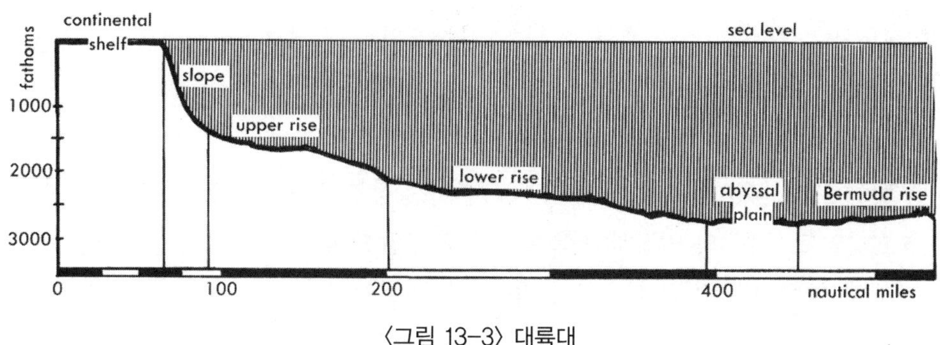

〈그림 13-3〉 대륙대

155. 해구(trench) : 대양분지 중에서 수심이 제일 깊은 곳 / 대륙 연변 분포

- 대륙지각과 해양지각의 경계부 / 해양지각이 대륙지각 밑으로 섭입하는 곳
- 해연(deep) : 수심 10,000m 이상의 해저
- 잦은 지진 발생 : 해구에서 지하로 잠입하는 해양지각의 기울어진 면에서 발생 베니오프 대(Benioff zone)
- 천발지진의 80%, 심발지진의 90% 해구 부근 및 인접 육지 쪽에서 발생
- 분포 : 신기조산대 및 지진화산대와 일치
- 형상 : 호상, 철형(보통), 직선형(통가 해구)
- 태평양에서 도호를 둘러싸고 있으며 가장 깊은 곳
- V자형, 수km의 좁고 깊은 평평한 바닥 형성
- 해구 양측의 곡벽은 다수의 계단상 지형 형성 / 해구에 평행한 단층 존재 해구를 따라 화산대와 지진대 및 도호 형성

156. 대양저(oceanic floor) : 해구에 의해 대륙 연변부와 구분되는 해양지각

- 구분 : 대양저 평원 / 대양저 산맥
  - 대양저 평원 : 대륙 주변부에서 더 깊은 심해 쪽으로 발달하고 있는 지역 해산(seamount), 평정해산(guyot), 심해 평원과 구릉(abyssal plain, hill), 대양 도서(oceanic rises), 호상열도(island arcs)
  - 해산 : 고도 1,000m 정도의 융기해 있는 고립된 산지
  - 평정해산 : 파식에 의한 정상부 평탄 후 상대적 침강(중생대 백악기~신생대

제3기)

- 심해저 평원 : 대양저 중 대륙대와 인접해 있는 지형(평탄한 지형)
  화산활동에 의한 구릉성 지형 발달 심해 구릉 형성
- 대양 도서 : 해저가 완만하게 상부로 휘어진 상부 요곡
- 호상열도 : 해구와 인접하여 육지 쪽으로 발달한 활화산대
  해양지각이 대륙지각 밑으로 잠입하면서 발달한 지형

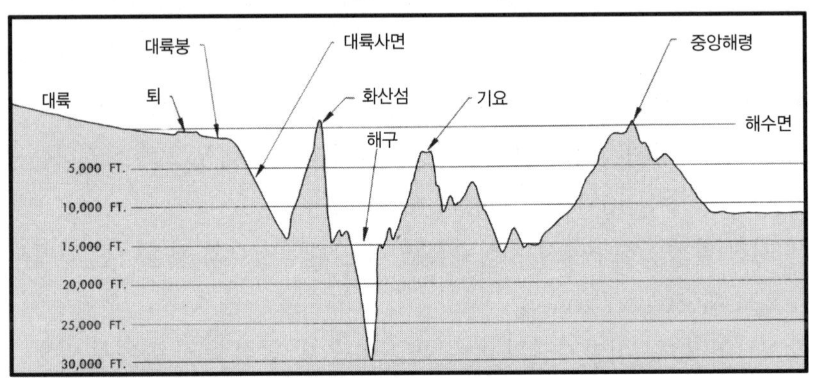

〈그림 13-4〉 대양저

157. 대양저 산맥 : 대양저 중앙산맥 / 열곡, 열산

■ 대양저 중앙산맥(mid-oceanic ridge, 중앙해령) : 대양저의 중앙부 발달

- 폭 : 1,000m~2,000m / 높이 : 2,000m~3,000m
- 총연장 : 65,000km / 대서양, 인도양에서는 중앙부, 태평양에서는 동쪽으로 치우침
- 가장 특징적인 것 : 대서양에서 인도양, 남극, 남태평양으로 연결되는 전장 30,000km
- 매우 심한 기복 / 정상부는 열곡 형성

■ 열곡(rift valley) : 대서양 중앙해령의 전체에 걸쳐 계속 남으로 확장
인도양, 홍해에서 아프리카 대륙
인도양의 중심에서 동으로 분리, 남태평양 해령 계속

캘리포니아만에서 산 안드레아스 단층으로 계속

- 변환단층(transform fault) : 단층과 관련, 1~수백㎞, 폭 수십㎞
  맨틀 연약권의 대류운동으로 인해 수평 방향
- 단열대(fracture zone) : 부근의 육상 구조지형과 관련

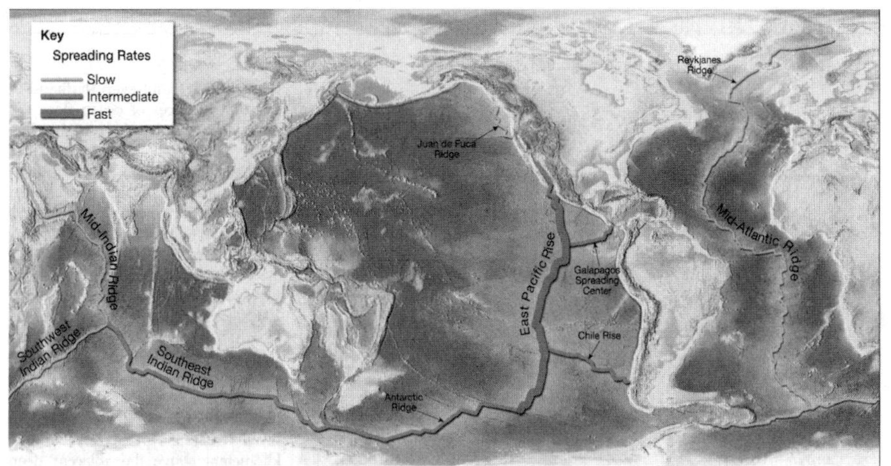

〈그림 13-5〉 해저의 산맥 체계

Ⅲ 해양 퇴적물

158. 해저 퇴적환경 : 근해 또는 천해, 반심해 및 심해 퇴적환경

- 근해 퇴적환경 : 대륙붕과 연안대(epicontinental sea)에 국한
  파도, 조류, 해류 등에 의한 쇄설성, 화학적 및 유기적 퇴적물
- 반심해 퇴적환경 : 200~2,000m 사이의 해저 지역 / 넓이 61.5×10^6㎢
  태양광선의 부족 지역
  심해 퇴적환경과 근해 또는 천해 퇴적환경의 경계
  화산 및 지진에 의한 작용 영향
  대륙사면으로부터 부유하중에 의한 퇴적물
- 심해 퇴적환경 : 넓이 61.5×10^6㎢ / 평균 깊이 약 1,800m

광합성, 태양광선 필요로 하는 생물 생존 불가능
퇴적물 – 육지로부터 운반, 유기적인 것
화산이나 마그마에 의한 퇴적물(거의 알려져 있지 않음)

159. 육성 · 해성 기원 퇴적물

■ 육성 기원 퇴적물 : 풍화 및 침식 작용 → 풍화산물 생성 → 하천에 의한 바다 운반, 퇴적(대륙붕, 심해저 운반)

- 쇄설성 물질 : 육지로부터 운반, 퇴적된 자갈, 모래, 점토 등으로 구성
- 화학적 물질 : 이온 상태로 바닷물에 용해되어 있던 물리화학적 조건에 따라 바닷물 자체에 침전
- 유기적 물질 : 바닷물 속에서 살던 동식물의 유해로 구성

■ 해성 기원 퇴적물 : 대부분 석회질
요공충의 껍질, 코콜리스 및 익족류의 껍질, 규조와 방상충

- 유기적 기원 : 해저 동식물의 유해 구성
  생물의 석회질 및 규질 껍질, 골격, 유기물, 인산화물로 된 생물의 유해 퇴적물
- 무기적 기원 : 대양의 생물과 무관
  해수의 물리, 화학적 조건에 따라 바닷물로부터 퇴적

제 14 장. 지하수와 호소

I 지하수

160. 지하수의 성인과 분포

■ 성인

- 케플러(Kepler, 1571~1630) : 지구의 동화작용으로 생겨난 물질
- 아리스토텔레스(Aristotle, 384~322 B.C) : 공기가 지구의 공극으로 들어가서 물로 변한 것
- 플라토(Plato, 427~347 B.C) : 바닷물이 지중에 들어가서 퍼진 것
- 페로(Pierre Perrault, 1611~1680) : 강수가 지하로 스며들어간 것

■ 분포

- 통기대(zone of aeration) : 지표 부근의 공기가 들어 있는 부분
- 포화대(zone of saturation) : 물이 가득차 있는 부분
- 지하수면(groundwater table) : 통기대와 포화대의 상한의 경계

■ 대수층(aquifer), 함수층(water-bearing formation)

- 물을 포함할 수 있는 토양이나 암석

161. 지하수의 운동 : 투수성, 투수율, 운동의 속도

■ 투수성(transmissibility) : 물을 통과시키는 능력의 크기

- 분자인력(molecular attraction) : 얇은 수막 형성

■ 투수율 : 1일 동안에 투과되는 물의 양을 리터로 나타낸 것

- 중력에 의한 지하수 운동

■ 지하수의 속도

• 강한 염료, 방사성 동위원소를 한쪽 우물에 풀어놓고 인접 우물에 나타나는 시간 측정
• 전기적인 방법

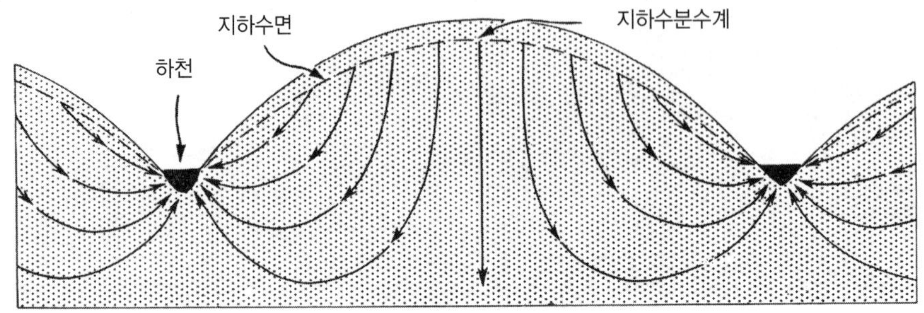

〈그림 14-1〉 지하수의 운동

162. 우물과 샘

■ 표토 또는 퇴적물 : 물을 얻을 수 있고, 수량도 많음

■ 기반암

• 화성암, 변성암 : 절리 발달, 단층 존재 → 물을 얻을 수 있음
• 퇴적암 : 공극률이 더 큰 퇴적암인 경우 다량의 물 얻을 수 있음

■ 찬정(artesian well) : 지하수면의 하강 → 하중에 의해 공극 좁아지고 지표면 침강 → 사암층 구멍

■ 샘(spring) : 지하수면이 지표면과 접한 곳에서 지하수가 새어나오는 것

• 중력천(gravity spring) : 중력 작용에 의한 것
• 용천(artesian spring), 온천, 광천

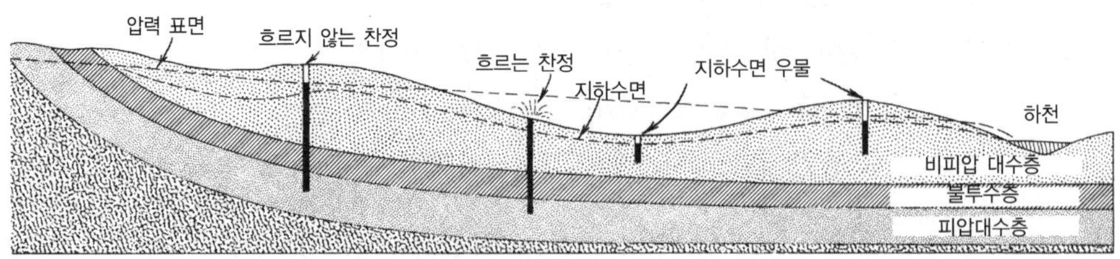

〈그림 14-2〉 대수층과 우물

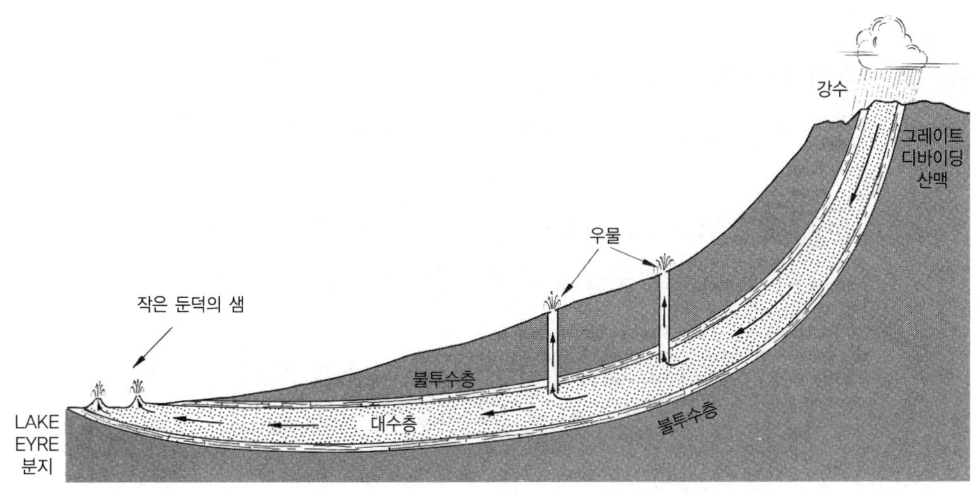

〈14-3〉 오스트레일리아 대찬정 분지의 일반화된 단면도

163. 지하수의 수질

■ 지하수의 오염 : 급속히 성장하는 도시, 그 주변 / 대수층이 깊지 않은 경우 지하의 저장탱크(유류, 화학물질)가 새는 경우

- 염화나트륨, 살충제 등의 사용지역
- 카르스트 지형 : 지상의 오염물질의 대수층으로 빠른 이동 때문

164. 심층지하수

■ 고염수(haline water) : 지하 수백 미터 깊이에서 발견되는 물에 용존물질 농축 염분이 많은 해수

- 해수의 평균 염도 35‰ : 아열대 대양 36~27‰, 홍해 40~43‰, 미국의 솔트레이크 230‰, 이스라엘 사해 315‰

■ 해수의 성분과 비슷한 특징 : 퇴적물의 공극에 함유된 물은 퇴적 당시의 해수, 현재까지 존재

■ 담수 : 지표수, 호수 또는 하천 및 강의 물, 지하수면 부근의 한정된 담수 지표와 지표 부근의 지하수

165. 지하수의 지질작용 : 용해작용, 침전작용

■ 지질작용(geologic processes) : 지표에서나 지구 내부에서 자연적으로 일어나는 작용
(풍화, 침식, 운반, 퇴적작용 / 지진, 화산, 화성암 및 변성암의 형성, 지각변동)

■ 용해작용(solution) : 지하수가 암석 중 또는 광물 입자들 사이를 통과하면서 용해시키는 것
- 빗물에 용해된 CO_2, 가스와 물이 토양 중을 통과할 때 흡수한 CO_2 가스
- 석회암, 고회암, 대리암 지대에서의 용해작용 : 돌리네(doline), 우발라(uvala)
- 스타일롤라이트(stylolite) : 성층면에 따라 일어난 용해작용으로 만들어진 동굴이 압력으로 천장과 바닥이 합하여 선으로 남은 것

■ 침전작용(precipitation) : 지하수가 용해되어 있는 광물질의 일부를 지하의 빈 곳에 침전시키는 것
- 종유석(stalactite), 석순(stalamite)

Ⅱ 호소

166. 호소의 종류

■ 호소 : 요지(凹地)에 물이 괸 곳(호, 소, 못)
- 못(pool) : 수면의 면적이 작은 것
- 호수(lake) : 수심 5m 이상인 것
- 소, 소택(swamp) : 수심 5m 미만인 것

■ 분류 : 물의 성질, 수온, 생물학적인 기준, 성인
- 물의 성질 : 염호, 담수호, 기수호(brackishwater lake, 담수에 바닷물이 침입한 호수)
- 수온(4℃ 기준) : 열대호(tropical lake, 연중 수면 온도 4℃ 이상)
  온대호(temperate lake, 여름 4℃ 이상, 겨울 4℃이하, 일시 결빙)
  한대호(polar lake, 늘 4℃ 이하, 겨울에 어는 호수)

• 생물학적 분류 : 부영양호(eutrophic lake, 생물 생존 조건 구비)
빈영양호(oligotrophic lake, 생물 생존 성분 빈약)
악영양호(dystrophic lake, 생물 생존 조건 미비)
• 호소의 성인 : 구조호(tectonic lake, 지각운동에 의한 것)
폐색호(dammed lake, 하천이 사태 · 화산분출물 · 빙하퇴적물 · 사구로 막혀 호수로 변한 것)
침식호(erotion lake, 침식작용으로 만들어진 것)
잔적호(relic lake, 해호, 곡류하는 강줄기의 일부가 떨어져서 호수로 변한 우각호)
화구호(crater lake), 칼데라호(caldela lake)

167. 요지와 호소의 성인

■ 지각변동, 사태, 화산분출, 선상지의 생성, 빙하의 침식작용, 지하수와 유수의 작용, 바람의 작용, 하천의 곡류, 바다와의 단절 등
■ 구조호(tectonic lake) : 지각운동의 결과로 만들어진 호수
■ 폐색호(closed lake) : 사태 · 화산분출물 · 퇴적물로 하천이 막혀 형성
■ 침식호 : 빙하 · 지하수 · 유수 · 바람의 침식작용으로 형성
• 우각호(oxbow lake)

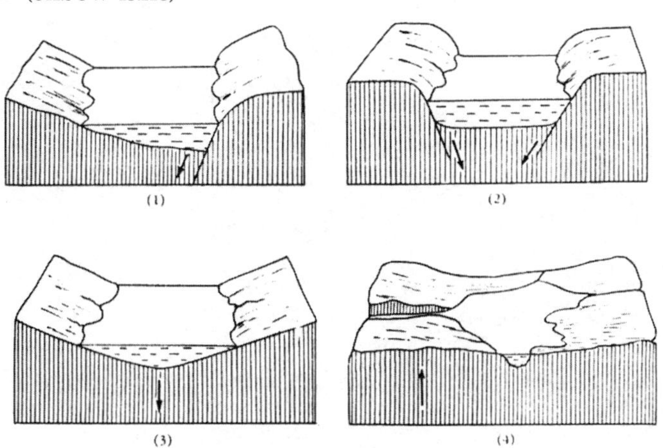

〈그림 14-4〉 구조호의 네 가지
(1) 한 개의 단층에 의한 것 (2) 2개의 단층에 의한 것
(3) 선상지에 의한 호소 (4) 직각적인 축을 가진 융기에 의한 것

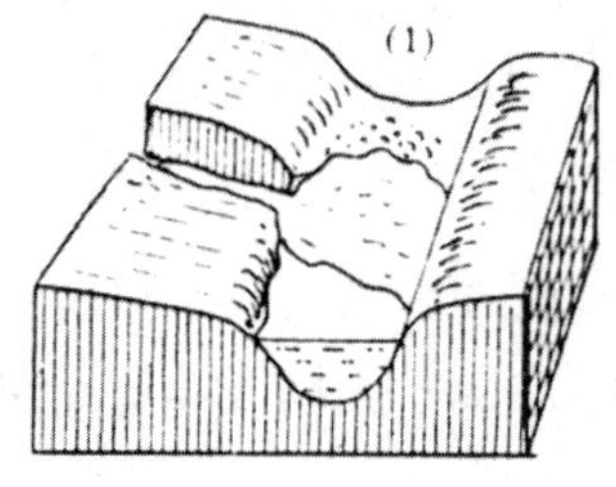

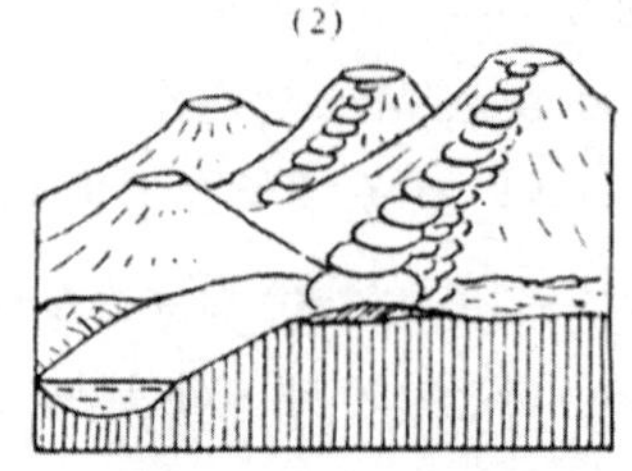

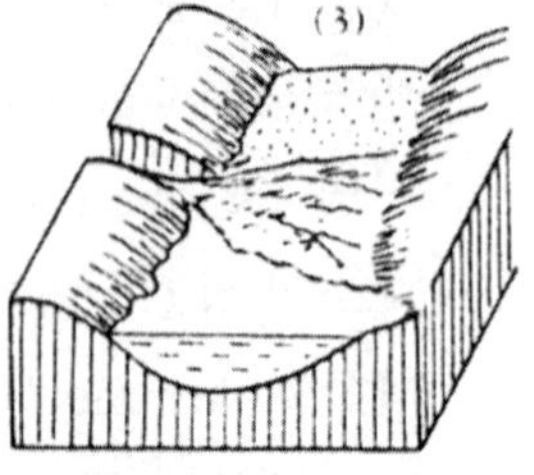

〈그림 14-5〉 폐색호의 종류
(1) 사태에 의한 호소 (2) 용암 분출에 의한 호소 (3) 선상지에 의한 호소

168. 호소의 지질작용

■ 풍화생성물에 의한 호수의 심도 감소 : 소택으로 변화 가능성 존재

■ 소택 : 얕은 해저의 융기로 인해 해안이 질퍽질퍽한 습지로 변한 곳
하천의 범람원과 삼각주에서 지하수면이 지면과 일치되는 곳
빙식작용을 받아 얕은 요철이 많은 곳

- 다수의 수중식물 번성 : 식물 유체로 매몰 → 박테리아 작용에 의한 분해 → 수중에서 오랫동안 보존 → 이탄(peat)형성 → 탄화되면 갈탄, 역청탄 형성 → 무연탄 변화

■ 호수의 연령 : 최대 38,000년 추정

제 15 장. 우리나라의 지체구조와 지형

I 우리나라의 지질과 지체구조

169. 한반도 주변의 지질구조

■ 시코테아린 습곡대 : 중생대 후기의 비교적 새로운 조산대, 지괴형의 구조
복향사, 복배사 형성한 습곡대
고생대 초기의 암층(선캄브리아기의 편마암, 결정편암, 대리암)

■ 만주준 탁상지(paraplatform) : 동남부(변성암), 남연부(후기 고생대 해성층 분포)
백악기 화강암류 분포
만주 평원지대(선캄브리아계 기반암 + 육성 중생대층의 퇴적)

■ 중한지괴 : 아시아대륙의 동북부 지역의 중심(교원단층지괴 한반도 인접)
분지 발달(선캄브리아계 기반암 + 현생층의 피복), 안정한 블록
대지의 성질 갖고 있는 단층지괴
화북평원(단층지괴 침강 + 신생층의 퇴적)

※ 중국대륙의 조산운동

- 24억 년 이전(하부상간-부평운동)
- 24억 년~18억 년 사이(오대-여량-사보운동)
- 13억 년~9억 년 사이(진령운동) : 평남분지, 옥천지향사대 형성

■ 양자지괴 : 양자강 중상류 저지대 포함 지역 / 한반도 영남육괴 연장

■ 복건(Cathaysia) 탁상지 : 헤르시니안 조산기 및 중생대 조산기의 변형작용

☞ 선캄브리아계의 기반암으로 이루어진 안정지괴 또는 준탁상지 + 단층지괴적인 조구운동 → 현생층의 퇴적분지 형성 + 조산운동 → 한반도 기본적인 지체구조 골격 형성

170. 지질계통 : 1974년 설정

■ 시생대(始生代) : 평남분지(평안남도, 황해도, 함경남도, 강원도)
옥천지향사(삼척, 충주, 옥천, 이리)
→ 조산운동 + 조륙운동 반복 / 해진, 해퇴

■ 원생대(原生代) : 황해도, 평안남도, 강원도 북부, 경상남도 북동부 및 평안북도
규암, 천매암, 석회암, 점판암 등

■ 고생대(古生代) : 하부의 조선계 + 상부의 평안계 구분

■ 중생대(中生代) : 하부의 대동계 + 상부의 경상계 구분

- 대동계 : 평양 중심의 북부 지역, 각지 산재 / 심한 습곡, 단층운동
  역암, 사암, 셰일층 등 구성
- 경상계 : 경상남북도

■ 신생대(新生代)

- 제3기 분포지역 : 매우 협소 / 전 국토의 약 1.5%
  동해안(경성만, 통천, 영일만 부근 등 10개소), 황해안(안주, 본산 부근), 제주도 서귀포 근교
- 제4계(系) : 현재 우리들이 살고 있는 시대 / 홍적층, 충적층 구분

171. 한반도의 지각변동과 지체구조

■ 지각변동 : 송림변동, 후대동기 조산운동(대보운동)

- 송림운동(중생대 트라이아스기 말) : 평안계, 조선계 지층의 완만한 습곡
- 후대동기 조산운동(대보운동) : 쥐라기 중엽 말 / 대습곡작용 + 역단층작용
  한반도의 지질과 지형 발달에 가장 큰 영향

■ 지체구조 : 육괴, 분지

- 육괴 : 선캄브리아대의 지층 구성 지역 / 고생대 이후 육지로 노출되었던 지역

평북육괴, 경기육괴, 영남육괴 등
• 분지 : 육괴 사이에서 낮은 퇴적분지를 형성하던 지역
바다(호수) 형성되어 퇴적층이 쌓인 곳
평남분지(평북육괴, 경기육괴 사이), 웅진분지, 경상분지

Ⅱ 산지지형

172. 경동지형과 산지

■ 경동지형 : 동해 쪽에 치우쳐 융기 → 비대칭적 사면 지형
• 신생대 제3기 중기 이후 형성 : 단순 요곡운동 + 단층운동
• 동해안 : 융기, 해안선 단순 / 서해안 : 침강, 해안선 복잡

173. 한국의 산지 방향

■ 한국의 산지 : 낮은 산지, 저산성 구릉지의 파랑상의 형태(데이비스 식)
■ 산지의 고도별 분포

〈표 15-1〉 산지의 고도별 분포

고　　도(m)	비　　율(%)
0~100	23.8
100~500	40.9
500~1,000	10.0
1,500~2,000	4.0
2,000 이상	0.4

• 높은산 : 30° N 이북 집중 / 남한 : 중산성, 저산성, 구릉성 산지

■ 한국의 산맥
• 중국 방향(NE-SW 방향) : 미국 핑펠리(Raphael Pumhelly)의 조사
소백 · 노령 · 차령 산맥, 영산강곡, 금강곡, 추가령곡

• 랴오둥 방향(ENE–WSW 방향) : 독일 리히트호펜(F. Von Richthofen)
강남 · 적유령 · 묘향 산맥
• 한국 방향(NNE–SSE 방향) : 일본 코토(Koto)
태백 · 마천령 산맥
☞ 산맥 방향 = 단층 방향 일치(중국 > 한국 > 랴오둥 방향)

Ⅲ 화산지형

174. 우리나라의 화산지형 : 신생대 제3기 말~제4기 분출한 알칼리 조면암, 현무암 구성

■ 백두산 : 종상화산 → 순상화산 형태
대용암대지 발달(개마고원 ~ 만주, 동서 240㎞, 남북 400㎞)

■ 제주도 : 5기 구분
• 기반 형성 → 용암대지 형성 → 순상화산 형성 → 측화산 형성 → 융기, 차지형으로의 변화
• 측화산(오름) : 360여 개 분포
폭발성 분화에 의한 화산쇄설물이 화구 주변에 쌓여 형성된 분화구
사굴, 만장굴, 협재굴 형성

■ 울릉도 : 종상화산(조면암, 안산암 형성) / 신생대 제3기 말
• 나리분지 : 가장 평탄한 곳
• 알봉(611m) : 중앙화구구

■ 기타
• 철원, 평양, 연천 일대 / 신계, 곡산 일대 / 칠보산 주변

175. 제주도의 화산 : 5기 구분

■ 제1기 : 서귀포층 밑의 기저현무암층
■ 제2기 : 유동성이 큰 표선 현무암의 열하에 따른 광역분출

• 제주도 동, 서 양쪽의 해안저지대의 용암평원 발달

■ 제3기 : 한라산 중심의 중심분화(central eruption), 순상화산체의 윤곽

■ 제4기 : 시흥리 · 성판악 · 한라산 현무암 / 산악지대 분포 / 종상화산체 형성

■ 제5기 : 백록담 현무암 소규모 분출, 오름=기생화산(후화산 작용)의 거의 전부 형성

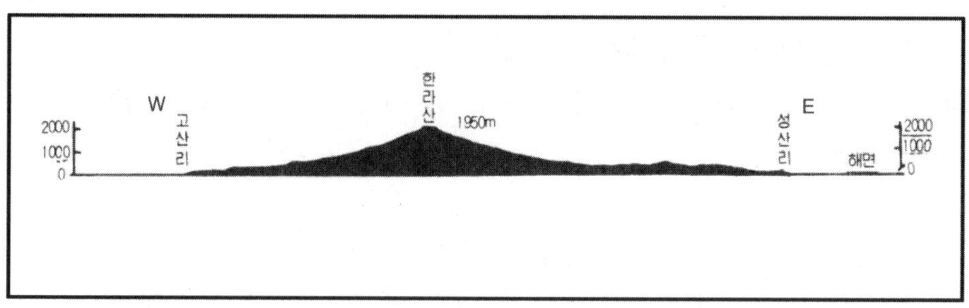

〈그림 15-1〉 아스피테식 화산(한라산)

Ⅳ 백두산 주변의 지형과 지질

176. 백두산의 지형적 특색

■ 연변~백두산까지의 지형 : 하상면과의 고도 차에 의한 분류

※ 700m 전후, 1800m 전후의 고도 : 용암대지 형성 / 현재의 백두산 화산체에 해당

〈표 15-2〉 연변에서 백두산까지의 지형

고 도 차(m)	내 용	비 고
7~8	제 1면	
15	제 2면	
40	제 3면	백두산저(상하면 부정합 구분)
100	제 4면	
140	제 5면	

■ 여러 형태의 지형 존재
- 화산활동, 빙하지형, 구조현상 관련 지형 존재
- 하천에 의한 지형발달 : 온천(열원 존재) / 빙식지형의 흔적 : 권곡(kar)
- 빙하지형, 주빙하지형 : 빙하에 의한 퇴적물 발견
- 화산지형 : 용암류, 화산탄, 화산호, 화구 등의 특성

177. 백두산의 화산활동과 암석의 분포

■ 백두산의 화산활동 : 중심분출(central eruption) + 열하분출(fissure eruption)

■ 암석의 분포
- 현무암대지 : 만주지방에서 북동–남서 방향의 장백산맥의 일부
  해발고도 1,000m가량, 지방기복 200m 내외
  용암대지 면적 약 30,000㎢(20%는 북한 분포, 개마고원)
- 경사현무암 고원 : 녹회색 현무암 존재(이도백하~남쪽 백두산 쪽 해발 1,800m 완만 경사지역), 열하분출에 의해 형성
- 제4기 화산활동 : 산성용암 분출(폭발성이 큼)
  2,100m~2,400m 유문암질암, 알칼리 조면암 등
- 제3기 화산활동 : 알칼리 용암 분출(알루미늄 및 알칼리 현무암)
  1,800m~2,100m 알칼리 현무암, 응회암, 조면암

178. 장백폭포 주변의 지형 : 유수지형, 구조지형

■ 유수지형 : 폭포, 급류
- 장백폭포 : U자형 계곡, 수직절벽 하곡 발달, 폭포 가까이 갈수록 좁아짐
  → 백두산의 강수 형태와 밀접한 관련

■ 구조지형 : 주상절리, 애추사면 발달(단층운동과 관련)

179. 천지 주변의 지형

■ 천지(용담호, 금호호) : 해발 2,155m, 남북길이 4.85㎞, 동서길이 3.55㎞

수면면적 9.82㎢, 평균수심 213m, 최고수심 384m
주변둘레 14㎞, 수원-강수 · 지하수, 수심진폭 1.67m

- 타원형, 화구가 용암의 급애 밑으로 가라앉아 형성
  3/5(북한 소유), 2/5(중국 소유)

■ 특성

- 최소 2~3개 이상의 화구 연합으로 형성 : 천지 호수의 윤곽의 불규칙
  용암류의 방향, 화산퇴적물의 특성, 천지 주변의 여러 사항 종합
- 빙하작용 : 권곡, U자형 계곡

180. 백두산의 기타지형

■ 풍식지형(wind erosion) : 삭박작용(바람에 의한 침식) + 침식작용(세립물질의 날아가는 것)
→ 기계적 풍화작용

- 풍식공, 풍식버섯, 풍식주 형성

■ 온천군 : 약 1,000㎢ 면적에 100여 개, 이도백하 가운데 통과 / 열원 존재

- 최고 : 섭씨 82℃ / 최저 : 섭씨 37℃

☞ 백두산 천지는 아직도 활동 / 활화산이라는 의미

V 한탄강 유역의 지형과 지질

181. 한탄강 유역 : 선지형, 용암대지의 형성, 현지형

■ 선지형 : 열곡구조, 차별침식과 관련 / 4회 이상의 용암류의 흐름
현무암지대 형성

■ 용암유출 이전의 하천 : 퇴적물 운반, 곡구의 봉쇄에 따른 침식기준면 상승
→ 두꺼운 호소성 퇴적층 형성

■ 선지형의 유로, 차지형의 유로

- 선지형의 유로 : 철원, 평강, 운천, 신답리, 궁평리, 전곡리 등

선한탄강의 오리산에서의 용암분출에 의해 매몰

→ 한탄강 상류 동쪽으로 흘러 현재의 한탄강 유로 형성

■ 한탄강 유역의 단구지형의 형태적 특성, 형성과정

- 범람에 의한 것 : 홍수 시의 범람
- 적평형작용에 의한 것 : 용암류의 역류에 의해 지류에 일종의 댐 형성
  침식기준면의 상승되어 발생

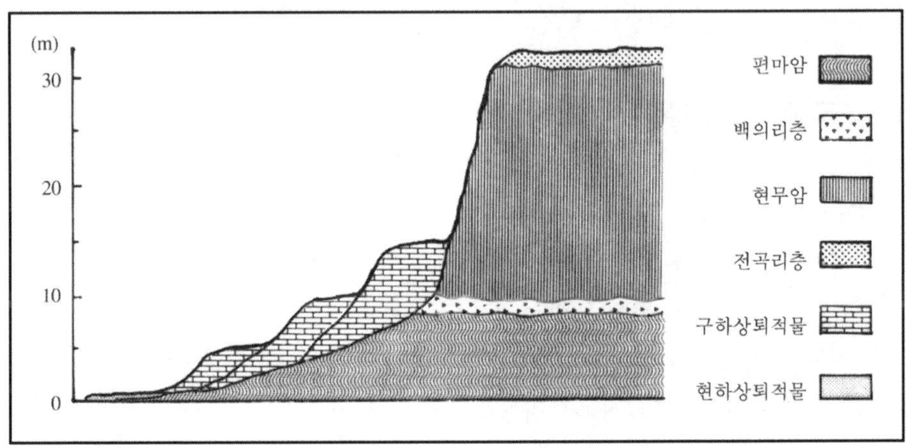

〈그림 15-2〉 한탄강 유역의 지형단면(전용목의 자료를 수정)

182. 고석정 주변의 지형 : 화강암 기반 위에 현무암 대지 덮여 있는 상태

■ 수직곡벽(절리, 균열), 포인트 바, 충적물(모래~역) 존재

- 역 : 상류 기반암의 종류 파악의 지표

■ 화강암 기반의 선지형

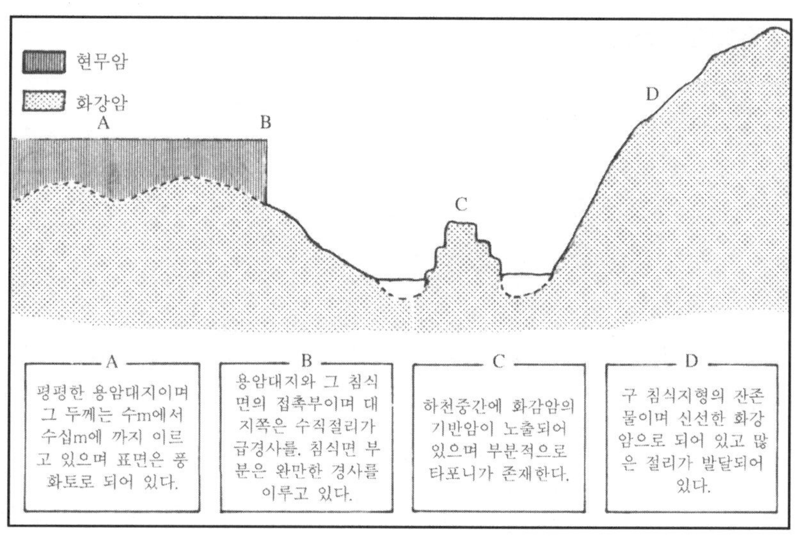

〈그림 15-3〉 고석정 부근의 지형단면

☞ 기반암은 화강암, 그 위에 현무암 대지 형성
비대칭적 지형 : 한쪽은 수직단애(현무암 주상절리), 침식지형

183. 직탕폭포 주변의 지형 : 선지형, 차지형, 현지형

- 형태 : 폭 80여m, 길이 3m 정도, 불규칙한 폭포선의 전면
- 하상면 : 주상절리(사각형~원형 / 불규칙한 다각형)
- 퇴적물 : 모래(석영질)~거력 / 다양
- 단층으로 추정되는 구조 확인

〈그림 15-4〉 직탕폭포의 전경

Ⅵ 단층지형의 사례 지역

184. 추가령 열곡 내의 단층구조

■추가령 지구대(열곡) : 서울~원산 사이의 지형적 특징

■북북동-남남서 방향의 정단층이 현무암 용암류의 통로 구실
평강 서남측의 압산에서부터 용암 분출

■지구대의 범위 : 보령 지역까지 확대

■화강암이 주위의 고기지층에 대한 차별침식에 의해 형성된 화강암의 분지가 연속된 것

■구조선을 따라 회춘된 남대천의 하방침식 + 단층운동의 첨가

■절리 + 구조와의 관계 정리 / 구조 + 하천의 유향과의 관계

■암석분포 및 제3기의 변형에 의해 형성된 지질구조

■중심분출(평강 부근의 압산) + 열하분출(주변의 단층운동과 관련)

■IMAGEM 탐사기 이용 의정부 ~ 동두천 사이 단층구조 존재 확인

185. 의정부-동두천 간의 단층구조 : 등치선도 분석에 의한 단층구조 확인

■복합단층곡 : 주향이동단층(백악기, 제3기 초) + 단층작용(구조선의 블록화)

■등치선도의 작성 : 지하의 높은 저항치 - 기반암 노출
-400~-600m 사이, -800~-1,000m 사이의 기반암 존재

186. 의정부-포천 간의 단층구조 : 등치선도 분석에 의한 단층구조 확인

■경기육괴 : 변성암 복합체(편암 + 규암 구성)

■북북동~남남서 방향의 대규모 단층군 발달

■등치선도의 작성 : 지하 200~500m 높은 전기 비저항치(기반암)
파쇄대 200~400m 존재

요약

기후지형학

제 1 장. 기후지형학이란 무엇인가?

I 기후지형학의 개념과 발달

1. 기후지형학의 개념

- 개념 : 지형형성작용(외적 영력)을 기후조건과 관련하여 연구하는 학문
- 기후인자 : 기온, 일조, 강수, 적설, 동결, 바람 등 → 풍화, 삭박에 영향
- 기계적 / 화학적 풍화 : 식생, 토양피복 등

2. 기후지형학의 발달

- 2차대전 후 : 외적 형성작용의 성질 및 역할 규명하여 지형발달에 관한 내용 고기후지형학적 성질 규명하여 현재까지의 환경 해명
- 데이비스, 펭크 : 지질구조, 융기율, 침식과 시간의 비율 등의 관점
- 최근 : 계통적, 계량적 방법 도입 / 체계적 이해 가능
  - 헤트너(A.Hettner), 파사지(S.Passarge)

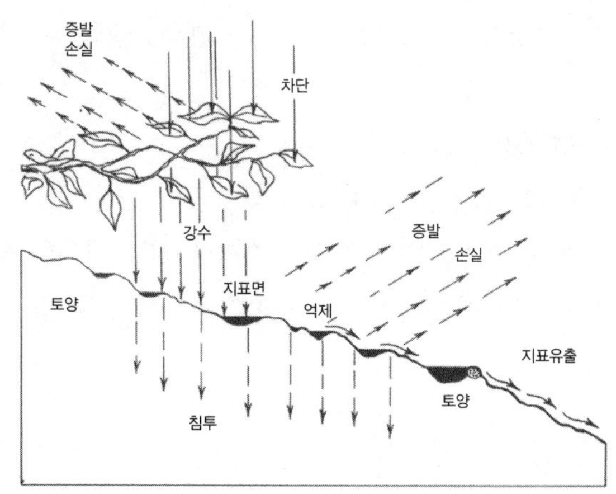

〈그림 1-1〉 강수현상의 모식도

3. 기후지형학의 연구자들

■ 길버트(Gillbert, G. K, 1877), 헌팅톤(Huntington, E., 1914), 브라이언(Bryan, K. 1922)
- 미국의 서부 건조지역 대상 연구

■ 미국(침식윤회설 지배)
- 사우어(Sauer, C. O. 1925) : 지형형성에 대한 기후의 역할 강조
- 커튼(Cotton, C. A., 1947) : 기후사변(climate accident)에 대한 고찰
- 펠티어(Peltier, L., 1950) : 주빙하지역의 지형 윤회

■ 독일
- 리히토펜(Richthofen. A. Von, 1886), 펭크(Penck, A., 1910) : 기후 영향의 중요성 언급

■ 프랑스
- 마르통(Martonne, 1933) : 기후인자에 관한 분석

■ 기후지형학적 연구 기여
- 쾨펜(Köppen, V., 1900) : 세계 기후대와 기후구분에 관한 연구
- 펭크(Penck, A., 1910) : 세계 기후대와 토양대에 관한 연구
  강수에 따라 기후지역의 구분(습윤, 빙설, 건조지대)
- 도쿠챠에프(Dokuchaev, V., 1883) : 토양대분포에 관한 연구

■ 1926년 뒤셀도르프의 심포지움
- 샤퍼(Sapper, K., 1935) : 습윤지대의 지형학
- 뷔델(Büdel, J., 1948) : 기후지형학의 체계(뮌헨 지리학자 회의)

190. 데이비스(Davis)

■ 침식윤회(cycle of erosion)의 개념
- 지표의 기복은 삭박을 받아 계속 낮아지며 일정한 방향을 따라 진화한다고 주장
- 지형은 원초적인 상태에서 출발, 일련의 단계를 거쳐 최종적인 형태 도달

■ 전제조건 : 구조, 지형의 형성작용, 단계
- 구조 : 삭박의 속도, 차별침식 좌우, 유도하는 암석의 경연차
- 형성작용 : 유수, 바람, 빙하 등 암석 침식에 관여하는 기구
- 단계 : 기구가 지표의 삭박에 개입한 기간
  → 기복의 형태 구분 : 유년기, 장년기, 노년기

■ 정규침식윤회 : 온대습윤기후 지역에서 유수에 의한 침식윤회
- 가설 : 고원상의 평탄한 원지형 – 지각변동에 의한 융기 후 안정상태 유지
- 변모과정 : 원지형 → 유년기 → 장년기 → 노년기 → 준평원

5. 펭크(Penck)

■ Davis의 침식윤회설 비판 : 『지형분석』

■ 연구 목적 : 지반운동 → 구조지형, 침식지형에 영향

■ 사면의 형태, 경사(철형, 요형, 직선사면) : 하천의 침식에 의해 결정
- 하천의 하방 침식률에 의해 결정
- 오목형사면 : 지반의 안정, 하방침식률의 감소
- 직선사면 : 지반의 융기율, 하방침식률 일정하게 유지
- 볼록형사면 : 지반의 융기, 하방침식률 증가

■ Davis 이론 인정 : 하천의 침식률 감소, 하방침식의 정지 상태하에서 시간의 경과 → 사면의 경사 완만, 기복감소
- 하방침식의 일정 : 사면 후퇴, 경사와 직선상의 형태 불변, 기복 감소하지 않음

■ 한계 : 이론의 실증이 어려움

6. 뷔델(Büdel)

■ 기후변동의 영향 〉 지질구조의 영향

■ 한랭기, 온난기의 교대가 지형 발전에 중요
- 유럽, 아프리카에서의 뷔름(Würm)빙기의 기후대 이동

Ⅱ 기후지형학과 지형학

7. 기후지형학의 연구대상과 연구방법

■ 기후지형발달사의 방법론적 원칙 확립

〈표 1-1〉 기후지형학의 연구 대상과 연구 방법 요약

연구 대상	• 개개 지형의 전형적인 예에 주목 • 새로운 곡류 현상에 관한 관심, 공격사면, 단구, 돌리네, 사구, 뢰스나 역층의 노두 등에 관한 연구
연구대상 선정 이유	**1) 지형과 지질구조의 관계 명확** ⇒ 고전적인 케스타의 애(崖)와 같이 암석의 제약이 뚜렷하게 나타나는 지형 **2) 지질구조가 지형발달에 어떤 영향을 미쳤는가 하는 양자간의 관계가 불명확** ⇒ 신기 모레인 지역, 빙하에 의한 퇴적지형 **3) 현재의 지형영력과 관련된 것** ⇒ 제4기에 이루어진 하천의 곡류 현상이나 혹은 사구의 형태가 나타나는 것 ⇒ 과거에 작용한 영력이 뚜렷한 단구나 공격사면 ⇒ 형성영력의 일부분밖에 이해할 수 없는 돌리네
연구방법	1) 지형형성기를 알 수 있는 지형 분석 2) 암석의 제약과 내적 영력의 영향을 확실히 함 3) 과거 지형형성 영력에 관한 증거 찾기 4) 야외 조사지역 확정 5) 현재의 기후지형대와의 시 · 공간적 비교 6) 과거 지형 형성시기를 해명하기 위해 현지 지형 이해 7) 과거의 지형형성에 대한 강도 · 변형이유 · 규모 등 파악

8. 동적지형학과 지형형성기

- ■ 동적지형학 : 지형의 발달에 관련되는 현재의 관찰, 계측 가능한 제영력의 분석, 지형학에 엄밀성을 도입하여 물리학적 · 수학적 정량화를 응용하려는 생각
- ■ 지형형성기 : 지형 전체의 여러 단계
  - 선행 / 후속 지형형성기의 결합

9. 지형유물의 분석 : 특정 지형형성기의 지형을 명확하게 밝히는 가장 중요한 증거

- ■ 시 · 공적 비교
  - 과거의 지형형성기 인식 → 지표에 따른 같은 영력의 기후대 발견
  - 고기후(古氣候)에 가능한 한 근접
- ■ 스피츠베르겐의 주빙하기후 : 중부 유럽의 주빙하기후 지형과 일치
  - 빙기 때의 중부 유럽 : 백야가 없음, 강한 일사, 대륙적 기후

10. 기후지형대의 성립과 구분

- ■ 정의 : 현재 거의 동질의 지형형성 메커니즘이 작용하고 있는 지역
- ■ 분류 : 영력의 분석 및 영력이 작용하여 형성한 현상에 기초
- ■ 특징
  - 빙상 아래 및 빙상 주변 지대 : 모식적인 지형 형성하는 메커니즘의 과거 100년간 정도의 사이 연구, 해명
  - 해저지형, 해안지형 : 지형발달의 경계지대.
구해안지형(지형형성기 분리의 중요한 지표)
  - 화산분출물에 의한 피복 : 평탄면 지형, 고토양, 화석을 포함한 퇴적물 매몰 / 보존
- ■ 기후지형대의 구분 : 공간적 비교 중요
  - 다른 기후지형대에서의 유사한 내적구조 지역 선정
  - 과거의 지형형성기의 지형 분리
그곳에 작용하고 있는 현재의 지형형성 메커니즘 포착
ex) 아열대 : 물리학적 분석 / 열대 : 화학적 분석

제 2 장. 기후대별 지형의 특색

I 온난 습윤 기후대

11. 열대습윤기후 지형

■ 습윤기후(humid climate) : 규칙적인 유수를 특징으로 하는 기후
- 기온의 차이, 강수량의 계절 변화 등에 따라 구분
- 열대습윤기후, 아열대 습윤기후, 냉대습윤기후 등으로 구분

■ 열대습윤기후 : 동남아시아, 인도네시아, 뉴기니아 북부, 적도 아프리카 서부, 중앙아메리카, 아마존, 가나 등
- 일년 내내 다습한 열대우림 기후
- 풍부한 강수량, 화학적 풍화작용, 심층풍화, 두꺼운 토양층(유동성), 라테라이트 생성

12. 온대습윤기후 지형

■ 특징 : 지역에 따라 동결현상, 기후의 계절적 변화 뚜렷, 삼림의 보호작용 고지형(古地形)의 보존 양호, 주빙하지형 존재

■ 해양성 기후 : 짧고 약한 동결현상, 짧은 기간, 기계적 풍화작용 한정, 생물의 지형형성 담당

■ 대륙성 기후 : 강력한 기계적 풍화작용, 융해에 의한 표면유출(gully 형성) 융설수의 공급

13. 몬순기후 지형 : 동아시아~동남아시아 지역

■ 여름철에 특히 습윤한 아열대 및 온대 지역

■특징 : 하천 유량의 변동 큼, 여름철 홍수발생, 선상지나 자연제방의 발달 현저, 화학적 풍화 탁월(남부), 하천의 암설운반작용(북부), 동결 풍화, 융설유수작용(중국 북부), 급경사의 고립된 산형(중국 남부 / 사바나의 인셀베르그 형태와 비슷)

- gully 침식, 빠른 부식 분해 : 아열대지역(뷔델, 1969)

■몬순 산림(열대반낙엽수림) : 몬순의 영향을 받는 동남아시아 열대 지방의 산림

- 라테라이트(Laterite) : 고온다우의 환경, 염기류의 용탈 + 탈규산화작용
  철, 알루미늄과 같은 광물이 농집된 적황색의 흙
  철의 결핵이 풍부, 적은 부식, 생산력이 낮은 흙

Ⅱ 건조, 반건조 기후대

14. 사바나기후 지형 : 습윤 사바나 → 건조 사바나

■습윤 사바나 : 여름철 습윤, 2~4개월 정도 건계 형성 지대

- 인도 반도, 말레이 반도 동부, 동아프리카, 오스트레일리아 북동부, 브라질, 열대 안데스 등

■우계 : 화학적 풍화작용(고온다습한 기후조건), 심층풍화

■건계 : 기계적 풍화작용, 박리현상, 라테라이트화 작용, 적색토 분포

■기계적 풍화(건계) + 화학적 풍화(우계) = 우식작용 활발

- 급사면 : 우구(rill), 우구세식(rill wash)
- 완사면 : 포상홍수, 면상삭박

■특징 : 평탄면 형성(두꺼운 풍화층에 덮인 기반암 구성) / 인셀베르그 형성

15. 지중해성기후 지형 : 유럽, 북아프리카의 지중해 연안 지방, 아프리카 남단, 캘리포니아, 칠레 중부, 오스트레일리아 남서부 일대

■온난다우의 겨울, 고온건조한 여름 : 코르크 참나무, 소나무, 올리브 등

■반건조 토양 : 테라로사, 지중해적갈색토

■ 대규모의 붕괴, 토석류의 발생(라마, 프라나 명명 / 이탈리아) : 악지형 형성

16. 건조기후 지형 : 건조지형

■ 유수가 전혀 없거나 간헐적, 빈약한 식생피복, 강한 풍식 : 사막, 반사막, 사막 스텝

■ 사막 : 일시하천 존재, 식생 빈약, 일시적인 강한 호우
기온의 일교차 큼, 기계적 풍화작용

■ 스텝지역(반건조지역)

■ 건조지형 : 건조분지, 페디먼트, 인셀베르그, 페디플레인, 암석선상지, 풍식요지, 내륙사구

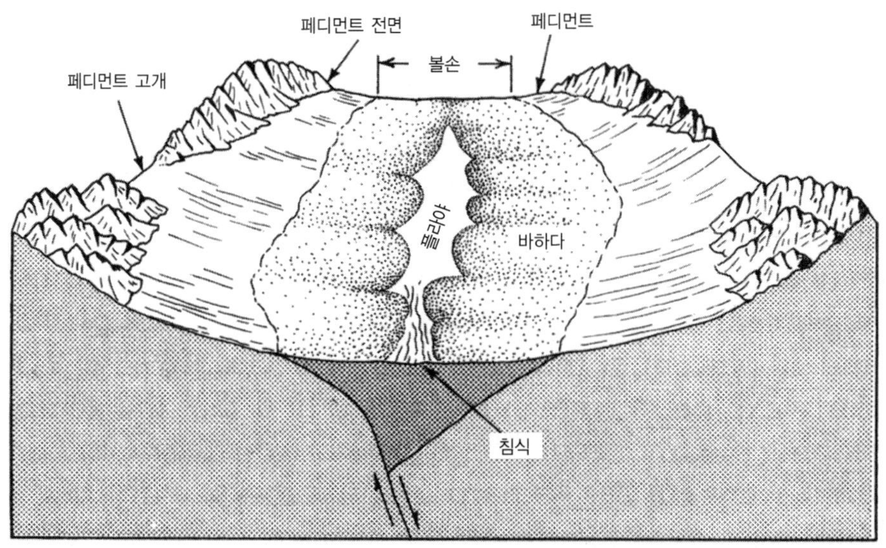

〈그림 2-1〉 건조기후 지역에서 형성된 지형

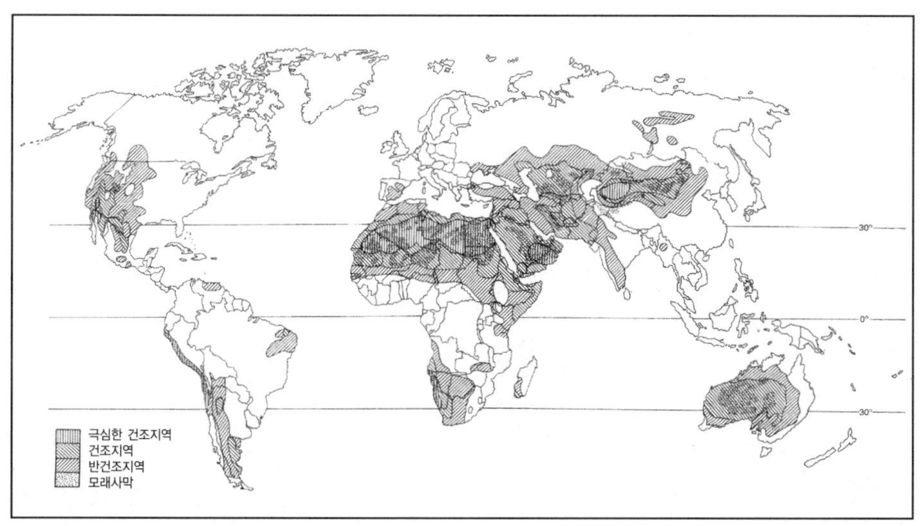

〈그림 2-2〉 세계의 건조지역

Ⅲ 한랭기후대

17. 빙설기후 지형 : 눈과 얼음이 항상 존재하는 지역 / 아빙설지역, 빙하지역 양분

■ 특징

- 주빙하현상(periglacial phenomena)
- 동결파쇄에 대한 암석 붕괴
- 동결융해의 반복에 따른 토양의 운동
- 솔리플럭션, 구조토

18. 빙하 지형 : 남극대륙(90%), 그린란드(9%)

■ 남극대륙

- 빙하성 아이소스타시(glacial isostasy) : 빙상의 중압에 의한 지각운동
- 육지는 아래쪽으로 침강 추정

■ 특징

- 눈을 녹일 정도의 충분한 열량을 갖지 못한 지역

• 강수가 고체 형태로 집적

■ 빙하화작용(glacierization) : 토지가 빙하로 덮이는 것

■ 빙하작용(glaciation) : 빙하가 지형에 미치는 작용

• 침식 · 운반 · 퇴적 작용

■ 지형 : 양군암(roches moutonnees), 빙식곡, 빙식구(groove), 권곡(kar, cirque), 빙퇴석, 드럼린, 에스커 등

(a)

(b)

〈그림 2-3〉 빙하의 퇴석

(a) 측퇴석과 중앙퇴석(알라스카 빙하)
(b) 두 개의 능선은 측퇴석임

Ⅳ 기후변동과 지형

19. 기후변동

■ 신생대 : 지연환경의 변화(조산운동, 기후변동 등)

• 제3기 : 온난한 기후 / 제4기 : 빙하시대

• 홍적세 빙기 : 대규모 형성

■ 뷔름(würm) 빙기 : 육지의 약 1/3 빙하 / 기후, 식생대 현재와 상이
■ 빙하기의 아프리카 북부 : 습윤
• 와디(건조천) : 원래 물이 흘렀던 하곡
■ 북아메리카 대륙 북부 : 빙상(ice sheet) 존재
■ 미국의 대도시(뉴욕, 워싱턴, 시카고 등) : 툰드라
■ 현재의 호수 : 빙하시대 생성

☞ 기후변화 변동
빙하의 양에 따른 해수면의 변동 → 하천의 침식기준면 변동(침식, 퇴적 양상 변화)

20. 기후변동의 증거

■ 화석(fossil) : 동물화석에 의한 파악
• 이동범위 : 과거의 기후적 한계 암시
■ 식물의 화분(花粉) 분석
■ 고토양(古土壤) : 과거의 기후와 식생 변화
■ 빙하지형 : 빙하의 침식에 의한 지형(권곡, kar)
• 권곡 : 설선의 높이, 빙하의 범위 파악
• 퇴적지형 : 빙하의 흔적 파악 가능
■ 빙호, 호상점토 : 빙하가 녹아서 융빙수가 흘러 점토를 퇴적시킨 것
• 조립층(여름), 세립층(겨울)의 퇴적 : 과거의 연수 파악 가능
• 두께 : 태양 복사량의 증감 파악
■ 해안단구(marine terrace)
• 육지의 융기에 의한 해저면이 육지화되는 경우
• 해수면의 저하로 해저가 육지화되는 경우

제 3 장. 풍화작용

I 풍화와 기후

21. 풍화의 개념과 기후와의 관계

■ 풍화작용(weathering) : 암석이 변화되어 가는 현상(물리적 붕괴, 화학적 분해)

• 풍화각(weathering crust) : 풍화작용을 받아 변질된 암석부분

유기물 집적 → 지표에서의 물리적, 화학적, 생물학적 변화에 의해 층위 분화 → 토양 발달(비옥도 포함)

(자갈의 화학적 풍화와는 구분)

■ 풍화에 영향을 미치는 인자 : 광물조성, 구조, 수문환경 등

• 기후 : 강수, 기온

■ 화학적 풍화작용 : 연평균 기온 높음, 풍부한 강수량(습윤 열대 지역)

■ 물리적 풍화작용 : 적당한 기온, 암석 중에 포함된 물의 동결 융해가 반복되는 곳

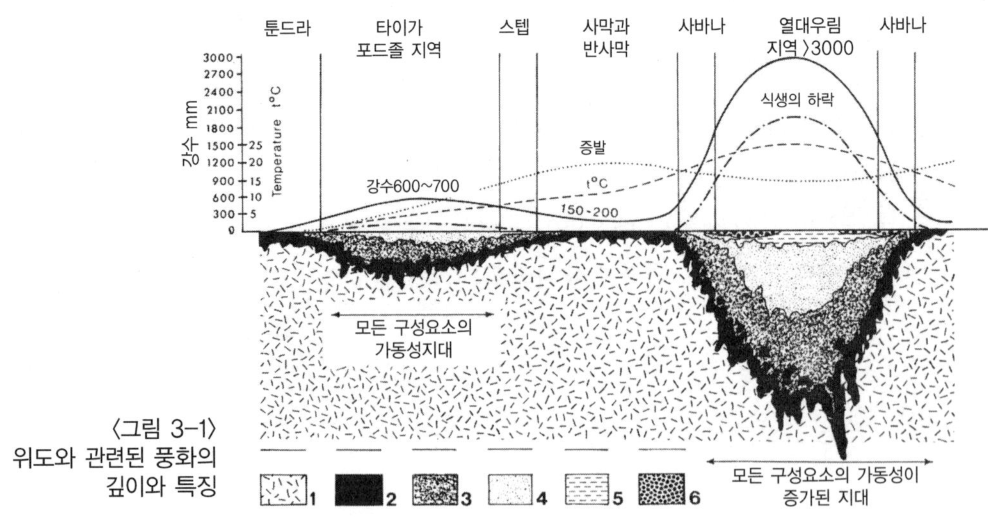

〈그림 3-1〉
위도와 관련된 풍화의
깊이와 특징

22. 광물의 안정성

■ 광물구조 : 광물구조에 기초한 순서(감람석-휘석-각섬석-운모-석영 순)

■ 광물의 붕괴 : 광물의 결합이 가장 약한 부분부터 진행
풍화 용해에 노출된 부분이 많을수록 속도 증가

23. 화학적 풍화에 대한 암석의 반응

■ 풍화에 대한 저항 : 반려암-화강암, 현무암-유문암 순 증가

■ 풍화각 연구 : 쇄설물 주변부에 동일한 두께의 화학적 변질대
각의 두께에 의한 화학적 변질의 측정 가능

■ 흑운모(biotite) : 흑운모 포함 암석 빨리 풍화(화강암 중 가장 먼저 풍화되는 광물)

■ 퇴적암(sedimentary rock)의 풍화

• 점토 성분 함량 높은 암석 〉 점토 성분 낮은 암석
(습기 함량의 변화에 따른 팽창, 수축 때문)

■ 구조적 흔적 여부 : 화학적 풍화 진행의 촉매 역할

24. 심층풍화(deep weathering) : 암석이 지하 깊은 곳까지 풍화를 받고 있는 현상

■ 심층풍화 받기 쉬운 암석 : 투수성이 높고 화학적으로 활성(活性)인 것
침식작용에 의해 운반되어 다른 곳으로 제거되기 쉬운 곳

☞ 화학적 풍화작용 촉진되는 기후 / 두꺼운 풍화 생성물 형성된 곳

• 과거에 심층풍화 일어난 것 : 풍화 조건의 현재와 상이

■ 석비레(regolith) : 풍화가 덜 진행된 암석 위에 피복되어 있는 풍화물질

• 풍화대(zone of weathering) : 석비레의 대상배열(帶狀配列)
(토양, 무구조의 석비레, 암석의 구조를 갖고 있는 쇄설물, 둥근 핵석을 갖는 구조성 석비레, 각진 핵석을 갖는 구조성 석비레, 미풍화 암석 등)

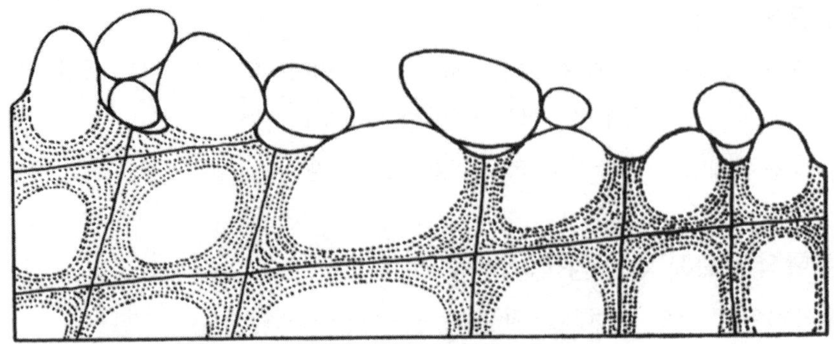

〈그림 3-2〉 계란형 역의 발달 단계

Ⅱ 풍화의 종류

25. 기계적 풍화

■ 기계적 풍화의 진행 : 쪼개지는 면, 수분과 접하는 면 증가

- 미세한 균열 : 화학적 풍화

※ 기계적 풍화 + 화학적 풍화

■ 박리 현상(exfoliation) : 양파껍질처럼 벗겨지는 현상 / 기계적 + 화학적 풍화

- 한대지방(기계적 풍화), 온대지방(기계적 + 화학적 풍화), 열대지방(화학적 풍화)

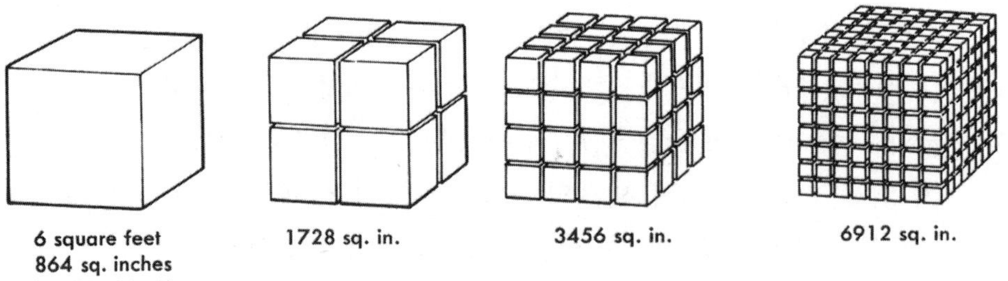

〈그림 3-3〉 표면적과 입자 크기와의 관계

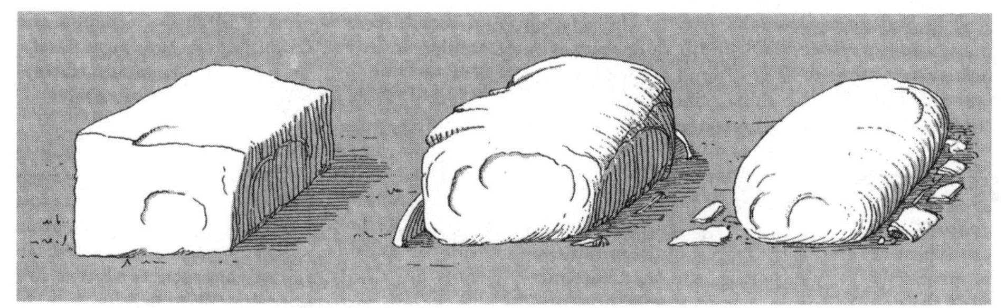

〈그림 3-4〉 풍화에 의해 둥글어진 역

〈그림 3-5〉 첨상형 화강암 지형

26. **화학적 풍화** : 조암광물에 화학적 변화가 일어나는 것

- ■ 화학적 풍화의 진행 : 원래의 성질 잃어버리고 푸석푸석해지면서 암석 자체가 약화
- ■ 조건 : 수분, 온도
  - • 열대습윤 지역 : 다량의 수분 + 높은 기온
  - • 암석의 표면이 쪼개짐에 따라 풍화작용의 가속적 증진
- ■ 세프롤라이트(saprolite) : 암석의 형체 유지, 썩은 바위
- ■ 구상풍화 : 수직, 수평절리의 기반암 → 절리면을 따라 선택적 침투 → 모서리의 풍화작용, 세프롤라이트로 둘러싸인 원력으로 변형

■ 핵석 : 구상풍화를 받은 돌, 토오르(tor) : 핵석이 쌓여 있는 것
보른하르트(bornhart, 거대한 노암의 돔)

27. 염 풍화

■ 물의 건조 → 염(鹽)의 집적(절리, 광물 입자의 경계) → 염의 증발 → 암석의 붕괴

■ 건습 반복 지역 : 열대 건조지역(입상붕괴에 의해 성장), 남극대륙

■ 동해안 지역의 염 풍화 : 암석해안, 경암층

• 염분에 의한 풍화(염 풍화 작용) : 타포니 혼용

28. 생물 풍화 : 식물, 동물, 박테리아 등에 의해 제한

■ 열대지역 : 흰개미에 의한 토양상부의 분급

• 돌, 조립질 물질의 집적

■ 설치류의 굴 : 체르노젬 지역 / 토양구조 파괴, 용탈, 층형성 작용 방해

■ 이화학적 풍화 + 풍화효과의 결합

• 동물의 굴과 먹이 및 식물 뿌리의 압력에 위한 입자의 단순한 파괴작용

• 동물에 의한 광물질 이동하여 물질의 이동과 혼합효과

• 호흡에 의한 CO_2의 증가로 용해 작용이 높아질 때처럼 단순한 화학적 효과

• 습기 유지와 풍화에 대한 효과

• 응달과 발효 작용 및 물질의 이동에 의한 지온의 효과

• pH에 대한 효과, 풍화로부터의 보호 작용 등

Ⅲ 풍화와 토양 형성

29. 토양의 개념 : 암석이 풍화된 세립물질이 토양생성작용을 받은 상태

■ 생산기능(식물의 성장 유지) + 분해기능(환경오염방지, 농림업의 재생산성)

• 동식물 유체의 분해 → 부식 → 식물의 양분

■ 토양생성작용

• 미생물에 의한 식물유체의 분해 → 표토(부식층)에 축적

→ 생물학적 순환 경험 → 염기류 + 풍화쇄설물 혼합 / 지표 최상층 속 축적

→ 비옥한 풍화물질 생성

• 각 지역의 토양 특성은 토양생성인자에 의해 좌우

■ 토양생성인자 : 기후, 생물, 지형, 지질, 시간, 인간활동 등

30. 토양단면

■ 분화된 토양의 각 층에서부터 토양모재에 이르는 모든 층을 수직적으로 배열한 층단면

■ 토양 : 철이 녹으로 코팅되는 것 = 기반암 상에 남아 있는 엷은 층

■ 토양단면

• A층 : 부식 포함한 진한 암색으로 이루어진 층
생물체의 활동이 가장 활발하게 나타나고 있는 층
수많은 유기체가 살기 적합한 곳 / 불용성 잔유광물(점토, 석영 등)

• B층 : 비교적 적은 양의 유기물과 가용성 광물 및 산화철 존재

• C층 : 약간 변형된 기반암 / 파쇄, 분해된 점토와 혼합

31. 토양 생성과 기후와의 관계 : 강수, 기온

■ 수분의 투수현상 : 물이 통과하는 시간이 길어지면 많은 고체물의 변화
기온이 높아지면 화학반응의 속도 증가

■ 토양의 생성

• A층 : 수백 년 ~ 수천 년 동안의 분해된 식생, 유기물이 변화된 광물 및 점토와 혼합

• B층 : 화학반응에 의한 점진적 침식

※ 광물의 분해 + 기계적인 풍화와 기간, 기온 및 강수량의 변수와 연관
3가지 변수(토양의 유형, 두께, 기후지역)에 따른 생물의 활동에 영향

32. 토양생성화 작용

■ 성대토양 : 일정한 기후하에서 장기간의 토양생성작용이 진행되어 모재와는 관계없이 기후형과 일치하는 토양

■ 포드졸화 작용

- A0층 : 부식층, 2~10㎝
- A1층 : 사질토층, 10~15㎝, 풍부한 유기물, 용탈, 세탈(가용성 염기, 점토, 부식의 미립자 등)
- A2층 : 사질층, 15~50㎝, 강산성의 토양수에 의해 극도로 진행된 세탈층
- B층 : 미립물질의 치밀한 조직, 15~50㎝, A층에서 세탈된 물질의 집적층

■ 라테라이트토

- 토층발달이 불분명, 열대우림기후 지역 에서 발달
- 고온과 미생물의 활동 왕성 → 부식층 형성 미약
- 토양수 풍부 → 가용성 염기, 규질의 용탈
- 철, 알루미늄 산화물, 석영의 집적 / 적색의 표토 밑의 집적층

■ 체르노젬 : 반건조기후 지역의 비옥한 흑토(黑土)

- A층 : 부식을 많이 함유한 갈색, 흑색 / 5~20㎝
- B층 : 탄산칼슘의 집적층 / 40~60㎝

■ 석회화작용 : 극히 건조한 사막, 토층 발달의 불완전
지표까지 올라온 탄산칼슘이 굳어져 석회각 형성

■ 간대토양 : 모재의 성격이 많이 반영되거나 기수와 관계없이 형성되는 토양

- 테라로사 : 배수 불량한 곳에 식물의 유체 집적되어 부식
토탄 풍부한 습윤 토양, 석회암의 풍화토

■ 비성대 토양 : 토양단면이 충분히 발달할 만큼 시간이 경과하지 않았거나, 풍화산물이 제자리에 오래 머물 수 없는 급사면의 토양

33. 토양생성인자 : 기후, 유기물, 모암, 지형, 시간 등

■ 기후(climate) : 모암의 풍화 정도 차이 / 구성광물의 조직, 비율 변화
식물과 토양의 형성 정도와 형태 변화

• 토양의 온도, 습도 변화 → 식물의 성장, 토양의 성질에 직접적 영향
■ 유기물(organism) : 영양분 공급, 식물의 영양분 순환, 토층을 상하로 섞음
■ 모암(parent material) : 토양의 근원, 점토의 성질 유추
■ 지형(relief) : 지각의 변형에 의한 지구조 변화 과정, 침식, 퇴적 과정에 의해 형성
■ 시간(time) : 기후, 식생의 변화에 의해 결정 / 물리적, 화학적 및 생물학적 과정

34. 토양 형성 과정

■ 비, 바람, 기온, 생물 등의 작용 → 기계적 붕괴(disintegartion) → 화학적 분해 (decomposition)

※ 풍화작용(토양모재의 생성작용) + 토양생성작용(토양형성작용)

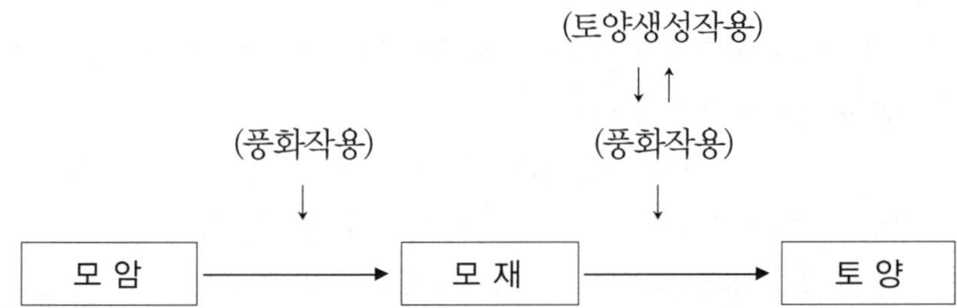

※ 풍화작용 : 모암, 모재, 토양물질 등에 끼치는 모든 물리적, 화학적, 생물적 작용
토양생성과정 : 물질의 용탈, 집적, 분해, 합성, 산화상태, 환원상태, 유기 및 무기물질의 상호변화 등

제 4 장. 풍화에 의한 지형

I 잔류 암괴 지형

35. 토오르(tor) : "똑바로 서있는 사람" / "평지에 불룩하게 튀어나온 탑"

■ 정의 : 차별풍화에 의해 형성된, 독립성이 강한 암괴미지형

■ 성인 : 1단계 발달이론(1회 지형형성작용), 2단계 발달이론(2회 이상 지형형성작용)

■ 1단계 발달이론(지상풍화 강조) : 주빙하 작용, 페디플레인화 작용, 솔루션 팬에 의한 수직붕괴 작용 등

- 주빙하기후 : 동결작용, 동결파쇄작용에 의한 사면 후퇴 / 기반암의 차별풍화 크리오플라네이션(주빙하작용에 의해 산지가 평탄화되는 작용)
- 페디플레인화 작용 : 페디먼트의 발달, 사면 후퇴로 도상구릉이 발달
- 솔루션 팬 : 반건조기후 하에서 수직붕괴 야기
  수직붕괴 과정에서 작은 페디먼트를 발달시키면서 부산물로 토오르 발달

■ 2단계 발달이론(심층풍화 강조) : 심층풍화에 의한 핵석이 지표 노출, 토오르 형성

- 절리의 풍화 : 조밀한 부분의 풍화, 표토화(regolith)
  절리 간격이 넓어 단단한 암석 부분의 핵석(풍화물질의 제거 후 토오르 존재)
- 기후변화 측면 : 심층풍화가 일어났던 시기 기후, 핵석 노출 시기 기후 상이
  3기 말의 고온다습한 기후, 4기 플라이토세 주빙하 기간 동안 솔리플럭션 같은 작용에 의해 풍화물질 제거되고 핵석 노출
- 구조적 측면 : 현재 기후 하에서 심층풍화로 핵석 발달 / 지역적 기준면의 융기에 따른 회춘, 단층운동, 식생파괴 등에 의한 침식작용의 부활로 노출

※ 온대지방의 토오르(기후변화 측면), 열대지방의 토오르(구조적 측면)
(흔들바위, 해골바위)

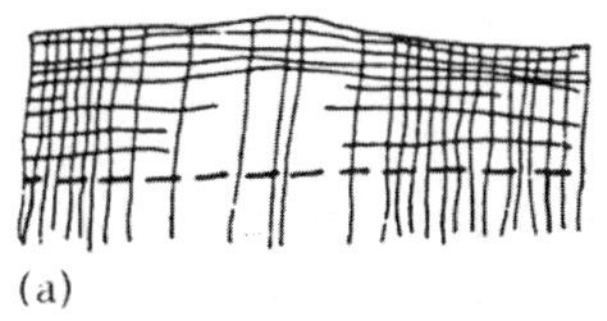
(a)

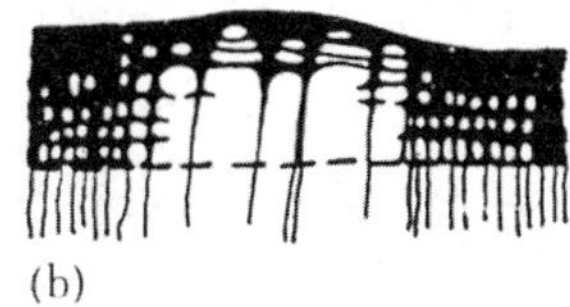
(b)

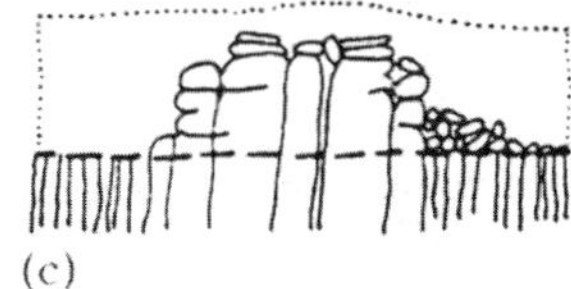
(c)

〈그림 4-1〉 토오르의 발달과정

〈그림 4-2〉 화강암의 토오르(와이오밍 주)

36. 보른하르트(bornhart) : 급경사를 갖는 돔 형태의 인셀베르그

- 윌스(B. Wills, 1936) : 페디먼트화 작용에 의한 산지 사면의 평행후퇴에 의해 형성된 인셀베르그와 구분하기 위해 사용
- 정의 : 화학적 심층풍화에 의해 형성된 핵석이 2차적으로 지표 상에 노출된 것
  - 절리가 없는 화강암 지역에 괴상의 돔으로 나타남

• 돔 상의 인셀베르그(domed inselberg) : 아프리카 사바나, 오스트레일리아의 반건조기후 지역의 돔 상의 나암(裸岩)구조 / 페디플레인의 형성 과정에서 존재하는 고립구
• 대규모, 단일 암괴 형태(화학적 풍화) : Ayers Rock

37. 도상구릉(inselberg) : 평탄한 지역에 발달한 독립된 고립구릉의 의미

■ 정의 : 건조기후 지역에 적용, 암설사면으로 어느 정도 오목한 페디먼트 상의 구릉
  • 건조지역의 침식 윤회 과정의 산물 인식

■ 과정 : 제3기 후반~제4기에 걸친 기간 동안 습윤기후에서 이루어진 심층풍화와 풍화물질의 삭박으로 페디먼트 형성 / 암석 잔구가 인셀베르그 형성

Ⅱ 풍화혈

38. 그나마(gnama) : 평탄한 암석면, 토오르, 보른하르트, 인셀베르그 등의 암체 상부 평탄면에 형성된 원형에 가까운 풍화혈

■ 솔루션 팬, 솔루션 피트 : 성인적 측면, 화학적 풍화(용식작용)에 의해 형성

■ 형태
  • 직경, 깊이 : 수mm~수cm, 수십cm~수m 정도
  • 오스트레일리아 반건조지역, 울산바위 정상부, 속리산 문장대, 지리산 세석봉, 월출산 구정봉
  • 풍화호 : 평탄한 암반에 발달한 구멍 / 용식혈(화학적 풍화에 의해 형성)

39. 포트 홀(pot hole) : 마식작용에 의한 하상면 상의 요지(凹地)

■ 형성과정
  • 하천에 의해 운반되는 자갈 → 와류를 일으키며 선회하여 기반암 마모시켜 발달한 요지(구혈, 돌개구멍)

• 자갈의 역할 : 마식작용 → 원마도 증가

■ 규모 : 기반암, 운반물질의 종류, 유속, 유량 등에 따라 상이
직경보다는 깊이가 깊게 나타나는 경우

〈그림 4-3〉 포트홀

40. 타포니(tafoni) : 암석 측면에 나타나는 풍화혈 의미(형태상의 지형 분류)

■ 화학적 풍화에 의해 발생 경우 다수
- 결정질 암석, 사암, 석회암, 결정편암 등

■ 알베오리스(alveoles, 봉소풍화) : 크기가 작은 타포니

■ 그로츠(grottes), 셜터(shelter), 절벽 아래 동굴(cliff-foot caves) : 크기가 큰 동굴 형태

■ 돔의 기저부, 암석 주변에 토양으로 덮여 있는 결합부분 등에서 발견

■ 습기가 오랫동안 머물 수 있는 그늘진 곳에 발달, 수분 침투가 쉬운 절리 부분 유리

■ 염 풍화작용(salt weathering) : 염분, 수분의 지속적 공급(그늘진 곳)

〈그림 4-4〉
타포니 (강원도 양양, 1976)

41. 그루브(groove) : 인셀베르그 암벽면을 따라 수직 발달한 밭고랑 형태 풍화미지형

- ■완사면 발달 : 런널(runnels), 그루터스(gutters) / 급경사 발달 : 그루브(grooves), 훌루팅(flutings) 구분
- ■형태 : 유수의 침식 + 물리적 + 화학적 풍화 복합 / 지의류의 영향 / U자형
  - • 암석의 측면에 유수의 작용으로 인한 도랑처럼 길게 파인 형태
  - • 빙상의 기반, 융빙수에 의해 발생되는 각력에 의해 암석 표면에 길게 긁힌 것이나 커다란 찰흔
- ■용어 : 빙식구(빙하작용에 의해 기반암의 표면에 형성된 구상의 요지, 찰흔보다 깊고 넓은 것)

■ 기반암의 침식작용

- 굴식(plucking) : 유수 운동, 빙하의 이동에 의해 기반암에서 암편을 뜯어내는 작용
- 마식 : 하천, 빙하, 바람, 파랑 등이 운반하는 암설에 의해 암반이 연마되어 마멸되어 가는 침식작용

■ 빙상의 이동방향 추정 가능 : 빙하의 기저부에 얼어붙은 채로 활동성 운동에 의해 운반되는 암편이 만든 좁고 긴 홈

■ 빙식구 : 빙하에 의해 운반되는 암설물이 빙하의 기저부에 얼어붙은 상태로 운반되면서 만든 가느다란 찰흔이나 좁고 긴 홈.

〈그림 4-5〉 그루브(서울 불암산)

42. 록 도너츠(Rock doughnuts) : 기반암보다 주변이 약간 높게 위로 돌출된 암석요지

■ 형태 : 직경 3m, 주변 높이 30㎝, 암석요지 깊이 80㎝ 정도 / 내부 산화철

■ 결정질 암석(투수성, 공극률 낮아 물을 오랫동안 요지 안에 유지)에서 발달

- 건조 시 : 철, 염분 침전 / 산화물질의 붉은 색
- 강수의 흐름 : 기반암에 의해 좀더 돌출된 이유 / 물, 바람의 영향

Ⅲ 풍화 암설 지형

43. 애추(talus) : 기계적 풍화에 의해 단애면으로부터 분리되어 떨어진 암설

■ 암설사면 : 기계적 풍화에 의한 파쇄암설이 암벽의 기저부에 계속 집적

- 낙하분급 : 상부(작은 암설), 하부(큰 암설) 집적
- 식물 생장 정지

■ 화석지형 : 과거 주빙하기후 지역 발달

■ 형태 : 산지사면을 따라 설형으로 발달하는 암설의 퇴적지형(= 돌서렁)

■ 형성원인 : 동결작용, 기온 변화, 식물의 작용 등(기계적 풍화)

〈그림 4-6〉 애추사면

44. 암괴원과 암괴류(block field & block stream) : 주빙하 산물 간주

■ 암괴원(block field) : 암괴가 넓게 덮여 있는 지형, 주빙하지형

- 서릿발 작용이 가해져 날카로운 모서리를 지닌 암괴 / 일정한 흐름의 방향성

■ 원인

- 주빙하기후 하에서 지상풍화(동결파쇄작용)에 의해 암괴가 형성되는 경우 : 원형도 낮음
- 지중풍화에 의해 형성된 핵석들이 솔리플럭션 현상 등에 의해 노출된 경우 : 원형도 높음

■ 암괴류(block stream) : 암괴가 집단으로 사면 경사를 따라 비교적 길고 좁게 흘러내린 것

- 형성과정 : 온난습윤 기후(과거 주빙하 지역) → 기반암 풍화, 사면을 따라 흘러내림 → 후빙기 때 유수작용에 의해 제거, 암괴만 존재

■ 포행(creep) : 토양의 내부 구조 변형, 점성이 큰 물질의 흘러내림(유동성 운동)

- 집단적 포행, 사면에 쌓이면 암괴류

45. 박리작용과 플레이킹(exfoliation & flaking)

■ 박리작용 : 암괴의 표면과 거의 평행하게 만곡된 박리면 형성, 그곳으로부터 판상의 암편이 떨어져 나오는 현상

- 판상작용 : 대규모 박리현상

■ 성인

- 마그마로부터 심성암체가 고화될 때 형성된 유리 구조, 냉각, 수축에 의해 형성된 절리와 연관
- 암체를 덮고 있던 암층이 삭박 제거되고 암체가 지표에 노출되는 과정에서 표면의 압력이 감소됨에 따라 암체 표층부가 팽창하여 형성된 절리를 따라 형성

■ 플레이킹 : 박리작용의 한 종류, 비교적 소규모의 형태

- 열 작용, 염분의 결정 작용, 서릿발 작용, 화학적 풍화 등

〈그림 4-7〉 박리의 예

제5장. 매스 무브먼트와 사면의 발달

I 매스 무브먼트

46. 사면의 경사와 매스 무브먼트

■ 매스 무브먼트 : 유수, 바람, 빙하 등과 같은 운반 매개체의 개입 없이 중력에 의해서만 사면에 쌓여 있는 암설이 아래쪽으로 이동하는 일련의 과정

- 수분, 얼음(촉매 역할)
- 삭평형 작용 : 사면의 발달, 유지에 영향
- 안식각(angle of repose) : 암설이 안정된 상태 유지하면서 머물 수 있는 최대 각도
- 녹설층(colluvium) : 매스 무스먼트에 의해 사면의 하부로 이동하여 쌓이는 퇴적층

  불량한 분급, 층구조 나타나지 않음

47. 매스 무브먼트의 분류

■ 물, 얼음의 함량 / 유동성 운동, 활동성 운동, 낙하 등 / 운동 속도 등

■ 유동성 운동 : 수분, 얼음 함유한 암설의 집단적으로 내부 구조 변형시키며 이동

- 느린 유동성 이동 : 토양 포행, 솔리플럭션, 암석빙하포행
- 빠른 유동성 이동 : 토석류, 이류, 암석애버런치

■ 활동성 운동

- 암석슬라이드, 슬럼프, 낙하 등

〈표 5-1〉 매스 웨스팅의 분류

이동 속도		얼음 함유량 증가 ← 암석 · 토양 → 물 함유량 증가				
유동	식별 불가능	빙하의 운반	솔리플럭션 ↓	포행 (토양포행 · 암석포행)	솔리플럭션 ↓	유수의 운반
	완~급		암석애버런치 ↓	↓	토석류 이류 암설애버런치	
활동	완~급		↓	슬럼프 암설슬라이드 암설낙하 암석슬라이드 암석낙하	↓	

48. 느린 유동성 이동

■ 토양포행(soil creep) : 극히 느리게 이동 / 토양층의 최상단 부분에서 진행되는 암설의 이동

- 연간 1mm~수십cm 정도
- 기온, 강수의 계절 변동이 심한 지역에서 활발
- 토양의 팽창, 수축 반복 / 서릿발 작용
- 동물이 흙을 밟거나 구멍을 팔 때, 식물이 성장 · 부패할 때, 지진이 일어날 때
- 암석포행 : 사면 위에 놓인 암괴가 개별적으로 아래로 이동하는 현상

■ 솔리플럭션(solifluction) : 토양이 물로 포화되어 경사가 극히 완만한 사면에서 흘러내리는 유형

- 툰드라의 영구동토층을 덮고 있는 활동층에서 가장 활발
- 연간 수m~1일 십여cm의 속도
- 토양수가 사면의 토양 상층에서 효율적으로 배수될 수 없는 곳
- 젤리플럭션(gelifluction) : 주빙하지역에서 동결과 융해의 반복에 의해 융해 시 활동층이 영구동토층 위 사면에서 이동하는 것

■ 암석빙하포행(rock-glacier creep)
- 고산 지방에서 노암의 절벽 밑에 각진 암괴가 혓바닥 모양으로 쌓여 이루어진 암석 빙하의 이동 양식(연간 1m 내외의 이동)

49. 빠른 유동성 이동

■ 토석류(earth flow) : 사면의 풍화층이 물을 함수하고 있을 때 발생
- 점토광물이 풍부한 풍화층에서 주로 발생 / 산사태
- 풍화층의 물 함유량이 일정한 한계를 넘었을 때 충격이 가해지면서 순간적으로 탄력성을 잃어 유체로 변하고 이 때 사면을 흘러내리는 현상

■ 이류(mudflow) : 토석류의 극단적인 유형 / 건조기후 지역의 산지, 화산의 산록에 호우가 내릴 때 발생
- 자체 무게와 관성으로 인해 계속 흐름 / 시속 100~1,000m 정도의 이동 속도

■ 암석 애버런치(rock avalanche) : 높은 산지에서 외적 요인의 작용을 계기로 절리, 성층면 등을 따라 거대한 암체가 분리될 때 발생
- 암체가 미끄러지는 형식 → 암설로 부서짐 → 유동성 운동의 형식 (활동성 이동 → 유동성 이동)

50. 활동성 이동

■ 암석 슬라이드 : 건조한 암석의 매스가 내부 구조에 변화없이 미끄러지면서 이동하는 현상
- 단독, 집단적으로 미끄러져 내려가는 것 / 커브진 지표면을 따라 이동(슬럼프)
- 빙하지형 : 급애면의 U자곡, 불안정한 암석, 암체의 기반암으로부터 분리

■ 슬럼프 : 활동성 이동, 비교적 빠른 속도 이동
- 기저부가 침식을 받아 불안정해진 급사면에서 발생
- 원래의 퇴적 구조 유지

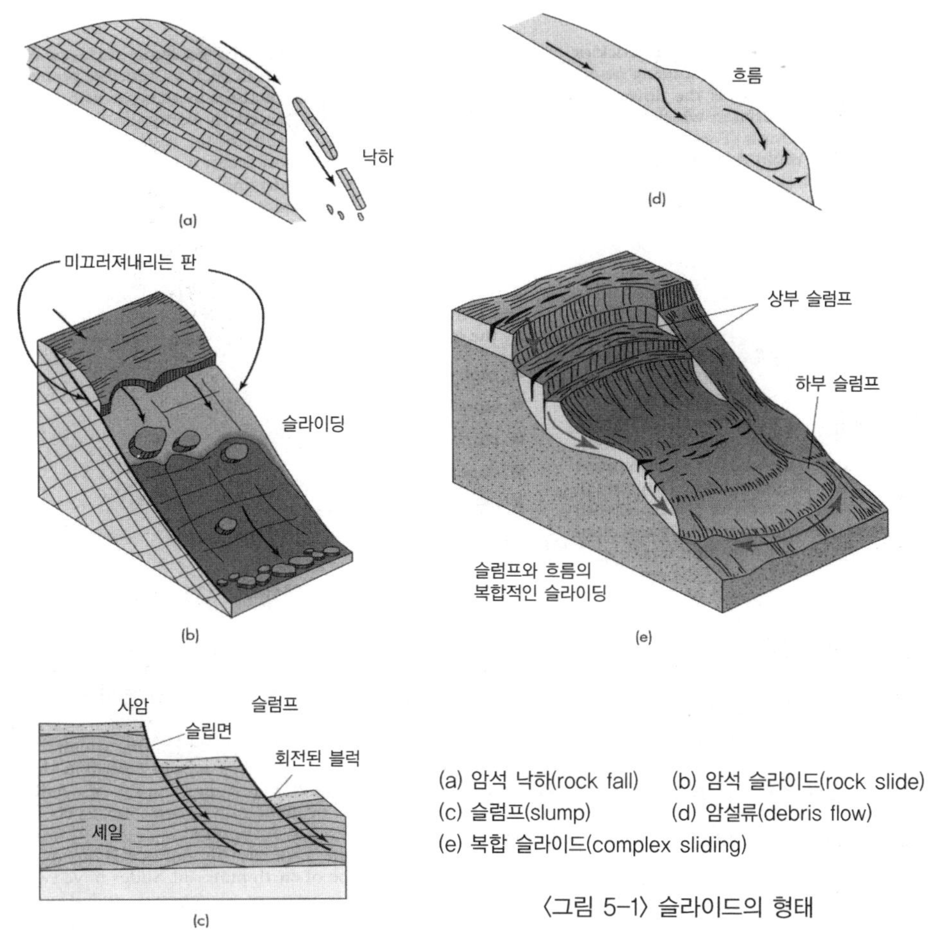

(a) 암석 낙하(rock fall) (b) 암석 슬라이드(rock slide)
(c) 슬럼프(slump) (d) 암설류(debris flow)
(e) 복합 슬라이드(complex sliding)

〈그림 5-1〉 슬라이드의 형태

51. 낙하 : 건조한 풍화 산물이 운반 매체 없이 자유롭게 밑으로 떨어지는 것

■ 암석 낙하와 암설 낙하
- 암석 낙하 : 기반암의 암설 물질이 개별적으로 낙하하는 것
- 토양 낙하 : 충적층과 토양층이 낙하하는 것
- 암설 낙하 : 암석이 집단으로 낙하하는 것(암석 + 토양 낙하 포함)
- 단애면에서 떨어진 애추 존재

■ 애추의 발달 : 산지사면을 따라 설형으로 발달하는 암설의 퇴적 지형
- 단애면에서 낙하된 암석이 사면의 기저부에 집적되어 형성된 것

• 기계적 풍화작용, 주빙하기후 / 35° 내외의 경사, 직선상의 단면
• 낙하분급(fall sorting) : 암설의 크기별 구분 현상
• 애추, 애추사면, 복합애추 존재 / 식물 생장 중지

Ⅱ 사면의 발달

52. 단애 : 가장 단순한 형태의 사면

■ 암석해안, 하방침식을 깊게 받은 하곡, 빙식을 받은 산지 등
■ 애추 형성 / 안식각에 의한 사면 경사 결정

53. 철형사면

■ 길버트(1909, G.K. Gilbert) : 토양포행에 의해 형성, 산정부의 철형사면
• 균일한 두께의 토양층, 토양모재 : 아래쪽으로 경사가 증가하는 사면
• 암설의 양, 산정에서부터의 거리에 비례하여 증가
■ 한계 : 직선사면만 고려 / 사면 전체의 기반암의 풍화율 균일

54. 요형사면 : 산록부의 단면

■ 경사급변점(nick point) : 산록 완사면 → 배후 급사면 변화 / 페디먼트 관찰 가능
※ 페디먼트 : 건조지역, 침식면 지칭 / 퇴적지형은 아님 /
요형사면으로 이동해 온 물질들이 얇게 덮여 있는 것
■ 릴류에 의한 형성 : 효율적인 암설 제거
■ 보울링(H. Bauling, 1940) : 토양포행, 릴류에 의한 사면 형성
• 토양모재의 투수성 중시 : 지표유출 억제(조립암설의 산정부) / 토양포행의 우세 / 철형사면 발달 → 릴류의 발달(미립 암설의 산록부) / 요형사면 발달 → 시간 경과, 사면 후퇴, 경사 완만 / 상부로 확대되는 릴류의 작용 → 요형사면 형성

55. 직선사면(rectilinear slope)

- 산정부 철형사면, 산록부 요형사면 / 사이 직선 상태 형성
- 보울링(H. Bauling, 1940) : 사면 중앙부(우계, 릴 작용 / 건계, 토양포행) 비슷한 정도의 유수, 포행 작용

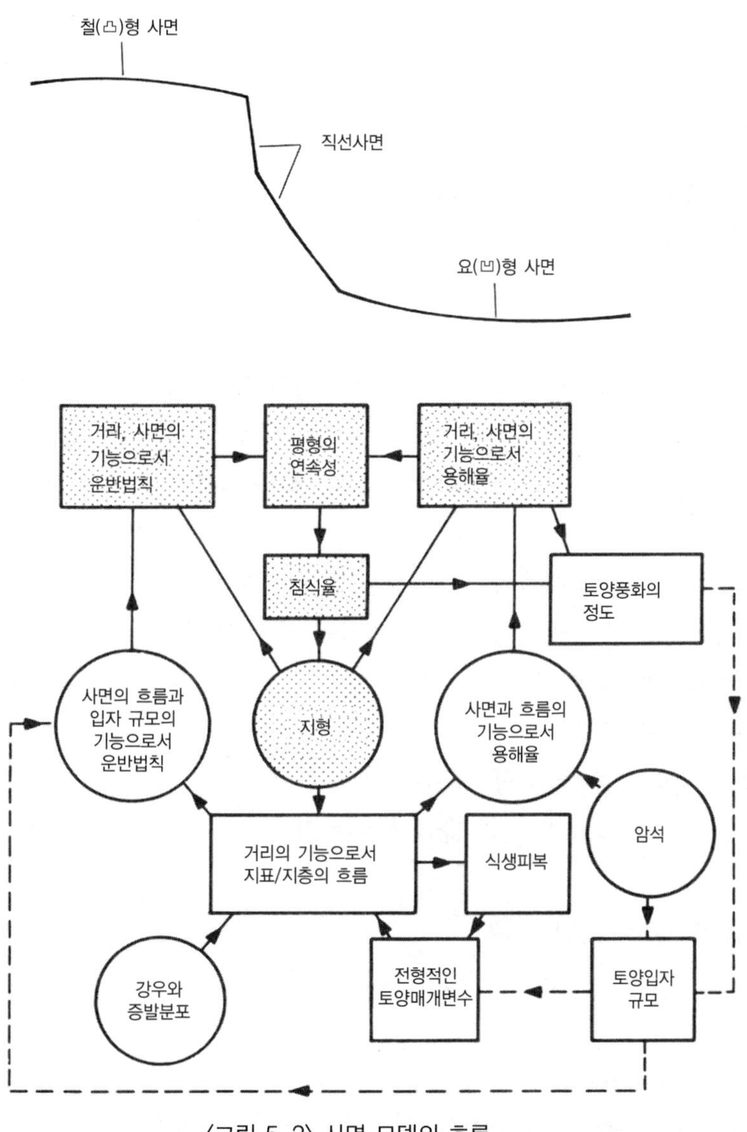

〈그림 5-2〉 사면 모델의 흐름

제6장. 유수에 의한 지형 형성

I 하천과 하곡의 발달

56. 하천(stream)과 곡(valley)의 개념

■ 강수현상 : 증발, 투수, 유수

• 투수작용 : 사력질 토지(활발) / 점토질, 조밀한 기반암 지형(활발하지 않음) 식물 피복이 많은 곳, 지표의 경사

■ 투수 능력 결정 : 토양 조직, 구조 / 식생 / 생물학적 구조 / 토양의 습도, 상태, 온도 등

■ 포상류(sheet flow) : 평평한 지면 / 릴류 : 식물 피복이 없는 지면, 계절적 현상 인식

■ 곡(谷) : 산지 지형에 대하여 상대적으로 요지(凹地) 의미

• 구조곡 : 내적 영력에 기인 / 침식곡 : 하곡 지형, 빙식곡 등

※ 상대적 저지(低地) 인식

■ 지형형성작용의 결과

• 곡(하곡, 河谷) : 하천의 침식작용에 의해 깎인 저지

• 하천(stream) : 하곡을 따라 물이 흐르는 것

57. 하곡(valley)의 발달 과정

■ 하방침식(down cutting), 측방침식(lateral erosion), 두부침식(headward erosion)

• 구(gully), 계(ravine), 곡(valley)으로 발달

■ 곡의 폭 : 계곡 내에서 측방침식, 평탄화 작용 / 곡벽에서 발생하는 우식과 포

상 유수의 작용 / 곡벽에서 발생하는 구(gully)가 형성되는 작용 / 풍화와 매스 웨스팅

■ 곡의 연장

• 두부 침식 : 소규모 곡의 확장에서 중요 / 포상유수의 유입 / 샘의 유출

• 곡류하도의 규모 증대

• 계곡의 말단부 : 육지의 융기, 해수면과 호수면의 하강에 따른 계곡의 확대

58. 하곡의 발달에 작용하는 인자

■ 지질, 화산, 지진, 육지의 승강, 기후변화

• 지표 환경의 균형 유지

■ 지질의 구조와 영향 : 지표 환경의 차이

■ 화산, 지진 : 용암류의 하곡 횡단, 호수 형성, 구혈 발생

■ 육지의 승강 + 해수면의 변동 : 침식기준면 하강에 따른 곡의 침식작용 활발
→ 평탄한 해저의 해안평야 변화, 하천의 연장

• 익곡(溺谷) 형성

■ 지진, 단층작용 : 지괴 변동에 동반된 하천의 유량, 하곡의 발달 정도 변화 야기

■ 기후변화

• 습윤기후 변화 : 우량 증가, 감소 → 하천작용 촉진

• 건조기후 변화 : 곡저의 풍화, 토사에 의한 매몰, 하곡 형태 없어짐

59. 하곡의 성인상 분류 : 구조곡, 침식곡

■ 구조곡 : 지각면의 분열, 습곡 등의 지질구조 바탕으로 한 종류의 곡

• 단층곡 : 지각의 균열, 단층선이 기본이 된 곡

• 습곡곡 : 습곡 작용이 일어나 한쪽으로는 산맥 형성, 낮은 지역은 곡, 하도와 비슷

• 분계곡 : 산맥의 산록부분에서 분출 암체가 나타나면 그 경계면에 요지 형성되어 하곡 발생의 요인이 되는 경우

■ 침식곡 : 침식작용으로 형성된 골짜기

• 빙식곡 : 빙하가 이동한 통로의 침식 / U자형
• 하곡 : 유수의 침식에 의한 변화

60. 하곡의 형태적인 분류

■ 지층의 발달 구조와 주향 관계에 따른 분류
■ 종곡(longitudinal valley) : 거의 평행으로 달리는 산지 사이를 평행으로 뻗쳐 있는 대상의 요지
  • 단층에 의한 지구, 단층곡, 단층선곡, 기타 지반 운동, 차별 침식 결과의 요지대
  • 향사곡 : 습곡산지에서 발달한 최초의 향사 구조를 따라 발달한 하곡
  • 배사곡 : 습곡산지의 침식 경우 배사 산릉 정상부의 절리 발달 / 역전기복 발생
  • 동사곡 : 한쪽으로 경사진 지층상에 발달한 하곡
■ 횡곡(transversal valley = 관통곡, durchgangstal) : 산맥 횡단하는 하곡
  • 선행곡, 표생곡, 단층곡 등
■ 사곡(oblique valley) : 지층의 주향에 대하여 사교(斜交)하여 발달한 하곡

61. 하곡의 방향과 경사에 의한 분류

■ 필종하곡(consequent valley) : 하곡의 발달 방향이 지표면의 자연적인 경사를 따라 발달하는 하곡
■ 사행하곡(insequent valley) : 자연적인 경사의 방향에 사교(斜交)하여 발달한 하곡
■ 횡종하곡(subsequent valley) : 침식 난이도보다 지질 구조에 적응해서 발달한 하곡
■ 재종하곡(resequent valley) : 침식 과정에서 침식작용에 의해 초기의 자연 경사와 다른 방향으로 경사가 나타나게 되고 이를 따라서 발달한 하곡
원래 지표면의 일반 경사 방향으로 흐르던 하천이 그 후 지표의 삭박 결과 한단 낮은 수준에서 다시 필종하천과 같은 방향으로 흐르게 되는 하천
■ 역종하곡(obsequent valley) : 일반적인 경사의 방향에 역행하는 방향으로 발달한 하곡

지층이 경사와 일치하는 것과는 관계없이 단지 하천 생성 시 지표면의 경사를 따라 흐르는 것

- 계승하곡(superimposed valley) : 지표면의 자연적인 경사나 지질구조와 무관하게 발달한 하곡

62. **하곡의 구간별 특색** : 침식 · 운반 · 퇴적 작용

- 상류부(산지구역) : 수원(水源), 급한 구배, 유수작용 강함(여울, 구혈 형성)
  - 곡이 좁고, 깊음 / 협곡 형성
  - 하상 : 각력, 기반암괴 존재(폭호 존재 / 하각작용, 두부침식)
  - 암반의 절리 구조에 따라 결정
- 중류부(곡의 구역) : 완만한 구배 / 침식, 퇴적의 안정
  - 하방침식 〈 측방침식 활발 / 사주, 하중도 형성
  - 홍수 시 범람원 발달
- 하류부(평야구역) : 물의 흐름 완만
  - 토사의 침전, 퇴적 작용 → 하상이 약간 높아짐
  - 중류보다 뚜렷한 만곡 형성

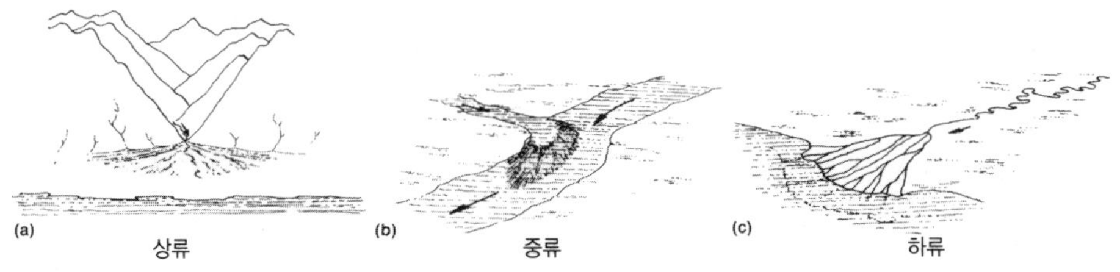

〈그림 6-1〉 하천의 상류 · 중류 · 하류

Ⅱ 하도의 평면 형태

63. 직선하도 : 하천의 측방침식이 진전되지 않아 하폭이 비교적 좁은 하곡

■ 최심하상선의 좌우, 양쪽 하안 접근

• 하안의 후퇴 / 맞은편 포인트 바 형성

• 포인트 바 : 공격면의 맞은편, 모래, 역이 쌓여 형성, 초승달 모양 퇴적 지형, 공격면(풀, pool 형성), 맞은편(여울, riffle 형성)

→ 유수의 곡선 현상, 하상 고도의 반복

■ 직선 코스의 회피 : 유로의 직선 상태 / 최대 수심의 굴곡, 망상유로 형성

64. 곡류하도(= 자유곡류하천, free meander)

■ 하천의 측방침식 진전, 범람원 지역 흐를 때 발달

• 최심하상선(직선상하도에서 발견)의 커브 확대 : 곡류대 확대

■ 평형(grade) 상태 : 곡류 커브의 하류 이동 / 우각호 형성

■ 최대 유속, 최대 교란 운동 : 공격면 위치

65. 곡류하도의 성인

■ 측방침식의 활발, 하도의 횡단면 규칙적, 하안의 구성 물질 균일

■ 하안침식설 : 하천의 유로에 장애요소 발생 → 흐름의 혼란, 하안의 교대 침식 → 곡류현상 발달 / 데이비스(W.M. Davis), 프리드킨(J.F. Friedkin), 매티스 (G.H. Matthes) 등

■ 전향력설 : 지구의 자전으로 인한 전향력이 곡류 현상의 원인 / Eakin, H.M 북반구에서는 전향력이 작용하여 주로 유로의 좌안 침식

■ 과잉에너지설 : 유수의 흐름에 과잉에너지 발생(에너지의 불균형), 평형상태 (에너지 소비, 방출 유형), 하도의 좌우안 교대 침식, 유로 연장 / 제퍼슨 (Jefferson, M.S.W), 쇼클리쉐(Schoklitsch, H) 등

■ 국소요란설 : 유수의 흐름에 대해 횡으로 수면 진동이나 나선류 등의 불규칙한 유수의 이동에 의해 곡류 발생

■ 사력퇴설 : 하천 양안이 단단, 고정된 경우 실험 유로에서의 국소적인 침식과

퇴적에 의해 유로 내에 교대로 형성된 사력퇴가 수류의 사행 유발

※ 유수의 측방침식 작용의 발생 요인, 측방침식과 측방퇴적의 가속화시키는 2차적인 흐름의 발생요인으로서 하도 내의 국부적인 상황의 변화, 하도 내의 유수 에너지의 유입과 방출(소비) 사이의 불균형 상태 등이 발생

66. 곡류하도의 평면 형태

■ 사행유로의 평면 현상 : 사행파장(meander length), 사행진폭(amplitude), 사행폭(meander width), 사행대폭(meander belt width), 사행반경(meander radious of curvature), 사행대축(axis of meander belt) 등

■ 공격사면(undercut slope) : 요형 하안 / 활주사면(slip-off slope) : 철형사면

■ 레오폴드(Leopold) : 굴곡도(sinuosity, 곡의 길이에 대응하는 곡선의 길이 비율)

- 굴곡유로(불규칙적 유로), 사행유로(규칙적 굴곡, S가 1.5 이상)

■ 래인(Lane) : 굴곡비(tortuosity raitio, 곡의 길이에 대한 유로의 길이의 비), rt

■ 브라이스(Brice) : 굴곡지수(sinuosity index), Si(사행대폭의 길이에 대항 유로의 길이의 비)

※ 하천지형 분석, 계량화, 정량화에 도움

67. 망상하도(braided channel)

■ 하천이 운반할 수 있는 양보다 많은 하중 공급, 하안이 침식을 받기 쉬운 사력 구성되어 있는 경우 발달 / 넓은 하폭, 얕은 수심 / 하상에 좁고 긴 사력의 바(bar) 퇴적, 여러 갈래의 유로 형성

■ 빙하성 하천(빙하의 말단에서 대량의 퇴석 공급) / 호우 직후 대량의 풍화
산물 운반하는 건조지역의 하천 / 선상지 하천 / 삼각주 관찰 가능

- 하중도(河中島) : 대하천의 하류 관찰 가능
  (한강 : 당정리, 미사리, 석도, 잠실, 부리도, 여의도, 난지도 등)

■ 형태

• 저수위 시 : 몇 개의 퇴적 지형, 하중도 등에 의한 유로 분류 / 합류 시 망상 형태의 평면형
• 홍수 시 : 주(洲), 하중도 수몰 / 1개 유로 형성
■ 사주(sand bar)와 섬의 구별 : 식생의 유무

Ⅲ 유역과 하계망

68. 유역의 개념

■ 유역(집수 지역) : 유출되는 물의 공급원, 강수가 내리는 범위
• 하천의 침식작용에 의해 생성된 자연적 지형 단위
■ 유역계(분수계, divide) : 2개 유역의 경계 / 상황에 따라 이동
• 지형적 분수계(지표면), 수문적 분수계(지하수)
• 주분계(본류 상호의 경계), 부분수계(지류상호의 경계) 구분
■ 길버트(G. K. Gilbert, 1877) : 분수령의 변화
• 하천 쟁탈, 화산활동, 지각변동, 빙하작용, 사구 퇴적, 하천분류 등

69. 유역 면적과 하계망의 발달

■ 유역면적 = 집수면적
■ 유역면적의 법칙 : 호튼, 슘의 호튼의 제4법칙
• 출구 수로의 차수(=유역의 차수), 유역차수와 그들 차수에 대응하는 유역 면적의 평균치 사이의 관계법칙
■ 하계망(drainage network) : 본류 하천과 합류하는 수많은 지류의 하천망
• 지역분지의 지질, 기후, 식생 등의 영향 반영
• 수지상 · 방사상 · 평행상 · 환상 하계망 등

〈그림 6-2〉 공중에서 본 하계망

〈그림 6-3〉 유역체계

70. 하계망의 패턴

- 지층의 경사, 지질구조, 지반 운동 등의 지질적 요인 반영
- 패턴

〈표 6-1〉 하계망의 패턴과 특징

패 턴	특 징
수지상 패턴 (dendritic pattern)	– 지류들이 나뭇가지처럼 본류에 유입하는 형태 – 등질적 암석, 침식에 대한 저항력이 균질한 지역에 나타남
격자상 패턴 (trellis pattern)	– 경암층, 연암층의 반복해서 지표에 노출되어 있는 퇴적암 지역 – 하천의 본류 평행 / 지류 직각으로 합류 – 연암층(긴 하곡), 경암층(긴 산릉)
직각상 패턴 (rectangular pattern)	– 지질구조선의 하천의 발달방향 유도
예각상 패턴 (angulate pattern)	– 구조선이 예각으로 만나는 지역
구심상 패턴 (centripetal pattern)	– 여러 하천이 하나의 중심저지로 흘러드는 분지에서 관찰
방사상 패턴 (radial pattern)	– 중심고지에서 여러 하천이 발원하여 사방으로 흘러 나갈 때
환상 패턴 (annular pattern)	– 퇴적암층의 도움개석되어 경암층, 연암층 교대 노출
평행상 패턴 (parallel pattern)	– 경사가 급한 퇴적암층 관찰
deranged pattern	– 빙하작용을 받은 지역에서 지질구조와 기반암의 영향을 받지 않고 습지와 호소를 연결하는 짧고 단순한 유형
barbed pattern	– 하천쟁탈의 결과로 쟁탈당한 하천의 유로 방향과 쟁탈한 하천의 유로방향이 조화를 못 이룬 것

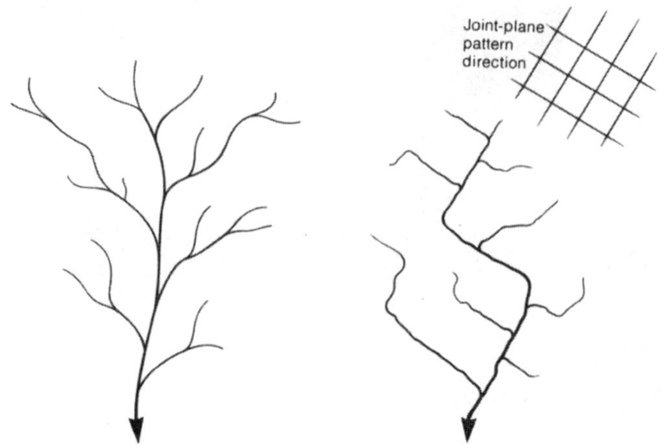

〈그림 6-4〉 전형적인 수지상 하계망 〈그림 6-5〉 전형적인 직각상 하계망

71. 플레이페어(Playfair)의 법칙

■ 하계망을 설명 가능한 여러 구성 요소(하천 크기, 구배, 유량 등)가 유역 면적 안에서 어떻게 나타나며, 그것이 하천과 어떤 관계가 있는가에 대해 일반화시킨 법칙

■ "허튼의 지구의 이론에 대한 설명"

- 각 하천은 하나의 본류와 다수의 지류로 구성되어 있다. 각 지류는 그 크기에 비례하는 하곡을 흐르며, 하곡은 모두 서로 연결되어 있어서 하나의 하곡계를 형성하고, 하곡의 구배는 조화가 잘 이루어져 있어서 지류곡과 본류곡은 거의 동일한 수준에서 서로 만난다.(본류곡, 지류곡의 협화적 합류 / 동일수준의 하천의 하상고도 / 국지적 침식기준면과 관련) 이러한 현상은 하곡이 각각 그 하곡을 흐르는 하천에 의해 파여서 형성된 것이라는 것을 말해준다.
- 협화적 합류 : 빙식지형 존재하지 않음(불협화적 합류 / 예) 현곡)

72. 하천의 차수와 하천수의 법칙

■ 합류점 기점 : 구간별 구분 / 차수(order) 지정

- 1차수 하천 : 지류가 시작되어 다른 지류와 만나는 합류점까지의 최하위 구간
- 2차수 하천 : 2개의 1차수 하천 합류

- 3차수 하천 : 2개의 2차수 하천 합류
- 하천 차수의 증가 = 하천의 수 감소

■ 분기율(bifurcation ration) : 일정 차수 하천의 수와 그보다 한 계층 높은 차수 하천의 수의 비율

- 하천수의 법칙 : 일정 비율에 따라 하천 수 기하급수적 증가
  예) 분기율의 평균치 3, 본류 6차수 하천 : 1, 3, 9, 27, 71, 213개 증가

73. 하천 길이의 법칙과 유역분지의 법칙

■ 하천 길이의 법칙 : 하천의 차수 ↑, 하천의 평균 길이 ↑(기하급수적)

■ 하천 길이의 비율 : 차수의 계급 ↑, 하천의 길이↑

■ 유역분지의 법칙 : 하천의 차수 ↑, 유역분지의 면적 ↑(기하급수적)

※ 하천을 하나의 분석 대상 인식 / 하천의 수, 길이, 유역분지, 구배 등에 대한 수리적 상황 고찰(수문학 이용 / 조직적 · 체계적 · 정량적 이해)

74. 하계밀도

■ 하천의 총 길이/유역 분지 면적 : 지질구조, 기반암의 특성, 기후조건, 식생 피복물, 시간 등의 요인에 따라 다양

■ 방법 : 유역분지의 면적 + 포함된 전체 하천의 길이 계측+단위 면적에 대한 하천의 길이

■ 하계밀도의 결정 : 기반암의 특성, 지질구조, 기후조건, 식생피복물, 시간 등

- 기반암의 특성 : 경암(저밀도 하계) / 낮은 투수율(고밀도 하계)
- 식물피복 결핍층 : 악지 발달(고밀도의 하계밀도)
  식물피복 두꺼운 층 : 낮은 하계밀도 형성(침식 억제)
- 지질조건이 유사한 환경 : 건조기후 지역의 하계망(고밀도) / 식물피복의 빈약, 강수량의 지표유출율 높기 때문
- 시간의 경과 / 기후적 인자의 직 · 간접적 영향 : 폭우성 강수(하계망 발달)
- 기온분포의 차이 : 토양의 동결, 융해 → 토양의 강수 흡수 능력 차이
- 지표의 기복 / 상층부의 원지형면~인접 평탄화된 하곡 곡저의 수직거리

75. 하천의 수리(水理) : 하도를 구성하는 요인들의 관계식으로 설명할 수 있는 물의 에너지

- 연평균 유량에서의 지수의 평균치 : b=0.5, f=0.4, m=0.1
  - 유량의 증가 시 : 가장 빨리 증가하는 것(b), 낮은 증가율 수심(f) 약간 증가(m)
- 지류가 합해져 본류를 이루는 경우 : 유속 감소가 아니라 약간 증가
- 홍수 발생 시 : 하천 수위 상승(유량과 하폭, 수심, 유속 등 일정 비율 증가)

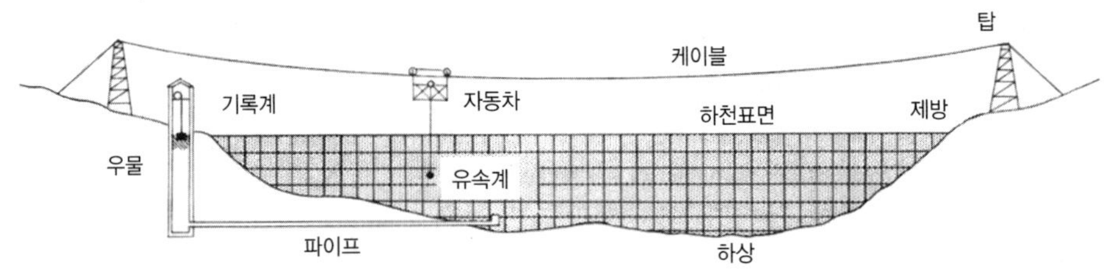

〈그림 6-6〉 이상적인 하천측정 시설

제 7 장. 하천의 작용

I 하천의 침식작용과 지형발달

76. 하천의 침식작용(하식, stream erosion)

- ■ 굴식(plucking) : 암괴를 하상에서 뜯어내는 작용
- ■ 마식(abrasion, corrasion) : 주로 상류에서 작용 / 원형도 높이는 작용
  - • 하천이 운반하는 자갈, 모래 등의 도구 통해서 야기
  - • 구혈(pothole) : 기반암으로 이루어진 하상의 요지에 자갈이 들어가 소용돌이 물에 의해 회전 운동을 하기 때문
    폭호(plunge pool) : 폭포 밑에 파이는 깊은 와지
- ■ 용식(corrosion) : 가용성 물질이 화학적으로 용해되어 유수에 의해 제거

77. 침식의 속도 : 유수의 운동에너지 + 하도 내의 조건에 따른 차이

- ■ 유속 ↑ / 침식력 ↑
- ■ 같은 유량 : 수심 ↑, 하중 ↓, 침식력 ↑
- ■ 지질과의 관계 : 연암층 침식력 ↑
- ■ 하천의 경우 : 평상시(침식 완만), 홍수 시(침식 급증) / 실제 하도의 변화 좌우
- ■ 연간 운반된 물질의 전량, 유역 면적, 삭박 물질의 평균 중량, 유역 내의 지표 암석의 평균 비중 이용

78. 하천 침식의 유형 : 하방침식, 측방침식, 두부침식

- ■ 하방침식(down cutting) : 유년기 하천, 상류하천
  - • 하상이 깊게 파이면 하천종단면(longitudinal profile) 구배 완만

• 마식 활발

■ 측방침식(lateral erosion) : 하방침식이 둔화될 때 활발

하곡 넓히며, 범람원 형성

• 하천의 장년기 : 하천 양안에 범람원 등장 / 완만한 하상 구배, 심한 곡류 하천

■ 두부침식(headward erosion) : 하곡의 발달 초기, 폭포의 경우 우세

• 하천의 유로를 상류 쪽으로 연장시키는 역할

• 사면에서 형성되는 우곡 : 불연속적 발달 + 확장 시 결합 = 하계망 일부 형성

• 폭포 주변 관찰 가능 : 하천 종단면의 천이점(nick point)

상부(경암층), 하부(연암층) / 연암층 침식, 경암층(모암)의 절벽 유지 후퇴

79. 침식기준면(base level of erosion) : 하천이 하방침식을 할 수 있는 하한(下限) 또는 지표가 유수에 의하여 낮아질 수 있는 하한

■ 해수면 기준의 침식기준면 / 국지적 · 일시적 침식기준면 구분

• 일시적 침식기준면 : 천이점 존재

■ 지각의 융기, 침강 : 빙하의 성장과 소멸에 의한 해수면 승강운동의 효과

• 지각 융기, 빙하의 동결 : 침식기준면 하강, 침식작용 활발, 대륙사면까지 육성퇴적물 퇴적

• 지각 침강, 간빙기의 경우 : 침식기준면 상승, 퇴적작용 활발

※ 제4기 플라이스토세 : 100m 이상의 해수면 승강운동

제4기 지형 연구에서 침식의 기준면 알기 위해서는 빙하의 성장, 소멸, 해수면의 위치 연구 / 해수면=침식기준면

80. 국지적, 일시적 침식기준면

■ 포우웰(Powell) : 국지적 · 일시적 침식기준면(침식 수행하는 주요 하천의 하상 수준)

• 건조지역, 하천의 지류 혹은 상류 부분 적용

■ 데이비스(Davis) : 지표 침식에 대한 일반적인 기준면은 해수면(침식기준면)

한 지역의 지류와 본류의 불명확한 경사를 일반화하는 경사면

→ 일반적, 항구적 기준면 / 국지적, 일시적 기준면 의미

81. 동적 평형설 : 1960년대 지형발달 이론

현대 지형학의 형태, 형성작용의 관계 연구 학문 발전 성공

■ 지역의 지형 구성 요소(기복, 사면의 길이, 각도, 하상의 구배, 암석의 경연, 기후요소 등)들의 밀접한 관련 → 평형상태 유지 위해 서로 조절되는 과정 → 지형변화

■ 조절 과정 결과 : 지형 변화 일어나지 않음

에너지간 균형상태 유지되면 시간이 경과해도 지형 변화 일어나지 않음

※ 이상적 지형 / 실제 지형 적용 어려움

■ 정의 : 지형 구성요소 간 새로운 조건 발생 → 에너지 변화 → 요구 충족을 위한 형태 변화 수반

■ 문제점 : 지형 구성요소의 변화 정량적 분석 불가

82. 평형하천의 발달 : 평형종단면(운반하는 경사) 소유 하천

■ 하천의 평형상태 → 하방침식 둔화, 측방침식 활발 → 하천 양안의 범람원 등장 → 사행에 의한 범람원 확장(하도의 한쪽 침식, 다른 한쪽 퇴적)

■ 유년기 하천 : 평형상태 전 / 장년기 하천 : 평형상태 후

■ 평형단면 : 육지에 대한 침식의 국지적 기준면 잔류

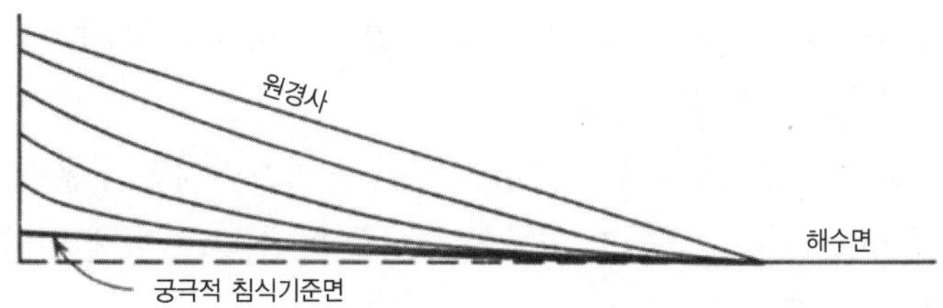

〈그림 7-1〉 이상적인 하천 종단면의 발달

83. 하천의 침식윤회 개념

■ 정규침식윤회(cycle of normal erosion) : 온대습윤기후 지역

• 지표기복의 진화 / 원지형 → 준평원 도달(1차 윤회)
• 평평한 평야, 평탄한 해저의 융기 / 안정상태 유지 / 고원 상의 원지형

■ 유년기(youth stage) : 하방침식 활발(V자곡 형성), 하천 간의 분수계 잔존 곡사면의 후퇴, 두부침식 → 원지형면의 협소 → 하천 종단면 불규칙(폭포, 급류 출현)

■ 장년기(mature stage) : 측방침식 활발, 범람원 발달, 하천의 곡류현상
• 초기 : 첨예한 산릉, 급한 사면경사, 큰 기복, 부분적인 원지형 잔존
• 말기 : 둥근 산릉, 완만한 사면경사, 암설 생산 제거 비율 평형상태

■ 노년기(old stage) : 기복 작은 하천, 5° 정도의 사면경사
• 토양포행, 우세 활동 감퇴 / 사면은 두꺼운 풍화층 퇴적
곡류하도 형성(지질구조가 유로 방향에 영향을 못 주기 때문)
• 잔구(monadnock) 형성 : 오랜 침식으로 파랑상의 평탄면(준평원)상 존재

Ⅱ 하천의 운반작용과 지형발달

84. 하천의 운반작용 : 부유하중, 하상하중, 용해하중

■ 부유하중(suspension load) : 유수에 떠서 운반되는 물질
• 점토(입경 1/256㎜)와 실트(1/16~1/256㎜)로 구성
• 유수의 교란운동 : 점토, 실트가 물에 떠 있는 이유 / 홍수 시 가장 활발
유수와 하상 간 마찰력 기인

■ 하상하중(bed load) : 하상을 따라서 구르거나 미끄러지면서 운반
• 셀테이션(saltation) : 개별적 입자의 하상을 따라 낮고 길게 뛰면서 이동
입자의 반복 이동

■ 용해하중(dissolved) : 용해된 물질 운반
• 풍화층을 통해 흐르는 지하수로부터 공급
• 석회암 지대 흐르는 하천

85. 유속과 침식, 운반, 퇴적 간의 관계

■ 침식유속(erosion velocity) : 하상에서의 물질의 침식의 진행

• 유속 증가 : 입경 0.2~0.5㎜ 정도 처음 침식 / 유속 10~18㎝/sec

• 이보다 더 크거나, 작은 입자가 침식 위해 더 빠른 유속 필요

■ 침식유속의 증가 필요 : 유수의 교란운동 저하, 세립물질은 입물질보다 응집력이 크기 때문

■ 퇴적유속 : 입자의 크기에 비례 / 유수의 분급작용(sorting)

■ 유량의 증가와 하천의 운반하중과의 관계

• 유량이 10배 증가 : 1일 운반 부유하중 약 100배
최소 유량, 최대 유량 간 약 10만 배 차이

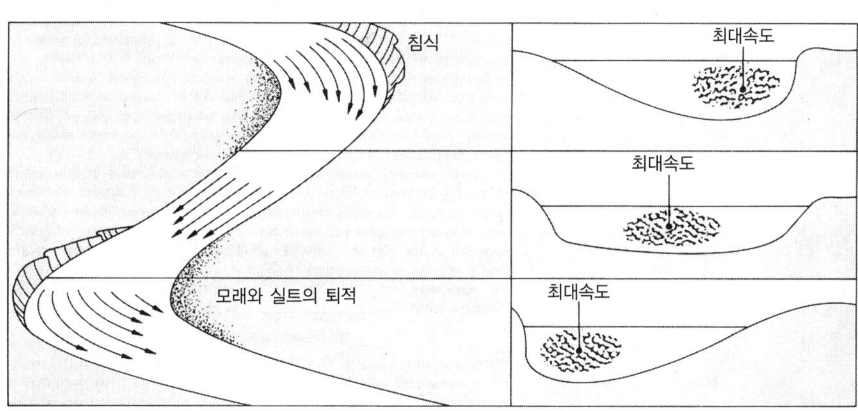

〈그림 7-2〉 하천의 속도

Ⅲ 하천의 퇴적작용과 지형발달

86. 퇴적작용 : 유속, 유량의 감소

■ 변수 : 퇴적물의 종류, 운반하천 에너지의 크기

■ 하천의 상류 : 퇴적 X / 침식에 의한 지형
하천의 하류 : 부하 과대(over burden), 침전

■하천의 평형상태 : 운반력 = 운반 물질의 양 / 수직침식 및 퇴적작용 없음
- 평형구배

■중류지역 : 측방침식 우세

87. 퇴적지형의 분류

■충적층 : 하천에 의해 형성된 퇴적층의 총칭 / 충적세 대표(협의의 의미)

■휘스크(Fisk) : 미시시피 강 유역의 퇴적지형
- 충적층의 45% 자갈, 55% 비자갈층 추정
- 자갈의 충적층 : 기저부 형성
  지곡류의 입구로부터 넓게 발달(충적 선상지의 연속체)

■하프(Happ), 리텐하우스(Rittenhouse), 도브손(Dobson)
- 충적층의 구성 : 조립질의 모래, 세립질의 실트(silt), 점토(clay)로 구성
- 하도 퇴적층 : 하상하중으로 구성
- 수직적 퇴적층 : 부유하중으로 구성
- 측방 퇴적층 : 하상하중이 사행유로의 안쪽으로 이동 퇴적
- 암설물, 애추물질(사면의 유수작용으로 형성) : 범람원, 충적 선상지, 충적 애추, 삼각주 복합체 관찰 가능

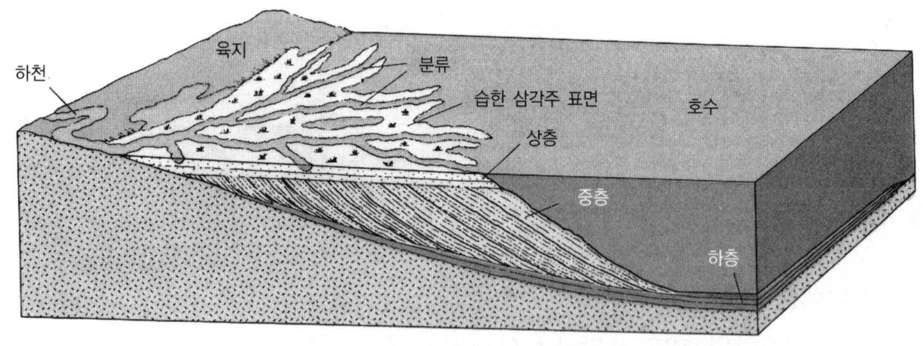

〈그림 7-3〉 소규모 삼각주의 구성

제 8 장. 하천에 의한 지형

I 침식력의 부활

88. 하천의 회춘과 지형발달

■ 장년기, 노년기 : 회춘의 결과 / 평형상태의 하천이 다시 하곡을 깊이 하각 변화

■ 해수면 변동에 의한 회춘 : 해수면의 전 세계적인 하강 야기

- 지각 변동에 의한 해수면 승강운동 : 대양 분지의 수용 능력 변동에 따른 해수면의 변화
- 빙하성 해수면 변동 : 빙산의 집적, 융해 동반하면서 대양으로 물을 보내거나 결빙에 의해서 나타난 해수면 변동

■ 하천의 회춘 : 하천의 하방침식의 부활

- 지반의 융기, 해면의 하강 : 침식기준면의 하강, 하류부터 하방침식의 재개
- 장년기, 노년기 하곡 내부 유년기의 V자곡 형성 : 곡중곡(valley-in-valley)

89. 회춘의 지형적 증거 : 단구, 하곡의 종단면, 감입곡류, 선행곡, 표생곡 등

■ 회춘 : 침식기준면의 하강으로 인한 침식활동이 재개되는 현상
지형적 부정합, 부조화의 개념

■ 단구(terrace) : 하곡의 상류 지역 지형과 인근의 고지대와의 정합의 결핍

- 상층부, 상부하곡 : 장년기, 노년기 지형 / 하부하곡 : 유년기 곡
- 곡의 단면 : 곡중곡 형태, 2윤회하곡

■ 하곡의 종단면 : 경암층에 나타나는 경사급변점

- 하천의 평형, 하곡의 종단면 완만, 경사급변점은 침식기준면의 변화

■ 감입곡류(incised meander) : 지반 융기, 침식기준면 하강 / 자유곡류하천이

원래의 패턴 유지 / 하도를 깊이 감입사행하는 것

- 한강, 낙동강, 금강 등의 상류 : 고위평탄면 + 습곡, 융기 이전 한반도의 저평화

■ 선행곡 : 하천의 유로 횡단, 지면 융기, 융기 속도 〈 하방침식의 속도, 하천은 유로 지속적 유지, 협곡 형성 관류(선행하천)

- 하각의 속도 〈 융기 속도 : 융기부의 상류에서 유로 변경, 호수 형성 매적분지 형성

Ⅱ 단구의 형성

90. 하성단구의 성질과 발달과정

■ 하성단구 : 하안 양쪽에 좁고 긴 평탄한 육붕 모양의 약간 높은 지면에 2단~3단으로 중첩되어 있는 지형

- 단구면 : 상부의 평탄한 부분
- 단구애 : 그 전면의 급경사
- 충적단구(사, 역 퇴적), 암석단구(기반암석에 형성)

■ 형성 과정 : 하천의 평형상태 → 하상의 침식 중지 → 측방침식의 범람원 있을 경우 하상의 침식 재개 → 단구 형성

■ 구분

- 구성물질 : 암석단구(=침식단구), 사력단구(=퇴적단구) 구분
- 성인상 : 구조단구, 기후단구 구분
- 성인 : 유량의 격감, 운반 토사의 격감, 하상구배의 증대, 침식기준면의 저하

■ 단구 형성

- 유량의 감소, 토사의 감소에 의한 퇴적 중지, 하상구배의 증가, 유속의 증가

91. 충적단구와 암석단구

■ 충적단구 : 하천의 퇴적작용(충적층 매립) → 기후변동에 의한 하방침식 부활 → 원래의 충적층의 하상면 충적단구 발달

• 기후단구(기후의 변화 강조) = 충적단구
• 습윤기후 → 건조기후 변화 : 유량 감소, 하천의 운반력 약화, 하곡의 충적층 매립
• 건조기후 → 습윤기후 변화 : 하천 공급 암설량 감소 → 유량 증가 → 하천의 하방침식 부활 → 과거 건조기후에서 형성된 하상퇴적층의 단구 발달
• 해면승강운동 : 하안단구, 충적단구
■ 암석단구(=침식단구) : 대부분의 기반암 구성, 곡의 침식면 발달
• 침식단구 : 침식이 주요 관점
• 암석단구 : 상대적 개념 / 사력단구, 퇴적단구

Ⅲ 범람원의 형성

92. 범람원의 개념 : 하천퇴적에 의해 형성되는 지형
■ 하천의 범람에 의해 형성 : 하천 하류 발달
■ 빙기의 해수면 하강에 의한 침식기준면의 하강 : 하곡 깊게 판 다음, 후빙기 해수면 상승, 하곡의 충적층 매립 형성
■ 주요지형 : 자연제방, 배후습지
• 미국 미시시피 강 : 하류 범람원 발달 뚜렷, 빙하침식곡의 발달
• 한강 : 자연제방, 배후습지성 지형 발달
■ 실제로 범람이 일어나지 않는 지역 : 하상이 넓은 하곡 지형, 유량 풍부 퇴적지형 형성, 물이 빠지면 드러나는 하상면
• 작은 규모, 얇은 퇴적층 / 망상하천
■ 중류 지역의 포인트 바
※ 범람에 한정지어 범람원 개념 설명 한계

93. 범람원 지형 : 하도 주변에 나타나는 모든 지형
■ 하천에너지의 변화로 인한 퇴적작용의 활발 / 측방퇴적

■ 하도 사주(channel bar) : 망상하도의 가장 뚜렷한 지형
■ 자연제방 : 하도에 평행한 낮은 구릉지 모양 / 폭 1~2km, 범람 시 급격한 운반력 저하로 인한 하도 가까이에서 높음
■ 미앤더 핵(meander core) : 우각호 형태, 잡초로 덮인 곳

94. 자연제방과 배후습지

■ 자연제방 : 홍수 시 범람 / 모래, 실트 등의 하천 양안 퇴적 / 홍수 피해 적음 / 하천 양안이 주변보다 높은 지형 / 비옥한 토양 / 취락, 농경의 입지조건, 도로 건설 유리
■ 배후습지 : 상대적으로 고도가 낮고 점차 완만하게 높아짐
"자연제방과 배후습지의 경계는 급변선이 없다"-러셀(Russell)

Ⅳ 선상지와 삼각주

95. 선상지와 천정천

■ 선상지(alluvial fans) : 경사 급변하는 곳에서 하천의 운반력이 감소될 때 형성된 충적지형
• 건조기후 지역, 습윤기후 지역 관찰 가능 / 홍수기 형성
■ 선상지의 규모 : 하천의 토사 퇴적량에 비례 / 사력층 구성
■ 선상지 부근의 하도 : 복류 하도
• 선정부, 선단부 : 관개용수를 필요로 하는 논 / 집촌
• 선앙부 : 밭, 과수원, 뽕나무 밭 이용 / 산촌
■ 천정천 : 하천의 퇴적작용 / 하상이 주위의 평지보다 높아진 하천
• 구릉 주변의 농경지 발달
• 발달 과정 : 범람방지를 위한 인공제방 → 하천 퇴적물 조장 → 하상 높아짐

96. 삼각주의 형성 : 하천에 의하여 형성되는 충적지형 / 하천 하구 형성

■ 생성 조건

- 하구까지 모래, 점토의 공급 풍부 / 얕은 해저, 호수
- 침전 모래, 점토를 침식하는 파도와 조류가 약할 것
- 침전이 시작되면서부터 수면 위로 나타나기에 충분한 물이 계속 흐를 것
- 물이 흐르는 동안 퇴적이 일어나고 있는 곳의 지반 안정, 침강하지 말 것

■ 평탄한 표면, 끝부분의 급경사

■ 분류(distributary) 양안 : 자연제방 발달(범람원에서의 연장)

- 자연제방 후면 배후습지 발달 : 분지지형 형성(분류간 분지)

■ 하구 형성 / 세립물질 공급 / 물의 공급 활발 / 벼농사 활발

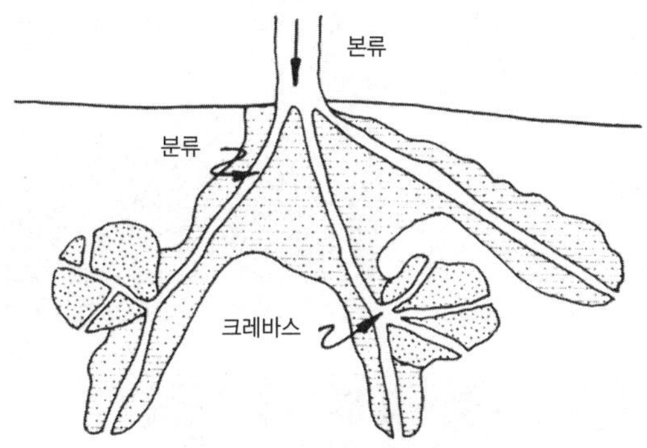

〈그림 8-1〉 삼각주의 형성

97. 삼각주의 종류

■ 원호상 삼각주 : 나일 강 삼각주 대표적

- 전면 형태가 카이로에 중심을 둔 원의 호와 같은 모양
- 토사 : 하도를 바깥쪽 연장 / 파랑, 연안류에 의한 하구 양쪽에 운반, 퇴적

■ 첨상 삼각주(cuspate delta) : 티베르 강

- 하나의 유로를 통한 토사 운반 : 하구 부분이 뾰족하게 바다로 돌출
- 파랑, 연안류에 의한 토사의 하구 양쪽으로 운반, 퇴적 → 요형평면의 사빈 형성
- 작은 규모, 느린 성장

■ 조족상 삼각주 : 미시시피 강

- 여러 개의 분류가 새의 발처럼 바다로 돌출해 있는 모양
- 수로 입구 막히면서 토사 유입 차단 : 바다 밑으로 잠식

■ 만입상 삼각주 : 북미 매켄지 강, 낙동강

- 만조 시 만입 변화 / 간조 시 간석지 수면 나타나는 경우
- 조차가 큰 경우 형성

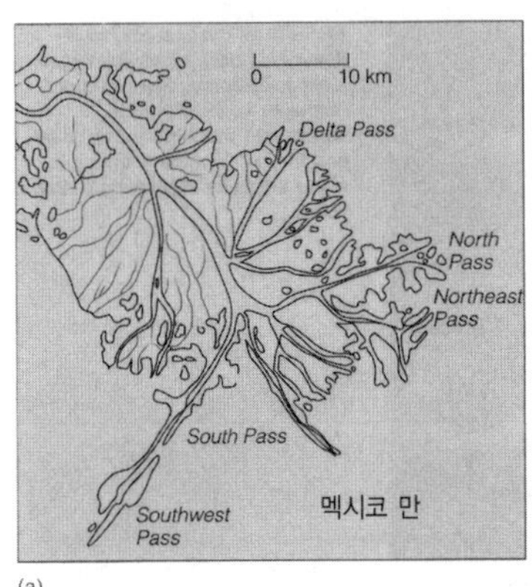

(a)

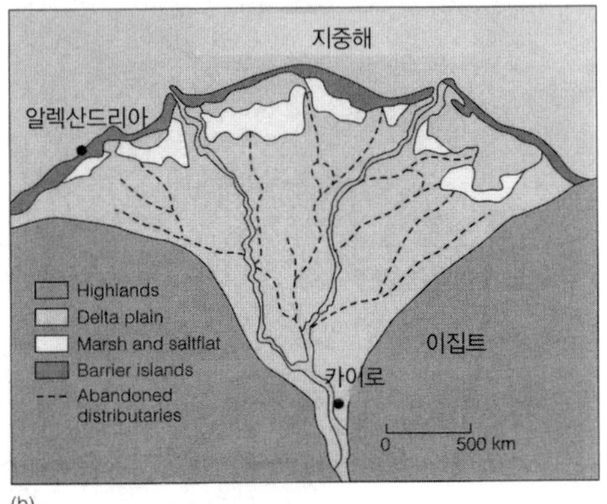

(b)

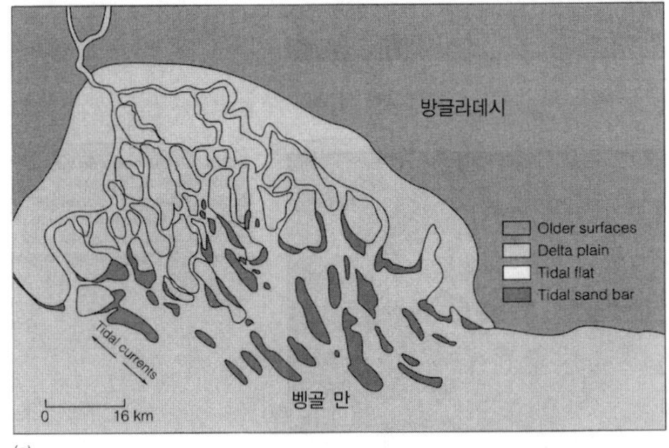

(c)

〈그림 8-2〉 삼각주의 형태

(a) 조족상 삼각주(미시시피 강)
(b) 원호상 삼각주(나일 강)
(c) 갠지스-브라마푸트라 삼각주(방글라데시)

제 9 장. 건조지역의 형성

I 지형형성작용

98. 건조지역의 분포 : 중위도 고압대 중심 / 유라시아, 아프리카 대륙

- 북반구 : 아프리카 북부의 사하라, 리비아 사막, 아라비아, 이란, 펀잡, 타클라마칸, 고비 사막
- 남반구 : 아프리카의 칼라하리 사막, 서부오스트레일리아 사막, 아타카마 사막, 주위 스텝 등
- 남 · 북회귀선 부근 : 아열대 무풍대 형성, 아열대 고기압대 해당
  대기하강 발산지대, 세계적 사막 분포
- 한류에 의한 서안 해안사막 : 칠레 아타카마 사막, 아프리카 나미브 사막, 미국 캘리포니아 남부 지방 등 / 내부의 열대 사막과 연결
  - 해양성 아열대 고기압의 동쪽 해당 / 기류 하강, 습도 감소, 강수량 감소
  - 연평균 기온 약 18℃, 동위도상의 내륙 사막 약 23℃

99. 건조기후 환경

- 강수 : 불규칙한 폭우 형태 / 몇 차례의 소낙비로 평균치 계산
  - 강수량 〈 증발량
  - 아건조지대(스텝지대) : 연간 강수량 250~500㎜
  - 사막지대(건조지대) : 연간 강수량 250㎜ 이하
- 기온 : 변화율 큼 / 식생피복물 불량, 태양열의 전도, 복사 활동 빠름
  - 일교차 〉 연교차
- 바람 : 고온 건조, 모래 포함 → 농업, 인간 생활에 영향

• 모로코 해안 북부 체르기 / 리비아 기브리 / 지중해안의 시로코 / 사하라 남측 하마탄 / 사하라 북부 캄신 등

■ 회귀선 부근, 내륙, 한류가 흐르는 해안 등 탁월

• 대기 대순환적 관점 : 남, 북회귀선 부근 건조대 위치(아열대 고압대 분포)

100. 바람의 침식작용 : 지형형성의 주요 기구

■ 취식 : 먼지 흡취하여 운반하는 풍식(미립퇴적물의 지표 위)

• 취식와지(deflation hollow) : 취식에 의해 지표가 우묵하게 파인 곳

■ 사막포도(desert pavement) : 바람에 의해 미립물질 제거 후 남은 것

■ 사막칠(desert varnish) : 노출된 자갈의 표면 / 견고, 윤택, 초콜릿색, 흑색

■ 마식(sand blast action) : 암석의 표면을 미세하게 깎는 작용

• 삼릉석(dreikanter, ventifact) : 진기한 모양의 풍식력 / 세 개의 마식면과 세 개의 모서리를 가진 자갈

〈그림 9-1〉 취식와지

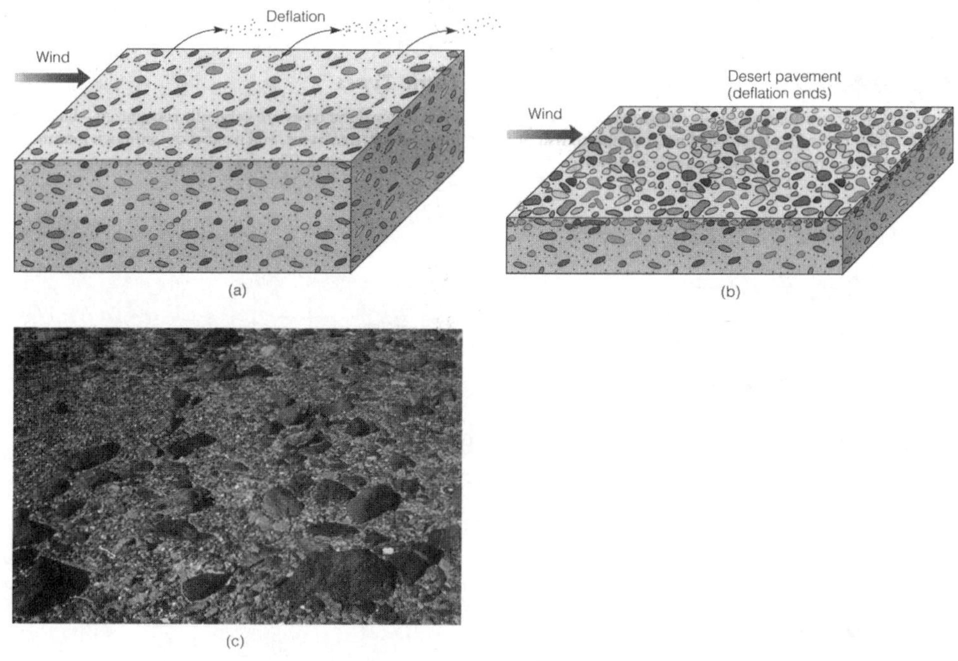

〈그림 9-2〉 취식과 사막포도의 기원

(a) 세립의 물질들이 바람에 의해 움직인다.
(b) 큰 입자들이 집중적으로 남아 사막포도를 형성한다.
(c) 사막포도의 경관(Death Valley)

101. 바람의 운반작용 : 떠서 이동, 도약, 포행

- 도약(saltation) : 모래가 개별적으로 길게 뛰면서 이동
- 표면포행(surface creep) : 지표면을 따라 미끄러지거나 구르면서 이동
  - 분급현상(sorting)

102. 수문환경 : 사막 중에 수원이 있는 물 / 외부에 수원이 있는 물(표류수, 지하수 구분)

- 강수량의 침수능력 : 초과 시 포상류, 와디(일과성 하천) 형성
  - 석회암의 경우 : 강수의 지하 침투 활발 / 용혈 발견

• 사구(규칙적일 경우) : 저수 기능 소유 / 인간의 거주 가능

103. 유수작용

■ 외래하천(exotic stream) : 습윤지역에서 발원하여 바다까지 흘러가는 하천

■ 내륙하천(internal drainage, 건천) : 폭우 시 홍수, 평시 마른 하상

• 사하라 사막 : 와디

■ 유수홍수, 포상홍수

• 유수홍수 : 국지적 호우로 인한 강력한 침식작용
고정된 유로를 갖는 하류가 넘쳐 홍수를 일으키는 현상

• 포상홍수 : 무수한 망상의 작은 유로를 흐르는 물이 넘쳐 지표면 넓게 포상으로 흐르는 것 / 건조지역의 암설의 퇴적, 급격한 호우가 나타나는 곳 (포상침식, 포상홍수에 의해 지표면이 삭박, 침식되는 것)

104. 사막의 종류

■ 사막 / 스텝 구분

• 사막(건조지역 대표) : 암석사막(산악성 사막, 고대성 사막), 모래사막

■ 산악성 암석사막 : 식물이 없는 거친 지표면

• 간헐적인 호우로 인한 현저한 침식 및 운반작용

• 기계적 풍화작용 활발 : 애추 형성

■ 고대성 암석사막 : 암석상, hamada(사하라)

• 넓은 것은 융기준평원 지역이 건조하에서 장기간에 걸쳐 풍화작용을 받아 건조 윤회의 종말기에 이르러 형성

■ 모래사막 : 모래 운반하는 하천주변 발달 / 사하라 사막(erg), 중앙아시아 쿰(koum)

Ⅱ 풍화작용과 풍화미지형

105. 일사풍화

- 정의 : 암석의 열전도율 작아 표면과 내부의 팽창률의 차이로 양자 간의 왜곡이 생겨 틈이 벌어지면서 암석이 붕괴
- 부정적 의견
  - 블랙웰더(Blackwelder, 1925), 그리그(Griggs, 1936), 로쓰(Roth, 1965) : 화학적 풍화작용 우세
- 긍정적 의견
  - 올리어(Ollier, 1963), 쿡(Cooke, 1973), 와렌(Warren, 1973)

106. 염류풍화와 동결풍화

- 쿡(Cooke, 1973)과 스말리(Smally, 1968) "염류풍화"
  - 폐쇄된 장소에서의 염류의 열팽창에 의한 압력 : 염수의 공급, 결정 성장 → 강한 압력 → 염류 및 암석의 종류에 따라 풍화 능력 상이
  - 수화작용에 의한 압력 : 건조지역의 대기 / 염류의 수분 함유, 팽창 암석파괴 (약 0.5%)
- 염류에 의한 풍화작용 : 열개(splitting), 입상붕괴
  - 건조지역, 해안사막, 플라야 주변, 와디의 하상 등 발달
- 동결작용 : 기계적 풍화, 주빙하 지역 활발
  - 겨울철의 온도 0℃ / 겨울에 많은 강수의 건조지역

107. 풍화미지형

- 타포니 : 동굴 형태, 수m 규모까지 발달
  - 거암, 인셀베르그 측면, 기부에 형성
  - 화강암(결정질 암석)에 발달 / 사암, 석회암, 편마암 등에서도 발달
  - 습윤 건조기후 지역 발달
  - 원인 : 염류풍화, 습기에 의한 풍화, 풍식, 일사풍화, 동결풍화 등

■ 그나마(gnamma) : 나출된 비교적 평탄한 암석의 표면에 발달하는 원형의 풍화혈

- 절리 등의 풍화 약한 곳(와지 형성 / 우수 고임) / 수화작용(화학적 풍화작용)
- 화강암의 기반암의 표면에서 발달
- 타포니 : 암석의 벽면, 사면상, 저변에 발달(혈의 형태)
  그나마 : 암석의 상부 표면 발달

■ 플레어드 슬로프(flared slope) : 인셀베르그의 기부에 나타나는 오버행(overhang) 상태

- 결정질 암석 / 남반구에서 동과 남사면 형성
- 트위데일(Twidale, 1971) : 건조지역의 호우 → 인셀베르그에 수분 침투 →
  지중(地中) 부분의 풍화 → 풍화 제거 시 flared slope 지표 노출

〈그림 9-3〉 화강암 인셀베르그

제 10 장. 건조지형

I 사구의 발달

108. 사구사의 기원과 성분

- ■형성 : 플라이스토세(습윤기후) 다우기 / 유역분지에서 흘러든 모래로 형성
- ■성분 : 석영으로 구성
  - • 석고($CaSO_4 \cdot 2H_2O$) : 미국의 뉴멕시코 주, 북 알제리, 오스트레일리아 등 (석고 성분의 침전) / White Sands National Monument
  - • 점토 : 화학적 풍화작용의 증거 / 둥글고 매끈한 표면
    공기의 비중이 물의 비중보다 낮아서 사립들 간 마찰이 일어나기 때문
- ■소음 : 사구의 급사면 쪽 표층의 모래가 불안정하여 미끄러져 내릴 때 발생

109. 사구의 발달

- ■사구(Sand dune) : 사구사의 집적으로 인한 풍퇴적지형
- ■이동사구 : 바람 부는 쪽으로 이동 / 바람 그늘 쪽 모래의 집적
  - • 모래더미가 원래의 장애물에 비해 너무 크게 성장 → 이동
- ■셀테이션, 표면포행 : 퇴적지형 유도
- ■사구의 높이 증가 → 사구 정상부의 풍압 증가 → 셀테이션 현상 증가
  → 모래의 이동량 = 사구에 추가되는 모래의 양 / 성장 중지

110. 바르한과 에르그

- ■바르한(barchan) : 탁월풍(prevailing wind) 우세한 곳 발달 / 초승달 모양
  - • 바람맞이쪽(wind ward) 경사 완만 도움형 / 바람의지쪽(lee ward) 요형 사

면, 급사면(slip face, 사구사의 안식각에 의해 일정하게 유지)

- 한쪽 방향으로 전진 : 모래의 제거 및 추가
- 이동속도 : 높이에 반비례 / 풍속, 지면의 상태, 식생 등
- 관찰 : 모래의 공급량이 많지 않은 곳에 발달 / 나지(裸地) 형성

■ 에르그(erg) : 사하라 / 풍향에 대하여 직각으로 이어져 횡사구 형성

- 폭풍 시의 바다 연상 / 사하라의 약 10%

111. 세이프(sief = 종사구, longitudinal dune)

■ 특징 : 대규모 / 북부 이란 높이 200m, 너비 1km / 사하라 사막 높이 100m, 길이 300km / 모래가 풍부한 곳 발달

■ 발달과정 : 1차적 탁월풍 + 2차적 탁월풍(slip face 형성, 비대칭적 형태)

- 사하라 북부 : 남동쪽 / 사하라 남부 : 남서쪽 발달
  아열대고기압 세포의 동쪽 주변에서 부는 바람 방향과 일치
- 성사구, U자형사구 발달

112. 기타 취식지형

■ 성사구(star dune) : 봉우리-능선 형태(별 모양) / 아라비아 지역

■ U자형사구 : 해안지방(해풍의 영향) / 국지적 사초 파괴 시 취식에 의한 와지 형성

■ 머리핀사구(hairpin dune) : U자형사구의 내륙 쪽으로의 성장

■ 표사 : 절벽, 돌출 바위 밑의 풍음(slip face)에 일시적 발달
포상사지 : 평탄, 파상의 사구 / 횡사구, 종사구와 비슷한 모양

■ 고정사구 : 모래의 이동의 방해, 사구 고정

■ 마제형 사구(망카) : 내몽골 지방 / 풍상면(급사면), 풍하면(완사면)
완사면 이미 식생 발달, 사구고정

113. 황토(뢰스, loess) : 바람에 의해 운반된 실트 등이 쌓여 층을 이룬 것

■ 화북지방 황토고원 : 해발 1,000~2,000m, 면적 31.7만km², 평균두께 30cm

- 중앙아시아, 고비 사막에서 불어와 퇴적

■ 구성 : 석영, 장석, 운모, 방해석 등으로 구성 / 화학적 풍화 거의 없음
- 석영 40~80%, 장석 10~20%
- 암분(岩粉) : 세립의 실트, 먼지의 공급원

■ 특징 : 담황색~회색, 균질 다공질, 층리 없음, 벽개(cleavage) 탁월
- 벽개 : 표층의 장력에 기인 / 수직에 가까운 단애의 경사

■ 황토화 작용 : 먼지가 황토로 변화하는 과정
- 먼지가 퇴적된 다음 속성작용 받아 발달
- 가용성 염류가 집적될 수 있는 사막 주변의 스텝지역

Ⅱ 사면의 발달

114. 건조 사면의 발달 : 지반의 상대적 융기에 의해 발달

■ 자유사면(free face) : 수평에 가까운 지층, 경암층이 산정부에 보이는 곳
- 기반이 늘 노출되어 있는 급사면

■ 암설사면 : 결정질 암석으로 된 곳 / 매스 무브먼트에 의해 제거된 사면

■ 산록사면 : 페디먼트(침식면) + 페디먼트 주변부(퇴적면)
- 차이점 : 기반암 표면의 퇴적 암설이 이동, 제거

■ 페디플레인 : 인셀베르그 없는 평탄한 평원 형성

115. 건조침식윤회 : 건조지역의 내륙분지가 매립, 주변 산지의 해체 과정

■ 유년기 : 구조분지 형성 → 산지 해체, 침식물질의 분지로 운반, 퇴적 → 건조분지의 중앙부 침식기준면 작용, 분지 매립 / 사면경사가 급한 산지, 바하다, 플라야

■ 장년기 : 산지 해체, 급경사의 산사면 평행후퇴, 분지확장
- 포상홍수, 하천에 의한 풍화 산물 제거 / 토양포행 미활발
- 경사급변점 : 페디먼트, 바하다 발달
- 요형 단면 발달 : 사면경사가 급한 산지, 페디먼트, 바하다, 플라야 구성

■ 노년기 : 퇴적물에 의해 분지 매립, 잔구 형성

• 페디플레인 : 분수계 양쪽의 분지 발달, 확장되는 페디먼트 산지 잠식
→ 페디먼트 연합, 완만한 철형 단면 암석 평원 형성

• 도상 구릉 산재

• 하마다(hamada) : 기반암의 침식면으로 이루어진 암석 평원

• 페디플레인화 작용 : 페디플레인을 향한 건조지역의 평탄화 작용

116. 선상지와 바하다

■ 선상지 : 기계적 풍화작용에 의한 조립물질 대량 공급 → 수분의 지하 침투 → 유량 감소, 곡구 중심의 토사 퇴적

• 단층전면 : 하천의 간격 협소, 횡적인 선상지 연결(합류선상지 = 바하다)

• 크기 : 선정~선단 거리 수백m~수km, 구배 선정 5~10°, 선단 1° 이하

■ 바하다(=페리페디먼트) : 대규모 완구배 / 높은 선정부, 그 사이 낮은 기복

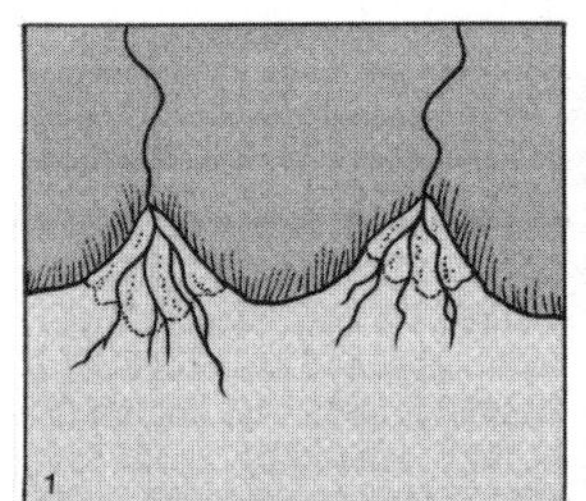

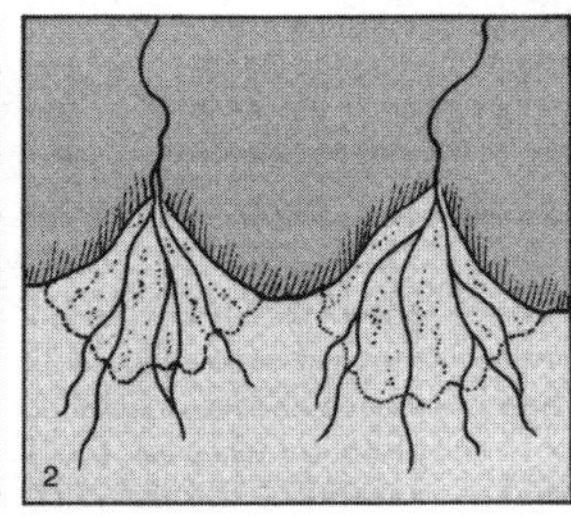

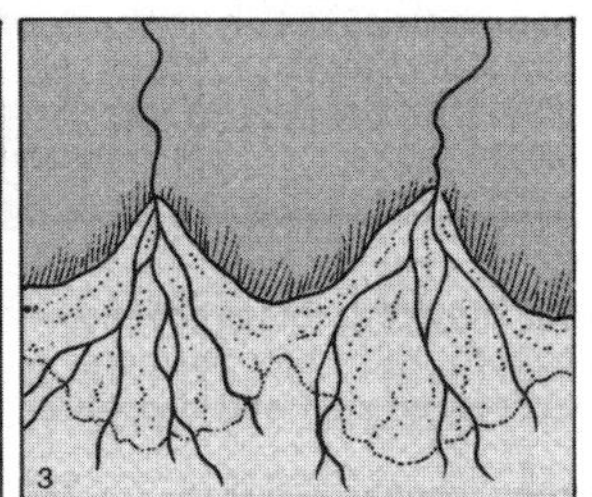

〈그림10-1〉 연속적인 선상지의 발달

117. 플라야(playa lake) : 폭우 후 건조분지에서 볼 수 있는 일시적 호소

■ 구배 1% 이하, 기복 1m 이하 / 제4기 지형, 우기의 두꺼운 호소퇴적층

■ 플라야의 표층 : 모세관수에 포함되어 있는 염분 결정체의 집적 / 거친 표면

■ 명칭 : 플라야(북미, 오스트레일리아), 가라(garaa, 남미), 케위르(kewir, 이란), 카키르(takyr, 중앙아시아), 팬(pan, 남아프리카)

■ 구드(R. Codue, 1977) : 염분의 정도에 따른 분류

• 가라(garaa) : 염분의 부족한 플라야 / 풍식에 의한 저항력이 강해 실트 · 점

토의 퇴적에 의해 생긴 퇴적 지형

- 새브카(sebkha) : 염분이 풍부한 플라야 / 염분에 의해 점토, 실트의 응집이 생겨 입자 형태로 형성, 풍식의 영향을 많이 받는 편

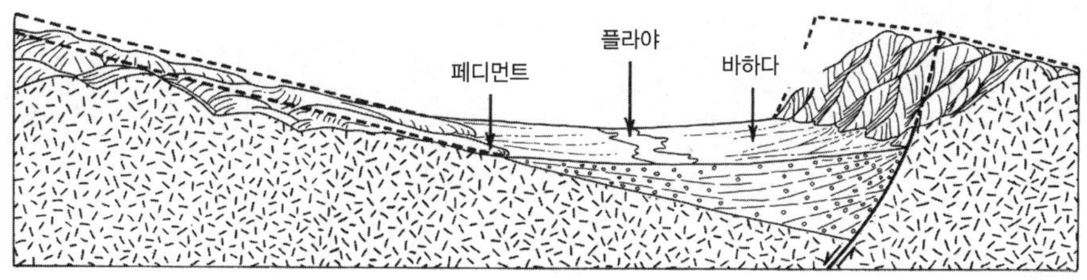

〈그림 10-2〉 플라야

118. 페디먼트

■ 형성 이론 : 사면의 평행후퇴설 / 측방침식설

- 사면의 평행후퇴설 : 페디먼트의 평면 형상은 선상지 모양 / 기반암의 침식면(산지와 바하다 사이) / 포상홍수에 의한 풍화 산물의 제거, 산사면의 경사유지, 평행후퇴 조정 / 산지의 급사면 평행후퇴, 사면의 기저부에 기반암의 침식면 발달
- 측방침식설 : 하천에 의한 곡구 중심의 유로 변경 / 하천의 측방침식 가해져 경사급변점 형성, 기반암의 침식면 발달

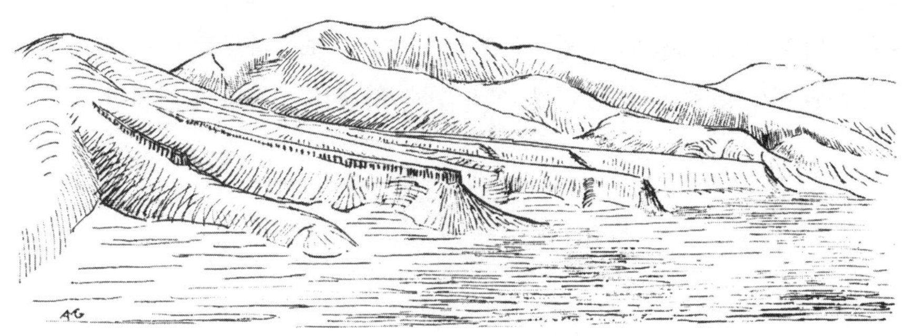

〈그림 10-3〉 페디먼트 경관

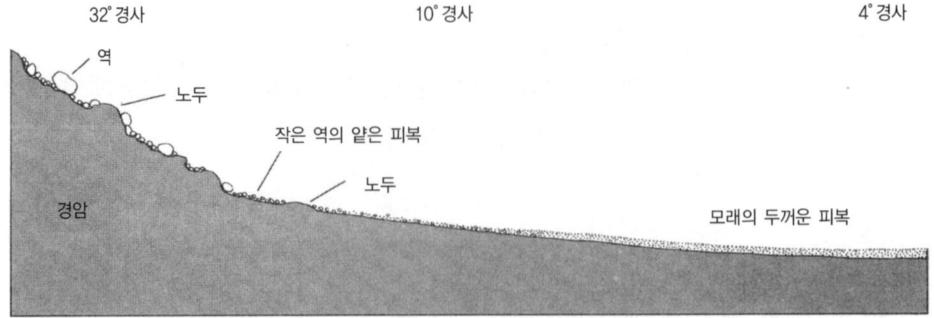

〈그림 10-4〉 페디먼트의 단면

119. 인셀베르그와 보른하르트

■ 인셀베르그 : 평활한 넓은 침식면 위에 돌출되어 있는 잔구상의 지형
- 사바나 존재의 돔상의 돌출한 고립구 / 페디먼트 상에 남아 있는 고립구
- 돔상의 인셀베르그(= 보른하르트)

■ 펭크(Penck, W. Z., 1924) : 하강적 발달 / 모든 인셀베르그 사면의 요형상 단면 형태

■ 커튼(Cotton, C. A., 1942) : 사바나 지역의 인셀베르그(하류의 측방침식) / 건조 및 반건조 지역의 페디먼트화된 지형(인셀베르그 형태의 잔구상 돌출부 존재)

■ 경사급변점(nick point)
- 인셀베르그 : 암설 사면, 어느 정도의 폭 소유한 오목한 페디먼트
- 보른하르트 : 돔상의 암석이 거의 수평에 가까운 평야 위에 돌출하고 있는 지형

■ 보른하르트의 기원
- 풍화되지 않은 강한 암석 횡단하여 평원 발달, 보른하르트 측면 후퇴
- 풍화된 토양층 중에 남은 미풍화된 암석, 평원은 풍화층이 침식된 면

제 11 장. 카르스트 지형

I 카르스트 지형의 생성과 분포

120. 카르스트 지형의 생성 및 분포

■ 정의 : 석회암의 용식에 의해 발달된 지형 및 수리적으로 유사한 지형

• 용식, 함몰 지형 : 돌리네, 우발라, 라피에 등

• 나출지형 : 카렌

• 지하수의 용식에 의한 석회동굴 형성

■ 카르스트화 : 카르스트 지형으로 발달되는 과정

■ 특징 : 습윤 지역 발달 / 기후의 의존도 큼

■ 조건 : 유수, 지하수가 흘러갈 수 있는 유로의 형성 / 절리, 지질구조와 관련

• 절리 발달 : 용식작용 활발 / 지하수의 이동 : 지형 변화

■ 용식(corrosion) : 물에 녹아 침식되는 것

• 탄산칼슘($CaCO_3$) : 탄산 포함 수분에 의한 석회암, 돌로마이트 용해

• 보글리(Bogli) : 4단계 분류

1단계 : 탄산칼슘이 물에 녹는 단계

2, 3단계 : 물에 녹은 탄산기가 작용하는 단계

4단계 : 공기 중의 탄산가스 물속의 탄산가스 보충, 물속에 이동, 연쇄반응 가하는 단계

121. 카르스트 지형의 발달조건

■ 지표 부근에 가용성 암석 존재

■ 절리 간격이 좁은 성층면 존재

• 다공질 암석, 투수성에 따른 강수 흡수, 암석 전체를 따라 이동
■ 고지(高地)에 깊은 계곡 존재 : 암석을 통한 지하수의 하방이동 활발
■ 적당한 강수 존재 지역

122. 테라로사의 개념과 형성과정 : 붉은 잔류 토양

■ 의미 : 여름이 고온건조하고 겨울이 습윤한 지중해성 기후 조건과 석회암이라는 기반암 조건과 적갈색이라는 토색 조건
- 기후적 조건에서 지중해성 기후 조건 무의미 : 몬순, 건조지역까지 확대 사용
- 기반암 조건 고려하지 않음 : 화산암, 사암, 현무암 위의 적색토까지 테라로사
- 토색의 조건 : 테라로사는 적색~적갈색

■ 형성과정
- 기후적 측면 : 열대, 아열대 기후하 심한 광물의 풍화, 점토 형성 과정을 통해 형성 / 중부 유럽의 테라로사(과거의 유물 토양)
- 암석의 측면 : 석회암 퇴적 시 이미 적색화되었던 물질이 층 사이에 포함되어 있다가 용식되지 않고 잔류한 것

■ 피복카르스트 : 테라로사로 피복된 카르스트 지형
나출카르스트 : 카렌 발달하는 카르스트 지형

123. 카르스트 지형의 분포 : 세계

■ 지질구조, 지형, 기후의 영향
- 지형 : 융기준평원, 대지, 해안평야 등의 평탄지 발달 / 플로리다 반도 융기산호초 분포 지역 / 산호석회암 표면 발달

■ 카르스트 지형 발달 지역
- 펜실베니아의 그레이트 벨리(Great Valley), 매릴랜드, 버지니아, 테네시 등
- 인디애나~켄터키, 플로리다 중부, 미주리의 살렘~스프링필드 대지
- 프랑스 꼬스 지방 : 소수의 유수가 완경사의 중생대 석회암층으로 구성된 고원면을 깊은 협곡 형태로 용식
- 쿠바, 멕시코의 유카탄 반도, 인도네시아 자바 섬의 제3기층 산지, 인도차이

나, 일본 추길대 등

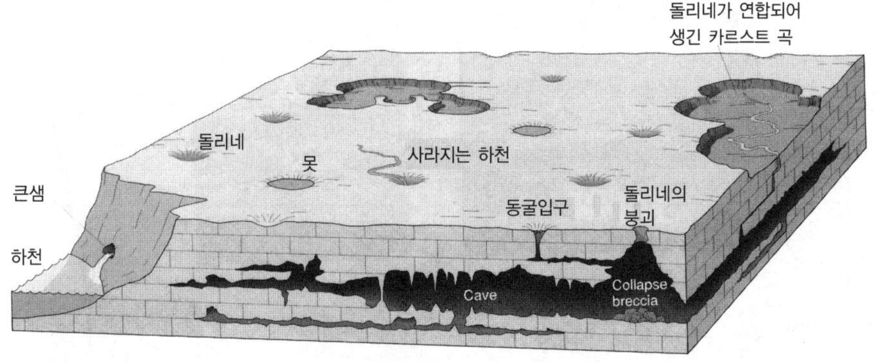

〈그림 11-1〉 카르스트 지형의 특징

124. 카르스트 지형 분포 : 우리나라

- 폴리예 : 황해도 곡산, 수안, 신막, 평산 등 / 평남 덕천, 양덕, 신창, 순천, 강동 등 / 함남 고원, 문천 등
  - 신막 서남부 창동 폴리예 : 장경 3.5㎞, 단경 2㎞, 면적 약 7㎢, 최대 규모
- 남한 최대 카르스트 발달 지역
  - 강원도 삼척, 정선, 영월, 평창, 명주 등 / 충북 제천, 단양 등
- 황해도 송화군, 옹진군 일부 지역 / 함남 혜산 등 / 평북 강계, 순창, 초산, 만포 등 / 강원도 춘성, 원성 등 / 경북 문경, 칠곡, 울진 등 / 전남 진도, 보성, 장성, 무안 등 / 전북 완주, 익산 등 / 충남 서산, 논산, 대덕, 당진 등 / 충북 괴산, 청원, 영동, 중원 등 / 경기도 양주, 시흥, 부천, 파주, 광주, 가평 등
- 석회암 동굴 : 평북 연변군 용문산 동룡굴 / 강원도 삼척 환선굴, 초당굴, 대이굴 / 경북 울진 성류굴 / 충북 단양 고수굴 / 강원도 영월 고씨굴 등

125. 카르스트 지형의 도상 판독

- 지도상의 특징 : 지형의 등정고도가 대략 같음 / 원추상 산지 벌집처럼 밀집 / 무수한 세곡, 포노르, 용천 현상 존재

〈그림 11-2〉 돌리네

Ⅱ 카르스트 지형

126. 돌리네 : 원형의 와지 / 깔때기 모양 / 곡, 구멍 의미 / 낙수혈 존재

■ 성인 : 용식, 함몰, 침강, 지하 함몰, 성형 돌리네

• 용식 돌리네 : 토양층 아래의 암석이 용식을 받아 와지 형성

■ 함몰 돌리네 : 지하 공동으로 석회동의 천장 내려앉아 형성

■ 발달 형태 : 우물 형태 / 깔때기 형태 / 접시 형태 구분

■ 규모 : 직경 10~1,000m, 깊이 2~100m

■ 카르스트호 : 돌리네 내부 불가용성 물질 존재, 바닥의 배수구 막아 형성
■ 덕(관서지방), 구단(강원도 대화 지방), 움밭(삼척), 못밭(단양)
구단(산정형 폴리에)

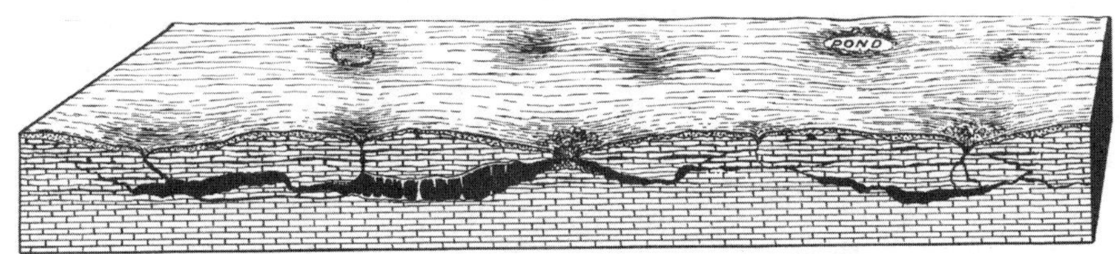

〈그림 11-3〉 돌리네와 지하의 동굴 형성

127. 우발라 : 돌리네 열의 결합, 좁고 긴 요지

■ 규모 : 직경 수km, 깊이와 폭의 비 1:10, 측벽의 경사각 10~12° 정도
■ 형태 : 평탄하지 않음, 피복 형성, 경작 가능, 포노르(배수구) 존재
■ 지명 : 우발리(삼척군 노곡면), 수입동(황해도, 포노르), 여삼리(삼척군 노곡면), 일여동(평남 신창)

128. 폴리예 : 거대분식용지

■ 용식작용, 구조운동의 합작품
■ 형성 : 구조상 적지(화석곡의 곡계와 관련)
• 충적토 : 폴리예 와지 바닥 매립 / 용식작용 차단, 측방용식작용 강화
수평적 용해작용에 의한 폴리예 바닥 확대
• 한국의 폴리예 : 구조운동과 밀접한 관련(지질구조선과 관련)

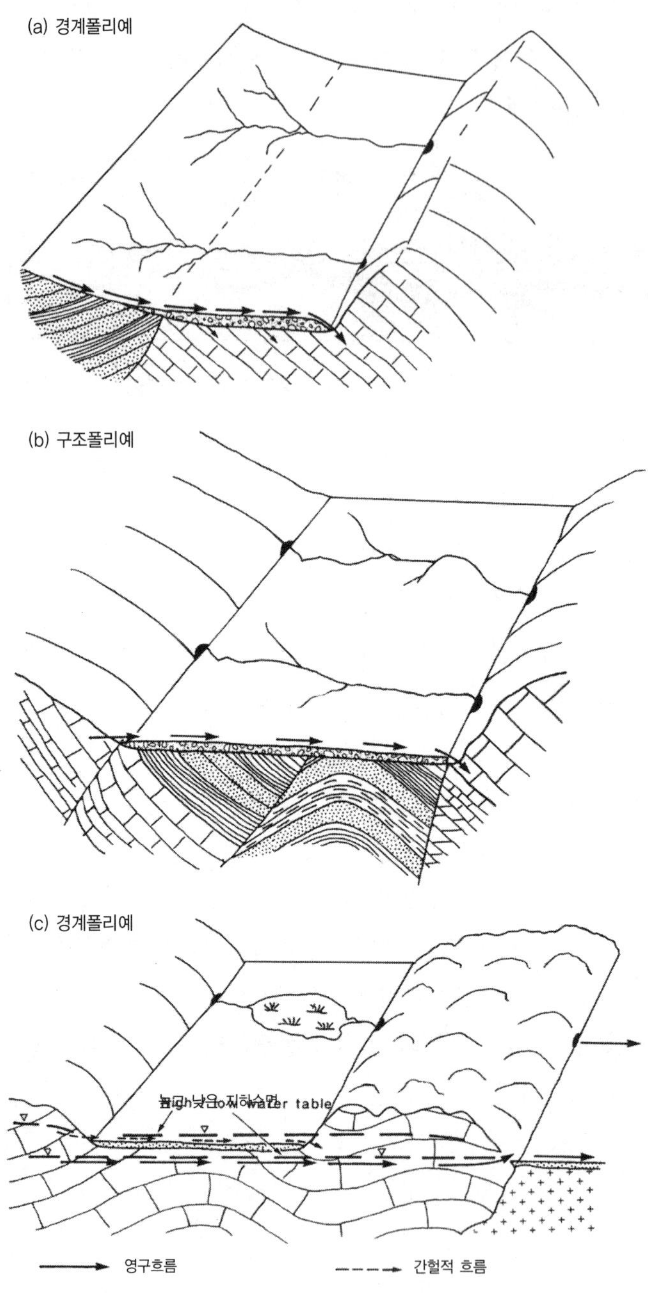

〈그림 11-4〉 폴리예의 기본형

129. 라피에 = 카렌

■ 형성과정 : 석회암의 지표 노출 → 용식작용 → 불규칙한 암석 돌출, 침식지형 발달

■ 암석노두에 형성 / 암석의 구성물질, 구조, 표면 경사, 식물의 피복 상태 등의 인자 작용

• 와지 형성 / 경사면에 발달

■ 암석의 가용성, 절리, 성층면 및 기타 성질 반영하는 지형

■ 차별침식 : 석회암 구조에 따름 / 구조선, 절리면 따라 소구 형성

• 소구의 교차 : 수레바퀴가 종횡으로 박힌 것 같은 지형 형성, 예리한 석탑 형성

■ 예외 : 열대성 강우 + 세류의 발달 → 타 암석에도 발달 가능

〈그림 11-5〉 라피에(일본, 기타규슈)

130. 잔류지형

■ 철형 지형 : 지하수계의 파괴에 의한 철형 지형 변화

• 석회암 대지 → 용식작용 활발 → 침식 진전, 하식윤회의 잔구(카르스트 잔구) 형성

- 험(hum, 작은 구릉) / 페피노 구(pepino hill, 푸에르토리코), 헤이스택 구(haystack hill) / 모호테(mogote, 쿠바)
- 원추 카르스트(cone karst) : 원추 모양, 중국 남부 광동성~광서 지구, 베트남 북부, 자바 섬 남부 등 / 열대 습윤 지방 발달 / 유물 지형
- 원정 카르스트(cupola karst) : 원정구상의 것
- 탑 카르스트(tower karst) : 곡벽의 경사 급한 탑상의 것 / 탑 사이 충적 저지 형성

■ 요형 지형 : 함몰 요지 지형

131. **카르스트의 수계** : 하계 발달 불량

■ 용천, 싱킹크리크(sinking creek, 하천이 흐르는 동안 없어지는 하천)

■ 건곡 : 하천이 지하로 유로 변경, 물이 흐르지 않게 된 골짜기

■ 싱킹크리크의 유로 변경 : 석회동굴 확장 후 하천쟁탈

- 하천쟁탈 : 두부 · 측방 침식 활발

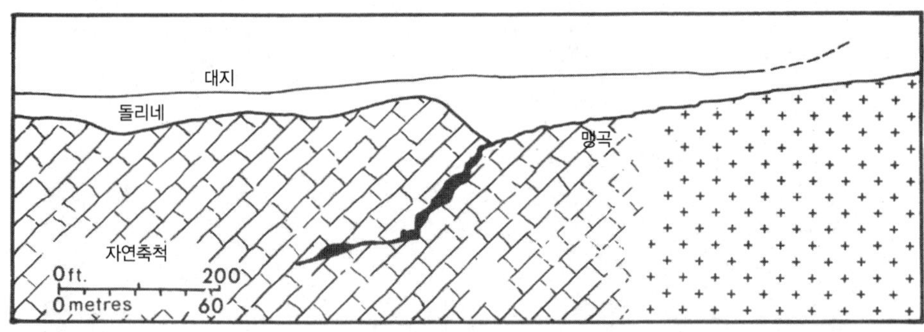

〈그림 11-6〉 맹곡(Blind Valley)

132. **카르스트 지형의 윤회** : 용식작용에 의해 지형 변화하는 것

■ 유년기 : 돌리네 불규칙하게 분포, 돌리네 분리(돌리네 확대, 원지형면 사라짐)

■ 장년기 : 돌리네 결합, 우발라 및 함몰 돌리네 형성, 침식에 의한 원추형 구릉

(코크핏) 형성
■ 노년기 : 넓은 용식평야 발달, 잔구 산재
※ 온대 + 열대 카르스트 결합
■ 치비지크(Cvijic)의 윤회설(1918) : 유고슬라비아의 디나릭 해안 카르스트 지형 기초
  • 전제 : 해면보다 높은 곳 두꺼운 석회암층 존재, 불투수성 암석 존재
  • 형성과정 : 지표수의 지하 침투, 지표 하천 소실, 돌리네와 우발라 발달 / 폴리예 성장, 석회동 발달 / 하곡 등장, 석회동 붕괴, 폴리예의 충적 저지 확대, 원추형 잔구 존재 / 불투수성 암층 노출, 원추형 잔구, 윤회 종료

Ⅲ 석회동굴

133. 석회동의 성인 및 발달

■ 지하수에 의한 용해, 동굴망 형성
■ 동굴 내부 망상 형성 / 수평 연장
  • 동굴 수준(cavern level) : 과거의 일시적 용식기준면 대표
■ 매끈매끈한 동굴 표면 : 석회동의 느린 지하수에 의해 형성
■ 복잡한 동굴 통로의 망 : 지하수면 밑의 포화대에서 형성

134. 석회동의 일반적 특징

■ 공동 발달 : 석회동(종유동)
  • 지하수계 형성, 유로 주위의 석회암 용식하여 유로 확대 결과 형성
  • 통랑(gallery) : 수평 확대 / 수갱(shaft) : 수직 확대
■ 종유석(stalactite) : 고드름 모양 발달
■ 석순(stalagmite) : 탄산칼슘 침적, 톱 모양의 형태
■ 석주(column) : 석순 + 종유석 결합
■ 석회막 : 종유석이 횡으로 넓혀진 경우

■ 석회화 : 물에 포함된 탄산칼슘이 공기와 접하여 침전
■ 유화석 : 석회동 내 흐르는 물에 의해 형성된 탄산칼슘의 침전물
■ 윤록석 : 동굴 내의 요지를 넘치는 물에 의해 형성되는 침전물
■ 석회화 단구 : 윤록석이 비늘 모양으로 늘어선 계단상의 지형

135. 석회동 성인의 구조지형학적 접근

■ 목적 : 동굴의 성인 밝히기 위함
 • 주변의 지형과 지질을 바탕으로 한 구조 현상의 결과로 형성
■ 단층, 절리와의 관계

136. 동굴 형성과 관련된 구조와 문제점

■ 단층작용과 관련 : 서로 어긋난 암층(추정 단층선), 안정성, 추정 단층선에 평행하지 않은 불규칙한 공간 존재, 동굴의 기본 골격 형성, 미세한 지형으로 발달(절리, 균열, 열하 등의 가중)
■ 문제점 : 구조적인 영향 고려

137. 스펠레오뎀

■ 정의 : 동굴의 천장, 벽에서 흘러내리는 물에 용해되었던 탄산칼슘 침전, 집적되어 발달하는 각종지형
■ 습한 동굴에서만 발견 : 열대지방
■ 종유석, 석순, 석주 발달
■ 석회화 폭포 : 동굴 벽에 탄산칼슘의 석회화 형성되어 폭포와 같은 형태 존재
■ 석회화 단구 : 동굴 바닥 형성된 단구 형태
■ 짚종유석(종유관) : 물방울이 방해석을 환상으로 집적시키기 때문
■ 림스톤(선답, 신농답) : 물이 동굴바닥으로 흘러내리는 곳, 논둑 모양의 가늘고 긴 모양

138. 피솔라이트(두석, pisolite)

■ 정의 : 화산재가 빗방울에 포착되어 고결 낙하되었거나 화산재 위에 낙하된 빗방울의 전동으로 생긴 동심원의 층상 구조를 가진 구상 입자

■ 두석의 퇴적 환경 : 통기대 따라 발달

■ 원인 : 와동, 전동에 의한 수마작용

점적수의 충격으로 생긴 정수면의 요동으로 물속에 녹아 있는 칼사이트가 전술한 핵을 중심으로 동심원상의 크기를 증가

■ 우리나라의 석회동산 두석의 분포와 형태적 특징 : 정상적 발달하는 곳에서는 예외 없이 두석 퇴적

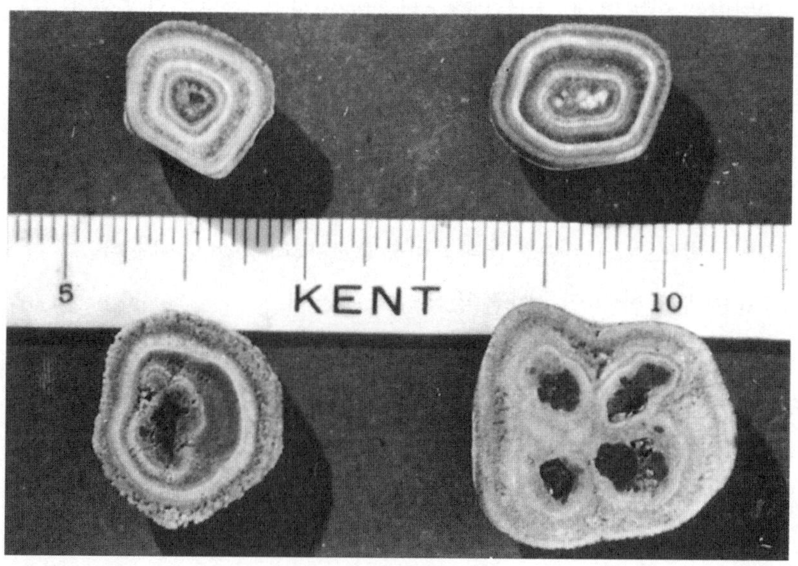

〈그림 11-7〉 피솔라이트

제 12 장. 빙하지형

I 빙하지형의 발달

139. 만년설과 설선

■ 설선 : 빙하의 하방한계 / 여름에도 눈이 녹지 않고 남아 있는 것
- 기온, 강설량에 의해 결정
- 한국의 설선고도 : 약 3,900~4,000m 추정 / 만년설 관측 불가
- 권곡 지형 : 함북 관모봉 일대 / 빙기의 설선고도 약 2,000m 내외

■ 만년설(firn) : 설선 이상의 눈이 녹지 않는 것
- 눈이 빙하빙으로 되는 중간단계 / 비중 0.8, 빙하빙(glacial ice)

■ 빙하 : 눈이 변화하여 이루어진 빙하빙의 유동체

140. 빙모와 빙상

■ 빙모(ice cap) : 지표 기복을 넘어 형성된 빙하 / 돔 형태
- 지표의 기복과는 관계없이 돔 형의 표면 경사를 따라 높은 곳에서 낮은 곳으로 흐름
- 북극해 스피츠베르겐 제도, 노바야젬랴 섬, 세베르나야젬랴 제도, 북아메리카 및 그린란드 사이의 배핀 섬, 아이슬란드와 노르웨이의 일부 고산 지방 등

■ 빙상(ice sheet, 대륙빙하) : 빙모보다 큰 규모 / 그린란드, 남극대륙 존재
- 그린란드 : 80% 이상 매립 / 면적 180㎢ / 평균 두께 1500m / 부피 259만㎦ / 막대한 하중으로 인한 섬의 중앙부 기반암 하강
- 남극대륙 : 거의 전부 매립 / 넓이 1,280㎢ / 평균 두께 1,900m / 부피 2,177㎦

141. 빙하의 운동

■ 소성적 유동(plastic flow) : 내부 조직의 변동 관련 / 슬라이딩 등

• 극빙하 : 기저부의 얼음이 항상 기반암의 표면에 밀착

■ 활동성 유동(basal slip) : 내부 조직의 변동 무관 / 표면에서 미끄러짐

■ 엷은 수막 : 기저부의 융해 및 재동결층 / 빙체 이동의 윤활제 역할

■ 빙하의 이동

• 극빙하 : 연간 이동량 1~2m / 알프스 산지 : 연간 40m 내외 / 그린란드 서안 약 1.5㎞ / 알래스카 1일 60m 이동 경우 발견

142. 곡빙하

■ 암벽에 의해 제한

■ 권곡빙하(cirque glacier) : 산정부 사면에서 설식에 의한 와지 확장, 눈의 집적으로 인해 형성

• 설선 아래로 길게 연장 / 골짜기 매립 → 곡빙하 형성

■ 크레바스(crevasse) : 경사의 급변으로 표면에 좁고 깊은 균열

■ 말단부 위치 고정 : 공급의 빙하빙의 양 = 소모되는 빙하빙의 양

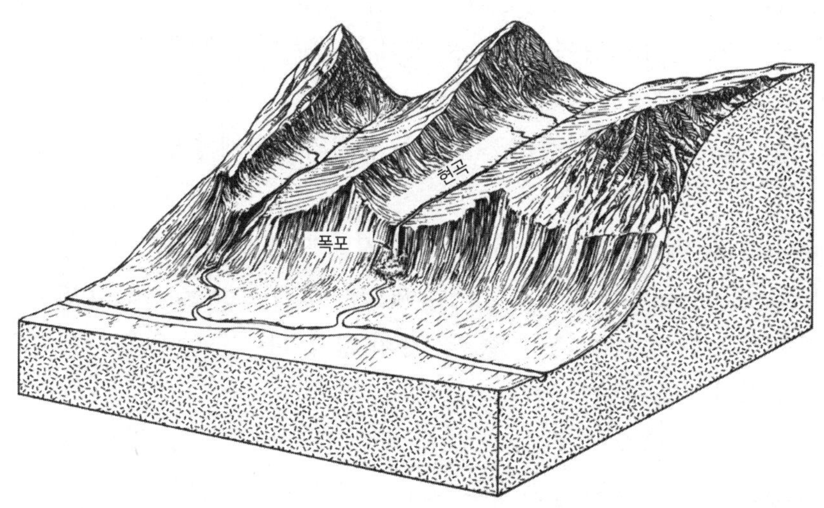

〈그림 12-1〉 곡빙하에 의한 현곡과 폭포의 발달

143. 빙하시대 : 극지방, 고산 지방에 빙하가 출현했던 시기

■ 빙기 / 간빙기 : 빙하의 확장 / 쇠퇴

- 빙기 : 네브라스칸(Nebraskan), 칸산(Kansan), 일리노이안(Illinoian), 위스컨신(Wisconsin)
- 간빙기 : 귄쯔(Günz), 민델(Mindel), 리쓰(Riss), 뷔름(Würm)

■ 빙기의 편년 : 빙하퇴적층의 분석

- 최초의 빙하퇴적층 : 가장 오랫동안 풍화작용 영향
- 간빙기의 화석토양 : 퇴적층의 시대구분 도움

Ⅱ 빙하의 침식작용과 지형발달

144. 빙하의 침식과 물질 운반

■ 현재 진행되는 침식의 약 7%

■ 빙하작용의 강약 : 빙하의 유동 속도, 빙하의 두께, 암설의 양과 질 및 기반 암질 등

- 연마작용(scouring) : 경사 완만한 양배암 형성, 찰흔 등
- 굴식 : 기반암석의 틈에 침투하는 물의 동결에 따라 암석 파괴, 방하에 의한 암설 운반

■ 퇴석(moraine) : 빙하가 운반, 퇴적하는 물질의 집합체 총칭

145. 권곡과 빙식산형 : 권곡의 형성 → 빙식지형 발달의 기본적 현상

■ 권곡(kar) : 산릉 양쪽에서 성장 → 즐형산릉(arete, combe ridge) 변화

- 설선 바로 위에 발달하는 지형 / 삼면의 절벽, 나머지 한 면은 아래쪽으로 트인 반원형 극장 모양의 와지

■ 호른(horn) : 산봉우리 중심으로 여러 개의 권곡 발달, 한 점에서 만남

■ 콜(col) : 즐형산릉에서 양쪽의 두 권곡 벽이 만나서 생기는 낮은 부분

■ 베르그슈른트 : 대규모의 크레바스

• 여름 주야간에 동결 · 융해 반복 → 기반암의 기계적 풍화작용 → 빙하에 의한 암설의 제거 → 수직적 단애 형성

146. 빙식곡 : U자곡

■ 하식에 의한 골짜기가 곡빙하의 침식을 받아 변형된 것

• 산각 절단 / 곡벽의 급애

■ 절단산각(truncated spur) : 빙하로 인한 굴곡이 적게 되고 말단 소실한 산각

■ 현곡(hanging trough) : 지류빙식곡이 높이 걸려 있는 상태

■ 빙하의 협화적 합류의 어려움

• 큰 규모의 빙하에 의한 강한 마찰력, 침식의 가속화

• 지류곡의 기저부는 본류곡의 기저부보다 높은 위치

147. 협만(fjord) : 빙식곡에 바닷물이 들어오는 것

■ U자곡 : U자곡이 물에 잠긴 익곡

• 국지적 침식기준면 형성 / 폭포 형성

■ 대규모의 곡빙하 발달 : 편서풍의 영향 / 해안을 따라서 높은 산맥 형성 비보다는 눈이 많이 내림

■ 수심 : 내륙 쪽 〉 해안 부근의 입구

148. 빙식평원 : 빙상의 침식에 의해 형성된 평원

■ 굴식작용, 마식작용 활발 / 기반암 노출, 빙하호 형성 / 거친 지형 형성

■ 순상지와 일치 : 캐나다 로렌시아 대지, 스칸디나비아 중심부 지역

■ 호소(빙하호) 등장 : 기반암에 파인 와지 / 퇴적물 + 식생의 유체 매립(늪지화)

• 무질서, 하계망의 체계적 미발달

■ 양배암 : 종단면이 비대칭

• 빙하가 흘러오는 쪽의 양배암 표면 : 마식작용, 미끄럽고 경사 완만, 융빙현상

• 빙하가 지나가는 쪽의 양배암 표면 : 굴식작용, 거침, 재동결 작용

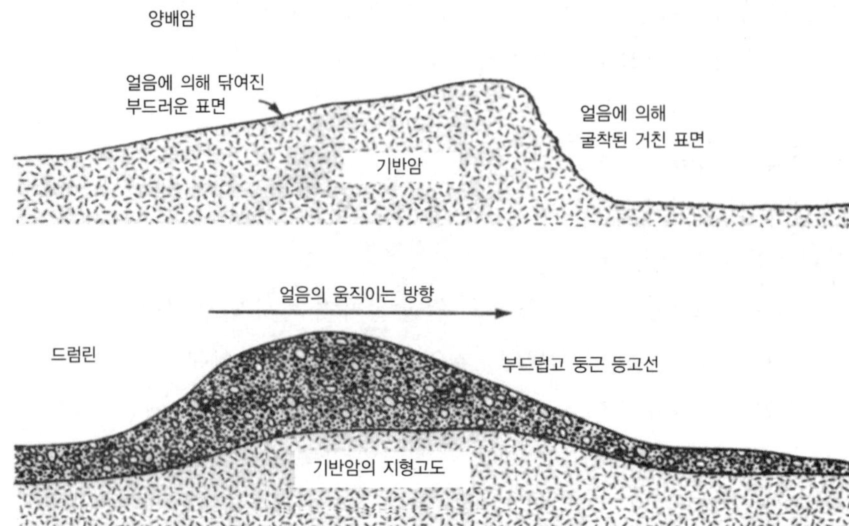

〈그림 12-2〉 양배암(상)과 드럼린(하)

Ⅲ 빙하의 퇴적작용과 지형발달

149. 빙하의 퇴적작용

- ■ 직접적 퇴적작용 : 빙하 / 간접적 퇴적작용 : 빙하 전면에서 일어나는 융빙수
- ■ 저퇴석 : 빙력토 매립
  - • 분급 불량 : 암분~암괴
  - • 자갈, 암괴 : 장축의 방향이 빙하의 이동 방향과 평행
- ■ 종퇴석 : 빙하의 말단부를 따라 소모빙력토 퇴적, 능선 모양의 언덕
  - • 후퇴퇴석 : 빙하가 후퇴하다 일시 정지하여 형성
- ■ 표석 : 빙하에 의하여 멀리 운반되어 이질적인 기반암 지역에 놓여 있는 암괴, 거력
- ■ 저퇴석, 측퇴석 : 빙하의 밑이나 연변, 암설의 퇴적이 일어나 빙하가 없어진 뒤 형성

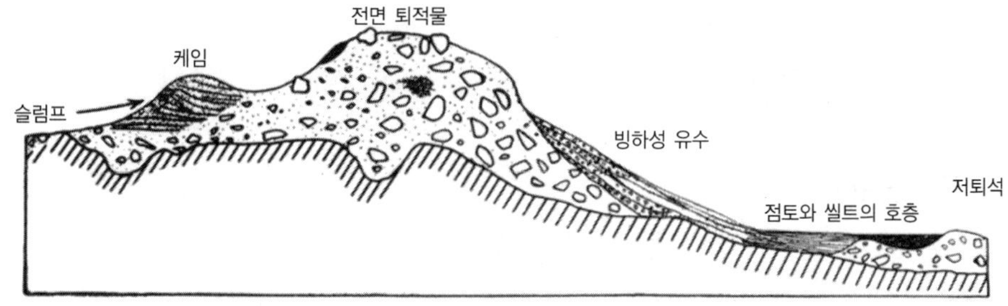

〈그림 12-3〉 빙하퇴적의 단면

150. 빙력토 평원

■ 빙퇴적 지형 중에서 규모가 큰 단위의 지형 / 빙력토가 퇴적되어 있는 평야
- 빙식평원 주변 발달, 저퇴석의 구조
- 호소, 늪지 존재 / 하계망 체계적 미발달 / 배수 불량한 곳

■ 호소 : 퇴적물, 유기물로 빨리 매립 경향
- 퇴석층의 수축, 침하에 의해 형성

■ 케틀(kettle, 케틀 홀) : 얼음이 묻혔던 곳에 형성된 와지

■ 퇴적 지형 : 종퇴석, 드럼린, 에스커 등

151. 드럼린과 에스커

■ 드럼린 : 종퇴석 가까이 빙력토 평원상에 발달되어 있는 퇴석구
- 숟가락 엎어 놓은 모양
- 미립질 빙력토 구성 / 암석드럼린(기반암의 핵이 묻혀 있는 것)

■ 에스커 : 융빙수가 흐르던 빙하 밑의 얼음 터널에 토사가 쌓여 형성된 제방 모양의 빙퇴석 지형
- 양호한 분급 / 제방 형성

152. 종퇴석(= 단퇴석)

■ 의미 : 빙하 유동의 최말단부까지 이동한 모레인

■ 형성 : 빙하의 전진 = 빙하 말단의 손실량

■ 빙상의 종퇴석 : 대규모 / 국지적 기복 30~60m / 너비 수백m~5km
■ 곡빙하의 종퇴석 : 초승달 모양 / 국지적 기복 15~30m

153. 케임단구

■ 정의 : 빙괴 사이, 그안의 통로에서 흐르던 유수에 의해 생긴 퇴적물
호수에 의해 생긴 호성 퇴적물이 낮은 곳에 쌓여서 만들어진 구릉
• 빙하가 정체하는 동안 빙하가 녹은 융빙수에 의해 운반된 모래, 자갈들이 층을 이루면서 쌓여서 이루어진 낮은 구릉
■ 형태 : 기반암의 돌출이나 형성 이후에 절단됨으로 인해 좁게, 불연속적 등장
■ 케임단구 : 통로가 빙하, 곡벽 사이 존재 / 상대적 높은 구릉 형성
• 케임델타 : 상부가 평평한 언덕 / 반원형
■ 빙하 말단부를 따라 흐르는 하천에 의해 퇴적되는 경우 존재

154. 빙하성 호소 퇴적평야와 빙하성 유수 퇴적평야

■ 빙하성 호소 퇴적평야 : 빙하가 없어지고 물이 빠지면 극히 평평한 평야 등장
• 점토, 실트 구성 : 여름 실트 퇴적 / 겨울 점토 퇴적
■ 빙호점토 : 빙호로 구성된 호저 퇴적물
• 편년연구 활용 : 고기온 두껍고 / 저기온 얇음
■ 유수 퇴적평야 : 빙하의 말단에서 흘러내리는 일련의 융빙수 하천의 퇴적물이 빙하 전면에 퇴적되어 형성된 2차적인 평야
• 선상지가 횡적으로 연합하여 이루어진 것

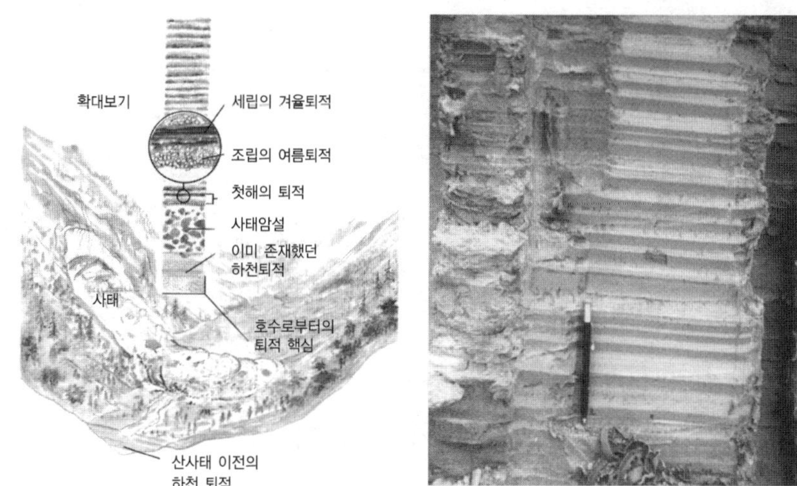
확대보기
세립의 겨울퇴적
조립의 여름퇴적
첫해의 퇴적
사태암설
이미 존재했던
하천퇴적
사태
호수로부터의
퇴적 핵심
산사태 이전의
하천 퇴적

〈그림 12-4〉 빙호점토

제 13 장. 주빙하 지형

I 주빙하와 주빙하 환경

155. 주빙하 환경의 개념과 주빙하 작용

■ 정의 : 빙하 주변의 지역 / 한랭한 기후 / 풍화, 매스 무브먼트, 투양수의 순환 등 전개

- 영구동토와 낮은 연평균 기온 조건에 의해 생성

■ 주빙하 : 시간, 공간적으로 빙하의 주변이라는 것과 무관

- 넓은 범위의 한랭한 기후 조건과 관련

■ 주빙하 환경 : 동결작용이 탁월한 환경

- 동결, 융해의 반복 탁월 진행 / 영구동토 지하 내포

※ 이러한 환경이 나타나는 곳 : 주빙하 지역

■ 주빙하 작용 : 풍화작용, 매스 무브먼트, 구조토의 형성 등

- 작용 : 영구동토의 형성, 열적 수축에 의한 균열 발생, 영구동토의 융해 및 아이스 웨지와 관입빙의 형성 등

■ 특징

- 얼음의 동결, 융해작용 관련 / 물리적 풍화 우세 / 매스 무브먼트 탁월

■ 개념

- 펠티에르(Peltier) : 연평균기온 −15~−1℃ / 연 강수량 120~1,400㎜ / 강력한 동결작용, 매스 무브먼트, 약한 유수작용 진행 기후조건
- 트리카(Tricart) : 혹독한 겨울을 수반하는 건조기후(1유형, 계절적으로 심한 동결작용) / 혹독한 겨울을 수반하는 습윤기후(1, 3유형의 점이적 특성)

156. 동결과 융해 작용

■ 동결작용 : 주빙하 환경의 기본적 특징 / 복잡

• 동결, 융해의 반복 빈도 : 암석의 균열, 파쇄에 직접적 영향 / 지형분석에 중요

• 프로세스 : 물과 관련, 균열 수반, 지표면의 열적 수축, 빙정의 분리 형성, 동결 시 수분의 체적 신장 등

Ⅱ 영구동토층과 활동층

157. 영구동토층의 형성과 분포

■ 영구동토(permafrost) : 항상 동결되어 있는 대지

• 영구동토면 : 영구동토층의 상한면 / 영구동토피복층 : 영구동토면보다 상부의 토양층

• 활동층 : 여름에 융해되는 부분 / 계절적 동토층

■ 현재 기후조건과 무관 : 알래스카, 시베리아 영구동토는 유물적 영구동토

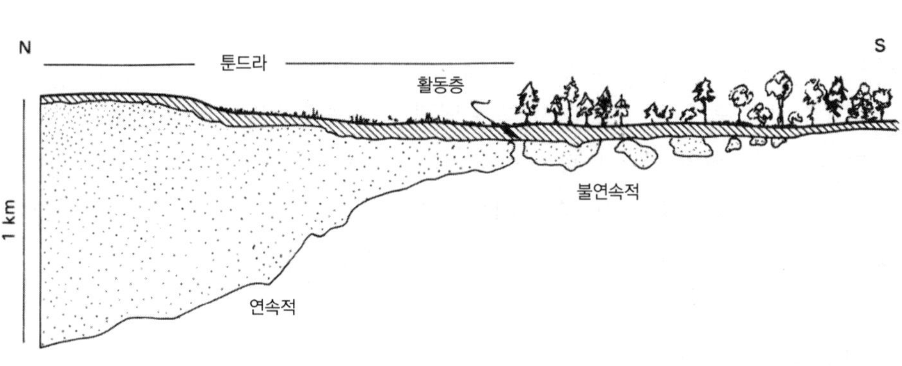

〈그림 13-1〉 캐나다의 영구동빙토 분포

158. 영구동토와 토지 조건

■ 기복, 방위, 토양, 암석의 물리적 성질

■ 토지조건 : 영구동토의 넓이, 활동층의 두께 등에 의한 결정

- 식생 : 영구동토층 여름 내내 태양열 차단 / 활동층의 두께 결정
- 적설 : 겨울에 대지 추위로부터 보호 / 국지적 변화 요소 작용
- 산불에 의한 효과 : 낙뢰에 의한 산불

159. 아이스웨지(얼음쐐기)

■ 영구동토층 내에 수직으로 박혀 있는 빙체

- 크기 : 폭 1.0~1.5m / 깊이 3.0~4.0m

■ 수축설 : 균열, 동결의 반복 / 0℃ 이하로 온도의 급강

- 툰드라 저지

■ 다각형(주로 사각형) 구조토망 : 북극지역, 아북극 지역의 광대한 면적 분포

- 균열의 사교(斜交) → 얼음쐐기에 의한 토양층 융기 → 얼음쐐기 구조토 등장

160. 핑고와 그 밖의 빙핵소구

■ 핑고 : 피압된 물의 관입, 동결에 의해 혹은 석출된 아이스웨지의 성장에 의해 돔으로 된 빙핵구 / 주빙하지형 발달

- 역할 : 얼음의 관입 〈 얼음의 석출

■ 개방적 핑고 : 영구동토, 불연속적 영구동토의 분포지역

- 지표수의 지중 침수, 동결되지 않은 퇴적층 중에서 순환
- 정수압, 정수두가 있는 특정한 장소에서만 발달 / 투수성 양호

■ 폐쇄적 핑고 : 연속적인 영구동토대에서만 발달 / 기복이 없는 충적 저지에 발달

- 영구동토가 아직 동결되지 않은 하층 향한 국지적 성장

161. 구조토(patterned ground)

■ 형성 기후 : 한랭 기후 / 동결, 융해의 반복 필요

■ 형태 : 환상, 다각상, 계단상, 호상

• 환상 : 개별적, 집단적 발달
• 다각상 : 가장 널리 알려져 있음
• 계단상 : 사면의 등고선과 평행한 계단 모양
• 호상 : 사면의 경사방향 따라 배열

■ 성인

• 서릿발에 의한 돌의 융기 : 미립물질의 동결, 팽창하여 볼록한 돔 형성 경사 방향을 따라 구조토 형성
• 미립 물질의 중심부 융기 : 조립 물질의 변두리 동결 압력에 의함

■ 대류현상 : 큰 자갈(바깥쪽) / 작은 자갈, 모래(안쪽)

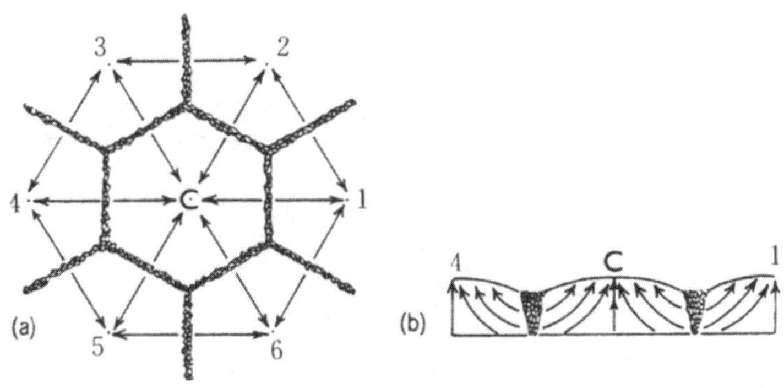

〈그림 13-2〉 구조토의 6각형 패턴 형성과정

162. 열카르스트

■ 열카르스트의 개념, 성인과 작용

〈표 13-1〉 열카르스트의 개념과 내용

<table>
<tr><th>구 분</th><th colspan="2">내 용</th><th>비고</th></tr>
<tr><td>명 명</td><td colspan="2">• Ermolaey(1932)에 의해 사용
• Dylik(1968) : 지하얼음의 융해에만 사용하자고 제의</td><td></td></tr>
<tr><td>범 위</td><td colspan="2">• 지중빙의 융해과정에서만 사용
• 영구동토가 있는 곳에만 사용
• 최근 – 성인에 관계없이 모든 지중빙의 융해 프로세스에 사용</td><td></td></tr>
<tr><td>발 달</td><td colspan="2">• 영구동토층의 열적 평형이 무너질 때
• 활동층의 두께가 증가할 때
• 기후변화와 관련 열카르스트의 발달
①기후온난화
②연평균기온의 상승
→대륙도 증가 →계절적인 융해층의 두께 증가
• 자연적 요인→측방침식에 의해→융해침식 웅덩이를 형성
• 지형변화의 양과 범위
a) 활동층의 깊이가 증가한 정도
b) 토양의 함수비
c) 그 지역의 지각변동 상태</td><td></td></tr>
<tr><td>열카르스트 에서의 침식개념</td><td colspan="2">① 침하의 개념
② 후퇴삭박의 개념</td><td></td></tr>
<tr><td rowspan="2">융해침식과 열카르스트의 비교</td><td>융해침식</td><td>• 얼음의 융해에 의해 발생
→ 삭박과정을 포함하는 동적 개념
• 영구동토의 두께가 측방을 향해 감소, 후퇴하면서 침식</td><td></td></tr>
<tr><td>열카르스트</td><td>• 열적융해로 물이 손실되어 침하를 일으킴
• 열적융해는 열 전도에 의함
• 유수와 지표경사가 불필요
• 그 지역의 지중빙의 양에 따라 다름
• 상하 양쪽으로 영구동토의 두께 감소
• 후퇴삭박</td><td></td></tr>
</table>

Ⅲ 사면의 형성

163. 사면 형태와 사면 형성

■ 매스 무브먼트 : 중력에 의한 물질의 이동 / 안식각 범위

■ 유역의 기하학적 특성 : 사면의 기본적인 깊이, 높이 결정

- 관찰 불가 : 양적인 측정, 야외 관찰 어려움 / 시간적 과정 파악 불가 / 명확한 순환 진행 불가

164. 매스 웨스팅

■ 암설이 중력의 영향으로 사면 아래로 이동되는 과정 / 풍화의 영향

■ 주빙하 지역에서의 동결파쇄작용 탁월 : 동상포행의 메커니즘 통한 메스 웨스팅 과정에 도움

- 토양층 아래로 수분의 침수 → 매스 웨스팅 현상 촉진

■ 유형 : 골동, 유동, 낙하

- 유동 : 젤리플럭션, 포행, 사면워시
- 골동 : 활동층의 붕괴, 지중빙 슬럼프
- 낙하 : 눈사태, 낙석

165. 솔리플럭션과 사면 워시 : 주빙하 지역

■ 앤더슨(Andersson, 1906) : "물로 포화된 미세한 물질이 사면 상부에서 하부를 향해 서서히 유동하는 것"

■ "젤리플럭션" 용어 필요 : "토양이 동결, 융해의 반복을 통해 지표면에 수직 방향으로 팽창하고, 거의 수직에 가까운 방향으로 침하할 때 생기는 하방으로의 이동"

■ 조건 : 토양 속 충분한 수분 / 토양 내부의 마찰과 접착력 감소시키는 장소

■ 평균 이동 속도 : 0.5~0.4㎝/연

■ 사면 워시 : 식생 존재 주빙하 지역의 사면에서의 침식, 운반과정
솔리플럭션보다 우세한 프로세스

- 침식 : 빗방울의 충격 / 포상유수의 쉬트 워시 / 우곡 유수에 의한 워시 / 토양 공극을 통해 진행되는 워시 등

제 14 장. 해안지역의 변화

I 파랑과 조석

166. 파랑의 발달과 굴절

■ 파랑 : 대기의 변화에 의해 물분자가 궤도운동을 하는 것

• 풍파 : 바람의 운동에너지에 의한 해수의 파동

• 파고(H) : 파정(마루), 파곡(골)과의 수직거리

• 파장(L) : 파정 간의 수평거리

• 파랑주기(T) : 파정과 파정 간의 시간

※ 파랑의 이동속도 C = L/T

■ 풍파 : 발생파(sea wave), 스웰파(swell wave), 연안쇄파(surf wave)

• 발생파 : 풍랑 / 파정이 뾰족하고 비대칭적, 초기 발달단계의 강제파

• 스웰파 : 둥근 파정, 주기 5~20초, 파장 수십~수백m

• 연안쇄파 : 연안 가까이로 접근해 가는 파랑이 부서지는 것
짧은 파장, 높은 파고

■ 구분 : 심해파, 천해파

■ 쇄파(breaking wave) : 수심과 파고가 같아지는 지점 / 파형, 물분자는 앞으로 진행하면서 부서짐

• 쇄파대 : 쇄파가 나타나는 지역

• 스워시(swash) : 쇄파가 사빈의 사면을 힘차게 기어 올라가는 것

• 백워시(back wash) : 스워시가 다시 중력 방향으로 흘러내리는 물

■ 파랑의 굴절 : 해안 지형의 굴곡에 의해 형성되는 파도 에너지의 변화

• 헤드랜드 : 침식지형(해식애, 파식대, 해식동 등) 형성

• 연안류 : 퇴적지형(사빈, 사주, 사취 등) 형성

167. 연안류(longshore current) : 해안과 평행하게 흐름

■ 정의 : 해안의 출입이 심하지 않은 직선상의 해안에서 파랑이 비스듬히 접근할 때 파랑의 굴절 현상에 의해 해안과 평행하게 흐르는 해류

■ 연안표류(beach drifting) : 연안류에 의한 운반 과정

■ 연안사주(offshore bar) : 사빈해안 전면, 해안선과 평행

■ 이안류(rip current) : 바다 쪽으로 되돌아가는 해류

168. 조석 현상 : 1일 1~2회의 주기적 승강운동

■ 기조력 : 달, 태양의 인력이 지구에 미치는 힘에 의해 일어남

• 천체의 질량에 비례, 지구와 천체 사이의 거리의 세제곱에 반비례

■ 조석 주기 : 만조(간조)~만조(간조)까지의 시간

■ 조류 : 조석 현상으로 인해 일정한 수평 방향으로 해수가 이동

• 원인 : 기조력의 수평성

■ 대조, 소조 : 2주마다 교대

• 대조 : 기조력의 최대 / 소조 : 기조력의 최소

169. 쯔나미 : 지진파 / 지진에 의한 해일(일본)

■ 정의 : 저기압의 통과, 지진에 의해 발생하는 장파의 파랑

■ 지진성 해일 : 해저지진, 해저화산의 폭발, 대규모의 단층 작용 등에 의해 발생

■ 특징 : 보통 1m 이하 / 해안가 평균 15~17m의 파고

• 주기 : 보통 12~15분 / 파장 : 100~200km / 시속 : 500~800km

• 리아스식 해안에서 큼 : 복잡한 해안선, 얕은 수심

■ 저기압 해일 : 저기압의 통과에 의해 발생하는 쯔나미

〈그림 14-1〉 쯔나미에 의한 피해(인도네시아)

Ⅱ 해안과 해안선의 분류

170. 해안선의 분류

■ 존슨(Johnson) / 지반 운동 전제

- 이수해안(離水海岸) : 지반 융기, 해저의 해면상 노출
- 침수해안(沈水海岸) : 지반 침강, 육지의 해면 잠수
- 중성해안 : 지반의 운동과 무관하게 형성된 해안
- 복합해안 : 이수 · 침수 · 중성 해안의 지형적 특징 소유

■ 코튼(Cotton, 1952) : 안정해안 / 불안정해안

- 안정해안 : 후빙기 후 해수면 상승으로 침수되어 형성 / 지각 변동 무관
- 불안정해안 : 후빙기 후 침수 / 국부적인 지각 변동을 받은 해안

■ 발렌타인(Valentin, 1952) : 전진해안 / 후퇴해안

- 전진해안 : 해저의 융기, 삼각주, 맹글로브, 산호초의 성장에 의해 형성 / 존슨의 이수해안, 중성해안 해당

• 후퇴해안 : 하곡, 빙식곡의 침수로 이루어진 침수해안 / 파식에 의해 해식애가 후퇴하는 침식해안

■ 쉐퍼드(Shepard) : 1차해안 / 2차해안

• 1차해안 : 육상의 침식 및 퇴적, 화산활동, 지각운동 등

• 2차해안 : 해양의 침식 및 퇴적, 해성유기물의 성장 등

■ 데이비스(Davies) : 고위도 해안(폭풍 파랑 환경) / 저위도 해안(스웰 파랑 환경) / 저에너지 해안(해빙, 내만에 의해 보호)

171. 침수해안의 특징(피요르 해안)

■ 상대적 해수면의 상승으로 육지의 고도가 낮아져 형성되는 해안

• 범세계적 후빙기 해수면 상승에 의해 침수

• 심한 해안선의 출입 / 만, 반도 등의 복잡한 양상

■ 특징

• 후빙기 이후 해수면 상승으로 침수되어 해안과 직각으로 길게 뻗은 협만

• U자형 단면 / 가파른 양쪽 사면 / 내륙 쪽으로 길게 뻗음

• 좁은 폭 / 수심 500~1,000m / 입구 쪽 얕고 내륙 쪽 깊음

• 내륙 : 곡빙하에 의해 깊게 침식 / 해안 : 산록빙하에 의해 침식력 약화

■ 피요르식 해안 : 파랑상의 저기복 나타나는 빙식지역 침수

172. 침수해안의 특징(리아스식 해안)

■ 하천에 의한 해안 발달, 해안선과 직각으로 교차하는 산맥, 능선, 개석곡 등이 부분적 침수되어 형성

■ 특징 : 익곡, 삼각강의 발달

• 빙기 때 하천의 개석 활발 진행 → 개석곡 형성 → 후빙기 때 해수면 상승에 의해 하구 부근 부분적 침수

• 나팔 모양의 만입 삼각강, 에스츄어리 형성 : 조석의 영향 받음 / 해안 쪽 향한 입구의 나팔, 깔때기 모양(강한 조류, 파도의 영향 / 염분 농도가 높고 수심 깊음) / 하구의 입구가 암석의 돌출부, 사주, 사취, 연안사주, 삼각주의 퇴적

물로 해양과는 부분적으로 차단된 삼각강(해안석호로 발달)

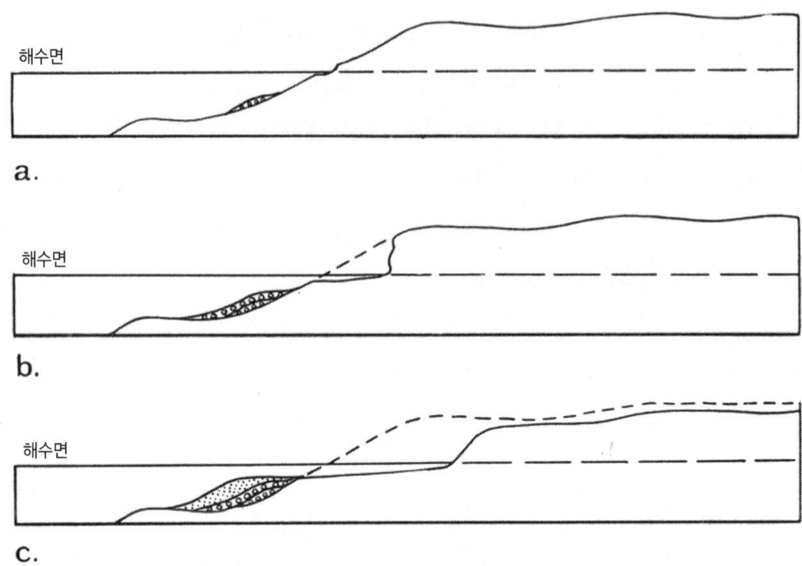

〈그림 14-2〉 침수해안선 발달의 단면도

173. 이수해안의 특징

■지반의 융기, 해수면의 하강에 의해 해저면 노출된 해안

■특징 : 과거의 구정선, 해식애, 해식동, 시스택 등의 유물지형 존재
해안평야 발달 / 해안단구 분포

- 대륙 주변부, 태평양상의 도서 해안 지역 분포 : 지각운동이 산악성 해안 지역, 열도를 따라 발생

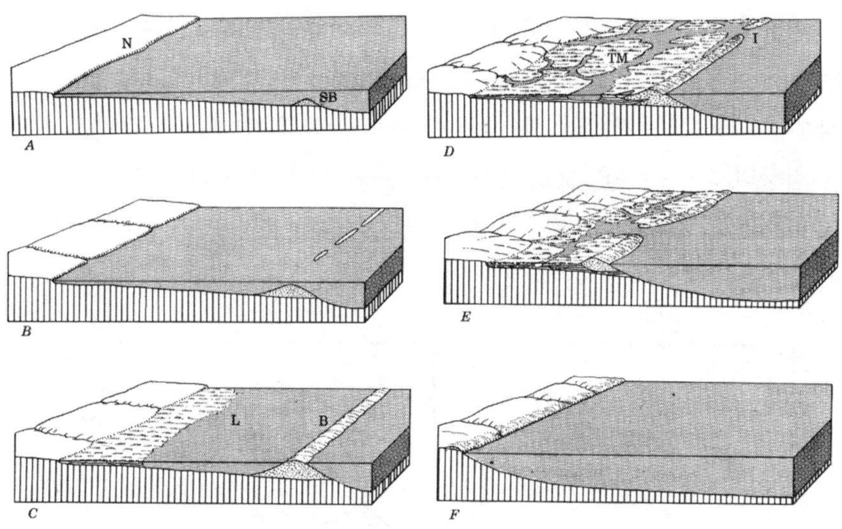

〈그림 14-2〉 해안평야에서 이수해안선 발달단계

SB:해저 바, L:석호, B:만주, I:유입구, TM:조석늪지, N:해안경계

174. 산호초 해안의 특징

- ■산호초로 구성되어 있는 해안 / 중성해안
- ■산호초의 형태 : 안초, 보초, 화초
  - 안초(거초) : 섬의 기슭, 돌출부 붙어서 발달 / 선반 모양 / 너비 0.4~25km, 평평하고 완만한 표면 / 저수위 시 노출, 고수위 시 침수 오염된 하천, 염분도 낮아지면 발달 중지
  - 보초 : 육지와 떨어져 발달하는 산호초 / 해안선과 평행하게 배열
  - 환초 : 둥근 반지 모양의 산호초 / 보초와 유사한 형태 / 수로 형성

175. 산호초 형성 원인

- ■조건
  - 수온 : 최저수온 18℃ 이하로 내려가지 않아야 함 / 최적수온 25~30℃
  - 열대, 아열대 해안 적합

• 난류가 흐르는 대륙 동안 / 최대 수심 45m 이내의 천해 / 돌출부, 섬 주변

■ 다윈(Charles Darwin) / 델리(R. A. Daly) : 침강설 / 빙하제약설

• 침강설 : 화산도 주위의 안초 발달 → 화산도 침강, 산호초 수직 성장 → 화산동 침강의 증가 안초의 보초 변화 → 화산도, 보초 사이 석호 존재

• 빙하제약설 : 산호초의 발달 및 형성과정 + 빙기, 해수면 변동과 관련시킨 이론 / 빙하의 확장 → 수온 급강하, 번식 불가능

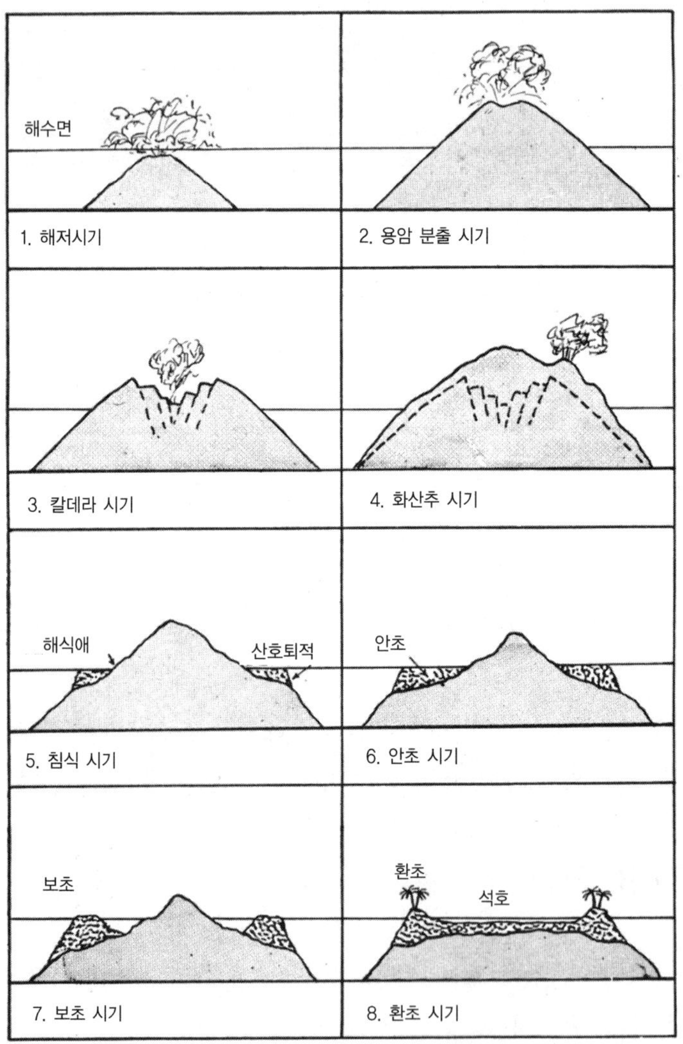

〈그림 14-3〉 산호초의 발달(중부 태평양 화산도)

Ⅲ 해수면 변동과 지형 발달

176. 구조성 해수면 변동 : 지각변동, 지각평형과 같이 구조에 의해 해수면 변동하는 것

■ 마그마의 관입, 분출 / 해저화산의 활동 : 해양분지의 체적 증가, 해수면 상승

■ 지각 평형 운동 : 육지에 거대한 빙상 생성, 다량의 퇴적물 퇴적

- 지반 침강, 상대적 해수면 상승

■ 퇴적물의 주변 바다로 운반 : 해수면 상승

177. 빙하성 해수면 운동

■ 빙기 : 해수면 하강 / 간빙기 : 해수면 상승

- 신생대 제4기의 빙하성 해수면 변동 대표적

■ 신생대 제4기 : 플라이스토세, 홀로세(후빙기)

- 귄쯔-민델(Günz-Mindel) 간빙기 : 현재보다 약 100m 높은 해수면
- 뷔름(Würm)빙기 : 현재보다 약 100m 낮은 해수면
- 최종 빙기(뷔름 빙기) 후 1만 8천 년~6천 년 사이 : 약 100~130m 해수면 상승 / 현재의 해수면 근접

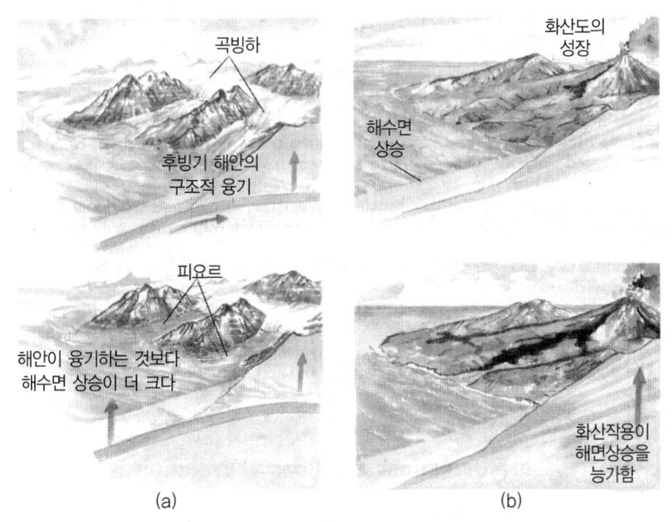

〈그림 14-4〉 해수면 변동의 형태

(a: 알래스카, b: 아이슬랜드, 여기서는 구조와 최근의 빙하에 관한 사실,
지구 전체 규모의 해수면 변동 등이 결합이 되어 국부적인 해수면을 결정하게 된다)

제 15 장. 해안지형

Ⅰ 해안 침식 지형

178. 해안 침식 영력

■ 파랑 에너지의 직접, 간접 집중되는 암석해안 발달 : 해식애, 파식대, 해식동, 시스택

■ 영력 : 굴식 · 마식 작용

- 굴식작용 : 암석의 종류, 구조선의 유무 등에 따라 영향력 변화
- 마식작용 : 기구에 의한 기반암 연마
- 수면층 풍화작용 : 해안의 암석이 해수에 의해 교대적인 건습현상 반복할 때 발생하는 모든 풍화작용 / 절리, 균열 발생, 물리적 파괴 / 암석의 조암광물, 주기적 해수의 건습현상 사이에서 발생하는 화학적 반응 때문
- 암석의 용해 작용 : 석회암의 암석 해안 지역 활발
- 해양생물에 의한 암석의 침식 현상 : 열대 석회암 해안의 조간대에서 중요

179. 해안 침식 지형의 형성인자 : 파랑에너지를 변화시키는 인자

■ 암석의 강도 : 연암 만입부 형성 / 경암 돌출부 형성 / 지질구조적 인자에 의해 좌우

■ 층서적 인자 : 성층면의 경사 방향

- 육지 쪽 경사 : 수직적 해식애, 소규모 파식대 발달
- 바다 쪽 경사 : 경사 완만 해식애, 넓은 파식대 발달

■ 해안선의 방향 : 파랑에 의한 침식작용, 연안류의 진행 방향, 해안 퇴적 지형 형성 및 발달에 영향

- 탁월풍의 최대 취송거리(maximum fetch) : 해빈 물질의 이동, 사주, 사취, 해안사구 등 발달

■ 연안해저의 경사

- 경사 완만 : 마찰의 감소에 의해 분산, 침식력 감소
- 경사 급한 곳 : 침식력 증가

180. 해식애

■ 정의 : 경암의 암석해안의 돌출부가 파식에 의해 후퇴할 때 고도가 높고 수직 절벽 형성

■ 파랑의 침식 작용 : 노치 형성 / 해식애의 사면 불안정, 후퇴 속도 증가

- 해식애 후퇴 작용 : 사면 발생의 풍화작용, 매스 무브먼트
- 시스택 : 파랑의 차별침식 / 해식애로 분리 / 해안 가까이, 파식대 위에 작은 바위섬 존재
- 해식동 : 해식애 기저부 사면에 절리, 단층면 등 구조적 약선 집중 경우
- 블로우홀(blowhole) : 해식동 내부 천장 붕괴 시 해식동, 해식애 상부 연결

181. 파식대 : 해식애 후퇴 시 기저부에 바다 쪽 완만한 경사진 넓은 침식면

■ 만조 시 침수, 간조 시 노출

■ 형성 영력 : 굴식 · 마식 작용

■ 유형 : 조간대형 파식대, 고조위형 파식대, 저조위형 파식대

- 조간대형 파식대 : 파랑의 굴식, 마식에 의해 형성되는 파식대 / 강력한 침식 작용 활발 / 연암, 절리 등의 구조적 인자 발달해 있는 해안 형성 / 온대 해안 발달
- 고조위형 파식대 : 수면층 풍화작용에 의해 발달하는 파식대 / 거의 수평 상태의 침식면
- 저조위형 파식대 : 해수에 의한 용해 작용 및 생물의 파괴 작용에 의해 형성되는 파식대 / 약간 오목한 침식면 / 석회암, 돌로마이트 등 분포 해안 발달

■ 침식면의 경사 : 해안의 조차와 관련 / 클수록 급함, 작을수록 완만

182. 해안단구

- ■ 파식에 의하여 평탄화된 해저지형 : 해면의 승강운동 무관
- ■ 지반 운동 격심 해안 : 후빙기 해면 상승 이후 형성 단구 발견 / 단구 간의 대비 어려움 / 단구, 해면 변동 간 관계 불명확
- ■ 지반 운동 안정 해안 : 간빙기의 높은 해면 관련 / 빙하성 해면 변동 관련
- ■ 한국의 해안단구
  - • 장기곶~울산만 : 해발 70~80m(단편적 분포, 표토의 적색토화 진행), 45~50m, 30~35m, 10~20m(협소한 분포, 보존 양호) / 해성 퇴적물 매립

Ⅱ 해안 퇴적 지형

183. 해빈 : 고조위선, 저조위선 사이 파랑 작용에 의한 모래, 자갈 등의 퇴적

- ■ 구분
  - • 포켓비치 : 헤드랜드 ~ 헤드랜드 사이 발달
  - • 헤드랜드 비치 : 사빈, 돌출부의 기저부 형성된 자갈 해빈
- ■ 형성
  - • 출입 심한 해안 / 직선상의 해안 발달 / 불안정 / 완충지 역할
  - • 돌출부에서 공급 모래, 자갈의 만입부 퇴적 형성
- ■ 구성물질 : 모래, 자갈, 진흙 등
  - • 육상기원(하천 유역 분지 내의 암석의 종류에 따라 결정 / 석영, 장석, 운모 등의 광물 구성), 천해의 대륙붕에서 공급(제주도 패사로 형성)

184. 사취와 사주 : 연안류에 형성된 퇴적 지형

- ■ 사취(sand spit) : "모래톱" / 해빈 표류, 연안 표류에 의해 모래, 자갈, 조개 껍데기 등의 퇴적물이 육지에서 바다로 길게 돌출되어 퇴적
  - • 새의 부리 모양
  - • 분기사취(복합사취) : 연속적 발달, 톱니 모양의 퇴적 지형

■ 사주(sand bar) : 사취가 길게 성장하여 제방 모양으로 발달한 퇴적 지형
- 만구사주 : 해안선의 굴곡이 심한 만입의 입구 막아 형성 / 배후 석호 형성
  속초 "영랑호", "청초호" / 강릉 "경포호"
- 육계사주 : 인근의 섬과 연결 / 육계도(연결된 섬)

■ 첨각갑(cuspate foreland) : 서로 다른 방향에서 오는 연안류에 의해 한 지점을 향해 형성되던 사취가 합쳐졌을 경우

185. 연안사주 : 사력물질이 해안과 평행하게 퇴적되어 형성된 사주

■ 특징 : 최고 만조 시에도 해수에 잠기지 않아야 함
해안선 전면에 평행하게 발달 / 해안선, 연안사주 사이 석호 형성

■ 형성조건 : 조립질의 퇴적물질 풍부하게 공급 / 완만한 경사

■ 구성물질 : 분급이 양호한 모래, 자갈 / 사층리 발달
- 바다 쪽 부근 : 실트, 세사, 연흔의 뻘 분포
- 육지 쪽 부근 : 석호, 간석지의 실트, 점토, 습지성 이탄 퇴적

■ 기원 : 빙하기

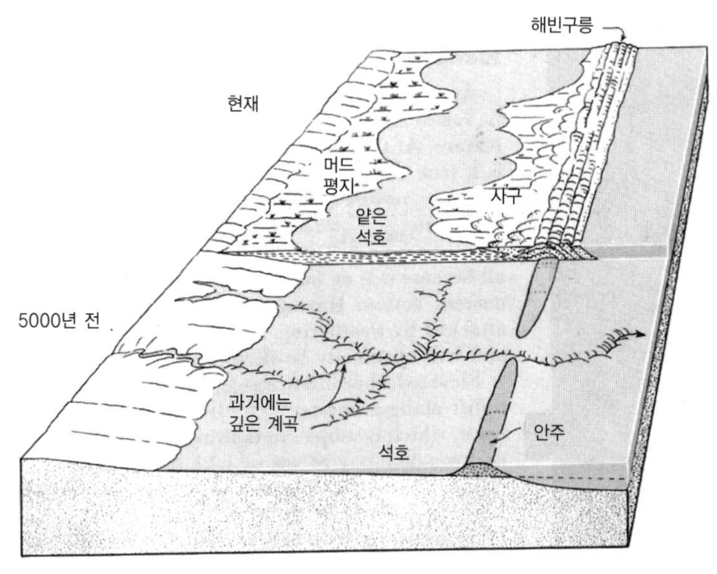

〈그림 15-1〉 연안사주

• 탄생시기 : 최후빙기(Würm 빙기) / 후빙기 해수면의 상승 → 해안선 내륙쪽 후퇴 → 해저 모래융기 형성 → 하천 공급 토사의 보충으로 성장, 해안쪽 이동 → 이동 정지 시 수직 상승, 해안과 평행한 섬이 되고 배후에 석호, 소택지 형성 / 여러 갈래 분리

■ 현재 : 대륙붕의 외연에서 기인 / 해수면 상승, 해안선 후퇴, 현재 위치 이동

186. 해안사구 : 해빈의 내륙 쪽에 바람에 의해 모래가 이동되어 퇴적된 모래언덕

■ 해빈에서 공급되는 모래의 이동량, 이동률에 의해 결정

■ 바람의 영향 : 해안사구의 형성, 배열 방향과 관계

■ 온대, 열대 해안 지역 발달

■ 발달과정 : 애도(berm) 형성 → 수직 성장, 식생 피복에 의해 고착 1차적 해안사구 형성 → 해수면 안정, 다량의 모래 공급, 사구열 발달 → 여러 개의 사구열 형성(평행사구)

■ 머리핀사구, U자형사구 : 식생 피복이 약한 부분 풍식에 의해 절단, 해안선과 수직 방향으로 길게 내륙 쪽으로 소규모의 사구 발달

187. 간석지 : 하천에 의해 운반되는 모래, 점토, 실트 등과 같은 미립물질이 하천의 하구나 그 인접 해안 가까이에 퇴적되어서 형성된 해안 퇴적 지형

■ 파랑의 에너지가 낮은 해안에 국한되어 발달

■ 사질 간석지 : 하천에 의한 모래의 공급이 많은 간석지

■ 이토질(점토질) 간석지 : 조류에 의해 대륙붕 외연, 해저에서 공급되는 뻘이 많은 간석지

■ 구분 : high tidal flat / intertidal flat

• high tidal flat : 지면이 높은 부분 / 만조시에만 해수가 약간 잠기는 부분 염생 습지 형성, 맹글로브 습지 형성

• intertidal flat : 최고 수위 지점, 최저 수위 지점 사이의 완만한 경사(조간대)에 형성되는 간석지 / 만조 · 간조 시에 노출 / 갯골 · 조류로 형성

(a)

(b)

〈그림 15-2〉 간조(a)와 만조(b)의 경관

Q&A
구조지형학

Q1. 인간의 자연관이 어떻게 변화하였는지 설명하시오.

대우주와 태양계의 규모에 비하면 상대적으로 지극히 작은 지구에서 살고 있는 인간이 자연에 대해 갖고 있는 생각은 무척 중요하다. 우리가 어떤 자연관과 지구관을 갖느냐에 따라 지형에 관한 우리들의 행동양식이 전혀 다르게 나타나기 때문이다.

문명이 발달하기 이전에 우리는 백두대간과 풍수지리에 대한 사상들을 토대로 자연을 경외의 대상이자, 동반자와 같은 존재로 생각하였다. 그러나 문명이 발달하면서 인간이 자연을 지배할 수 있다고 생각하기 시작하였다. 배고픈 것을 해결하기 위해 서슴없이 환경을 파괴하고 훼손했던 것이다. 과거 인간들은 지금보다 순수했고, 자연을 어려워하고 경외감을 가지며 나름대로 겸손함을 보였었다. 그러나 지금은 너무나 대조적인 가능론적 입장에서 자연을 대하고 있으며 최근에는 자연환경을 마음대로 할 수 있다는 생각과 반응들이 노골적으로 표출되고 있다.

이제는 생존의 차원에서 근본적인 대책을 세우지 않으면 인류는 스스로 멸망해 버릴지도 모른다는 위기의식을 피부로 느낄 때가 온 것이다. 지질시대를 통해서 보면 한 시대를 주름잡던 동물군은 다시 나타나지 않고 있다. 이러한 원리를 받아들인다면 인간이 자연에 저지른 바람직하지 못한 일에 대한 대가를 받아야 할지도 모른다.

처음부터 자연환경과 인간은 따로 분리해서 생각할 일이 아니다. 그런 의미에서 '자연은 사람보호, 사람은 자연보호' 라는 구호 자체도 개인적으로 몹시 못마땅한 표현 중의 하나이다. 그 내용 속에는 알게 모르게 자연에 대한 인간의 오만함과 겸손하지 못함이 단적으로 함축되어 있는 것 같은 착각을 하게 된다. 본디 인간을 자연으로부터 분리시켜 자연과 동격인 것처럼, 그것도 모자라 자연을 마음대로 지배할 수 있는 것처럼 착각하기 시작한 데서부터 문제가 발생하였다고 본다.

건전한 시민의식의 향상만이 이 문제 해결의 본질에 조금이라도 접근할 수 있을 것이다. 이제 우리 모두가 다짐하여야 할 일은 '오늘이 바로 우리들이 살아야 할 남은 생애의 첫 번째 날이다' 라는 것을 명심하고 자연과의 조화를 이루는 인간, 자연과 친구가 되는 인간, 그리고 오늘날과 같이 가치관이 혼돈된 시대에 더불어 사는 지혜를 자연으로부터 배워야 할 것 같다. 그래야만 인간불필요론이 나오지 않으리라고 기대한다.

Q2. 지사학의 5대 법칙에 관하여 설명하시오.

지사학의 5대 법칙은 지사학은 물론 지질학의 근본적인 원리가 되는 것으로 동일과정의 법칙, 지층누중의 법칙, 동물군 천이의 법칙, 부정합의 법칙, 관입의 법칙 등이다. 이를 간략히 요약하면 다음과 같다.

첫째, 동일과정의 법칙은 18세기 영국의 지질학자인 휴튼이 주장하였다. 17세기 후반에는 지표의 기복은 장기간에 걸쳐 동일한 지형형성 과정을 겪으면서 이루어진 것이 아니라, 특수목적을 위해 짧은 기간에 창조된 것이거나 대 지각변동으로 형성되었다는 퀴비에의 격변설이 지질학계를 주도하고 있었다. 동일과정의 법칙은 지표의 변화가 오래전부터 계속해서 일관되게 변화되어 왔다는 사실을 말하며 이러한 작용을 인정함으로써 지형학의 성립이 가능해진다.

둘째, 지층누중의 법칙은 지층이 퇴적될 당시의 순서를 그대로 유지하고 있을 경우, 아래쪽에 있는 지층이 먼저 쌓이고 위쪽의 지층은 나중에 쌓인다는 법칙이다. 이것은 상식적이고 간단한 것이지만 이를 바탕으로 지층을 서로 대비하고 동정하는 데 중요한 증거가 된다.

셋째, 동물군 천이의 법칙은 각 단위 지층 속에는 고유한 동물 화석 군(群)이 있어, 그 아래나 그 위의 지층에서 나오는 화석 군과는 완전히 다르다는 법칙이다. 따라서 어떤 화석 군은 모든 지질시대를 통해 한 시대에서만 나오고 여러 지층에서 반복적으로 나타나지는 않는데 이러한 화석이 표준화석이며, 표준화석을 알면 지질시대를 알 수 있다.

넷째, 부정합의 법칙에서는 해침과 해퇴의 문제를 알 수 있다. 지층이 빠짐없이 순서대로 쌓여 있을 때를 정합이라 하고, 지층의 일부가 그렇지 못했을 때를 부정합이라 한다. 부정합면은 침식면으로 지층의 불연속면을 뜻한다. 보통 부정합은 지질학적으로 퇴적–융기–침식–침강–퇴적의 긴 역사가 있어야 하며, 이 부정합면은 긴 침식 기간의 최종 단면을 의미한다.

다섯째, 관입의 법칙은 기존의 암석에 마그마가 관입하여 암체가 생겼을 경우에 관입당한 암석이 관입하여 들어간 암석보다 지질학적으로 오래된 것이라는 법칙이다. 즉, 관입당한 암석이 이미 형성되어 있는데 마그마가 새로이 관입해 들어간 것이므로, 관입당한 암석이 오래된 것이다.

Q3. 백두대간의 효율적인 관리 방안에 대하여 생각해봅시다.

백두대간은 백두산 장군봉에서 지리산 천왕봉에 이르는 길이 1,400㎞(남한지역 680㎞)의 산줄기이다. 전통적 지리 개념에 의하면 우리나라 큰 산줄기는 1대간 · 1정간 · 13정맥으로 구분되는데, 그 기둥이 바로 백두대간이다. 지상의 지형을 바탕으로 정리된 개념이란 점에서 지하 지질을 바탕으로 한 산맥 개념과는 구분된다. 이러한 백두대간은 한반도 자연환경과 생태계의 근본을 이루는 연결 축으로, 생물종 다양성의 공급원으로서도 큰 의의를 갖는다.

항공사진으로 본 백두대간은 온통 상처투성이다. 등산객의 발길로 식물이 죽고 맨땅이 드러난 곳만도 서울 상암동 월드컵주경기장 면적의 10배나 된다고 한다. 2001년 1월~2002년 3월까지 진행된 녹색연합의 백두대간 훼손에 대한 조사결과에 따르면 백두대간의 시작 지점인 지리산 천왕봉에서 끝나는 지점인 설악산 진부령 간 등산로의 평균 너비는 1.1m, 맨땅이 드러난 너비는 0.84m, 침식 깊이는 11㎝이었으며 최대로 넓어진 등산로의 너비는 7m에 이르렀다. 백두대간이 이처럼 무참하게 파헤쳐진 원인은 등산객의 폭발적인 증가에 기인하는데 등산로가 대부분 산의 정상부를 따라 나 있어서 더욱 그렇다. 또한 재정수입과 지역개발 논리를 앞세운 지자체의 무분별한 개발과 여기에 환경영향평가, 사전협의제 등 각종 규제조치도 형식적인 절차에 그치고 있는 것도 문제다.

이에 환경부는 백두대간의 생태계를 지키기 위해 2004년부터 이 지역의 각종 개발 행위를 제한하고, 백두대간을 지역적 특성에 따라 핵심 · 완충 · 전이 구역으로 나누어 보존 · 관리한다는 내용을 기초로 한 '백두대간의 효율적 관리방안'을 마련했다. 여기서 핵심구역은 전체 면적의 49%로 능선을 중심으로 자연 환경이 우수한 곳과 능선 양쪽 300m 구역, 완충구역은 핵심구역을 둘러싼 비교적 양호한 자연환경 지역, 전이구역은 개발 가능성이 높은 지역으로 각각 구별된다. 핵심구역은 보전과 복원을 원칙으로 하고, 완충구역은 철저한 대책수립을 전제로 제한적 개발만 허용하며, 전이구역은 지속가능한 이용이 이뤄지도록 할 방침이다.

그러나 제도와 규제를 강화하는 것만으로는 한계가 있으며 무엇보다 자연에 대한 의식의 전환이 선행되어야 하는 것이 백두대간의 올바른 보존과 관리의 밑바탕이 된다는 것을 명심해야 할 것이다.

Q4. 우리 민족에서 찾을 수 있는 지리적 사고는 무엇이며, 어떻게 표현되었는지 설명하시오.

우리 민족에서 찾을 수 있는 대표적 지리적 사고로는 풍수사상을 들 수 있다. 풍수지리사상은, 물이 좋고 산세가 뛰어난 땅에 온화한 방위를 가려서 살아보자는 발상에서 나온 민속적 자연관이자 지리관이다. 풍수의 기본 요소로서 산 · 물 · 방위에 사람이 포함된다. 풍수는 환경에 대한 새로운 인식을 갖게 해 주는 사상으로, 땅은 약탈의 대상이 아니라 우리가 더불어 살아가야 하는 신성한 존재임을 가르쳐 주는 것이다. 현재 우리들이 알고 있는 풍수는 대부분 이기적인 속신으로 오해되어 그 윤리성을 잃고 있는 경우가 많다. 풍수의 원칙은 좋은 사람에게 좋은 땅이 주어진다는 것이다.

일반적으로 풍수를 보는 관점은 두 가지이다. 첫째는 자연과학이나 지리학적 입장에서 합리적 · 과학적 요소를 인정하고 전통적 지식체계로 취급하는 견해와, 둘째로는 자연현상을 신앙적으로 보는 견해가 그것이다. 따라서 풍수가 과학이냐 아니면 미신이냐는 물음에 대한 답변은 그리 쉽지가 않다. 한마디로 말할 수 있다면 풍수는 과학도 미신도 아니라는 것이다. 즉, 풍수는 완전한 서양식의 과학은 아니며, 또한 일부 잘못 알려진 풍수사상을 빼면 그를 미신이라고만 몰아세울 수는 더욱 없는 것이다. 풍수는 자연적 메커니즘에 대한 논리이며, 이것이 오랜 역사를 거치면서 다른 요소들과 복합적으로 결합된 것이다. 즉, 현실적으로 풍수사상에는 동양적인 신비주의, 미신적인 요소가 다수 포함되어 있으나 그 본질적인 면에서 보면 풍수는 전통 지리학이며 동양적인 생활과학이자 경험과학이라고 할 수 있다. 다시 말해, 한 사람의 터 잡기에서부터 나라의 자리 잡기에 이르기까지 모든 공간문제에 풍부한 경험상의 지혜를 제공해 주는 것이 풍수인 것이다. 풍수의 본질은 좋은 땅을 찾자는 것이며, 이것이 곧 한국의 전통 지리학이라고 할 수 있다. 조선조 실학자들의 지리 분야 저술에 나오는 용어들이 모두 풍수 용어인 것은 풍수가 곧 지리학이기 때문이다.

결론적으로 말하면 풍수에서의 길지는 건강한 장소의 다른 이름이다. 통풍이 잘 되고 온화하고 해가 잘 비치고 물이 깨끗하여 식물이 번성하는 곳, 이러한 장소는 인간의 거주에 최적인 지리적 환경이며 결국 풍수에서 말하는 길지가 되는 것이다.

Q5. 지형학의 여명기에 활약하였던 학자들을 조사하시오.

유럽에서는 15~17세기까지 지표의 기복을 격변설로 해석하였다. 지표의 기복은 짧은 기간 동안 급격한 지각변동에 의하여 만들어진다는 것이다. 기독교의 영향으로 지구가 만들어진 것에 관한 이론으로는 성경의 창세기에 나오는 '천지창조'의 내용을 받아들일 수밖에 없었다. 따라서 당시의 상황으로는 점진적으로 진행되는 지형 형성의 각종 작용이 올바르게 이해될 수 없었을 것이다.

그러한 시기에 휴튼(J. James Hutton, 1726~1797)은 지형이란 침식을 받아서 서서히 낮아지고 변화한다는 이론을 처음 주장하였다. 그러나 그보다 앞서서 지형학의 발달에 밑거름이 된 개념들이 있었다.

프랑스의 뷰퐁(Buffon, 1707~1788)은 그의 저서 『박물학』을 통하여 격변설에 반대하였다. 그는 지표를 활발하게 깎아 내리는 하천의 침식력을 강조하고 육지는 궁극적으로 해면의 수준까지 낮아질 것이라고 생각하여 침식기준면의 개념을 도입하였다.

구에트하르트(J. E. Guetthard, 1715~1786)는 하천 침식에 의한 산지의 삭박에 대하여 언급하였으며, 하천에 의해 침식된 물질은 전부 바다로 곧 운반되지 않고 상당한 양은 범람원을 형성한다는 사실을 지적하였다. 그리고 바다는 하천보다 육지를 파괴하는 침식력이 크다고 믿었으며 그 증거로 해안 절벽을 제시하였다. 그는 삭박 작용의 근본 원리를 파악하였으나, 그의 주장은 널리 보급되지 못하였다.

프랑스인 데마르(Desmarest, 1728~1815)는 추리와 실례에 근거를 두고서 중부 프랑스의 계곡들은 계곡을 흐르는 하천의 산물에 의해 형성되었다는 이론을 발표하였으며, 그는 연속적인 진화단계를 통해 지형의 발달을 추적하려고 시도한 사람이다.

스위스의 소쉬르(de. Saussure, 1740~1799)는 계곡은 하천의 침식에 의하여 형성되었다고 주장하며 빙하의 침식력에 관해서도 언급하였다. 그의 지식이 전부 정확히 해석된 것은 아니지만, 『알프스 여행기』라는 네 권의 저서에 실려 있는 방대한 정보는 후에 휴튼에 의하여 많이 이용되었다.

Q1. 격변설과 동일과정설을 뒷받침할 수 있는 지형을 예를 들어 설명하고 양자를 비교하여 비판하시오.

큐비에(Cuvier, S.L.C, 1812)가 주장한 격변설(激變說, catastrophism)은 지구상에 천변지이가 몇 차례씩 되풀이되어 지표의 모양을 완전히 변하게 하고 기존의 생물들을 모두 멸종시키고 격변 이후에 새로운 종(種)이 창조되었다는 이론이다. 격변설을 뒷받침할 만한 현상으로는 갑작스럽게 지표기복을 변화시키고 창조해내는 단층 · 퇴적 지형에서 발견되는 화석, 화산폭발 등을 예로 들 수 있다.

반면, 현대 지질학과 지형학의 창시자로 널리 일컬어지는 휴튼(James Hutton, 1726~1797)은 "현재는 과거의 열쇠이다"라는 개념을 내세우고 격변설과는 다른 소위 동일과정설(同一過程說, uniformitarianism)을 확립하였다. 동일과정설을 뒷받침할 만한 지표 현상으로는 하천의 침식에 의한 지표기복, 융기 등을 예로 들 수 있다.

격변설은 지표의 기복을 설명함에 있어서 지나치게 초자연적인 현상과 급격한 변화에 의존한다는 비판을 많이 받았다. 이러한 격변설 이외에 다른 이론이 존재하지 않던 시기에 휴튼은 지형이란 침식을 받아서 서서히 낮아지고 변화한다는 이론을 처음으로 주장하였다. 이러한 점을 고려한다면 동일과정설이야말로 그 이전의 격변설로 지형의 변화를 설명하려던 이론에 일대 혁명적인 발상의 전환을 가져온 이론이라고 할 수 있다. 하지만 동일과정설에서도 조심해야 할 점은 많이 발견된다. 즉 과거로부터 현재까지 지형이 변하여 왔다는 사실은 인정하지만 오랜 기간 동안을 동일한 조건으로 변해왔다고 하는 것은 아니기 때문이다. 시간이 지나는 동안 변해가는 강도(強度, intensity)나 기간(期間, duration), 밀도(密度, density) 등을 고려해야 하는 것이다. 유수작용에 의한 지형의 변화를 보면 원래 존재하던 지형이 유수작용에 의해 변해가는 것은 사실이지만 그 강도가 늘 동일한 것은 아니라는 것이다.

Q2. 지리학과 지형학, 지질학의 관계를 설명하시오.

지형학은 지(地, geo), 형(形, morphe), 학(學, logy)의 합성어로 지표기복의 형태를 기술하고 연구하는 학문이다. 그러므로 지형학이 추구하는 궁극적인 목표는 지구표면의 형태를 조사 · 기술하고 그 형성과정과 지역적 분포를 정리하여 지형을 계통적이며 체계적으로 이해하려는 것이며 실질적인 연구대상은 1차 기복 위에 전개되는 소기복을 말한다. 그러나 지형을 이루고 있는 물질은 지각을 구성하는 중요한 요소이며, 또한 지형은 지구의 역사 중에서 주로 제4기라고 하는 최후의 지표기복 현상을 연구하기 때문에 지형학은 지질학적 성격을 띠고 있다. 한편 지형은 인류활동의 환경으로서도 취급되며 특정 지역의 구성요소로서도 중요하다. 그러므로 지형학은 지리학적 성격을 가지고 있다고 할 수 있는 것이다. 따라서 지형학은 지질학과 지리학의 양면적 성격을 가지고 있다고 볼 수 있다.

지질과 지형과의 관계가 밀접한 것은 자명한 사실이다. 다만 지질학에서 생각하는 지형과 지형학에서 생각하는 지형 및 지질학에 대한 관심도가 다를 뿐이다. 즉 지질학에서는 지형학을 제4기의 지질로 보기 때문에 그 비중을 보자면 지질학의 일부분일 뿐이다. 지질학과 지형학과의 관계는 근본적으로 지표의 기복인 지형을 어떤 입장에서 보느냐 하는 접근 방식의 문제로 귀결된다. 만약 지형을 이해하는데 그 근간을 이루고 있는 기반암의 형성부터 접근한다면 그것은 분명 암석학적이고 구조지질학적인 입장에 서게 될 것이고, 지형을 단순히 지표에 나타나는 현상만을 대상으로 한다면 지질적인 요소는 소홀히 다루게 될 것이다.

Q3. 지형발달에 있어서 평형작용의 중요성에 대하여 설명하시오.

지형발달에 있어서 평형작용(平衡作用, gradation)은 필수적이라고 할 수 있다. 지표의 지형기복은 그대로 있는 것이 아니라 어떤 형태로든지 변해가기 마련이다. 이때에 기복이 평탄화되어 평평하게 되는 방법은 높은 곳이 침식 · 삭박 등으로 낮아지거나 아니면 움푹 패인 요지(凹地) 등이 운반물질 등에 퇴적에 의해 메워져 상대적으로 높아지게 될 것이다.

평형작용은 각종 지형형성 작용이 침식 및 퇴적 작용을 통하여 지표를 공통적인 수준이나 높이로 이끌어가는 작용을 말한다. 평형작용이 이루어지기 때문에 지표의 기복이 변화하고, 지형이 발달한다고 볼 수 있다.

평형작용에는 지표면을 낮추는 삭평형작용(削平衡作用, degradation)과 그것을 높이는 적평형작용(積平衡作用, aggradation)이 있다. 삭평형작용에는 유수에 의한 침식, 바람에 의한 침식, 빙하에 의한 침식 등 지표면을 '깎는' 작용을 모두 포함시킬 수 있다. 적평형작용은 깎인 물질이 유수나 바람 등에 의해 운반되어 쌓이며 이루어지는 작용을 말한다.

또한 침식 · 운반 작용을 통해 능동적으로 지표기복을 평탄화시키는 것을 동적평형작용이라 하고, 풍화작용과 같이 운반물질을 생산하는 경우를 정적평형작용이라고 한다. 삭박작용이나 평탄화작용을 평형작용과 같은 의미로 사용하기도 하는데, 삭박작용은 물질의 제거에 의해서, 평탄화작용은 침식에 의한 평탄화와 동시에 퇴적작용을 포함하는 용어로 사용되는 경우가 많다.

Q4. 현대 지형학에서 동적 평형설의 의의를 설명하시오.

데이비스(W. M. Davis, 1850~1934)의 침식윤회설에 최초로 이의를 제기한 사람은 독일 지형학자 펭크(W. Penck, 1883~1923)이다. 펭크의 견해는 1924년에 출간된 『지형분석(*Die Morphologie Analyse*)』에 기술되어 있다. 이 책에서 보여준 그의 주된 관심은 지형과 지반운동의 관계를 밝히는 것이었고, 핵심적인 내용은 지반운동이 각종 구조지형 이외에 하곡의 사면과 같은 침식지형에 큰 영향을 미친다는 것이다. 사면의 형태가 기후 · 식생 · 풍화작용 · 암석 등의 요인보다 지반의 융기율과 하천의 침식률에 의해 결정된다고 하는 그의 주장은 모호한데다가 실증이 불가능하여 받아들여지기가 어렵다. 그러나 사면의 평행후퇴에 관한 개념은 일부 현대 지형학자들에 의해 새로운 평가를 받게 되었다.

해크(J. T. Hack), 스트랄러(A. Strahler), 촐리(R. J. Chorley)와 그밖의 현대 지형학자들은 삭평형작용에 관여하는 여러 요인에 변화가 일어나지 않는 한, 시간이 경과해도 지형은 동일한 형태를 유지한다고 믿고 있었다. 그렇다고 하여 지형이 정적 상태에 머물러 있는 것이 아니라 풍화작용과 사면의 후퇴는 계속되며, 지표는 전체적으로 점점 낮아진다. 이와 같은 관점은 전적으로 새로운 학설인 동적 평형설로 발전하게 되었다. 이 학설은 1950년대 이후 크게 대두되었다. 동적 평형설에서는 한 지역의 지형을 구성하고 있는 여러 요소 즉 기복, 사면의 길이와 경사, 하상의 경사 등은 서로 밀접한 관련을 맺고 있다는 점을 강조한다. 때문에 이상적인 조건 하에서는 하상·사면·산릉이 모두 같은 율로 낮아지며, 지형의 형태는 시간이 경과해도 변화하지 않는다는 것이다. 이러한 현상은 지형과 이의 형성에 관여하는 에너지 사이에 미묘한 균형, 즉 평형상태가 이루어질 때 일어난다. 그러나 에너지의 투입에 변화가 일어나면, 이에 맞추어 사면은 길이와 경사를 조절해 나가게 된다. 하천의 경우 홍수 시에 토사가 하상에서 깎여 나가고, 평수 시에 토사가 하상에 다시 쌓이는 것도 에너지의 투입(유량과 유속)과 형태(하상단면)가 서로 균형을 맞추어 나가는 움직임으로 볼 수 있다. 따라서 평형상태는 어느 특정한 기간에 기준을 둔 것일 뿐 고정되어 있는 것이 아니라 에너지의 투입과 관련하여 수시로 변동한다는 것을 알 수 있는데, 이러한 뜻에서 '동적 평형(動的平衡, dynamic equilibrium)' 이란 용어가 쓰이게 되었다.

Q5. 격변설이 인정되던 시기의 시대적 배경을 설명하시오.

유럽에서는 15~17세기에도 기독교의 영향으로 지표의 기복이 격변설(激變說, catastrophism)의 관점에서 설명되었다. 즉 지표의 기복은 장기간에 걸쳐 형성된 것이 아니라, 특수목적을 위해 짧은 기간에 창조된 것이거나 대지각의 변동으로 형성되었다는 것이다.

격변설이 인정되던 시기는 학문의 여명기이기도 하였지만 종교적인 영향도 무시하지 못하였을 것이라는 생각이 든다. 그 후 휴튼에 의해 동일과정설이 제기되었으나 그의 이론도 독창적으로 등장한 것은 아니었다. 『박물지(*Histoire Naturelle*)』란 저서를 펴낸 프랑스의 뷔퐁(Buffon, 1707~1788)은 고생물학에 바탕을 두고 지구의 역사를 여러 단계로 나누어 재구성하려고 시도하는 한편 격변설에 반대되는 견해를 피력했다. 그는 하천의 침식력을 중요시하고 육지는 궁극적으로 해수면까지 낮아질 것이라고 생각했다.

뷔퐁과 동시대의 프랑스인으로서 본격적인 지질학자로 평가받는 게타르(J. E. Guettard. 1715~1786)는 하천에 의한 산지의 삭박에 대하여 논하고, 하천에 의해 깎이는 물질은 전부가 바다로 곧 운반되는 것이 아니라 그 중의 상당한 양은 범람원의 형성에 참여한다고 지적했다. 그는 삭박작용의 근본원리를 파악했다고 볼 수 있다. 그러나 그의 생각은 널리 보급되지 못했다.

또한 프랑스의 데마레(N. Desmarests, 1725~1815)는 프랑스의 중부산지에 분포하는 현무암층을 퇴적암이 아니라 화산기원의 암석으로 해석한 것으로 유명한데, 현장에서의 사례와 추리에 근거하여 이 지방의 골짜기들은 하천에 의해 형성된 것이라고 역설했다. 알프스 산지의 연구로 이름을 떨친 스위스의 소쉬르(H. B. de Saussure, 1740~1799)도 골짜기는 하천에 의해 형성된 것이라는 점을 강조했다. 그는 나아가 빙하의 침식력에 대해서도 관심을 보였다. 소쉬르의 관찰이 모두 정확한 것은 아니었으나, 휴튼은 네 권으로 출판된 소쉬르의 『알프스 여행기(*Voyages dans les Alpes*)』에 실린 정보를 많이 인용했다.

Q1. 지형학과 지질학, 지형학과 지리학의 연구방법의 차이를 설명하시오.

지질학(地質學, geology)은 지구를 연구하는 자연과학으로 지구의 역사를 밝히려는 학문이다. 그 내용으로는 지각의 구성 물질, 구조, 성인, 지구의 무생물계와 생물계의 역사 등이다. 넓은 의미로는 암석학, 층서학, 고생물학, 구조지질학, 동력지질학, 응용지질학, 지사학 등을 포함한다. 지질학은 무엇을 언제, 어디서, 어떻게, 왜라는 문제의 실마리를 풀기 위한 노력을 계속해왔는데 동일과정설이 받아들여지면서 격변설이 배격되어 올바른 지질학의 발전이 이루어지기 시작하였다.

지질학은 20세기에 더욱 두드러지게 발전하였다. 방사선의 발견은 곧이어 방사성 동위원소에 의한 암석의 절대연령 측정을 가능케 함으로써 지구의 절대연령을 측정할 수 있게 되었다. 무엇보다 2차대전 후, 그동안 미지의 세계로 남아 있던 심해저에 대한 연구가 활발해지면서 심층지질에 대한 새로운 지식이 급격히 축적되었다.

지질과 지형과의 관계가 밀접한 것은 사실이다. 다만, 지질학에서 생각하는 지형과 지형학에서 생각하는 지형 및 지질학에 대한 관심도는 다르다. 즉, 지질학에서는 지형학을 제4기의 지질로 보듯이 그 비중을 지질학의 주요 분야보다 낮게 여긴다.

지형학(地形學, geomorphology)은 지구과학의 한 분야로 지구표면(인간의 거주무대)의 자연환경을 연구하는 학문이다. 지리학에서 볼 때 지형학은 자연지리학의 한 분야로, 연구방법으로는 야외조사가 강조된다. 지형학의 주요 연구내용은 암석과 지표기복의 발달과의 관계, 지표기복 발달의 과정, 지형발달에 관여하는 여러 작용을 연구한다. 이러한 작용을 이해하려면, 인접과학의 지식과 방법론을 활용하는 것이 필요하다. 그 외에도 지형과 기후와의 관계를 연구한다. 지리학의 한 분야로서 지형학은 인간 생활무대의 자연배경을 이해한다는 점에서 중요한데, 계통적인 학문(과학으로서의 지형학)으로서 지형학의 성립을 위해서는 정량적 분석이 뒤따라야 하고 법칙화가 이루어져야 하나, 지리학의 한 분야로서의 지형학이 성립하는 경우 정량분석에 의한 접근만 강조된다면 지구과학의 한 분야에 속한다는 점에 유의하여야 한다. 지형학에서는 지표형태의 기술 · 분류뿐 아니라 그 발생기원이나 발달변화 등과 더불어 지표에 작용하는 지형형성작용 등을 구명하는 것이 중요한 과제로 되어 있다.

Q2. 지형형성에 관여하는 내인적 작용과 외인적 작용을 예를 들어 설명하시오.

내인적 작용은 지구 내부 힘에 의한 지각변동을 말하며 지형변화의 근본적인 요인이다. 내인적 작용에는 조륙운동, 조산운동, 화산활동이 있다. 내적 지형형성 작용에 의한 지형을 대지형, 또는 구조지형이라 한다.

지각변동이란 지구 내부의 원인으로 급격하거나 완만한 지각의 움직임으로 생기는 지각의 변형 및 그 변위를 말한다. 지진 · 화산 작용과 이에 수반하여 일어나는 단층 또는 완만한 지각의 상하운동은 급격히 일어나므로 그 변화량을 측정할 수 있으나 조산운동 · 조륙운동 · 지괴운동과 이에 수반하는 단층이나 습곡 등은 지질시대를 통하여 오랜 시간에 걸쳐 일어나므로 그 변화 과정을 관찰하기가 어렵다. 또한 판구조운동과 관련하여 나타난 중앙해령 · 해구 · 화산열도 · 변환단층도 지각변동의 산물이다. 히말라야, 알프스, 록키, 안데스와 같은 대산맥은 지각에 미친 변형력에 의하여 뚜렷하게 나타난 지구의 표면구조이다.

외인적 지형형성 작용은 지표변화의 원인과 작용 중 지각의 외부에서 일어나는 것을 의미한다. 지표는 침식작용이나 퇴적작용을 통해 일정한 수준에 공통적으로 도달하려고 하는데, 이것을 평형작용이라 하며 대부분 유수, 지하수, 파랑, 해류, 조석, 바람, 빙하에 의해 지표나 암석이 풍화되기도 하며 침식, 운반, 퇴적되기도 한다. 또한 지표의 물질이 중력에 의해 자동적으로 이동하여 지표를 변화시키기도 하며 인간이나 식물, 동물 등의 생물에 의한 지표변화도 들 수 있다. 결국 이러한 지표의 변화는 어떤 공통된 수준에 도달할 때까지 계속된다. 이러한 모든 과정을 외인적 작용이라 한다.

이러한 작용은 기후조건의 영향을 크게 받는다. 지구 표면에 나타나는 몇 개의 기후대(氣候帶) 또는 기후구(氣候區)에서는 각각의 특징적인 외적 지형형성 작용이 뚜렷하게 작용하여, 특색 있는 지형이 만들어지고 있다. 이와 같이 기후조건에 의해 지배되어 형성된 지형을 기후지형이라 한다. 지형을 형성하는 지형형성 작용은 지구상의 어느 곳에서나 작용하며, 그들은 어떠한 경우에도 기후조건에 지배되므로 대부분의 지형은 기후지형이라고 말할 수 있다.

Q3. Sea stack과 해식동의 사진을 제시하고 이를 암석의 경연 및 구조와 관련하여 설명하시오.

해안 침식에서 가장 중요한 역할을 수행하는 것은 파랑이다. 그 규모가 작을지라도 쉴 새 없이 밀려오는 파랑의 충격은 해안을 침식하는 데 큰 힘을 발휘한다. 파랑은 강한 충격을 가하면서 부서지는데, 이와 같은 충격량과 속도 때문에 대부분의 해안 침식을 파랑이 담당하고 있다. 이러한 파랑의 작용은 해식애의 하단부 기반암을 마모시키는 역할을 한다. 파랑의 침식이 활발한 암석해안에서 해식애의 기저부에는 암석의 경연 차에 의해 오목하게 파 들어간 노치(notch)가 형성되는데 노치가 형성된 부분은 다른 부분보다 급속히 파랑의 침식을 받게 되며 이것이 지속되면 그림과 같은 해식동(Sea cave)이 발달하게 되는 것이다.

파랑의 침식에 의해 해식애가 후퇴할 때 해식애 주변에는 파랑의 차별 침식에 의해 여러 가지 해안지형들이 발달하는데 단단한 경암으로 구성된 돌출부가 차별 침식의 결과로 해식애로부터 분리되어 해안에서 가까운 얕은 바다나 파식대상에 작은 바위섬으로 남게 되는 것을 시스택(Sea stack)이라고 한다.

해식동

시스택(강원도 추암 촛대바위)

Q4. 암석의 구조에 따른 해식애와 파식대의 형태를 설명하시오.

해식애(海蝕崖, sea cliff)는 주로 암석해안에서 형성되며 대부분 파식에 의해서 발달 · 유지된다. 파식은 해식애의 밑 부분에만 영향을 미치며 해식애의 윗부분과 내륙 쪽은 풍화작용과 매스 무브먼트의 영향을 받는다.

침식에 잘 견디고 절리가 적으며 물이 잘 스며들지 않는 암석으로 이루어진 해식애는 오래 동안 변하지 않은 채 유지될 것이다. 절리가 좀 더 많고 층리가 있는 암석으로 이루어진 해식애는 후퇴 속도가 빨라 시스택, 시아치, 해식동이 잘 형성되는 경향이 있다. 기반암이 미고결 상태일 경우에 해식애의 후퇴 속도가 가장 빠르다.

해식애가 높으면 기저부에 암설이 많이 쌓이기 때문에 새로운 해식애면을 침식하기 전에 이들 암설부터 제거해야 되므로 해식애의 후퇴 속도가 느리다. 그리고 해안선의 방향은 해안으로 접근하는 파랑에너지를 조절하므로 침식률에 영향을 미친다.

해식애의 전면에 극히 완만한 경사를 이루며 발달한 평탄면은 파식대(波蝕臺, shore platform)라고 한다.

파식작용 중에는 굴식(掘蝕, plucking)이 중요한데 파랑의 충격이 강한 파식대 안쪽에서 활발하며, 마식(abrasion)은 주로 바깥쪽에서 파식대의 표면을 매끄럽게 만드는 역할을 한다.

파식대의 경사는 극히 완만하며 조차가 큰 곳에서는 5° 내외의 경사를 보이기도 한다. 파식대의 표면은 암석의 종류에 따라 달라지며 화강암과 같이 층리가 없고 등질적인 암석일 경우에는 표면이 매끄럽고, 지층이 약간 기울어져 있고 경연차(硬軟差)가 심한 퇴적암이나 변성퇴적암일 경우에는 매우 거칠다.

Q5. 지질구조가 산지 혹은 평야지형 형성에 미치는 영향을 예를 들어 설명하시오.

지질구조가 산지지형에 미치는 영향은 매우 다양하다. 즉 지구구조론(地球構造論, geotectonics)적인 입장에서의 판구조론과 산지의 형성이라든가 화산작용에서의 열하분출 등이 그 예이다.

열하분출은 지층의 많은 균열을 따라서 지하의 마그마가 분출하는데 이때는 균열의 규모나 종류 방향 등에 따라서 화산지형(火山地形, volcanic landforms)의 형태가 달라질 수밖에 없다.

단층(斷層, fault)이나 습곡(褶曲, fold)과 같은 구조운동도 지형변화에 커다란 영향을 준다. 단층이나 습곡은 수평축에 횡압력을 받거나 다른 힘을 받으면 지층이 휘어지거나 끊어지게 된다. 이러한 현상은 고체인 암석이 탄성한계 이상의 힘을 받으면 나타난다.

지질구조가 평야지형에 미치는 대표적인 예는 구조평야(構造平野)에서 찾을 수 있다. 고생대나 중생대에 이루어진 광대한 수평성 퇴적암층이 단층이나 요곡운동을 심하게 받지 않고 상승하면 구조평야가 이루어진다.

구조평원은 대체로 대륙의 안정된 지역에 위치하며 그 구조가 커서 세계적인 대평야를 이룬다. 유럽평원, 미국의 중앙평원, 시베리아 평원, 오스트레일리아 중앙평원 등이 이에 속한다. 수평층의 고도가 높으면 처음부터 대지(臺地, plateau)를 형성하고 이러한 고원은 암석의 경연층(硬軟層)이 나타나고 침식을 받으면 연암면은 완사면, 경암면은 단애면을 형성하게 되고 횡단면이 계단상을 이루는 협곡이 나타난다. 케스타(Cuesta)지형은 연한 지층이 빨리 침식되어 곡지가 되고 경암층이 남아 있는 지형을 말한다.

또한 구조의 영향을 직접적으로 받는 중요한 지형은 하천에 의한 하계망(河系網, drainage network)의 발달이다. 유수의 흐름은 원래 중력 방향으로 흐르나 국부적으로 지각의 약한 구조선을 따라 흐른다. 따라서 유수의 흐름에 있어 어떤 지역에서는 지질구조가 중력보다 더 큰 영향을 미친다.

Q6. 지질구조 현상이 풍화에 미치는 영향을 설명하시오.

여기서 지질구조란 조암광물의 구조는 물론 암석의 구조, 노두에 나타나는 크고 작은 구조 등을 의미한다.

광물은 풍화에 대한 저항력이 다양하여 어떤 것은 매우 빠르게 풍화되고 어떤 것은 매우 느리게 풍화되어 여러 번에 걸쳐 퇴적 사이클을 유지한다.

광물의 안정도는 다양한 연대의 퇴적암에서 광물의 발생에 의하여 평가될 수 있다. 즉 오래된 암석일수록 보다 저항력이 있는 광물을 더 많이 가진 것이라고 생각할 수 있다.

광물구조는 풍화에 대한 광물의 저항도에 중요한 역할을 한다. 풍화가 일어날 때 광물의 붕괴는 광물의 결합이 가장 약한 부분부터 시작되며, 풍화 용해에 노출된 부분이 많을수록 풍화는 더 빨리 진행된다. 같은 기후조건하에서도 암석이나 절리와 같은 기반암의 특징에 따라 풍화작용의 정도는 달라진다.

화성암은 조암광물이 불규칙하게 배열되어 있어 단단한 상태에서는 기계적 풍화작용에 강하다. 그러나 일단 풍화가 진행되면 수분이 쉽게 침투하여 풍화 속도가 빨라진다. 암석, 특히 화강암에 잘 발달하는 절리의 방향과 밀도는 근본적으로 암석 풍화의 특성과 그 정도를 결정짓는다. 절리의 밀도가 높은 부분은 그렇지 않은 부분에 비해 차별적으로 빠르게 풍화된다.

풍화와 관련시켜 절리의 영향을 빼놓을 수가 없다. 서리의 쐐기작용에 의한 파쇄, 심층풍화, 구상풍화, 석회암의 용해작용 등은 모두 절리와 밀접한 관계가 있다. 절리와 같은 구조는 토오르(Tor)의 발달이나 석회동굴의 세부적인 내부구조 형성, 카르스트 지형 발달 등에 중요한 영향을 미친다. 또한 절리나 단층과 같은 구조는 풍화에 영향을 미쳐 사면발달에도 직 · 간접적으로 관여를 하고 있다.

Q1. 지형 연구를 위해 야외조사가 반드시 필요한 이유를 설명하시오.

지형을 연구하는 데 있어서 이론이나 구조적인 측면에서 접근하고 연구하는 것도 중요한 방법이지만 현장에서 직접 지형이나 노두(露頭, outcrop)를 관찰하는 작업을 빼놓을 수 없다. 그렇기 때문에 이론적으로 연구한 것들을 현장에서 관찰하고 확인하며 기록하여 정리하는 과정으로서의 야외조사는 필수라고 할 수 있다.

야외조사는 직접 관찰과 측정으로 얻어지는 가장 단순한 세 가지 종류의 객관적인 정보 즉, 암석의 조직, 지층의 주향과 경사, 암체들 간의 지리적 관계 등을 기초로 한다. 암석의 조직은 지질도상에 나타나는 주요 정보로서 실제 지형을 연구하는 데 귀납적 추리의 단서를 제공하는 것이다. 지층의 주향과 경사는 해석적 성격을 갖는다. 암체 간의 지리적 관계는 시대의 선후에 관한 것이다. 이들 정보는 지질학적 사건들을 순서에 따라 배열하기 때문에 독특한 범주를 구성한다. 한편 지질학에서는 암석 단위마다 그 자신의 역사를 갖고 있기 때문에 독특한 것이다. 예를 들면 용암류는 각기 어느 화산활동으로 생긴 독특한 분출을 나타내는 것이다. 그러므로 용암류는 화산군의 분출사와 위치를 연구하는 데 사용되며 그것을 통하여 지구의 지구조적 발달과 지열의 발달사가 해석되는 것이다.

야외조사는 실제적이면서도 사색적이며 야외에서 얻어진 자료는 야외지질학의 중심이 된다. 야외조사를 수행하기 위해서는 지형도와 지질도가 필요하며 정확한 지형도와 지질도를 사용하는 것은 매우 중요하다. 지질학적 현상들은 대개 규모가 너무 크거나 복잡하여 지표상의 한 노두만으로는 분명하게 인식하기 어렵다. 지질도를 작성함으로써 이러한 지질학적 현상들을 발견할 수 있으며 이들을 삼차원적으로 정확하게 나타낼 수 있는 것이다. 지형 연구는 정확하고 충분한 지질자료를 바탕으로 진행된다면 매우 효과적일 것이라고 생각된다.

야외조사가 필요하다고 해서 모든 노두를 다 찾아다닐 수는 없는 것이다. 예를 들어 절리 연구를 한다고 해서 산지마다 나타나는 모든 노두를 조사 · 정리할 수는 없는 것이다. 따라서 답사 지역을 선정할 때는 해결하려는 주제와 선택된 지역이 대표성이 있는 지역인가를 잘 살펴보아야 할 것이다.

Q2. 야외조사를 위한 준비 작업에 대해 설명하시오.

야외조사를 위해서는 조사하고자 하는 지역에 대한 사전조사가 선행되어야 한다. 해당지역에 대한 문헌조사와 주제가 선정된 다음에는 해당지역의 사전답사가 필요하다.

사전답사에는 두 가지 기본적인 목적이 있다. 첫째, 그 지역이 선정된 연구 주제에 적합한 곳인지를 확인하기 위하여, 둘째, 연구기간과 조사경비를 적절히 산정하기 위해서이다. 적절한 축척의 지질도를 야외에 휴대한다든지 지도나 보고서에서 얻은 정보들을 해당지역 지도에 복사하여 휴대한다면 사전답사가 매우 효과적일 것이다. 또한 항공사진을 판독하는 것도 매우 중요하다. 가능하면 큰 축척의 지형도를 사전답사에 휴대해야 하며 그렇게 함으로써 야외 자료와 아이디어를 정확하게 표기할 수 있다. 지질학적인 것 외에도 사전답사에서는 지세와 연구지역에 접근하는 교통편을 고려해야 한다. 지형에 따라 특수한 항목과 질문사항이 다르겠지만 대부분의 경우 다음의 것들이 참고가 된다.

1) 해당지역의 주요 암석단위가 무엇인지
2) 시대의 선후관계를 밝힐 수 있는 암석들의 존재 여부
3) 주변에서 확인된 주요 구조들이 해당 지역에까지 계속되는지 여부
4) 관입암체가 있다면 이들의 접촉의 노출 여부
5) 해당지역에 서로 다른 구조적 지형이 발달하는지
6) 변형된 암석단위에 있어서 어떤 구조적 특징이 일관성 있게 나타나는지
7) 지형과 식생은 야외조사에 어떤 영향을 줄 것인지?

사전조사를 위한 준비와 사전답사를 마치면 이전보다 훨씬 흥미가 생겨 문헌들을 다시 읽게 된다. 연구지역에 나타나는 실제의 현상들에 대한 가능한 한 일반적인 아이디어들을 잘 준비하고 연구의 주제나 목적에 그들이 어떻게 기여할 수 있는가를 생각해 두어야 할 것이다.

Q3. 크리노메터를 사용하여 주향과 경사를 재는 방법에 대해 설명하시오.

크리노메터는 지층의 주향과 경사를 신속하게 측정할 수 있게 하는 간편하고 유용한 기구이다. 목재 또는 금속재의 몸체에 방위침, 경사측정 용침, 진자 형침, 수준기 등이 구비되어 있다. 방위침의 눈금을 보면 N-S 방향에 대해 E-W가 역으로 바뀌어 있는데, 이는 크리노메터를 수평으로 놓았을 때, 바로 지층의 주향을 방위침이 지시하고 있는 방향으로부터 읽을 수 있게 하기 위한 것이다.

지층의 주향과 경사를 측정하기 위해서는 우선 퇴적 면을 찾아내어야 하는데, 이것은 의외로 어려운 일로서 야외조사에 익숙한 사람도 자칫 잘못하여 퇴적면과는 틀린 엉뚱한 면의 주향과 경사를 측정해 버리는 경우도 가끔 있다. 그러한 실수를 저지르지 않기 위해서는 우선 노두에서 조금 떨어져 지층 중의 선상구조를 찾아내고 이것에 평행한 면을 찾으면 된다.

1) 주향 : 수준기를 보면서 크리노메터를 수평으로 유지한 채 장축면을 퇴적면에 접촉시킨 후 방위침이 가리키고 있는 방향을 읽는다.
2) 경사 : 주향에 수직으로 크리노메터의 장축면을 놓고 진자형 침이 가리키는 안쪽의 눈금을 읽으면 된다.

이 때 경사방향은 크리노메터의 어느 곳에도 나타나지 않으므로 지층을 잘 관찰한 다음 정해야 한다.

그런데 크리노메터에서 동, 서의 표기가 실제와 반대로 표시된 것에 주목하여야 한다. 그 이유는 크리노메터 자체가 지층이나 구조현상의 방향성을 나타내는데 이때 북쪽을 기준으로 하여 정리하도록 되어 있다. 그러나 실제로 N30°E의 주향이라고 할 때 이 주향은 북에서 동쪽으로 30° 정도 기울었다는 의미이다. 크리노메터에서는 N을 중심으로 서쪽으로 30° 기운 것으로 표시된다. 따라서 매 경우에 동과 서를 바꾸어야 하는 불편이 따르게 된다. 따라서 기계 자체에 E와 W를 바꾸어 놓으면 편리하게 된다. 그러므로 크리노메터에서는 E와 W를 바꾸어 표시한 것이다.

주향이란 어느 판상의 면과 수평면이 이루는 교선의 방향이다. 그리고 경사는 주향에 직각으로 잰 경사면의 각, 즉 표면의 최대 경사각이다.

Q4. 야외에서 관찰되는 암석을 해석하기 위해 필요한 장비가 무엇인지 설명하시오.

야외에 휴대하고 가야할 조사용구는 조사하려는 목적과 범위에 따라 달라지겠으나 일반적으로는 다음과 같은 것들이 기본적인 용구들이다.

1) 암석표본 채취용 망치
2) 크리노메터
3) 야장
4) 지형도
5) 필기도구
6) 루페
7) 샘플 주머니
   (ex-헝겊주머니, 비닐봉지, 헌 신문, 표기용 유성 매직, 잉크)
8) 자
9) 기타
   (ex-쌍안경, 카메라, 면장갑, 우의, 기타 필요한 참고문헌 등)

암석 표본 채취용 망치는 두 종류가 있는 데 끝이 뾰족한 부분은 화성암이나 변성암 지역에, 끝이 납작하게 된 것은 퇴적암 지역에서 쓰는 것으로 되어 있으나 경우에 따라서는 구분을 하지 않기도 한다. 지형도는 두 벌 장만하여 야외에서 조사항목을 기재하는 것과 실내에서 정리하는 것으로 구분하는 것이 좋다.

크리노메터(clinometer)

Q5. 야외에서 지형을 관찰하여 기록하는 방법을 설명하시오.

야외에서 관찰되고 해석된 사항들은 모두 야장에 기록한다. 조사된 것들이 어느 정도 정리되었다고 생각된 후에 야장을 기록해야 보다 체계적인 자료가 될 수 있다.

야장의 각 페이지에는 연속적인 번호를 부여하고 윗부분에 조사자의 이름, 날짜 그리고 그 페이지에서 설명하는 지역의 간략한 제목 등을 기록한다. 지형도나 항공사진의 번호도 기록해야 하며 조사가 진행되면서 추가된 지도나 사진의 번호는 야장 왼편 여백에 기입하고 야외 조사지점은 연속적인 번호를 사용한다.

야장에서 설명하는 부분은 사실들을 제시해야 하고 성인적인 의미가 있는 용어는 가급적 사용하지 않는 것이 좋다. 구조적인 관계를 암시하는 사진들은 함께 요약해서 기록해야 한다. 모든 사건들은 선후관계를 고려하여 기록으로 남기고 또한 결론을 내릴 수 없고, 매우 추론적인 생각일지라도 이들을 암시하게 한 자료들과 함께 정리한다. 또한 지금까지의 자료들로 해석된 지사학적인 결함이나 의심이 있다면 그 증거를 다음 노두에서 찾을 수 있도록 한다. 이렇게 함으로써 야외 작업과 해석이 함께 진행되는 것이다. 그리고 다음 노두로 이동하기 전에 지금까지의 지사를 주의 깊게 다시 생각해 본다.

야장은 조사하려는 목적이나 내용에 따라서 특별하게 그 양식을 재정리하여 만들기도 하고 자유롭게 제한을 받지 않고 기록을 할 수 있게 만든 노트형식을 사용하기도 한다.

야장에서 글로만 표현하기 힘든 부분은 따로 스케치나 사진을 통해서 기록하는 것이 매우 효과적이다. 그림은 기록하는 시간을 절약하고 복잡한 형태나 관계를 나타내는 데 긴요하며, 특수한 현상들에 대한 관찰을 돕는다. 그림은 '예술적'이거나 매력적일 필요는 없으나 비율, 각의 관계 및 중요한 현상들의 형태가 바르게 표현되어야 한다. 사진기는 정확성과 휴대성 면에서 강점을 지니고 있으므로 야외 답사에서 지형이나 현상을 기록할 때 매우 효과적이라고 할 수 있다.

Q6. 야외조사 결과를 보고서에 정리하기 위해 필요한 내용은 무엇인지 설명하시오.

보고서의 작성은 보고서의 설계단계와 작성단계로 나눌 수 있다. 모든 과학적인 보고서는 다음과 같은 논리적인 순서에 따라 정리되어야 한다. 첫째, 연구의 목적과 연구의 의도. 둘째, 실제로 연구에서 시행한 내용. 셋째, 새로 발견되었거나 측정된 자료들. 넷째, 실제로 얻은 자료와 증거들로 얻어낼 수 있는 결론 등이다. 모든 보고서는 처음부터 연구의 목적과 주요 결론을 앞에 제시하여 독자들로부터 흥미를 유발시키도록 하는 것도 중요하다. 지질학적인 보고서에서는 일반지질에 관한 보고서, 생물층서학에 중점을 둔 보고서, 구조를 중점적으로 다룬 보고서, 광상에 중점을 둔 보고서, 응용지질학에 중점을 둔 보고서 등이 있다. 일반적으로 보고서 문장에서 고려해야 할 사항들은 1) 동시에 여러 문제들을 생각하지 말고 오직 한 가지 주제만을 다룰 것. 2) 꼭 표현하려는 사항이 무엇인가를 주의 깊게 생각할 것. 3) 가능한 한 단순하고 직설적인 표현으로 할 것 등이다. 보고서의 각 부분들은 사사, 인용된 참고문헌들, 목록과 도표, 초록은 물론이고 본문의 체제 등을 잘 검토하여 작성하여야 한다. 일반지질에 관한 보고서는 보통 다음과 같은 양식으로 작성한다.

- 서론 : 연구의 목적과 주요 결론을 표명, 연구 지역의 위치, 지리적, 지형학적 특징 등에 관해 기술한다. 연구 방법에 대해 설명한다.
- 지질 개요 : 그 지역의 중요한 층서학적 순서, 상호관계가 있는 화성암체 및 광역적인 변성작용의 양상 등에 대해 문헌과 야외 지질조사 자료를 이용한다.
- 지질 각론 : 암석의 생성순서와 그들의 성인적인 관계를 기술, 시대 순으로 암석단위들을 체계 있게 기재한다.
- 지질구조 : 습곡, 단층, 절리 등 지질구조 요소 및 관입 관계 등의 야외 지질조사 자료를 이용하여 지질구조를 해석한다.
- 지사 : 해석된 사건들의 시대적인 선후관계를 시대 순으로 밝힌다.
- 응용지질 : 조사 지역의 광상이나 수자원 분포 등 경제적 가치가 있는 자원에 대해 설명한다.

Q7. 야외에서 관찰된 정보를 가시적으로 분석 · 종합하는 방법을 설명하시오.

야외에서 관찰하여 확인하거나 새로 알게 된 정보들은 야장, 그림, 사진 등의 방법을 통해 기록된다. 이렇게 기록된 자료들은 효과적으로 분석 · 종합될 때 그 가치를 지니게 된다.

먼저, 현장에서 장소, 시간, 순서에 의해 야장에 기록된 정보들은 답사를 마친 후 실내작업을 통해 컴퓨터나 다른 노트 등을 이용하여 체계적이고 보기 좋게 정리하는 작업을 거치는 것이 좋다. 답사 중에 야장에 기록된 내용들은 야외에서 기록 환경이 좋지 않은 상태에서 급하게 기록되는 경우가 많기 때문에 자료로서의 가치를 지니려면 보기 좋게 정리하는 작업은 필수적이라고 할 수 있다. 현장에서 야장에 기록된 정보, 그림, 사진 등을 주제별, 지역별로 분류하고 체계화하여 해당지역의 지형도와 함께 보관하는 것도 효과적인 방법이다.

답사를 통해 얻은 사진 역시 날짜와 주제별로 분류하여 정리하는 작업이 필요하다. 요즘은 디지털 카메라의 보급으로 인해 사진을 일일이 인화하는 수고를 덜 수 있게 되었기 때문에 개인용 컴퓨터에 폴더를 나누어 정리한다면 효과적인 정리가 될 수 있을 것이다.

이렇게 모아서 분석이 완료된 정보나 사진들은 보고서나 논문 등의 형식으로 답사의 결과물을 남기고자 할 때 중요한 자료로 활용되게 되고 또 그를 통해서 자연스럽게 현장에서 얻은 정보가 종합이 되어 기록물로 남겨지게 된다.

Q1. 중앙해령에 대해 설명하시오.

해저지형 중 해양저 중앙에 높이 솟은 형태를 해령(海嶺)이라 한다. 해저에는 6만5천km에 달하는 해령들이 분포하고 있는데 해령의 중앙선을 따라 열곡이 발달해 있다. 태평양에서는 동쪽으로 치우쳐 있으나 대서양과 인도양에서의 해령은 그 중앙부를 달리고 있다. 해령 중 가장 많이 알려진 것은 대서양 중앙해령(Mid-Atlantic Ridge)으로 그 정상에는 단열에 의한 열곡이 형성되어 있다. 지역에 따라 명칭이 다르지만 대서양 · 태평양 · 인도양 · 북극해 · 남극해를 통하여 총연장 3만km에 이른다. 이것은 대서양에서 남쪽으로 갈라지면서 생긴 열곡으로 점차 확장되어 인도양에서는 홍해 쪽으로 갈라져서 아프리카의 열곡을 형성하고 남태평양 쪽으로 연결되는 것은 캘리포니아 만에 이르러 산 안드레스 단층에 연결된다.

지형적으로는 산꼭대기부와 산기슭부로 나뉜다. 산꼭대기부는 중앙지구(中央地溝)를 수반하는 것(대서양 중앙해령)과 수반하지 않는 것(동태평양 해령)이 있는데, 중축부의 천발지진대의 존재로 위치를 알 수 있다. 퇴적물은 산꼭대기부에서는 매우 엷다. 인장변형력(引張變形力)에 의한 것으로 생각되는 해령축과 평행을 이루는 정단층, 해령축과 직교하는 단열대(斷裂帶)가 발달해 있다.

특히 중앙해령 아래의 몇몇 장소에서 활동하고 있는 용승류는 활화산으로 나타나며 이것은 아이슬란드와 같은 섬을 형성했다. 그와 같은 국지적 활동이 오랫동안 이루어져온 곳에서는 수평 해령이 형성된 것으로 생각된다. 그러한 수평 해령은 해양분지가 확장되고 있는 동안 계속해서 용암이 초과 분출해서 형성된 것으로 2개의 판이 열점에서 이동해간 지점을 나타내준다. 용암의 근원이 확장하고 있는 해령축 위에 놓여 있지 않다는 것을 제외하고는 선상 해령의 형성 기원도 수평 해령과 유사한 것으로 보인다. 대신에 만약 하나의 판이 용암이 관입할 수 있는 곳에서 지표면까지 열점 위로 이동할 수 있다면 그러한 용암들은 오랜 시간에 걸쳐 점진적으로 이루어진 하나의 화산계를 형성하게 될 것이며, 이는 열점에 대한 판의 과거의 이동방향을 나타내게 된다.

Q2. 열곡에 대해 설명하시오.

1930년대에 영국의 아서 홈즈(Arthur Holmes)는 맨틀이 느린 대류를 일으킨다는 가정 아래 지구 내부에는 커다란 대류 단위가 있다고 보았고 맨틀의 대류는 맨틀 위에 떠 있는 대륙지각과 대양지각을 이동시키는 힘이 된다고 보았다. 이러한 작용에 의하여 여러 개로 구성된 대륙은 세 가지 방향으로 이동하는데, 두 대류가 맞부딪치는 곳에는 압력이 작용하여 조산운동이 일어나는 반면 두 대류가 충돌한 후 서로 분산되는 곳에는 막대한 장력이 일어나 열곡(裂谷, rift valley)이 생긴다고 설명하고 있다.

지각에 장력이 작용하여 평행한 2개의 단층 사이의 단층괴가 밑으로 떨어지거나, 지각에 횡압력이 작용하여 2개의 단층 사이의 단층괴가 위로 올라갔던 부분이 침식을 받아 낮아질 경우에 생긴다. 대표적인 지역으로는 홍해 열곡(Sea Rift), 대서양 중앙해령의 열곡, 동아프리카의 열곡 등이다.

열곡은 육지에서 관찰되는, 두 개의 평행한 단층애로 둘러싸인 좁고 긴 골짜기이다. 이때 골짜기를 둘러싼 단층은 정단층이고 이러한 단층은 단층면 상부의 암석이 하부의 암석에 비해 상대적으로 아래로 이동되어 생긴 육지 표면의 갈라진 틈이다. 열곡은 구조적 계곡의 한 형태이며, 침식작용에 의해 형성되는 강이나 빙하계곡과는 다르다. 지구 내부의 확장에 의해 인장력이 생기고 그 힘으로 단층으로 둘러싸인 부분은 주저앉고 열곡이 길게 열곡대(rift zone)가 만들어진다. 이렇게 발달된 보통 수백km 정도의 열곡대가 점점 이어져 넓고 깊어지면 홍해와 같은 좁은 바다를 형성하고 더욱 발달되면 새로운 지각을 형성하는 해령이 된다. 현재 동아프리카에 이런 열곡이 잘 발달되어 있는데 판구조론에 의해 미래에 동아프리카는 아프리카에서 떨어져 나와 섬이 되고 그 사이에는 해령이 발달한 것으로 추측되고 있다.

대륙에 있는 열곡의 분포는 불규칙하고 비교적 드물지만, 판의 확장이 시작되는 장소에서 일어난 것으로 보인다. 많은 열곡의 바닥에는 화구구(火口丘)가 있거나 깊은 호수가 위치하고 있다. 대륙의 열곡 가운데 가장 규모가 큰 것은 동아프리카 열곡으로 북쪽으로는 멀리 홍해까지, 동쪽으로는 중앙해령까지 뻗어 있다. 다른 좋은 예로는 러시아 연방의 바이칼 열곡, 독일의 라인 열곡, 미국 캘리포니아 주의 그레이트 벨리 등이 있다.

Q3. 마그마가 지표로 올라오게 되는 조건에 대하여 설명하시오.

마그마는 지하에서 암석이 고온으로 가열되어 용융된 것으로 복잡한 규산염 용융체에 휘발성 성분이 섞인 것이다. 마그마의 점성(粘性), 즉 유동성은 온도와 휘발성 성분의 양에 따라 차이를 보인다. 일반적으로는 규산이 많은 유문암질 마그마가 규산이 적은 현무암질 마그마보다 점성이 크다. 마그마는 지하 약 50~200㎞에서 암석이 국부적으로 가열되어 형성된다. 화산에서 분출될 때에는 주위의 암석보다 비중이 가볍기 때문에 서서히 상승하여 10~20㎞ 깊이에서 마그마챔버(magma chamber)를 이루었다가 지표로 분출한다.

마그마는 암석이 녹은 것이다. 가장 간단한 경우 암석이 녹는 조건은 일반적인 열역학의 법칙에 따라 온도와 압력에 의해서 결정된다. 하지만 실제 지구에서 일어나는 현상은 온도, 압력과 함께 물의 함량과 암석의 성분을 함께 고려하여야 한다. 온도가 높아지면 암석이 녹기 시작한다. 압력이 높아지면 더 높은 온도가 되어야 암석이 녹기 시작한다. 물이 포함된 암석은 훨씬 낮은 온도에서 녹을 수 있다. 일반적으로 소듐(Na), 포타슘(K)이 많이 포함된 암석보다 철(Fe), 마그네슘(Mg)이 많이 포함되어 있는 암석이 더 높은 온도에서 녹는다.

해령에서 분출되는 마그마는 맨틀 물질이 대류에 의해 상승하면서 압력이 낮아지자 녹아서 된 마그마이다. 해령 바로 아래의 맨틀 안에는 수분 함량이 매우 낮기 때문에 해령의 마그마는 온도가 매우 높다. 그리고 해령의 마그마는 짙은 염기성을 띤다.

해구 부근의 화산은 대륙 지각이나 해양 지각이 맨틀 안으로 들어가면서 물이 포함된 암석이 녹아서 된 마그마이다. 상대적으로 온도가 낮고 중성 내지는 산성인 경우가 많다. 점성이 높기 때문에 용암류는 넓게 퍼지지 못하고 한 곳에 집중되어 원추 모양의 화산체를 형성한다. 캄차카 반도, 일본 열도, 필리핀 열도, 안데스 산맥의 여러 화산들이 그 예이다.

Q4. 지형형성의 관점에서 지구 내부 구조를 설명하시오.

지구는 지표에서 지구 중심부로 가면서 지각(地殼, earth crust), 맨틀(mantle), 핵(核, core)으로 구분된다.

지각은 평균 두께가 35㎞이고 밀도가 2.7~3.0gr/㎤인 암석층이다. 지각은 맨틀과 핵에 비하면 두께가 매우 얇고 대륙지각과 대양지각으로 구분된다. 전자는 그 두께가 10~60㎞(평균 35㎞)인 암층으로 화강암질 암석으로 구성되어 있고 그 평균 밀도는 2.7gr/㎤로서 시알(sial)층이며 대양지각보다 가볍다. 후자는 평균 7㎞의 두께를 가진 암층으로서 현무암질 및 반려암질 암석으로 밀도가 3.0gr/㎤인 시마(sima)층으로 구성되어 있다. 지각은 다시 그 아래 부분의 상부맨틀층을 합하여 암석권(岩石圈, lithosphere), 연약권(軟弱圈, asthenosphere), 중간권(中間圈, mesosphere)으로 구분된다.

모호로비칫치면은 지각과 맨틀의 경계를 이루는 지구 내부의 한 부분이며 이 불연속면을 처음으로 정의한 사람의 이름을 따서 모호(Moho)면이라고도 한다.

맨틀은 모호로비칫치면을 경계로 하여 지각 아래에서부터 지하 2900㎞까지의 범위를 말한다. 그 상부는 비중이 3.3 정도의 초염기성 암석으로, 주로 감람암질로 되어 있고, 이 상부맨틀은 400㎞~700㎞의 두께를 나타내며 그 아래 부분을 하부맨틀로 부르며 하부로 내려갈수록 비중은 점차 커진다. 따라서 지진파인 P파의 전파속도는 모호면 바로 아래에서는 8㎞/sec, 지하 400㎞ 깊이에서는 9㎞/sec, 지하 700㎞ 깊이에서는 11㎞/sec를 나타낸다. 하부맨틀과 외핵 사이에는 점이지대가 분포하고 있다.

Q5. 지각평형설을 설명하시오.

지각의 두께는 대체로 35㎞이지만 대지(臺地)에서는 두껍고(60~70㎞) 해양에서는 얇다(5~10㎞). 높은 산지와 같이 지각이 높이 솟아 있는 곳에는 그 뿌리도 그만큼 지하 깊숙이 들어가 있기 때문에 지구의 일정한 깊이에서 받는 압력이 균일하여 지각은 평형을 이루고 있다는 것이 바로 지각평형설(地殼平衡說, theory of isostasy)이다.

지각평형설의 개념은 19세기 중반 인도의 측지조사 중에서 칼리안퍼와 히말라야 산맥 근처의 칼리아나에서 측정된 연직선(鉛直線)의 기울어진 각도 분석에서 연유한다. 넓은 평야로 둘러싸인 칼리안퍼에서는 연직선이 지구 중심으로 향하여 있으나, 이곳으로부터 375마일 떨어져 있고 히말라야 산맥 옆에 있는 칼리아나에서는 연직선이 산맥의 질량 때문에 산맥 쪽으로 끌려서 약간 기울어진다. 에어리(George Biddell Airy, 1801~1892)는 마치 물 위에 지름이 다른 통나무들이 떠 있을 경우, 지름이 큰 통나무일수록 수면 위로 높이 나오는 것처럼 산지에서 지각의 두께는 두껍고 해양에서 지각의 두께는 얇다고 하였다. 이 가설을 히말라야 산맥에 적용하면 하층보다 밀도가 낮은 산맥의 뿌리가 밀도가 큰 하층 속으로 들어가 있기 때문에 원래 밀도가 큰 하층의 물질이 이보다 밀도가 작은 지각에 의해서 치환되므로 질량은 상대적으로 부족하게 된다. 따라서 연직선의 기울기는 실제 계산 값보다 작아진다.

또한 프랫(John Henry Pratt, 1811~1871)의 가설(1858)에 따르면 에어리의 가설과는 달리 지각의 밀도는 산지에서는 작고 평지에서는 크므로 일정하지 않지만, 깊이는 어느 곳에서나 같고 그 깊이에서는 모든 질량이 동일하게 유지된다. 산지에서 해수면 위의 과다질량은 해수면 아래에서의 질량결손에 의해 보상된다. 에어리의 가설이나 프랫의 가설은 지각평형을 설명하는 데에는 각각 장단점을 가지고 있다. 즉 에어리의 가설에서는 탄성파 탐사에 의해 알려진 바와 같이 산맥 뿌리의 존재를 설명할 수는 있으나 지각밀도가 일정하다는 가정에는 모순이 있다. 그것은 지구의 밀도가 지표 이하로 들어갈수록 커지며 지표에서도 해양저의 지각밀도가 육지의 지각밀도보다 크기 때문이다.

Q6. 대륙지각과 대양지각을 비교 설명하시오.

대륙지각은 대륙지역의 지각을 말하는 것으로 모호로비칫치 불연속면을 경계로 하여 그 윗부분을 말한다. 지각은 구성이나 두께가 대륙과 대양의 사이에 큰 차이가 있기 때문에 대륙지각과 대양지각으로 나눈다. 지진파 속도의 크기로 보아 대양지각은 현무암질 암석으로 이루어진 것으로 생각되고 있다. 대양지각에서는 화강암질층이 존재하지 않으며, 그 두께는 수 km밖에 안 된다. 대륙지각이라고 해서 반드시 육지부분에만 국한되어 있는 것이 아니라 대륙붕 해역 등도 포함된다. 특히 대륙지각의 두께는 조산대에서 두꺼우며 50km를 넘는 지역도 있다.

대륙지각은 판(板, plate)과 더불어 분열하기도 하고 결합하기도 하며, 개별 대륙은 분열할 때는 작아지고 결합할 때는 커진다. 그러나 대륙지각은 빙산과 같이 부력 때문에 가라앉지 않으며, 영구히 존속한다. 가장 오래된 대륙지각은 순상지의 암석 중에서 발견된 것으로 35~38억 년 전의 것이다.

대양지각은 지구 표면적의 약 70%를 구성하는 지각이며, 대륙지각 하부에도 분포 가능성이 있다. 대양지각은 대체로 3층의 층상구조를 이루고 있는데 '제1층'은 해저퇴적층이고 그 아래는 '제2층'인 현무암층, '제3층'은 현무암과 반려암으로 되어 있다. 대양지각의 두께는 5km 정도로 비교적 얇다. 비중이 크기 때문에 지각의 표면기복은 상당하지만, 전체적으로 안정되어 있다.

대양지각은 대륙을 구성하는 대륙지각과 구별되는 여러 가지 특징을 가진다. 대륙지각은 층상구조를 갖지 않고 복잡한 데 반해 대양지각은 위에서 언급했던 바와 같이 세 개의 층상구조를 갖는다. 두께는 대륙지각이 35~50km 정도로 일정하지 않으나, 대양지각은 5km 남짓하게 일정한 두께를 갖는다. 또한 대륙지각은 광범위한 지구적 구조작용을 받는 반면, 대양지각은 보통 판의 경계에서 변형작용을 받는다는 차이가 있다. 그러나 대륙지각은 광범위하다는 것에 비해 화성활동이 빈번하게 일어나지 않는 편이고, 대양지각은 해령이나 도호와 같은 지역에서 활발한 화성활동이 일어나고 있다.

Q1. 암석과 광물의 관계를 설명하시오.

지각을 구성하는 암석들은 크게 화성암, 퇴적암, 변성암으로 나눌 수 있다. 화성암은 지하의 마그마가 지표나 지하에서 굳어서 된 암석으로 고결될 당시의 온도와 압력 등의 차이에 따라 조암광물의 구성이 달라지고 그 결과 매우 다양한 종류의 암석이 나타난다. 퇴적암은 풍화와 침식에 의해 만들어진 물질들이 다양한 생물의 유해와 함께 적당한 곳에 퇴적되어 이루어진 암석이다. 화성암이나 퇴적암 등은 조산운동 등과 같이 거대한 운동이 일어날 때 수반되는 고온고압 아래에서는 변화를 받게 된다. 그 결과 본래의 암석으로부터 조암광물의 조성이나 그 모습이 크게 변한 변성암이 형성된다. 대체로 변성암은 그 전의 모재보다 굳고 광물 구성이 조밀하여 새로운 구조의 광물결합을 갖는다.

암석의 분포비율을 보면 지표에서는 퇴적물과 퇴적암이 전체 육지면적의 약 75%를 차지하며 지하로 갈수록 퇴적암의 비율은 점점 낮아지고 화성암과 변성암의 비중이 높아진다. 이러한 암석의 화학성분을 살펴보면 해저의 암석은 SiO_2의 양이 적고 FeO와 MgO의 양이 많은 검은색의 암석이며 대륙의 암석은 SiO_2의 양을 기준으로 산성암, 중성암, 염기성암 및 초염기성암으로 구분하기도 한다.

광물은 지각을 이루는 단위 물질로서 자연산이고 무기적으로 생성된 균질한 고체로서 일정한 화학조성과 일정한 결정구조를 갖는 물질이라고 말할 수 있다. 균질한 고체란 이보다 더 간단한 화합물로 분리할 수 없음을 말하며 한 종류의 물질로 구성된 고체상을 말한다.

결정이란 구성 원자나 이온들이 3차원적이고 규칙적으로 배열되어 있는 내부적 규칙성이 외부적으로 나타나는 다면체를 말한다. 이러한 광물은 금강석, 황과 같이 하나의 원소로 된 단체와 암염이나 방해석과 같이 몇 개의 원소로 된 화합물로 구분할 수 있다. 지금까지 자연계에서 산출되는 2000여 종의 광물 중 지각을 구성하는 광물은 300여 종에 달하고 그 중에서 산출된 것은 100여 종 정도이며 암석의 주성분으로서의 조암광물은 30여 종을 들 수 있다. 조암광물의 90% 이상이 규산염광물이고 기타는 산화광물, 황화광물, 탄산염광물 및 황산염광물 등이다. 이러한 조암광물의 조성 여하에 따라 다양한 종류의 암석이 만들어지게 되는 것이다.

Q2. 화강암의 형성에 대하여 설명하시오.

18세기 후반에 지질학이 체계적인 학문으로서 연구되기 시작할 때 암석의 성인론은 지질학의 중심적인 문제로 되었다. 지질현상을 학문적인 체계로 설명한 이론가 중 대표적인 학자로는 암석 수성론자인 베르너(Werner, A.G., 1749~1871)와 암석 화성론자인 휴튼(James Hutton, 1726~1797)을 들 수 있다.

휴튼은 스코틀랜드의 고지에서 화강암맥이 다른 암석을 관입하고 있는 것을 근거로 암석 화성론을 주장하였다. 또한 그는 화강암 주위에 있는 암석은 화강암의 열에 의하여 수성암이 변해서 된 변성암이라 생각했다. 베르너의 경우, 화산은 지하 암석의 발화로 설명되었는데 변성작용의 개념은 설명하지 못했다.

이후 19세기 전반에 암석은 육안과 확대경 관찰로 상세히 정리되었다. 암석의 광물조성을 알고서 정확한 암형 분류가 이루어진 것은 1870년대에 편광현미경에 의한 관찰이 본격적으로 이루어진 후이며 이는 암석학 성립의 토대가 되었다.

2차대전 직후 1945~1952년경에 이르러서 화강암이 마그마의 결정 작용으로 형성된 화성암인가, 또는 마그마 없이 재결정작용으로 형성된 변성암인가 하는 문제에 대하여 세계적인 규모의 격렬한 논쟁이 일어났다. 만일 퇴적암이 변성암이 되고 다시 화강암이 되었다고 하면, 온도의 상승에 따라서 재결정하고, 광물 조성이 변화했을 뿐 아니라, 그 암석과 외부와의 사이에 물질의 출입이 있었다고 생각하지 않으면 안 된다. 이와 같이 변성작용에 의해서 화강암이 생성된다고 생각하는 과정을 화강암화작용이라 부른다.

화강암은 그 산출상태에 따라 ① 큰 관입암체를 이루어 산출되는 것과 ② 점이적(漸移的)인 형태로 명확한 경계를 지을 수 없는 것으로 구분된다. ①의 경우는 평면상에서의 모양은 불규칙하지만 주위의 암석과는 명확한 경계를 짓고 있다. 이와 같은 산상(産狀)의 화강암은 화강암질 마그마가 지각 내에 관입고결(貫入固結)하여 형성된 것이다. 이때 주위의 암석은 마그마의 열로 열변성작용을 받아 각종 혼펠스를 만든다. 이에 대하여 ②의 경우, 광역변성암 지대에서는 복잡구조의 편마암에 조화된 형태로 화강암체가 나타나 있음을 볼 수 있는데, 이들은 서로 점이적으로 변하여 경계를 명확하게 긋기가 어렵다.

Q3. 암석윤회를 이용하여 암석을 대분류하시오.

지각을 구성하는 암석이 오랜 시간의 변화를 받아 다른 암석으로 변하는 과정을 말한다. 여기에는 마그마작용 · 침식 · 운반 · 퇴적 · 고화 및 변성 작용의 과정이 포함된다.

암석의 근원은 마그마에 있고 마그마의 결정 작용에 의해 화산암 · 심성암 · 반심성암 등으로 갈라지는 화성암이 형성된다. 이 가운데 심성암의 하나인 화강암은 풍화, 침식, 운반, 퇴적의 과정을 거쳐 퇴적암을 이루게 된다. 이때 퇴적물질이 지각 심층부에 매몰되면 큰 압력과 열을 받게 되어 암석의 구성 물질이 변하여 변성암이 된다.

이에 그치지 않고 변성암이나 퇴적암이 다시 풍화작용을 받아 새로운 암석을 구성하기도 하고, 계속 고압과 고열상태에 머무르다 재용해되어 마그마가 될 수도 있다. 암석은 이와 같이 풍화 · 침식 · 운반 · 고화 · 변성 · 용해 작용 등에 의해 암석 구성 물질이 변함으로써 새로운 암석으로 탄생하게 된다.

암석은 지질시대를 통해서 계속 윤회를 하였다. 이러한 윤회는 태양에너지와 방사능에 의한 열에 의해서 이루어진다. 태양에너지에 의해서 이루어진 경우는 지표에 작용하여 암석을 파괴시켜 다시 퇴적암을 형성하게 하고, 방사능에 의한 열에 의해서 이루어진 경우는 마그마의 작용에 의해 화성암을 형성하는 데 기여한다. 조산운동이 일어나는 동안에 작용하는 강한 횡압력은 퇴적암을 변성암이 되게 하고 다시 녹아서 화성암으로 변하게 한다. 또한 변성암은 풍화되고 다시 퇴적되어 퇴적암이 된다. 이렇게 오랜 기간을 지나는 동안 암석은 윤회를 되풀이하게 된다.

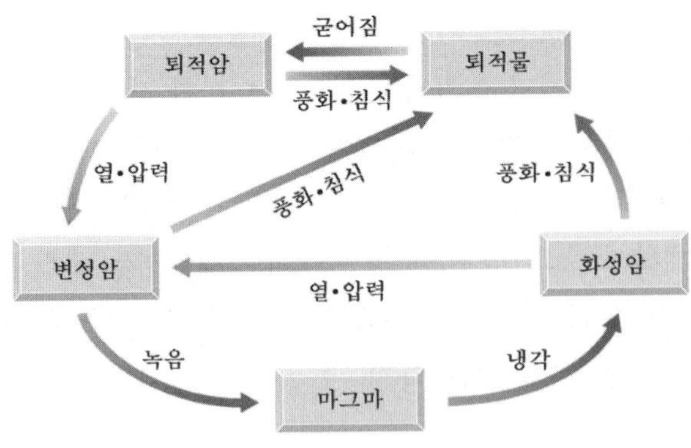

Q4. 퇴적암의 종류를 비교 · 설명하시오.

지표에 노출된 암석은 끊임없이 풍화와 침식을 받고 유수, 바람, 빙하 등에 의해 운반되어 내륙의 요지나 바다에 쌓이게 된다. 퇴적암은 성인에 따라 크게 쇄설성 퇴적암과 비(非)쇄설성 퇴적암으로 구분하며 비쇄설성 퇴적암은 화학적 퇴적암과 유기적 퇴적암으로 구분된다.

쇄설성 퇴적암은 기존암석의 파편이나 점토들이 쌓여서 굳어진 암석을 말한다. 쇄설성 퇴적암은 다른 암석이 풍화 작용을 받아 부스러진 암설(岩屑)들이 낮은 곳에 쌓여서 만들어진다. 따라서 고도가 낮은 곳에서 생기게 되며 대표적인 장소로는 해저, 호수 등이 있다. 이와 같이 퇴적물이 굳은 암석으로 되는 과정을 속성작용이라 한다. 이 작용에는 다져짐, 교결, 결정질화작용 등이 있다. 이러한 과정을 거쳐야 암석이 형성되는 것을 알 수 있으며 단지 쇄설물들이 쌓여 있다고 퇴적암이 될 수는 없다. 쇄설성 퇴적물은 풍화와 침식으로 인한 입자의 평균 직경의 크기에 따라 다양하게 구분된다. 대체로 모래 크기의 것이 주성분 쇄설물인 경우에는 중립질 쇄설암인 사암이 되며 이보다 큰 것은 역암과 같은 조립질 쇄설암, 가장 작은 것은 셰일과 같은 세립질 쇄설암으로 구분된다. 또한 화산분출에 의해 형성된 응회암과 집괴암도 있으며, 풍성에 의한 뢰스, 빙성에 의한 빙력토로도 구분할 수 있다.

화학적 퇴적암은 용액으로 운반된 물질이 정지된 장소에서 화학반응에 의해 또는 증발에 의해 과포화가 되었을 때에는 침전하여 퇴적된다. 화학적 퇴적암으로 가장 많은 것은 석회암 및 돌로마이트이며 이 밖에도 녹아 있는 규산이 침전되어 형성된 처어트가 있다.

유기적 퇴적암은 퇴적분지에서 서식하는 동물의 골각이나 껍질 또는 죽은 식물의 유해가 쌓여서 암석화된 것으로 대표적인 암석은 석회암, 처어트, 규조토, 백악, 석탄 등을 들 수 있다. 백악은 다공질이며 연하고, 치밀하게 암석화되었으면 석회암이다. 따라서 석회암은 화학적 및 유기적 퇴적암이라고 할 수 있다.

Q5. 변성암의 형성 과정에 대하여 설명하시오.

고온·고압하에서 생성된 광물은 저온·저압하의 환경에 놓이게 되면 새로운 환경에서 안정된 다른 광물 또는 암석으로 변한다. 반대로 지표 환경에서 생성된 즉, 저온·저압에서 안정된 광물은 지하 심부로 매몰되어 고온·고압의 환경에 가면 결정형태가 변하거나 인접하는 다른 광물과 성분을 교환하면서 안정된 광물, 즉 변성광물을 생성하게 된다. 다시 말하면 고온·고압 등의 새로운 조건에 이르게 되면 조암광물의 화학성분에 변화를 가져오게 되는 것이다. 암석에 이러한 변화를 일으키는 작용을 변성작용이라고 한다.

변성작용에는 교대작용, 화강암화작용, 초변성작용 등이 있다. 교대작용은 광물 속에 들어 있던 액체나 기체가 분리되어 나오면서 광물의 화학성분을 조금씩 녹여 주변 암석에 그 성분을 공급함으로써 처음의 암석과 다른 변성암이 되게 하는 것을 말한다. 화강암화작용은 지하 깊은 곳에서 암석에서 분리된 액체가 암석 내 알칼리 성분과 SiO_2를 많이 녹이게 되어 화강암 또는 화강편마암과 비슷한 광물 성분과 조직 및 구조를 가지는 암석을 만드는 것을 말한다. 초변성작용이란 지각의 맨 아래 부근에서는 규장질인 암석이 부분적으로 녹아서 마그마가 만들어지고 이것이 굳어서 새로운 암석을 만드는 것을 말한다.

열에 의한 접촉변성작용은 모암이 화성암인 경우보다 퇴적암인 경우에 잘 이루어진다. 특히 셰일·슬레이트와 같은 점토질 암석과 이회암·석회암·고회암 등 석회질 암석은 대규모 화성암체 부근에서 열의 작용을 받아, 혼펠스(hornfels)로 변하거나 완전히 재결정되어 많은 접촉광물을 만든다.

광역변성암은 수백km까지에 이르는 광대한 지역에 변성암이 생성되는 현상으로서, 조산운동의 중요한 요소 중의 하나이다. 이 경우에는 지각운동 때문에 암석이 지하 깊숙이 치밀려 들어가거나 화성암마그마의 관입(貫入)으로 인해서 기존의 암석을 구성하는 광물 사이에 반응이 일어나, 그 전과는 다른 새로운 광물과 조직이 생겨 암석의 성질이 변화한다. 이렇게 해서 생성되는 광역변성암은 두드러진 편리구조를 가진 결정편암(結晶片岩)이나 편마암(片麻岩)이 된다.

Q1. 세계적으로 대지진이 발생하는 장소와 그 원인에 대하여 설명하시오.

지진은 지각이 끊어질 때 생기는 막대한 양의 에너지가 일시적으로 지구에 주는 충격으로 일어난다. 지진의 원인으로는 화산폭발 · 핵실험 · 판구조론 등 여러 학설이 있으나 이 중 가장 유력한 것은 판구조운동에 의한 이론이다. 지구의 지각은 크게 태평양판, 아메리카판, 오스트레일리아-인도판, 아프리카판, 남극판, 유라시아판의 커다란 6개의 판과 나즈카판, 코코스판, 필리핀판, 이베리아판, 카리브판의 작은 5개의 판으로 이루어져 있다. 그 밖에도 여러 작은 판들이 지구를 구성하고 있으며, 세계 지진의 90% 이상은 이들 판의 경계부분에서 일어난다. 이들 판이 밀치고 밀릴 때 모서리가 서로 맞부딪쳐 생겨나는 충격파가 지진으로 나타나는 것이다. 이들 판은 지표에서 5~65㎞의 두께로 그 밑의 액체 상태로 되어 있는 맨틀 위를 떠다니고 있다.

지진은 지구상의 어느 곳에서나 발생하는 것이 아니다. 지진이 발생하는 장소는 한정되어 있으며 이같이 지진이 많이 발생하는 곳을 지진대라고 한다. 세계 지진의 약80% 이상은 환태평양지진대에 집중되어 있다. 특히 알프스-히말라야 조산대와 환태평양조산대가 만나는 인도네시아, 필리핀 지역은 그 정도가 엄청나고 횟수가 빈번해 가장 위험한 곳 중 하나로 인식되고 있다. 환태평양지진대 다음으로는 유라시아지진대에서 지진이 많이 발생한다.

지반 조건에 따라 지진재해의 크기가 결정된다. 지반조건이 나쁘면 재해도 그만큼 커지게 되는 것이다. 지진재해적인 측면에서 충적층이 없는 층이 좋은 지반이며 지진에 강하다. 반대로 무르고 물을 함유하고 있으며 지층이 깊은 장소, 혹은 부드러운 지층과 단단한 지층이 교대로 겹쳐져 있는 장소는 나쁜 지반이며 지진에 약하다. 그러나 우리가 직접 볼 수 있는 지표의 지층만으로는 쉽게 판단하기 어렵다. 그 이유는 지표의 흙은 오랜 기간 동안 풍화되었거나 퇴적물이 쌓여 있는 경우가 많기 때문이다.

Q2. 현재 지각 변동이 일어나고 있는 가장 대표적인 변동대에 대하여 설명하시오.

지구 내부의 원인으로 생기는 지각의 변형 및 그 변위를 지각변동이라고 한다. 지진 · 화산 작용과 이에 수반하여 일어나는 단층 또는 지각의 완만한 상하운동 같은 것은 급격히 일어나므로 그 변화량을 측정할 수 있다. 그러나 조산운동, 조륙운동, 지괴운동과 이를 수반하는 단층이나 습곡 등은 지질시대를 통하여 오랜 시간에 걸쳐 일어나므로 그 변화 과정을 관찰하기가 어렵다. 또한 판구조운동과 관련하여 나타난 중앙해령, 해구, 화산열도, 변환단층도 지각변동의 산물이다. 해안단구, 하안단구, 높은 산과 바다에서 사는 동물화석의 산출, 리아스식 해안, 습곡산맥 등은 지각변동의 증거로 관찰할 수 없는 현상이나 지형의 대표적인 것이고, 화산이나 지진은 늘 볼 수 있는 증거이기도 하다. 현재 지각변동이 진행되고 있는 지대를 변동대라고 하며, 이 지대에서는 화산작용과 지진현상이 수반되고 있다. 그 대표적인 지대가 환태평양 변동대와 알프스-히말라야 변동대이고 해저에는 중앙해령대와 해구지대이다. 이와 같은 변동대에서는 지각이 항상 움직이고 화산작용과 지진현상이 일어나며, 습곡산맥이 형성된다.

지질시대에 일어난 지각변동에서 지구상에 나타난 가장 새로운 습곡산맥은 알프스-히말라야산맥과 환태평양조산대이고, 고생대에서 중생대에 걸쳐 형성된 산맥에는 칼레도니아 산맥, 바리스칸 산맥, 우랄 산맥, 천산 산맥, 곤륜 산맥, 애팔래치아 산맥 등이 있는데, 이들은 모두 습곡산맥으로서 판구조운동에 의한 지각변동에 따라 형성된 것이다.

우리가 느낄 수 있는 정도의 지각운동의 형태 중에는 큰 지진을 일으키는 단층을 따라서 나타나는 규모가 큰 지각변동이 있다. 지진에 의한 변위는 큰 충격일 경우에는 10~15m에 달하기도 한다. 1906년에 샌프란시스코 지진 때 샌 안드레아스 단층을 따라 발생한 수평 변위량은 5m였으며, 1872년 미국 캘리포니아의 시에라 네바다 동쪽에 있는 오웬스 계곡에서 발생한 지진의 경우에는 4m 정도의 수직 변위량을 보여 주었다. 수천 년마다 이러한 지진이 발생한다면 침식을 고려해도 수백만 년 내에 높은 산맥이 치솟아 오를 수도 있을 것이다.

Q3. 조륙운동과 조산운동을 비교 · 설명하시오.

조륙운동은 맨틀 위에 떠 있는 지각이 평형을 유지하기 위해 서서히 융기하거나 침강하는 현상을 말한다. 즉, 태양복사 에너지에 의해 침식된 퇴적물이 운반되어 밑에 쌓이면 무거워져서 아래로 침강하게 되고 앞에서 침식된 부분이 가벼워지면 무게감소로 융기하게 되는 지각의 평형을 위한 지층의 상하운동을 말하는 것이다. 1890년 길버트(G. K. Gilbert, 1843~1918)가 미국 서부의 그레이트베이슨 지역에서 단층운동에 의해 형성된 산맥에 대하여 조산운동이라 하고, 대염호 부근에 발달한 호안단구를 기준으로 할 때 이 지대가 분지 모양으로 융기하였다 하여 이를 조륙운동이라고 하였다. 그 후 스틸은 여러 시기의 조산운동 사이에 지반의 융기나 침강이 서서히 일어난다고 보고 이를 조륙운동이라 하였다. 조륙운동의 대표적인 예는 스칸디나비아 반도의 상승현상이며, 이는 지각평형설로 설명되고 있다. 또한 북아메리카의 중앙대평원도 백악기 이후 서서히 상승하여 오늘의 상태에 이른 것으로 알려졌다.

반면에 조산운동은 대규모의 습곡산맥을 형성하는 지각변동으로 그 과정은 지향사단계, 조산단계, 침식단계의 세 단계로 나뉜다. 지향사단계는 지향사에 퇴적층이 형성되는 단계이다. 종전에는 얕은 바다에 퇴적물이 쌓이고 그 무게에 의하여 퇴적층이 침강하면 여기에 다시 퇴적물이 쌓여서 두꺼운 퇴적층의 지향사가 만들어진다고 보았다. 그러나 현재의 지향사는 완지향사와 차지향사가 쌍을 이루며, 깊은 완지향사는 심해성 퇴적물과 화산분출물이 쌓여서, 얕은 차지향사는 천해성퇴적물이 쌓여서 만들어지는데, 판구조론에 의하여 서서히 침강하여 그 두께가 1만m가 넘는 퇴적층이 되는 것으로 알려져 있다. 이와 같은 지향사는 현재 일본 해구~일본~동해~아시아 대륙을 연결하는 지대와, 자바 해구~자바~남중국해~아시아 대륙을 연결하는 지대가 대표적이다. 일반적으로 환태평양 연안부가 이와 같은 지향사의 쌍을 이루는 곳이라고 본다.

알프스 · 히말라야 산맥은 아프리카판과 인도판이 북으로 움직이며 유라시아판과 충돌하여 이루어진 대습곡산맥이고, 환태평양조산대는 태평양판이 아프리카판 · 유라시아판 · 인도판 밑으로 섭입되어 형성된 것이다.

Q4. 판구조론의 관점에서 지각변동에 관한 용어를 기록하고 설명하시오.

지각 변동의 증거로는 해안의 융기나 침강과 같은 상하 운동, 해안 단구, 수몰육지, 육지의 상하운동, 심성암과 변성암의 노출, 또한 단층이나 습곡, 변성작용 등과 같이 퇴적암에서 볼 수 있는 증거 등 매우 다양한 예를 찾아볼 수 있다.

특히 해안의 상하 운동은 해안에서 해면을 기준으로 육지의 상하 운동의 양을 측정할 수 있다. 일반적으로 융기해안과 침강해안은 해안의 상하운동의 결과로 생각하는 것이 일반적이다.

침수해안은 심하게 굴곡이 진 해안선과 다도해가 나타나며 이는 대체로 육지가 침수되어 형성된 것이다. 해안단구는 해안에 나타나는 계단상의 구릉지이며 이곳은 과거에 평탄화된 파식대지나 퇴적대지가 상승된 것으로 높은 고도에 위치하는 것일수록 먼저 만들어진 것이고 오래된 것이다.

수몰육지는 해저 밑으로 수몰된 지형으로 알래스카 알류산 열도 북쪽의 해저지형을 조사해 보면 산계와 곡계의 발달 모습이 육지의 모양과 유사하다. 이런 해저지형의 성인은 이전에 육지였던 곳이 해수면 상승 등의 원인으로 침수된 것이라고 볼 수 있다. 육지의 상하 운동은 해안에서 비교적 쉽게 측정할 수 있으나, 내륙에서는 이러한 현상을 직접 확인해 보기는 곤란하다.

지하 깊은 곳에서 고결된 심성암이 지표에서 발견되는 것을 통해 지각변동이 있었음을 간접적으로 확인할 수 있다.

육지의 높은 곳에 퇴적암이 존재한다는 것은 지각변동이 있었다는 증거로 해석이 된다. 퇴적암은 대체로 수평으로 쌓여서 수평에 가까운 성층면과 층리를 형성하는데 실제 우리가 확인할 수 있는 지층들은 습곡으로 물결치듯이 구부러져 있는 일이 많고 단층으로 지층들이 어긋나기도 한다.

단층운동은 지각의 틈을 따라 양쪽의 지각이 상대적으로 반대 방향으로 움직이는 운동이며 이 틈을 단층이라고 한다. 단층은 지진을 동반한 경우와 지진 없이 서서히 생성되는 경우도 있다.

Q5. 연해의 기원에 관한 견해를 설명하시오.

호상열도와 대륙의 사이에는 연해가 있다. 조산대의 여러 가지 유형 중에서 호상열도와 대륙의 주변에 있는 코르딜레라 조산대와의 차이점은 연해의 존재 여부이다. 또한 호상열도의 형성에 관한 견해도 두 가지로 갈라진다. 즉, 처음부터 호상열도가 대양 한가운데서 생겼다고 보는 견해와 호상열도는 대륙 주변에서 분리되어 전진했다는 생각이다.

먼저 호상열도가 대양 한가운데서 생겼다는 견해에 따르면 호상열도의 주변 바다 일부분이 연해라고 한다. 이러한 내용은 오래 전부터 제기되어온 것으로서 판구조론이 대두된 오늘날에도 이를 지지하는 사람의 수가 적지 않다. 예를 들면 스콜과 쿠퍼 등은 알류산열도와 그 북쪽에 위치하고 있는 연해로서의 베링 해를 이와 같은 입장에서 설명하려고 하였다. 베링 해의 일부에는 거의 남북 방향으로 일군의 자기 이상의 줄무늬가 있는데, 이 줄무늬의 연대는 백악기에 해당한다. 따라서 이러한 현상을 해석할 때 이 줄무늬는 백악기에 북태평양에 있던 Kula 판과 Farallon 지판 사이에 거의 남북의 주향이던 중앙해령에서 만들어졌으며, 그 후에 알류산 열도가 형성되었으므로 오래된 해저가 둘러싸여서 베링 해가 되었다고 하는 것이다.

다른 주장으로는 호상열도가 대륙 주변에서 분리되어 전진했다는 설이 있다. 이는 연해의 형성이 호상열도가 대륙에서 분리되어 대양으로 이동함에 따라 생겼다는 견해로서 이 주장은 베게너의 대륙이동설의 시대부터 제기되었으나, 이 생각은 판구조론에 흡수되어 연해저의 확대설로 발전하였다. 마쯔다와 우에다는 일본 해구에서 섭입된 태평양 지판의 윗면을 따라서 마그마가 생성되었다고 생각하였다. 그 곳이 동해의 해저인데, 이 해저로 말미암아 일본 열도는 태평양 방향으로 이동하였다는 것이다. 많은 학자들은 제3기 중기에 일본이 한반도에서 떨어져 나감으로써 그 사이에 동해가 형성된 것으로 생각하고 있다. 필리핀 해의 시사분지에는 호상열도와 거의 나란한 자기 이상의 줄무늬가 있는데, 이 사실은 해저 확대로 인하여 연해가 생성되었다는 생각과 잘 일치된다.

Q6. 지각변동의 지형적 증거를 사진으로 제시하고 설명하시오.

습곡사진

횡압력에 의한 지형으로 역시 지각변동의 증거가 된다. 판과 판이 만나는 경계부에 주로 습곡지형이 나타나고, 또한 히말라야 산맥처럼 대륙판과 대륙판이 만나는 곳에서도 역시 습곡 지형이 나타난다.

동아프리카 지구대

이 사진은 동아프리카 지구대의 사진으로 왼쪽의 높은 곳이 지루, 오른쪽의 낮은 곳이 지구이다. 이 지구대는 단층작용에 의해 형성된 것으로 지각변동의 증거로 볼 수 있다.

Q7. 안정대륙의 사진을 제시하고 지형적 특징을 설명하시오.

캐나다 순상지 -탁상지

캐나다 순상지의 남쪽은 북미대륙 중앙의 안정 지역으로서 퇴적물로 피복된 탁상지이다. 이 탁상지는 약 2㎞ 미만 두께의 고생대 퇴적층으로 피복된 선캄브리아의 기반암으로 되어 있는데, 이 기반암은 하부에서 순상지와 연결되어 있다. 이 지역의 안쪽에는 주위의 탁상지보다 다소 두꺼운 퇴적층으로 덮여 있는 넓은 퇴적 분지가 있다.

브라질 순상지

브라질 국토의 2/3 이상을 차지하고 있는 고원이다. 면적은 400만㎢로 남동부 대서양 연안이 가장 높고, 만티퀘이라 산맥 등 2000m급의 산악이 있으나 다른 곳은 대체로 1000m 이하의 고원이나 대지를 이룬다. 선캄브리아대의 변성암과 심성암으로 이루어져 있으나, 이들 위에 고생대 이후의 지층이 거의 수평으로 퇴적되어 있는 지역(파르나이바 퇴적분지 · 파라나 퇴적분지 등)도 많다.

Q1. 화산분출물과 화산의 형태와의 관계를 설명하시오.

화산은 분화구에서 분출하는 물질로 이루어지고, 하나의 큰 화산체는 수많은 횟수의 분화에 의해 완성된다. 화산분출물에는 화산가스, 용암, 화산쇄설물, 화산회 등이 있다. 용암은 지표로 분출한 마그마가 아직 용융상태에 있는 것을 가리키기도 하고, 마그마가 식어서 생긴 화산암을 가리키기도 한다. 용암의 유동성은 그 성분 및 온도와 밀접한 관계가 있으며 화산의 형태를 결정짓는 데도 중요하다. 용암은 규산의 함량에 따라서 산성, 중성, 염기성, 초염기성으로 구분된다. 산성 용암은 온도가 낮고 유동성이 적으며, 염기성 용암은 온도가 높고 유동성이 크다. 현무암질 용암은 온도가 높고 유동성이 커서 조용히 분출하며, 다량으로 분출할 때는 용암류를 이루면서 멀리까지 흘러간다. 이러한 형식의 분화를 일출식 분화라고 한다. 반면에 유문암질 용암은 온도가 낮고 유동성이 작아 격렬하게 폭발하면서 분출하는 것이 보통이다. 이러한 형식의 분화를 폭발식 분화라고 한다.

그리고 화산분출의 양식에 따라서 화산체의 형태가 달라진다. 우선 화산의 분출양식에는 열하분출(裂罅噴出, fissure eruption)과 중심분출(中心噴出, central eruption)로 나눠볼 수 있다. 열하분출은 지각에 생긴 틈을 통하여 용암이 분출하는 것을 말하고 중심분출은 용암이 한 군데로 분출하는 것을 말한다. 그 예로는 하와이식, 스트롬볼리식, 볼칸식, 펠레식 분화 등이 있다.

하와이식 분화(Hawaiian eruption)는 비교적 온화한 활동이며, 가스폭발이나 암설의 방출 없이 용암만을 조용히 분출시키는 형태이다. 스트롬볼리식 분화(Strombolian eruption)는 현무암질 용암이 분출하나 하와이식과는 달리 폭발분출을 하며 따라서 화산쇄설물의 비율이 높고, 분화는 주기적이거나 거의 연속적이다. 볼칸식 분화(Vulcanean eruption)는 용암의 폭발이 번갈아 일어난다. 다만 용암의 흐름에서 점성이 크고 화도는 용암의 응고에 의해서 막히므로 전후 폭발 기간 중에 장기간의 쉬는 시간이 있어서 용암의 표면에 피각이 생긴 후에 폭발에 의한 암편을 다시 불러온다. 펠레식 분화(Pelean eruption)는 열운(熱雲)을 곁들인 분화를 말하며 안산암질 내지 석영안산암질 마그마의 활동에서 잘 나타난다. 경석을 포함하는 세립 물질로 구성된 분출물은 가스와 섞여서 열운이라고 하는 고온의 매스를 이루면서 빠른 속도로 산복(山腹)을 따라서 흘러내린다.

Q2. 마그마와 용암을 비교 설명하시오.

용암이란 지하로부터 상승한 마그마가 지표에 분출되어 용융(溶融) 상태로 있는 것, 또는 그 마그마가 굳어져서 생긴 암석을 뜻한다. 마그마나 용융상태의 용암은 대부분의 경우 규산염의 용융체이며, 약간의 휘발성 성분을 함유하고 있다. 압력이 높은 지구 내부에서 지표로 마그마가 상승하면, 마그마에 함유되어 있던 휘발성 성분은 기화되어 팽창하고 일부분은 마그마로부터 빠져나가며, 일부분은 용융상태의 용암 속에서 기포를 형성한다.

마그마는 지각을 뚫고 들어갈 수 있는 지구 내의 어떤 뜨거운 유동성 물질을 말한다. 마그마의 주원소는 O, Si, Al, Ca, Na, K, Fe, Mg등이며, 규산(SiO_2)이 주성분으로 물과 더불어 마그마의 성질을 좌우한다. 마그마에 용해되어 있는 가스는 소량이지만 마그마의 점성과 화산분출시의 폭발성을 결정짓는 데 중요하다. 가스는 대부분 H_2O과 CO_2이며 약간의 SO_2 등 휘발성 성분을 포함하고 있다.

많은 화성암의 화학성분을 보면 현무암질 마그마와 화강암질 마그마의 두 종류로 구분될 수 있음을 알 수 있다. 현무암질 마그마는 약 50%의 SiO_2를 함유하며 온도는 900~1200℃ 정도이다. 화강암질 마그마는 60~70%의 SiO_2를 함유하며 온도는 800℃ 미만이다. 현무암질 마그마는 유동성이 크다. SiO_2함량이 많은 화강암질 마그마는 비교적 두껍고 느리게 흐르며, 점성도가 높다. 화강암질 마그마는 온도가 낮은데, 이는 SiO_2를 많이 포함한 석영의 녹는점이 낮기 때문이다. 점성은 마그마가 유동하는데 저항하는 성질을 말한다. 유동물질의 점성이 크면 두꺼운 형태가 되고, 낮으면 유동성이 커서 쉽게 흐른다. 마그마의 점성은 SiO_2의 함량에 의해 영향을 받는다. 그 이유는 SiO_2사면체들이 정출작용이 일어나기 전에도 서로 결합되어 있었기 때문으로 이러한 결합은 마그마의 유동을 어렵게 한다. 그러므로 SiO_2의 함량이 많으면 마그마의 점성이 크다. 마그마의 기원에 관하여 이해하는 데 주요한 것은 상부맨틀과 하부지각 암석의 부분용융에 관한 개념이다. 우리는 대부분의 암석이 두 종류 이상의 광물로 되어 있다는 점을 알아야 한다. 암석 중의 구성광물은 서로 다른 온도에서 용융된다. 이러한 용융에 끼치는 요인은 온도, 물, 압력 등의 요인과 암석의 구성성분이다.

어떤 주어진 온도와 압력에서 암체는 일부분만 용해되고 용해된 물질의 성분은 원래의 암석과 전혀 다르다. 이러한 작용을 부분용융(partial melting)이라고 한다. 지구상에서 조산대의 분포를 보면 화성활동은 활동적인 판의 연변부에서 일어나는 작용에 관계된다는 점을 알 수 있다.

두 종류의 마그마는 각각 다른 환경에서 형성된다. 현무암질 마그마는 판이 서로 반대 방향으로 이동하는 확장 중심부를 따라 위로 솟아오르는 맨틀의 부분용융에 의해 생성되며, 화강암질 마그마는 섭입대에서, 즉 두 판이 충돌하여 온도와 압력이 높은 곳에서 부분용융에 의해 생성된다.

맨틀 내의 더 깊은 곳에서는 부분용융이 일어나기에는 압력이 너무 크다. 부드러운 약권이 판과 판 사이의 확장대를 따라 천천히 상부로 이동할 때의 압력 감소가 추가적으로 부분용융을 일어나게 하며, 감람암의 부분용융으로 현무암질 마그마가 형성된다.

감람암보다 밀도가 낮은 현무암질 마그마는 해령을 따라 상승하여 확장하는 해저에서 새로운 지각 물질을 만들어 낸다. 섭입대에서는 현무암질 해양지각과 그 위에 얇게 깔려 있는 해저 퇴적물이 맨틀로 들어가 가열된다. 여기서 용융되는 해양지각은, 현무암 외에 대륙의 침식에 기원한 수분이 풍부한 점토와 규산성분이 풍부한 물질의 해저퇴적물들을 포함한다. 이러한 물질의 부분용융으로 인하여 안산암질암 또는 화강암질암을 형성하는 화강암질 마그마가 생성된다. 대륙판과 대륙판의 충돌이 있을 경우 산맥의 뿌리에서는 부분용융에 의해 SiO_2가 풍부한 여러 종류의 암석이 생긴다.

일반적으로 마그마는 지표면 아래에 존재하는 것이고, 용암은 이 마그마가 지표면 위로 분출된 것을 말한다. 마그마가 일단 지표면상으로 분출하게 되면 휘발성을 잃게 된다. 지표 위로 분출되어 휘발성을 상실한 마그마를 우리는 용암이라 부른다.

Q3. SiO_2 함유량에 따른 화산지형의 특징에 대해 설명하시오.

용암 또는 암석은 규산(SiO_2)의 함량에 따라 산성(66% 이상), 중성(66%~52%), 염기성(52%~45%), 초염기성(45% 이하)으로 구분된다. 현무암은 염기성암, 안산암과 조면암은 중성암, 화강암은 산성암에 속한다. 산성암은 규장질암(硅長質岩, felsic rocks), 염기성암은 고철질암(古鐵質岩, mafic rocks)이라고도 불린다. 그리고 산성 용암은 온도가 낮고 유동성이 작으며, 염기성 용암은 온도가 높고 유동성이 크다.

SiO_2 함유량이 적은 현무암질 용암은 온도가 높고 유동성이 커서 조용히 분출하며, 분출할 때의 온도가 1,000~1,200℃이고, 1,000℃ 이하에서 유동성이 갑자기 떨어진다. 그러나 다량으로 분출할 때는 용암류(鎔岩流, lava flow)를 이루면서 멀리까지 흘러간다. 이러한 형식의 분화를 일출식분화(溢出式噴火, effusive eruption) 라고 한다. 반면에 유문암질 용암은 온도가 낮고 유동성이 작아 격렬하게 폭발하면서 분출하는 것이 보통이다. 이러한 형식의 분화를 폭발식분화(暴發式噴火, explosive eruption) 라고 한다.

순상화산(楯狀火山, shield volcano)은 유동성이 큰 현무암질 용암이 화구를 통하여 흘러나올 때 형성된다. 거대한 방패 또는 경사가 완만한 돔처럼 형성된 대규모의 순상화산은 장기간에 걸쳐서 분출한 수백 내지 수천 개의 용암류가 누적되어 발달하는 것이 보통이다. 대부분의 용암류는 두께가 6~8m를 넘지 않는다. 이러한 순상화산은 대체로 화산체(火山體)의 규모가 크고 높이에 비하여 아랫부분이 매우 넓으며, 사면의 경사가 지극히 완만하다. 아스피테(aspite)라고도 하며 하와이 섬의 여러 화산들이 대표적인 예라고 할수 있다.

성층화산(成層火山, strato volcano)은 폭발식 분화에 의한 화산 쇄설물과 일출식 분출에 의한 용암류가 겹겹이 누적되면서 성장한 원추 모양의 화산이다. 복성화산(複成火山, composite volcano)이라고도 하며 이 화산은 장기간의 중심분화로 형성되는데, 대개는 화산체가 크며 세계의 큰 화산들 중에서 비수비오 화산, 마욘 산, 휘 산, 포포카테이페틀 산, 크토파히 산 등이 이러한 예에 속한다. 성층화산은 유동성이 적은 용암으로 분출하기 때문에 폭발분화를 자주하며, 분출된 용암도 멀리 흘러가지 못한다.

Q4. 분화의 유형에 따른 화산의 형태를 설명하시오.

분화의 강도와 형식은 화산의 형태에 큰 영향을 미치게 되는데 화산의 분화는 크게 5가지 유형으로 구분할 수 있다.

첫째, 아이슬란드식 분화가 있다. 이 분화는 용암이 지각에 생긴 깊고 긴 균열, 즉 열하를 따라 분출하며 열하분출(裂罅噴出)이라고 한다. 다량의 현무암질 용암이 조용히 일출식으로 분출하여 용암류(鎔岩流)를 이루면서 멀리 흘러간다.

둘째, 하와이식 분화가 있다. 이런 형식의 분화에서도 현무암질 용암이 일출식으로 분출하지만 아이슬란드식과는 달리 용암이 주로 하나의 분화구에서 흘러나온다. 하와이 섬의 마우나로아(Mauna Loa)와 마우나케아(Mauna Kea)에서 그러한 예를 볼 수 있다. 하와이식 분화에 의해서는 규모가 대단히 크고 사면의 경사가 아주 완만한 순상화산(楯狀火山)이 형성된다.

셋째, 스트롬볼리식 분화가 있다. 스트롬볼리식 분화(Strombolian eruption)는 이탈리아의 시칠리아 섬 북쪽에 자리한 리파리 제도의 스트롬볼리 산에서 관찰된다. 현무암질 용암이 분출하여 용암류로 흘러내리는 한편 하와이식에서와는 달리 폭발식 분화가 일어난다. 분화는 주기적일 수도 있고, 거의 연속적일 수도 있다. 이 분화에 의해서는 용암류와 화산쇄설물이 번갈아 쌓여 경사가 급한 원추형의 성층화산(成層火山)이 형성된다.

넷째, 불칸식 분화가 있다. 분화와 분화 사이의 휴식기가 긴 화산에서 화산쇄설물이 강력한 폭발과 더불어 방출되는 형식의 분화를 불칸식 분화(Vulcanian eruption)라고 한다. 유문암질 내지 안산암질 용암처럼 유동성이 작은 용암이 분출할 때 일어나며, 분화구에서 방출되는 다량의 화산회는 버섯 모양의 검은 분연을 이룬다. 전형적인 예는 리파리 제도의 불카노 산에서 볼 수 있다.

다섯 번째, 펠레식 분화가 있다. 펠레식 분화는 분연이 하늘로 높게 치솟지 않아 조용한 듯하면서도 열운(熱雲)을 동반하는 폭발식 분화를 말한다. 유동성이 작은 유문암질 내지 안산암질 마그마의 활동에서 나타난다. 열운이란 화산회를 포함한 쇄설물과 화산가스가 뒤섞인 고온의 밀도 높은 혼합물이 시속 100km 이상의 빠른 속도로 사면을 덮으면서 흘러내리는 것을 가리킨다.

Q5. 화구 및 화구호, 칼데라 및 칼데라호의 형성과정을 설명하시오.

화구(火口, crater)는 화도가 지표와 만나는 화도의 맨 위쪽 부분을 말한다. 그 부분이 화도의 직경보다 큰 직경을 갖는 요지를 화구라고 한다. 화구의 직경이 화도보다 큰 경우는 화구벽이 중력에 의하여 무너지거나 혹은 폭발적인 분화에 의하여 크게 된 것이다. 일반적으로 직경 1km 이하의 작은 화구는 원래의 화구 형태로 볼 수 있으나, 1km를 넘는 것은 칼데라(caldera)에 속한다.

화구의 크기는 폭발의 정도와 밀접한 관계가 있으며 화산분출물의 출구를 뜻하는 화구는 폭발 화구와 함몰 화구로 구별된다.

화구호는 화산이 폭발할 때 생긴 분출구에 물이 고여서 만들어진 호수로, 작은 원형의 형태를 취하고 있다. 용암이 분출할 때 분출구 가장자리를 둘러 높이 쌓여 굳게 되는데(cinder cone), 호안이 급경사이지만 중앙부는 평탄하다. 이 가운데 낮은 곳으로 물이 채워지면 이것이 화구호가 되는 것이다. 호수의 깊이는 보통 5m 이내이지만 그 이상 몇 백 미터씩 되는 곳도있다.

칼데라는 화산체가 형성된 후 2차적으로 만들어진 분지이다. 이는 화산의 정상부가 대폭발과 함께 날라가버린 자리처럼 보이기도 하지만 정상부의 함몰로 형성된 지형이다. 화산폭발 후에 마그마가 차 있던 빈 공간으로 인해 화산 정상의 암반이 주저앉으면서 화산 중심부는 함몰하게 된다. 칼데라호는 이렇게 하여 생긴 와지 형태의 지형에 물이 고여 형성된 호수를 말한다. 우리나라의 백두산 천지가 대표적인 칼데라호에 속한다. 일반 분화구와는 달리 지름이 20km 정도로 규모가 크고 바닥이 상당히 넓다. 칼데라는 성인상 폭발칼데라와 함몰 칼데라로 나뉜다. 그러나 폭발에 의한 칼데라의 형성은 지름이 2km를 넘기 힘들기 때문에 대형 칼데라가 생기는 원인은 산정부의 함몰로 보는 것이 타당하다. 그 이유는 화구와는 달리 칼데라 주위에서 대개 충분한 양의 화산쇄설물을 찾아보기 힘들고 또한 쇄설물의 많은 부분이 최근의 용암에서 비롯된 것이기 때문이다.

Q6. 화산회가 갖는 지형학적 중요성을 설명하시오.

일본에서는 화산의 분연이 수 ㎞ 이상 상승하면, 화산회는 편서풍의 영향을 받아 동쪽으로 가서 화산의 한쪽에 많이 쌓인다. 크라카타우 섬이 폭발(1883)했을 때는 화산회를 포함하여 약 20㎦의 화산 쇄설물이 방출되었는데, 그중 2/3는 반지름 14㎞의 범위에서 떨어졌다. 이때 지표에 쌓인 쇄설물의 두께는 최대 60m에 달하기도 하였다. 그리고 전체 화산 쇄설물의 약 95%는 최근의 용암(鎔岩)에서 생긴 것이고, 5% 정도만이 기존 산체에서 파열되어 나온 것이라 알려져 있다. 뉴질랜드 북섬은 2/3 이상이 화산회우에서 비롯한 토양(土壤)으로 덮여 있으며 자바 섬도 대부분 화산회로 되어 있기 때문에 열대우림 기후지역에 속하지만 토질이 비옥하다. 화산회우가 지표의 기존 기복을 매몰하는 것은 뢰스(loess)의 경우와 같다.

한편 테프라가 잘 보존되어 있는 것은 제4기에 퇴적된 경우가 많기 때문에, 화산회연대학은 주로 제4기 편년에 이용된다. 국제 제4기 학회연합(INQUA)에는 화산회편년학위원회가 설치되어, 문헌 및 목록이 간행되고 있다.

타라웨라 화산이 분화(1886)했을 때는 1만㎢에 걸쳐서 화산회 층이 퇴적되었다. 어떤 화산에서는 화산회 층이 수십 층씩 발견되기도 한다. 이 경우 외관이나 광물 조성에 특색이 있는 특정하층은 층서(層序)의 대비(對比, correlation)에 활용하며, 연대 측정이 가능한 목탄이 그 사이 끼워져 있으면, 화산 활동이나 화산회 층의 연대도 밝혀 낼 수 있다.

화산회연대 측정에서는 일반 지형의 발달과정을 구명하는 데도 도움이 된다. 예를 들면, 연대가 알려진 화산회 층이 단구면을 덮고 있으면, 그것은 단구면(段丘面)의 대비뿐만 아니라 그것이 퇴적된 이후의 지표의 침식률에 관한 자료도 제공하기 때문이다. 따라서 화산회에 관한 자료가 체계적으로 연구 정리된 지역에서는 지사(地史, history of the Earth)를 밝히는 귀중한 자료로 이 화산회를 이용할 수 있다.

화산쇄설물은 화산지역을 중심으로 세계 각지에 넓게 분포하며 시대적으로도 여러 지질연대에 걸쳐서 나타나기 때문에, 화산회연대학(火山灰年代學, tephrochronology)은 지질학, 지형학, 인류학, 고고학, 고생물학, 고기후학, 지구화학 지구물리학, 해양학, 토양학 등 여러 연구에 이용되고 있다.

Q7. steptoe, nunatak, cone karst, inselberg, monadnock를 설명하시오.

▶ steptoe

용암평원을 뚫고 섬처럼 솟아 있는 기반암(基盤岩)의 구릉을 스텝토우라고 부른다. 다시 말하면 스텝토우란 구릉이나 잔구들이 산재하는 평탄면 상에 용암이 분출되어 기존의 평탄면을 비교적 얇게 피복하였을 경우에 기존의 잔구나 구릉들은 용암평원 위로 솟아나온 형태로 용암평원에 둘러싸여 고립되어 남게 되는 지형을 말한다.

▶ nunatak

대륙빙하(大陸氷河)에 의한 침식작용 과정에서 빙하에 낀 곳 등에서 기반암이 아직 완전히 침식되지 않고 가느다랗게 남아 있는 것을 말한다. 보통 격심한 빙식(氷蝕)을 당해서 톱니처럼 날카로운 지형을 보인다. 특히 그린란드 해안에서 많이 볼 수 있으며 대륙빙하가 녹아 없어진 뒤에는 가파른 급사면을 가진 산으로 남는다. 북유럽 및 북아메리카 북부에서 흔히 볼 수 있다.

▶ cone karst

원추카르스트라고 하며 카르스트지역에서 용식작용이 진전되어 카르스트 침식면상에 남은 잔구를 말한다. 이는 정규윤회에서의 잔구(殘丘, monadnock)와 같은 것이다. 평면 형태는 대부분 둥글고 높이는 수십~수백m에 이르는 급준한 잔구이다. 보통 열대 습윤 지역에서 잘 발달하지만 온대지역에서도 발달한다.

▶ inselberg

평탄지에 돌출한 고립구의 의미로서 도상구릉이라고도 한다. 이 용어는 평탄지에 돌출한 고립구릉이라고 하는 점만을 공통으로 하여 여러 가지 지형에 사용되고 있다. 첫째, 아프리카 사바나 혹은 오스트레일리아의 반건조지역의 평원에 발달한 돔 상의 나암구조가 있다. 둘째, 페디플레인(pediplain)의 형성과정에서 존재하는 고립구가 있다.

▶ monadnock

잔구(殘丘)라고 한다. 데이비스의 침식윤회설에서 말하는 준평원 상의 침식고립구릉을 가리킨다. 단단한 기반암층 위에 나타나는 잔구를 경암잔구, 분수경계 부근에서 오랜 침식에서도 견디고 남아 있는 잔구를 원지잔구라고 부른다. 우리나라의 평양 남서부는 침식잔구 형태가 잘 나타나는 곳으로 알려져 있다.

Q1. 지향사에 대하여 설명하시오.

지향사(地向斜, geosyncline)는 장기간에 걸친 침강이 계속되어 두꺼운 지층이 퇴적된 지역을 말한다. 일반적으로 화산암류가 많고 심해저퇴적물이 쌓여서 된 완지향사와 화산암류가 없고 비교적 천해층퇴적물이 쌓여서 된 차지향사의 두 부분으로 이루어져 있다. 1859년 홀이 처음으로 지향사에 대한 이론을 발표하였다. 홀은 아메리카 대륙 동안(東岸)에서 서부의 미시시피 강에 이르는 내륙평원의 단면을 그리던 중, 각 지층이 애팔래치아 산맥 부근에서 서쪽 평원지구에 비해 몇 배에서 십여 배나 두꺼운 것을 발견하고 이러한 두꺼운 지층이 습곡작용(褶曲作用)을 받아 융기하여 산맥을 만든다고 주장하였다. 그 후 1873년 데이너가 습곡산맥을 만드는 두꺼운 지층이 형성되는 지대를 지향사라고 명명하였다. 데이너는 지향사가 대륙과 해양의 경계를 따라 분포하며, 거기서 생기는 습곡대(褶曲帶)가 화강암의 관입(貫入)으로 해양을 잠식하며 대륙을 바깥쪽으로 성장시키는 것으로 생각하였다.

현재, 지향사는 대지지역(臺地地域)에 대치되는 지각의 중요한 구조단위의 하나로서 다음과 같은 특징을 가지고 있다. 퇴적층이 띠 모양으로 배열되어 있고, 격렬한 습곡작용과 활발한 화성활동(火成活動)이 일어난다. 이러한 지각활동으로 광역변성작용이 나타나고, 특수한 광화작용(鑛化作用)에 의해서 많은 광상(鑛床)이 생성된다. 지향사의 초기단계에는 전역에 걸쳐 침강이 탁월하여 1만~1만 5천m에 이르는 두꺼운 퇴적층이 생긴다. 이에 따라 염기성 마그마의 분출과 관입이 일어난다. 다음의 발전단계에서는 화강암류의 관입이 강화되고, 곳에 따라 습곡과 융기가 일어나며, 융기부가 새로 침강한다. 이어서 모든 지역에 퇴적이 중단된다. 말기단계에서는 습곡작용이 한층 격화하고, 대규모의 화강암 관입과 지향사 전역에 융기가 일어나서 습곡산맥이 형성된다.

위와 같은 내용은 산지형성의 원인을 지향사 개념으로 설명하려는 것이나 최근에는 산지의 형성도 판구조론의 입장으로 설명하고 있어 전자의 경우는 고전적인 지향사 개념이라고도 한다.

Q2. 지각평형설을 설명하고 지형학적 의의를 기술하시오.

지형적인 특성들을 먼저 살피고, 지각평형설을 설명하면 다음과 같다. 지구의 표면은 상당히 불규칙한 구조를 보인다. 그러나 대부분의 지표면은 대체로 두 기준면 주변에 집중되는 경향이 있다. 첫 번째 기준면은 해수면으로 대부분의 대륙과 대륙붕은 이 해수면 주변에 놓여 있다. 다른 기준면은 해수면으로부터 평균수심 약 5km에 존재하는 해저면으로서, 나머지 지표면의 대부분이 이 주변에 놓여 있다. 지표면의 다른 뚜렷한 규칙성으로는 육지와 수권의 비대칭적인 분포를 들 수 있는데, 이는 지구 중심을 임의로 가로지를 경우 한쪽 끝은 육지에, 다른 한쪽 끝은 바다에 위치하는 것으로, 지표면의 90% 이상은 이러한 비대칭적인 분포를 보여준다. 이러한 육지와 수권의 비대칭적인 분포를 포함한 지구 대규모 지형의 형성원인에 대해 여러 가지 이론이 제시된 바 있지만, 현재에는 대부분 판구조론으로 설명한다.

지각평형설(地殼平衡說)

지각평형설에는 2가지 있는데, 지각의 밀도는 일정하고 질량이 달라서 지각이 융기하고 하강한다는 에어리설이 있고, 지각의 밀도는 해양이 대륙에 비해 크지만(다르고), 질량이 같다는 프레트설이 있다.

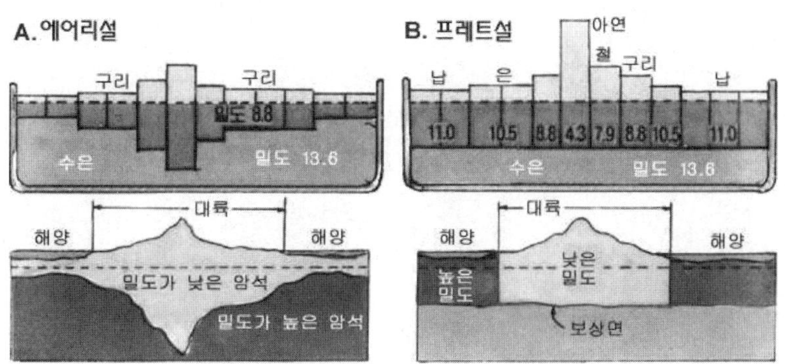

지각은 맨틀보다 밀도가 작고 가벼우며, 맨틀 위에 떠 있는 것으로 생각된다. 그러므로 지각은 상당 부분이 수면 밑에 잠긴 채 물 위에 떠 있는 빙산(氷山)과 유사하다. 지각평형의 원리에 의하면 지각은 밀도가 큰 물질 위에 떠 있으면서 수직방향에 대해 평형을 이루려는 경향이 있는 것으로 알려져 있다. 이는 지표면으로부터 지구 중심부로 가해지는 전체 질량은 지표면의 어느 지점에서나 정량적으로 같다는 것이다. 예를 들어 산이 있는 지역은 산의 큰 질량으로 인해 지각 하부에 보다 큰 하중을 가할 것으로 생각되지만, 지각평형설에 의하면 산의 밑 부분에 존재하는 물질(산뿌리)은 저지(低地) 또는 바다의 밑 부분에 존재하는 물질에 비해 밀도가 작기 때문에 지표면의 모든 지점에서 아래쪽에 가해지는 하중은 비슷하다는 것이다. 산 아래에 있는 산뿌리는 산보다 약 6배가량 크며, 가벼운 물질로 구성되어 있는 것으로 알려져 있다.

이러한 수직방향에 대한 중력보상(重力補償)의 개념은 중력관찰에 의해 최초로 알려지기 시작했다. 이러한 지각평형의 개념이 우세하게 작용한다면 위도의 차이를 고려하지 않았을 때 바다와 육지의 중력은 별 차이가 없을 것으로 예상할 수 있는데, 실제로 대부분의 산악지역과 심해저(深海底)는 지각평형을 이룰 수 있도록 잘 보상되어 있다고 한다. 한편 정상적인 중력 값을 벗어나는 중력이상(重力異常)은 일본열도를 포함하는 환태평양조산대와 같이 조산운동이 활발히 진행 중인 지역에서 보고된 바 있다. 또한 이들 지역에서는 화산활동과 지진도 많이 발생하는 것으로 알려져 있는데, 다른 지역에서 일어나는 많은 지진이 얕은 곳에서 일어나는 것과 달리 지하 700㎞ 이상의 심부에서 일어나는 것으로 관찰되었다. 따라서 조산운동이 활발한 지역의 지하 심부에 존재하는 맨틀은 조산운동과 밀접한 관계를 갖는 것으로 생각되고 있다.

Q3. 산지의 형성(조산운동)에 대하여 설명하시오.

대륙에는 습곡과 단층 작용을 받은 지층이 길고 좁은 산맥을 이루고 있는데 이를 조산대라고 하며, 이와 같은 습곡산맥과 지괴산맥(地塊山脈)변형대를 형성시키는 운동을 조산운동(orogeny)이라고 한다. 이 조산대는 지판의 충돌에 기인하는 것으로 알려져 있다. 알프스나 히말라야 산맥 등 현재 대륙에 분포하는 대 산맥은 쥐라기에서 현세에 걸쳐서 형성되었다. 조산운동을 일으키는 원인으로는 수축설, 대류설, 상변화설, 부가설 등의 4가지 가설이 제시되었다.

수축설(收縮說)은 지표면의 구조를 쉽게 설명한 가장 오래된 가설로서, 지구는 시들어 주름이 잡힌 사과와 유사하며 산 계곡과 같은 지표면의 구조는 사과의 표면에 나타나는 주름에 해당한다는 이론이다.

두 번째, 대류설(對流說)은 판구조론의 기본이 되는 학설로 맨틀 대류로 해구 및 중앙해령과 같은 지각의 대규모적인 구조가 형성된다는 이론이다. 맨틀이 점성(粘性)이 있는 유체라고 가정했을 경우, 이들이 하부로부터 열을 받게 되면 천천히 용승할 것이기 때문이다.

다음으로 상변화설(相變化說)이 있다. 상변화란 온도나 압력의 변화에 의해 광물의 결정구조가 변하는 것을 의미한다. 방사성동위원소의 붕괴 시 발생하는 열에 의해 온도는 상승되며, 이는 불연속면의 하강을 일으키기도 한다. 만약 이때 열이 화산작용이나 기타 다른 작용을 통해 방출되면 이곳의 온도는 다시 떨어지고 불연속면은 상승하게 된다. 이때 일시적으로 평형이 깨진 지각은 다시 평형상태로 돌아가려고 지각의 대규모 수직운동을 일으키게 되어 지표면에 여러 가지 구조를 형성하게 된다는 것이다.

부가설(附加說) 이론은 지하로 섭입되면서 발생하는 부분용융으로 규산염 광물이 액체상태가 되면 가벼운 성분은 무거운 성분 위에 놓이는 분화작용이 일어나게 된다. 그리하여 가벼운 성분의 물질은 상부층을 뚫고 들어가면서 점차 상부 쪽으로 이동하게 된다. 지각의 물질은 이와 같은 방법으로 성장하게 되는데 이러한 작용을 부가작용이라고 한다. 화산작용은 이러한 작용에 대한 좋은 예이다.

Q4. 대륙이동설과 판게아(Pangaea)에 대하여 설명하시오.

대륙이동설은 지구의 1차적인 기복을 설명하기 위한 지구조론적인 모델이다. 그러나 여기서는 대륙은 그 밑의 물질 위에서 떠다니는 반면에 대양저는 다만 수동적인 역할을 할 뿐인 것으로 생각되었다. 처음에 베게너가 대륙이동설을 주장하였을 때는 거대한 대륙을 움직일 수 있는 엄청난 힘의 원천을 설명하지 못하였다. 따라서 대륙이동설은 한동안 하나의 이론으로만 존재했었다. 그러나 제2차 세계대전 이후 대서양 중앙해령과 더불어 서태평양의 연변에 널리 분포하는 호상열도 즉 도호와 해구의 실체가 점차 드러나게 되었다. 대양저의 해령에서는 맨틀의 물질이 솟아올라 새로운 해양지각이 생겨나고 이 해양지각은 이동하여 도호와 해구 밑으로 가라앉아 소멸된다는 사실이 밝혀지게 되었다. 그리고 대륙 내에서도 단열현상이 일어나 대륙이 분리되고 분리된 대륙이 표이하면서 새로운 해양분지가 형성된다고 하는 해양저 확장설이 등장하게 되었다.

대서양을 사이에 두고 그 양쪽 대륙의 해안선이 비슷하게 일치한다는 사실은 전세계 대륙의 윤곽이 비슷하게 드러나면서 많은 학자들의 관심을 끌었다. 20세기 초에 독일의 기상학자 베게너는 대륙표이설을 주창하여 오랫동안 많은 논란의 대상이 되었다. 그는 대륙표이의 증거로서 대서양 양쪽 대륙의 암석, 지질구조, 화석 등이 서로 유사하다는 점을 밝히면서 과거의 대륙은 한 덩어리였다고 주장하였다. 이 거대한 초대륙을 '판게아' 라고 불렀으며, 현재 남반구의 대륙들(남아메리카, 아프리카, 오스트레일리아, 남극대륙, 그리고 마다가스카르, 인도반도까지)이 '곤드와나' 라고 하는 하나의 대륙을 이루고 있었다고 하였다. 오늘날의 모습을 갖춘 대륙은 약 2억 년 전부터 바로 이 판게아로부터 떨어져 나와 서서히 이동한 결과라고 믿었다.

대륙이 이동하였다고 하는 증거는 여러 곳에서 확인할 수가 있다. 그러한 예로는 고지자기의 문제, 자북극의 궤도, 남반구 대륙에 있는 다양한 화석을 들 수 있다.

Q5. 판구조론을 기술하고 이의 지형학적 의의에 대해 설명하시오.

대륙이동설, 해저확장설 그리고 판구조론 등은 지구의 1차적인 구조기복을 설명하기 위한 지구조론적인 모델이다.

판구조론은 대륙의 이동, 지각변동, 그리고 화성활동 등 많은 현상을 명확하게 설명할 수 있다는 점에서 관심의 대상이 된다. 1930년대 영국의 아서 홈즈(Arthur Holmes)는 맨틀이 느린 대류를 일으킨다는 가정하에 지구 내부에는 커다란 대류 단위가 있다고 보았고 맨틀의 대류는 맨틀 위에 떠 있는 대륙지각과 대양지각을 이동시키는 힘이 된다고 보았다. 이러한 작용에 의하여 여러 개로 구성된 대륙은 세 방향으로 이동하는데, 두 대류가 맞부딪치는 곳에는 조산운동이 일어나는 반면 두 대류가 충돌한 후 서로 분산되는 곳에는 막대한 장력이 일어나 열곡이 형성된다고 설명한다.

이러한 과정을 거쳐 1960년대 말경에 제안된 판구조론은 지구의 1차적 기복과 관련된 여러 기본 개념을 크게 바꾸어 놓았다. 지진은 대부분 판의 경계를 따라 일어나며 지진대는 암석권을 구성하고 있는 판들의 경계와 대체로 일치한다고 보아도 좋다.

지구상의 암석권은 크게 6개의 판으로 나뉘어져서 상호간에 운동하고 있다. 6개의 판은 유라시아판, 호주판, 아메리카판, 남극 대륙판, 아프리카판 및 태평양판으로 나누어진다. 이중에서 태평양판만이 해양지각이며, 나머지는 대륙지각판이다. 이들 판은 보다 작은 판들로 분리되는데 각 판들은 연간 1~6㎝ 정도로 서로 분리되는 것으로 알려졌다.

판과 판 사이의 경계는 두 개의 판이 분리되는 것과 수렴하는 형태가 있다. 판이 서로 분리되는 곳을 따라서 현무암질 마그마가 상승하여 새로운 해양지각이 형성된다. 해양지각은 대륙지각판 밑으로 약 45°로 섭입되며, 이 부분을 베니오프대라고 한다. 이 부분에서 마그마가 생성되며 화산활동과 지진이 발생한다. 또한 해양에는 마그마 기둥이 열점이 되어 해저화산암체를 형성한다. 디이츠와 홀든에 의하면 먼 훗날에는 대서양과 인도양은 크게 확장되는 반면에 태평양은 축소된다고 한다.

Q6. 변환단층에 대하여 설명하시오.

해령의 정상부에는 대단열대가 지나며 열곡이 형성되어 있는데 깊이는 약 21 km, 폭은 10~50km이다. 이곳에서는 해저 화산활동이 일어나고 지진의 발생이 빈번하다. 또한 중앙해령을 가로질러 수많은 단열이 평행하게 발달되어 있는데, 이 단층이 변환단층이다. 대륙주변부에는 화산열도와 해구가 나란히 분포하고 있다. 1960년대 헤스는 하부의 맨틀에서 마그마의 상승으로 새로운 해양지각이 형성되어 열곡을 중심으로 서로 반대 방향으로 이동하면서 해저가 확장된다고 주장하였다. 이러한 확장운동으로 해양지각은 대륙 주변이나 호상열도에 인접해 있는 해구의 대륙지각 아래로 스며들어가서 맨틀 속으로 들어간다.

해저확장설을 뒷받침하는 중요한 것은 고지자기의 측정결과이며, 산맥의 고지자기를 측정하여 그 결과 해령을 중심으로 대칭적으로 분포하고, 남북극이 시대에 따라 역전되었음이 확인되었다. 절대연령 측정에 의하며 해양지각은 년간 1~6cm 정도로 서로 떨어져 나간다는 것이 알려졌다.

헤스(Hess, Victor Franz, 1883~1964)는 1961년과 1962년에 위의 관찰 결과를 정리하여 해저확장설이라는 가설을 제창하였다. 그들은 맨틀에서 위로 치솟는 용암물질이 대양저산맥을 만들고, V자형 골짜기의 양쪽에 용암이 부착되어 굳어져서 새로운 해양지각을 형성한다고 하였다. 산맥 양쪽의 해양지각은 V자형 골짜기를 중심선으로 하여 서로 반대 반향으로 이동하며, 오랜 지각은 계속 밀려서 이동하다가 마침내 대륙 주변이나 호상열도 옆에 있는 해구에서 다시 맨틀 속으로 들어간다고 하였다. 헤스는 해저확장설을 주장하는데 홈즈(Arthur Holmes)가 내세운 대류설을 다시 등장시켰고 이 가설로서 비로소 대륙표이에 필요한 에너지와 표이의 기구를 설명할 수 있었다.

Q7. 도호(island arc)에 대하여 예를 들어 설명하시오.

오늘날 지각변동은 주로 프라이머리 아크(primary arc)라고 불리는, 좁고 긴 원호상의 지대를 따라 집중적으로 나타난다. 이들 호는 크게 두 줄기로 나뉜다. 하나는 환태평양지대로서, 아메리카에서는 서인도를 제외하면 일련의 호들이 대륙 서쪽 연변에 치우쳐 분포한다. 그러나 알류산 호에서부터 남쪽으로 계속되는 태평양 서쪽의 호들은 아시아 대륙에서 떨어진 해양에 위치하며, 호 뒤에는 베링 해, 오오츠크 해, 동해, 동지나해, 남지나해 등이 분포한다. 또 하나는 유라시아-멜라네시아 대인데, 이것은 지중해지역에서 시작하여 동쪽으로 뻗어 있고, 인도네시아 호에서 환태평양대와 만난다. 도호란 이들 호를 따라 발달한 화산열도이다.

지각의 압축대에서는 해양지각이 맨틀로 빨려 들어가는 곳에서는 해구가 형성되고 대륙지각이 해양지각과 만나 암석의 누적현상이 일어나는 곳에서는 도호와 기타 대산맥들이 형성된다고 볼 수 있다.

프라이머리 아크는 모두 대륙의 중앙부에서 바깥쪽을 향하여 불룩하게 돌출한 것이 특색이다. 알프스, 히말라야, 록키, 안데스 등 세계적인 대산계는 이들 호를 따라 발달하였으며, 이들 산계는 지질시대로 볼 때 근래에 해당하는 신생대에 들어와서 형성된 이후 오늘날도 조산대라고도 불린다.

도호의 인접 해저에는 해구가 연해 있는 것이 특색이다. 해구는 쿠릴 해구, 일본해구, 류우쿠우 해구, 마리아나 해구, 민다나오 해구, 필리핀 해구 등 서태평양에서 현저하게 나타나는데 대양저의 수심은 4,000~6,000m이나 해구의 그것은 75,000~10,000m에 달한다.

안데스 산맥을 끼고 발달한 페루~칠레 해구도 규모가 크다. 이들 해구는 대부분 대륙을 끼고 있지 않으므로 퇴적물질의 유입이 적고 깊은 수심이 유지된다.

참고로 해구에 해당하는 지대가 대륙 내에 위치하는 경우에는 그것은 조산대로부터 침식, 운반된 퇴적물로 메워진다. 북부 인도 및 파키스탄의 힌두스탄 평야가 그러한 예인데 이 평야는 히말라야 산지의 침식물질이 수 천 미터나 쌓여서 형성된 것이다.

Q1. 절리와 풍화작용과의 관계를 설명하시오.

풍화 작용이란 지표의 암석이 기계적이나 화학적으로 제자리에서 부서지는 것으로, 기본적인 지형 형성 작용에 속한다. 풍화작용은 기반암을 작은 돌조각, 즉 암설로 부숴 유수 · 바람 · 빙하 · 파랑 등의 기구가 쉽게 침식 운반할 수 있게 해준다는 점에서 중요하다.

풍화작용은 암석에 발달하는 절리에 의해 효과적으로 진행되기도 한다. 이러한 풍화작용은 기계적 풍화작용과 화학적 풍화작용으로 나누어 볼 수 있다. 기계적 풍화작용은 암석이 압력을 받아 부서지는 것으로, 기반암이나 암괴를 작은 암설로 부수어 화학적 풍화작용을 돕는다. 기계적 풍화작용의 종류로는 ① 하중의 제거 ② 서릿발의 쐐기 작용 ③ 열에 의한 팽창과 수축 ④ 생물의 작용, 나무뿌리의 쐐기작용 등을 들 수 있다.

한편, 갈라진 절리의 틈을 따라 빗물이 스며들어가면 풍화가 이루어지는데, 이것이 바로 화학적 심층풍화이다. 땅 속에서 일어나는 것으로 물에 의한 화학적 풍화라고 볼 수 있다. 계속 이와 같이 절리에 의한 풍화가 계속 진행되면 다양한 노두가 나타나게 된다.

절리는 지하에 깊이 묻혀 높은 압력을 받던 암석이 지표에 노출될 때는 팽창하면서 갈라지게 되는데, 기반암의 갈라진 틈을 말한다. 절리에 의해 일어나는 풍화작용 중에는 하중의 제거에 따른 판상절리와 박리현상을 대표적으로 들 수 있다. 판상절리는 화성암(특히 화강암)에 잘 나타나며, 지표에 평행하게 동심원으로 발달되는 절리를 말한다. 여기서 이 절리의 간격은 지표에 가까울수록 좁고 지표에서 멀어질수록 넓다. 이러한 판상절리가 잘 발달한 암괴에서 양파껍질처럼 조금씩 암석 조각이 떨어져 나가면 이것을 박리라고 한다.

Q2. 절리와 하곡과의 관계를 설명하시오.

절리(節理, joint)는 지각에 어떤 방향으로 균열(fracture)이 나타나는가를 알려주는 지표(指標, index)가 된다. 절리나 절리세트가 존재하는 형태는 매우 다양하며 대부분의 경우 지형발달(地形發達, landform development)에 중요한 의미를 갖는다.

지형에 대한 절리의 영향은 그리 크지 않으나 침식의 모든 영력에 직접적인 영향을 주고 있어 지형발달에 일정 부분 기여한다고 할 수 있다. 또한 절리는 개착작업(채석, 터널파기, 채광)을 용이하게 해주며 물과 공기의 침식을 부추겨 암석 깊이까지 풍화가 진전되도록 돕는다. 절리는 지표로부터 흘러 들어간 지하수의 순환을 자유롭게 하며 평형작용(平衡作用, gradation)이 원활하게 하는 데도 기여를 한다. 하천 침식이 절리에 의해 더욱 급속히 진행되는 동안 소규모의 하천들은 절리를 따라 흐르기도 한다.

절리는 상류의 저차수 하천에서는 하천의 유로를 통제하는 역할도 하고 있다. 즉 상류의 1 · 2차 하천에서의 유로는 절리의 규제를 강하게 받는다는 것이다. 그러므로 절리의 발달과 하천 유향의 발달과는 상당히 높은 상관관계를 가지고 있다고 볼 수 있다.

하계 발달에 있어서 구조(structure)의 영향은 수동적이지만 이 경우에 암석의 구성과 절리 · 단층 · 성층과 같은 다양한 암석의 불연속성은 침식의 세부적인 것에 영향을 준다. 단층 · 습곡과 같은 구조운동이 일어나고 있는 동안에 조직의 통제는 시간이 흐름에 따라 변하고, 침식체계는 변화하는 저항에 맞추어져야 한다. 다른 조직적 통제는 하천의 개석이 지각에서 보다 낮은 단위를 노출시킴으로써 이루어진다. 절리는 야외의 노두에서 가장 흔하게 발견되는 현상이지만 그 다양성과 복잡성 때문에 그 성인과 지형에 미치는 영향 등을 정확히 파악하는 데는 매우 어려운 점들이 많다.

Q3. 주향과 경사에 대해 설명하시오.

주향이란 어느 판상의 면과 수평면이 이루는 교선의 방향이다. 지질학에서 단층이나 퇴적암 내의 층 또는 그 밖의 면상(面狀) 구조와 수평면이 교차하여 형성되는 선의 방향. 즉 단층 · 절리 · 습곡 및 퇴적암 내 층 등의 방향성을 의미한다. 경사(傾斜)란 수평면에 대해 기울어진 면상 구조의 각도를 의미하며, 경사는 주향에 직교하는 면에서 측정한다. 복각축경사(伏角軸傾斜)는 수평면과 선형구조의 길이 방향 사이의 각도로서, 이들은 습곡의 익부(翼部)를 따라 측정되는 경사와는 달리 습곡축을 따라 측정된다. 축경사는 구조의 축과 이 축을 포함하고 있는 면의 주향이 이루는 각도이다.

경사는 주향에 직각으로 측정한 경사면의 각, 즉 표면의 최대 경사각을 말한다. 주향은 한쪽 방향만의 것이 아니다.

주향과 경사를 측정하는 방법은 여러 가지가 있으나 각각 장 · 단점이 있다. 보통 크리노메터가 지층의 주향과 경사를 간편하고 신속하게 측정할 수 있기 때문에 주로 쓰이고 있다. 방위침의 눈금을 보면 N-S 방향에 대해 E-W가 방향이 역으로 바뀌어 있는데 이는 크리노메터를 수평으로 놓았을 때, 바로 지층의 주향을 방위침이 지시하고 있는 방향으로부터 읽을 수 있게 하기 위한 것이다.

지층의 주향과 경사를 측정하기 위해서는 먼저 퇴적면을 찾아내야 하며 이때는 우선 노두에서 조금 떨어져 지층 중의 선상구조를 찾아내고 이것에 평행한 면을 찾으면 된다. 주향은 수준기를 보면서 크리노메터를 수평으로 유지한 채 장축면을 퇴적면에 접촉시킨 후 방위침이 가리키고 있는 방향을 읽으면 된다. 반면 경사는 주향에 수직하게 크리노메터를 수평으로 유지한 채 장축면을 퇴적면에 접촉시킨 후 방위침이 가리키고 있는 방향을 읽으면 된다. 이 때 경사 방향은 크리노메터의 어느 곳에도 나타나지 않으므로 지층을 잘 관찰한 다음 정해야 한다. 단, 크리노메터의 동, 서의 표기가 실제와 반대로 표시된 것에 주의해야 한다.

Q4. 카르스트 지형의 발달에 있어서 절리의 영향에 대해 설명하시오.

절리는 석회동굴의 형태를 지배하는 지질구조의 하나이다. 절리나 단층과 같은 균열구조는 석회동굴의 발달 방향과 공간적인 형태에 대단히 중요한 영향을 미친다. 또한 지하수가 포화된 석회동굴 초기단계에서는 주요 절리를 따라 복잡한 그물 모양의 동굴망이 형성된다. 그리고 동굴 류가 흐르는 후기 단계에 이르면 동굴의 침식은 어느 정도 선택적으로 진행되기 시작하여 하나 또는 두 개의 주요 절리가 동굴의 발달 방향을 이끌게 된다. 절리는 석회암 지형이나 지하수의 유통 등에도 관여하여 돌리네나 폴리예 같은 전형적인 석회암 지형은 처음 발달 초기부터 절리의 영향을 크게 받는다. 특히 동굴 내부의 구조나 형태, 지하수의 유통 등은 절리의 규모나 특징 등에 크게 의존한다.

카르스트 지형은 일반적으로 수화작용과 관련되므로 습윤한 지역에서 발달하고 기후의 의존도가 크다고 할 수 있다. 석회암지대의 습윤기후가 분포한다면 카르스트 지형이 발달되고 있다고 볼 수 있으며 현재 건조한데 카르스트 지형이 존재하고 있다면 그 지형은 과거의 유물지형이라고 볼 수 있다. 카르스트 지형이 잘 발달하는 조건 중의 하나는 유수 혹은 지하수가 잘 흘러갈 수 있는 유로의 형성이다. 이것은 석회암 내 형성되는 절리 등의 지질구조와 관계가 깊다. 절리 발달이 현저한 곳에서는 용식작용이 더욱 활발하게 발달할 뿐만 아니라 지하수의 자유로운 이동으로 지형 변화에 큰 변화를 주기 때문이다.

카르스트 지형의 발달조건으로 중요한 것이 바로 가용성 암석에 치밀하고 잘 발달된 절리와 간격이 좁은 성층면이 있어야 한다는 것이다. 많은 절리와 성층면에 의한 투수성이 카르스트 지형 형성에 중요한 조건이 된다. 만일 암석이 다공질이고 투수성이 좋다면 강수는 한꺼번에 흡수되고 어느 구조선을 따라 집중되기보다는 암석 전체를 통하여 이동된다. 절리는 석회동굴의 내부에서 동굴의 구조를 밝히는데 큰 도움을 주는 것으로 동굴 내부 어느 곳에서도 쉽게 발견할 수 있다. 단층보다 절리의 정량적인 조사연구는 동굴성인을 밝히는 중요한 지표가 된다.

Q5. 절리가 화강암풍화지형에 미치는 영향을 예를 들어 설명하시오.

절리는 화강암 지형에 큰 영향을 준다. 이로 인해 형성되는 풍화지형을 예로 들어본다면 대표적으로 보른하르트와 토르를 들 수 있다.

화강암 등의 암석이 풍화될 때 거기에 발달한 절리의 크기나 밀도에 의해 풍화 정도는 달라지고 다양한 형태의 지형이 발달한다. 이 때 절리가 거의 발달하지 않은 땅 속의 암반이 지표로 노출되어 거대한 바위산을 만들게 되는 것이 바로 보른하르트이다.

첫 번째, 보른하르트는 포르투갈 어로 '빵산' 이라고 불리는 거대한 바위산을 말한다. 브라질 리우데자네이루 해안에는 거대한 바위산 '슈가로프' 가 우뚝 솟아 있다. 이는 마치 열대지역의 흰개미집처럼 가파르게 솟아오른 슈가로프 산은 침식되어 사라진 편마암들 가운데 우뚝 선 화강암 덩어리이다. 이 슈가로프는 인디오들이 제단으로 사용했던 성지였으며, 역사적으로 포르투갈이 프랑스 함대 공격에 대비하여 관측소를 설치했던 곳이기도 하다.

세계적으로 유명한 대규모의 보른하르트 중 하나는 오스트레일리아 내륙 사막을 지키고 있는 거대한 바위산 우룰루 바위이다. 또한 스리랑카에 있는 시기리야록은 선캄브리아 화강암으로 되어 있고 의외로 평탄하고 넓은 정상부에는 5세기에 만들어진 성 유적지가 있다.

우리나라에서는 서울의 북한산 정상에 있는 인수봉, 설악산 울산바위 등은 규모가 작지만 일종의 보른하르트의 형태를 띠고 있다. 그리고 우리나라의 경우 지각변동이 심하고 절리가 조밀하게 발달하는 경향이 있어 거대한 보른하르트는 존재하지 않는다.

절리가 관여된 또 하나의 화강암풍화현상으로 토르를 들 수 있다. 절리는 풍화작용에서 암석의 저항강도를 결정하는 중요한 인자가 된다. 땅 속으로 물이 스며들어 암석이 풍화될 경우, 절리가 발달한 부분은 쉽게 풍화되어 약해지지만 절리가 거의 없는 암석 부분은 둥근 형태의 암석이 그대로 남게 된다. 이를 지형학적으로 핵석이라고 하고, 핵석은 지표로 노출되어 기이한 모습의 바위가 만들어지게 된다. 노출된 기반암 위에 형성된 이 바위가 바로 토르이다.

Q1. 변형된 지층의 상하를 판단하는 방법의 예를 들고 설명하시오.

지층은 일정한 힘을 받게 되면 구부러지다가 잘리면서 양쪽의 지괴가 서로 어긋나게 되는데 이러한 현상을 단층이라 한다. 두 지괴는 상하방향으로 어긋나기도 하고, 수평방향으로 어긋나기도 한다. 또 이 두 방향의 운동이 동시에 발생되기도 한다.

단층의 주향(走向, strike)과 경사(傾斜, dip)는 지층에서와 같은 방법으로 기술한다. 단층은 단층면(斷層面, fault plane)을 경계로 일어나는데, 주향은 단층면과 수평면이 교차하는 선의 방향이고, 경사는 단층면과 수평면 간의 각도로서 표시한다. 그리고 단층면이 기울어져 있는 경우 단층면을 기준으로 위쪽의 지괴는 상반(上盤, hanging wall), 아래쪽의 지괴는 하반(下盤, foot wall)이라고 한다. 단층선(斷層線, fault line)은 단층면이 지표면과 만나는 선이다.

▶상반 : 정단층, 역단층에서 단층이 있는데 그 중 밑의 넓이가 좁은 부분을 상반이라고 한다. 상반은 크기가 작아 중력보다는 지각의 변동에 더 큰 영향을 받는다. 따라서 하반과는 별도로 상반만 상하운동을 하는 경우가 많다.

▶하반 : 정단층, 역단층에서 단층이 있는데 그 중 밑의 넓이가 넓은 부분을 하반이라고 한다. 하반은 하단이 넓어 지각의 변동보다는 주로 중력에 영향을 크게 받는다. 따라서 보통의 경우 하반은 정지해 있고 상반만이 상하운동을 하게 된다.

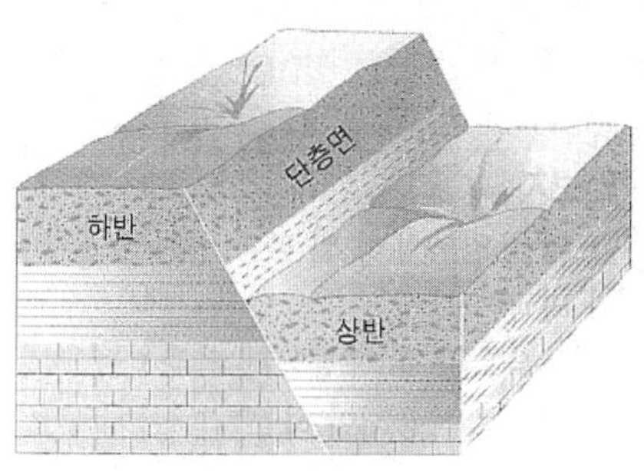

단층의 모양
단층면을 기준으로 윗부분을 상반, 아랫부분을 하반이라고 한다.

제 11 장 단층지형

Q2. 야외에서 식별할 수 있는 단층의 증거를 예를 들어 설명하시오.

단층을 야외에서 인지하는 방법은 다양하나 보통 단층애를 통해 단층임을 식별하는 경우가 많다.

(1) 각종 지층 및 암석으로 이루어진 산지에서 지질구조와 관계없이 직선평면의 사면이 길게 형성되어 있는 경우 – 산지가 침식에 약한 연암층으로 이루어졌으면, 이와 같은 특징은 단층애에 대한 결정적인 증거가 된다.

(2) 급사면 밑에 단층면이 노출되어 있는 경우 – 이와 같은 예는 기후가 건조하여 침식이 극히 느리게 진행되는 미국 서부지방에서 적지 않게 관찰된다.

(3) 삼각형의 산각말단면 – 단층애에 골짜기가 많이 파이면, 단층애는 축소되어 골짜기들 사이가 삼각형의 산각말단면으로 남게 된다.

(4) 하천의 천이점 – 기존 단층애에 많은 골짜기가 파여 있는 경우, 새로운 단층운동에 의해 이 단층애가 좀 더 높아지면 곡구에 폭포나 급류가 걸리게 된다.

(5) 하천의 오프세트(offset)현상 – 단층운동은 상하방향의 운동에 수평방향의 운동을 동반하는 수가 많다. 직선상의 급사면이 하천의 이와 같은 오프세트 현상과 관련되어 있으면, 그러한 사면은 단층애일 가능성이 크다.

(6) 선상지 – 단층애 밑은 선상지가 발달하기에 이상적인 곳이다. 선상지는 산지에서 평지로 흘러나오는 작은 하천의 곡구에 형성되는 지형이다.

(7) 온천의 선상(線狀) 배열 – 단층선을 따라서는 때때로 온천 또는 냉천이 솟아오른다. 온천이나 냉천은 신 · 구 단층에 두루 나타난다. 선상으로 배열된 온천들과 관련된 급사면은 단층애일 가능성이 크다.

(8) 지형면의 변위 – 넓은 소기복의 지형면이 암석의 경연과 관계없이 일정한 경계선을 따라 위와 아래로 어긋나 있으면, 그러한 경계선은 단층에 의해 생긴 것이라고 보아도 좋다. 홀로세층 또는 플라이스토세층이 잘려서 생긴 단층애는 대개 규모가 작다.

(9) 지진 – 지진이 자주 발생하는 지역에는 규모가 작아도 단층애가 발달되어 있을 것이라고 예상할 수 있다.

Q3. 정단층과 역단층을 비교, 설명하시오.

정단층(正斷層, normal fault 또는 gravity fault)은 상반이 밑으로 내려가고, 하반이 위로 올라간 단층으로 지각이 양쪽에서 잡아당기는 장력에 의해 늘어날 때 발달한다. 정단층은 경사가 다양하지만 45° 이상의 것이 대부분이다. 정단층은 지반이 돔 모양으로 융기하여 지표면이 팽창할 때 흔히 발달한다. 그래서 단층의 경사가 돔의 중앙부에서는 수직에 가깝고, 주변으로 갈수록 조금씩 더 기울어지게 된다. 정단층은 지판(地板)의 운동과 관련하여 지각이 갈라지는 곳에도 나타난다.

정단층은 일반적으로 반듯하게 뻗어 있지만 간혹 주향이 급격하게 변하는 수도 있다. 그리고 여러 정단층이 서로 나란하게 발달하여 일련의 지괴 또는 상반이 한쪽으로 내려앉으면 단층이 계단 모양으로 형성된다. 이러한 단층을 계단단층(階段斷層, step faults)이라고 한다.

정단층과는 반대로 상반이 하반 위로 밀려 올라가는 형식의 단층을 역단층(逆斷層, reverse fault)이라고 한다. 역단층은 정단층과는 반대로 지각이 압축되는 곳에 발달한다. 역단층 중에서 경사가 45° 이하인 것은 충상단층(衝上斷層, thrust fault), 10° 이하로 대단히 완만한 것은 오우버트러스트 단층(overthrust fault)이라고 구별한다. 이러한 단층은 조산대의 중심부에서 볼 수 있다.

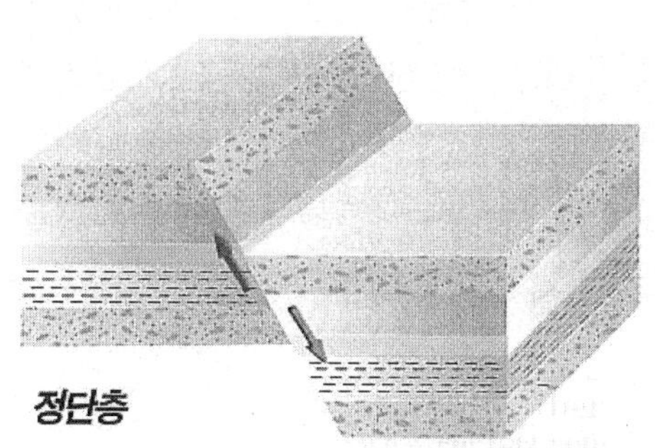

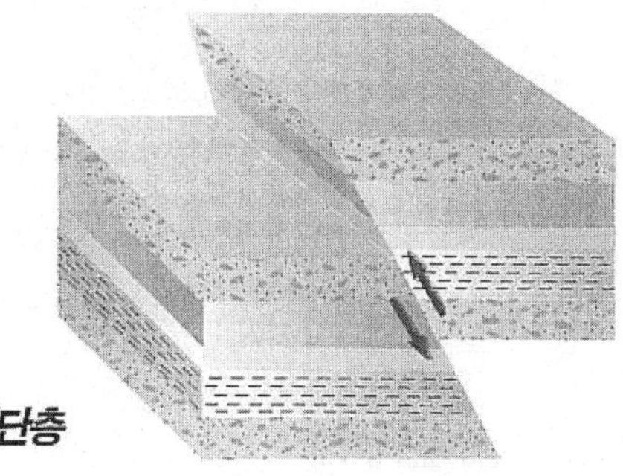

Q4. 단층의 지형학적 중요성을 설명하시오.

단층과 단층 활동은 지진의 원인으로서 큰 의미를 갖는다. 지진은 단층 운동을 할 경우에 축적된 변형률 에너지가 탄성파의 형태로 해방된 것이다. 즉, 하나하나의 지진은 각각의 단층 운동에 대응하고 있다. 이 사실은 여러 가지 지진에 따라 생기는 단층운동 · 지각 변동의 관측 및 암석 파괴 실험 등에 의해 도출된 결과이다. 지진과 단층의 관계를 고찰할 경우에는 캘리포니아의 산 안드레아스 단층, 뉴질랜드의 말보로 단층계, 터키의 북 아나톨리안 단층 등에서의 사례와 더불어 일본에서의 수많은 사례가 중요한 참고 사항이 된다.

지표부에서 보이는 지진 단층의 변위는 단층 운동의 일부에 불과하다. 그러나 노두의 관찰이나 실험에서는 알 수 없는 단층 운동에 관계되는 여러 가지 정보를 제공해 준다.

지금까지 우리들이 경험한 지진에 따른 지표 변위의 관찰과 활성 단층 · 지진 단층 조사에 의한 단면 관찰을 종합하면 단층의 활동에 따른 지표면과 그 근방의 변형은 기반암, 연성적인 피복층 및 인공 구조물로 나누어 볼 수 있다.

- 기반암의 변형 : 지표에 미고결의 피복층이 거의 없고 기반암이 분포하고 있는 경우에는 단층은 폭 수mm에서 수cm 정도의 평활한 면에 따라 변위해서 지표를 절단하는 경우가 많다.
- 피복층의 변형 : 연약한 피복층의 변형 상태와 변위를 일으킨 띠의 폭은 피복층의 두께, 종류와 단층 변위량에 의해 다르다.
- 인공 구조물의 변형 : 자연의 지형면을 절취해서 만들어진 인공적인 벽면, 산울타리, 논길이나 밭길 등은 지표의 변위를 그대로 반영해서 변위해 간다. 단층의 통과 위치와 변위량, 구조적 약부(弱部)의 위치와 방향과 지면과의 접합 상태의 강약의 조합에 의해 인공 구조물은 복잡한 변형을 한다. 예를 들면 인공 구조물이 지반에 고정되어 있는 경우에는 구조물은 단층 근방의 약부에서 파괴된다.

Q5. 단층애와 단층선애에 대해 설명하시오.

단층과 관련하여 형성되는 가장 보편적인 지형은 횡적으로 곧바르게 뻗어 있는 산지 전면의 경사가 급한 사면이다. 단층운동으로 인해 직접적으로 생긴 이러한 급사면을 단층애(斷層崖, fault scarp)라고 부른다. 보통 정단층(正斷層)의 단층면으로 이루어진 사면을 가리키지만, 넓은 의미로는 단층과 관련하여 형성된 모든 사면을 일컫는다. 단층애는 형성되는 과정에서 침식을 받으므로 단층면이 직접 사면을 이루고 있는 예는 흔하지 않다. 강력한 지진을 동반하는 단층운동에서도 두 지괴가 위와 아래로 어긋나는 수직적 변위가 수 미터를 넘는 경우가 드물다.

단층선애는 형성된 지 오래된 단층선을 따라 일어나는 지괴간의 차별침식으로 인하여 지하에 묻혔던 단층면이 노출됨으로써 나타나게 된 직선 평면의 급사면이다. 순상지와 같이 지반이 안정한 지역에 나타나는 직선상의 급사면은 단층선애라고 보면 된다. 순상지의 단층선애는 관련된 단층의 규모가 대단히 크고 뿌리가 깊어서 단층운동이 끝난 후에도 오랫동안 유지된다. 이러한 지역의 단층은 고생대나 그 이전의 선캄브리아 이전에 생겼을 가능성이 높다. 단층면이 지각 깊은 곳까지 연장되어 있기 때문에, 침식에 의해 두꺼운 암석층이 제거되었음에도 불구하고 단층의 영향이 아직도 지표기복에 반영되고 있는 것이다. 단층선애는 단층 활동에 의해 직접적으로 생겨난 지형이 아니라, 단층 이후 생겨난 단층 구조를 따라 침식이 진행되면서 다시금 원래의 단층애와 비슷한 모습의 절벽사면이 단층선을 따라 반영된 경우를 말한다.

Q1. 습곡의 구조를 설명하시오.

습곡(fold)이란 수평으로 퇴적된 지층이 횡압력을 받아서 물결처럼 굴곡된 단면을 보여주는 구조를 말한다. 따라서 습곡은 암층에 잡힌 주름을 가리키는 것으로 퇴적암이나 화산암 그리고 변성암과 같은 지층에 잘 발달한다. 습곡은 횡압력의 크기 및 유형 그리고 지층의 물리적 성질에 의해 여러 가지로 구분해 볼 수 있다. 습곡이 위로 향하여 구부러진 것을 배사(anticline), 그 반대로 아래를 향하여 구부러진 것을 향사(syncline)라고 한다.

동일한 암질의 수평한 지층에서 횡압력을 받아 배사와 향사가 나타날 때, 향사부는 아래를 향하여 구부러지면서 압축이 되고, 배사부는 위로 늘어나면서 좌우로 당기는 장력이 나타나게 된다. 처음에는 동일한 암질이지만, 습곡작용이 일어나면 배사부와 향사부에 경연차가 나타나게 된다.

습곡 구조는 원래 퇴적층처럼 수평으로 놓여 있던 지층이 휘어진 것을 가리키며, 습곡구조는 층리면을 가지고 있는 암석에서 흔히 볼 수 있는데, 특히 지층이 강력한 횡압력 즉 압축작용을 받으면 비슷한 규모의 주름이 많이 잡혀서 하나의 습곡대가 형성된다. 이러한 습곡은 조산대 내에서 가장 잘 나타난다. 습곡구조는 크게는 수km에서부터 작게는 몇cm에 불과한 형태를 보인다.

습곡된 지층에서 층서를 생각해보면 배사구조의 축 부분에 고기의 지층이 분포하며, 향사구조의 축 부상 위에는 신기의 지층을 볼 수 있다. 지질도나 지질 단면도에서 침식작용을 받은 배사구조는 오래된 지층을 습곡축부에서 볼 수 있으며 축으로부터 멀어지면서 신기의 지층들이 분포한다. 향사구조에서는 양쪽 끝에서는 안쪽을 향해 경사하고 있는 오래된 지층들이 놓이고, 축 부에는 젊은 지층들이 놓여 있다.

습곡은 날개와 습곡면의 경사에 따라 여러 가지 종류로 구분할 수가 있다. 즉 정습곡, 횡와습곡, 평행습곡, 향심습곡 등이 그 예이다.

Q2. 습곡산지의 지형 발달 과정을 설명하시오.

2개의 판이 충돌하여 어느 한 판이 섭입 될 때, 지각이 밑으로 휘어 내려간 곳을 지향사(地向斜, geosyncline)라고 한다. 지향사에는 그 경우 섭입되어 있던 판에 있던 퇴적물이 내려가지 못하고 쌓이게 된다. 이 경우 퇴적물의 무게가 늘어나고, 그 무게로 인해 판은 더욱더 깊게 침강을 계속 한다. 그리고 지구의 판구조 운동에 의하여 대륙 사이에 지향사를 이룬 곳은 2개의 육괴가 접근함에 따라서 횡압력을 받게 되는데 그 동안에 쌓였던 두꺼운 퇴적층은 습곡이 된다. 계속 육괴가 접근하면 습곡 작용이 일어나고, 지향사에 퇴적물이 더욱 쌓이게 되면서 지향사에 쌓인 퇴적암층의 폭은 계속 좁아지게 된다. 반면 두께는 점차 두꺼워지게 되는데 이 때 퇴적물이 계속 융기하게 되는 것이다.

2개의 판이 충돌하여 한 개의 판이 섭입할 경우에는 많은 열이 생기게 된다. 이 경우 마그마가 생기고 화산 활동이 일어나기도 한다. 습곡산지의 경우에도 마그마가 생성되어 저반이 만들어지고, 습곡산지에 오랜 시간 삭박작용이 일어나면 저반은 지표에 노출되기도 한다.

습곡작용이 심하지 않은 경우에는 프랑스의 쥐라 산지와 같이 배사부가 산지를 이루고 향사부가 곡지를 이루는 단순한 습곡작용이 이루어지는데, 그 예는 흔치 않다. 습곡운동 중에서 가장 일반적인 것은 복잡한 습곡작용으로서 이런 경우에는 반드시 배사부가 산릉이 되고 향사부가 곡지가 되는 것은 아니다. 지향사에 쌓인 퇴적암층이 습곡되어 산지를 이루는 조산 운동 기간 중에는 그것이 풍화와 침식작용을 받아 낮아지는 것보다 10배 이상의 빠른 속도로 융기하기 때문에 결국 높은 산지를 이루게 된다.

이런 습곡산지의 예로는 대표적으로 히말라야 산맥을 들 수 있다. 히말라야 산맥은 기존의 유라시아판과 남쪽 인도양 부분에서 올라오던 인도판이 서로 부딪혀서 습곡작용이 일어나게 되었다. 습곡작용으로 인하여 지향사 부분에 많은 양의 퇴적물질이 쌓이기 시작하면서 융기하기 시작하였다. 융기한 퇴적물은 침식되는 속도보다 더 빠른 속도로 융기하였기 때문에 현재와 같은 산맥의 모습을 띄게 된 것이다.

Q3. 역전기복에 대해 설명하시오.

습곡산지가 침식을 받을 때 후기단계에 이르면 역전기복이 발생하는데, 이때 형성된 향사부분의 산릉을 향사산릉(向斜山陵, synclinial ridge)이라고 한다. 결국 습곡구조와는 반대로 향사부는 산릉으로 나타나고, 배사부는 곡지로 나타나게 되는 경우 향사산릉이 발달하게 되는 것이다. 이렇게 침식으로 높낮이가 바뀌어 버린 지형을 역전기복(逆轉起伏, inversed relief)이라 하는데 습곡작용을 받은 곳에서는 향사구조에 곡이 발달하게 된다. 향사곡은 하각작용으로 곡이 발달하게 되지만 경암을 만나게 되면 곡이 더 이상 발달하지 못한다. 이 때 배사곡은 향사곡보다 훨씬 낮은 수준으로 침식이 진행된다. 결국 배사부분은 곡이, 향사부분은 산릉이 형성되어 처음의 높낮이가 바뀌어버린 지형이 되는 것이다.

그 중에서도 습곡구조를 형성하는 습곡축이 경사진 경사습곡의 일종으로 지층에 과도한 횡압력이 작용하여 습곡축의 경사가 심해지면 지층의 상하가 역전되어 나타나게 되는데 이러한 습곡구조를 역전습곡(逆轉褶曲, overfold)라고 한다.

강원도 강릉시 옥계면 금진리의 향사산릉의 모습

Q4. 습곡산지의 사면에 대해 설명하시오.

정습곡구조의 지층이 개석될 때에는 지층의 주향을 따라서 산릉과 하곡이 평행하게 발달한다. 일반적으로 습곡산지의 배사부는 산릉, 향사부는 하곡으로 발달한다. 그리고 산릉과 하곡의 단면 형태는 지층의 경사와 암석의 특징에 따라 매우 달라진다.

침식에 대한 저항성이 큰 경암층과 저항성이 작은 연암층이 서로 교대로 호층을 이루고 이것들이 한 방향으로 비스듬히 경사져 있는 경우에 차별침식을 받게 되면, 암석의 저항성의 차이에 의해 경암층의 부분은 높이 남아 비대칭적인 구릉열이 된다. 연암층의 경우에는 침식을 많이 받아 하곡상의 저지열이 되어 구릉열과 저지열이 거의 평행하게 배열되게 된다. 이렇게 해서 형성된 구릉상의 지형을 케스타(Cuesta)라고 하고, 구릉열 사이에 존재하는 저지는 베일(Vale)이라고 한다.

케스타라는 용어는 스페인 어에서 기원하는 것으로 이것은 구릉(hill) 또는 사면(slope)을 의미한다. 케스타 배후의 완사면은 지질구조에 의해 지배되는 구조면을 이루고 있다. 케스타의 전면을 이루는 급사면과 배후의 완사면이 풍화작용이나 매스 무브먼트 그리고 침식작용에 의해 개석되어서 경사가 증가하면 케스타는 점차 호그백이 된다.

호그백은 경암층의 경사가 40~45° 이상인 경우에 형성되는 급사면의 산릉을 말한다. 이것은 외관상 거대한 암맥이 지표 위로 돌출한 것처럼 보일 때도 있으며, 비대칭적인 습곡에서는 배사부의 한쪽에는 급경사의 호그백이 형성될 수도 있다. 또한 케스타 지형에 나타나는 급경사면의 산릉에도 이 용어는 사용된다.

경사진 경암층에 형성되는 산릉은 비대칭적인 단면을 보인다. 배사 구조 양쪽 날개의 지층들이 10°~30° 정도 완만하게 기울어진 경우, 연암층이 제거된 다음에 노출되는 경암층의 한쪽 사면에는 사면의 경사와 층면의 경사가 일치하는 사면이 발달하는데 이를 경사사면이라 한다. 이 같은 경사사면은 단일의 노출된 사면이 아니라 개별적인 많은 층면으로 구성되어 있는 것이 특색이다. 경사사면의 반대쪽 사면에는 경암층의 상단부가 절단되어 경사가 이보다 훨씬 급한 단애가 형성된다.

Q5. 선행하와 표생하를 비교 · 설명하시오.

하천의 유로가 결정되고 나서 그 하천의 중류에 해당하는 유역이 서서히 융기할 경우, 그 융기속도가 하천의 하방침식(下方侵蝕)보다 느려서 하방침식이 활발히 계속된다면 하천은 그 유로를 바꾸지 않고 그대로 원래의 유로를 유지하면서 흐르게 된다. 따라서 결과적으로 높은 산지 또는 산맥이 하천에 의해서 잘리는 현상이 일어난다. 이런 현상이 나타날 때 하천이 산맥을 가로질러 흐를 수 있느냐고 질문을 하면 대부분은 부정적으로 답할 것이다. 그러나 하천의 유로는 침식의 양과 융기량에 의해 결정되며 경우에 따라서는 위와 같이 산맥을 가로지르는 구조를 보이기도 한다. 서서히 융기하는 하천의 중류 쪽은 고도가 증가하면서 높은 산릉으로 변하게 된다. 이 하천은 계속해서 원래의 유로를 유지하면서 산릉을 횡적으로 절단하여 횡단곡(橫斷谷, transverse valley)을 형성하고 계속 흐른다. 이 같은 하천을 선행하(先行河, antecedent stream)라 하고 그 횡단곡을 선행곡(先行谷, antecedent valley)이라 부른다. 선행하의 예는 카슈미르 지방의 인더스 강, 티베트에서 아삼 지방으로 흘러나오는 브라마푸트라 강 등에서 볼 수 있다.

이에 반하여 습곡산지가 준평원화되고 그 곳에 퇴적층이 두껍게 형성되면, 그 하계망은 아래에 형성되어 있는 습곡산지의 지층구조에 영향 받지 않고 발달하게 된다. 이후에 이 지역의 지반이 융기하게 되면 하계망은 하방침식을 진행하여 쌓여 있던 퇴적층을 모두 침식해 버리고 습곡된 지층을 계속해서 하방침식하게 된다. 이 때 본래 흐르던 유로를 계속 유지하게 된다. 그리하여 퇴적층이 제거되어도 이전 습곡산지의 기복과 하천의 유로와는 서로 다르게 무관하게 되는데 이것이 표생하(表生河, superimposed stream) 또는 적재하(積載河, superposed stream)이라고 하는 것이다. 그리고 그로 인해 형성된 하곡을 표생곡(表生谷, superimposed valley)이라 한다.

Q1. 해저의 다양한 지형을 그림으로 설명하시오.

해저지형은 바다 밑에 나타나는 지형으로 육지 지형보다 국지적인 기복이 적고, 경사가 완만한 편이다. 대륙 주변부와 심해부로 나누어 살펴볼 수 있다.

먼저 대륙 주변부에서는 대륙붕, 대륙사면, 대륙대, 해구 등이 있다. 대륙붕은 육지에서 연결되어 있으면서 먼 바다 쪽으로 평균 7°의 기울기를 가진 거의 수평에 가까운 평탄한 해저를 말한다. 대륙붕 끝의 수심은 35~240m이며 전 세계 평균은 약 128m이다. 퇴적물의 유입이 없는 열대지방에서의 이곳엔 산호초가 많이 분포한다. 대륙붕의 면적은 전 해저 면적의 약 9%이다.

대륙사면은 대륙붕단으로부터 바다 쪽으로 연결된 해저의 언덕으로 수심 약 2000~3000m까지 이어지며, 폭은 약 50㎞, 전체 바다 면적의 6%를 차지한다. 대륙사면의 기울기는 4°로 아주 완만하나 물속에서는 이런 정도로 기울어지면 퇴적물도 대단히 불안정하다. 따라서 약한 지진이나 해저 사태가 일어나도 대륙사면의 퇴적물은 빠른 속도로 심해저 쪽으로 쓸려 내려간다.

해구는 수심 6000~11000m되는 깊은 곳으로 대륙사면과 심해저 평원의 경계선을 따라 분포한다. 대륙대의 발달이 없는 태평양형 대륙 주변부에 주로 분포한다. 대륙주변부의 호상열도를 따라 분포하여 대표적인 것으로 마리아나 해구, 통가 해구, 필리핀 해구, 일본해구, 페루 해구, 칠레 해구 등이 있다.

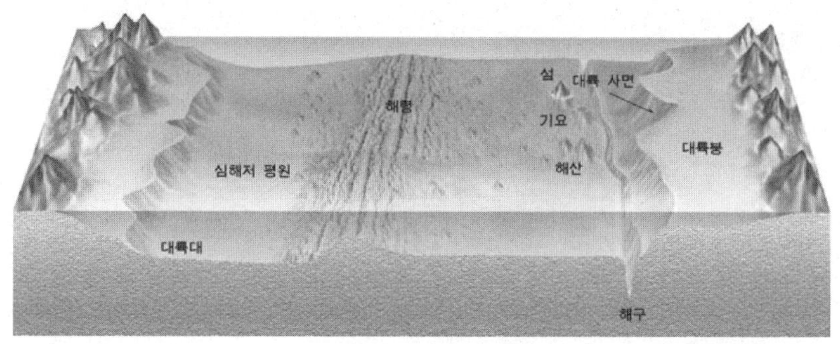

전체적인 해저지형의 모습

제 13 장
해양

Q2. 대륙붕의 지형적 의미를 설명하시오.

대륙붕은 해안선에서부터 깊은 대양저 쪽으로 연장되어 완만한 경사를 가지고 물에 잠긴 지역으로 물에 잠겨 있는 대륙의 가장자리이다. 대륙붕은 그 폭이 지역에 따라 큰 차이를 보인다. 일부 대륙을 따라서는 거의 존재하지 않지만, 다른 곳에서는 1,500km 정도까지 바다 쪽으로 펼쳐져 있기도 한다. 대륙붕의 평균적인 폭은 약 80km이며 바다 쪽 경계는 약 130m의 깊이를 가진다. 대륙붕의 평균 경사도는 7° 정도밖에 되지 않아 1km당 수심의 차이는 2m 정도에 그친다. 기울기가 매우 완만하기 때문에 관측자들에게는 거의 수평면으로 보인다. 따라서 대륙붕이란 얕은 바다 밑이라고 생각하여도 좋다.

대륙붕은 얕은 수심을 형성해주는 지형적 특징으로 인해 다양한 자연적, 경제적 의미를 갖게 된다. 다양한 식물성 플랑크톤이 많이 살고 있으며, 광합성 작용이 활발하고 바닷물의 온도가 다른 생물의 성장도 알맞다. 이러한 환경적 조건 덕분에 수많은 어류뿐만 아니라 패류 및 해양식물 등의 수산자원이 풍부하다.

또한 대륙붕에는 유기물이 다량 침전, 퇴적되어 있어 석유나 천연가스 등의 지하자원 역시 풍부하다.

이렇듯, 전체 해양면적의 9%를 차지하고 있는 대륙붕은 인류에게 유용한 자원의 보고이므로 개발과 동시에 보전에도 많은 노력을 기울여야 하겠다.

Q3. 해구와 지진 · 화산대의 분포상 특징을 설명하시오.

지각판의 경계부는 지각이 충돌하거나 갈라지는 곳이므로 지각이 불안정하다. 지각이 충돌하는 양상은 크게 두 가지로 분류된다. 즉 해양지각이 대륙지각 하부로 섭입되거나, 대륙 지각끼리 만나 충돌하여 서로를 들어올리는 것이다. 해양지각이 대륙지각 하부로 섭입되는 곳인 해양쪽 판 경계부에서는 흔히 해구가 발달하며, 이는 대양 분지 중에서 수심이 제일 깊은 곳으로 대체로 대륙 연변에 분포한다. 일부 해구는 그림에서와 같이 직선상을 이루는 것이 일반적이다.

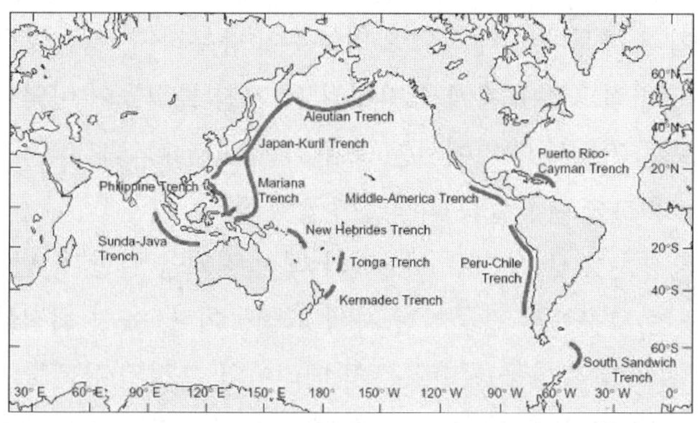

해구의 분포는 화산 · 지진대의 분포와 상당부분 일치한다. 이는 섭입되는 대륙지각이 지하로 들어가면서 고온 · 고압 하에서 용융되면서 마그마화되고, 이 마그마가 지각의 약한 틈새를 비집고 분출되기 때문이다. 지각판이 갈라지는 판(板)의 경계부에는 갈라진 지각의 틈새로 새로운 지각이 생겨난다. 이의 좋은 예는 대서양, 태평양 등 해양의 해저에 발달된 해령(海嶺, oceanic ridge)과 그것의 정상부에 있는 열곡(裂谷, rift valley) 이다. 해령의 정상부는 육지의 여느 산맥과는 달리 열곡이 발달되어 있다. 이 열곡은 폭만 해도 수십km에 이르는 광대한 골짜기로 이로부터 끊임없이 용암이 분출하면서 새로운 지각을 만들어 내며, 이미 만들어진 지각을 밀어댄다. 이 과정에서 해양지각판이 옆으로 밀려나며 이동하게 되는데, 이러한 사실은 열곡에서 먼 곳에 위치한 섬의 연령은 오래되고 가까운 것일수록 젊다는 것에서 이미 입증된 바 있다. 태평양 상의 그러한 섬들은 대부분 화산섬인데, 이러한 화산섬의 생성은 열점(熱點, hot spot)에 기인하는 것으로 해석한다. 즉 맨틀로부터 용융 상태의 마그마가 솟구치는 고정된 장소가 있으며, 지각은 이 위를 판자 모양으로 이동하기 때문에 화산활동으로 인해 화산섬들은 열점을 벗어나며 선상으로 죽 늘어서게 된다.

Q4. 해저의 퇴적환경에 대하여 설명하시오.

해저 퇴적환경은 근해 또는 천해(200m이하), 반심해(200~2,440m) 및 심해 퇴적 환경(2,440m이상)의 셋으로 구분된다.

근해 퇴적 환경은 거의 대륙붕과 연안대에 국한된 것으로 황해, 발틱해, 허드슨 만, 멕시코 만 등을 예로 들 수 있다. 근해 퇴적 환경에서 퇴적되는 물질은 쇄설성, 화학적 및 유기적 퇴적물이며 각 환경과 시간이 이들 양적인 관계를 조절한다. 근해에서는 태양광선이 투과되어 플랑크톤 및 저서성 생물체가 광합성을 할 수 있다. 특히 육지와 가깝기 때문에 상대적으로 영양분이 풍부하며, 생물학적 활동이 활발히 이루어진다. 일반적으로 육지에서 떠내려 온 거친 물질들이 바닥에 퇴적층을 이루지만, 예외적으로 저위도 지역에서는 조류(藻類, algae), 박테리아, 산호 등의 유기체가 생산하는 풍부한 탄산칼슘 퇴적물이 쌓여 있다.

반심해 퇴적 환경은 200~2,000m 사이의 해저 지역을 말한다. 반심해 퇴적물은 육성, 심해성, 또는 그곳에서 만들어진 자생 퇴적물이다. 육성 퇴적물은 점토와 실트가 우세한데, 산화철 황화물을 만드는 박테리아와 축적된 유기물 조각들 때문에 보통 파란색을 띠고 있다. 반심해 퇴적 환경의 쇄설성 퇴적물은 주로 세립질이며 그 대부분이 부유하중에 의한 것이다. 이는 대륙사면으로부터의 퇴적물인 모래 · 미사 · 점토 등이 저탁류로 운반되어 퇴적되거나 해저 사태에 의해 운반된 물질들이 퇴적된 것이다.

현재까지 지질학자들은 많은 암석을 연구하였으나 아직 반심해 기원의 퇴적암이 육상에서 발견되었다는 보고는 없다. 그러나 이러한 환경 하에서 퇴적층이 해수면 위로 융기되었을 가능성도 있다. 심해 퇴적 환경이 차지하는 면적은 61.5×10^6㎢이며 평균 깊이는 1,800m이다. 이 환경 하에서는 광합성을 하는 식물 및 태양광선을 필요로 하는 어떤 종류의 식물도 생존할 수 없다. 이러한 심해저의 퇴적물은 육지로부터 운반된 것, 유기적인 것, 화산이나 마그마에 기인하는 것, 우주 기원의 것 등으로 나눌 수 있으나 마그마 기원의 퇴적물은 거의 알려져 있지 않다.

Q5. 해저에 쌓인 해양 퇴적물의 기원을 두 가지로 설명하시오.

해저에 쌓여 있는 쇄설성, 유기적 및 화학적 퇴적물을 해양 퇴적물이라고 한다. 해양 퇴적물의 근원지는 육지와 바다로 크게 나누어 생각할 수 있다. 육지에서는 풍화 및 침식 작용이 끊임없이 계속되고 있으며 이로 인하여 막대한 양의 풍화 산물이 생성되고 있다. 이 막대한 양의 풍화 산물은 주로 하천에 의해 그 대부분이 바다로 운반되어 퇴적된다. 즉 육지에서 공급된 모래와 점토의 크기를 가진 퇴적물로서 주로 대륙붕에 쌓여 있으나 저탁류로 대륙사면을 거쳐 심해저까지 운반된다.

육지기원 퇴적물(terrigenous sediment)은 주로 대륙의 암석이 풍화되어 대양으로 운반된 광물입자들로 이루어져 있다. 모래크기의 입자들은 해변 가까이 가라앉는다. 매우 작은 입자들은 해저에 가라앉는 데 수년이 걸리기 때문에 이들은 해류를 따라 수천㎞까지 운반된다. 이 결과로 대양의 어느 곳에서나 어느 정도의 육지기원 퇴적물을 포함하고 있다. 심해저에 퇴적물이 쌓이는 속도는 실로 매우 느려서 1㎝의 퇴적층이 만들어지는 데 5,000에서 50,000년을 필요로 한다. 이와는 반대로 큰 강의 하구에 가까운 대륙 주변부에서는 육지기원의 퇴적물들이 매우 빠른 속도로 퇴적한다. 예를 들어 멕시코 만에서는 퇴적층이 수㎞에 이른다.

미세한 입자들은 해수 내에 오랜 기간 동안 떠 있기 때문에 화학반응이 일어날 수 있는 충분한 기회가 있다. 이 때문에 심해의 퇴적물들의 색은 때로 붉거나 갈색을 띤다. 이것은 입자 내에 또는 해수에 포함된 철이 용존 산소와 반응하여 산화철의 표피(녹)를 만들기 때문에 나타나는 결과이다.

수성기원 퇴적물(hydrogenous sediment)은 여러 화학반응에 의하여 바닷물에서 직접 결정화된 광물들로 이루어져 있다. 예를 들면 일부의 석회석은 탄산칼슘이 해수로부터 직접 침전하면서 만들어진다. 그러나 대부분의 석회석은 생물기원 퇴적물로 이루어져 있다.

Q6. 대양저에 존재하는 산맥의 예를 들고, 설명하시오.

대양저(oceanic floor)란 해구에 의해서 대륙 연변부와 구분되는 해양지각으로 이루어진 수심 4,000~6,000m의 해저를 말한다. 대양저 지형은 크게 대양저 평원과 대양저 산맥으로 구분된다.

대양저 산맥은 일련의 서로 연결된 지형의 융기 지대로서 모든 대양에 존재한다. 중앙해령이라고도 하는 대양저 중앙산맥이 대양저의 중앙부에 발달해 있다는 사실이 밝혀진 것은 19세기 후반이다. 폭은 약 1,000~2,000m이고, 높이는 2,000~3,000m이다. 어떤 곳에서는 해령이 해수면 위로 솟아올라 섬을 형성하기도 한다. 대양저에 있어서 이러한 해령의 총 길이는 약 65,000㎞로 대서양과 인도양에서는 중앙부를 달리고 있지만 태평양에서는 동쪽으로 치우쳐 있다.

이 중에서 가장 특징적인 것은 대서양에서 인도양, 남극, 남태평양으로 연결되는 전장 30,000㎞의 중앙해령이다. 중앙해령은 기복이 매우 심한 단면을 나타내며 그 정상부는 갈라져서 깊은 열곡을 형성한다. 열곡을 따라 현무암질 용암이 지하 깊은 곳으로부터 상승하여 암벽, 암장 및 용암류를 형성한다. 이 열곡은 중앙대서양해령의 전체에 걸쳐서 계속되고 있을 뿐만 아니라 남으로 확장되어 인도양에 이르고 홍해에서 아프리카 대륙의 열곡에 들어가 한편은 인도양의 중심에서 동으로 분리되어 남태평양 해령에 계속되고 캘리포니아 만에서는 산 안드레아스 단층으로 계속된다. 열곡의 깊이는 1,500~2,000m, 폭은 10~50㎞에 이르고 열곡과 평행으로 여러 능선들이 서로 반대쪽으로 멀어져 나가고 있다.

대서양 중앙해령의 꼭대기를 따라 약 80~120㎞의 긴 계곡이 뻗어 있으며, 이 단층에는 용해된 마그마가 지구의 지각 밑에서 계속 솟아올라 냉각되고, 점진적으로 산맥 기슭에서 떨어져 나오는 해저확장층이 있다. 대서양 중앙해령 양편의 지각구성 물질은 산맥에서 멀리 떨어져 있는 지역의 물질보다 훨씬 더 늦게 형성되었다는 사실이 이 현상을 뒷받침해준다. 해저확장으로 인한 산맥의 바깥쪽을 향한 대양저 · 대륙운동으로 대서양 해분이 연간 1~10㎝까지 넓어지고 있다고 추정된다. 해저확장 외에도 이 산맥의 일부 지역들을 따라서 화산활동과 지진이 발생하고 있다.

Q7. 해저지형을 지각의 종류(대륙지각과 대양지각)로 구분하여 설명하시오.

지각은 크게 대륙지각과 해양지각으로 구분된다. 대륙지각은 화강암질 조성을 띠기 때문에 현무암질로 된 해양지각에 비해 다소 가볍다. 또한 대륙지각의 두께는 30~40km로 6~7km의 두께를 갖는 해양지각에 비해 두껍다. 대륙지각은 해양지각에 비해 상대적으로 가볍기 때문에 맨틀 중에 떠 있으려고 하는 부유성을 가진다.

대륙 지각(大陸地殼, Continental Crust)은 대륙을 이루는 지각이다. 대륙지각은 모호로비칫치 불연속면 위에 위치하는데, 평균 두께는 35km이며 해양지각보다 두껍다.

해양 지각(海洋地殼, Oceanic Crust)은 해양 심해부(深海部)의 지각(地殼)이다. 두께가 어디서나 6km 정도로 거의 일정하다. 해양지각이 대륙지각에 비해 매우 얇다는 것은 지각평형설(isostasy) 등으로 추측 · 가정되고 있었으나, 인공지진 관측에 의하여 실제로 확인된 것은 1950년 무렵이다. 두께가 균일한 것은 중앙해령(海嶺)에서 해양판(海洋板)의 일부로 형성되는 메커니즘과 관련되는 것으로 생각되고 있다. 화강암질 층이 없으며 해양지각의 주요부분은 현무암질 층으로 이루어져 있다.

대륙지각에 형성된 해저지형은 대륙붕이다. 대륙붕은 해변에서부터 깊은 대양저 쪽으로 연장되어 완만한 경사를 가지고 물에 잠긴 지역으로 물에 잠겨 있는 대륙의 가장자리이다. 대륙대는 대륙붕의 바다 쪽의 가장자리이며, 대륙붕과 비교해서 비교적 기울기가 급하다. 대륙지각과 해양지각을 서로 경계지어 주는 곳은 대륙사면이다. 대륙사면은 비교적 폭이 넓지 않은 지형이며, 평균 약 20km의 폭을 가진다.

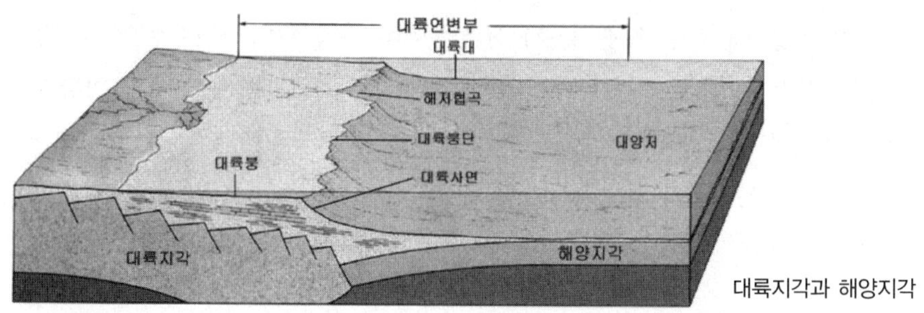

대륙지각과 해양지각

Q1. 지하수면의 지형적 의의를 설명하시오.

지하수의 정의에 대해서 먼저 알아보자면 지하에 있는 물을 모두 지하수라고 하지는 않으며, 지하 깊은 곳의 마그마에서 유래된 처녀수(處女水)나 암석 중에 있는 결정수(結晶水)와는 구별된다.

지하에서 지하수로 포화된 투수층(透水層)을 대수층(帶水層)이라 하며, 이 대수층의 표면을 지하수면이라 한다. 이는 지하 암석의 공극이 물로 가득찬 포화대의 상한으로 통기대와 경계면을 이루는 곳이다. 지하수면의 위치는 지하수위를 측정하는 것으로 알 수 있으며 강수, 증발, 기압 등의 영향을 받아서 변동하고 이 수면이 지표에 나타나면 하천이 된다. 우물의 수면이나 용천 같은 수로의 시작부분의 위치를 지면에서의 깊이로 해서 측정을 한다면 지하수면의 표고를 알 수 있게 된다. 이것을 다양한 지점에서 측정한 데이터에서 같은 표고를 이어본다면 지하수면등고선도(地下水面等高線圖)가 만들어진다. 이것에 의해서 지하수면의 형태나 지하수의 유동방향, 지하수와 하천수와의 교류관계를 알 수 있다. 지하수의 유동 방향은 지하수면등고선의 배열에 직교하는 방향을 따라서 움직이고 그 움직이는 방향에 직교하는 곡선을 등포텐셜선이라고 부르고 대수층 가운데의 등수두선(等水頭線) 또는 등수위선에 해당한다.

지하의 지층은 투수층만 연속된 것이 아니라, 투수층과 불투수층이 교대로 겹쳐 있는 경우가 많다. 이러한 경우에 불투수층과 불투수층 사이의 투수층에는 피압지하수(피압수)가 생긴다. 피압지하수는 주위보다 높은 압력을 받고 있어서 이러한 곳을 판 우물의 수두(水頭)는 지하의 얕은 곳까지 상승한다. 경우에 따라서는 지상으로 분출되기도 하는데, 이를 자분수(自噴水)라고 한다. 피압지하수의 압력은 지층이 경사져 있을 때 더욱 커진다. 자유(自由)지하수나 피압지하수는 모두 천수에 의하여 생기지만, 지상에 호수나 하천 등이 있을 경우 서로 관계를 맺게 된다.

Q2. 지하수의 지질작용에 대하여 설명하시오.

지하수의 지질작용으로는 용해작용과 침전작용을 들 수 있다. 지질작용이란 지표에서나 지구 내부에서 자연적으로 일어나는 모든 작용을 말한다. 용해작용은 지하수가 암석 중 또는 광물 입자들 사이를 통과하면서 이들의 일부를 용해시키는 것을 말한다. 이런 용해작용을 돕는 것은 비가 내릴 때에 빗물에 용해된 CO_2가스와 물이 토양 중을 통과할 때의 흡수한 CO_2가스이다.

용해작용에서 특히 주의할 것은 석회암, 고회암, 대리암으로 된 지대에서 일어나는 지하수의 작용이다. 이런 지대에서는 이들 암석의 성층면 또는 절리를 따라 삼투하는 지하수가 그 통로의 암석을 용해하여 작은 틈을 만들고 이것을 점점 확대하여 큰 동굴을 만든다. 이러한 일이 진행되는 속도는 처음에는 매우 느리나 나중에는 점점 빠른 속도로 이루어진다.

침전작용은 지하수가 용해되어 있는 광물질의 일부를 지하의 빈곳에 침전시키는 것을 말한다. 이미 지하수의 용해작용으로 만들어진 동굴, 틈, 최적물 중의 공극이 후에 침전의 장소로 변하게 되고 퇴적물의 공극은 광물질의 침전으로 고화되어서 굳은 암석으로 변하게 된다. 동굴이 지하수면 위로 상승하게 되면 빈 동굴 천장에 물방울이 생기고 물에 녹아 있던 석회분은 동굴 천장에 매달려 있는 동안에 약간의 CO_2가스를 잃고 소량의 $CaCO_3$를 침전시킨다. 이런 침전이 오랫동안 계속되면 고드름 모양의 종유석이 생기고 그 밑에는 석순이 생긴다. 어떤 곳에서는 용해작용과 침전작용이 거의 동시에 일어나 기존물질의 화학성분은 변하여도 그 구조는 완전히 원형을 보존하는 일이 있으며 규화목은 그 좋은 예라고 할 수 있다.

Q3. 지하수의 지질작용이 지형 형성에 미친 영향을 예를 들어 설명하시오.

① 돌리네(Doline) : 지하의 석회암 기반암이 지하수에 의해 용해되어 형성된 지형적 요지(凹地)를 말한다. 이는 카르스트 지형에서 가장 기본적인 구조이며 성인에 따라 두 종류로 나누어지는데, 하나는 동굴 천장의 붕괴에 의해 형성된 것이며, 다른 하나는 토양 표토 아래서 암석의 점진적인 용해에 의해 형성된 것이다.

② 우발라(Uvala) : 석회암 지역에서는 탄산가스를 함유한 빗물이 탄산칼슘을 용해하면서 여러 지형을 만든다. 그 중에서 돌리네가 2개 이상 연결되어 긴 와지를 이루는 것을 우발라라고 한다. 토양이 생성되어 경작지가 되는 곳이 많다.

③ 폴리예(Polje) : 카르스트 지형에서 여러 개의 우발라가 합쳐진 긴 함몰지를 말한다. 밑바닥에 하천, 호소가 형성되기도 하는데, 지하수로 흡수되어 건천(乾川)이 된다. 폴리예 내부로는 경지와 취락이 발달하기 쉽다. 지하수로 빨려드는 구멍을 포노르라고 한다.

④ 라피에(Lapies) : 석회암이 노출된 지대에 빗물이 흘러내리면 그 조직에 따라 용식이 잘 되는 부분과 용식이 잘 안 되어 남는 부분이 나타나게 된다. 이러한 작용이 계속되면 크고 작은 복잡한 소돌기가 형성되는데 이것을 프랑스어로 라피에, 또는 독일어로 카렌이라 한다.

⑤ 테라로사(Terra rossa) : 여름철에 건조하고 겨울철에 습윤한 지중해기후에서 발달하는 토양을 말한다. 석회암이 풍화되고 남은 토양으로서, 습윤기후의 라테라이트 토양과 비슷하다.

⑥ 종유석 : 대부분 석회암 동굴에 매달린 석회암질의 고드름인 경우가 많지만 석고나 그 밖의 다른 광물질로 구성되는 경우도 있다. 지하수가 천장에서 떨어지는데, 지하수의 석회 성분인 탄산수소칼슘이 증발하는 수분으로 인해 다시 결정화되어 오랜 기간 동안 아래 방향으로 성장한다.

Q4. 호소의 지질작용에 대하여 설명하시오.

요지(凹地)에 물이 괸 곳을 호소라고 하는데 이는 크게 세 가지, 즉 못(pool), 호수(lake), 소(swamp)로 구분할 수 있다. 구분하는 기준은 호소의 면적이나 수심인데 수면의 면적이 작은 것을 못, 수심이 5m미만인 것을 소, 수심 5m 이상인 것을 호수라고 한다.

호수의 파도는 그 풍화생성물을 호저에 퇴적시켜 호수의 심도를 감소케 한다. 호수에는 호수를 파괴하려는 작용이 계속 가해지고 있다. 배수강이 점점 그 유로를 깊이 하각하고 또 폭이 넓어지면 호수의 수위는 낮아지고 호저가 드러나서 마른 땅으로 변하게 된다. 호수의 깊이가 5m 미만으로 작아지면 소택으로 변할 수도 있다. 소택이 많이 생기는 곳은 얕은 해저가 약간 융기되어 해안이 습지로 변한 곳, 하전의 범람원과 삼각주에서 지하수면이 지면과 일치되는 곳, 빙식작용을 받아 얕은 요철이 많은 곳 등이다.

소택의 밑바닥에는 많은 수중식물이 번성하게 되고 소택의 기슭과 중심부에 식물이 더욱 번성하게 되면 소택 전체가 식물의 유체로 매몰되어 버린다. 이렇게 매몰된 식물은 수중에서 박테리아의 작용으로 어느 정도까지 분해되고 나중에는 박테리아 자신도 살 수 없게 되므로 그 후에 쓰러진 식물 등은 수중에서 오랫동안 보존되어 이탄이 된다. 이런 이탄이 더 두꺼운 퇴적층으로 덮인 후 오랫동안 탄화되면 갈탄, 역청탄이 되고, 더 시간이 지나거나 지각변동이 일어나면 무연탄으로 변한다.

호소는 여러 가지 성인으로 만들어지나 이들은 점점 쇠퇴되어 없어져 버린다. 현재 마른 평야로 변해 있는 호소는 모두 배수강이 침식으로 깊어지고 넓어져서 호수가 말라 버렸든가, 퇴적물로 메워졌든가 하였다. 또한 기후의 변화로 건조해졌거나, 또는 위의 여러 가지 상황들이 함께 작용하여 만들어진 것이다.

그러면 호소들은 얼마나 긴 시간 동안 존재할 수 있는 것인가? 방사성 탄소 14C에 의하면 호수의 연령을 최대한 38,000년 정도로 보며 호저의 퇴적물에 들어 있는 탄질물의 연령을 측정하면 그 호수가 앞으로 가질 수명을 예측할 수 있을 것이다.

Q5. 지하수의 기원과 분포에 대해 설명하시오.

지하수(地下水, groundwater)의 성인에 대하여 궁금하게 생각하는 사람들이 의외로 많다. 독일의 천문학자 케플러(Kepler, 1571~1630)는 지구가 대단히 큰 생물체와 같아서 지하수는 지구의 동화작용으로 생겨난 물질이라고 보았다. 그리스의 아리스토텔레스(Aristotle, 384~322 B.C)는 지하수란 공기가 지구의 공극으로 들어가서 물로 변한 것이라고 하였다. 플라토(Plato, 427~347 B.C)가 보는 지하수는 바닷물이 지중에 들어가서 퍼진 것이었다. 프랑스의 변호사 페로(Pierre Perrault, 1611~1680)는 1650년경 센 강 유역의 1년 중의 강수량이 센 강의 유출량의 6배임을 밝힘으로써 강수가 지하로 스며들어간 것이라는 생각을 확실히 하였다.

그 중 페로의 가설이 현재의 우리들이 생각하는 것과 거의 비슷하다. 지하수의 대부분은 지표에 내린 비와 눈이 녹은 물이 지하로 스며들어 가서 생긴 것이라고 볼 수 있다. 강수 외에 지하수로 가해지는 것에 약간의 처녀수(處女水, juvenile water)를 생각할 수 있다. 처녀수는 마그마에 들어 있던 물이 분리되어 나온 것으로 보인다.

우물을 팔 때에는 지표 부근에서 습기를 약간 포함한 표토(表土)를 제거해야 하며 이 곳은 공기가 들어 있는 통기대(通氣帶, zone of aeration)이다. 더 깊이 들어가면 사방에서 물이 새어 나오는 곳에 부딪치게 되는데 이 곳에는 물이 가득 차 있으므로 이를 포화대(飽和帶, zone of saturation)라고 한다. 포화대의 상한은 대체로 평활한 면으로 통기대와 경계를 이루는데 이 면을 지하수면(地下水面, ground-water table)이라고 한다. 통기대는 아래쪽 부분에서 위쪽 부분으로 모관대(毛菅帶, zone of capillarity), 중력수를 포함하는 중간대(中間帶, intermediate zone) 및 토양수를 포함하는 토양수대(土壤水帶, zone of soilwater)로 나뉜다.

공극(空隙)을 가지고 물을 포함할 수 있는 토양이나 암석을 대수층(帶水層, apuifer) 또는 함수층(含水層, water-bearing formation)이라고 한다. 공극률(空隙率, porosity)은 단위 체적의 암석 또는 표토(表土) 중에 존재하는 공극의 체적으로 백분율을 표시한 것이다.

Q1. 우리나라에 분포하는 화산지형의 예를 들고 그 형태에 대해 간략하게 설명하시오.

한반도는 비교적 안정된 지괴를 이루고 있기 때문에 현재는 활화산이 없고 화산지형도 극히 한정되어 있으며 화산지형은 신생대 제3기말부터 제4기에 분출한 알칼리 조면암과 현무암으로 이루어져 있다. 제3기 말에는 점성이 큰 조면암질 용암이 분출하여 주로 종상화산이 형성되었고 제4기 초에는 유동성이 큰 현무암질 용암이 분출하며, 주로 용암대지, 순상화산이 형성되었다. 즉, 우리나라는 안정육괴에 속해 비교적 화산지형의 분포가 적다고 볼 수 있다. 우리나라의 대표적인 화산지형으로는 백두산, 제주도, 울릉도, 철원 · 평양 · 연천 일대와 신계 · 곡산 일대의 용암대지 및 칠보산 주변 등이 있다. 백두산은 산정부가 조면암으로 이루어진 종상화산이고 산록부는 현무암으로 구성된 순상화산이다. 개마고원은 현무암으로 덮인 용암대지이고 제주도의 경우 산정부는 조면암으로 이루어진 종상화산이고 산록부는 현무암으로 이루어진 순상화산이다. 철원 · 평강 · 신계 · 곡산 지역은 열하분출에 의한 현무암 대지로 유년기 계곡과 하안에는 주상절리가 발달해 있다.

대표적 화산지형으로서 백두산의 지형적 특징을 살펴보면 백두산의 산정부는 경사가 급한 종상화산 조면암이며 백두산의 천지는 화구의 함몰로 생긴 칼데라호이다. 천지의 물은 비룡폭포를 지나 압록강, 두만강, 쑹화강으로 유입된다. 백두산의 칼데라는 화산체가 형성된 후 2차적으로 만들어진 분지이며 큰 폭발이나 산정부가 함몰되어 형성된 것이다. 백두산의 산록부는 경사가 완만한 순상화산 현무암으로 이루어져 있다. 개마고원은 현무암의 용암대지로써 해발 1,500m, 동서 240km, 남북 400km에 이른다.

울릉도도 화산활동에 의해 만들어진 대표적인 섬으로 신생대 제3기 유동성이 적은 조면암과 안산암으로 형성된 종상화산 형태를 갖고 있다. 해안은 급경사를 이루고 있으며 규모가 큰 항구는 발달하지 못하였다. 울릉도의 가장 큰 특징은 이중화산이라는 점으로 중앙 북부에 상하 두 단의 칼데라 분지가 발달하고 있다. 상단의 분지에는 중앙 화구구인 알봉이 있으며 울릉도의 유명한 성인봉은 외륜산 일부를 말한다.

Q2. 경동지괴와 우리나라의 경동성 지형을 비교 설명하시오.

경동지괴란 땅이 한쪽 부분만 올라가거나 내려가서, 한쪽은 경사가 급한 절벽을 이루고 다른 한쪽은 경사가 완만해진 지형을 말한다. 단층 운동으로 생긴 단층 지형의 하나로 지괴의 한쪽이 단층면을 따라 상승하여 경사가 가파른 단층절벽이 되고, 다른 쪽은 완만한 사면을 이루어, 비대칭 지형을 이룬다.

'경동성지형' 이란 '경동지괴' 에서 유래되었다. 우리나라의 태백산맥은 양쪽 사면이 비대칭을 이루고 있으나 동쪽 사면이 단층애가 아니므로 경동지괴와 유사하다는 의미에서 경동지형이라 한다.

우리나라의 경동지형이란 지반이 이들 산맥을 중심으로 동해 쪽에 치우쳐 융기하여 형성된 비대칭적인 사면을 갖게 된 지형을 말하는 것이다. 경동성 지형의 중심인 태백산맥과 함경산맥은 제3기 중신세의 경동성 융기운동에 의해 동서의 융기량 차이에 따라 형성된 것이다.

경동성 지형으로 인하여 하천은 분수령을 이룬다. 즉, 태백산맥과 낭림산맥이 분수계 역할을 하고 대부분의 큰 하천은 서쪽으로 흐른다. 또한 우리나라는 경동성 지형으로 인해 북부와 동부의 고산지 및 고원 지역인 함경산맥, 낭림산맥, 태백산맥 등은 산세가 험준하여 교통의 장애 요인이 되며 지역 분화에 영향을 주었다. 또한 동서 방향의 교통로보다 남북 방향의 교통로가 더욱 발달하게 되어 동서 간의 언어 문화적 차이가 발생한다. 또한 지형은 기온과 강수량에 영향을 미치기도 한다. 황해안과 동해안 겨울철 기온은 동해안이 황해안에 비해 높다. 왜냐하면 차가운 북서계절풍을 낭림산맥과 태백산맥이 차단하기 때문이다.

또 우리나라의 경동지형은 백두대간을 형성한다. 백두대간의 두타산 일대는 동해 쪽으로는 경사가 급하고, 내륙 쪽으로는 완만한 경사를 이루고 있다. 이는 피재 이후 백두대간이 계속해서 보여주는 경동지괴 지형을 그대로 유지하는 것이라 할 수 있다. 급경사를 이룬 동해 쪽 북쪽은 삼화사를 품은 무릉계곡을 길게 형성하고 있으며, 백두대간과 두타산~쉰움산 능선으로 구획되는 지역은 넓은 분수계를 이루고 있는데, 이곳의 물은 삼척 오십천으로 유입된다. 또한, 경사가 완만한 두타산 서쪽과 남쪽에서는 골지천이 발원하여 한강 상류로 흘러든다.

Q3. 추가령 구조곡과 추가령 지구대, 추가령 열곡의 명칭에 대해 각자의 소견을 논하시오.

구조곡은 단층에 의한 단층곡, 습곡에 의한 향사곡과 배사곡이 포함되며 직선 형태의 골짜기가 많다. 단층의 파쇄대(破碎帶)가 원인이 되어 골짜기가 된 단층곡, 습곡의 향사축(向斜軸)에 따른 요지(凹地)가 원인이 되어 만들어진 향사곡, 습곡의 배사축(背斜軸)의 무른 암석 부분에 생긴 배사곡 등이 이에 속하며, 일반적으로 직선상의 골짜기가 많다. 따라서 단층이나 습곡이 많은 지역에서는 구조곡이 많이 형성된다.

지구대는 지각이 단층에 의한 함몰로 생긴 길쭉한 요지로 지구와 혼용되고 있으나 엄밀히 정의하면 지구대는 판구조운동으로 이루어진 대규모의 것을 말한다. 열곡은 확장이 일어나는 부분에서 두 개의 단층 사이에 생성된 골짜기이다. 지구 내부의 확장에 의해 인장력이 생기고 그 힘으로 단층으로 둘러싸인 부분은 주저앉고 열곡이 길게 이어진 열곡대(rift zone)가 만들어진다.

추가령 구조곡과 추가령 지구대, 추가령 열곡의 개념은 단층지형의 사례를 통해 생각해볼 수 있다. 학자들마다 추가령 열곡이라는 용어와 추가령 지구대라는 용어를 사용하는 범위가 서로 각각 달랐다. 단층이라는 개념으로 접근하자면 추가령 열곡(裂谷)이라고 부르는 것이 옳다고 볼 수도 있을 것이다. 추가령 구조곡이라는 용어는 지형상 지질상 남한과 북한을 양분하는 구조선을 이룬다는 정도의 개념으로 생각된다. 화강암 지대는 중국 방향의 구조선을 따라 화강암이 관입하여 이루어진 것이며, 골짜기의 침식에 있어서도 일련의 구조선들이 큰 영향을 끼쳤을 것이 분명하기 때문에 추가령 구조곡이라고 한다는 것이다.

철원~평강의 용암대지의 지질구조를 살펴보면 추가령 열곡의 방향과 유사하게 중생대 대보화강암, 중생대 지장봉 화산암, 신생대 현무암이 분포하고 있다. 이것으로 볼 때 이 지역의 지질 구조가 열곡적인 특성을 가지고 있다고 말할 수 있다고 한다. 즉, 그러므로 추가령 구조곡은 성인적 의미에서 단층에 의해 형성된 것이기 때문에 추가령 열곡 내지는 지구대라는 개념으로 볼 수 있는 것이다.

Q4. 우리나라 각지에는 적색토가 널리 분포한다. 이들 적색토를 현재의 기후와는 관련 없는 고토양이라고 한다면 그의 형성과정을 추론해 보시오.

적색토는 아열대 다우 지역의 활엽수림 아래에 발달하는 토양대를 말하며 염기의 용탈이 심하여 철·알루미늄의 이산화물의 집적으로 적색이 강한 것이 특징이다. 고온 때문에 부식의 축적이 적어서 포드졸화 작용은 일어나지 않는 토양으로 적색토는 현재의 기후에 의한 산물은 아니고, 과거 지질시대의 간빙기(間氷期)에 생성된 토양이라 간주되며, 마지막 빙하기 이후에 성립된 지면에서는 존재하지 않음이 밝혀져 있다. 이것으로 볼 때 우리나라의 성대토양으로 적색토가 곳곳에 널리 분포한다는 것은 이전의 우리나라의 기후를 추론해 볼 수 있다. 즉, 우리나라의 남부지방의 고토양이 적색토가 대부분인 것은 과거 한반도의 남부지방이 아열대 지역에 위치했다는 것으로 그 시기의 기후 조건에 의한 라테라이트성 토양이 형성되었다는 것을 의미한다.

적색토화 작용이 탁월하게 진행되었던 시기는 제3기의 아열대적 생물·기후 환경으로서, 오늘날의 우리나라 생물·기후 조건과는 판이하게 다른 환경의 소산물이다. 오히려 현재의 우리나라의 생물·기후적 특징은 적색토층과 풍화층을 급격하게 파괴 내지 변형시키고 있는 삭박·침식 작용이 우세하게 진행되는 상태일 뿐 아니라, 낮은 기온과 적은 강수량은 적색토와 비슷한 풍화층이 생성되기에는 적당하지 않은 조건을 제공하고 있다. 물론 여름 3개월 동안의 현재의 기후조건은 화학적 풍화작용이 탁월하게 진행되는 것으로 보지만 전년을 통하여 볼 때 적색토와 등체적 풍화층이 생성되는 환경과는 거리가 멀다. 그것은 적색토의 상층부가 삭박침식되어 없어진 삭박토양이 곳곳에서 관찰되고 있고, 적색토 상층부가 현재의 생물·기후 조건에서 진행되는 갈색토화 작용을 받고 있음에서도 이들 풍화층 및 적색토가 과거 지질시대의 소산물임을 반증하고 있다. 더욱이 제4기 전반에 걸쳐 나타났던 빙기와 간빙기의 생물·기후 상태가 이들 저기복 평탄면 지형과 등체적 풍화층 및 토양층을 크게 변형시키지 못하였고 오히려 토양·지형적 생성 메커니즘면에서 등체적 층과 토양층을 보존시키는 상태이다.

Q5. 우리나라 하천의 사행에 대하여 각자의 소견을 논하시오.

사행은 하천의 유로가 좌우로 뱀처럼 움직이는 것을 말한다. 곡류하천은 크게 충적층의 범람원 위에서 곡류하는 자유곡류하천(free meander)과 산간지역에서 곡류하는 감입곡류하천(incised meander)으로 구분된다. 자유곡류하천은 저지대의 평야를 흐르는 하천 하류에 발달한 S자 모양의 유로를 말한다. 평야지역을 흐르는 하천은 그 유속이 감소하면 약간의 장애물도 침식하지 못하고 이를 피하여 통과할 때 마다 유로가 구부러져 마치 S자를 연결한 것과 같은 모양이 된다. 산간지대를 흐르는 감입곡류(嵌入曲流)란 자유곡류하던 하천이 지반의 융기, 해수면 하강으로 하도를 깊게 파면서 형성되는 하천으로 산간 지역에서 주로 발달한다. 감입곡류천은 본류나 대지류에 나타나며 규모가 작은 하천에서는 나타나지 않는다. 감입곡류하천은 다시 생육곡류하천과 굴삭곡류하천으로 나뉜다. 생육곡류하천은 연암지역에서 완만한 하방침식 중 측방침식이 가미된 비대칭형의 하천을 말하며 우리나라에서 일반적으로 나타나는 하천이다. 굴삭곡류하천은 경암지역에서 급속한 하방침식의 결과 대칭적인 형태를 보여 주는 감입곡류천을 말한다.

우리나라의 감입곡류의 분포는 태백산맥 서사면과 소백산맥 북 · 서사면에 집중 분포해 있고 동해사면과 소백산맥 동 · 남사면에는 상대적으로 감입곡류의 발생률이 낮다. 하천별로는 한강, 금강, 섬진강, 낙동강 순으로 나타나고 특히 남한강 상류에서 높게 나타난다.

특히 하천 중 · 상류 지역의 감입곡류 하천에서는 곡류부의 목이 절단되어 미앤더핵(meander core)이 존재하며, 미앤더핵 양쪽 절벽에는 애추현상이 나타나는 경우가 많다. 곡류하천의 유로가 직선화되면 구하도(舊河道, old channel)는 단절된 호수로 남게 되는데, 이를 우각호라고 부른다.

Q&A

기후지형학

Q1. 오늘날 데이비스(Davis)의 침식윤회설이 비판을 받고 있는 이유를 설명하시오.

데이비스(W. M. Davis, 1850~1934)의 정규 침식윤회설에 최초로 이의를 제기한 사람은 독일의 지형학자인 펭크(A. Penk, 1894)이다. 그의 이론에 따르면, 사면의 경사는 데이비스가 생각한 것처럼 시간의 경과와 더불어 완만해지는 것이 아니고, 사면의 형태는 하천의 하방침식률에 의해 결정된다고 하였다.

정규침식 윤회설에 대한 비판으로는 첫째, 침식윤회설은 하나의 단순한 틀로서는 훌륭하지만 데이비스를 비롯한 그의 추종자들은 연역적 추리에 기초를 두고 지형의 발달 과정을 일반화할 뿐, 지형을 객관적으로 계측하고 지형의 발달과 관련된 각종 작용을 분석하는데 인색했다. 그래서 구체적인 지형을 잘못 해석하는 오류를 많이 범하게 되었다. 한강, 금강 등의 직류하천을 곡류하천으로 소개하고, 북한산, 계룡산 등의 높은 산을 잔구로 해석하며, 김제평야, 평택평야 등의 충적평야를 침식평야로 규정했던 것과 같은 오류도 우리나라 서부지방의 전반적인 지형에 침식윤회설의 노년기를 기계적으로 적용하다보니 발생한 것이었다. 한강, 금강, 삽교천 등의 하류에서 하안단구의 발달을 기대하지 못했던 이유도 같은 맥락에서 찾을 수 있다.

둘째, 데이비스학파의 지형학자들은 지형의 편년을 지나치게 강조하고, 지형학의 일차적인 목적이 현재의 지형이 형성되기까지의 과정을 복원하는 데 있다고 보았다. 그들은 학문의 기반을 지리학에 두고 있으면서도 지리학적으로 의미가 큰 각종 지형의 분포를 등한시했으며, 지반운동의 내용을 중요시함으로써 지리학보다는 지질학에 더 공헌하게 되었다.

셋째, 그들은 지형이 실제로 일정한 방향을 따라 진화하여 궁극적으로 준평원에 도달한다는 가설을 증명하려고 별로 시도하지 않았다. 높은 산지의 사면은 경사가 급하고, 낮은 구릉지의 사면은 경사가 완만한 것이 보통이다. 그러나 침식을 오랫동안 많이 받아야 사면이 완만해지는 것은 아니다. 하나의 작은 하곡에서도 사면의 경사는 여러 요인에 의해 다양하게 형성될 수 있다. 따라서 기후환경이 동일해도 지역에 따라서는 지형의 진화가 상당히 다르게 펼쳐질 수 있다.

Q2. 지형윤회설의 기본적인 전제조건을 설명하시오.

데이비스는 지표기복의 변화를 침식 윤회로 설명했는데, 최초의 형태에서 출발하는 지표의 기복은 일련의 단계를 거쳐 최종 형태에 도달함으로써 한 번의 윤회를 마친다. 이 과정에서 원지형이 침식의 진전에 따라 유년기, 장년기, 노년기의 준평원 상태로 변하고 준평원이 융기하면 침식이 부활되어 같은 과정을 밟게 된다는 것이다.

유년기의 지형은 원지형의 원면이 넓게 남아서 하도는 폭포나 여울 등이 있는 것이 특징이다. 장년기 지형에서는 침식이 진전해서 골짜기의 너비가 넓어지며, 특히 만(滿)장년기가 되면 하천과 하천 사이에 있는 하간지는 톱니 모양의 산형을 이루어 기복량이 최대가 된다. 만(晩)장년기가 되면, 산정은 둥그스름하게 되어 종순산형을 이룬다. 폭포나 여울은 없어지고 하도는 일반적으로 평형하천의 상태에 가까워지며, 하천은 한층 더 곡류하여 곡폭을 넓힌다. 노년기에 들어가면 하천은 자유롭게 곡류해서 더욱 곡폭을 넓히고, 하간지는 낮아져 물결 모양의 지형을 이루어 해면 부근까지 침식되면서 준평원의 종지형을 이루고, 여기서 하나의 윤회를 완성한다.

그러나 이 일련의 지형변화의 과정은 지반이 정지하고 있거나 혹은 해면의 높이(침식 기준면)가 일정하다는 가정하에서 성립되며, 혹시 윤회 도중에 지반이 융기하거나 해면이 저하되면 침식이 부활해서 새로운 윤회가 시작된다.

또한 이러한 가설이 성립되기 위해서 종전에 말한 지체구조(structure)는 물론 각종 지형형성작용(process)에 관한 이론이 정립되어야 하고 시간의 변화에 따른 여러 단계의 변화(stage) 등이 기본적으로 전제되어야 할 일들이다.

지형윤회설이 갖고 있는 이론 자체의 문제점에도 불구하고 지형윤회설은 지형을 살아있는 유기체로 인식한 최초의 연구로서 지형발달 연구사의 고전적 위치를 차지하고 있다는 점에서 지형학적 의의를 찾을 수 있다.

Q3. 펭크(Penck)와 데이비스(Davis)의 사면발달에 대한 입장을 비교 설명하고 그 타당성에 대한 각자의 소견을 논하시오.

침식윤회의 개념은 데이비스(W. M. Davis, 1850~1934)에 의하여 정리되었다. 데이비스는 침식윤회 또는 지형윤회를 지형연구에서 하나의 통일 원리로 보고 이를 통해 지표의 기복을 체계적으로 이해하려 하였다. 지표의 기복은 삭박을 받아 계속 낮아지며 일정한 방향을 따라 진화한다고 주장하였다. 즉, 지형은 원초적인 형태에서 출발한 후 일련의 단계를 거쳐 최종적인 형태에 도달함으로써 한 번의 윤회를 마친다는 것이 그의 생각이다. 기복의 진화방향을 결정하는 전제조건으로는 구조, 지형의 형성 작용, 단계를 지적하였다.

이러한 그의 이론을 독일의 지형학자 펭크(A. Penk, 1894)는 1924년에 출판된 그의 저서 『지형분석』을 통해 데이비스(Davis)의 침식윤회설에 최초로 비판을 가하였다. 그는 사면의 형태와 사면의 경사는 근본적으로 하천의 침식에 의해서 결정되며, 하천의 침식률은 지반의 융기율과 함수관계가 있다고 생각하였다. 사면은 데이비스가 믿은 것처럼 시간이 경과함에 따라 완만해지는 것이 아니며, 이의 형태는 하천의 하방침식률에 의하여 결정된다. 즉, 지반의 안정으로 하방침식률이 점점 감소할 때는 오목형 사면, 지반의 융기율과 하방침식률이 일정하게 유지될 때는 직선사면, 지반이 점증적으로 융기하여 하방침식률이 점점 증가할 때는 볼록형 사면이 각각 발달한다는 것이다.

그렇다고 해서 펭크의 학설이 데이비스의 그것과 전적으로 상치되는 것은 아니다. 하천의 침식률이 감소하거나 하방침식이 완전히 정지된 상태하에서 시간이 계속해서 경과하면 사면의 경사가 완만해지며 기복이 감소한다고 하는 것은 펭크도 인정하였기 때문이다. 그러나 펭크는 하방침식이 일정하게 계속되면, 사면은 후퇴하지만 그 경사와 직선상의 형태는 시간이 지나도 변하지 않으며, 기복도 감소하지 않는다고 하였다.

이러한 면에서 데이비스의 이론은 사면 감쇠설이라고도 하는데 이것은 장년기에서 노년기에 가까워질수록 하천의 침식으로 점차 경사가 낮아진다는 것이다. 그러나 데이비스가 주장하는 점진적인 사면 경사의 감소는 온대지방의 볼록-오목 사면에서는 유의하지만 건조 지방에서는 맞지 않는다는 것에서 이 이론은 너무 국지적인 장소를 대상으로 조사하고 연구한 것이 아닌가 하고 생각된다.

Q4. 동적평형설을 설명하고 펭크와 데이비스의 설을 비교하시오.

사면의 형태는 사면에서 일어나는 지형형성작용 및 사면 구성 물질과의 평형을 이룬 상태로 존재한다. 지형형성작용이나 구성 물질 특성의 변화가 없다면, 즉 평형이 유지되고 있다면 사면의 형태는 일시적으로 일정 범위에서 변동을 보이지만 평균적으로 보면 일정한 형태를 유지한다.

이러한 이론은 독일의 지형학자 펭크는 1924년에 출판된 그의 저서 『지형분석』을 통해 데이비스의 침식윤회설에 최초로 비판을 가하였다. 그는 지형 연구의 주요 목적을 지반운동의 규명에 두었고 지반 운동은 각종 구조지형을 통하여 지표에 영향을 줄 뿐만 아니라, 침식지형의 형태에도 흔적을 남겨 놓는다고 생각하였다. 또한 그는 볼록형 사면, 오목형 사면, 직선형 사면 등과 같은 사면의 형태와 사면의 경사는 단순히 기후와 암석의 차이에 의해서가 아니라 근본적으로 하천의 침식에 의해서 결정되며, 하천의 침식률은 지반의 융기율과 함수관계가 있다고 생각하였다. 그의 이론에 따르면, 사면은 데이비스가 믿은 것처럼 시간이 경과함에 따라 완만해지는 것이 아니며, 이의 형태는 하천의 하방침식률에 의하여 결정된다. 즉, 지반의 안정으로 하방침식률이 점점 감소할 때는 오목형 사면, 지반의 융기율과 하방침식률이 일정하게 유지될 때는 직선사면, 지반이 점증적으로 융기하여 하방침식률이 점점 증가할 때는 볼록형 사면이 각각 발달한다는 것이다.

그렇다고 해서 펭크의 학설이 데이비스의 그것과 전적으로 상치되는 것은 아니다. 그 까닭은, 하천의 침식률이 감소하거나 하방침식이 완전히 정지된 상태 하에서 시간이 계속해서 경과하면 사면의 경사가 완만해지며 기복이 감소한다고 하는 것은 펭크도 인정하였기 때문이다. 그러나 펭크는 하방침식이 일정하게 계속되면, 사면은 후퇴하지만 그 경사와 직선상의 형태는 시간이 지나도 변하지 않으며, 기복도 감소하지 않는다고 하였다. 그의 학설은 오랫동안 널리 인정을 받지 못하였다. 그 이유는 사면의 형태가 기후 · 식생 · 풍화작용 · 암석 등의 요인보다 하천의 침식률에 의해서 결정된다고 하는 이론에는 실증이 어려운 많은 의문점을 내포하고 있기 때문이다. 그러나 사면의 평행후퇴에 관한 개념은 일부 현대지형학자들도 받아들이고 있는 입장이다.

Q5. 삭평형작용과 적평형작용에 의해 형성되는 지형을 예를 들어 설명하시오.

각종 기구는 침식 및 퇴적작용을 통해서 지표면을 하나의 공통적인 수준으로 이끌어가는 역할을 한다. 이것을 평형작용이라고 하며 평형작용은 삭평형작용과 적평형작용으로 나뉜다. 삭박 또는 삭박작용은 삭평형작용과 의미가 거의 같다. 삭평형작용의 종류로는 풍화작용, 매스 무브먼트, 침식(유수 · 지하수 · 파랑 · 해류 · 조석 · 진파 · 바람 · 빙하) 등이 있다. 풍화작용은 지표면을 낮추는 데 직접 관여하지 않지만 암석을 파괴하여 침식을 돕기 때문에, 그리고 매스 무브먼트는 기구의 개입 없이 일어나지만 지표면을 낮추는 역할을 하기 때문에 삭평형작용에 포함된다.

풍화작용에 의한 대표적인 지형의 예는 각종 절리나 심층풍화에 의해 만들어진 핵석, 토르 등을 들 수 있다. 또한 매스 무브먼트에 의해 형성된 지형은 산사태나, 활동성 운동 중의 하나인 슬럼프, 그리고 낙하 애추 등을 들 수 있다. 장마철에 자주 발생하는 '산사태'는 토석류에 해당한다. 토석류는 토양을 포함한 사면의 풍화층이 물을 흠뻑 먹을 때 일어난다. 풍화층이 강한 바람이나 지진의 충격을 받아서 순간적으로 물을 머금고 있던 탄력성과 응집력을 잃어버리는 경우에 발생하는 것이 바로 산사태이다. 건조한 암석이나 퇴적층의 매스가 일정한 면위에서 내부구조의 변화 없이 미끄러지면서 움직이는 것을 활동성 운동이라고 한다.

한편 유수, 지하수, 파랑, 해류, 조석, 진파, 빙하, 바람 등의 기구에 의해 침식, 운반되어진 물질이 쌓이는 과정을 적평형작용이라 한다. 이러한 적평형작용의 예로는 사취나 사주, 사빈 등을 들 수 있으며 이들은 대표적인 퇴적지형이라고 할 수 있다. 빙력토 평원이나 이 평원에서 종퇴석 가까이의 일부 빙력토 평원에서 저퇴석이 쌓여 숟가락을 엎어 놓은 듯한 언덕 모양의 지형인 드럼린을 형성하기도 한다.

Q1. 반건조기후 지역과 습윤기후 지역의 하계밀도에 대해 설명하시오.

하계밀도(河系密度, drainage density)란 일정한 유역 분지 내의 하천의 총길이를 그 유역 분지의 면적으로 나눈 것이다. 하계밀도는 지질구조, 기반암의 특성, 기후조건, 식생피복물, 시간 등의 요인에 따라 다양하게 나타난다.

하계밀도는 여러 요인에 의해서 결정된다. 식물피복이 두꺼운 곳은 지표의 침식이 억제되어 그렇지 않는 곳보다 하계밀도는 매우 낮아진다. 지질조건이 서로 유사한 환경 하에서는 건조기후 지역의 하계망이 습윤기후 지역보다 대체로 고밀도인데 그 까닭은 식물피복이 빈약하고 강수량의 지표유출율이 높기 때문이다. 하계밀도는 또한 지표가 개석을 받기 시작한 이래의 시간의 경과와도 밀접한 관계가 있다. 기후적인 인자도 직 · 간접적으로 하계밀도에 영향을 미친다. 강수의 양과 형태는 유수의 특성과 양에 직접적으로 영향을 미친다. 강수 현상이 폭우성으로 나타나는 지역에서는 강수의 더 많은 양이 일시에 유수로 되어 흐르는데, 그런 곳에서는 더욱 많은 하계망이 발달하게 된다. 또한 기온분포의 차이에 의해서 토양이 동결되어 있는가, 혹은 융해되어 있는가에 따라서 토양이 강수를 흡수할 수 있는 능력에 차이가 나타난다. 그 외에도 지표의 기복(起伏)도 하계밀도의 결정에 중요한 인자로서 작용하는데 상층부의 원지형면(原地形面)에서부터 인접한 평탄화된 하곡의 곡저에 이르는 수직거리도 중요한 인자 중의 하나이다.

Q2. 건조기후 지역의 선상지 발달에 대하여 설명하시오.

선상지(扇狀地, alluvial fan)는 산지의 좁은 골짜기에서 평지로 흘러나오는 하천이 경사가 급변하는 곡구에 토사를 쌓음으로써 형성되는 지형이다. 선상지의 하천은 대개 규모가 작다. 하천이 크면 곡구에서 경사가 급변하지 않고 또 유량이 많아 토사가 곡구에 집중적으로 쌓이지 못한다. 전형적인 선상지는 납작한 반원추 모양으로 생겼으며, 지형도에서는 곡구를 중심으로 등고선이 동심원상으로 배열되어 있어서 쉽게 식별할 수 있다. 선상지의 하천은 홍수 시에 곡구를 벗어난 후 넓게 퍼지면서 흐르거나 유로를 자주 바꾼다.

선상지가 발달하기에 이상적인 곳은 건조지역의 단층애 밑이다. 건조지역에 속한 미국의 그레이트베이슨(Great Basin)은 지구대가 많기로도 유명한데, 일부 지구대의 양쪽 단층애 밑을 따라서는 많은 선상지가 연속적으로 나타난다. 단층애에 형성된 좁은 골짜기의 하천은 크기가 작은데다가 평지로 흘러나오는 곳에서 경사가 급변한다. 그리고 건조지역에서는 식생이 빈약하여 소나기가 쏟아질 때만 물이 흐르지만 토사를 많이 운반한다. 여러 선상지가 횡적으로 이어진 것은 합류선상지(合流扇狀地, confluent fans)라 한다.

건조기후 지역의 산사면은 습윤기후 지역에서보다 대체로 급하고 식물피복이 결핍되어 있어서, 호우 시에는 기계적 풍화작용으로 생산된 조립물질이 대량으로 하천에 공급된다. 그리고 하천은 주로 홍수 시에만 흐르지만 이 조립물질을 충분히 운반할 수 있고, 또한 선상지로 흘러나오면 물이 지하로 스며들고 심한 증발로 유량이 급속히 감소되어 곡구(谷口)를 중심으로 쌓이는 토사의 양이 많아진다. 호우 시 분류(分流)되면서 흐르는 포상홍수(布狀洪水)는 운반력이 강력하여서 규모가 작은 선상지의 경우 그 구배가 20° 가까이 형성될 때도 있다.

단층의 전면에는 하천의 간격이 좁아 횡적으로 다수의 선상지가 연결이 되는 경우가 종종 발생한다. 이러한 합류선상지(合流扇狀地)를 바하다(bajada, bahada)라고 한다. 미국 세라 네바다 산맥의 동쪽 산록, 피레네 산맥의 산록, 일본의 송본분지(松本盆地)와 갑부(甲府) 분지 등지에서 그 예를 볼 수 있다.

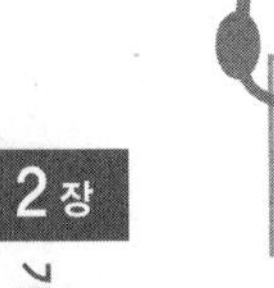

Q3. 하천 회춘의 증거가 될 만한 지형적 특징들의 예를 들고 설명하시오.

회춘(回春, rejuvenation)은 침식기준면이 낮아짐에 따라 침식활동이 재개되는 현상으로 특히 하천의 회춘이란 하천의 하방침식이 부활되는 현상을 가리킨다. 지형적 의미는 지형적 부정합이나 부조화의 개념으로 보아야 하며, 그 증거로는 단구, 경사 급변점의 출현, 감입곡류하천의 발달, 선행곡, 표생곡 등에서 찾아볼 수 있다.

단구(段丘, terrace)는 하곡의 상류지역의 지형과 인근의 고지대와의 정합의 결핍을 의미한다. 상층부와 상부하곡 형태는 장년기와 노년기의 지형인 반면 하부하곡 단면의 형태는 유년기곡으로 설명된다. 곡의 단면은 곡중곡의 형태로서 나타나며, 윤회하곡으로 볼 수 있다.

하곡의 종단면(縱斷面, longitudinal profile)을 통해 볼 때, 경암층이 아님에도 발생하는 경사급변점은 회춘의 증거라 할 수 있다. 하천이 평형에 달하게 되면 하곡의 종단면이 매우 완만해지고 경사 급변점은 침식기준면의 변화를 의미한다고 생각된다.

감입곡류(嵌入曲流, incised meander)는 지반의 융기 또는 침식기준면의 하강으로, 자유곡류하천이 원래의 패턴을 유지하면서 하도를 깊이 감입사행하는 것을 말한다. 한강, 낙동강, 금강 등 우리나라 주요 하천의 중 · 상류에는 감입곡류 하도들이 모식적으로 나타나기도 하는데 이것을 고위평탄면과 더불어 습곡, 융기 이전에 한반도가 넓은 지역에 걸쳐서 저평화되었다는 증거로 보인다.

선행곡(先行谷, antecedent valley)은 횡곡의 한 종류이다. 하천의 유로를 횡단하여 지면이 융기하는 경우 융기 속도에 비하여 하방침식의 속도가 빨랐을 때에 하천은 그 유로를 계속 유지하면서 융기한 지역에 협곡을 이루면서 관류한다. 이와 같은 하천을 선행하천이라고 한다. 이 때 만약 하각의 속도가 융기 속도보다 늦은 경우 융기부의 상류에서 유로를 변경하거나 막혀서 호수를 형성하기도 하며 하천의 퇴적작용으로 매적분지를 형성하기도 한다.

그 외에도 경암 및 연암을 함께 삭박(削剝, denudation)하는 준평원 지역에 침식이 부활되어 형성되는 표생곡(表生谷, superimposed valley) 역시 회춘의 지형적 증거라고 할 수 있다.

Q4. 하안단구의 사진을 제시하고 해안단구와 비교하시오.

하안단구(河岸段丘, river terrace)는 범람원보다 지면이 높아 홍수 시에도 하천이 범람하지 않는 것이 보통이다. 한때는 하안단구의 발달원인으로 지반의 융기만 강조되었다. 그러나 하안단구는 하곡에 토사가 두껍게 쌓인 후 하천의 침식력이 부활되어 하도가 다시 깊게 파일 때도 형성된다. 이러한 형상은 건조기후가 습윤기후로 바뀔 때 일어날 수 있다. 건조기후가 습윤기후로 바뀌면, 식물피복이 두꺼워져서 토사 공급이 줄어드는 반면에 유량의 증가로 하천의 침식력이 왕성해지며, 이로 인해 하도가 깊게 파이면 그 이전의 범람원은 단구로 변하게 된다. 기후변동과 관련하여 형성된 단구는 '기후단구' 라고 한다. 그리고 두꺼운 퇴적층으로 이루어진 것은 '충적단구' 라고 불린다. 앞에서 설명한 것과 같은 기후단구는 충적단구에 속한다.

해안단구(海岸段丘, coastal terrace)는 파식에 의하여 평탄화된 해저지형이 융기한 것으로 생각할 수 있으나, 이것은 해면의 승강운동은 생각하지 않은 것으로 볼 수 있다. 해안단구는 현재의 해면과 아무런 관계가 없을 수도 있는데 그 이유는 지반운동이 격심한 해안에서는 후빙기 해면상승 이후에 형성된 단구도 간혹 발견되기 때문이다. 그러나 지반이 비교적 안정된 해안의 단구는 대체적으로 간빙기의 높은 해면과 관련하여 형성된 것으로 본다. 다수의 해안에서는 여러 개의 해안단구가 '계단' 모양으로 나타나며 이와 같은 단구는 연대가 오랜 것일수록 해발고도가 높은 것으로 알려져 있다. 빙하성 해면 변동과 관련된 해안단구는 오스트레일리아, 인도, 남아프리카 등 세계 도처의 해안에서 알려져 있다.

Q5. 지형발달에 관여하는 빙하의 영향을 설명하시오.

지형을 형성하는 데 영향을 끼치는 빙하의 작용을 침식과 운반, 퇴적작용으로 나누어 생각해볼 수 있다. 즉 빙하의 지질작용을 생각해 볼 수가 있다. 먼저 빙하의 침식작용으로는 대표적으로 마식과 굴식으로부터 시작된다고 할 수 있다. 빙하도 하천처럼 기반암을 깎아내는 마식(磨蝕, abrasion)과 절리가 많은 기반암에서 암괴나 암편을 뜯어내는 굴식(掘蝕, plucking)을 한다. 마식은 미끄러지면서 움직이는 빙하가 암설을 운반하기 때문에, 굴식은 절리로 침투하는 수분이 동결하고 그 얼음이 빙하와 일체가 되기 쉽기 때문에 일어난다. 마식을 받은 기반암은 매끈하고, 굴식을 받은 기반암은 거칠다. 빙하 밑에 얼어붙은 채로 운반되는 암편 또는 자갈은 기반암에 가느다란 금, 즉 찰흔(擦痕, striation)을 긋거나 좁고 기다란 홈, 즉 그루브(groove)를 파 놓는다. 찰흔이나 그루브는 빙하가 없어진 후 그 이동방향을 알아내는 데 중요한 지표로 이용되며 찰흔은 빙하 밑에서 운반되는 자갈에도 그어진다.

빙하가 운반하거나 또는 운반하다 쌓아 놓은 퇴적물을 퇴석(堆石, moraine 또는 till)이라고 한다. 퇴석은 빙하가 어떻게 운반하는가 또는 어디에 쌓이는가에 따라 여러 종류로 나뉜다. 빙상이나 곡빙하 밑에서 끌리고 밀려서 운반되는 것을 저퇴석(底堆石, ground moraine)이라 하고 곡빙하의 경우 곡벽을 따라 양쪽 측면에서 운반되는 것은 측퇴석(側堆石, lateral moraine)이라고 한다. 측퇴석에는 빙하 위의 산사면에서 공급되는 암설이 많이 포함되며, 상당한 양은 빙하 위에 얹힌 상태로 운반된다. 그리고 지류빙하가 본류빙하로 유입하는 곳에서는 이들 빙하의 안쪽에서 운반되는 측퇴석들이 서로 합쳐져서 중앙퇴석(中央堆石, medial moraine)을 이루게 된다. 중앙퇴석의 수는 하류로 감에 따라 지류빙하의 수만큼 늘어난다. 중앙퇴석은 검게 보이며, 중앙퇴석의 검은 밴드는 얼음과 뒤섞이지 않고 하류 쪽으로 길게 연장된다. 빙상과 곡빙하 모두 얼음이 녹아 없어지는 말단부에는 퇴석이 집중적으로 쌓여 낮은 언덕이 형성된다. 이러한 언덕을 종퇴석(終堆石, end moraine 또는 terminal moraine)이라고 한다. 한편 빙하가 녹아서 생기는 융빙수는 하천을 이루며, 퇴석은 이에 의해 빙하의 전면으로 다시 운반된다.

Q1. 기계적 풍화를 촉진하는 인자의 예를 설명하시오.

기계적 풍화작용(mechanical weathering)이란 암석이 압력을 받아 부서지는 것을 가리킨다. 암석이 기계적으로 부서질 때는 모난 조립암설이 생산된다. 기계적 풍화작용은 기반암이나 암괴를 작은 암설로 부숴 화학적 풍화작용을 돕는다. 암석을 기계적으로 파괴하는 작용으로 첫 번째, 깊은 지하에 묻혔던 기반암이 지표에 노출될 때 높은 압력으로부터 벗어남으로써 겪게 되는 팽창을 들 수 있다. 팽창하면서 기반암에는 절리가 형성되기 시작한다. 특히 판상절리의 발달이 양호하면, 기반암에서 넓적한 돌이 양파껍질처럼 겹겹이 떨어져 나오는데 이러한 현상을 박리(剝離, exfoliation)라고 한다. 돔 모양의 석산과 판상절리 사이에는 밀접한 관계가 있다. 석산의 둥근 윤곽은 판상절리에 의해 결정되고, 판상절리는 석산의 윤곽을 따라 발달한다. 두 번째, 암석의 틈에서 진행되는 얼음이나 염류와 같은 이질결정체의 성장을 들 수 있다. 암석의 틈에 들어간 수분이 얼 때는 결정구조가 6각형인 빙정(氷晶), 즉 암석의 광물들과는 성질이 다른 이질결정체가 형성되는 동시에 부피가 약 9% 늘어나 틈이 더욱 벌어지기도 하고 암석이 쪼개지기도 한다. 빙정의 이와 같은 쐐기작용은 한대지방과 수목선(樹木線, tree line) 위의 고산지대와 같이 동결과 융해가 자주 반복되는 한랭기후지역에서 활발하게 일어난다. 세 번째, 가열과 냉각이 반복될 때 조암광물들 간에 발생하는 차별적 팽창과 수축 등이 중요하다. 첫 번째 것은 어디서나 보편적으로 일어나는 현상이지만 두 번째와 세 번째 것은 기후의 영향을 크게 받는다. 지표면의 암석은 낮에는 햇빛을 받아 더워지고, 밤에는 복사열을 방출하여 식는다. 암석도 가열될 때는 팽창하고 냉각될 때는 수축하는데, 열전도율이 낮아 가열과 냉각의 효과가 표층에 집중된다. 그래서 팽창과 수축이 반복될 때 암석의 표층에는 내적 압력이 발생하고, 이러한 압력이 일정한 한계를 넘으면 암석의 표층이 붕괴되는 것이다.

마지막으로, 우리는 바위틈에서 자라는 나무를 종종 볼 수 있는데 이러한 나무뿌리도 쐐기작용을 한다. 나무뿌리는 절리나 그 밖의 틈을 따라 바위 속으로 뻗어 들어간다. 그래서 그것이 굵어질 때 바위틈이 더욱 벌어지는 것이다.

Q2. 화학적 풍화작용과 기후와의 관계를 설명하시오.

암석의 각종 광물, 즉 조암광물(造巖鑛物)에 화학적 변화가 일어나는 것을 화학적 풍화작용(化學的風化作用, chemical weathering)이라고 한다. 광물에 화학적 변화가 일어나면, 광물은 원래의 성질을 잃어버리면서 푸석푸석해지는 동시에 부피가 늘어난다.

화학적 풍화작용은 수분을 필요로 한다. 지표상에서 수분이 전혀 없는 곳은 거의 없다. 수분은 아주 건조한 사막의 공기에도 포함되어 있으며, 사막에서도 밤에는 이슬이 내린다.

일반적으로는 기계적 풍화작용의 정도가 화학적 풍화작용에 영향을 준다. 즉 기계적인 풍화를 많이 받은 암석은 수분 침투가 쉽기 때문에 보다 빨리 효과적으로 화학적 풍화가 진행된다. 또한 화학적 풍화작용에서 열적 환경은 매우 중요하다. 온도가 상승할수록 화학반응의 속도는 빨라지는데, 온도가 섭씨 10℃ 상승하면 화학 반응 속도는 2.5~2.8배 증대된다. 이렇듯 화학반응은 높은 온도에서 활발하게 일어난다. 화학적 풍화작용은 물, 산소, 이산화탄소가 요인이 되어 암석을 녹이는 작용이기 때문에 기후가 대체로 온난 · 습윤한 열대 지방에서 잘 일어난다.

화학적 풍화작용은 크게 산화작용(oxidation), 환원작용(reduction), 가수분해(hydrolysis), 용해작용(solution), 탄산화작용(carbonation), 수화작용(hydration), 킬레이트화작용(chelation) 등으로 나눌 수 있다. 이러한 작용은 모두가 수분과 기온에 밀접한 관련을 가지고 있다. 즉 강수량이 많은 다습하고 기온이 높은 기후지역의 경우에는 위에서 언급한 일곱 가지 화학적 풍화작용이 극에 달하나 강수량이 적어 건조하고 기온이 낮은 한랭한 지역에서는 화학적 풍화작용이 매우 천천히 발생하게 된다.

Q3. 화학적 풍화작용과 물리적 풍화작용과의 관계를 설명하시오.

풍화작용은 그 성질에 따라 기계적 풍화작용, 즉 물리적 풍화작용과 화학적 풍화작용, 그리고 생물학적 풍화작용으로 크게 구분한다. 물리적 풍화작용은 암석의 기본 성질은 변하지 않고 물리적 형태만 변하는 것을 말하는 반면, 화학적 풍화작용은 암석의 화학반응을 통해 그 성질까지 변하는 것이다. 또한 동물이나 식물이 그 생성과정에서 풍화에 영향을 주기도 하는데 이를 생물학적 풍화작용이라고 한다.

암석이 화학적 풍화작용을 받게 되면 풍화된 부분은 결합력이 약해져 푸석푸석해지는데 이러한 화강암 풍화층을 '썩은 바위' 또는 '석비레' 라고 한다. 영어에서는 새프롤라이트(saprolite) 또는 레골릿(regolith)이라고 부른다. 부드럽게 풍화된 석비레는 시간이 지나면서 토양생성작용을 받아 결국 토양으로 변한다. 만약에 풍화현상이 없다면 지구상에 토양층은 존재하지 않고 결국 그 토양에서 살아가는 온갖 생명체들은 생존할 수 없을 것이다.

화학적 풍화작용과 물리적 풍화작용은 그 메커니즘(mechanism) 상으로 구분이 되나 실제로 지표상에서 발생하는 풍화작용은 개별적으로 이루어지는 것이 아니라 다양한 성인이 복합적으로 연루되어 발생하는 경우가 더욱 많다.

한편 물리적 풍화작용은 암석 자체가 잘게 부수어지는 과정으로 이러한 현상이 지속되면 기존 암석의 표면적보다 상당히 증가된 체적을 지니게 된다. 이것은 암석 자체가 물리적 풍화에 의하며 잘게 부수어지는 것도 있지만 화학적 풍화작용을 더욱 원활히 진행되게 만드는 효과를 함께 가진다. 화학적 풍화작용은 본래의 모재와 수분과 기온에 상당히 민감하게 반응하는데, 암석 표면적의 증가는 대기 및 수분과의 접촉면적을 증가시켜 더욱 원활한 화학적 풍화작용을 일으키는 데 영향을 주는 것이다.

예를 들어 지하 깊은 곳에 묻혀 있던 화강암체가 지표면으로 드러날 때 압력의 감소로 물리적 풍화에 의한 절리가 발달하게 된다. 이는 암체 내부로 수분이 침투하기에 유용한 통로로 이용되기 때문에 수분에 의한 화학적 풍화의 진전에 도움을 주며, 또한 침투한 수분의 결빙은 절리 틈을 더욱 확장시켜 암석의 붕괴를 촉진시키게 된다.

Q4. 암석의 저항력을 결정짓는 인자에 대하여 설명하시오.

암석의 저항력은 해당 암석을 구성하는 광물의 안정성과 밀접한 연관성을 가진다. 광물은 풍화에 대한 저항력이 다양하여 어떤 것은 매우 빠르게 풍화되고 어떤 것은 매우 느리게 풍화되어 여러 번에 걸친 퇴적 사이클을 유지하게 된다.

여기서 광물구조(鑛物構造)는 풍화에 대한 광물의 저항 정도에 있어 중요한 역할을 한다. 일반적인 자료에서 어떤 광물의 경우 광물의 안정도 순서는 광물구조에 기초한 순서와 비슷하다. 즉 인접한 규산 4면체 사이에 산소 역할의 점진적 증가는 풍화에 대한 증가된 저항력과 상호 관련이 있다. 이것은 감람석-휘석-각섬석-운모-석영 순서에 해당된다.

안정도 순서에서 다른 광물은 보다 강한 Si-O와 Al-O의 결합에 의하여 연결된 사면체를 함유하여 풍화에 더 저항적이다. 이 광물들에서 풍화나 용해작용에 약한 양이온-산소 결합의 위치로 접근한다면 풍화작용이 가장 효과적이다. 다른 인자들은 같은 구조류에서 분류된 광물의 상대적 저항을 말해준다. 예를 들면 사장석은 보다 안정적인 나트륨 사장석에서부터 최소의 안정성을 갖는 칼슘 사장석까지의 순서를 보인다.

암석의 저항은 구성 광물의 화학적 풍화에 대한 반응에서도 살펴볼 수 있다. 암석은 각기 다른 비율로 풍화되고 침식된다. 동일한 풍화조건에서 여러 가지 암석을 비교하기 위해서는 빙력토나 다양한 암석의 형태를 포함한 퇴적물질을 연구하는 것이 가장 좋다. 지표로부터 동일한 깊이에 있는 암석은 동일한 풍화조건하에서 풍화를 받는다고 생각된다.

조립질 화성암이 미립질 암석보다 일반적으로 더 빠르게 풍화되는 것을 알 수 있다. 쉽게 풍화되는 광물을 많이 포함하고 있는 암석은 안정된 광물을 많이 포함하고 있는 암석보다 빨리 풍화된다. 그러나 동일한 조건에서 비교하기 위해서는 암석의 결정도와 입경이 동일해야 한다. 따라서 화성암의 경우 풍화에 대한 저항은 반려암-화강암 또는 현무암-유문암 순으로 증가해야 하며 이때에 서로 비교되는 암석들은 암석의 저항도가 같아야 한다.

Q5. 기후현상이 토양의 발달에 미치는 영향을 정리하시오.

강수와 기온은 토양생성에 영향을 미친다. 토양은 물과 반응하는 고정된 고체 화합물로 채워진 수직 파이프와 비교할 수 있다. 물이 파이프를 흐르는 것처럼 토양을 통해서 흐르게 되면 투수현상(透水現象)이 일어나고 빗물은 밑에 있는 기반암의 공극으로 토양을 통해 투수된다.

이는 광물 변형을 가속시킴으로써 식생과 박테리아의 성장을 자극하고 토양생성을 촉진시킨다.

이렇듯 기온과 수분은 토양형성에 가장 많이 영향을 미치는 기후적 요인이라고 할 수 있다. 토양에서 화학적 · 생물학적 작용은 고온다습한 환경 하에서는 활발하나 한랭건조한 환경 하에서는 그렇지 못하다. 따라서 기후조건과 토양의 유형은 관련이 깊으며 수분, 증발, 온도 등은 유기물의 활동이나 토양의 세탈률(洗脫率, eluviation rate), 화학적 반응 등을 지배한다. 현재의 기후조건도 중요하지만, 과거의 기후조건이 토양의 특성에 반영되어 있으며 특히 빙하기의 영향으로 바람에 의해 황토가 수천km 이동하여 현재의 위치에 분포하는 것은 주목할 만하다.

토양 내 수분의 흐름은 대체로 중력에 의하여 아래로 이동하며 특별한 경우에는 상승하기도 하며 수분침투의 기회에 따라, 옆으로 움직이기도 한다. 어느 방향으로 어떻게 흐르든 간에, 토양수는 용존 물질을 가지며, 부유 상태로 미립 물질을 운반한다. 따라서 흐르는 물은 토양의 화학적 · 물리적인 요소를 재배치하여, 토양 영양분의 유무와 다양성을 지배한다.

온도는 화학반응 및 박테리아의 활동과 밀접한 관련을 갖는다. 온도가 높으면 화학반응이 빠르고, 0℃ 이하로 내려가면 화학반응이 멈춰진다. 따라서 열대비장에서는 화학적 변화가 극도로 진행되어 있고 툰드라 토양의 모재는 기계적으로 부서진 암설이나 광물들로 구성되어 있다. 식물 사체가 박테리아에 의하여 완전히 소모되는 열대습윤 지역과 냉대습윤 지역에서는 박테리아의 활동이 줄어들어 분해 중에 있는 유기물 층이 삼림 밑의 지표에 두껍게 쌓이며, 토양의 상층에 보존되는 부식층을 갖는다.

Q6. 토양단면에 관해 설명하시오.

토양생성작용에 의하여 토양모재로부터 토양이 형성되면 어느 정도 명확한 토양층(土壤層, soil horizon)이 발달하게 되는데, 이것은 특히 배수가 잘 되는 토양에서 현저하게 나타난다. 토양단면(土壤斷面, soil profile)은 이와 같은 분화된 토양의 각 층위에서부터 토양모재에 이르는 모든 층을 수직적으로 배열한 층의 단면을 말한다. 토양단면은 기후의 영향을 받아 각 층위(層位)의 분화가 잘 일어나며, 유기물의 집적이 있을 때는 더욱 활발하게 일어난다. 토양의 성질과 농업상의 가치는 이들 각 층의 입자 성질, 빛깔, 화학적 성질과 각 층의 배열 등에 의하여 결정된다.

토양의 층에서 가장 상위의 표층은 O층이다. 이는 분해 중이거나 오래되지 않은 유기물로 구성되었으며 삼림지역에서는 항상 발견되나, 초지에서는 반드시 존재하는 것은 아니다. A층은 광물질 층이라 하며 유기물이 풍부하다. 대개 검은색이며, 씨를 뿌리면 이층에서 싹이 트게 된다. B층은 위의 A층보다 색이 연하며 점토, 철, 알루미늄 등이 하부로 이동하여서 모래나 실트 입자를 남기고 있다. B층은 광물질 층이며 위에서 이동한 물질이 축척되어 있다. 점토, 철, 알루미늄 등이 집적되어 A층보다 점토의 함량이 많다. C층은 토양모재층으로서 식물의 뿌리가 도달하지 않으며, 풍화 이외의 토양형성작용은 거의 일어나지 않고 유기물이 없다. R층은 풍화가 일어나지 않는 기반암이다.

진정한 의미의 토양단면은 B층까지이다. 시간적인 요인과 표층수는 토층 발달에 가장 중요한 요인이다. 표층수가 없으면 토양으로 수분이 침투하지 못하기 때문에 토양이 발달할 수 없다. 습윤 지역에서 모든 토양층(O층, A층, B층)을 가진 곳은 대개 수분침투가 양호하고 경사가 완만하여 장기간 교란이 없는 곳이다. 그러나 모든 층을 가진 경우는 많지 않고 대개는 침식이나, 과거의 고기후에 의해 형성된 화석 토양층이거나, 또는 시간적으로 길지 않아서 성숙토가 되지 못한 경우가 대부분이다. 성숙토와 미성숙토를 나눌 때 B층이 없으면 미성숙토로 분류한다.

Q1. 토르의 발달과정을 정리하고 절리의 발달이 토르의 형성에 미치는 영향을 설명하시오.

토르의 성인은 1단계 발달이론과 2단계 발달이론으로 크게 나뉜다. 전자는 지상풍화를 강조한 1회적인 지형형성 작용, 후자는 지하 및 지상에서 2회 이상의 지형형성 작용으로 토르가 발달하는 경우이다. 먼저 토르를 발달시키는 1단계 지상풍화 유형은 다음과 같다.

첫째, 주빙하기후에서 동결작용이나 동결파쇄작용에 의해 사면이 후퇴되면서 기반암의 약한 부분을 따라 차별적인 풍화가 일어나게 되면 그 앞쪽 평탄면 상에 우뚝 솟게 되는 토르가 발달하게 된다.

둘째, 건조기후 지역의 침식종말 지형인 페디플레인 형성 과정에서 페디먼트가 발달하고 사면후퇴로 인셀베르그가 발달하는데, 이것의 규모가 축소되고 해체되는 과정에서 토르가 형성되기도 한다.

셋째, 현재 반건조기후에서 수직붕괴를 일으키는 가장 주요한 인자인 나마가 발달하면서 그 부산물로 토르가 형성된다. 나마는 반대로 토르를 파괴시키는 메커니즘으로 작용하기도 한다.

넷째, 바람의 풍화작용과 박리 현상에 의해서도 토르가 발달한다. 이러한 경우 토르의 암괴는 원력의 형태를 띠어 심층풍화에 의한 둥근 핵석 기원의 토르와 구분이 어려운 경우도 있다.

2단계 발달이론은 지중풍화, 즉 심층풍화를 강조한 개념으로서, 심층풍화에 의해 형성된 핵석이 지표로 노출되어 토르가 형성된다고 보는 입장이다.

지하수의 침투로 지중의 기반암이 풍화를 받게 되는데, 이때 절리가 조밀하게 발달한 부분은 쉽게 풍화되지만, 반대로 절리 간격이 넓은 단단한 암석 부분은 풍화에 대한 저항성이 강해 핵석으로 남게 된다. 그 뒤 여러 작용에 의해 풍화물질이 제거되면 핵석만이 기반암 상에 노출되어 토르가 된다. 심층풍화는 빙하 지역을 제외한 거의 모든 지역에서 진행되는 것으로 그 풍화전선은 열대지방에서 제일 깊으며, 제3기에 고온다습하였던 지역 역시 현재의 기후환경과 관계없이 풍화층이 두껍게 나타난다.

Q2. 심층풍화와 구상풍화와의 차이점을 설명하시오.

심층풍화는 지표 밑 깊은 곳에서 기반암에 풍화가 일어나는 것이다. 심층풍화는 암석이 화학적 풍화되었더라도 암석의 조직을 그대로 보전하고 있는 것이 특징이다. 심층풍화가 진행되는 속도는 기온과 강수량, 식생의 피복상태, 암석의 종류 및 암석에 발달된 절리의 상태에 따라 다르다. 심층풍화는 빙하지역을 제외한 거의 모든 지역에서 진행되지만 풍화전선은 열대지방에서 가장 깊다. 제3기와 같은 지질시대에 고온다습하였던 지역은 현재의 기후환경과는 관계없이 심층풍화층이 두껍게 나타난다. 화강암이나 현무암 같은 괴상의 암석은 심층풍화를 받는 과정에서 암석이 구상으로 풍화되어 핵석이 생성된다.

구상풍화는 일련의 화학적 풍화로서 암석이 심층풍화에 의해 세프롤라이트 상태로 되는 과정에서 풍화되지 않은 부분이 구상의 핵석으로 남게 되는 것이다.

심층풍화를 받기 쉬운 암석은 투수성이 높고 화학적으로 활성인 것이 많다. 반면에 풍화작용이 진행되었어도 풍화물질이 침식작용에 의해 운반되어 다른 곳으로 제거되기 쉬운 곳에서는 심층풍화가 일어나기 매우 어렵다.

따라서 풍화작용 중 특히 화학적 풍화작용이 급속히 촉진되는 기후조건이면서 지형의 기복이 완만한 경우에는 풍화생성물은 두껍게 되어 심층풍화가 일어나기 쉽다. 그런데 현재 지형의 기복이 크다든지 기후가 화학적 풍화가 일어나기 쉬운 조건이 아닌 지역에서도 심층풍화가 나타나기도 한다. 이러한 경우는 풍화조건이 현재와는 달랐던 과거의 어떤 시대에 심층풍화가 일어난 것으로 볼 수 있으며, 이때에는 풍화작용의 시대적인 검토가 중요한 과제로 남게 된다. 이때에 기후조건의 변화 여부도 풍화에 지극히 큰 영향을 미친다고 하는 것이 중요하다.

Q3. 애추와 안식각과의 관계를 설명하고 야외에서 애추(talus)의 이동 여부를 식별할 수 있는 방법에 대해 각자의 생각을 서술하시오.

표면이 거친 조립암설이 집단적으로 쌓일 때 형성되는 사면의 최대경사는 35°를 크게 벗어나지 않는다. 경사가 이보다 급해지면 암설에 가해지는 중력 성분의 증가로 암설이 아래로 굴러 떨어지며, 원래의 경사가 재현된다. 이렇게 암설이 안정한 상태를 유지하면서 머물 수 있는 최대각도를 안식각이라고 한다. 안식각은 입자의 크기 · 모양 · 거칠기 등과 관련하여 약간씩 다르게 나타난다.

사면은 산간지방에만 나타나는 것이 아니다. 지표에서 가장 많은 비율을 차지하는 사면은 5° 이하의 사면이다. 경사가 이처럼 완만한 사면에서는 매스 무브먼트가 활발하게 일어나지 않는다.

애추는 오랜 세월에 걸쳐 단애에서 암설이 한 번에 한 개씩 또는 몇 개씩 떨어져서 형성되는 지형이다. 암설은 결빙에 의한 기계적 풍화작용이 활발한 지역의 단애에서 잘 떨어진다.

애추는 단애에서 낙하하는 암설이 쌓여 형성되는 지형이기 때문에, 그 경사는 암설의 안식각에 의해 결정된다. 애추의 사면은 일반적으로 35° 내외의 경사를 유지하며, 단면이 직선상이다. 그리고 암설 중에서 큰 것은 애추의 아래까지 굴러가며, 작은 것은 위에 머무르는 경향이 있다. 암설이 낙하할 때 이와 같이 크기별로 나뉘는 현상을 낙하분급이라고 한다. 이러한 분급의 정도를 보고 애추의 진행 방향이나 이동 여부를 식별할 수 있을 것이라고 본다.

또한 애추는 전형적으로 단애 밑에 암설이 원추 모양으로 쌓인 형상을 보이는데, 이것은 암설이 단애의 한 부위에서만 공급되는 경우에 발달한다. 이와는 달리 넓은 단애에서 암설이 균일하게 떨어지는 경우에는 애추사면이 형성된다. 이렇게 애추나 애추사면의 형태를 보고도 애추의 이동 여부를 판단할 수도 있을 것이다. 원추 모양의 여러 애추가 횡적으로 이어진 것은 복합애추라고 한다. 그러나 실제로는 단애 밑에 암설이 쌓여 있으면 형태가 어떻든 애추라고 부르는 것이 일반적이다.

Q4. 구체적인 애추의 사진을 제시하고 설명하시오.

애추는 가장 보편적인 주빙하기후 지형으로서, 기계적 풍화에 의해 단애면으로부터 분리되어 떨어진 암설이 사면 기저부에 집적된 지형이다. 우리말로는 '너덜겅' 또는 '너덜지대'로 표현되고 있다. 애추가 산지사면 전체에 발달한 경우 거대한 돌무지 형태의 애추사면이 만들어진다.

우리나라를 포함한 온대지방의 애추는 대부분 빙기에 형성된 것으로 지금은 활동을 멈춘 것으로 알려져 있다. 이러한 애추는 표면의 암괴가 이끼로 덮여 있거나 암괴를 공급한 절벽의 노두가 신선하지 않으며, 식생의 침입을 받기도 한다. 노출된 암벽은 절리를 따라 기계적 풍화를 받기 쉽고, 이들 기계적 풍화에 의해 형성된 파쇄암설은 암벽의 기저부에 계속 집적되어 암설사면을 형성하게 된다. 단애면으로부터 암설이 낙하될 때 그 크기에 따라 낙하분급이 일어나 상부에는 작은 암설이 그리고 하부에는 큰 암설이 쌓이게 된다.

애추는 기계적 풍화와 관련된 것으로서 주빙하기후 지역에서 전형적으로 발달하는 것이 보통이다. 현재 주빙하기후 지역이 아닌 지역에 존재하는 대부분의 애추는 과거 빙기의 주빙하기후와 관련하여 형성된 화석 지형이다.

Q5. 애추와 암괴류, 암괴원을 비교하여 설명하시오.

애추는 동결과 융해에 의한 기계적 풍화작용이 활발한 지역에 발달한다. 애추는 노암의 단애 또는 절벽에서 분리되는 크고 작은 암괴나 암설이 낙하하여 그 밑에 쌓임으로써 형성되는 지형이기 때문에, 그 경사는 구성물질의 안식각에 의해 결정되며, 대개 35° 를 그리 벗어나지 않는다.

이는 주빙하기후 지역에서 전형적으로 발달하는 것이 보통이다. 현재 주빙하기후 지역이 아닌 지역에 존재하는 대부분의 애추는 과거 빙기의 주빙하기후와 관련하여 형성된 화석 지형이다.

암괴원도 또한 주빙하기후 지형의 대표적인 예로서, 입경 30㎝ 이상의 암괴들이 집적된 넓은 사면을 말한다. 평지에 발달한 것을 암괴원, 사면의 경사를 따라 흘러내리는 모양을 한 것을 암괴류라고 구분하지만 평지와 사면을 구분하는 것 자체가 사실 상당히 모호하다. 산 정상부의 것은 암괴원에 가깝고 산지 사면의 것은 암괴류에 가깝다. 암괴류를 강조하여 우리말로 동강 또는 바위강으로 표현하기도 한다.

암괴원을 구성하는 암괴의 성인은 크게 두 가지로 구분된다.

첫째, 주빙하기후에서 지상풍화, 즉 동결파쇄작용에 의해 암괴가 형성된다. 이 경우 원형도는 낮게 나타난다.

둘째, 주빙하기후를 경험하기 이전 온난다습한 환경에서 지중풍화, 즉 화학적 풍화에 의해 형성된 핵석들이 주빙하기후의 대표적 현상인 솔리플럭션 등에 의해 지표면으로 노출된 경우가 있다. 이 경우 원형도는 높게 나타난다. 이러한 경우는 보울더 필드로 표현하기도 한다.

온대지방의 암괴원이나 암괴류는 애추와 같이 대부분 비활동적이다. 우리나라에서 여행할 때 차창을 통해 멀리보이는 산복 또는 그 위의 암괴지형은 비활동적인 암괴원이라고 보면 틀림없다. 암괴원 중에는 처음부터 암괴원으로 형성된 것도 있으나, 우리나라에는 젤리플럭션 퇴적층에서 미립물질의 매트릭스가 제거됨으로써 암괴만 남게 된 것이 많아 보인다. 이러한 암괴원에서는 일반적으로 암괴가 모나지 않고, 암괴의 장축이 사면의 경사 방향과 일치하는 경향이 있는 것으로 관찰된다.

Q1. 매스 무브먼트의 이동 속도를 좌우하는 요소에 대하여 설명하시오.

매스 무브먼트가 일어나기 위해서는 지형의 기복 또는 경사가 필요하며, 일반적으로 폭우나 급작스러운 해빙(解氷) 등으로 인해 암석이나 토양이 수분으로 포화되어 내부마찰이 감소될 때 유발된다. 지진의 충격 같은 것이 매스 무브먼트가 유발되는 계기가 되기도 한다.

이동속도가 매우 느린 토양포행 같은 것은 직접 관찰할 수 없고 나무나 전주(電柱)가 사면 아래로 기울어져 있는 것과 같은 현상을 통하여 간접적으로 알 수 있다. 토양이 얼었다 녹았다 하거나 수분을 머금었다 배출했다 할 때는 팽창과 수축을 반복하게 되는데, 토양이 팽창할 때에는 경사면에 대하여 직각 방향으로 들리고 수축할 때에는 수평면에 대하여 수직 방향으로 내려앉으면서 토양은 약간씩 경사면을 따라 아래로 이동하게 된다.

나무나 전주가 기울어지는 것은 이러한 토양 이동속도가 다르기 때문이다. 토양은 수분으로 포화되면 유연해지게 되어 토양류와 같이 경사가 극히 완만한 곳에서도 흘러내릴 수 있게 된다. 이러한 현상은 툰드라기후의 영구동토층에서 잘 일어난다. 왜냐하면 여름에 표층에서 녹은 수분이 아직 얼어 있는 하부층으로 흡수되지 못해 표층의 토양을 포화시키기 때문이다. 토양류는 2° 정도의 극히 완만한 경사에서도 발생하고, 대체로 하루 최대 십여cm 또는 연간 수m를 이동한다. 토석류는 습윤기후 지역의 점토가 풍부한 풍화층(風化層)으로 된 산지에서 잘 일어나는데, 한국에서는 여름철의 집중호우가 내릴 때 자주 발생한다. 토석류는 이동속도가 빨라서 경사면 밑의 전답이나 가옥을 순식간에 휩쓸 수 있다.

태풍이 강하게 불 때 산사태가 특히 심하게 일어나는 것은 집중호우 이외에도 강한 바람이 나무를 흔들어 물로 포화된 토양층에 충격을 가하기 때문인 것으로 알려져 있다. 높은 산에서 지진 등 특수한 외적요인의 작용을 계기로 해서 절리(節理)·층리(層理) 등을 따라 거대한 암체가 분리되면서 발생하는 암석사태는 매스 무브먼트의 여러 유형 중 그 이동속도가 가장 빠르며 이로 인한 재해도 크다.

Q2. 매스 무브먼트를 간략하게 분류하시오.

매스 무브먼트는 사면에서 풍화산물을 제거하는 삭평형작용의 하나이다. 매스 무브먼트는 크게 '느린 유동성 포행'과 '빠른 유동성 운동'으로 나눌 수 있다.

먼저, 느린 유동성 운동에는 포행, 솔리플럭션 등이 있다. 포행은 동결과 융해의 반복, 혹은 건습에 따른 팽창과 수축의 반복으로 사면 물질이 하방으로 이동하는 것을 말하며 이동물질에 따라 토양포행과 암석포행으로 나뉜다. 연간 수㎜에서 수십㎝에 불과하기 때문에 직접적인 관찰은 힘드나 기울어진 지형지물을 통해 알 수 있다. 솔리플럭션은 토양이 물로 포화되어 유동성이 커진 상태에서 집단적으로 서서히 흘러내리는 현상으로 불투수층 위에 놓인 토양이 물을 많이 머금게 될 때 잘 발달한다. 경사 2° 정도의 극히 완만한 사면에서도 이동할 수 있다. 솔리플럭션 가운데 특히 주빙하지역에서 일어나는 것을 젤리플럭션이라고 지칭하기도 한다.

빠른 유동성 운동으로는 토석류, 이류, 암석 애벌런치, 암석 슬라이드 등이 있다. 토석류는 사면의 토양층 및 풍화층이 물을 많이 함유한 상태로 버티고 있다가 임계치를 넘게 되는 순간 빠르게 집단적으로 무너져 내리는 현상으로 우리나라 여름철 호우기의 '산사태'를 떠올리면 된다. 이류는 점토 혹은 진흙이 물과 섞여 사면을 빠르게 흘러내리는 현상을 말한다. 암석 애벌런치는 사면에 놓인 암체가 절리면이나 층리면 등을 따라 분리되어 갑작스럽게 사면 하방으로 부숴 내리는 현상을 말하며 활동(slide) 형태로 암체가 분리되다가 암체가 작은 암석으로 부서지면서 유동(flow)을 하게 된다. 여러 매스 무브먼트 유형 가운데 속도가 가장 빠르고 큰 규모의 재해를 가져온다. 또한 급사면에서 암설이 공중을 날아 지면에 떨어져 내리는 현상은 개별적으로 떨어지느냐 집단적으로 떨어지느냐에 따라 암석 낙하와 암설 낙하로 구분된다. 급사면, 특히 기반암이 노출된 암석 사면에서는 사면에서 풍화된 물질들이 떨어져 나와 사면 하단부에 쌓여 애추를 이룬다. 큰 암설일수록 멀리 굴러갈 수 있기 때문에 사면 하단부로 갈수록 큰 물질이 쌓이는 낙하분급이 나타나기 쉽다. 주빙하지역에서는 동결-융해에 의한 기계적 풍화가 활발하여 암설의 생산과 애추사면의 발달이 활발하다.

Q3. 직선사면과 요형사면 및 철형사면의 상호관계를 설명하시오.

토양포행이나 솔리플럭션과 같이 느린 매스 무브먼트가 지배적인 사면은 볼록형 즉 철형사면이다. 길버트(Gilbert, K. 1922)는 사면의 상부와 하부에서 동일한 두께의 토양층 혹은 풍화층을 유지하려면 사면 하부로 갈수록 사면 물질의 이동속도가 빨라야 하고 이를 위해서는 아래로 갈수록 경사가 커지는 볼록사면이 발달한다고 주장했다. 기반암 풍화율이 사면에 걸쳐 동일한 것으로 가정했으나 실제로는 차이를 보이는 경우가 일반적이다.

보울링(Bauling)은 산정부는 투수성이 높은 조립암설로 이루어져 릴류보다는 토양포행이 우세해 볼록사면이 발달한다고 하였다. 토양포행과 같은 느린 매스 무브먼트에서는 사면 상부에서부터 물질이 순차적으로 이동하기 때문에 사면 상부의 경사는 점차 낮아진다.

사면 유수의 작용(slope wash)이 지배적인 사면은 오목형 즉 요형사면이다. 이는 하천종단곡선이 凹형을 이루는 것과 유사하다. 사면하부로 갈수록 유량이 증가하는 반면 사면 물질의 크기는 감소하여 사면류의 운반력이 증가하므로 적은 경사로도 효율적으로 사면 물질을 운반할 수 있다. 보울링은 산록부로 갈수록 투수성이 낮은 세립물질로 이루어져 토양포행보다는 릴류가 잘 발달하므로 요형사면이 발달한다고 했다. 산록에 자주 나타나는 하곡은 유수의 흐름이 수렴하는 형태로 토양포행보다는 릴류를 비롯한 유수의 침식이 우세하다.

직선사면은 볼록사면과 오목사면의 점이적 형태로 볼 수 있다. 보울링은 토양포행이나 릴류의 작용을 동시에 받는 것으로 해석하였다. 대표적으로 기반암의 종류에 따라 특징적인 경사가 나타나는 암석노출사면과 구성 물질의 안식각에 의해 경사가 결정되는 애추사면이 있다.

Q4. 젤리플럭션과 동상포행에 대해 설명하시오.

토양은 물을 많이 먹으면 유연해지므로 경사가 극히 완만한 사면에서도 흘러내릴 수 있게 된다. 이러한 유형의 매스 무브먼트는 솔리플럭션(solifluction)이라고 한다. 솔리플럭션은 툰드라에 분포하는 영구동토층 위에서 가장 활발하게 일어난다. 영구동토층은 위도에 따라 여름에 1~2m 깊이까지 녹는 활동층(活動層, active layer)으로 덮여 있다. 활동층이 여름에 녹으면 그것은 수분을 많이 함유하게 된다. 그 밑의 영구동토층으로 수분이 빠지지 못하기 때문이다. 따라서 활동층의 물질은 점성이 큰 액체처럼 유연해지며, 경사가 극히 완만한 사면에서도 아래로 흘러내릴 수 있게 되는 것이다. 솔리플럭션의 속도는 대체로 연간 수m 또는 1일 최대 십여cm에 이른다.

솔리플럭션은 툰드라의 활동층에서만 일어나는 것은 아니다. 우리나라도 빙기에는 기후가 지금보다 한랭했고, 솔리플럭션이 상당히 활발했을 것으로 보인다. 산간지방뿐만 아니라 평야지대의 구릉지에도 솔리플럭션에 의해 흘러내린 물질로 덮인 사면이 널리 나타난다. 겨울의 동결층이 두껍게 형성되고, 봄의 해토기간(解土期間)이 길었기 때문에 솔리플럭션이 활발하게 진행될 수 있었던 것 같다. 이에 의해 운반된 물질은 분급이 아주 불량하고, 무엇보다 지금은 움직임을 전혀 보이지 않는다.

이 용어는 어느 특정 기후 환경에 한정시켜 설명하는 것이 아니기 때문에 지구상에서 영구빙설 기후를 제외한 거의 모든 기후 환경에서 상당히 포괄적으로 쓰여 왔다. 최근에는 특히 주빙하지역에서 동결과 융해의 반복에 의해 융해 시 활동층이 영구동토층 위에서 일어나는 솔리플럭션은 얼음과 관련되어 있어서 근래에는 젤리플럭션(gelifluction)이라고도 부른다. 이들 용어에서 sol은 토양, gel은 결빙, fluction은 유동을 뜻한다.

젤리플럭션은 좁은 의미에서는 동상포행(凍上匍行, frost creep)을 제외한 매스 무브먼트이다. 대부분의 동토 사면상에서 동상포행이 젤리플럭션보다 더 자주 일어난다. 이것은 겨울 동안의 결빙 융기로 인해 사면 아래로 이동해가야 할 거리만큼 이동해 가지 못하는데 여름 동안 표토 물질 내에서 응집력이 발생하여 사면의 윗부분으로 약간 역이동하기 때문이다.

Q5. 각 기후 지역별로 탁월한 매스 무브먼트의 유형을 예를 들어 설명하시오.

기후적인 특징에 따라 매스 무브먼트는 다양하게 나타난다. 사면 물질이 중력으로 쉽게 알 수 없을 정도의 느린 속도로 사면 아래로 이동하는 것을 포행(匍行, creep)이라고 한다. 사막지역에서의 토양 포행은 온대기후 지역과는 차이가 나는 데, 이는 지표층에 뿌리의 연결망이 잘 발달하지 않기 때문이다. 사막의 토양은 각주상의 형태로 약하게 교결된 캘크리트로 부서지는 경향이 있어서 포행 중인 사면 구성물질들은 블록을 형성한다. 따라서 사면 이동 물질이 조립질이며 각이 졌기 때문에 사면은 온대지역보다 더 가파른 경향을 보인다.

물로 포화되어 흠뻑 젖은 사면 물질이 하루 동안 또는 일 년 동안에 수㎜에서 수㎝의 속도로 사면 아래로 이동하는 매스 무브먼트를 솔리플럭션(solifluction)이라고 한다. 솔리플럭션은 고위도 지역과 저위도의 고산지대에서 가장 뚜렷하게 나타난다. 이 지역에서는 토양이 결빙과 융해작용에 많은 영향을 받는다. 보통 매스 무브먼트가 탁월하게 발달하는 기후는 동결과 융해가 반복되는 주빙하성 기후라고 할 수 있는데, 솔리플럭션은 한대지방에만 국한되지 않는다. 토양 속에 수분으로 포화된 층이 있어 스며든 물이 새어나오지 못하는 곳이면 어느 지역에서나 발생할 가능성이 있다. 토양 속의 점토질이나 불투수성의 기반암층은 동토층과 유사하게 효과적으로 솔리플럭션을 촉진시킨다. 솔리플럭션에서도 주빙하지역의 동토층과 연관된 솔리플럭션을 젤리플럭션(gelifluction)이라고 한다. 수분이 솔리플럭션의 수준보다 작게 함유되어 있더라도 매스 무브먼트가 진전되며 이동 속도는 솔리플럭션보다 클 수 있다.

애추(talus)는 단애면 밑으로 떨지는 암석과 암설들이 쌓여서 형성된 사면이다. 애추는 기계적 풍화가 잘되는 한랭 기후 환경에서 동결과 융해의 작용이 활발하게 기반암을 분리시키는 단애면 아래에서 잘 발달한다. 단애면에서 분리된 암석과 암설들은 단애면에서 낙하하고, 튀고, 구르고, 미끄러지면서 사면을 흘러내린다.

암석빙하포행은 수목선 위의 고산지방에서 노암의 절벽 밑에 각이 진 암과가 혓바닥 모양으로 쌓여 이루어진 암석빙하의 이동양식이다.

Q1. 야외에서 관찰할 수 있는 하천쟁탈을 예를 들어 설명하시오.

습곡산지에서는 지층의 경연차, 지질구도의 영향, 그리고 하천의 차별침식력 등의 영향으로 하천쟁탈이 잘 발생한다. 따라서 이 경우에는 유로의 변경이 쉽게 이루어진다. 인접한 두 개의 하천이 침식력의 차이가 있다고 할 때 침식력이 큰 하천이 두부침식에 의해 상류 쪽으로 유로가 연장되어 분수계가 이동하게 되고 침식력이 작은 하천에 도달하면 침식력이 작은 하천의 유수는 침식력이 큰 하천의 유역으로 유입하여 하천의 유로 자체가 변경된다.

이와 같은 현상을 하천쟁탈이라고 하며, 경암층의 산릉을 가로질러 수극을 따라 흐르는 하천과 경암층의 주향과 평행한 연암층의 저지를 따라 흐르는 하천 사이에서 잘 일어난다. 여기서 쟁탈당한 하천(beheaded stream)과 쟁탈한 하천이 만나는 지점을 쟁탈굼치라고 하며 이 지점에서 유로는 급격히 변하여 예각 또는 직각에 가까운 유로로 변하게 된다.

하천쟁탈의 결과 쟁탈한 하천의 수량은 급격히 증가하고 하방침식이 일시적으로 커지기 때문에 이전보다 깊은 협곡을 파기 시작하며 분수계의 위치는 급격히 이동하게 된다. 한편 쟁탈당한 하천의 경우 하류부에서는 유량이 급격이 감소하여 하천의 여러 작용을 다 못하게 된다. 이와 같이 하천쟁탈로 인해 유량이 감소하여 하천의 제 기능을 발휘하지 못하는 하천을 무능하천이라고 부르기도 한다.

경암층의 산릉에 형성되어 있던 수극은 하천쟁탈로 인한 유로변경으로 완전히 물이 말라버리면 풍극이라 부르는 협곡으로 남게 된다.

습곡산지에서 잘 일어나는 하천쟁탈의 예는 여러 곳에서 찾아 볼 수 있으나 애팔래치아 산맥에서 많이 나타난다. 애팔래치아 산맥에서는 지층 구조를 가로질러 흐르는 하천은 그리 많지 않고 대부분은 지층의 주향과 평행하게 흐르기 때문에 하천쟁탈이 일어나기에 알맞은 조건을 갖추고 있다고 볼 수 있다.

Q1. 하천의 침식작용에 대해 설명하시오.

하천의 침식작용은 간단히 '하식'이라고도 하고, 크게 하방침식, 측방침식, 두부침식으로 구분한다. 하방침식은 유년기하천 또는 상류하천에서 활발히 진행된다. 이 때 하상이 깊이 파이면 하천종단면의 구배가 완만해진다. 다량의 물질이 하상 위를 통과 할 때 기반암을 깎는 마식은 하방침식에서 가장 중요한 작용의 하나이다. 이밖에 굴식과 용식도 하천침식을 많이 돕는다. 절리가 많은 암석의 하상에서는 보통 굴식의 역할이 크며, 용식은 특히 석회암 지대에서 많이 일어난다.

측방침식은 일반적으로 하방침식이 둔화될 때 활발해지기 시작하는데 이것은 하곡을 넓히며, 범람원을 형성하는 역할을 한다. 하천 양안에 범람원이 나타나기 시작하면, 하천은 침식윤회상 장년기에 접어들었다고 간주된다. 측방침식 작용이 잘 일어나는 하천은 범람원이 넓고 하상 구배가 극히 완만하여 곡류를 심하게 하는 하천이다. 주로 하류 지방에 나타나는 이러한 하천은 장기적으로 볼 때 하방침식은 거의 하지 않고 측방침식만을 하게 된다. 곡류현상은 하천의 근본 특성의 하나로서 침식 및 퇴적작용과 결부된 복잡한 자연 현상의 하나이다. 범람원에서의 측방침식은 거의 전적으로 수압의 작용에 의하여 진행된다고 볼 수 있다.

두부침식은 하곡의 발달 초기나 폭포의 경우에 나타나는 형태이다. 두부침식은 근본적으로 하천의 유로를 상류 쪽으로 연장시키는 역할을 한다. 사면에서 형성되는 우곡은 두부침식의 한 형태로 볼 수 있다. 일반적으로 우곡은 처음에 여러 개가 불연속적으로 발달하지만 일련의 우곡들이 확장되면서 서로 결합하여 규모가 커지면, 그것은 하나의 통일된 하계망의 일부를 이루는 것이다. 두부침식의 전형적인 예는 하천 종단면의 천이점에 해당하는 폭포에서도 볼 수 있다. 폭포는 혈암 같은 연암층 위에 사암 또는 석회암 같은 경암층이 놓여 있는 경우에 잘 발달한다. 연암층은 빨리 침식되어 오목하게 파이며, 이를 덮고 있는 경암층, 즉 모암은 절벽을 유지하다가 중력에 못 이겨 무너져 내리면서 상류 쪽으로 서서히 후퇴한다.

Q2. 하천의 침식작용과 하천종단면과의 관계를 설명하시오.

하천의 침식작용은 기본적으로 측방침식과 하방침식 그리고 두부침식으로 나눌 수 있다. 우리가 하천종단면을 살펴보는 이유는 침식에 의해 얼마나 깊이, 또는 얼마나 넓게 하천이 확장되었는가를 살펴볼 수 있기 때문이라고 할 수 있다.

하방침식은 유년기하천 또는 상류하천에서 활발히 진행된다. 이 때 하상이 깊이 파이면 하천종단면의 구배가 완만해진다. 다량의 물질이 하상 위를 통과할 때 기반암을 깎는 마식은 하방침식에서 가장 중요한 작용의 하나이다. 이밖에 굴식과 용식도 마식을 많이 돕는다. 절리가 많은 암석의 하상에서는 굴식의 역할이 크며, 용식은 특히 석회암 지대에서 중요성을 띤다.

측방침식은 일반적으로 하방침식이 둔화될 때 활발해지기 시작하는데, 이것은 하곡을 넓히며, 범람원을 형성하는 역할을 한다. 하천 양안에 범람원이 나타나기 시작하면, 하천은 침식윤회 상 장년기에 접어들었다고 간주된다. 측방침식 작용이 잘 일어나는 하천은 범람원이 넓고 하상 구배가 극히 완만하여 곡류를 심하게 하는 하천이다. 주로 하류 지방에 나타나는 이러한 하천은 장기적으로 볼 때 하방침식은 거의 하지 않고 측방침식만을 한다. 곡류현상은 하천의 근본 특성의 하나로서 침식 및 퇴적작용과 결부된 복잡한 자연 현상의 하나이다. 범람원에서의 측방침식은 거의 전적으로 수압의 작용에 의하여 진행된다고 볼 수 있다.

두부침식은 하곡의 발달 초기나 폭포의 경우 우세하게 나타나는 형태이다. 두부침식은 근본적으로 하천의 유로를 상류 쪽으로 연장시키는 역할을 한다. 두부침식의 전형적인 예는 하천종단면의 천이점에 해당하는 폭포에서도 볼 수 있다. 폭포는 혈암 같은 연암층 위에 사암 또는 석회암 같은 경암층이 놓여 있는 경우에 잘 발달한다. 연암층은 빨리 침식되어 우묵하게 파이며, 이를 덮고 있는 경암층, 즉 모암은 절벽을 유지하면서 상류 쪽으로 서서히 후퇴하게 된다.

이러한 침식작용은 결국 하천종단면의 변화를 가져다주고 이러한 사실은 하천의 침식과 깊은 관련이 있음을 알 수 있는 토대를 마련해 준다.

Q3. 지형 발달에 미치는 침식기준면의 중요성에 대해 설명하시오.

침식기준면이란 하천이 하방침식을 할 수 있는 하한 또는 지표가 유수에 의하여 낮아질 수 있는 하한을 말한다. 일반적으로 해수면은 하천의 침식기준면으로 간주된다. 또한 침식기준면은 크게 해수면을 기준으로 한 침식기준면과 국지적인 지질에 관련된 국지적 · 일시적 침식기준면으로 나눈다.

만약 천이점이 존재하면 이 점은 일시적인 침식기준면이 될 수 있다. 침식기준면으로서의 해면은 지각운동이나 빙하의 여부에 따라 낮아지거나 높아질 수 있다.

지각의 융기나 침강은 빙하의 성장과 소멸에 의한 해수면 승강운동과 같은 효과를 갖는다. 지각이 융기하거나 빙하가 동결하는 경우는 해수면 즉, 침식기준면이 낮아져 침식작용이 퇴적작용보다 활발하게 진행되게 된다. 점점 바다는 멀리 물러나게 되므로 대륙사면 쪽까지 육성퇴적물이 퇴적될 수도 있다. 한편 지각이 침강하거나 간빙기가 되는 경우는 침식기준면이 높아져 침식보다는 퇴적작용이 활발해진다. 이러한 효과는 제4기 플라이스토세에는 여러 차례에 걸쳐 100m 이상의 해수면의 오르내림을 반복하였으므로, 제4기 지형 연구에서 침식의 기준면을 알기 위해서는 빙하의 성장과 소멸 또는 해수면의 위치를 연구해야 하며 이것은 침식기준면의 고유한 개념이라고 할 수 있다. 그러한 의미에서 침식기준면은 해수면이 되는 것이다.

대지형 분류에서 보다 작은 범위의 지형을 연구하는 데 가장 중요한 것은 물론 해수면을 기준으로 한 침식기준면이겠지만, 지질의 영향에 따라 국지적으로 형성되는 기준면이 일시적으로 중요한 역할을 할 수도 있다. 하식에 대한 저항력이 극히 큰 경암층이나 호소는 이보다 상류의 하천에 대하여 일시적 기준면의 역할을 한다. 그리고 지류는 본류와 합류하는 지점의 고도, 즉 본류의 하상고도를 기준으로 별개의 하천종단곡선을 형성하며, 그 이하로는 하방침식을 할 수 없다. 지류에 대한 이러한 유형의 침식기준면은 국지적 기준면이라고 한다.

Q4. 일시적 기준면과 국지적 기준면을 비교 설명하시오.

포우웰은 건조 지역이나 하천의 지류 혹은 상류 부분에 적용이 가능한 국지적 · 일시적인 침식기준면을 생각하였는데, 그것은 침식을 수행하는 주요 하천 하상의 수준이다. 그 하상이 완전히 낮은 수준에 도달하기 전에 하도와 유수의 작용이 끝났음을 의미하는 것이다. 기반암을 횡단하는 곳에서 연암층의 하상을 흐르는 하천의 침식이 빠르게 진행이 되고, 그 이하 하도에서 그 지역의 암석이 약하더라도 더 이상 침식이 일어나지 않기 때문이다.

데이비스 역시 침식기준면을 지표 침식에 대한 일반적인 기준면은 해수면으로 상상하였고 또 다른 하나는 한 지역의 지류와 본류의 불명확한 경사를 일반화하는 경사면 등으로 나누어 생각하였다. 그것은 두 가지 형태의 기준면 즉 일반적 혹은 항구적 기준면과 국지적, 일시적인 기준면을 의미한다.

미국의 미네소타, 콜로라도 강의 일부지역은 침식기준면은 확실히 해수면은 아니다. 이에 대하여 포우웰은 경암층의 장벽과 같은 형태 혹은 호수와 같은 것이 그런 장벽의 상류지점에서 하천의 위치에 대한 일시적 기준면으로서 작용한다는 것을 제시하려는 경향이 있다는 것이다. 존슨은 일시적, 국지적 기준면으로 정의했고, 두 개념을 하나로 통합되도록 추론했다. 여러 번의 개념 정립을 통하여 육지의 침식기준면이 무조건 해수면이 될 수는 없다고 결론을 지었다. 각 하곡에 대해서는 그것이 지류라면 하곡의 기준면이다. 만약 우리가 하계망이 해양으로 경사져 있는 것을 가정한다면, 이러한 경사진 하계망의 단면을 지도화 함에 의해 우리는 각각의 국지적인 침식기준면의 한계를 대략 얻을 수 있다. 하도를 따라 분포하는 경암층과 호수와 강들의 형태는 그들 상류 지역에 대해서 일시적 침식기준면으로 작용할지도 모른다는 것이 일반적인 이야기이다. 유일한 문제는 그들이 국지적 침식기준면으로 간주되어야 하는가의 문제이다. 그것이 어느 기준면에 평탄화되었다면 언제나 일시적 기준면으로서의 지역을 표시하는 것이 바람직한 일이다. 따라서 일시적 기준면은 국지적 기준면과는 다르다고 할 수 있다.

Q5. 점토·모래·자갈 간의 침식·운반·퇴적 유속에 대해 설명하시오.

하상에서의 물질의 침식은 침식유속의 곡선에 따라서 진행된다. 즉, 유속이 증가하면 입경 0.2~0.5㎜ 정도의 중사가 처음 침식되기 시작하는데, 그 유속은 10~18㎝/sec 정도이다. 이보다 더 크거나 작은 입자가 침식되려면 유속이 더 빨라야 한다. 그런데 중사보다 실트, 실트보다 점토가 더 빠른 유속을 필요로 하는 까닭은 세립물질은 물질보다 매끈한 하상면을 형성하는 관계로 유수의 교란운동을 저하시키고, 또한 세립물질은 이물질보다 응집력이 크기 때문이다. 그리하여 점토는 입경 3㎜ 내외의 소력의 침식에 요구되는 50㎝/sec 또는 그 이상의 유속에서 침식되기 시작한다. 운반 중에 있는 물질이 퇴적될 때는 유속이 느려짐에 따라서 큰 입자부터 차례로 등급별로 퇴적된다. 퇴적 유속은 입자의 크기에 비례한다. 따라서 하천은 모래는 모래끼리 자갈은 자갈끼리 쌓은 경향이 있는데, 이와 같은 현상을 유수의 분급작용(分級作用)이라고 한다.

한편 유속은 유량이 늘어나도 또한 빨라진다. 홍수 시에 물살이 센 것을 보면 충분히 알 수 있다. 홍수 시의 평균 유속은 평수 시의 그것보다 10배 빠른 것으로 추정되기도 한다. 홍수 시에는 일반적으로 하상에 침식현상이 일어난다. 하천의 수위가 올라갈 때 처음에는 일시적으로 하상이 약간 높아진다.

여기서 유량의 증가와 하천의 운반하중(運搬荷重)과의 관계를 보면, 유량이 10배 증가하면, 1일에 운반되는 부유하중의 양이 약 10만 배 차이가 나타난다. 부유하중과 하상하중(河床荷重)의 비율은 하천마다 차이가 있겠지만 물이 항상 흐르는 습윤기후 지역의 하천에서는 앞의 것이 약 90%를 차지하는 것으로 알려져 있다. 유속이 빠르면 큰 자갈도 하상에서 쉽게 침식 운반되며, 유속이 느리면 모래나 실트 같은 작은 입자들도 운반되다가 퇴적되는 경우가 생긴다.

Q1. 범람원의 형성 과정 2가지를 설명하시오.

범람원(汎濫原, flood plain)은 하천 퇴적에 의해 형성되는 지형이며 그 분류 형태가 매우 다양하다.

범람원은 하천의 범람에 의해서 형성된 것으로 주로 하천의 하류에 잘 발달하는 것으로 알려져 있다. 이 경우에는 1년 중 태풍이나 집중호우로 인하여 하천이 유량을 모두 소화해내지 못할 때 발생하는 것으로 생각하기 쉽다. 그런데 이때는 하천의 하류에 형성되어도 규모가 그리 큰 것은 아니다. 그러나 범람원이 단순히 하천의 범람에 의해서만 형성되는 것뿐이라고는 할 수 없다. 범람원은 일단 안정고도에 도달하면 홍수 시에도 수직적인 퇴적현상이 별로 일어나지 않는다. 범람 시의 부유하중도 주로 포인트 바의 낮은 부분에 쌓이게 된다. 측방퇴적(側方堆積)과 수직퇴적(垂直堆積)의 양적 비율은 하천의 유황(流況)과 하중(荷重)의 특성에 따라 다양하지만 대체로 범람원 충적층의 60~80%가 측방퇴적에 의한 것이라고 알려져 있다. 또 다른 경우는 범세계적인 현상으로서 빙기의 해수면 하강에 의한 침식기준면의 하강으로 하곡을 깊게 판 다음, 후빙기에 해수면이 다시 상승하면서 깊게 파인 하곡이 다시 충적층으로 매적되어 형성된 것으로 볼 수도 있다. 범람원의 주요 지형인 자연제방(自然堤防, natural levee)과 배후습지(背後濕地, backswamp)도 이렇게 빙기의 해면 상승과 함께 빙기의 침식곡이 충적층으로 매립되는 과정에서 형성된 것으로 알려져 있다. 미국의 미시피시 강의 경우 자연제방과 배후습지가 아칸소주의 헬레나보다 북쪽 상류에는 잘 발달하지 않았다. 한편 여기서 하류로 갈수록 범람원 발달이 점점 뚜렷해진다. 그 이유는 빙하침식곡의 발달에 있는 것이다. 우리나라의 한강의 경우 빙기의 침식곡이 어디까지 계속되는지 알 수 없으나 팔당협곡을 벗어나면서부터 자연제방과 배후습지성 지형이 잘 발달되어 있다.

따라서 범람원의 개념을 범람에 한정지어 설명하는 것은 다소 무리가 따르게 된다. 범람원 지형은 하도 주변에 나타나는 모든 지형을 포괄적으로 지칭한다고 해도 큰 무리가 없을 것이다. 그러나 하천 에너지의 변화로 인하여 퇴적작용이 활발하게 일어나는 것과 관련이 있는 것만은 분명하다.

Q2. 삼각주의 형성 원인을 설명하고 우리나라의 삼각주 발달에 대해 설명하시오.

삼각주(三角洲, delta)는 하천에 의하여 형성되는 충적지형으로, 하천의 하구에 형성된다. 삼각주의 생성에는 다음과 같은 조건들이 필요하다.

첫째, 하구까지 모래와 점토의 공급이 풍부해야 되고, 호수나 해저가 얕아야 할 것. 둘째, 침전된 모래와 점토를 침식하는 파도와 조류가 약해야 할 것. 셋째, 침전이 시작되면서부터, 그것이 수면 위로 나타나기에 충분한 물이 계속 흘러야 할 것. 넷째, 물이 계속 흐르는 동안 퇴적이 일어나고 있는 곳의 지반이 안정되어 침강되지 않을 것.

즉, 하구가 파도에 노출되어 있고 연안류의 작용이 강하여 공급 물질이 퇴적되기 무섭게 침식하는 경우, 또는 대양저에 퇴적되는 하천의 충적층이 해양 쪽으로 확대하는 속도보다 침강속도가 더욱 빠른 경우에는 삼각주는 발달하지 않는다.

우리나라 대표적인 삼각주를 예로 들어본다면 낙동강 하구에 발달한 삼각주를 들어볼 수 있다. 낙동강 삼각주는 구포 부근까지 들어왔던 만이 낙동강의 토사로 메워짐으로써 형성된 지형이다. 낙동강은 토사유출량이 많고, 하구에서의 대조차가 약 1m에 불과하다. 낙동강 삼각주는 주로 하천에 의해 형성된 부분과 삼각주가 바다로 성장해갈 때 파랑의 영향을 크게 받으면서 형성된 두 부분으로 이루어져 있다.

낙동강은 양산협곡을 벗어나면서 두 개의 큰 분류로 갈라지며, 이들 분류에서 다시 2차적인 분류들이 갈라진다. 그리고 일련의 분류는 삼각주의 대부분을 이루고 있는 대저도, 융도, 맥도, 일웅도, 을숙도 등의 하중도를 에워싸고 있다. 이들 하중도는 물이 흐르는 방향으로 형성되어 고구마처럼 생겼다.

낙동강 삼각주는 최전방에 동서 방향의 여러 사주가 가로놓여 있는 점이 특이하다. 사주는 바다로 유출된 모래가 파랑에 의해 육지 쪽으로 밀려 와서 형성된 것으로 이 지역에서는 이것을 '등'이라고 부른다. 새로운 사주가 형성되면 그 뒷부분은 토사가 빨리 쌓여 간석지로 변한다. 이렇게 '대마등' 처럼 간석지 안에 갇히는 사주는 파랑에 의한 토사공급의 차단으로 침식을 받아 축소되기 시작한다.

Q3. 건조기후 지역의 선상지 발달에 대하여 설명하시오.

선상지가 발달하기에 이상적인 곳은 건조지역의 단층애 밑이라고 할 수 있다. 건조지역에 속한 미국의 그레이트베이슨(Great Basin)은 지구대가 많기로도 유명한데, 일부 지구대의 양쪽 단층애 밑을 따라서는 많은 선상지가 연속적으로 나타난다. 단층애에 형성된 좁은 골짜기의 하천은 작은데다가 평지로 흘러나오는 곳에서 경사가 급변한다. 그리고 건조지역에서는 식생이 빈약하여 소나기가 쏟아질 때만 물이 흐르지만 토사를 많이 운반한다. 여러 선상지가 횡적으로 이어진 것은 합류선상지(合流扇狀地, confluent fans)라고 부른다.

이처럼 일시하천에 의하여 형성되는 건조지역의 선상지는 그 형태에 따라 산지 말단부 근처에 퇴적되는 경우와 두 번째 물과 퇴적물이 선상지에 만들어진 유로(trench)로 운반되어 선상지의 말단부에 퇴적이 일어나는 경우로 구분된다. 이러한 차이는 기후와 지반운동, 토지이용 등 외적 변수의 변화 때문에 발생한다. 빙하성 퇴적물이 집적된 지역에 형성된 선상지의 경우 공급되는 퇴적물량이 점차 감소하면 깊고 넓은 유로가 형성될 수 있으며, 한쪽으로 기울어진 지반운동으로도 형성될 수 있다. 작은 선상지는 종단면의 경사가 3°~6° 로 급하게 형성되며, 선정부에서는 그것이 10° 정도로 증가하기도 하여 전체적인 종단면이 약간 오목하다. 종단면의 경사는 선상지가 클수록 완만하고, 선상지의 규모는 하천의 크기와 관련이 깊다.

선상지를 흐르는 하천은 대부분 항상 말라 있다. 만약 물이 흐른다면 선상지의 정상 부근에서 충적물 사이로 스며든다. 충적선상지는 비록 광범위하게 분포하지만 식생이 빈약하고 폭우성 강우의 지역에 가장 잘 발달한다. 선상지의 형성은 주로 홍수기에 일어나며, 많은 충적물을 동반하는 엄청난 양의 물이 그곳으로부터 유출된다.

선상지의 규모는 하천의 토사 퇴적량에 비례하며 큰 하천의 선상지는 작은 하천의 선상지보다 넓고 경사가 완만하다. 마찬가지로 유역의 기복이 증가할수록 선상지의 경사도 증가한다. 또한 구성 물질의 입경은 선상지가 클수록, 선단부로 갈수록 작아지는 경향이 있으나, 대부분의 선상지는 사력층으로 이루어져 있다.

Q4. 하천 회춘의 증거가 될 만한 지형적 특징들의 예를 들고 설명하시오.

회춘은 침식기준면이 낮아짐에 따라 침식활동(侵蝕活動)이 재개되는 현상이다. 지형적 의미는 지형적 부정합(不整合)이나 부조화의 개념으로 보아야 하며, 그 증거로는 단구, 경사급변점의 출현, 감입곡류 하천의 발달, 선행곡, 표생곡 등에서 찾아볼 수 있다.

실제의 지형이 한 번의 침식윤회를 마치는 과정에서 처음부터 끝까지 중단 없이 평탄화작용(平坦化作用, planation)을 받는 경우는 드물다. 한 번의 침식윤회가 끝날 때까지 장구한 기간에 걸쳐서 지반이 고정되어 있을 수 없기 때문이다. 하천을 중심으로 진행되던 침식윤회의 일시적 중단현상은 지반이 소폭으로 융기할 때 일어난다. 지반은 고정되어 있고 해면이 하강할 때도 동일한 현상이 일어난다.

하천은 장년기에 접어들면 하방침식이 둔화되며, 측방침식에 의하여 골짜기를 넓히면서 범람원을 형성한다. 하천 연안에 범람원이 형성된 후에 지반이 융기하거나 해면이 하강하면, 하천은 새로운 침식기준면을 향해 하방침식을 활발히 재개하게 되나, 하천의 회춘(回春, rejuvenation)이란 하천의 하방침식이 부활되는 현상을 가리킨다. 하천이 회춘되면, 장년기 이후의 넓은 골짜기에 유년기에 해당하는 V자형의 좁은 골짜기가 파여 두 침식단계의 지형이 함께 나타나기도 한다.

침식기준면의 변동과 관련하여 일어나는 하천의 회춘현상은 하류에서 시작하여 점차 상류로 옮아가며, 이로 인해 하구기점의 새로운 하천종단면과 상류 쪽의 기존 하천종단면은 경사가 급변하는 천이점(遷移點, nick point)을 사이에 두고 만나게 된다. 천이점에서는 하천이 급류를 이루면서 빨리 흐르기도 하고 폭포를 이루면서 떨어지기도 한다. 천이점이 상류 쪽으로 이동하는 과정에서 하상이 깊게 파이면, 하천연안의 범람원은 하안단구로 변한다. 이런 경우 하안단구는 천이점 하류에서만 볼 수 있다.

Q5. 하안단구의 사진을 제시하고 해안단구와 비교, 설명하시오.

하안단구(河岸段丘, river terrace)는 범람원보다 지면이 높아 홍수 시에도 하천이 범람하지 않는 것이 보통이다. 하안단구의 발달원인으로 지반의 융기만 강조됐었으나 하안단구는 하곡에 토사가 두껍게 쌓인 후 하천의 침식력이 부활되어 하도가 다시 깊게 파일 때도 형성된다. 이러한 형상은 건조기후가 습윤기후로 바뀔 때 일어날 수 있다. 건조기후 지역에서는 식물 피복이 빈약하여 다량의 토사가 공급되지만, 하천의 유량이 적어서 토사가 하곡에 쌓이는 경향이 있다. 그러나 건조기후가 습윤기후로 바뀌면, 식물피복이 두꺼워져서 토사공급이 줄어드는 반면에 유량의 증가로 하천의 침식력이 왕성해지며, 이로 인해 하도가 깊게 파이면 그 이전의 범람원은 단구로 변하게 된다.

한편 해안단구는 좁건 넓건 과거의 해면과 관련하여 형성된 해안의 평평한 땅을 해안단구라고 한다. 넓은 해안단구는 밭이나 논으로 이용된다. 해안단구는 침식지형일 수도 있고 퇴적지형일 수도 있다. 파랑의 침식작용으로 형성된 기반암의 침식면(파식대)으로 이루어졌으면 침식지형이고, 해면을 기준으로 쌓인 토사로 이루어졌으면 퇴적지형이다. 해면이 높았던 간빙기에 형성된 해안의 침식면이나 퇴적층은 빙기에 해면이 낮아지면 단구로 변한다. 지반이 느리지만 계속 융기하는 경우, 새로운 간빙기가 다가와서 해면이 과거의 수준으로 다시 상승해도 시간이 경과한 만큼의 융기로 인해 그것은 단구로 계속 남게 된다.

Q6. 우리나라 감입곡류하천에 대해 예를 들어 설명하시오.

한강, 금강, 낙동강의 중상류에는 심하게 구불구불한 감입곡류하도가 널리 나타난다. 감입곡류하도는 삼척의 오십천(五十川)과 가곡천, 울진의 불영천과 왕피천, 양양의 남대천 등 동해사면을 흘러내리는 하천에서도 볼 수 있다. 이들 하천의 감입곡류하도는 동해사면이 요곡융기에 의한 것임을 시사하는 것으로 간주된다.

단종이 유배되었던 영월의 청령포 맞은편, 즉 평창강 또는 서강 북안에는 장축 1.5km의 미앤더 핵이 형성되어 있고, 이곳의 구하도는 논으로 이용된다. 미앤더의 목이 절단되지 않고 그 밑으로 터널이 뚫리면 자연교(自然橋, natural bridge)가 만들어진다. 태백시의 동점동에서는 황지천이 기존 하도를 버리고, 미앤더의 목에 뚫린 터널로 흘러들어가는 것을 볼 수 있다. 황지천은 약 30m의 터널을 통과한 후 철암천과 만나면서 낙동강 본류를 이루는데, '구문소'라고 불리는 이곳의 터널은 태백시의 관광명소 중의 하나이다.

우리나라의 감입곡류하천은 거의 전부 생육곡류하천에 속하며, 미앤더 핵도 이러한 하천에서 형성된다. 이러한 우리나라의 감입곡류하천은 자유곡류하천으로부터 계승된 것이라고 일컬어진다. 그러나 하천의 유로변동으로 곳곳에서 미앤더 핵이 떨어져 나가는 것을 보면, 감입곡류하천 중에서 골짜기가 파이는 과정에서 물굽이가 점점 커짐으로써 발달하게 된 것도 적지 않을 것이라고 생각된다.

Q7. 천정천의 예를 사진으로 제시하고 설명하시오.

천정천이란 하상이 주변의 땅보다 높은 하천을 일컫는다. 천정천은 물길을 고정시키기 위해 둑을 쌓고, 토사가 둑 안에 집중적으로 쌓이면 발달하기 시작한다. 토사의 퇴적으로 하상이 높아지면 둑을 더 돋우게 되는데, 이러한 과정이 반복되면 결국 하상이 주변의 땅보다 높아지게 된다. 우리나라의 천정천은 '도랑' 정도의 작은 하천이 낮은 산지나 구릉지에서 주로 논과 같은 평지로 흘러나오는 곳에 형성되어 있다. 이러한 곳에서는 하천의 경사가 급변하기 때문에 둑을 쌓으면 토사가 하상에 집중적으로 쌓인다. 천정천의 하상은 산지와 평지가 만나는 곳에서 가장 높고, 산지에서 멀어지면 물길이 주변의 평지보다 낮아진다. 황하는 세계적으로 대표적인 천정천으로서 범람을 방지하기 위해 1,800㎞에 걸쳐 인공제방이 구축되어 있다.

황하 하류의 경우 주변보다 하상이 7m 이상 되는 곳도 있다. 진흙이 많기 때문에 하구의 해안선이 3년 동안 10㎞나 전진하고 있으며, 하상의 상승 또한 빨라 천정천(天井川)이 되어 난류(亂流)하였다. 이따금 제방을 파괴하여 북쪽으로 화이허 강에서 남쪽으로 화이허 강까지의 넓은 평야 위를 흐르면서 때때로 다른 하천의 유로를 빼앗아 유로를 바꾸며 흘렀다.

제 8 장 하천에 의한 지형

Q1. 건조지역의 특색을 설명하시오.

건조기후 지역은 육지의 30% 정도나 차지하며, 이 지역에서는 지형 형성작용 중에 바람의 역할이 크다. 그러나 건조지역에서도 지형발달에 유수의 비중이 작은 것은 아니다. 건조지역의 강수는 일반적으로 불규칙한 폭우의 형태이기 때문이다. 보통 사막에서는 연평균 강수량을 수년에 몇 번 내린 소낙비의 평균치로 계산하는 정도이다.

건조기후 지역은 강수량에 비해 증발량이 많은 곳으로, 연간 강수량이 250~500㎜의 지역을 아건조지대 또는 스텝지대, 250㎜ 이하이면 건조지대 또는 사막지대라고 한다. 기온의 경우는 지표면의 식생과 같은 피복물이 불량하기 때문에 태양열의 전도와 복사 활동이 매우 빨라 기온 변화율이 크다. 그런 이유로 일교차가 매우 크게 나타나지만, 연교차는 일교차에 비해 그리 크지 않은 편이다.

건조기후 지역에서 불어오는 바람은 대체로 고온 건조하며, 모래를 실어가는 경우가 많다. 이 바람은 인간생활을 상당히 불쾌하게 만든다. "Irifi"는 사하라로부터 불어오는 고온건조한 모래바람으로 농업이나 인간 생활에 영향을 준다. 이러한 특수한 바람의 예로는 모로코 해안 북부의 체르기(Chergui), 리비아의 기브리(Ghibli), 지중해안의 시로코(Sirocco), 사하라 남측의 하마탄(Hamattan), 사하라 북부에는 캄신(Khamsin) 등을 들 수 있다.

건조지역은 중위도 고압대를 중심으로 분포되어 있다. 북반구와 남반구의 사막지역과 남북회선 부근, 한류에 의한 서안 해안사막 등이 대표적인 건조지역이다. 세계의 강수량 분포도를 보면 모든 대륙서안의 15~30°에 걸친 지역이 극히 건조해서 연강수량이 250㎜ 이하이다. 습한 바다에 면해 있는데도 건조한 사막이 되는 것은 해양성 아열대 고기압의 동쪽에 해당하는 기류가 하강하고 습도가 감소하여 강수량이 적어지기 때문이다. 바람은 대체로 고온건조하며 모래를 실어가는 경우가 많다. 바람은 이 지역의 중요한 지형형성 기구이며 취식, 사막포도, 사막칠, 마식 등과 같은 용어가 익숙하다. 건조지역에서의 유수는 외래하천인 경우가 많으며 포상홍수나 유수홍수가 나타나기도 한다. 포상홍수는 무수한 망상의 작은 유로를 흐르는 물이 넘쳐 지표면을 넓게 포상으로 흐르는 것을 뜻하며 유수홍수는 고정된 유로를 갖는 하류가 넘쳐서 홍수를 일으키는 현상을 말한다.

Q2. 건조지역의 풍화작용에 대해 설명하시오.

사막에서는 화학적 풍화보다 기계적 풍화작용이 탁월하다. 그러나 건조지역에서 어떤 풍화작용이 어느 정도의 비율로 영향을 주는가, 풍화 속도는 어느 정도인가 등의 기본적인 문제는 아직 충분히 밝혀지지 않았다. 건조지역에서의 중요한 풍화작용은 일사풍화 · 염풍화 · 동결풍화 · 건습풍화 등이 있다.

건조지역에서는 암석의 열전도율이 상당히 작기 때문에 그 표면과 내부의 팽창률이 다르고, 양자 간의 왜곡이 생겨 틈이 벌어지면서 암석이 붕괴하는데 이와 같은 풍화작용이 일사풍화이다.

블랙벨더(1925)는 화성암을 끓는 기름에 넣고 15℃에서 210℃까지 변화시켜도 틈이 생기지 않고, 온도변화가 큰 사막에서도 박리작용이 거의 관찰되지 않는 점을 들어 일사풍화에 부정적인 의견을 제시했다.

그리그스(David Tressel Griggs, 1911~1974)는 연마한 화강암을 샘플로 하여, 수화작용 그밖의 영향을 받지 않도록 장치를 한 다음, 1사이클 15분에서 32℃~142℃ 사이의 온도변화를 89,400회(244년에 해당) 일어나도록 하였으나 실험암석을 현미경으로 관찰해보아도 변화가 나타나지 않았다. 그러나 실험암석의 표면을 냉각시키는 데 건조한 공기가 아닌, 물을 안개로 만들어 뿜어주자, 최초 1,000회 정도에서 박리가 일어나기 시작했다. 이 결과 그는 화학적 풍화작용이 유력하다고 결론지었다.

올리어(1963)는 오스트레일리아의 사막에서, 화학적 풍화를 받기 어려운 암질에서 뿐만 아니라 밝은색의 역에서도 열팽창에 의한 파쇄가 보인다는 보고를 하였다. 로쓰(Roth, 1965)가 모하비 사막에서 계측한 결과에 의하면, 석용 몬조나이트의 거력(높이 1.2m)의 평균 팽창률은 최대 온도차 24℃에서 0.0028, 24시간 사이에 최대 팽창률은 0.00672이었다.

로쓰는 이 결과로서 일사풍화에 대해 부정적이었으나, 이에 반해 쿡과 와렌(Cooke and Warren, 1973)은 이 값은 무시할 수 없다는 긍정적인 입장을 취했다.

Q3. 바람의 침식작용에 대해 설명하시오.

바람은 지표상의 어디서나 불지만 건조지역에서의 바람은 지형형성의 주요기구로서 작용한다. 점토나 실트 같은 미립퇴적물이 풍부한 지표 위를 부는 바람은 먼지라고 불리는 미립물질을 흡취하여 운반해가는 풍식을 취식이라고 한다.

취식에 의해 지표가 우묵하게 파이면 취식와지가 형성된다. 바람이 흡입 운반하기에 너무 큰 자갈 같은 물질은 모래와 이보다 작은 미립물질이 제거된 다음에도 제자리에 남는다. 이러한 잔류물은 지표에 집적되어 엷은 층을 이루며, 자갈로 포장한 도로에서처럼 그 밑에 있는 미립물질을 덮어 이를 취식으로부터 보호한다. 이 같은 자갈의 잔류층을 사막포도(砂漠鋪道)라고 한다.

노출된 자갈의 표면은 때때로 산화철이나 산화망간의 엷은 껍질로 덮이는 수가 있다. 이러한 껍질은 견고하며 윤택이 나며, 초콜릿색이나 흑색을 띠기 때문에 사막칠이라고 한다.

풍식의 또 다른 형태로는 바람에 운반되는 모래가 지표상에 돌출한 자갈이나 암석의 표면에 부딪칠 때 일어나는 마식(磨蝕)이 있다. 마식은 대체로 암석의 표면을 미세하게 깎을 뿐이어서 취식에 비하면 중요하지 않다.

삼릉석이라고 불리는 진기한 모양의 풍식력은 이 같은 마식에 의해 형성된다. 일반적으로 바람을 많이 받는 쪽의 표면에는 매끈한 면이 형성되는데, 주위에서 이를 받치고 있는 미립물질이 바람에 의해 제거되면 불안정해진 자갈은 굴러서 다른 쪽에 새로운 마식면을 만들어진다. 이러한 과정이 반복되면 여러 개의 면을 가지는 풍식력이 발달한다.

삼릉석이란 세 개의 마식면과 이들 면을 나누는 세 개의 모서리를 가진 자갈을 말한다. 자갈 뿐만 아니라 이에 충격을 가하는 모래 자체도 마식을 받는다. 사막의 사구를 이루는 모래입자들은 자체간의 충돌로 연마를 많이 받아 원형도(圓形度)가 매우 높다.

Q4. 타포니(tafoni)의 발달과정을 설명하시오.

타포니는 화강암 풍화 현상 중의 하나이다. 이들의 풍화는 화강암으로 된 석조 문화재가 야외에 노출되었을 경우에 일어날 수 있는 풍화 양상을 유추하는 데 의미가 있다. 타포니는 형태적으로 보면 암반이나 암괴 표면에 수십㎝에서 수m에 달하는 타원형 내지 원형으로 뚫린 구멍들을 말한다. 이 구멍들은 처음에는 작지만 점차 성장해 가면서 구멍 안쪽으로 확대하는 성질을 갖고 있다.

타포니는 사암이나 석회암 등에도 만들어지지만 주로 화강암류와 같은 결정질 암석에 많이 생기는 화강암 미지형이다. 타포니의 성인에 대해서는 다양한 견해가 있지만, 대체로 입상붕괴(granular disintergration)와 플레이킹(flaking) 작용에 의한 것으로 보고 있으며, 이를 일으키는 인자는 기후적인 측면과 소금의 결정 작용에 의해 구멍이 발달한다는 염풍화(salt weathering)와 관련이 있다. 그러나 나중에는 여러 성분이 있다는 것이 밝혀짐에 따라 포괄적인 의미로 형태만을 이야기할 때 '타포니' 라는 말이 쓰이고 있다. 규모가 작은 것이 집단적으로 나타날 때는 그 모양이 마치 벌집 모양과 같다고 해서 이를 벌집풍화(Honeycomb weathering)라고 표현하기도 한다.

타포니는 발달한 위치와 형태를 기준으로 분류할 수 있다. 즉, 지표면이나 기반암의 상부에 발달하는 것을 지표형(basal tafoni), 암괴의 벽면에 발달하는 것을 암벽형(side-wall tafoni), 암벽과 지표면이나 기반암 상부에 전체적으로 발달하는 것을 복합형(complex tafoni)으로 분류할 수 있다. 이것을 다시 발달 단계적인 측면에서 형태를 기준으로 나누어보면 절리 유관형(joint-relating pattern), 독립형(isolated pattern), 결합형(combination pattern), 분리형(seperation pattern), 복합형(complex pattern), 소와형(小窪型, cell-like hole pattern) 등으로 분류할 수 있으며 이런 기준과 관계없이 암석의 천장에 발달하는 것은 천정형(base-elimination pattern)이다.

Q5. 건조침식윤회를 요약하고 Davis의 침식윤회설과 비교하시오.

건조침식윤회란 건조지역의 내륙분지가 매립되고 그 주변의 산지가 해체되는 일련의 과정을 말한다.

유년기에는 구조분지가 형성되면, 이를 둘러싼 산지는 해체되기 시작하여 침식물질은 분지로 운반, 퇴적된다. 건조분지의 중앙부는 주변 산지의 평탄화에 대한 침식기준면으로 작용하며, 분지가 매립되며 분지 내에서는 사면경사가 급한 산지, 바하다, 플라야 등 세 가지 주요 지형을 볼 수 있다.

장년기에는 산지가 심하게 해체되며 급경사의 산사면은 직선상으로 평행후퇴하고 분지는 점차 확장된다. 급경사의 산사면에서 공급되는 풍화산물은 포상홍수나 하천에 의하여 곧 제거되며 산록에 수분 부족으로 토양포행이 활발하지 못한다. 산정부에는 철형사면이 잘 발달하지 않는다. 사면이 후퇴하는 과정에서 기반암 침식면이 페디먼트와 선상지인 바하다가 경사 급변점을 사이에 두고 발달한다. 페디먼트의 경사는 1~7°로서 아래쪽으로 갈수록 완만해지며 전체적으로 요형단면을 보여준다. 이때 건조분지는 네 가지의 주요 지형, 즉 사면경사가 여전히 급한 산지, 페디먼트, 바하다, 플라야로 구성된다.

노년기에 접어들면, 분지는 퇴적물로 완전히 메워지며, 산지는 사면경사가 여전히 급한 잔구로 변한다. 그리고 하천은 심한 홍수 시에 인접 분지로 흘러넘쳐서 하계 또는 유역분지의 통합현상을 일으킨다. 페디먼트가 넓게 확장되어 바하다의 규모는 상대적으로 줄어든다. 분수계 양쪽의 분지에 발달, 확장되면 페디먼트가 결국 산지를 거의 잠식하면, 페디먼트는 서로 연합하여 완만한 철형단면의 암석평원을 이루게 된다. 이러한 지형을 페디플레인이라 하기도 한다.

Q6. 유수의 운반작용과 바람의 운반작용을 설명하시오.

지상 15m에서의 풍속이 15km/h, 4m/sec이면 직경 0.05㎜보다 작은 입자(굵은 실트)는 바람에 의해 움직인다. 바람은 같은 유속을 가진 물의 에너지의 수 100분의 1의 힘을 발휘함에 불과하지만 건조한 지면의 먼지가 구름처럼 날려가고 큰 모래 알갱이까지도 움직임을 볼 때 건조한 지방에서는 바람이 장시간에 걸쳐 커다란 영향을 끼칠 것이라고 생각된다.

바람으로 운반되는 물질의 양을 유수에 의해 운반되는 물질의 양과 비교하기는 곤란하나 바람이 부는 범위는 대단히 넓으므로 일시적으로는 더 많은 양의 물질을 운반할 수도 있다. 바람에 의해 운반될 수 있는 입자를 크기별로 분류해 볼 수 있다. 작은 입자(직경 0.05㎜ 이하)는 떠서 이동하며, 중간 크기의 입자(직경 0.05~2.00㎜)는 도약하면서 이동하며 이보다 더 큰 입자는 포행으로 이동한다. 이 과정을 자세히 살펴보면 다음과 같다.

모래알은 풍속이 초속 5m에 달할 때 움직이기 시작하는데 그 과정은 두 가지로 구분된다. 그 하나는, 모래가 개별적으로 길게 뛰면서 이동하는 셀테이션이다. 강풍에 불려서 순간적으로 앞으로 빨리 움직이는 모래알이 다른 모래알과 충돌하면, 그것은 충격으로 공기 중에 뜬 다음 앞으로 길게 뛸 수 있다. 이 모래알이 중력으로 지표에 다시 떨어질 때는 다른 모래알과 부딪쳐서 또 뛰게 한다. 충격을 가하는 입자는 입경이 6배나 더 크고 무게가 200배나 더 나가는 다른 입자를 움직일 수 있다.

셀테이션을 하기에 너무 큰 입자는 지표면을 따라서 미끄러지거나 구르면서 천천히 이동한다. 이를 표면포행이라고 한다. 셀테이션과 표면포행으로 인하여 작은 입자와 큰 입자는 서로 분리되며 물질의 분급현상이 일어난다. 사구사가 입경이 비슷한 모래로 덮인 지표면에서 셀테이션을 할 때는 쉽게 움직여질 수 있는 작은 입자들 간에 충격이 일어나기 때문에 각 모래알은 낮게 뛰면서(대부분 15㎝ 이하) 천천히 이동한다.

Q1. 페디먼트의 형성과정을 설명하시오.

페디먼트의 형성이론은 두 가지로 나눌 수 있다. 사면의 평행후퇴설(平行後退說)과 하천의 측방침식설(側方侵蝕說)이다. 그러나 무엇이 옳다고 하기는 어렵다. 두 가지 모두의 영향이라고 하는 복합성인설을 주장하는 학자도 있다. 페디먼트의 규모는 산지 전면으로부터 말단부까지 길이가 5~19km의 벤치 형태로부터 100km이상의 페디플레인에 이르기까지 다양하며 페디먼트의 평면 형상은 선상지의 모양을 이루고 있다.

먼저 사면의 평행후퇴설에 따르면, 페디먼트는 산지와 평지 사이에 끼어 있는 기반암의 침식면이며 경사급변점을 사이에 두고 산지의 급사면과 만난다. 건조기후지역에서 발생하는 포상홍수는 풍화작용 및 중력에 의한 풍화산물의 제거와 관련하여 산사면을 일정한 경사를 유지하면서 평행후퇴시킨다. 따라서 산지의 급사면이 평행후퇴하게 되며 그 결과 사면의 기저부에 기반암의 침식면이 발달하게 된다는 것이다. 이 같은 학설을 사면의 평행후퇴설이라고 한다. 그러나 포상홍수는 망류보다는 일반적인 현상이 아니라는 비판을 받는다.

다음으로 두 번째 사면의 평행후퇴설과는 다른 학설로 하천의 측방침식설이 있다. 이 학설은 산지에서 페디먼트로 흘러나오는 하천은 곡구에서 여러 갈래로 갈라지며, 유로변동이 심하다. 즉, 산지에서 흘러나오는 하천은 선상지에서처럼 곡구를 중심으로 좌우로 유로를 자주 바꾸는데 그 결과 분지에 면한 산사면의 기저부에 하천의 측방침식이 가해져서 경사급변점이 형성되고 그 전면에 기반암의 침식면이 발달하는 것이다. 그러나 페디먼트와 배후사면 간의 경계선이 직선상으로 나타난다는 점에서 비판을 받는다.

우리나라에서는 산록완사면 연구를 중심으로 그 성인을 밝히려는 시도가 많았다. 특히 그 성인을 건조기후 쪽의 결과로 접근하려고도 시도하였으나 완전한 결론에 이르지는 못하였다.

Q2. 풍향과 사구형태와의 관계를 각종 사구를 예를 들어 설명하시오.

사구의 유형에는 대표적으로 네 가지를 들 수 있다.

첫 번째는 바르한이다. 사구의 형태는 바르한과 세이프로 구분된다. 바르한은 고전적인 사막지형의 하나로 사구의 뿔이 바람이 불어가는 방향으로 뻗는 초승달 모양의 사구를 말한다. 바르한 사구는 높이가 27m 이상일 때도 있는데, 길이와 폭이 같고 높이가 길이의 약 1/10일 때 안정된 상태를 취한다고 한다.

두 번째의 형태로는 횡사구가 있다. 모래의 공급이 대단히 많은 곳에서는 각 바르한이 횡적으로 즉 풍향에 대해 직각으로 이어져서 횡사구를 이루게 되는 것이다. 이 때 전체 지면이 거의 사구로 덮이게 되고 마치 폭풍 시의 바다를 연상케 하는 이러한 모래사막을 사하라에서 에르그라고 한다. 사하라의 경우 사막의 약 10% 정도가 에르그로 덮여 있다.

세 번째는 종사구 또는 세이프 사구이다. 이는 기다란 모래언덕의 형태이며 일반적으로 이것은 탁월풍의 방향과 나란히 형성된다. 이러한 사구의 활주면은 소용돌이 때문에 만들어지는 것으로 알려져 있다. 세이프 사구의 구릉들 사이에 있는 저지에서는 바람에 의해 모래들이 깨끗이 쓸려간다. 구릉은 길게 뻗어 있으며, 때때로 수㎞에 달할 때도 있다. 구릉들의 높이도 다양한데, 이란의 세이프 사구는 높이가 180m라고 한다. 높이는 사구 바닥 폭의 약 1/6이다. 종사구는 모래가 적고 바람이 센 경우에 발생한다. 규모가 크고 모래가 풍부한 곳에 잘 발달한다.

네 번째는 U자형 사구이다. 이는 해풍의 영향이 큰 해안지방에 주로 나타난다. 해안사구를 고정시키고 있는 사초가 국지적으로 파괴되면 취식에 의해 와지가 형성되며 이 와지에서 불려나온 모래는 말굽 모양의 모래언덕을 이루면서 다양한 형태의 U자형 사구를 형성한다.

Q3. 바르한과 U자형 사구를 설명하시오.

이동성 사구 중에서 모양이 가장 단순하고 기본적인 것이 바르한이다. 사구에서 바람의 그늘 쪽이 급경사의 말발굽 모양 또는 반달 모양을 이룬 것이다. 바르한형(型) 사구라고도 한다. 바르한은 강한 바람이 한 방향으로 부는 곳, 즉 탁월풍(prevailing wind) 이 한 방향에서만 우세하게 부는 지역에서 잘 발달한다. 사구 좌우의 양쪽 끝에 바람이 부는 쪽으로 뾰족한 날개가 뻗어 있어서 평면이 마치 초승달처럼 생겼다. 그리고 바람맞이 쪽(wind ward) 사면은 경사가 완만한 도움형이고 바람의지 쪽(lee ward) 사면은 요형사면의 급사면으로 되어있다.

바람맞이 쪽의 도움형 사면위를 바람에 불려서 올라가는 모래는 정상에 도달한 후 아래로 굴러 떨어진다. 바람의지 쪽의 급사면은 사구사의 안식각에 의해 거의 일정하게 유지되는 것이 보통이다. 끊임없이 일정 방향에서 바람이 불 때 발생한다.

일반적으로 바람에 의하여 형성되며 바람맞이 쪽이 완경사, 바람의 그늘 쪽이 급경사를 이룬다. 이는 풍향이 끊임없이 일정 방향에서 불어오는 곳에서 생기는데, 바람의 그늘 쪽에서 바람이 소용돌이치며 내리 불어 급경사의 말발굽 모양을 이루고 양쪽 가장자리의 모래가 이동해서 반달 모양의 평면형을 이룬다. 이 사구는 단독으로 발달하거나 무질서하게 끊임없이 변화하는 사막에서 여러 개가 떼를 지어 분포한다. 높이는 30m에 이르는 것도 있다. 사하라 사막이나 터키, 중앙아시아의 터키스탄의 사막에 많다. 이름은 터키스탄 지방에서 바르한(Barkhan)이라고 한 것에서 유래한다.

U자형 사구는 해안지방에 주로 나타나며 취식에 의해 와지가 형성되면 이 와지에서 불려나온 모래는 말굽 모양의 사구를 형성하면서 다양한 모습의 U자형을 이룬다.

평면 형태와 풍향의 관계가 바르한과 비교할 때 정반대인 것이 특색이다. U자형 사구가 해안사구에 뿌리를 두고 내륙으로 깊숙이 성장해 들어가면, 그 모양이 머리핀과 비슷해진다. 이를 머리핀 사구(hairpin dune)라고 한다.

Q4. Diagenesis에 대해 설명하시오.

Diagenesis는 속성작용이라고 한다. 이 개념은 퇴적물이 퇴적된 후부터 최종적으로 고화(固化)되기 전(암석이 되기 전)에 일어난 화학적 변화를 주로 한 모든 과정의 총칭한다.

대부분의 퇴적물은 광물의 혼합물로서 그 속의 모든 광물이 서로 화학적 평형을 이루고 있지는 않다. 속성작용은 비교적 저압 · 저온에서의 변화과정으로 생각되나 변성작용은 비교적 고온 · 고압 상태에서 일어나는 암석변질 과정으로 생각된다. 속성작용의 예로는 장석이 화학적으로 변질되어 그 자리에 따로 새로운 광물인 점토광물이 형성되는 화학변화를 들 수 있다.

퇴적물이 퇴적된 이후에 받는 풍화와 변성 작용을 제외한 모든 물리적, 화학적, 생물학적 변화 · 속성작용은 공극을 파괴 또는 생성시키고 투수율에 영향을 미친다.

속성작용은 쇄설성 퇴적암에서도 볼 수 있는데 기존의 암석의 파편이나 점토들이 쌓여서 굳어진 암석이며 퇴적물이 굳은 암석으로 되는 과정을 말한다. 이 작용에는 다져짐(compaction)과 교결(cementation), 결정질화(crystallization) 등이 있다. 이러한 과정을 거쳐야 암석이 형성되는 것을 알 수 있으며 단지 쇄설물들이 단순히 쌓여 있다고 퇴적암이 될 수는 없는 것이다.

또한 퇴적층 하부는 고압작용뿐 아니라 높은 온도의 환경이 됨으로써 미정질 또는 세립질의 퇴적물이 결정작용을 일으키면서 주변의 인자들과 교착되어 굳은 암석이 되기도 한다. 쇄설설 퇴적물은 입자의 평균 직경의 크기에 따라 다양하게 구분된다. 대체로 모래 크기의 것이 주성분 쇄설물인 경우, 중립질 쇄설암인 사암이 되며 이보다 큰 것은 역암과 같은 조립질 쇄설암, 가장 작은 것은 셰일과 같은 세립질 쇄설암으로 구분된다.

퇴적물이 퇴적분지에 운반, 퇴적된 후 단단한 암석으로 굳어지기까지의 물리, 화학적 변화를 포함하는 일련의 변화 과정. 여기에는 치밀화작용, 교결작용, 재결정작용, 교대작용이 포함된다.

Q5. 페니플레인(peneplain)과 페디플레인(pediplain)을 비교, 설명하시오.

페니플레인은 침식윤회의 마지막 단계에 형성되는 기복이 적은 평탄한 지형을 말하며 종지형이라고도 한다. 대표적인 예로 북아메리카의 로렌시아, 중국 둥베이 남쪽의 랴오둥 준평원을 들 수 있다.

지질시대에 걸친 하천의 침식작용에 의해 육지의 높이가 거의 해수면과 같게 낮아지고 경사가 없어져 더 이상의 침식이 일어나지 않게 된 평원을 말한다. 하천의 침식작용과 관련하여 하천의 침식윤회에서 노년기 하천은 기복이 작고 사면 경사는 약 5도 정도를 유지하게 된다. 토양포행과 우세의 활동이 감소하며, 사면은 두꺼운 풍화층으로 덮인다. 지질구조가 유로 방향에 영향을 주지 못하기 때문에 곡류하도가 형성되며 오랜 침식으로 파랑 상의 평탄면에 잔구가 남게 된다. 이 평탄면을 준평원이라고 한다. 사면을 포함한 하천지형의 침식윤회는 반드시 데이비스의 윤회설과 같이 이루어지는 것은 아니지만, 그의 윤회설은 지형변화를 설명하는 데 중요한 역할을 했다고 볼 수 있겠다.

한편, 페디플레인은 건조한 산지가 점차 페디먼트에 의해 잠식되어 산지가 축소되고 도상 구릉이 남아 다수의 페디먼트와 그 저부의 바하다가 형성되는 평지를 말한다. 페디먼트가 확대되어 생긴 평탄하고 광대한 지형으로 건조지대에서 나타나는 암석평원인 것이다.

페디플레인 역시 건조침식윤회의 노년기에 접어들어 나타난다. 건조침식윤회란 건조지역의 내륙분지가 매립되고 그 주변의 산지가 해체되는 일련의 과정을 말한다. 이것이 노년기에 접어들면 분지는 퇴적물로 완전히 메워지며 산지는 사면경사가 여전히 급한 잔구로 변한다. 그리고 하천은 심한 홍수 시에 인접 분지로 흘러넘쳐서 하계 또는 유역분지의 통합현상을 일으킨다. 페디먼트는 넓게 확장되면 바하다의 규모는 상대적으로 줄어들게 된다. 분수계 양쪽의 분지에 발달하며 확장되는 페디먼트가 결국 산지를 거의 잠식하게 되면 페디먼트는 서로 연합하여 완만한 철형단면의 암석평원을 이루게 된다. 이러한 지형을 페디플레인이라고 하게 된다.

Q6. 페디먼트, 선상지, 산록완사면을 비교하여 설명하시오.

먼저 페디먼트는 건조지역에서 풍화, 소멸되어 가는 산록경사지 앞면과 충적지 사이에서 발달된 침식 완경사지를 말한다.

다음으로 선상지는 일반적으로 평면상에서 부채 모양으로 되어 있는 퇴적물을 말한다. 광범위한 기후조건에서 발달할 수 있어서 캐나다의 극지방, 스웨덴의 라플란드, 일본, 알프스 지방, 히말라야 지방, 기타 지역에서 연구되어 왔다. 그러나 선상지는 건조 · 반건조 지역에서 보다 크고 뚜렷하여 사막지형의 특징으로 간주되는 것이 보통이다. 선상지를 퇴적시키는 하천은 빠르게 흐르는 경향이 있기 때문에, 아랫부분에 쌓이는 첫 번째 퇴적물은 일반적으로 조립질이다. 그러나 선상지의 구성 물질은 선정에서 선단에 이르기까지 입자의 크기가 다양하며 분급도(分級度)도 양호하다.

한편 산록완사면은 물리적 풍화가 많은 고산악지의 산록에서 볼 수 있는 준평탄지를 말한다. 예전에는 산록완사면을 과거 건조기후 환경의 반영인 페디먼트로 볼 것인가, 충적지형인 선상지로 볼 것이냐의 논쟁이었다. 최근에 산록완사면을 풍화물의 삭박과정의 결과물로 보고 있다. 기반암의 풍화에 의해 형성된 풍화산물이 깎여 나가는 과정이니 침식, 퇴적 모두 공존한다는 연구 사례가 보고되고 있다. 또한 산록완사면 근처에 하천의 작용에 대한 증거가 없어(원력, 분급) 풍화산물의 삭박과정으로 보는 것이 합당하다고 한다.

Q1. 석회동의 형성 인자를 기후적인 요인과 구조적인 요인으로 나누어 설명하시오.

석회동굴 형성의 기후적 요인은 온도, 토양 수분, 강수 등으로 인한 광물과의 화학반응에 따른 것이라 할 수 있다. 일반적으로 카르스트 지형 자체가 수화작용(水和作用)과 관련되므로 석회동도 습윤한 지역에서 발달하고 기후의 의존도가 크다고 할 수 있다. 그러므로 현재 석회암 지대의 습윤기후가 분포한다면 카르스트 지형이 발달되고 있다고 볼 수 있으며, 현재 건조한데 카르스트 지형이 존재하고 있다면 그 지형은 과거의 유물지형이라고 볼 수 있다.

발달단계 초기의 석회동은 지하수면보다 아래에 위치한 관계로 지하수로 가득 차 있다. 그러나 발달단계가 더욱 진행되어 지하수면이 저하되면 물은 더욱 낮은 공동 내를 흐르게 되어 고도가 높은 통로는 물이 흐르지 않아 동굴 내에 공기가 들어온다. 석회암은 1년에 10m 정도로 느리게 흐르는 지하수에 의하여서도 용해되며, 지하수면 바로 밑에 동굴이 형성될 수도 있다. 하천이 현재 동굴 내에 흐르고 있는 경우에도 그것은 석회동 발달 후기에 동굴로 들어간 것이며, 석회동의 성인과는 직접적인 관계가 없다고 볼 수 있다. 석회동 내의 통로는 망상을 이루고 있는 경우가 많으며, 또한 각 통로는 석회암층이 경사진 곳에서도 보통 수평으로 연장되었는데, 이런 사실들은 지하수의 용해작용이 중요함을 말한다.

동굴 형성의 구조지형학적인 접근방법에서 가장 먼저 정리하여야 할 부분은 동굴 형성에 직접적으로 관련이 있는 단층작용(斷層作用, faulting)과의 관계이다. 암층(岩層)이 서로 어긋나고 이때 수직 단애(斷崖)가 있다면 이는 추정 단층선으로 볼 수 있다. 여기 서로 어긋난 지층은 최대한 안정성을 찾게 될 것이다. 안정성을 찾아가는 과정에서 추정 단층선에 평행하지 않은 지극히 불규칙한 공간이 생길 것이다. 이러한 공간이 동굴의 기본 골격을 형성하며 그 뒤에 용식 등의 2차적인 동국 형성작용이 가미되어 동굴의 2차 생성물이 만들어지고 동굴은 처음보다 미세한 지형으로 발달하게 된다. 지층의 절리나 균열, 열하 등은 이러한 현상을 가중시켜 동굴 내부를 복잡하게 만들고 다양한 경관이 형성된다.

Q2. 카르스트 지형의 윤회를 정규침식윤회와 비교하여 설명하시오.

데이비스는 원지형에서 준평원에 이르기까지의 지형의 침식단계를 일정한 순서로 나타내어 그 기간을 유년기(幼年期)·장년기(壯年期)·노년기(老年期) 등의 시기로 나누고, 이들을 원지형에 이어 나타난다는 뜻으로 차지형(次地形)이라고 하였다.

차지형의 초기단계인 유년기의 발달단계에서는 원지형 면이 넓게 잔존하는 동시에 강에는 호수·폭류(瀑流) 등이 나타나고, 하각작용(下刻作用)이 우세하여 깊은 협곡(峽谷)과 V자곡을 만든다. 이와 동시에 하천의 도중에는 호수나 폭류 등이 소멸되며, 하천바닥은 평탄한 종단형(縱斷形)을 나타내는 한편, 곡저에는 범람원이 생기고, 강은 자유곡류(自由曲流)를 하게 되는데, 이 시기를 장년기의 지형이라 한다. 침식이 더 진행되면, 산봉은 더욱 낮아져서 파랑상(波浪狀)의 소기복의 땅이 된다. 이에 따라 하천의 종단 기울기는 완만하게 되며, 강은 넓은 범람원 사이를 자유곡류하고, 각지에 많은 하적호(河跡湖)를 나타내는데, 이 시기를 노년기의 지형이라 한다.

그러나 실제로 지형변화는 종지형에서 끝나는 것이 아니다. 종지형이 지반운동에 의하여 변위되면, 원지형이 생기고, 이를 출발점으로 하여 다시 새로운 한 계열의 지형변화가 시작된다. 그리하여 차지형을 거쳐 종지형에 이르는 침식의 일윤회가 계속된다.

침식윤회 중 하나인 카르스트 윤회(karst cycle)는 두꺼운 석회암층이 지하수면 위로 융기하여 지표상에 돌리네가 발달하면서부터 시작된다. 유년기에는 원지형(原地形)의 여기저기에 돌리네가 불규칙하게 파인다. 유럽의 카르스트 지형은 대부분 이 단계에 속한다고 한다. 돌리네가 많이 발달, 성장하여 원지형이 거의 사라지고, 돌리네들 사이의 부분이 낮은 산릉으로 변하면 유년기가 끝난다.

장년기에는 돌리네가 커져서 바닥이 넓어지고, 일부 돌리네는 서로 결합하여 우발라를 이룬다. 지하에서는 동굴의 발달이 절정에 이르며, 이것이 무너지는 곳에는 함몰돌리네가 형성된다. 또한 돌리네들 사이의 산릉이 낮아지고, 산릉의 일부는 원추형 구릉으로 변한다. 그리고 노년기에는 전체 지표면의 용식기준면(溶蝕基準面)인 지하수면에 가까워지며, 하천이 용식평원(溶蝕平原, corrosion plain)을 가로질러 흐르게 된다.

Q3. Grund와 Cvijic 윤회설을 비교, 설명하시오.

카르스트 윤회(karst cycle)의 틀 중에서 가장 간결한 것은 1914년에 발표된 그룬트(A.Grund)의 이론이며 그 내용은 다음과 같다.

두꺼운 석회암층이 지하수면 위로 융기하면 지표상에 돌리네가 발달하기 시작한다. 유년기에는 원지형(原地形)의 여기저기에 돌리네가 불규칙하게 파인다. 유럽의 카르스트 지형은 대부분 이 단계에 속한다고 한다. 돌리네가 많이 발달, 성장하여 원지형이 거의 사라지고, 돌리네들 사이의 부분이 낮은 산릉으로 변하면 유년기가 끝난다.

장년기에는 돌리네가 커져서 바닥이 넓어지고, 일부 돌리네는 서로 결합하여 우발라를 이룬다. 지하에서는 동굴의 발달이 절정에 이르며, 이것이 무너지는 곳에는 함몰돌리네가 형성된다. 또한 돌리네들 사이의 산릉이 낮아지고, 산릉의 일부는 원추형 구릉으로 변한다. 그리고 노년기에는 전체 지표면의 용식기준면(溶蝕基準面)인 지하수면에 가까워지며, 하천이 용식평원(溶蝕平原, corrosion plain)을 가로질러 흐르게 된다.

치비지크(Cvijic, 1885~1927)도 1918년에 카르스트 윤회의 모델을 발표했다. Cvijic은 기본가설로 두꺼운 석회암층이 해면보다 상당히 높게 융기하고, 이 석회암층의 위와 아래에 불투수성 지층이 있는 경우를 내세웠다. 이 틀에 의하면, 석회암층을 덮고 있는 지표의 불투수성 지층이 제거되어도 원래의 하천은 당분간 존속한다. 석회암층의 용식이 진행되어 지표수가 지하로 침투할 수 있는 틈이 많이 생기면, 하천은 점차 지하로 사라지고 돌리네와 우발라가 발달하기 시작한다. 이 때 지질구조와 관련된 폴리예가 형성될 수도 있다. 결국 카르스트 지형이 절정에 이르는 장년기에는 지표의 하천이 모두 없어지고, 지하의 동굴이 확장된다.

이후 카르스트 지형은 파괴단계에 들어간다. 동굴의 천장이 무너지고, 하천이 지표 위를 흐르게 되며, 폴리예의 바닥은 더욱 낮아지고 넓어진다. 돌리네와 우발라는 하천의 침식으로 파괴되어 없어지지만 폴리예는 존속한다. 마지막으로 불투수성 지층이 지표에 넓게 드러나면, 카르스트 지형의 유물로 원추형 잔구만 곳곳에 남게 된다.

카르스트 지형은 비교적 제한된 지역에만 발달하기 때문에 모든 지역에 보편적으로 적용될 수 있는 틀을 설정하기가 쉽지 않다.

Q4. 석회동의 형성과정을 설명하시오.

석회동굴은 다음과 같은 3단계의 형성과정을 거쳐 복합적인 동굴지형계로 진화되는 것으로 알려져 있다.

(ㄱ) 피압지하수면을 형성하고 있는 암반 내의 지하수포장대를 중심으로 용식이 진행되며 동방이나 동로 같은 기본적인 공동지형은 용식동공을 충전하고 있는 지하수의 유출로 인해 형성된다.

(ㄴ) 생성된 공동지형은 공동 내에 새롭게 형성된 자유면 지하수의 완만한 용식작용과 벽체의 붕락작용으로 확대를 계속하며 인접한 공동 사이에 연결이 일어나 동굴지형계를 형성한다.

(ㄷ) 지표의 침식과 용해작용으로 동구가 개석되고 동굴류가 유출됨으로써 동굴은 침식지형과 침전지형을 발달시키며 복합적인 석회동굴지형계로 전환된다.

2차 생성물(speleothem)은 주로 방해석, 아라고나이트, 돌로마이트, 탄산염광물로 구성되어 있으며 화학식은

$$H2CO_3 + CaCO_3(S) = Ca_2 + (1) + 2HCO_3 - (1)$$

화학반응이 정반응으로 진행되면 탄산염광물이 용해되는 경우이고, 역반응으로 진행되면 탄산염광물이 침전되는 경우이다. 즉, 정반응은 공동이 형성되는 경우이고 역반응은 2차 생성물이 형성되는 경우이다.

여기서 용해된 방해석을 용액으로부터 침전시키는 작용은 물에서 이산화탄소의 기체를 잃어버림으로써 이루어지는 것이다. 처음에 이산화탄소는 토양 중의 물과 결합하여 중탄산이온을 만들고 석회암의 일부를 용해시키면서 동굴 내로 흘러 들어간다. 이 지하수가 동굴 내에서 공기에 닿게 되면 이산화탄소의 분압이 낮아지므로 이산화탄소는 물에서 유리되어 인출된다. 즉, 탄산염의 2차 생성물을 만드는 중요한 요인은 온도와 관련된 물의 증발이기보다는 무엇보다도 대기압과 관련된 이산화탄소의 소실이라 할 수 있다.

Q5. 원추 카르스트의 형성과정에 대해 설명하시오.

용식이 많이 진전된 지역에서는 앞에서 살펴본 것과 같은 '오목한' 지형보다 지표면 위로 솟아오른 '볼록한' 잔구(殘丘)가 경관을 주도한다. 이를 포괄적으로 원추 카르스트(圓錐~, cone karst)라고 한다. 원추 카르스트 중에서 널리 소개된 것은 코크핏 카르스트와 탑 카르스트이다.

카르스트 지역에서 용식작용이 진전되어 카르스트 침식면 상에서 비교적 저항력이 강한 부분이 원추형의 구릉지로 남게 되면 아래 사진과 같은 원추 카르스트(cone karst) 지형이 생긴다. 원추 카르스트에는 그 잔구의 고도(높이)에 따라 탑 카르스트와 원정 카르스트(kuppen karst)로 나뉘게 된다. 여기서 고도가 높은 것을 탑 카르스트, 낮은 것을 원정 카르스트라고 한다.

첫 번째로 코크핏 카르스트(cockpit karst)를 살펴보도록 하자. 이는 비고가 작고 그 형태가 반구(半球)에 가까운 것이다. 이는 자바의 중남부, 자메이카, 푸에르토리코 등지에 전형적으로 발달해 있다. 자바의 경우 높이 30~70m의 잔구가 $1km^2$에 약 30개 정도가 발달해 있고, 전형적인 경우에는 이들 반구형 구릉 사이에 폐쇄된 분지가 존재한다. 코크핏이란 말은 원래 자메이카에서 이들 분지를 가리키는 말이다.

다음으로 탑 카르스트(tower karst)는 비고가 크고 외벽의 경사가 급하며 탑 모양을 한 것을 말하며 탑 카르스트 지역의 경우 저지는 하천의 충적지로 되어 있다. 말레이 반도의 킨타(kinta) 계곡, 중국의 화남지방, 베트남의 통킹지방, 쿠바 등지에 발달해 있다. 이들 2가지 유형을 합하여 원추 카르스트라고 하지만 2가지 유형 사이에 있는 형태를 협의의 원추 카르스트라고도 한다. 유럽에서도 이 같은 지형이 발달해 있는데 이들은 유물 지형 혹은 화석 지형으로 생각된다. 현재보다 고온다습한 기후가 넓은 범위에 나타났던 신생대 제3기 플라이오세(Pliocene)에 형성된 것과 고생대에 형성된 원추 카르스트가 재 노출된 것이라 여겨지는 것도 있다.

Q6. 카르스트 지형의 발달 조건에 대하여 설명하시오.

카르스트 지형이 있는 곳은 과거에 바다였던 곳으로 석회질의 조개껍데기들이나 산호 등이 쌓여서 형성된 석회질 층이 빗물이나 지하수 등에 의해 용식되어 생긴 지형이다. 우리나라에서도 카르스트 지형이 분포하는 곳은 고생대 때 바다였던 곳이라고 할 수 있다. 전형적인 카르스트 지형이 발달하기 위해서는 다음과 같은 네 가지 조건이 필요하다.

첫째, 지표 부근에 석회암과 같은 가용성 암석(可溶性岩石)이 존재해야 한다. 돌로마이트도 용해되기에 충분하지만 석회암 같이 용해되지는 않는다. 초크(chalk)도 가용성 암석이긴 하지만 다름 조건이 만족되지 못하여 카르스트 지형이 그다지 잘 발달하지 않는다.

둘째, 가장 중요한 조건 중의 하나로서, 이러한 가용성 암석에 치밀하고 잘 발달된 절리(節理)와 간격이 좁은 성층면(成層面, bedding plane)이 있어야 한다. 이 점은 카르스트 지형을 직접적으로 경험하지 못한 경우 간과하기 쉬운 부분이다. 일부 학자들은 카르스트 지형 발달의 선결 조건이, 투수율이 좋고 다공질(多孔質)의 석회암의 존재라고 주장하고 있다. 즉 많은 절리와 성층면에 의한 투수성이 카르스트 지형 형성에 중요한 조건이 되는 것이다. 만일 암석이 다공질이고 투수성이 좋다면 강수는 한꺼번에 흡수되고 어느 구조선(構造線)을 따라 집중되기보다는 암석 전체를 통하여 이동한다.

셋째, 가용성 암석(可溶性岩石)과 절리 발달이 양호한 암석으로 이루어진 고지(高地)에 깊은 계곡이 존재해야 한다. 이 조건은 암석을 통한 지하수의 하방이동(下方移動)을 용이하게 한다. 석회암(石灰岩)에서의 용해(溶解)는 지하수의 이동에 있어서 석회암이 통로로서의 역할을 수행할 때만 중요한 것이 된다. 이 때 양호한 물 순환은 가장 중요한 선결 조건으로 유수(流水)가 용해를 잘 일으킨다.

넷째, 적어도 적당한 강수(降水)가 있는 지역이어야 한다. 거의 모든 카르스트 지역은 풍부한 강수가 있는 지역이다. 일반적으로 건조 · 반건조 지역에서는 카르스트가 뚜렷하게 발달하지 않는다. 현재 건조 · 반건조 지역에서 볼 수 있는 카르스트 지형은 과거 습윤기후 하에서 형성된 화석지형(化石地形)으로 설명할 수 있다.

Q1. 빙식지형과 빙퇴적지형에서 빙하의 이동방향을 추정하는 방법에 대하여 설명하시오.

빙하가 운반 · 퇴적하는 물질의 집합체를 총칭하여 퇴석이라고 한다. 빙하에 의해 운반되는 물질은 빙하의 표면이 녹아서 낮아지는 소모대까지 이동되며, 빙하의 융빙에 의해 2차적으로 이동되어 또 다른 지형을 형성할 수도 있다.

또한 빙하의 퇴적작용에 의해 빙하 밑에서 운반되는 저퇴석의 양이 과다해지면, 일부는 빙하 밑에 쌓인다. 처음에는 기반암의 틈이나 와지에 쌓이지만, 누적 현상이 계속되면 상당한 두께의 빙력토가 넓게 깔리며, 빙하는 그 위를 흐른다. 빙하 밑에 쌓이는 저퇴석은 분급이 전혀 되지 않아 암분에서 암괴에 이르기까지 다양한 크기의 물질로 혼성되어 있는 것이 특색이다. 그리고 자갈이나 암괴는 장축의 방향이 빙하의 이동 방향과 평행하게 놓이는 경향이 있다.

빙하의 말단부에 가까워지면 빙체의 두께는 소모에 의하여 엷어지고, 얼음에 포함되어 운반되던 암설은 점점 위로 올라와서 표면에 노출된다. 빙하의 말단이 오랫동안 한 곳에 머물러 있으면, 말단부를 따라서 소모 빙력토가 집중적으로 쌓여 능선 모양의 언덕 즉 종퇴석이 형성된다. 빙하가 후퇴할 때는 종퇴석 뒤쪽의 저퇴석 위에 소모 빙력토가 엷게 덮인다. 빙하가 후퇴하다가 일시 정지하면, 후퇴퇴석이라고 불리는 종퇴석이 또 하나 형성된다.

즉, 빙식작용이 일어날 때 암석의 마찰에 의한 찰흔은 빙하의 이동 방향에 평행하게 존재하게 된다. 또한 종퇴석은 빙하의 이동의 마지막을 설명해주는 중요한 자료가 된다. 종퇴석으로 과거 빙하가 어느 지역까지 내려왔는지를 유추해 볼 수 있다. 또한 빙하에 의해 이동하는 저퇴석의 암괴 모양을 살펴보면 장축의 방향이 빙하의 이동방향과 평행하게 놓이는 것을 보아도 과거 빙하의 이동방향을 어느 정도 유추하여 볼 수 있다.

Q2. 빙하의 침식작용에 대해 설명하시오.

빙하의 운동은 두 가지 과정을 통해서 일어난다. 하나는, 빙정의 변형과 생장, 빙정 간에서 일어나는 슬라이딩 등에 의한 내부조직의 변동과 관련된 소성적 유동이고, 또 하나는 내부조직의 변동과는 관계없이 빙하가 기반암의 표면에서 미끄러지면서 이동하는 활동성 운동이다. 후자는 빙하의 침식작용을 주도하는 운동으로서 빙하의 기저에서 일어나는 융빙 현상 때문에 발생한다. 일반적으로 활동성 운동이 진행될 때 기반암과의 마찰로 인해 일어나는 침식 작용이 빙하에 의한 일반적인 침식 작용이다.

현재 진행되는 침식의 약 7%가 빙하에 의해 이뤄지며 적은 양이긴 하나 하천에 의한 침식 다음으로 그 작용이 크다. 빙식작용의 강약은 빙하의 유동속도, 빙하의 두께, 빙하의 최하층에 협재하는 암설의 양과 질 및 기반암질 등의 인자에 의해서 결정된다. 이 이외에도 빙하저에서 행하여지는 기계적 풍화나 유수의 발생과 밀접한 관련을 갖는 빙하빙의 온도 및 그 부근의 기후조건 등도 무시할 수는 없다.

빙하의 침식작용에 의해 형성된 대표적인 지형은 빙식산형과 빙식곡을 들 수 있다. 빙식산형은 산릉에서 빙하의 침식에 의해서 형성된 권곡 등으로 형태가 변형된 산지를 말한다. 빙식산형은 권곡에서 시작되며 이러한 권곡이 발달하면, 빙식 이전의 산형은 파괴되어 없어지고, 권곡간의 분수계는 톱니처럼 날카롭고 들쑥날쑥한 즐형 산릉으로 변한다. 하나의 높은 산봉우리를 중심으로 사방에서 여러 개의 권곡이 발달하여, 이들이 한 점에서 서로 만나면 호른이라고 불리는 뾰족한 바위산이 형성된다. 알프스의 마테호른은 대표적인 즐형 산릉이다.

빙식곡은 U자곡이라고도 불린다. 빙식곡은 대개 하식에 의하여 형성된 골짜기가 곡빙하의 침식을 받아서 변형된 것이다.

Q3. 빙식곡과 하식곡의 차이점을 비교, 설명하시오.

설선 이상의 높은 지역은 지형과 기후에 따라서 빙모나 권곡빙하가 형성되고, 빙하는 골짜기로 흘러내려 곡빙하가 된다. U자곡이라고도 불리는 빙식곡(氷蝕谷, glacial trough)은 대개 하식에 의하여 형성된 골짜기가 곡빙하의 침식을 받아서 변형된 것이다. 골짜기 양쪽의 산각(山脚)들이 절단되어 곡벽은 평활한 급애를 이루고 전체적으로 골짜기가 확 트여 있는 것이 특색이다. 빙하가 없어진 뒤에는 계단간의 요(凹) 부분은 측면에서부터 상식이나 유수 등의 영력에 의해서 공급되는 암설의 퇴적으로 인하여 점점 매몰되며 물이 고이기도 하여 습지로 되어 있는 곳이 많다. 곡벽에도 약간의 특징적인 지형이 보인다. 전 지형에서는 굴곡이 풍부하고 산각은 곡의 양쪽에서 나와 서로 접근하고 있다가 빙하가 흘러가면 굴곡은 빙하로 인하여 적게 되고 산각은 그 말단을 소실한 삼각형의 급애인 절단산각을 형성하게 된다.

일반적으로 하식작용에 의해 형성된 곡의 경우V자 모양을 띠게 된다. 하지만 V자곡에 빙하가 모여 곡빙하가 되면 빙하침식이 진행이 된다. 그리고 이 경우 곡의 모양은 U자를 띠게 된다.

빙식곡은 하식곡과는 달리 골짜기 양쪽의 산각들이 절단되어 곡벽은 평활한 급애를 이루고, 전체적으로 골짜기가 확 트여 있는 것이 특색이다. 하식곡의 경우 하천 바닥이 매우 좁지만, 빙식곡의 경우 하천 바닥이 넓은데 이것은 빙하가 하천의 유수보다 무게가 훨씬 무겁기 때문이다.

Q4. 빙하의 형성과정을 설명하시오.

빙하의 근원은 강설로서 여러 가지 모양의 결정들이 모여서 이루어져 있다. 그러나 이 상태는 매우 불안정하므로 적은 설편은 승화되어 점점 큰 결정으로 성장하여 가면서 공극이 적은 단단한 입상의 눈으로 변한다. 또 얼음의 입자도 엉성하던 집합체가 시간이 지남에 따라 점차 두텁게 되고 하중으로 인하여 한층 단단하고 밀도가 큰 얼음으로 된다. 공극이 거의 없어지게 된 상태가 얼음인데 그 비중은 모두 기포가 없는 상태로서 보통 0.9 정도이다. 비중은 만년설에서 0.3~0.8 정도, 오래된 눈이 0.3~0.5, 내리는 눈은 0.1~0.3 정도에 지나지 않는다.

높은 산지에서는 어느 정도의 고도에 이르면 여름에도 눈이 녹지 않고 남아 있는데 이 한계를 설선(雪線, snow line)이라 부르며 빙하의 하방한계라고 볼 수 있다. 설선의 높이는 기온과 강설량에 의하여 결정되며, 열대지방은 높고 극지방으로 갈수록 점점 낮아진다. 그러나 한 지역에 있어서도 그 고도는 바람, 일사량, 향에 따라 복잡하게 나타나는 것이 일반적이다.

설선 이상은 언제나 눈이 녹지 않는데 이것을 만년설(萬年雪)이라 한다. 만년설은 눈이 빙하빙으로 되는 중간 단계이다. 만년설이 그 두께를 더함에 따라 더욱 치밀해져서 비중이 0.8에 달하면 서서히 적설이 재결정되어 굳은 얼음이 생성된다. 처음에는 눈의 표면에서 융해 · 증발 · 응결하다가 솜 모양의 엷은 조각의 새로운 눈이 작은 덩어리 모양의 빙괴로 변화한다. 해마다 쌓이는 눈으로 얼음의 두께가 늘어가고, 압력이 증가함에 따라 덩어리 모양의 얼음은 녹아서 다시 결정화되다가 마침내 덩어리 모양의 얼음 사이의 공기가 빠져서 굳은 결정질 얼음이 생성되어 빙하가 이루어진다. 빙하빙의 비중은 0.8~0.9인데 이는 순수한 얼음의 비중과 거의 같다. 그리고 빙하란 눈이 변화하여 이루어진 빙하빙의 유동체를 가리킨다.

Q1. 융빙수에 의해 형성된 지형을 제시하고 공통점을 설명하시오.

융빙수로 인해 형성된 지형에는 에스커, 케틀, 빙하성유수 퇴적평야, 빙하성호소 퇴적평야 등이 있다.

빙상 밑으로는 얼음 녹은 물이 모이고, 이러한 물은 하천을 이루면서 얼음터널을 뚫는다. 에스커(esker)란 이러한 얼음터널에 하천의 토사가 쌓여서 형성된 둑 모양의 지형이다. 에스커의 퇴적층은 분급이 비교적 양호한 사력층으로 이루어졌으며, 지역에 따라서는 모래와 자갈의 골재원으로 중요하게 이용된다.

케틀(kettle, 구혈)은 빙하에서 떨어져 나온 빙괴(氷塊)의 일부 또는 전체가 땅속에 묻혀 있다가 녹으면서 생기는 지반의 함몰대이다. 이러한 빙괴의 좌초현상은 불규칙한 빙하 경계부 정상에 빙괴가 점진적으로 쌓임으로써 일어난다. 구혈의 크기는 직경 5m~13㎞까지 다양하며, 깊이는 최대 45m까지이다.

빙하성유수 퇴적평야는 빙상의 융빙수하천들이 종퇴석 전면에 토사를 쌓아 형성한 2차적인 빙퇴적지형이다. 얼음터널에서 흘러나오는 하천은 출구를 중심으로 토사를 집중적으로 쌓아 경사가 극히 완만한 선상지를 형성한다. 빙하성유수 퇴적평야는 이와 같은 선상지들이 횡적으로 결합하여 이루어진 평야로서 아주 평평하며, 종퇴석의 전면으로 50㎞ 이상씩 펼쳐지기도 한다. 빙하성유수 퇴적평야의 퇴적물은 빙력토평원의 그것과는 달리 분급이 양호하다. 얼음이 묻혔던 자리에 생기는 케틀은 빙하성유수 퇴적평야에서도 볼 수 있다.

빙하성호소 퇴적평야(氷河性湖沼堆積平野, glaciolacustrine plain)는 빙하주변로에 물이 빠지고 노출된 평탄한 평야이다. 지면이 높은 곳을 향해 빙상이 전진할 때는 물이 바깥을 빠져나가지 못해서 그 전면에 주변호소(周邊湖沼, marginal lake 또는 proglacial lake)라고 불리는 호소가 생긴다. 이러한 호소로 운반되는 하천의 토사 중에서 조립물질은 하구를 중심으로 쌓여 작은 삼각주를 형성하고, 미립물질은 널리 퍼지면서 호소 바닥에 쌓인다. 빙하성호소 퇴적평야는 주변호소의 바닥이었던 곳이며, 실트와 점토로 이루어졌다.

Q2. 주빙하 지형의 발달 조건에 대하여 설명하시오.

주빙하 지형(periglacial landforms)은 기후가 매우 한랭하거나 동결과 융해가 자주 반복되는 지역에서 발달하며, 주빙하 지형을 발달시키는 기후를 주빙하기후(periglacial climate)라고 한다. 동결과 융해는 하루의 기온이 0℃를 오르내리는 이른 봄과 늦가을에 자주 반복되며, 그 빈도는 기후가 한랭할수록 높게 나타난다.

주빙하기후 지역의 범위를 한정하기란 매우 어렵다. 동결작용이 탁월하고, 대부분 지형이 이 동결작용의 결과로 생겨나는 지역과 동결작용이 일어나고 있더라도 지형형성에 있어서 보조적인 역할만 나타내는 지역 사이에는 모든 점이적인 변화가 보이기 때문이다.

트롤(Troll)에 의해 처음으로 보다 확실한 주빙하기후 개념을 제시한 후 페틀리어(Peltier)가 구체적인 개념을 설정하게 되었다. 페틀리어에 의하면 주빙하기후는 연평균 기온이 −15℃~−1℃, 연강수량이 120~1400㎜로, 강력한 동결작용과 심한 매스 무브먼트, 약한 유수작용이 진행될 수 있는 기후조건도 매우 다양하다는 점을 고려하지 못한 비현실적인 정의라고 하는 비판을 받기도 한다.

트리카(Tricart)는 주빙하 환경을 다음의 3가지 유형으로 구분하였다. 제1유형은 혹독한 겨울을 수반하는 건조기후로 계절적으로 심한 동결작용을 일으킨다. 제2유형을 혹독한 겨울을 수반한 습윤기후로 제1유형과 제3유형의 점이적 특성을 갖는다. 한편 후렌치는 트리카의 유형구분을 수정해서 다음과 같이 4가지의 주빙하 기후 유형을 제시했다. 첫 번째는 고위도의 극기후로 일변화는 작고 계절적 변화가 크다. 즉 기온의 일교차는 작고, 기온의 연교차는 크다. 두 번째는 대륙성 기후로 기온의 연교차가 대단히 크다. 세 번째 고산기후로 중위도 고산지에서 보인다. 네 번째 기온의 연교차가 작은 기후로 규칙적으로 분포한다.

Q3. 영구동토층과 활동층을 설명하시오.

북극해 연안의 툰드라에는 지온이 연중 0℃ 이하로 유지되는 층이 두껍게 형성되어 있다. 이러한 범위를 영구동토층이라고 한다. 연평균 기온이 0℃ 이하인 곳에서는 땅이 겨울에 어는 두께가 여름에 녹는 두께보다 두꺼우며, 이로 인해 해가 거듭될수록 영구동토층이 점점 두꺼워질 수 있다. 그러나 지하로 내려가면 지온이 상승하기 때문에, 기온과 지온 간에 균형이 이루어지면 영구동토층은 성장을 멈추게 된다.

연속대의 영구동토층은 매우 두껍다. 그 두께가 캐나다 알래스카에서는 300~600m로 나타나며, 시베리아 북부에서는 최대 1,500m에 이르는 것으로 알려졌다. 시베리아에서는 넓은 지역이 빙기에 빙하로 덮이지 않아 냉기가 지하로 깊게 침투할 수 있었던 것 같다. 연속대에서도 넓은 호소와 큰 하천 밑에는 비동토층, 즉 탈리크(talik)가 분포한다. 툰드라와 타이가의 경계선은 연속대의 남한계선과 대체로 일치한다. 그리고 저지대의 동토층은 대개 과거의 한랭기후와 관련하여 형성된 것이라고 알려졌다.

활동층은 북쪽에서 남쪽으로 갈수록 두꺼워진다. 두께의 범위는 수십cm 내지 3m 내외이다. 활동층은 여름에 녹으면 우리나라에서 이른 봄의 해토기에 일시적으로 땅이 질퍽해지는 것처럼 매우 유연해진다. 얼음이 녹아서 생긴 수분이 활동층 밑의 동토층으로 빠지지 못하기 때문이다. 그래서 활동층의 물질은 경사가 극히 완만한 사면에서도 쉽게 흘러내릴 수 있게 된다. 활동층은 겨울에 얼 때 얼음을 많이 포함한다.

한편, 활동층이 겨울에 얼 때는 구성 물질이 심하게 요동된다. 겨울이 다가오면 활동층은 지표면에서부터 얼어 내려간다. 그래서 녹은 상태에 있는 물질은 위에서 밑으로 작용하는 압력을 받아 옆으로 밀리기도 하고, 약한 부위의 동결층 쪽으로 밀려 올라가기도 한다. 활동층에서 이와 같은 요동현상(cryoturbation)에 의해 형성되는 복잡한 파상구조를 인볼루션(invoiution)이라고 한다. 영국 · 프랑스 · 독일 · 폴란드 등 북서유럽의 토양층에는 인볼루션이 많이 보존되어 있다. 우리나라에서는 강릉시 안인 부근의 해안단구 퇴적층에서 그것이 관찰된 바 있다. 이곳의 인볼루션은 빙기에 형성된 것임은 분명하지만 국소적으로 나타나므로 영구동토층과 관련된 것인지는 확실하지 않다.

Q4. 열카르스트에 대해 설명하시오.

영구동토층이 녹으면 이에 포함된 얼음의 형태에 따라 작은 구덩이나 골 또는 그 밖에 여러 가지 모양으로 땅이 꺼져 내려앉는다. 토빙이 녹아 형성되는 이러한 지형들을 석회암 지역의 지형에 비유하여 열카르스트(thermokarst)라고 한다. 지난 100년 동안 시베리아에서는 영구동토대의 남한계가 북상하는 추세를 보여 왔다고 한다. 현재의 기후와 평형상태에 있지 않는 동토층, 즉 빙기에 형성된 후 현재 위축되고 있는 화석 영구동토층이 넓게 분포하는 분산대에서는 열카르스트가 지역적인 현상으로서 발달할 가능성이 높다.

열카르스트(thermokarst)라는 용어는 지중빙(地中氷)의 융해에 근거하여 불규칙한 형태의 토지를 설명하기 위해서 에모레이(M.M. Ermolaey, 1932)에 의해 처음 사용되었다. 이 용어는 지표면의 국지적인 붕괴와 침하를 수반하는 지중빙의 융해과정에 대해서만 적용되었다.

다일릭(Dylik, 1968)은 이 용어를 매몰된 빙하빙과 지표수를 뺀 지하 얼음의 융해에만 사용해야 한다고 주장했지만, 최근에는 성인에 관계없이 모든 지중빙의 융해 프로세스에 대해서 이 용어를 사용한다.

열카르스트는 영구동토의 열적평형(熱的平衡)이 무너질 때와 활동층의 두께가 증대할 때 주로 발달한다. 열적평형과 영구동토의 두께가 감소 원인은 다양하다. 크게는 광역적인 기후변화가 있고, 작게는 국지적인 조건의 변화가 있다. 광역적인 기후변화에 관해서 열카르스트는 2가지 자연조건에 의해서 가장 잘 발달된다. 즉 기후의 온난화와 연평균기온의 상승이다. 이 두 가지 조건은 대륙도(大陸度)를 증가시켜 기온차가 커지는 경우로서, 계절적인 융해층의 두께를 가장 크게 한다. 열카르스트의 프로세스와 관계되는 지형변화의 양과 범위는 활동층의 깊이가 증가한 정도, 토양의 함수비, 그 지역의 지각변동 상태라는 3가지에 의해 결정된다.

열카르스트는 타이가의 식생이 인위적으로 파괴되거나 삼림이 불에 타서 기온과 지온간의 균형이 깨질 때도 발달한다. 동토층 위의 활동층에서 자라는 나무는 뿌리가 밑으로 내리지 못하고 옆으로 뻗는다. 그래서 동토층이 녹아 내려가면 나무가 반듯하게 서 있지 못하고 이쪽 저쪽으로 기울어진다.

Q5. 구조토의 발달 조건 및 발달 과정을 설명하시오.

암설의 분급을 동반한 구조토는 성인이 분명하지 않다. 기본형인 다각구조토를 중심으로 일찍부터 성인을 밝히려고 시도해 온 결과 많은 가설이 제기되기는 했다. 가설이 많다는 것은 곧 성인이 밝혀지지 않았다는 것을 뜻한다. 20세기 초에 제시된 한 가설에서는 수분의 대류현상을 중요시한다. 물의 비중은 4℃에서 가장 커지므로 토양층이 녹을 때 표층의 토양수는 빨리 4℃에 도달하여 아래로 가라앉고, 온도가 이보다 낮은 그 밑의 토양수는 위로 솟아올라 수분의 대류현상이 일시적으로 일어날 수 있다. 그래서 수분이 올라오는 상승대류가 일어나는 부분은 암설이 들어 올려져서 볼록해지고, 지표면으로 올라온 암설 중에서 큰 돌은 수분의 횡적대류에 의해 주변으로 이동하여 다각구조토가 형성된다는 것이다. 내용이 간단하고 명료하나 수분의 대류현상이 일어난다 하더라도 그것이 큰 돌을 지표면에서 옆으로 움직일 수 있을 만큼 큰 힘을 발휘할 것이라고 믿기는 어렵다.

어떤 가설에서는 다양한 크기의 암설이 널려 있는 곳에서만 구조토가 발달한다는 것을 강조한다. 토양층 밑에 묻힌 큰 돌은 서릿발에 의해 조금씩 들어 올려져서 결국 지표면 위에 놓이게 된다. 그리고 수분을 많이 포함한 그 밑의 미립물질이 동결 · 팽창하여 볼록한 돔을 이루면, 지표면의 돌이 경사 방향을 따라 이동하여 분리된다는 것이다. 그러나 큰 돌이 옆으로 움직일 수 있을 만큼 돔의 경사가 급하게 형성되지는 않는다.

또 다른 가설에서는 큰 돌이 모인 주변부는 찬 공기가 쉽게 침투할 수 있고, 이로 인해 수분이 빨리 동결하면 미립물질이 모인 중심부가 압력을 받아 솟아오르게 될 것이라는 점을 내세운다. 미립물질로 이루어진 부분보다 조립물질로 이루어진 부분에서 수분이 일찍 동결한다는 생각은 실험에 의해서도 옳은 것으로 확인되었다. 그러나 이러한 가설은 이미 형성된 구조토를 설명하는 데는 적절할 수 있어도 암설이 최초에 어떻게 크기별로 나뉘는지에 대한 의문은 풀어 줄 수 없다.

진정한 성인이 어떻든 모든 가설에서는 수분이 얼 때 부피의 팽창으로 압력이 발생하고, 얼음이 녹을 때 그 압력이 소산된다는 점을 중요시한다. 압력의 이와 같은 발생과 소산은 암설의 요동과 분급을 이끌어낼 수 있고, 구조토는 이로 인해 발달하는 것임에 틀림없다.

Q6. 빙퇴적 지형에서 분급이 불량한 이유를 설명하시오.

빙하가 운반하거나 또는 운반해서 쌓아 놓은 퇴적물을 퇴석(堆石, moraine 또는 till)이라고 한다. 빙하는 분급작용(分級作用)을 하지 않으며 퇴적은 미세한 암분(岩粉)에서 암괴에 이르기까지 다양한 크기의 물질로 이루어졌다.

퇴석은 빙하가 어떻게 운반하는가 또는 어디에 쌓이는가에 따라 여러 종류로 나뉜다. 빙상이나 곡빙하 밑에서 끌리고 밀려서 운반되는 것은 저퇴석(底堆石, ground moraine), 곡빙하의 경우 곡벽을 따라 양쪽 측면에서 운반되는 것은 측퇴석(側堆石, lateral moraine)이라고 한다. 그리고 지류빙하가 본류빙하로 유입하는 곳에서는 이들 빙하의 안쪽에서 운반되는 측퇴석들이 서로 합쳐져서 중앙퇴석(中央堆石, medial moraine)을 이루게 된다. 중앙퇴석의 수는 하류로 감에 따라 지류빙하의 사만큼 늘어난다. 빙상과 곡빙하 모두 얼음이 녹아 없어지는 말단부에는 퇴석이 집중적으로 쌓여 낮은 언덕이 형성된다. 이러한 언덕을 종퇴석(終堆石, moraine 또는 terminal moraine)이라고 한다.

빙상의 경우 저퇴석의 양이 지나치게 많아지면 그 중의 일부는 빙상의 밑에 쌓이기 시작한다. 처음에는 기반암의 틈이나 오목한 곳만 퇴석으로 메워지지만, 빙상이 침식대를 벗어나 퇴적대로 진입하면서부터는 저퇴석의 누적현상이 일어나며, 결국 빙상은 자신이 운반해서 쌓은 퇴석층 위를 흐르게 되며 분급이 불량하게 된다. 빙상의 종퇴석은 횡적으로 길게 이어진다. 빙상이 후퇴하다가 일시적으로 정지하면, 후퇴퇴석(後退堆石, recessional moraine)이라고 하는 소규모의 종퇴석이 또 형성된다.

빙하는 집채보다 큰 바위도 운반한다. 이처럼 크지는 않아도 빙하에 의해 멀리 운반되어 이질적인 기반암 위에 놓인 암괴는 표석(漂石, erratic boulder)이라고 한다. 기원지가 알려진 표석은 빙하의 이동방향을 알아내는 데 중요한 자료로 쓰인다. 북부 독일평원에서는 스칸디나비아 반도 기원의 표석들이 발견된다.

Q7. 주빙하 지역에서의 풍화작용에 대하여 설명하시오.

주빙하 지역에서 풍화작용으로 형성된 지형에는 애추, 암괴원 등이 있다. 애추(talus 또는 scree)는 동결과 융해에 의한 기계적 풍화작용이 활발한 지역에 발달한다. 애추는 노암의 단애 또는 절벽에서 분리되는 크고 작은 암괴나 암설이 낙하하여 그 밑으로 쌓임으로써 형성되는 지형이기 때문에, 그 경사는 구성물질의 안식각(angle of repose)에 의해 결정된다. 오늘날 활동 중에 있는 스웨덴 북부의 애추에서는 경사가 최대 38°까지 나타나는 것으로 관측되는 한편 표면의 암괴가 연간 최대 10㎝ 정도 포행하는 것으로 측정된다. 애추의 암괴가 포행하는 까닭은 암괴들 사이에서 반복되는 동결 · 융해 이외에 세립물질이 빗물에 씻겨나가 암괴가 조금씩 아래로 내려앉기 때문이다. 암괴나 암설은 동결 · 융해가 자주 반복될수록 절별에서 잘 떨어져 나온다. 스피츠베르겐 섬에서는 봄과 가을에 5.5℃의 폭으로 0℃를 오르내리는 일수가 연평균 약 60일이나 된다.

온대지방의 암괴원이나 암괴류는 애추와 같이 대부분 비활동적이다. 우리나라에서 여행할 때 차창을 통해 멀리 보이는 산복 또는 그 위의 암괴지형은 비활동적인 암괴원이라고 보면 틀림없다. 암괴원 중에는 처음부터 암괴원으로 형성된 것도 있으나, 우리나라에는 젤리플럭션 퇴적층에서 미립물질의 매트릭스(matrix)가 제거됨으로써 암괴만 남게 된 것이 많은 것 같다. 이러한 암괴원에서는 일반적으로 암괴가 모나지 않고, 장축이 사면의 경사 방향과 일치하는 경향이 있는 것으로 관찰된다.

암괴류 내지 암괴원은 광주의 무등산에도 널리 나타난다. 이곳의 암괴원들도 빙기의 젤리플럭션과 관련이 깊은 것으로 추정되었는데, 그 중에는 암괴가 미립물질의 매트릭스와 혼합된 것도 있고, 암괴로만 이루어진 것도 있다. 젤리플럭션과의 관련성에 대한 증거로는, 암괴원의 경우 암괴의 장축이 사면의 경사방향과 대체로 일치하고, 암괴의 표면에 지중풍화의 흔적이 남아 있으며, 기반암이 심층풍화를 받은 상태에 있다는 것 등을 예로 들 수 있다.

Q1. 파랑의 굴절과 쓰나미 현상에 관해 설명하시오.

파랑의 굴절이란 해안 지형의 굴곡에 의해 형성되는 파도에너지의 변화를 의미하는 것이다. 파랑은 수심이 얕은 천해로 전진할 때 해저와의 마찰로 인해 그 진행과정에서 영향을 받게 된다. 그리고 파랑의 파정과 파정을 횡으로 연결하는 파정선은 거의 똑같은 간격을 유지하면서 해안선에 평행하게 접근하기 시작한다. 파랑이 굴곡이 심한 해안 가까이로 접근함에 따라 파랑의 파정선은 해저의 수심등고선과 거의 평행을 이루며 구부러진다. 이때 파랑의 진행 방향에 대하여 점을 찍은 직선, 즉 파도선의 변화를 보면 해안선의 돌출부에서는 파도선이 집중되고 만입부에서는 분산된다. 이는 수심이 얕은 돌출부로 접근하는 파랑은 해저와의 마찰력이 커서 진행 속도가 느려지고 수심이 깊은 곳에서는 마찰력이 작아 진행속도가 빨라져 돌출부 쪽으로 파도선이 휘어지게 된다. 이로 인해 파도선이 모이는 돌출부 부근은 파랑의 에너지가 집중되고 파도선의 간격이 분산되는 만입부에서는 에너지가 분산된다. 따라서 이와 같은 파랑의 굴절작용은 해안지형이 다양한 형태로 발달하는 데 중요한 역할을 한다.

쓰나미는 바다 밑에서 큰 지진이나 화산폭발, 단층운동 등으로 해일이 동시에 발생해 해안가에 큰 피해를 주는 현상이다. 지진해일이 해안에 도착하면 바닷물이 빠르게 빠져나가면서 다음 해일이 밀려오는 일이 되풀이된다. 규모 6.3 이상으로 진원 깊이 80km 이하 얕은 곳에서 수직 단층운동에 의한 지진일 경우 지진해일이 발생할 가능성이 크다.

지진에 의해 발생하는 쓰나미는 해저지진과 해저화산의 폭발, 그리고 대규모의 단층작용 등에 의해 발생하므로 지진성 해일이라고 부른다.

쓰나미의 특징을 보면, 파고는 보통 1m 이하인 것이 대부분이지만 천해로 진입하며 해안가에서 부서질 때는 평균 15~17m 파고를 나타내 엄청난 파괴력을 발휘한다. 주기는 보통 12~15분, 파장은 100~200km로서 매우 길고 시속 500~800km의 빠른 속도로 전진하여 수심이 얕은 천해를 지날 때에는 파속과 파장이 짧아지고 파고는 급격히 높아진다. 쓰나미에 의한 해일의 피해는 해안선이 복잡하고 수심이 얕은 리아스식 해안에서 큰 것으로 알려져 있다.

Q2. 해안선의 분류에 관해 설명하시오.

해안은 육지 환경과 해양환경이 서로 접하는 점이지역이며 해안선은 육지와 해양의 경계이다. 해안선은 매우 다양한 형태로 나타나며 해안은 지질, 기후, 지형, 생물 등의 다양한 특징으로 해안마다 독특한 양상을 나타내고 있어 해안과 해안선을 분류하는 것은 쉬운 일이 아니다.

다음은 해안과 해안선에 관한 존슨(Johnson)의 분류이다. 그는 지반운동을 전제로 하였다. 지반이 융기하여 해저가 해면상에 노출된 이수해안, 지반이 침강하여 육지가 해면 하에 잠긴 침수해안, 지반의 운동과 관계없이 형성된 해안을 중성해안이라 하였다. 그리고 이수 · 침수 · 중성 해안의 지형적 특징을 고루 갖추고 있는 해안을 복합해안이라 하였다.

코튼(Cotton)은 해안을 안정된 해안과 불안정한 해안으로 분류하였다. 안정해안이란 단층, 습곡, 융기 그리고 침강 등의 지각 변동을 겪지 않고 후빙기 이후에 해수면 상승으로 침수되어서 형성된 해안이다. 불안정해안은 안정해안과 마찬가지로 후빙기 이후 침수되었고 그 후 국부적인 지각 변동을 받은 해안이다.

발렌타인(Valentin)은 해안은 전진해안과 후퇴해안으로 분류하였다. 전진해안은 주로 해저의 융기나 삼각주, 맹글로브 그리고 산호초의 성정에 의해 이루어지는 해안으로 존슨의 이수해안과 중성해안에 해당된다. 후퇴해안은 하곡 또는 빙식곡의 침수로 이루어진 침수해안과 파식에 의해 해식해가 후퇴하는 침식해안에 해당한다.

쉐퍼드(Shepard)는 해안을 1차 해안과 2차 해안으로 분류한 후 해안형성영력에 따른 세분화를 실시하였다. 1차 해안은 육상의 침식과 퇴적, 화산활동, 지각운동 등에 의해, 2차 해안은 해양의 침식과 퇴적, 해성유기물의 성장 등에 의해 형성된 해안이다. 그러나 분류기준이 너무 복잡하고 육상영력을 받았는지 해양영력을 받았는지를 구분하는 것이 쉽지 않은 단점이 있다. 데이비스(Davis)는 폭풍 · 파랑 환경하에 있는 고위도 해안, 스웰파랑 환경하의 저위도 해안, 해빙이나 내만에 의해 보호되는 저에너지 해안 등 해안을 크게 셋으로 구분하였다.

Q3. 침수해안과 이수해안의 특징을 설명하시오.

침수해안은 상대적인 해수면의 상승으로 육지의 고도가 낮아져 형성되는 해안이다. 현재 대부분의 해안은 과거 1만 8천 년 동안의 범세계적인 후빙기 해수면 상승에 의해 침수되었다고 할 수 있다. 침수해안의 지형적 특징을 보면 해안선의 출입이 심하고 섬, 만 그리고 반도 등이 복잡한 양상을 나타내며 침수해안의 종류에는 피오르식 해안과 리아스식 해안이 있다.

침수해안에 해당하는 피오르 해안은 지난 빙기 때 형성된 빙식곡이 후빙기 이후 해수면 상승으로 침수되어 해안과 직각으로 길게 뻗은 협만을 형성한 해안이다. 협만은 양쪽 사면이 매우 가파르고 U자형의 단면을 나타내며 내륙 쪽으로 길게 뻗어 있는 것이 특색이다. 이는 과거의 빙기 때 거대한 빙상이나 빙모가 발달하였던 지역에 주로 분포한다. 노르웨이 서해안, 알래스카 남부, 브리티쉬, 콜럼비아, 북미 북서부 해안, 칠레 남부 해안 그리고 뉴질랜드 남도 등의 피오르식 해안이 널리 알려져 있다.

이수해안은 지반의 융기나 해수면의 하강에 의해 해저면이 노출된 해안을 말한다. 현재 대부분의 이수해안은 지난 플라이스토세 때 거대한 빙상이나 빙모로 덮였던 지역이 빙하의 후퇴에 의해 지반의 융기율이 후빙기 해수면 상승률보다 빨라 지반이 상대적으로 융기해서 형성되기도 한다. 이수해안의 대표적인 곳은 캐나다 북동부 해안, 스칸디나비아 발틱해 주변, 그린란드 북동부 해안, 미국의 남동부 해안, 뉴질랜드 그리고 일본의 혼슈남 해안 등이다. 이수해안의 특징을 보면 현재의 해수면보다 고도가 높은 곳에 과거의 구정선과 그 주변에 해식애나 해식동, 시스텍 등과 같은 유물지형이 남아 있고 그 전면에는 퇴적물로 엷게 덮인 평탄한 해안평야가 발달해 있는 것이 보편적이다. 해안평야 상에는 지반의 간헐적인 융기나 해수면 변동에 의해 형성된 해안단구가 분포하는 경우가 많다. 융기 또는 이수된 해안선은 대륙 주변부나 태평양 상의 도서 해안지역에 널리 분포한다. 그 이유는 이러한 지역에서 지반의 융기와 같은 활발한 지각운동이 산악성 해안지역이나 열도를 따라 발생하고 있기 때문이다. 반복된 수차례의 지반의 융기로 인해 계단상과 같은 일련의 이수해안이 형성되는 경우가 많다.

Q4. 산호초 해안의 특징을 설명하시오.

산호초는 열대와 아열대의 해안에서 산호충과 석회조류, 패류 등의 유해가 집적되어 단단하게 고결된 암초이다. 산호초로 구성되어 있는 해안을 산호초 해안이라 하며 중성해안에 속한다. 산호초는 대부분 산호류, 석회조류, 유공충 그리고 패류 등에 의하여 생성된 산호석회암으로 되어 있으며, 때로는 산호초 주변부에서 파도의 침심으로 부서진 산호초의 파편조각과 산호사가 퇴적되어 형성되기도 한다. 산호초의 형태에는 보통 안초, 보초, 그리고 환초 등이 있다.

안초는 섬의 기슭이나 돌출부에 붙어서 발달하는 산호초로서 거초라고도 하며, 선반 모양을 하고 있는 것이 특징이다. 안초는 해수면이 저수위 상태에 있을 때는 해수면 위에 노출되지만 고조위 시는 침수된다. 육지에서 유입하는 하천의 유수가 크게 오염되어 있거나 해수의 염분도가 크게 낮아지면 안초의 발달은 중단된다.

보초는 육지와 떨어져 발달하는 산호초로서 해안선과 평행하게 배열되는 것이 특징이다. 육지와 보초 사이에는 석호가 형성되는데 석호와 외해 사이에는 선박이 다닐 수 있는 수로가 나 있기도 하다. 널리 알려진 가장 대표적인 보초로는 오스트레일리아 북동해안의 대보초가 유명하다. 대보초의 총연장은 남북 약 2,000km에 달하고 폭은 1km에 달하는 곳도 있다.

환초는 둥근 반지 모양의 산호초로 내부에는 육지가 없고 석호 또는 초호만이 있다. 환초 내의 석호는 수심이 얕고 거의 일정하며 바닥은 어디에서나 평탄하다. 보통 환호의 형태는 보초와 유사하며 외해와 석호 사이에는 해수와 선박이 드나들 수 있는 수로가 나 있다. 환초는 태평양과 인도양에 보편적으로 발달해 있으며 일부 환초 중에는 맬다이브에 있는 수바디바의 환초와 같이 길이가 193km, 석호의 직경이 64km나 되는 것도 있다.

산호초에서 사는 생물은 산호초는 최저수온이 20℃ 이하로 내려가지 않는 온대에서 열대지방 천해에 걸쳐 발달하기 때문에, 그 주위의 생물도 다른 환경에서 사는 생물에 비하여 특수한 것이 많다. 식물은 홍조류(紅藻類)의 석회조(石灰藻) 등이 많으며, 동물은 각종 산호류 외에 어류 · 성게 · 불가사리 · 해삼 · 말미잘 등이 많다.

Q5. 산호초의 형성원인을 설명하시오.

산호초의 생성에 관해서는 많은 견해가 있으나 산호초의 형성과 발달에 관해 가장 널리 알려진 이론은 다윈(Charles Darwin)의 육지 침강설과 달리(R.A.Daly)의 빙하제약설(氷河制約說) 이렇게 두 가지로 볼 수 있다. 다윈의 침강설은 1837년과 1842년에 발표되었다. 산호초는 화산도의 주위를 둘러싼 안초로부터 발달하여 화산도가 서서히 침강하면서 산호는 유해를 남기고 산호초는 점차 수직적으로 성장해 간다. 화산도의 침강이 계속됨에 따라 안초는 보초로 변하고 섬과 산호초 사이에 석호가 생기고 거기에 보초를 형성한다. 화산도의 침강이 계속되어 화산도가 완전히 해수면 아래로 가라앉으면 보초는 결국 환초로 변하게 된다고 하였다.

달리(Daly)의 빙하제약설은 간빙기(間氷期)에 지구상의 기온이 따뜻해지자 지구상의 빙하가 융해하여 바다로 흘러들어 해면이 상승하였는데, 그 상승 정도에 따라서 거초 · 보초 · 환초가 생겼다는 설이다. 산호초 내의 석호의 깊이가 거의 동일한 50~100m라는 사실을 바탕으로 하여 산초호의 발달 및 형성과정을 빙기와 그 이후 해수면 변동과 관련시킨 이론이다. 지난 빙기의 해수면을 현재보다 약 50~100m 낮았다고 전제한다. 태평양의 비키니 환초와 푸나푸티 환초의 지하구조를 시추에 의하여 조사한 결과, 비키니 환초는 지하 770m까지, 푸나푸티 환초는 지하 300m까지가 순전한 산호초임이 판명되었다. 이것은 산호초의 성장심도로부터 생각하면 섬의 연속적 침강에 따라서 산호초가 생성되고, 결국은 환초를 형성하기에 이른다고 하는 침강설 쪽에 유리한 증거가 되고 있다. 빙하제약설에서는 300~700m나 되는 해면의 오르내림은 생각할 수 없는 일이기 때문이다. 많은 섬 주변에서 발달하였던 산호초는 섬과 함께 파식작용을 받고, 빙하의 확장으로 수온이 급강하하여 산초충의 번식이 불가능해져 새로운 산호초는 형성되지 못하였다. 그러나 후빙기 때 해수면이 상승하고 수온이 높아짐에 따라 산호초가 성장하여 현재의 상태에 도달하게 되었다.

Q6. 구조성 해수면 변동과 빙하성 해수면 변동에 관해을 설명하시오.

지각변동이나 지각평형과 같이 구조에 의해 해수면이 변동하는 것을 구조성 해수면 변동이라고 한다. 지각변동에 의한 해수면 변동은 국부적인 또는 지역적인 규모에서 지각변동으로 인하여 해안의 지반이 융기하거나 침강하여 상대적인 해수면 변동이 일어날 수가 있다. 예를 들어, 지각이 불안정한 켈리포니아 만과 켈리포니아 해안 산맥에서 발생하는 단층 운동에 의해 이 일대의 해안선이 현재 간헐적으로 융기하고 있다. 그리고 또한 대양저에서 발생하는 마그마의 계속적인 관입과 분출, 그리고 해저화산의 활동 등으로 인해 해수면 변동이 일어날 수 있다. 대양저 산맥의 화산 활동과 마그마의 분출로 인해 해양분지의 체적이 증가하면 증가한 만큼 해수면은 상승하게 된다. 중생대의 전 세계적인 해침현상은 이와 같은 원인에 의한 것으로 알려지고 있다.

빙하로 인한 해수면의 변동을 설명하면 지난 빙하기에는 대양의 막대한 양의 해수가 빙하나 빙상으로 변하여 대륙이나 고산 지역에 집적되었다. 이에 따라 빙기에는 해수면이 하강하고, 빙하가 후퇴하는 간빙기에는 대량의 물이 대양으로 흘러 들어가 해수면은 상승하게 된다. 이와 같은 해수면 변동을 빙하성 해수면 변동이라 하는데 신생대 제4기의 빙하성 해수면 변동이 가장 대표적이다.

현재 세계의 여러 해안에 발달해 있는 해안지형들을 이해하기 위해서 신생대 제4기의 플라이스토세와 홀로세의 해수면 변동을 이해하는 것이 중요하다. 물론 제4기 이전의 지질시대에도 여러 가지 원인에 의한 해수면 변동이 수차례 있었으나 현재의 지형발달에 큰 영향을 미친 것은 제4기의 해수면 변동으로 널리 인식되고 있다.

제4기 플라이스토세 때 귄쯔- 민델 간빙기에는 해수면이 현재보다 약 100m 정도 높았다고 보고 있으며, 최종 빙기인 뷔름 빙기에는 해수면이 현재보다 약 100m 정도 낮았다고 보고 있다. 최종 빙기가 끝난 후 빙하가 후퇴함에 따라 1만 8천 년과 6천 년 전 사이에 해수면이 약 100~130m 정도 상승하였고 그 이후에 해수면은 현재의 해수면에 거의 접근하였다는 것은 각지에서 행해진 연구 결과로 널리 인정되고 있는 사실이다.

Q1. 사빈해안에서 퇴적물의 기원을 조사하는 방법에 대해 설명하시오.

한반도 서해 천수만의 해안선 변화 및 조간대 해빈 특성이라는 2005년 한국과학기술정보연구원 류상옥 외 1명의 논문을 보면 퇴적물의 기원을 조사하는 방법을 알 수 있다.

우리나라 남동해안에 위치한 진해만은 현생퇴적층이 두껍게 발달된 만으로서 주로 조류의 영향을 받고 있다. 진해만에 분포하는 퇴적층의 구조와 분포, 퇴적물의 기원 및 퇴적속도를 알아보기 위하여 정밀 탄성파 탐사(3.5KHz)를 실시하였으며, 아울러 표층퇴적물과 코아를 채취하여 퇴적학적, 광물학적, 지화학적 분석을 실시하였다. 진해만의 음향기반을 피복하는 현생퇴적층은 두께가 최고 약 25m에 달하며, 뚜렷한 내부구조를 보이지 않는 반투명한 음향 특성을 보인다. 진해만을 덮고 있는 퇴적물은 주로 실트와 점토로서 내만을 향하면서 세립화하는 경향을 보인다. 방사성동위원소로부터 계산된 퇴적속도는 약 3-7mm/year로서 퇴적층의 두께로부터 계산된 장기간(약 1000년 단위)의 퇴적속도와 잘 일치한다. 퇴적속도, 퇴적물의 건조밀도, 퇴적지의 면적으로부터 추정된 만 내의 퇴적양은 연간 약 1백만 톤이며, 주로 낙동강으로 공급되는 것으로 사료된다. 그러나 점토광물을 분석해본 결과 퇴적물의 일부가 대한해협으로부터 유래된 것을 시사해준다. 진해만 퇴적물은 비교적 높은 유기물 함량 값을 보이며, 이러한 유기물의 분해에 의해 생성된 가스는 음향에너지를 감쇄하여 퇴적층 내에 음향혼탁층을 형성하는 것으로 보인다. 유기물 중 C/N의 비가 낮은 것으로 보아 대부분의 유기물이 해양기원인 것으로 생각된다. 이 논문에서는 이러한 방법으로 천수만의 퇴적물의 기원을 조사하였다.

Q2. 사취와 사주, 육계도에 대해 설명하시오.

사주와 사취는 연안류에 의해 해안에 형성된 퇴적지형을 말한다. 해빈 가까이에 형성된 퇴적지형 중의 하나인 사취는 우리나라에서는 모래톱이라고도 불린다. 사취는 해빈표류와 연안표류에 의해 모래나 자갈, 조개껍데기 등과 같은 퇴적물이 육지에서 바다로 길게 돌출되어 퇴적된다. 사취는 한쪽 끝이 해빈에 붙어 있고 해류의 흐름 방향으로 길게 돌출된 끝부분이 새의 부리 모양으로 긴 일련의 퇴적 지형이 형성되는데 이를 분기사취 또는 복합사취라고 한다. 사취가 퇴적될 때는 주로 파랑과 연안류에 의해 모래가 수심이 얕은 해안을 따라 운반되다가, 육지에서 바다 쪽으로 해저에서부터 퇴적되어 수면 위로 드러난다. 보통 한쪽은 모래 공급원인 육지에 연결되어 있고 그 끝은 계속 바다 쪽으로 성장해 간다. 이 명칭은, 파랑의 굴절현상에 의해 그 끝이 마치 '새의 부리' 처럼 구부러져 있다는 데서 기인된다.

이것이 더욱 성장하면 긴 제방 모양으로 발달하는데 이러한 퇴적지형을 사주라 하며 그 구성 물질은 사취와 거의 동일한 모래가 주성분이다.

사주에 발달하는 해안사구는 해빈의 내륙 쪽에 바람에 의해 모래가 이동하여 퇴적된 모래 언덕을 말한다. 대부분의 해안사구는 해안선과 평행하게 발달한다. 해안사구의 형태는 후안의 특성이나 식생피복의 존재 유무 등과 같은 인자에 좌우되며, 해안 사구의 발달과 규모는 본질적으로 해빈에서 공급되는 모래의 이동량과 이동률에 의해 결정된다. 모래는 사빈에서 공급이 되기는 하지만 대부분 하천에 의해 공급되는 모래로 구성된다.

또 사주가 육지와 섬을 연결하면 육계사주가 된다. 이 때 육계사주와 연결된 섬을 육계도(tombolo)라고 부른다. 우리나라에서 볼 수 있는 대표적인 육계도로는 함경남도 영흥만의 호도반도와 제주도의 성산 일출봉과 신양리 해안의 방두 반도가 있다.

또 육계도로 꼽히는 것은 규모는 작지만 동해안의 양양 부근 인구리에 있는 죽도도 육계도이며 쉽게 접근할 수 있다. 서로 다른 방향에서 오는 연안류에 의해 한 지점을 향해 형성되던 사취가 합쳐졌을 경우는 뾰족한 갑을 만들 수도 있는데 이 경우는 첨각갑이라고 한다. 처음에는 안쪽에 석호를 만들고 퇴적이 진행되면서 뾰족한 삼각형이 된다.

Q3. Shepard의 해안선 분류 방법을 설명하고 비판하시오.

해안선의 분류는 존슨의 분류, 코튼(뉴질랜드)의 분류, 쉐퍼드(미국)의 분류로 나뉜다.

질문에서 요구하는 미국의 쉐퍼드의 분류법은 비해양성 기구에 의해 형성된 해안과 해양성 기구에 의해 형성된 해안으로 구분하는 것이다. 주로 비해양성 기구에 의해서 그 형태가 결정된 해안은 다음과 같다. 첫째로 육상 침식에 의해 형성된 후 침수된 해안으로 리아스식 해안, 피오르 해안, 침수 카르스트 해안이 있다. 둘째로 육상퇴적에 의해서 형성된 해안으로 삼각주 해안, 선상지 해안, 퇴석해안, 사구해안이 있다. 셋째로 화산활동에 의해서 형성된 해안으로 용암류 해안, 화산폭발에 의한 해안이 있다. 넷째로 지각변동에 의해서 형성된 해안으로 단층해안, 요곡해안이 있다.

조금 더 자세히 설명하면 쉐퍼드에 의해 개발된 해안의 분류에 의해, 모든 해안은 1차 해안과 2차 해안의 기본적인 두 개의 영역으로 나누어진다. 1차 해안은 비해양적인 작용에서 이루어진 젊은 형태이다. 2차 해안은 물리적, 생물학적 해양 작용이 해안의 비해양적인 특성을 지워버릴 만큼 충분히 오래되었다. 1차 해안에서 만들어진 비해양적인 작용에 의해 형성된 해안은 침수된 강(Chesapeake 만) 또는 침수된 빙하 침식 해안(Puget Sound)과 같은 대륙 침식 해안은 홍적세 말기의 빙하가 쇠퇴하기 시작함에 따라 18,000년 전 상승한 바다에 의해 형성되었다. 상승하는 물은 이러한 비해양 지형을 계속 공격했고 약 3000년 전 현재의 수준에 도달했다. 그리고 해수면은 상대적으로 이때부터 안정되었다. 지면의 퇴적해안, 빙하퇴적해안, 화산에 의한 해안, 지구의 움직임에 의해 형성된 해안, 그리고 얼음해안은 모두 비 해양 지질 작용에 의해 최근에 형성된 해안선을 나타낸다.

시간이 흐름에 따라 파도의 작용에 노출된 1차 해안은 2차 해안으로 바뀌어졌다. 대신, 만일 기반암이 균일한 강도를 갖고 있을 경우, 불규칙한 1차 해안은 파의 작용에 의해 충분히 침식되어 비교적 곧은 절벽의 해안을 형성하게 된다.

Q4. 조석간만의 차가 사빈이나 간석지에 미치는 영향을 설명하시오.

간석지가 형성되는 데 영향을 미치는 조건은 다음과 같다. 첫째, 퇴적물질의 공급이다. 간석지의 구성 물질은 연안의 침식물질로 구성되기도 한다. 이러한 경우에는 모래나 자갈 등의 조립물질이 많이 나타나며 간석지의 규모가 작은 것이 보통이다. 간석지 형성에 중요한 것은 무엇보다 하천에 의해 운반 · 퇴적된 물질이다. 우리나라의 대하천은 대부분 동쪽의 낭림 · 태백 · 소백 산맥에서 발원하여 서쪽으로 긴 유로를 형성하면서 황해로 유입한다. 둘째, 해수의 조건이다. 황해안에서 해수의 작용은 파랑보다는 조류가 훨씬 탁월하게 나타난다. 조류에 의해 운반된 토사 중 점토 같은 미립 물질은 멀리까지 이동되어 하구에서 먼 후미진 해안에 퇴적되고, 모래와 같은 조립 물질은 비교적 하구와 가까운 곳에 퇴적된다. 따라서 일반적으로 하구에서 멀수록 미립질의 간석지가 형성된다. 셋째, 해안의 지형 조건이다. 황해안은 해안선이 복잡한데다가 많기 때문에 파랑의 작용이 해안에 직접 영향을 미치기 어렵다. 더욱이 해저 지형의 경사가 완만하고 조차가 커서 해안에 미치는 파랑의 영향이 넓은 범위에 걸쳐 분산되기 때문에 파랑의 영향은 극히 제한될 수밖에 없다.

사빈이란 모래만으로 이루어진 해빈(beach)으로서 해안선을 따라 파랑과 연안류가 모래를 쌓아올려 만든 지형이다. 주로 유입하천(流入河川)에 의해 운반된 모래가 퇴적되어 형성되거나, 해식애(海蝕崖)와 인접 해안의 침식으로 생긴 사력(砂礫) 등이 연안의 파랑이나 바닷물의 흐름에 의해 운반 · 퇴적되어 생성된다. 황해안은 조석간만의 차가 크게 때문에 사빈이 빈약하며, 파랑이 강한 태안반도와 장산곶 일대에 분포한다. 서해안에서도 예외적으로 사빈이 형성되는데, 그곳이 바로 태안반도의 해수욕장들이다. 지리부도를 펼치고 보면 태안반도 해수욕장 부분이 바다로 돌출된 부분 사이에 조그마한 만입으로 형성되어 있는 것을 확인할 수 있다. 이것을 지리학적 용어로 '포켓비치(pocket beach)' 라고 한다. 이것은 주머니처럼 작은 사빈이라는 뜻이다. 이러한 포켓비치의 발달 요인은 바다로 돌출되어 있어서 외해로부터 파랑의 영향을 직접 받는 곳에 형성이 된다.

Q5. 동해안의 사빈에 모래의 입경이 큰 원인을 설명해 보시오.

사빈은 모래의 공급이 많고 파랑의 작용이 활발한 해안에서 잘 발달하는데 동해안은 조차가 작고 해안선이 비교적 단조로우며 여러 하천들이 토사를 많이 운반하여 사빈의 발달이 탁월하다. 황해안의 사빈은 태안반도, 안면도, 변산반도 등과 같이 바다로 돌출한 해안에 주로 발달되어 있다. 이러한 해안으로는 대개 하천이 유입하지 않는데 사빈은 영안의 기반암이나 풍화 층에서 공급되는 물질로 이루어져 있고 헤드랜드와 헤드랜드 사이의 만입에 초승달 모양으로 엷게 발달되어 있는 것이 보통이다. 사빈의 모래는 연안의 해저에서도 운반되어 온다. 대천해수욕장의 사빈에는 석회질퇴적물, 즉 패사가 70% 이상 포함되어 있다. 순수 패사로 이루어진 사빈은 제주도에 널리 나타난다. 중문, 표선, 협재 등지의 사빈에서는 흰색의 패사와 검은색의 현무암이 대조를 이룬다.

해빈 사면의 경사는 구성 물질이 굵을수록 급하게 나타난다. 물질의 안식각과도 관계가 있지만 물질이 굵을수록 비치의 사면을 기어 올라가면서 그것을 밀어올리는 스워시는 밑으로 스며들며 따라서 백워시가 미약하게 발달하기 때문이다. 경포 해수욕장의 사빈이 경사가 급하고 만리포 해수용장의 경사가 완만한 것은 경포 해수욕장의 모래는 조립질의 모래이며 만리포의 모래는 세립질의 모래로 이루어졌기 때문이다.

결론적으로 우리나라 고생대 이전에 형성된 결정편암과 화강 편마암이 전 국토의 약 40%를 차지하고 중생대 중기와 말기에 형성된 화강암이 전 국토의 30%를 차지한다. 분포비율을 동쪽과 서쪽으로 나누면 동쪽이 서쪽보다 화강암이 더 많이 분포하고 서쪽에 동쪽보다 편마암이 더 많이 분포한다. 그래서 서쪽엔 기반암이 편마암류가 많고 동쪽엔 기반암이 화강암이 더 많다. 또한 동쪽은 서쪽보다 급한 경동지형이어서 하천의 운반거리가 짧다. 예를 들어 화강암 산지인 설악산에서 입상붕괴로 떨어진 모래가 하천거리가 짧은 동쪽 해안에는 운반물질이 침식을 덜 받아 조립질의 모래로 사빈이 이루어진다. 즉, 그렇기 때문에 동해안은 사빈의 구성 물질이 조립질이고 스워시가 백워시보다 강해서 사빈의 경사가 급경사를 이루게 된다. 반면에 황해안은 하천의 운반거리가 길어서 운반물질이 침식을 덜 받고 연안의 침식물로 이루어져서 사빈이 미립질이 된다.

용어해설

Glossary

각섬석(角閃石, hornblende)

지각을 구성하는 7대 조암광물 중 하나이다. 칼슘, 나트륨, 마그네슘, 칼륨, 철분, 알루미늄, 수산기, 플루오르 등을 포함하는 규산염으로, 화학조성이 매우 복잡하여 화학식으로 표현하기 어렵다. 휘석보다 길이가 긴 능형주(菱形柱), 6각주 또는 주상(柱狀)결정을 보인다. 빛깔은 암갈색, 흑색, 녹흑색이고, 안산암이나 현무암 등 화성암에서 반정(斑晶)을 이루며 심성암(深成岩), 결정편암 등과 같이 나타나기도 한다. 비중은 2.0~3.5이고 경도는 5~6이다. 주로 중성~염기성 화성암에 많이 나타난다.

간헐천(間歇川, ephemeral stream, intermittent stream)

평상시에는 하상 위로 물이 흐르지 않고 유로가 말라 있으나 홍수 시에는 물이 흐르는 하천이다. 건조기후지역에서는 강수량보다 증발량이 많기 때문에 영구하천(永久河川)은 볼 수 없고 강우 직후에 일시적인 용수를 나타내는 일시하천(一時河川), 즉 간헐천이 대부분이다. 건조지역의 간헐천으로는 와디(wadi)가 대표적인 예이다.

간헐천(間歇泉, geyser, geysis)

온천수의 온도가 높아서 끓게 되면 이를 비등천(沸騰川, boiling spring)이라고 하는데, 비등천이 주기적으로 폭발하듯이 끓으면 이를 소규모의 간헐천이라고 한다. 그러나 간헐천은 먼저 지하에 다량의 과열 증기가 공급되어야 하며, 다음에 지하에 공동(空洞)이 있어야 하고 지하수의 공급이 충분해

야 생겨난다. 아이슬란드의 'Geysir(분출한다는 뜻)' 가 어원이다.

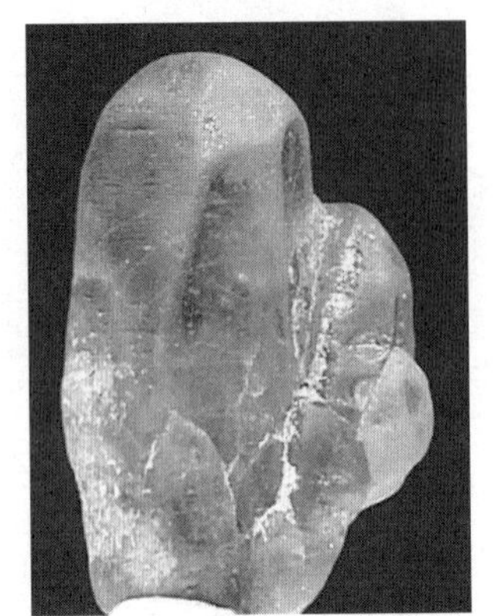

감람석(橄欖石, olivine)

7대 조암광물 중의 하나이며, 마그마 분화 초기에 정출된다. 반려암, 현무암, 감람암 등과 염기성 암석이 주성분인 광물이다. 대개 입상으로 산출되며 조흔색은 백색이며, 굳기는 6.5~7이고, 비중은 3.2~3.4이다. 마그네슘, 철분 등이 포함되어 있고, 사방정계에 속하며 주상결정을 이룬다. 광물의 색은 감람나무 잎과 같은 녹색을 띠고 있으며 염기성 암에 많이 포함되어 있다.

갯골(tidal channel)

간석지 사이에 발달해 있는 하도 형태의 긴 유로로서, 만 · 간조 시에 주로 해수가 드나드는 통로 역할을 한다.

건곡(乾谷, dry valley)

석회암 지역에서 하천이 흐르다가 갑자기 지하로 유로를 바꾸는 경우가 있는데, 이렇게 흐르다가 도중에 없어지는 하천을 싱킹 크리크(sinking creek)라 한다. 이와 같이 하천이 지하로 유로를 바꿈에 따라서 물이 흐르지 않게 된 골짜기를 건곡이라 한다.

건열(乾裂, sun crack, mudcrack)

굳지 않은 진흙질의 퇴적물이 건조될 때, 수분을 잃어 수축하면서 표면에 만드는 다각형의 균열이다. 이토(泥土)가 물속에 쌓인 뒤에 물이 마르면 생기는 것으로, 석호(潟湖) · 호소(湖沼) 주변, 하구 등에서 흔히 볼 수 있다. 이와 같은 곳은 침식당하기 쉬우므로 지층으로 남아 있기가 어려운데, 드물게 건열 위를 곧바로 사질퇴적물(砂質堆積物) 등이 덮은 경우, 그 사질암층의 하면에 다각형의 무늬로 남기도 한다.

격변설(激變說, catastrophism theory, theory of catastrophism)

큐비에(Cuvier, S. L. C, 1812)는 부정합이나 단층의 존재, 조개 화석(化石)의 퇴적 등에서 지구상에는 커다란 지각변동(地殼變動)이 있었고 그 최후가 노아(Noah)의 대홍수였으며, 그 후 해퇴 시(海退時)에 있었던 급격한 유수에 의해서 현재와 같은 지형이 침식되기 시작했던 것으로 생각하였다. 이와 같은 것을 격변설(激變說) 또는 천변지이설(天變地異說)이라 한다.

격자상 패턴(格子狀, trellis pattern)

하계망 형태의 하나이며 지역의 지질구조를 크게 반영한다.

보통 지층의 주향을 따라서 흐르는 하천에서 관찰된다. 주류는 주로 평행하게 배열된 산간지를 흐르며 그 중간에 산지를 횡단할 때 이런 하계망이 형성된다. 경층과 연층이 교대로 나타나는 습곡산지에서도 격자상 패턴이 나타난다.

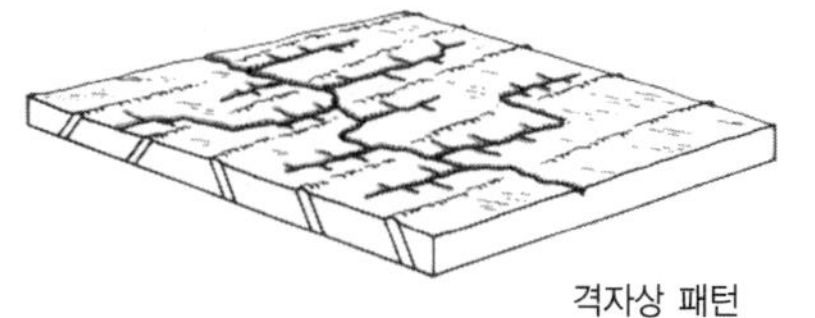
격자상 패턴

결정(結晶, crystal)

천연으로 산출되는 광물 중 다면체의 결정으로 산출되며 구성원자들이 비규칙적인 경우 비결정질이라고 한다. 비결정질의 예로는 유리, 단백석(蛋白石)등이 있다. 결정의 3요소는 결정면(F), 모서리

결정 모양

(E), 우각(C)이다. 모서리란 두 개의 면이 만날 때 만들어지며, 우각(隅角)이란 세 개 이상의 면이 한 점에서 만날 때 만들어진다. 이러한 내용을 공식화하면 F+C=E+2가 된다.

경도(硬度, hardness)

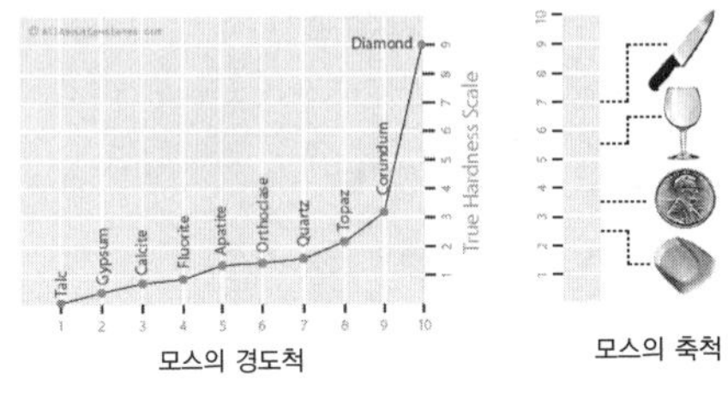

모스의 경도척 모스의 축척

광물의 물리적 성질 중의 하나로 광물의 굳기 정도를 말한다. 두 종류의 광물을 서로 마찰시켰을 때 마모되는 정도를 가지고 광물의 굳기를 알 수 있다. 즉 경도는 힘에 대한 저항력을 말하는 것으로 모스(Mohs)는 광물의 상대적 굳기를 기준으로 하여 1~10 까지의 모스(Mohs)라고 하는 표준을 정하였다.

경사단층(傾斜斷層, dip fault)

단층면(斷層面)의 주향(走向)이 지층 또는 광맥의 주향과 직각을 이룬 단층을 말한다. 즉 퇴적암 지역에서 생성된 단층 중 단층면의 주향이 층리면의 경사방향과 평행한 단층을 경사단층이라고 한다. 이에 비해 단층면의 주향이 주위의 지층의 주향에 평행하거나 거의 평행한 단층을 주향단층이라 하고 지층의 주향과 45° 내외로 교차하는 단층을 사교(斜交) 단층이라 한다.

경사방향통계도(傾斜方向統計圖, SSO, statistical slope orientation diagram)

야외에서 조사된 절리현상에 관한 자료를 처리하는 방법 중의 하나로 지형도의 일정한 범위에서 체계적으로 정리된 자료들을 다이아그램으로 나타낸다.

경사습곡(傾斜褶曲, inclined fold)

습곡축면(褶曲軸面)이 한쪽으로 기울고 두 날개의 기울기가 다른 습곡이다. 비대칭습곡(非對稱褶曲)이라고도 한다.

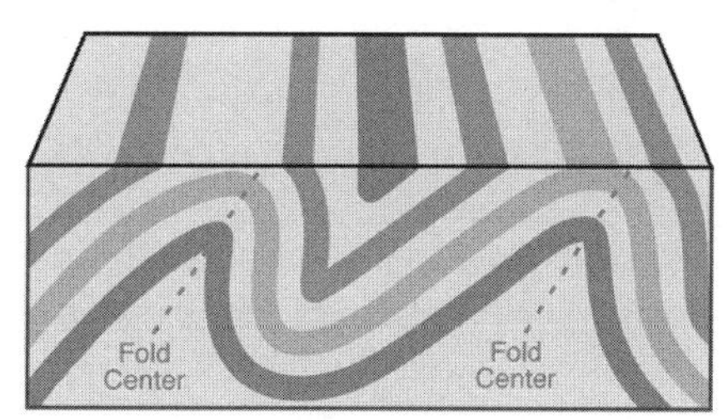

경상분지(慶尙盆地, Kyongsang basin)

중생대 백악계의 경상누층군이 주로 분포하는 한반도 동남부의 영남지역을 말한다. 상부 중생대층인 백악기 육성 퇴적물이며, 경상분지 퇴적층은 자색 지층이 발달했고 상부로 갈수록 자주 나타나는 화산암 및 화산 기원 퇴적암층의 협재가 공통적인 특징이다. 경상분지는 반복되는 충적선상지, 충적평야, 호수 및 화산 활동 기원의 퇴적층들로 구성된다. 백악기 지층은 옥천 습곡대의 고생대 및 쥐라기 습곡산릉(褶曲山陵) 상부에 소규모로 분포하기도 한다. 이러한 현상은 쥐라기 이후의 한반도 지사, 특히 백악기 분지의 발달과 퇴적, 그리고 조구조사(造構造史) 규명에 중요한 의미를 갖는다. 백악기 지층은 분포가 극히 제한적이기는 하나 경기 육괴와 소백산 육괴, 그리고 북한에도 소규모로 산재되어 있다. 경상분지는 암상에 따라 신동층군, 하양층군, 유천층군으로 나누며 대부분 육성층으로 구성되었으나 유천층군에는 화산 쇄설물이 많이 발견된다.

경첩단층(傾帖斷層, hinge fault)

단층의 미끄러지는 정도가 동일하지 않아 비틀어진 단층이다. 즉, 단층면의 양측 암체가 역방향으로 회전하는 것과 같은 단층이며 하나의 회전축이 있어서 축에서 멀어질수록 상대적인 어긋남의 정도가 커지게 된다.

계단단층(階段斷層, step fault)

같은 종류의 많은 단층이 평행으로 발달하여 계단 모양을 이룬 지반(地盤)이다. 같은 방향의 지괴가 차례로 떨어져 계단 모양의 지질구조를 이룬다. 양쪽 지반이 내려 앉아 높게 남아 있는 지루상(地壘狀) 단층이나 거의 평행을 이룬 단층 사이에 지반이 꺼져 생긴 지구상(地溝狀) 단층은, 이러한 단층이 동시에 반대쪽에서 대칭적으로 일어난 경우이다.

경석(輕石, pumice)

부석이라고도 불리며 석영안산암질 내지 유문암질의 다공질 산성 용암이다. 색깔은 대개 담회색을 띠고 가벼워서 물에 뜨기도 한다.

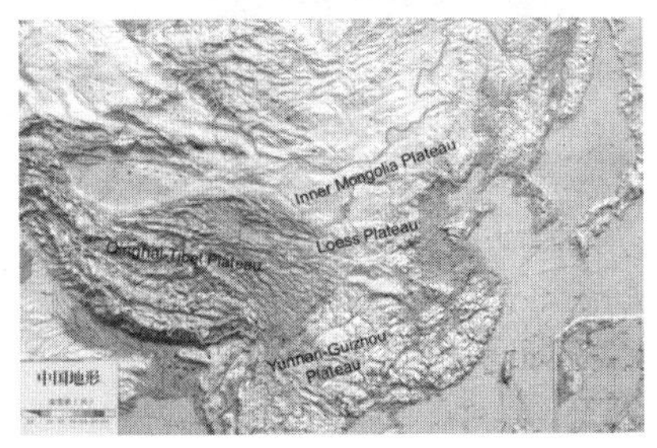

고원(高原, plateau, tableland)

수평지층이 습곡운동이나 단층운동과 같은 격렬한 조산운동을 받지 않고 광범위한 지역에 걸쳐 완만한 조륙운동을 받게 되어 형성된 지형이다. 급격한 지각운동을 받지 않았기 때문에 고원을 구성하는 지층은 거의 수평에 가까운 층리를 나타내고, 현저한 지층의 교란은 찾아볼 수가 없다.

고자북(古磁北, paleomagnetic pole)

철분을 포함한 용암이 식어 암석이 형성될 때는 독특한 지자장의 방향을 띤다. 이 때 암석은 지자장(地磁場, geomagnetic field)의 영향을 받아 나침반의 바늘처럼 자북(磁北)에 평행하게 자리잡는다. 각 지질시대에 형성된 암석에서 극의 위치를 조사한 결과 자북(magnetic north)은 지질시대를 통하여 이동하였다는 사실과 각 대륙마다 자북의 위치가 일치되고 있지 않은 사실이 밝혀졌다.

고지자기학(古地磁氣學, paleomagnetism)

고지자기학이란 암석 내에 기록되어 있는 과거의 지구자기장을 연구하는 학문으로, 맨틀과 핵 간의 상호작용에서부터 지각의 이동 및 변형에 이르는 지질 작용에 대한 유용한 정보를 제공한다. 고지자기학은 해양지각과 대륙의 이동 · 충돌 · 봉합 과정과 이로 인한 대륙의 성장과 산맥 형성의 역사를 규명하고 있다. 특히 고지자기학은 베게너의 대륙이동설을 부활시켰으며 대양저확장설, 판구조론 등과 같은 지구과학의 혁명적 이론을 확립하는 데 중요한 역할을 해왔다.

곡동(曲動, warping)

광범위한 지역에 걸쳐서 완만하게 일어나는 상하방향의 지각변동을 말한다. 이것은 중간에 단층이나, 습곡과 같은 급격한 지각운동을 수반하지 않은 대륙적인 지각운동으로 대체로 지각을 완만하게 휘어지게 하는 운동이다. 지각이 상부 쪽으로 휘는 것을 곡륭(谷隆, upwarping), 하부 쪽으로 휘는 것을 곡강(谷降, downwarping)이라고 한다.

곡빙하(谷氷河, valley glacier)

골짜기를 따라 이동하는 빙하. 산꼭대기의 사면(斜面)에서 설식(雪蝕)에 의하여 와지(窪地)가 형성되고, 그 와지에 쌓이는 눈은 권곡빙하(圈谷氷河)를 이루게 된다. 권곡빙하는 와지 안에 머물러 있으면서 그 표면은 빙하를 함양하는 만년설원(萬年雪原)이 된다. 기온이 낮아지거나 강설량이 많아지면 만년설원의 빙하 함양력은 증대되고, 권곡빙하는 설선(雪線) 아래로 골짜기를 따라 길게 연장되면서 곡빙하를 이룬다.

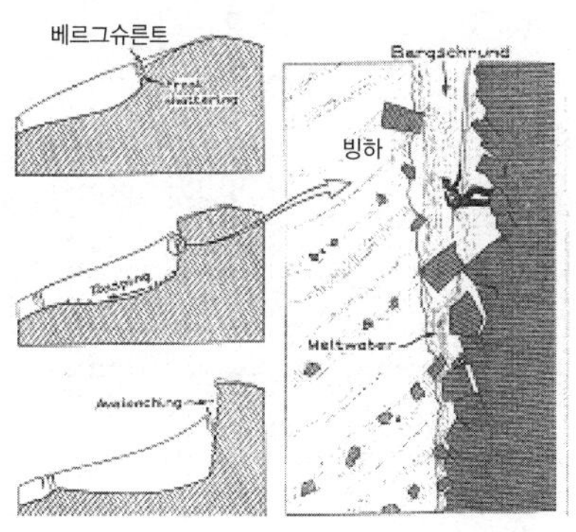

곡중곡(谷中谷, valley in valley)

하천의 회춘으로 장년기 또는 노년기의 넓은 하곡 안에 V자형의 새로운 골짜기가 파여 두 침식단계의 지형이 나타나는 것이다.

곡저평야(谷底平野, valley bottom plain, valley plain, river plain)

하천이나 빙하에 의해서 골짜기 안에 평탄지가 만들어진 곳이다. 곡저를 중심으로 형성된 평야로서 2가지 형태가 있다. 하나는 골짜기 안을 흐르는 하천의 측방침식에 의해 형성된 곡저평야와 또 하나는 어떠한 원인에 의해 기존의 골짜기 안에 퇴적이 두껍게 이루어져서 형성된 매적곡의 곡저평야이다.

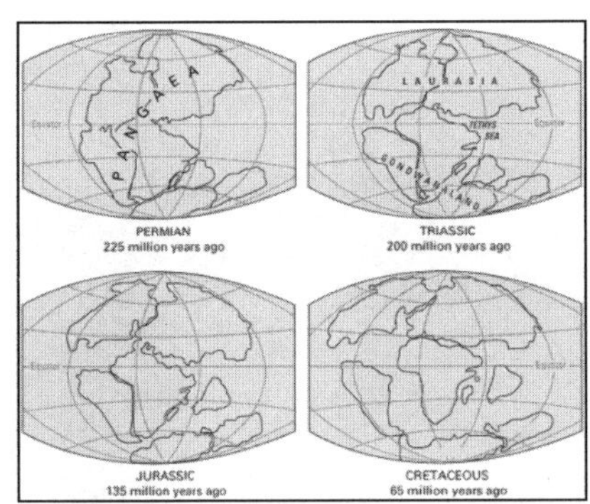

곤드와나 대륙(-大陸, Gondwanaland)

남아메리카, 아프리카, 인도반도, 오스트레일리아, 남극 등의 대륙괴(大陸塊)는 현재는 해양에 의해 서로 멀리 떨어져 있지만 그 지층에 남아 있는 지사(地史)의 기록, 특히 고생물의 분포에 있어서 공통적인 뚜렷한 특징들을 많이 가지고 있다. 이러한 이유로 쥐스(E. Suess, 1901)는 이들 대륙괴가 중생대의 어느 시기까지는 하나의 고대륙괴를 이루었지만, 그 후 각 대륙괴가 분리되고 그 사이의 부분이 해양이 된 것이라고 주장하였다. 그 지층의 하나가 인도의 곤드와나 지방에 있었기 때문에 쥐스(Suess)는 이 고대륙을 곤드와나 대륙이라고 명명하였다. 1920년대에 이르러 베게너(A. Wegener)는 대륙이동설을 논하면서, 곤드와나 대륙에 대해 재정의하고, 이것은 분열되어 현재의 대륙괴로 나누어지며, 그 사이에 새로운 해양저가 형성되었다고 생각하였다. 곤드와나 대륙에 대한 명명 방식과 그 분열 방식에 대한 기본적인 생각은 그 이후 현재까지도 통용되고 있다. 이들 대륙괴에서 공통적인 특징을 나타내는 지층은 곤드와나계(系)로서 상부는 페름기(紀)의 글로소프테리스(Glossopteris), 갠가모프테리스(Gangamopteris) 등 온난식물군을 포함하며, 하부는 석탄기 후기~페름기 초기의 빙력암(氷礫岩), 융빙유수퇴적물(融氷流水堆積物)을 포함한다. 석탄기 후기에서 페름기 초기에 걸친 빙상의 분포는 곤드와나 대륙이 대륙이동에 의해 분열되었다는 강력한 증거가 된다.

공격면(攻擊面, cut bank)

곡류하도에서 침식을 받는 쪽을 공격사면이라고 하며, 공격면은 퇴적물이 적고 수심이 깊으며, 단애(cliff)를 형성한다.

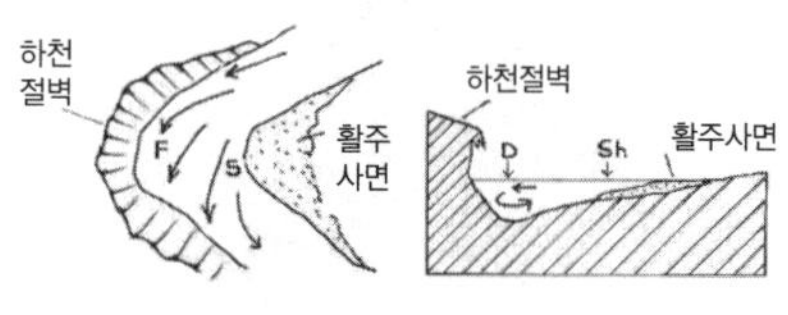

공극(孔隙, pore space)

토양의 물리적 성질 가운데 하나로 토양 입자 사이의 틈을 말한다. 입자의 크기가 클수록 입자 사이의 틈이 많아 공극이 커진다. 이는 크기가 비슷한 둥근 자갈층은 자갈과 모래로 섞여 있는 토양보다 틈이 많은 것과 같다.

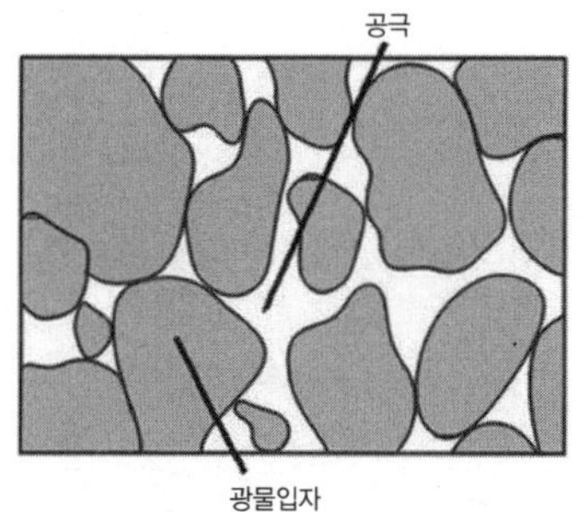

과습곡(過褶曲, overturned fold)

습곡축면이 90° 이하로 기울어진 습곡을 말한다. 양쪽 축면의 지층이 각기 다른 각도로 기울어져 있으나 방향은 같은 쪽을 향한 것이 특징이다. 습곡축면이 90°로 회전하여 거의 수평으로 놓이게 되는 습곡은 횡와습곡이라 한다.

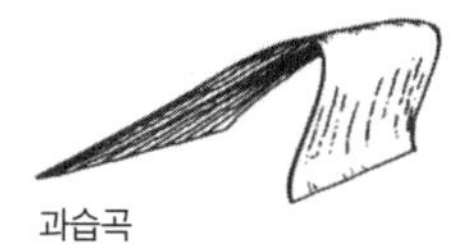

관입(貫入, intrusion)

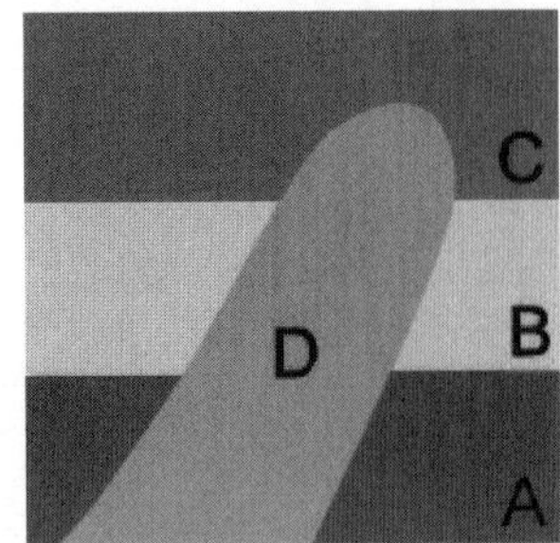

지층이 오래된 순서 : A→B→C→D

원래 존재하던 암석에 마그마가 뚫고 들어가는 일이다. 관입은 지하에서 일어나므로 마그마가 식어 암석이 되는 시간이 길어 결정의 크기가 큰 조립질 암석이 된다. 그러나 가장자리는 중심부보다 빨리 식기 때문에 세립질이다. 지하 깊은 곳에서 생성되는 관입암이 지표에서 보인다면 그 지역은 융기한 후 위의 부분이 모두 침식되었기 때문이다.

관입의 법칙(貫入-法則, law of intrusion)

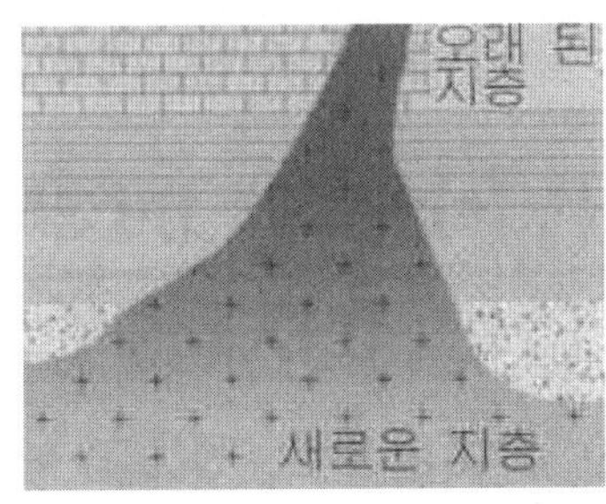

기존의 암석에 마그마가 관입하여 암체가 생겼을 경우에 관입당한 암석이 관입하여 들어간 암석보다 지질학적으로 시간상 오래된 것이다. 수평으로 관입한 마그마는 기존의 지층 사이에서 굳는데 굳기 전에 이미 상하에 기존 암석이 있으므로 관입체의 상하 암석에는 뜨거운 마그마로 인해 열에 의한 변성대가 생기게 된다. 이렇게 관입체의 상하 암석에 열 변성대가 존재하면 이는 관입으로 해석되며, 생성 순서가 가장 나중임을 알 수 있다.

곡류하천(曲流河川, meander)

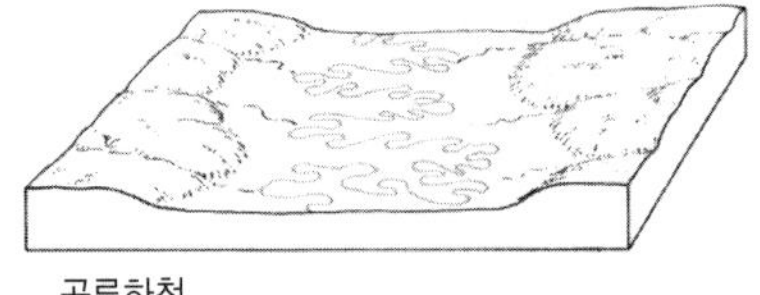
곡류하천

하천의 유로가 좌우로 굴곡하여 나타나는 하천을 말하며 사행천(蛇行川)이라고도 한다. 'meander' 라는 용어는 에게 해로 유입되는 터키의 'Meander' 라는 강에서 비롯된 말이다.

곡류하천은 크게 충적층의 범람원 위에서 곡류하는 자유곡류하천과 산간지역에서 곡류하는 감입곡류하천으로 구분된다. 감입곡류하천은 다시 생육곡류하천(生育曲流河川)과 굴착곡류하천(掘鑿曲流河川)으로 나눌 수 있다. 자유곡류하천은 평탄한 평야지대를 흐르는 하천이 어떤 장애물에 부딪쳐서 유로가 만곡하기 시작하면 유수의 관성에 의해 유로는 곡류현상을 일으킨다. 자유곡류하천은 홍수시 물이 넘쳐서 배후습지(back marsh)를 형성한다. 이러한 곡류하천에 있어서 유로의 변경으로 곡류부의 목(neck)이 절단되고, 구하도(舊河道)에는 우각호가 남는다. 한편 감입곡류하천은 지반의 융기나 침식기준면의 저하 등으로 회춘(回春)이 일어나서 곡류하던 하곡이 기반암을 파고 들어가서 형성되는 경우가 많다. 모든 하천이 어느 정도는 곡류를 하므로 곡류하천과 직류하천을 명확히 구분하기는 어렵다. 일반적으로 하도의 길이와 하곡의 길이의 비가 1.5 : 1 이상일 때, 즉 하도의 길이가 하곡의 1.5배 이상일 때 곡류하천이라고 한다.

교차절리(交叉節理, cross joint)

절리의 종류 중 하나로, 절리의 분류기준 중 지역구조에 의한 것에 속한다. 특히 습곡축에 대해 교차하여 발달한다.

구상풍화(spheroidal weathering)

암석이 지하 심층에서 풍화를 받을 때 마치 양파 껍질이 벗겨지는 형태로 풍화가 진행되면서 그 내부에 구상의 핵석(core stone)이 남게 되는 것을 말한다.

구상풍화

주로 화강암, 현무암에서 많이 나타나며 열대기후 혹은 습윤기후 하에서 잘 일어나는 화학적 풍화의 일종이다. 현재 온대지방에 존재하는 핵석은 과거 제3기에 형성된 핵석이 제4기의 빙하기에 사면삭박에 의해 지표상에 노출된 것으로 알려져 있으며 이렇게 지표에 노출된 핵석은 토르(tor)라고 하는 미지형을 발달시키기도 한다.

구조곡(構造谷, structural valley)

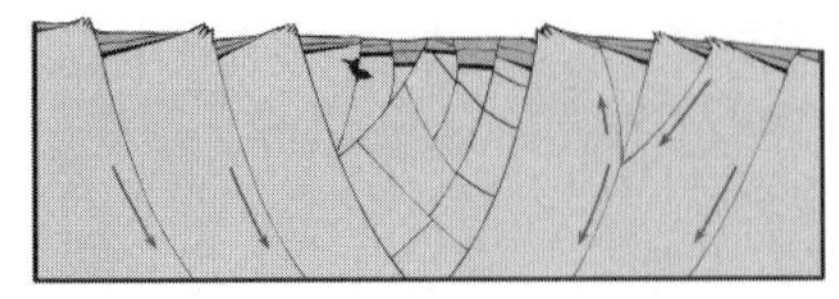

암반의 구조에 의해 형성된 곡으로, 지구 내부의 영력, 다시 말해서 단층과 습곡작용을 강하게 받아 이루어진 것이다. 단층에 의해서 내려앉거나 또는 단층의 파쇄대(破碎帶) 부분이 빠른 속도로 침식되어 요지(凹地)를 이루게 되면 계곡을 형성하게 된다.

구조지형(構造地形, structural landforms, tectonic landforms)

구조지형이란 지질구조와 관련되어 발달한 지형의 총칭으로 여기에는 두 가지의 개념이 포함된다. 하나는 지각변동과 관련하여 형성된 지형으로서 변동지형(變動地形)이라는 용어를 사용하고, 다른 하나는 지질구조의 특성을 반영한 지형으로 조직지형(組織地形)이라고 한다.

구조토(構造土, patterned ground)

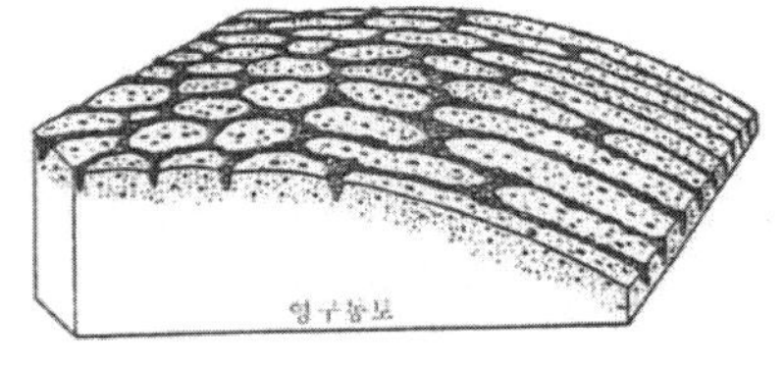

주빙하 현상 중 가장 대표적인 것이다. 토양 속의 수분이 동결 · 융해됨에 따라 토양 속에서 물의 대류현상이 나타나고, 그 결과 암설과 미립의 토양물질이 서로 분리되어 발달한다. 구조토가 형성되는 기후조건은 한랭건조한 기후이며, 동결 · 융해의 잦은 반복이 필요하다.

구조평야(構造平野, structural plain)

옛 지질시대에 퇴적된 지층이 오랜 지질시대를 거치는 동안 지각변동을 거의 받지 않아 수평지층 상태를 유지하여 고도도 낮고 기복도 거의 없는 물결 모양의 평탄한 지형을 이룬 것을 말한다. 즉, 구조평야는 옛 지질시대의 산지가 내적영력에 의한 변동 없이 다만 오랜 세월 동안 하천 · 빙하 · 바람

등의 침식작용을 받아 이루어진 평야로, 침식평야라고도 한다.

구조호(構造湖, tectonic lake)

지층을 변위(變位)시켜 단층(斷層)이나 습곡(褶谷) 등의 구조(構造)를 만들어내는 구조운동에 의하여 형성된 호수를 말한다. 호수의 성인(成因)에는 이밖에 화산활동, 침식(侵蝕)·퇴적 작용 등이 있는데 구조호에는 규모가 큰 것이 많다. 단층에 의한 것(바이칼 호·사해·탕가니카 호·비와 호), 조륙운동(造陸運動)에 의한 것(카스피 해·아랄 해), 곡강(曲降)에 의한 것(빅토리아 호·티티카카 호) 등으로 크게 나누어진다.

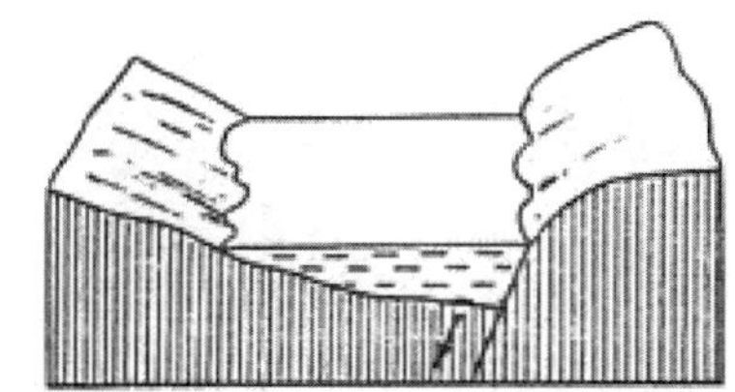

구하도(舊河道, old river channel)

과거에는 하천이었으나, 현재는 물이 흐르지 않고 하천의 흔적만 남아 있는 지형을 말한다. 평탄한 지역을 구불구불 흐르는 자유곡류하천과 산지나 구릉지에서 구불구불한 골짜기 안을 따라 흐르는 감입곡류(嵌入曲流)하천에서 주로 나타난다.

국지적 기준면(局地的基準面, local base level)

지류는 본류와 합류되는 지점의 고도, 즉 본류의 하상고도를 기준으로 별개의 하천종단곡선을 형성하며, 그 이하로는 하방침식을 할 수 없다. 지류에 대한 이러한 유형의 침식기준면을 국지적 기준면이라고 한다.

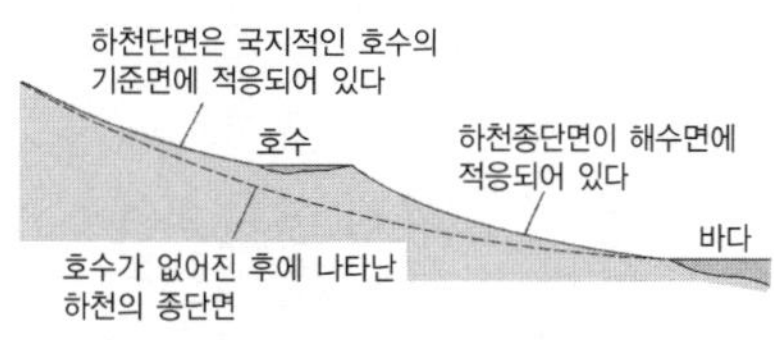

굴식(掘蝕, plucking)

빙하나 유수가 기반암을 따라 흐를 때 기반암에서 암편을 뜯어내는 작용으로, 기반암의 표면을 거칠게 한다. 기반암의 암괴가 절리로 분리되어 있을 때 잘 일어난다.

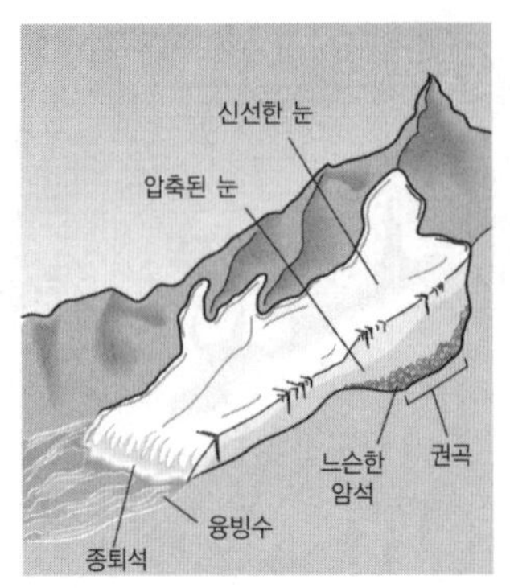

권곡(圈谷, kar, cirque)

빙식을 받은 산지에 보편적으로 나타나는 것으로, 설선(雪線) 바로 위의 산사면에 발달하는 지형으로서, 3면이 절벽으로 둘러싸이고, 나머지 한 면은 아래쪽으로 트인 반원형 극장 모양의 와지로 되어 있다.

규암(珪岩, quartzite)

사암(砂岩), 규질암(硅質岩) 등이 변성작용을 받아 형성된 것이다. 색은 일반적으로 담색이다. 백운모 · 규선석 · 남정석 · 석묵 등의 광물을 함유하고 있는데 이는 원래의 사암에 함유되었던 점토질 물질이나 석회질 물질 등이 변성도에 따라 생성된 것이다. 규암을 파쇄시켜 나타난 파면의 특징은 변성작용 이전의 사암의 특징인 모래 입자들이 나타나지 않고 매끈매끈한 면을 나타낸다.

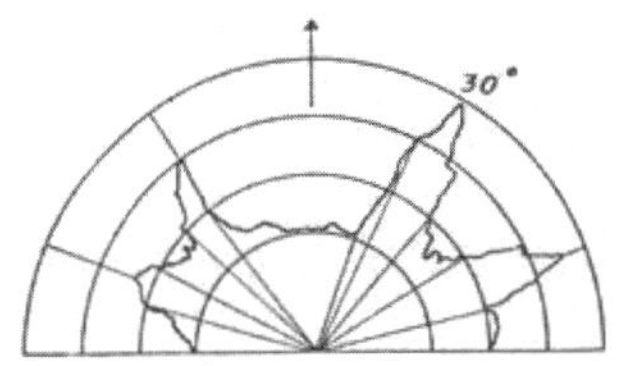

균열 방위빈도 다이아그램(fracture azimuth frequency diagram)

야외에서 조사된 절리현상에 대한 자료제시 방법 중의 하나로서, 기후현상을 나타내는 바람 장미 다이아그램(wind rose diagram)과 같이 한 지점에서 타지점으로 옮겨가는 경향을 쉽게 파악할 수 있도록 표시되어 있다.

그나마(gnamma)

평탄한 암석면이나 토르, 보른하르트 혹은 인셀베르그 등의 암체 상부 평탄면에 형성된, 원형에 가까운 풍화혈(風化穴)을 말한다. 본래 오스트레일리아의 원주민인 '어보리진' 어에서 '구멍'을 의미하며 근래에 학술용어로 정착되었다.

그렌코형 칼데라(Glen Coe)

칼데라를 형태상으로 분류한 것 중의 하나로, 칼데라 주변부에 용암이 얇고 넓게 덮여 있어 화성암이 드러난 곳이다.

그로인(groyne, groin)

그로인은 사빈의 침식을 막는 데 쓰이는 구조물이다. 일정한 간격을 두고 비치에서 바깥쪽으로 설치한 석축이나 콘크리트 구조물을 말하는 것으로서 비치드립팅과 롱쇼어드립팅에 의해 모래가 횡적으로 이동하는 것을 막아준다.

그루브(groove)

인셀베르그의 암벽면(岩壁面)을 따라 수직으로 발달한 밭고랑 형태의 풍화미지형(風化微地形)이다. 비교적 완경사면에 발달한 것은 runnels 혹은 gutters, 급사면에 발달한 것을 grooves 혹은 flutings로 구분하여 사용하는 경우도 있다. 그루브는 유수의 침식과 물리적 · 화학적 풍화가 복합되어 발달하며 생화학적인 측면에서는 지의류(地衣類) 식물의 영향도 적지 않은 것으로 알려져 있다.

기공(氣孔, vesicle)

마그마에 용해되어 있던 휘발 성분이 압력이 낮

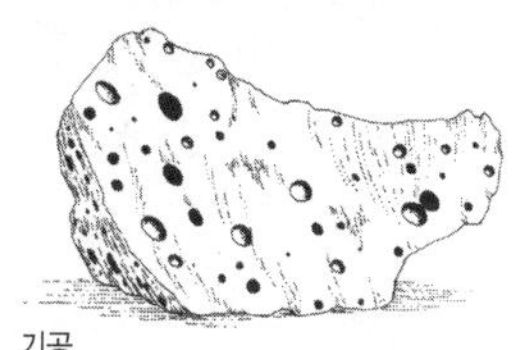

기공

아짐에 따라 가스로 분리되면서 암석을 빠져나갈 때 생긴 구형에 가까운 구멍이다.

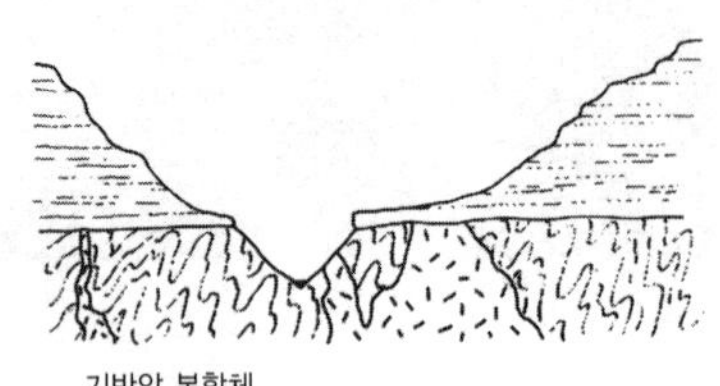
기반암 복합체

기반암(基盤岩, bedrock)

지각을 구성하는 지층으로 표토 밑의 굳어 있는 암석을 말한다. 앞으로 풍화가 진전되면 역시 토양으로 변하게 된다. 침식으로 표토가 유실된 곳은 기반암이 바로 지면 위로 노출되어 있는데, 이것 역시 토양층으로 변할 것이다.

기복의 역전(起伏-逆轉, inverted relief)

침식작용으로 지표면의 고저가 뒤바뀐 지형을 말한다. 습곡작용을 받은 향사구조에서는 곡이 발달하는데, 이때 향사곡이 경암을 만나 곡의 발달이 멈춰지면 오히려 배사곡이 더욱 빠른 속도로 침식되어 향사곡보다 낮아지게 된다. 결국 향사부는 향사산릉으로 변하여 기복 역전현상이 일어나게 된다.

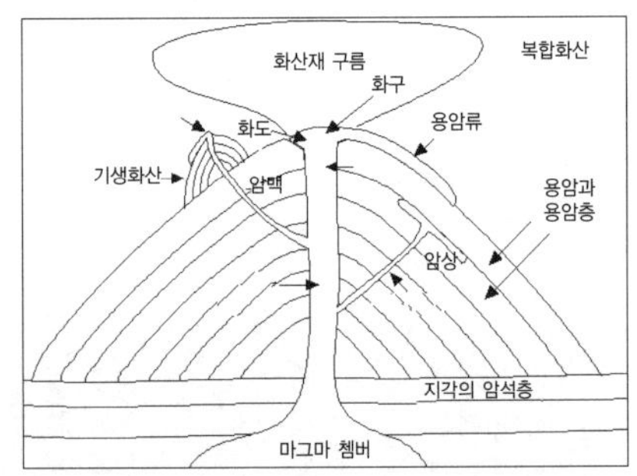

기생화산(寄生火山, parastic cone)

큰 화산의 주 분화구 등성이에 생기는 작은 화산을 뜻하며, 주 분화구가 분출을 끝낸 뒤 화산 기저에 있는 마그마가 약한 지반을 뚫고 나와 주변에서 분출되어 생성된 것이다. 제주도에서는 측화산을 '오름' 이라고 부른다.

기수호(汽水湖, brackish water lake, brackish lake)

호소에서 물의 성질에 의한 분류로는 즉, 물에 녹아 있는 염분의 다소(多少)인 함도로서 염호와 담수호로 구분한다. 바닷물의 함도보다 약간 낮은 호수를 기수호라고 하는데 기수호는 담수에 바닷물이 침입한 호수이다.

기요(guyot)

심해저에서 화산작용으로 인해서 해수면 위로 솟아 올랐던 섬이 해수의 침식작용으로 정상이 평평하게 깎인 다음에 지각변동이나 해수면 상승으로 바다 속으로 잠겨 버린 일종의 잠도(潛島)를 말한다.

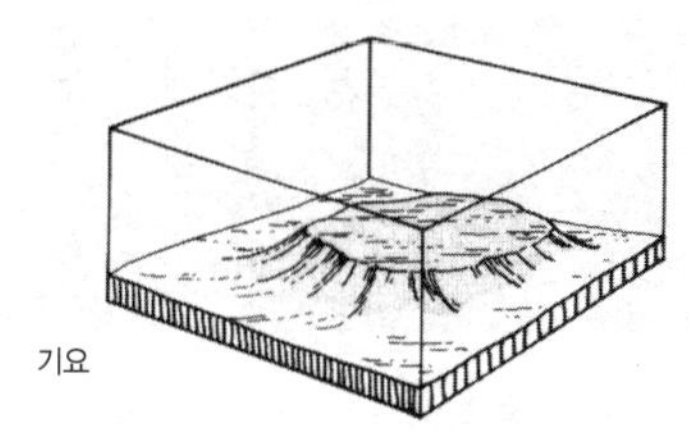
기요

기후지형학(氣候地形學, climatic geomorphology)

지형형성작용을 기후조건과 관련하여 연구하는 학문이다. 기후지형학은 19세기 말 유럽의 식민주의가 팽창함에 따라 사막이나 열대습윤 지역과 같은 새로운 신대륙의 탐사가 활발히 이루어지면서 발달하였다. 미국의 데이비스(W. M. Davies)와 그의 학파는 이러한 지역에서 발견되는 지형들을 하나의 '사변(accidents)'으로 간주하였고, 건조침식윤회(arid cycle)에 도입하기도 하였다(1905). 데이비스는 지형발달에 있어서 기후인자의 영향력을 무시하였다는 이유로 프랑스의 많은 지형학자(Tricart & Cailleux, 1972)들에게 비난을 받았지만 일부에서는 데이비스를 기후지형학의 창시자로 간주하고 있다(Edward Derbyshire, 1973). 기후지형학의 중요한 관심사는 다양한 기후 요소들, 예를 들어 태양에너지와 강수량, 습기가 다양한 지형을 발달시키는 지형학적인 영력에 얼마나 반영되는지를 알려는 것에 있다(Edward Derbyshire, 1976).

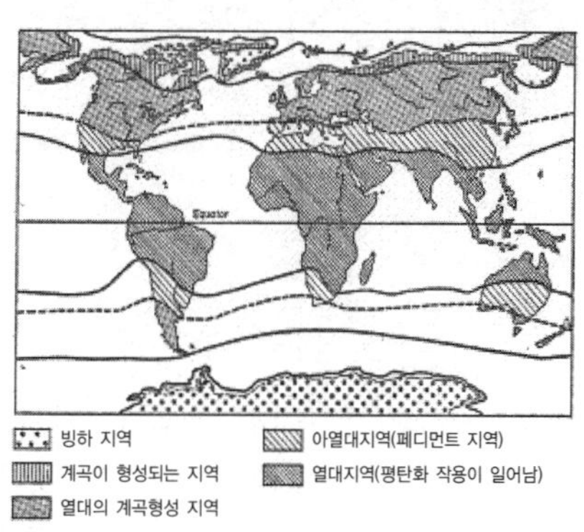

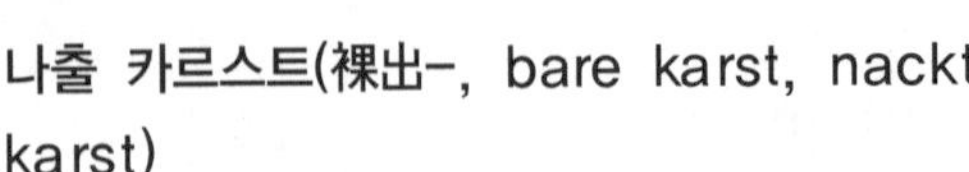

나출 카르스트(裸出-, bare karst, nackte karst)

카르스트 지형 중에서 석회암 또는 라피에가 주도하는 석회암 지역의 경관을 나출 카르스트라 한다. 나출 카르스트는 농경이나 식생의 파괴로 토양의 유실이 심해도 발달한다. 지중해의 나출 카르스트 중에는 토양침식에 의한 것이 적지 않다.

낙수혈(落水穴, sinkhole)

돌리네의 한가운데에 있는 물이 지하로 스며드는 구멍을 말한다.

낙하(落下, fall)

경사가 대단히 급한 사면에서 암설이 중력의 영향으로 아래로 떨어지는 것을 말한다. 큰 암괴가 개별적으로 떨어지느냐 또는 다양한 크기의 암설이 집단적으로 떨어지느냐에 따라 암석낙하(岩石落下)와 암설낙하(岩屑落下)로 구분되기도 한다. 풍화산물이 제자리에 머물지 못하는 노암의 사면을 단애면(斷崖面)이라 하고, 단애면에서 떨어지는 암설은 그 밑에 쌓여 애추를 형성한다.

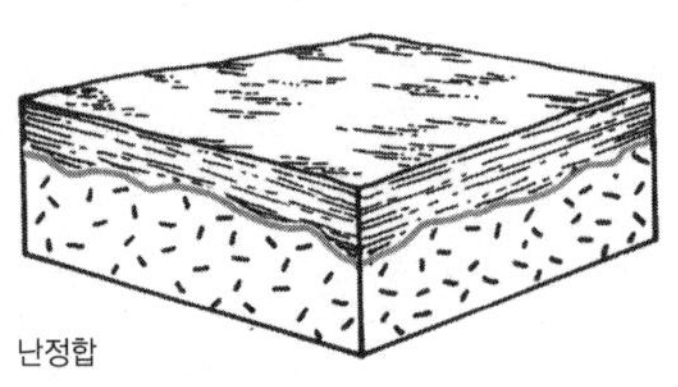

난정합

난정합(難整合, nonconformity)

부정합의 형태 중에서 부정합면 아래에 층리(層理)가 없는 심성암, 변성암 등이 나타나는 형태이다. 보통 난정합이 나타나는 지역은 해침을 받기 오래 전부터 침식작용이 활발하게 작용한 곳이다.

노두(露頭, outcrop)

암석이나 지층이 토양이나 식생 등으로 덮여 있

지 않고 직접 지표에 드러나 있는 곳을 말한다. 주로 건조한 지역의 산에서 많이 발달된다. 일반적으로 토양의 발달은 기후조건이나 지형에 크게 지배되는데, 특히 후자의 영향이 크다. 즉, 건조 지역의 산악에 노두가 가장 잘 발달하고 고온다습한 열대의 평야부에서는 천연노두를 거의 볼 수 없다. 노두의 관찰은 지형 · 지질 조사의 기본이며, 이 관찰에 의해서 그 지역의 지형적 특성이나 지질구조를 추정할 수 있다.

녹설층(麓屑層, colluvium)

매스 무브먼트에 의해 사면의 하부로 이동하여 쌓이는 퇴적층을 녹설층이라 하고 여기에는 풍화작용에 의한 각력(角礫)이 많이 포함되어 있다. 분급(分級)이 불량하고 층구조(層構造)가 나타나지 않으며, 구성물질은 매스 무브먼트의 유형에 따라 달라진다.

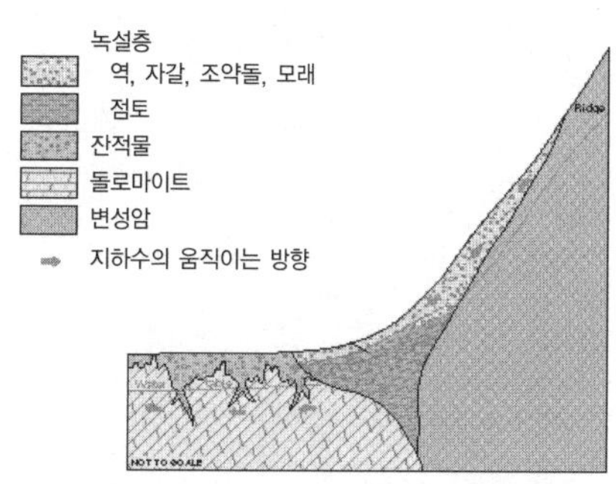

누나탁(nunatak)

대륙빙하의 빙상이나 산지빙하의 빙모(氷帽)를 뚫고 솟아 있는 고립산정이다. 대륙빙하의 침식작용과정에서 빙하에 낀 곳 등에서 기반인 암석이 아직 완전히 침식되지 않고 가느다랗게 남아 있는 것을 말한다.

ㄷ

다각구조토(多角構造土, stone net, stone polygon, ice-wedge polygon)

주빙하기후 지역에서 발달하는 구조토 중에서

큰 돌들이 다각형으로 배열된 상태에서 세립암설을 둘러싸고 있는 것으로 구조토 가운데 가장 널리 알려져 있다. 가운데가 약간 볼록하며, 돌의 크기는 지표면에서 밑으로 갈수록 작아지며, 암설의 분급은 약 1m 깊이까지만 나타난다.

단구(段丘, terrace)

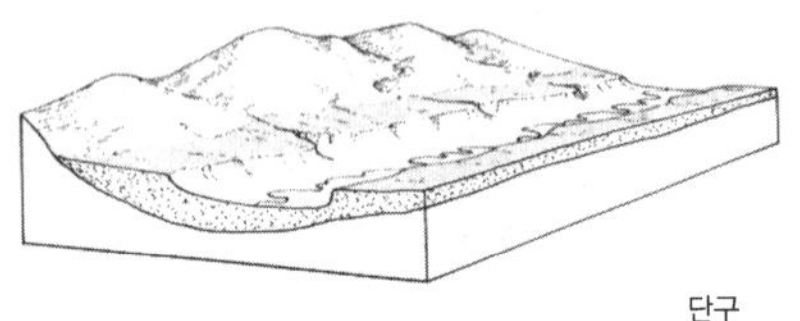

단구

하안, 해안 또는 호안을 따라서 형성된 계단상의 구릉 또는 대지를 말한다. 단구의 윗면을 단구면이라 하는데, 주로 육지의 융기나 해수면의 하강 등으로 인하여 하방침식이 부활되면 과거의 하상, 해저, 호저였던 것의 일부가 각각 하안, 해안, 호안에 계단상으로 남아 있게 된다. 이러한 지형이 하천 양안을 따라 발달하면 하안단구, 해안지역에 발달하면 해안단구, 호안에 발달하면 호안단구라고 한다. 단구는 제4기의 기후 · 해면변화 · 지각운동 · 지형 발달사 등의 연구에 중요한 자료가 된다.

단사(單斜, monocline)

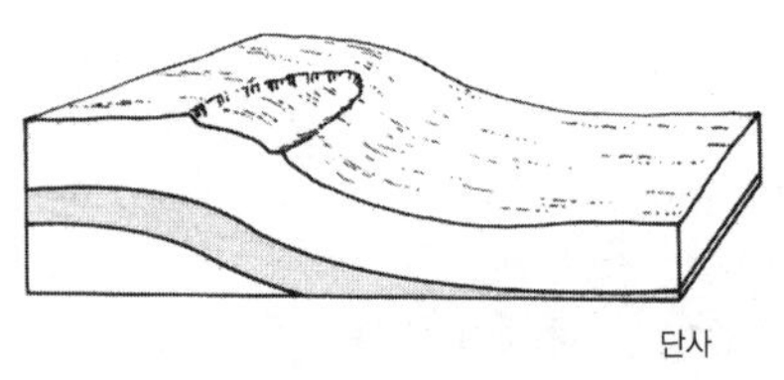

단사

지층이 기울어져 있거나 습곡을 이루지 않고 어디서나 경사가 같은 구조를 단사(單斜)라고 한다. 요곡(撓曲)과 거의 같다. 이는 J. W. Powell(1873), A. Geikie(1882), E. Suess(1883) 등에 의해 사용되었으나 monoclinal이란 말은 1847년 W. B. Rogers, H.D.Rogers에 의해 경사 방향이 동일한 것을 나타내는 용어로서 사용되었기 때문에 지층이 모두 같은 방향에 거의 같은 각도로 경사져 있는 동사구조(同斜構造, homocline)나 등사습곡(等斜褶曲, isoclinalfold)과 혼동해서 사용되는 예가 많다.

단열대(斷裂帶, fracture zone)

변환단층(變換斷層)이 연장되는 해저에서 볼 수 있는 절벽 모양 또는 도랑 모양의 좁고 긴 지형이다. 중앙해령(中央海嶺)을 자르는 변환단층에서는 동서로 어긋난 모양의 지진이 자주 일어나지만, 그 해구 양쪽의 연장선상에는 동서로 어긋난 곳이 없으므로 지진은 일어나지 않는다. 그러나 단층을 끼는 해저 연령의 차는 그 연장선상 어디까지라도 계속된다. 수심은 해저의 연령이 많을수록 깊기 때문에 단층의 연장선상에 때로는 높이 1000m나 되는 절벽 모양의 지형이 생기기도 한다.

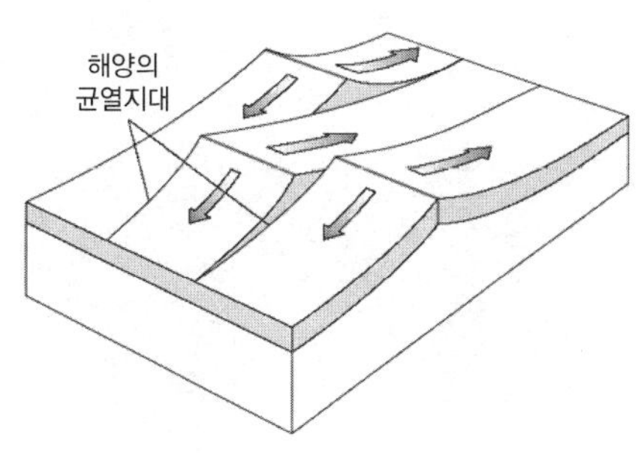

단층(斷層, fault)

암석이나 지층이 변형될 때 그 연속성이 파괴되어 지괴(地塊)가 분리되고, 이들 지괴가 서로 수평 또는 수직 방향으로 어긋나 있는 구조를 단층(斷層)이라 한다.

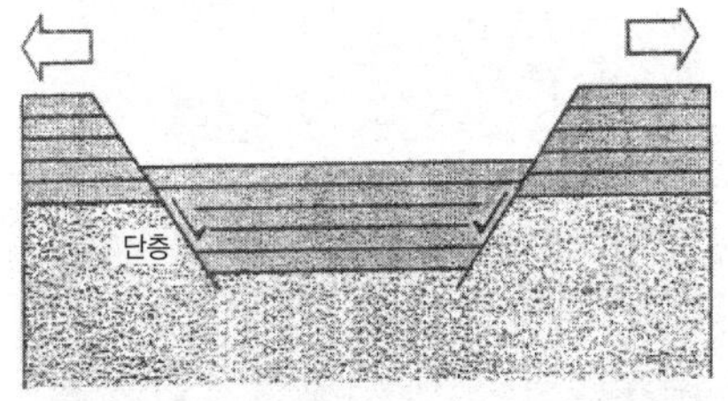

단층각력(斷層角礫, fault breccia)

단층운동이 일어날 때 단층면 양쪽의 암석이 부서지면 단층파쇄대(斷層破碎帶)가 형성된다. 단층각력이란 이 단층파쇄대를 따라 분포하는 것으로서 다양한 크기의 암편으로 이루어졌으며, 일반적으로 점토질 내지 사질 파쇄물을 포함하고 있다. 단층각력이 풍화를 받으면 단층점토(斷層粘土, fault clay)가 된다.

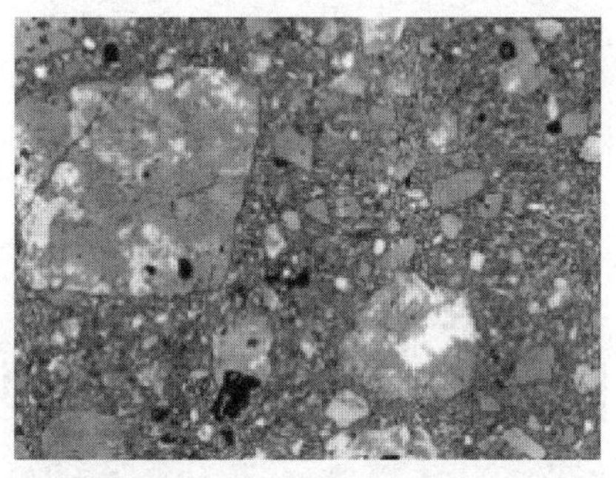

단층경면(斷層鏡面, slickenside)

지층이 선명하게 잘릴 때에는 두 지괴 사이에서 일어나는 마찰로 단층면이 연마를 받는다. 여기서 연마를 받아 거울처럼 빛나는 면을 단층경면이라

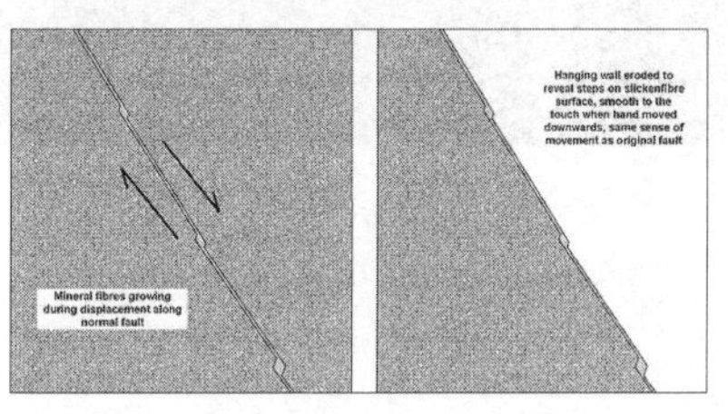

고 한다.

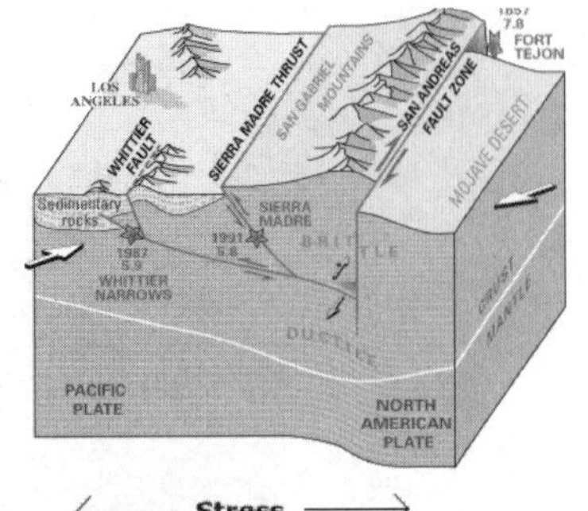

단층대(斷層帶, fault zone)

단층대란 여러 개의 단층이 나란히 발달되어 형성된 지대를 말한다. 대규모 주향이동 단층의 경우에는 주단층과 평행하거나 이에서 잘라져 나온 작은 단층군들이 많이 발달되어 하나의 단층대를 이루고 있다.

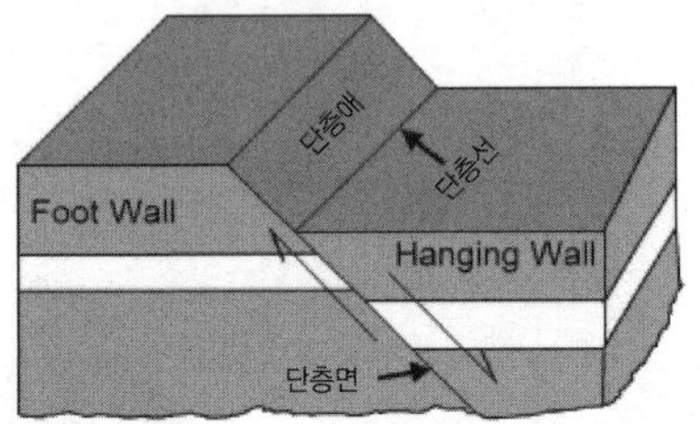

단층면(斷層面, fault plane)

단층이 일어나 분리된 지괴의 분리면을 단층면이라고 한다.

단층선(斷層線, fault line)

단층면이 지표면과 만나는 선이다.

단층선곡(斷層線谷, fault-line valley)

차별침식에 기인한 곡, 즉 적종곡(適從谷, subsequent valley)을 의미한다. 단층곡의 중앙부에는 계곡의 연장 방향에 따라 흐르는 하천이 발달한다. 지질적인 단층선은 파쇄대를 형성하며 일반적으로 침식에 대한 저항성이 약한 장소에 해당한다. 이와 같은 곳은 침식력이 강하게 작용하므로 단층선에 따라 곡(谷)이 생기게 된다.

단층선애(斷層線崖, fault-line scarp)

형성된 지 오래된 단층선을 따라 일어나는 지괴 간의 차별침식으로 인하여 지하에 묻혔던 단층면이 노출됨으로써 나타나게 된 직선평면의 급사면을 말한다. 순상지와 같은 안정지괴 지역에서 흔히 볼 수 있다.

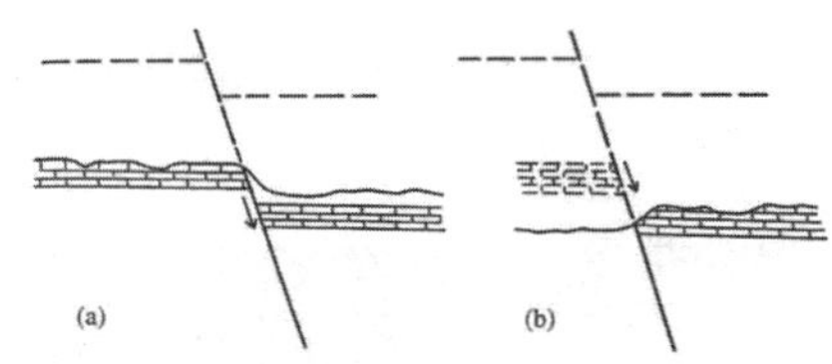

단층애(斷層崖, fault scarp)

좁은 의미로는 단층운동으로 형성된 급사면, 즉 단층면으로 이루어진 사면을 지칭하나, 넓은 의미로는 침식을 받아 변형된 것도 이에 포함된다.

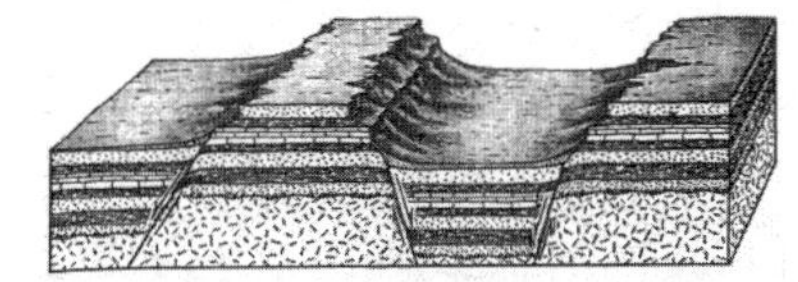

단층지괴(斷層地塊, fault block)

단층운동에 의하여 인접 지역보다 상대적으로 높아지거나 낮아진 지괴(地塊)를 말한다. 이는 일반적으로 하나 또는 그 이상의 정단층(正斷層)에 의하여 형성된다.

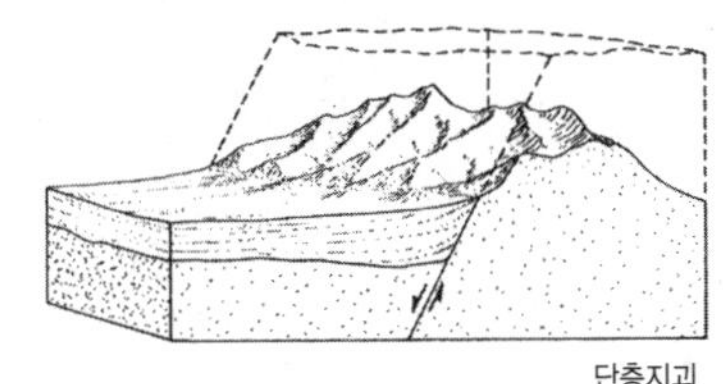
단층지괴

대류(對流, convection)

열의 세 가지 전달 과정 중의 하나로, 열 때문에 유체가 상하로 뒤바뀌면서 움직이는 현상을 말한다. 이러한 현상은 유체 전체를 고르게 가열시킨다. 유체가 부분적으로 가열되어 온도가 높아지면(물의 4℃ 이하와 같은 경우는 제외), 그 부분이 팽창하여 밀도가 작아지기 때문에 부력이 생겨 위로 올라가고, 대신 상부의 온도가 낮고 밀도가 큰 부분이 내려온다.

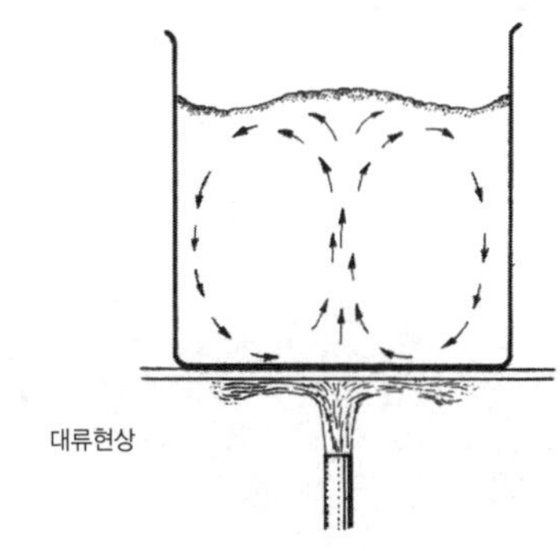
대류현상

이러한 과정을 되풀이함으로써 물질 자신의 운동에 의해 열량을 나르는 현상이 대류이며, 그 결과 유체는 위쪽에서부터 따뜻해진다. 난류·육풍·해풍 등 대기의 대류현상은 기상상태를 결정하는 중요한 원인의 하나로 되어 있다.

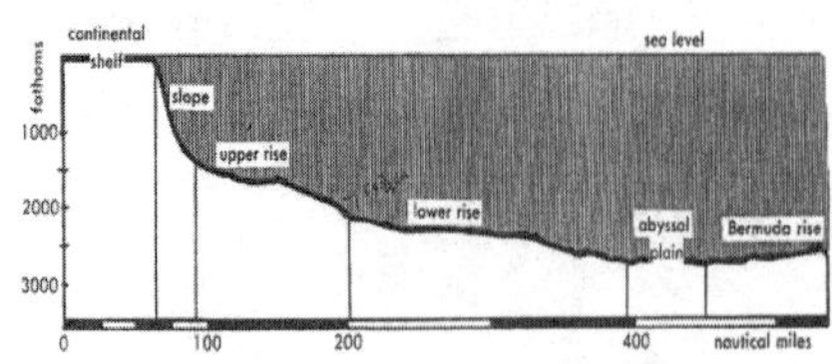

대륙대(大陸臺, continental rise)

대륙대는 대륙붕과 대륙사면으로부터 저탁류에 의해 운반된 물질이 대륙사면의 기슭에 쌓여서 형성된 지형이다. 심해저와 대륙과의 점이지역으로 지진이나 화산 활동이 전혀 없으며 기복도 완만한 편이다.

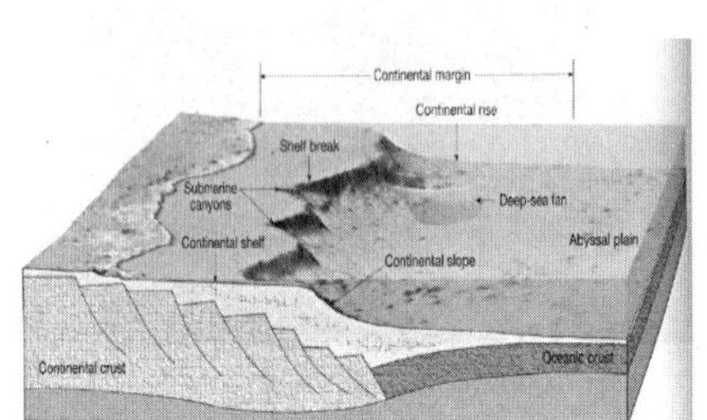

대륙붕(大陸棚, continental shelf)

대륙 주변부에 수심 200m 미만의 평평한 해저 지형이다. 대륙붕은 육지로부터의 퇴적물이 집중적으로 쌓이는 곳으로 화강암질 암석으로 이루어져 지질적인 면에서 대륙의 연장이나 다름없다.

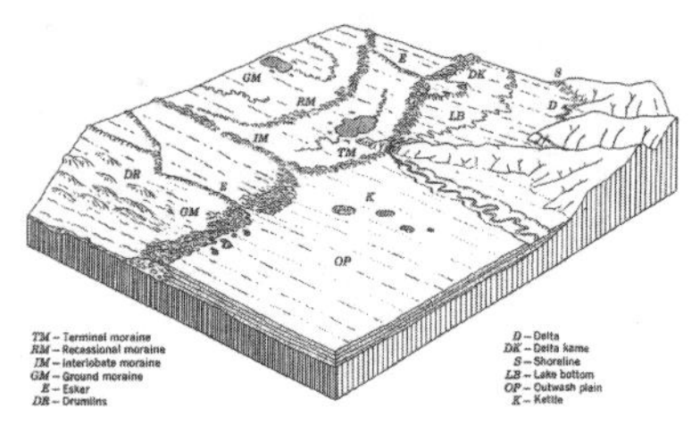

대륙빙하(大陸氷河, continental glacier)

대륙에 있는 빙하로서, 그린란드와 남극대륙을 뒤덮고 있다. 그린란드에서 약 700m, 남극대륙에서는 2,250m의 두께이며 내륙의 높은 곳에서 해안으로 천천히 흘러내려 바다에 이르면 빙산이 된다. 빙모(氷帽)보다 훨씬 큰 규모로 빙상(氷床)이라고도 불린다.

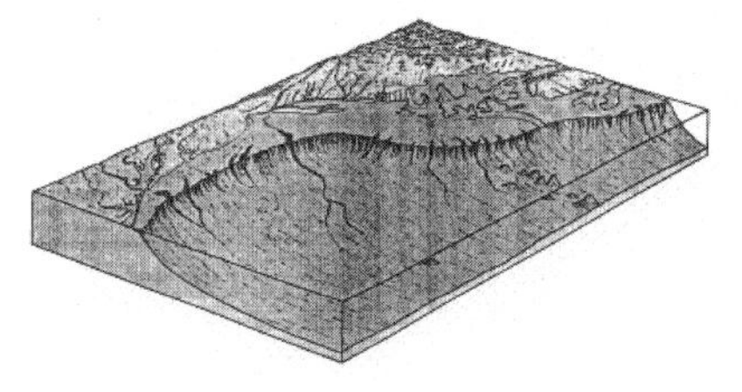

대륙사면(大陸斜面, continental slope)

대륙붕의 끝에서 심해저 쪽으로 평균 1:40 정도의 경사로 기울어져 있는 곳으로 경사각은 0°~4° 정도이다. 주로 대륙대에 접속되거나 해구로 연결된다. 대륙사면은 해저 협곡의 지역에서는 깊이 파여 있어서 큰 기복을 이루는데, 대륙대까지 연장되는 경우도 있다.

대륙이동설(大陸移動說, theory of continental drift)

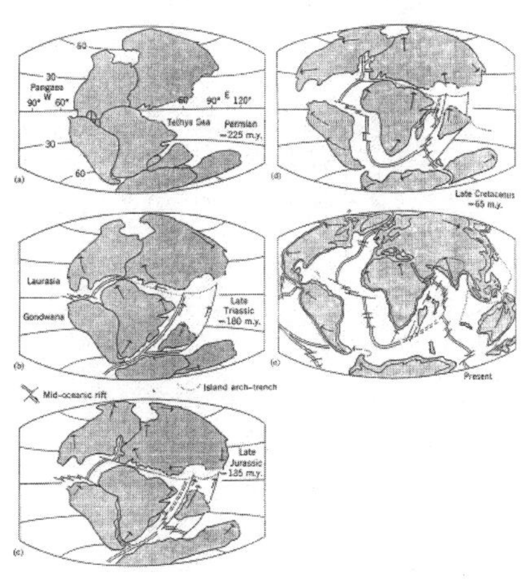

대륙이동설(continental drift)이란 독일의 기상학자인 알프레트 베게너가 제창한 학설이다. 대륙이 지구 표면상을 이동하여 그 위치와 형상을 바꾸었다는 학설이다. 1912년에 그의 저서 『대륙과 해양의 기원』(*Die Entstehung der Kontinente und Ozeane*)에서 지질, 고생물, 고기후 등의 자료를 바탕으로 태고에는 대서양의 양쪽의 대륙이 각각의 방향으로 표류했다는 대륙이동설을 주장하였다. 1915년 일찍이 '판게아'라는 초대륙(거대한 육괴)이 존재하였고 약 2억 년 전에 분열한 뒤 표류하여 현재의 위치와 모습을 가지게 되었다고 발표하였다.

대보운동(大寶運動, Daebo orogeny)

쥐라기 중엽 말에 이르러 대습곡 작용과 이에 수반된 역단층 작용이 한반도 전역에 걸쳐 일어나서 이때까지 형성된 지층과 암석에 큰 변화를 가져왔다. 이 운동을 이른바 후대동기조산운동(後大同期造山運動) 또는 대보운동(大寶運動)이라 부른다. 그리하여 한반도에서 이 조산운동 이전에 형성된 지층은 습곡과 단층 등으로 심한 교란을 받아 복잡한 구조를 나타내고 있다.

대수층(帶水層, acquifer)

지하수로 포화(飽和)되고, 지하수의 저장과 유동이 충분하게 이루어지는 지층 또는 물을 연속해서 공급받는 지층이다. 그러나 이 용어에는 그것을 한정짓는 지표로서 물리적으로 의미 있는 측정 가능한 기준이 없으며, 정성적(定性的) 또는 관념적인

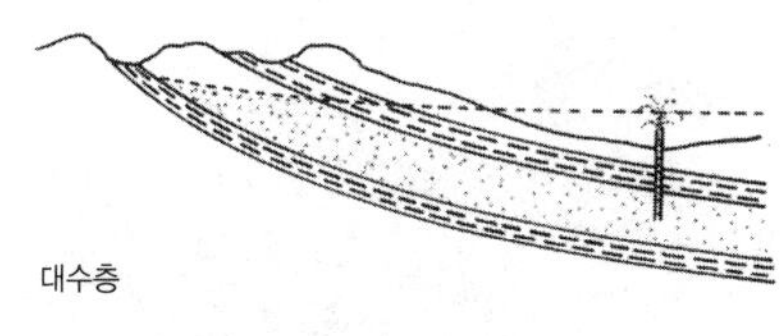

대수층

것이다. 즉 지층의 투수성(透水性)이라고 하는 성질 외에 물의 유무(有無)에 대한 하나의 상태를 의미하고 있는 것이다. 따라서 예를 들어 사력층(砂礫層)은 투수층이지만 이곳에 물이 없다면 대수층이라고 하지 않는다. 지하수로 포화된 균열이나 절리가 많은 고결퇴적암(固結堆積岩), 공극(空隙)이 많은 화성암, 또는 석회암의 공동(空洞)도 넓은 의미로 대수층이라고 할 수 있다.

대수층은 그곳에 포함되는 지하수의 성질에 따라 불압대수층(不壓帶水層, unconfined acquifer)과 피압대수층(被壓帶水層, confined acquifer, artesian acquifer)으로 나누어진다.

전자는 그 속에 부존하는 지하수가 자유 지하수면을 가지고 있는 경우이며 후자는 상면(上面)과 하면(下面)이 불투수층으로 구분되어 있기 때문에 우물속의 수위(水位)가 대수층의 상단보다 위에 오는 경우이다. 대수층은 지하수의 통로로서의 역할을 함과 동시에 저수지(貯水池)로서의 역할도 한다.

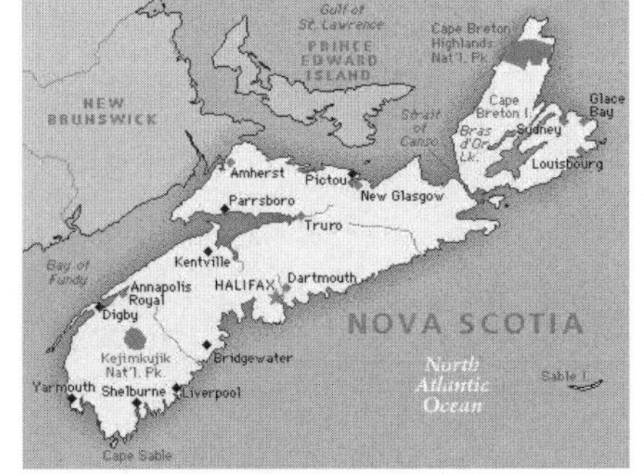

대양도서(大洋島嶼)

대양도서는 심해저보다 300m 높은 곳에 수백 ㎢의 면적을 차지하고 있다. 이들은 해저가 완만하게 상부로 휘어진 상부 요곡이다.

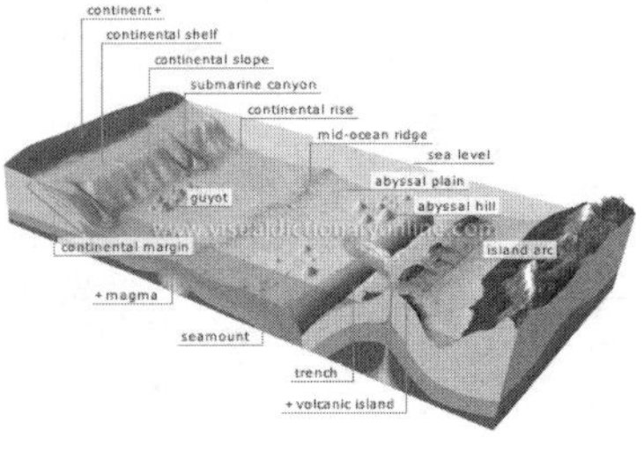

대양저(大洋底, ocean floor)

해구에 의해서 대륙 연변부와 구분되는 해양지각으로 이루어진 수심 4,000~6,000m의 해저를 말한다. 현무암질 암석으로 이루어졌으며, 주로 생물기원의 연니(軟泥, ooze)로 덮여 있다.

대양저산맥(大洋底山脈, ocean-floor ridge)

대양저에 존재하는 해저산맥이다. 대양저산맥은 일련의 서로 연결된 지형의 융기지대로서 모든 대양에 존재한다. 주요 지형으로는 대양저 중앙산맥과 열곡(裂谷, rift valley), 열산(裂山, rift mountain)이 있다.

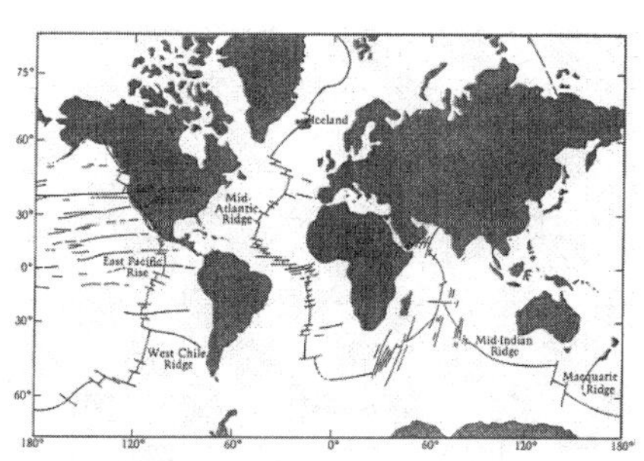

대지현무암(plateau basalt)

용암이 지각에 형성한 대규모의 균열에서 분출하여 사방으로 넘쳐흘러 넓게 퍼지고 분출지점보다 낮은 지형을 매립시켜 평탄한 대지(臺地)를 형성한 것을 말한다. 이러한 지형은 세계 각지에서 나타나며 대표적인 것으로는 인도 남서부의 데칸 대지(면적 52만㎢)나 미국 북서부의 콜럼비아 강 대지(면적 22만㎢)가 유명하다.

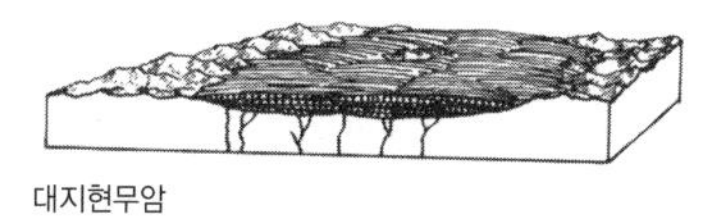
대지현무암

도상구릉(島狀丘陵, inselberg)

형태상의 인셀베르그는 평탄한 지역에 발달한 독립된 고립구릉의 의미를 갖는다. 지질학자인 보르하르트(W. Borngardt)는 동아프리카 연구에서 사바나 평탄면에 돌출한 고립구릉이 해면에 떠 있는 섬과 같이 보인다고 도상구릉이라고 명명하였다.

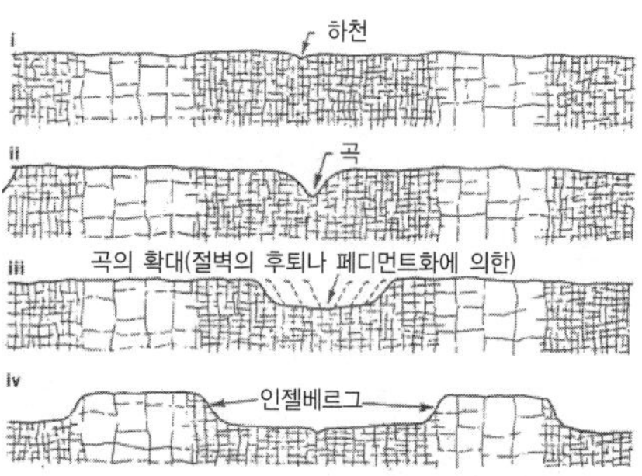

도호(島弧, island arc)

해구에서 대륙 쪽으로 약 100~400㎞ 떨어진 곳에 화산활동으로 만들어진 섬들이 호(弧)를 이룬 것으로 호상열도라고도 한다. 이 지역은 지각이 수렴하는 곳으로 화산활동이 활발하고 심발지진이 잦다. 대부분 서태평양 환태평양조산대에 잘 발달되어 있으며, 류큐 열도 · 알류산 열도 · 쿠릴 열도 등이 그 전형적인 예이다. 대서양에는 서인도제도,

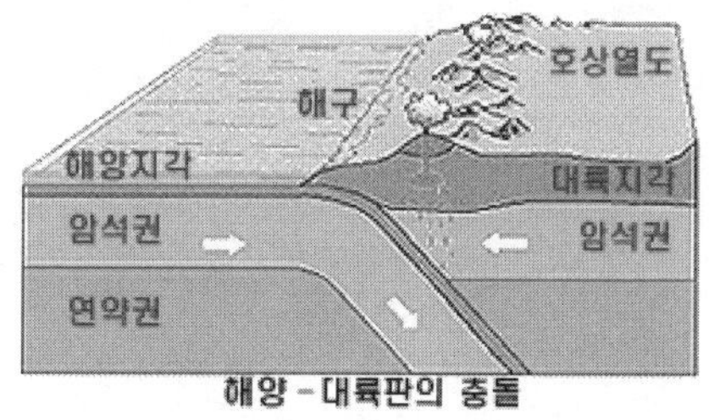

해양-대륙판의 충돌

남아메리카와 남극대륙 사이에 있으며, 오스트레일리아의 북동쪽에는 뉴기니에서 솔로몬군도를 거쳐 뉴질랜드에 이르는 도호가 발달해 있다.

돌리네

돌리네(doline)

남 슬라브어로 doline(dolina)는 곡(谷) 또는 구멍(穴)을 의미한다. 돌리네는 그 가운데에 물이 지하로 스며드는 구멍이 있어서 낙수혈(落水穴, sinkhole)이라고도 하며 우리나라 관서 지방에서는 '덕', 강원도 대화 지방에서는 '구단', 삼척 지방에서는 '움밭(溝田)', 충북 단양 지방에서는 '못밭(池田)' 이라고 한다. 돌리네는 전형적인 지표의 카르스트 현상으로 원 또는 타원형의 윤곽을 가진 카르스트 요지(凹地)이다. 직경은 10~1,000m, 깊이는 2~100m이다. 성인에 따른 돌리네의 형태는 ①용식(溶蝕)돌리네 ②함몰 돌리네 ③충적 돌리네로 분류된다. 또 돌리네는 그 발달 형태에 따라 ①우물 형태의 돌리네(깊이가 직경과 같거나 직경보다 크다) ②깔때기 형태의 돌리네(깊이:직경이 2:1~3:1, 측벽경사 30~40°) ③접시 형태의 돌리네(깊이:직경이 5:1~10:1, 측벽경사 10~12°)로 구별된다.

돔(dome)

원형 또는 타원형의 융기 또는 배사로 암층이 사방으로 완만한 경사를 이루고 있는 구조를 일컫는다. 돔의 기원은 다양하며 암염돔, 화산돔, 분화돔, 박리돔이 있다. 돔의 형성은 측방 단축(短縮)을 거의 수반하지 않으며 위쪽으로의 압력 등에 의한 연직 방향의 운동이 주가 된다.

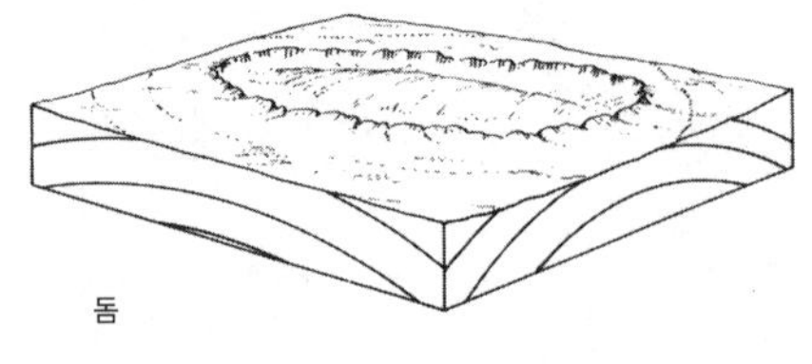

돔

동굴망(洞窟網)

탄산가스를 함유한 지하수는 석회암의 주성분인 탄산칼슘을 용해할 수 있다. 세계적인 대석회암동(大石灰洞)들을 발달시킨 것과 같은 완경사의 석회암층에서는 서로 교차하는 주요절리를 따라서 용식이 진행되며, 그 결과 불규칙한 가로망과 같은 동굴망이 형성된다. 복잡한 동굴 통로의 망은 석회동이 지하수면 밑의 포화대에서 형성된다는 것의 증거일 수 있다. 석회동이 처음부터 하천에 의하여 형성되었다면, 하각작용을 하는 동굴하천은 지표에서와 마찬가지로 수지상동굴망(樹枝狀洞窟網)을 형성하고, 작은 통로는 점차 큰 통로와 합류하게 될 것이기 때문이다. 그러나 동굴통로는 그와 같은 패턴을 보여주지 않으며 석회암층의 경사가 급한 경우에도 수평으로 뚫려 있는 것이 보통이다. 이러한 점들은 석회동이 대단히 오랫동안 거의 정체 상태에 머물러 있는 지하수면과 관련하여 발달한다는 것을 말해 준다.

동물군 천이의 법칙(動物群遷移法則, law of faunal succession, principle of faunal succession)

동물군 천이의 법칙은 어느 특정한 지질시대에 번성하던 생물은 다른 시대에는 나타나지 않는다고 하는 사실이다. 지질시대의 생물 분포는 화석(化石)을 통해서 알 수 있는데 이로서 지질시대의 특정한 동식물의 분포와 당시의 환경을 이해할 수 있다.

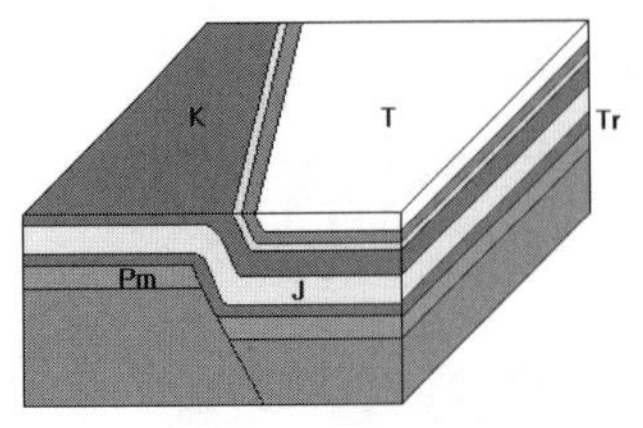

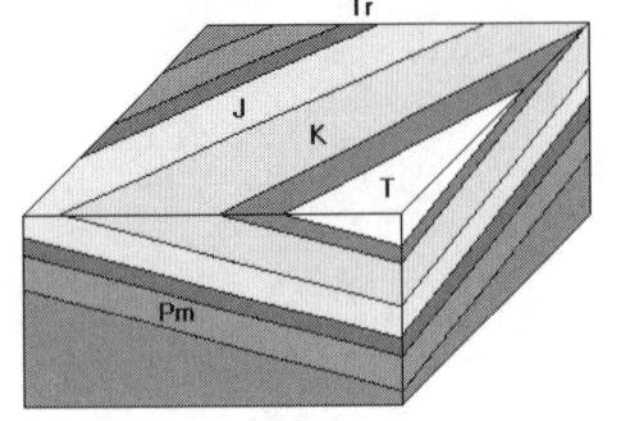

동사(同斜, homocline, homoclinal)

지층이 한 방향으로 일정한 각도로 경사지는 지질구조이다. 광역적으로 볼 때 대습곡의 날개부인 경우가 많으나 국지적으로 많이 사용한다.

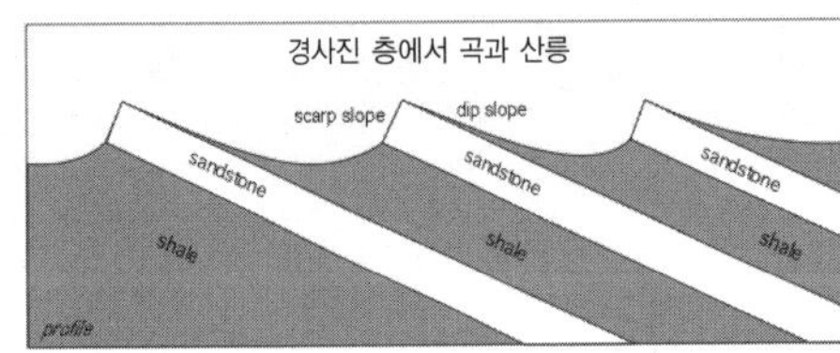

동사산릉(同斜山陵, homoclinal ridge)

동사구조를 가진 습곡산맥이 침식을 받아 형성된 조직지형(組織地形)의 하나로 한쪽 방향으로 경사진 경암층에 형성되는 산릉은 비대칭적인 단면을 보인다. 지층의 경사가 10°~30° 정도 기울어진 경우를 경사사면(傾斜斜面)이라 한다. 경사사면의 반대쪽 사면에는 경암층의 상단부가 절단되어 경사가 이보다 훨씬 급한 단애(斷崖, escarpment)가 형성된다. 에스카프먼트의 급사면은 경암층 밑에 있는 연암층의 침식과 경암층의 풍화와 매스무브먼트 현상 등에 의해서 균일하게 유지된다. 이와 같은 비대칭 지형이 동사산릉이다. 지층의 경사가 15° 이하인 경우는 케스타, 40°~45° 이상인 경우는 호그백을 형성한다.

동상포행(凍上匍行, frost creep)

사면의 토양이 동결과 융해가 반복될 때마다 조금씩 아래로 움직이는 것을 가리키는데, 온대지방에서도 보편적으로 일어난다. 토양이 동결할 때는 전체적으로 냉각면에 직각방향으로 부풀어 올랐다가 녹을 때 수직방향으로 내려앉는다.

동일과정의 원리(同一過程原理, principle of uniformitarianism)

지표의 변화가 오래전부터 계속해서 일관되게 변화되어왔다는 사실을 말하며 이러한 작용을 인정함으로써 지형학의 성립이 가능해진다. 그러나 이 경우 변화가 계속 이루어졌다는 뜻이지 변화하는 기간 동안의 변화의 강도나 변할 수 있는 충격 등의 빈도가 동일하게 진행되었다는 뜻은 아니다.

두부침식(頭部侵蝕, headward erosion)

하천의 침식 형태의 하나로 하곡의 발달 초기나 폭포의 경우 우세하게 나타나는 형태이다. 두부침식은 근본적으로 하천의 유로를 상류 쪽으로 연장시키는 역할을 한다. 두부침식의 전형적인 예는 하천종단면의 천이점에 해당하는 폭포에서도 볼 수 있다. 폭포는 혈암 같은 연암층 위에 사암 또는 석회암 같은 경암층이 놓여 있는 경우에 잘 발달한다. 연암층은 빨리 침식되어 우묵하게 파이며, 이를 덮고 있는 경암층은 절벽을 유지하면서 상류 쪽으로 서서히 후퇴한다.

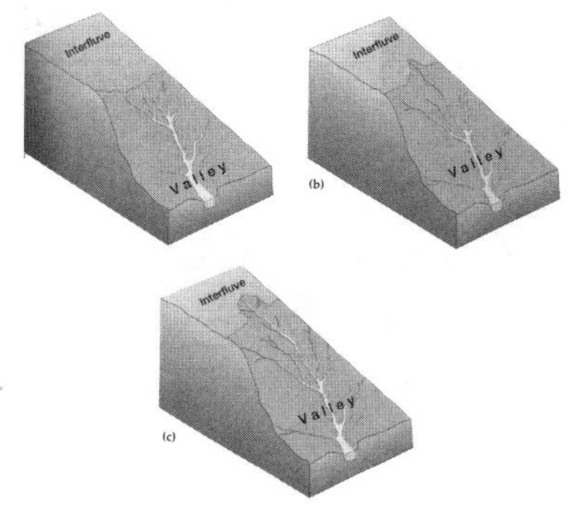

D-D 다이아그램(D & Diamond shaped)

D-D 다이아그램은 반달 모양의 D와 다이아몬드형의 4각형이 결합되어서 이루어진 것에서 유래한다. 이러한 다이아그램은 절리뿐만 아니라 단층이나 습곡, 암맥 등의 기타 구조적인 현상을 정량적으로 표기하기에 적당하다. 절리현상은 그 형태가 단순한 것 같으면서도 단층이나 습곡 등의 구조현상과 밀접한 관계가 있어 중요성이 점차 증가하고 있다. 그러나 국내 연구는 자료의 정리방법조차도 많은 문제점을 가지고 있어서 이를 개선하기 위

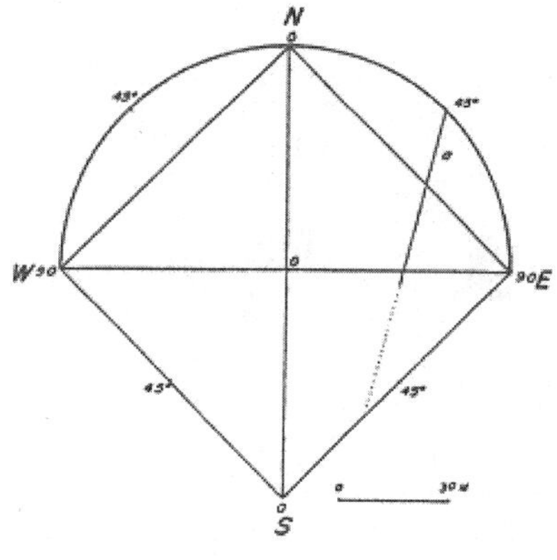

해 D–D 다이아그램이라는 개념을 고안한 것이다.

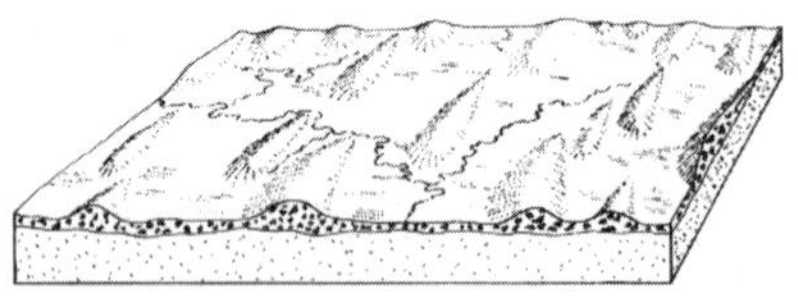
드럼인

드럼린(drumlin)

빙하의 유동방향과 평행하게 형성된 구릉성 지형의 하나로 표력점토(漂礫粘土, boulder clay, till, drift)나 기반암으로 이루어진 긴 원형의 작은 언덕을 말한다. 언덕의 능선을 의미하는 갈리아어 'druim' 에서 유래한 아일랜드 기원의 술어로서 기반암과 표력점토의 복합으로 이루어진 것과 표력점토만으로 이루어진 것이 있다. 기반암의 핵을 가지고 있는 것을 암석 드럼린이라 하며, 기반암은 상류 끝에서 나타나는 경우가 많다. 드럼린은 길이 1,000~2,000m, 너비 400~600m, 높이 15~30m의 규모로 발달하는데, 보통 수십 내지 수백 개의 군집으로 나타난다. 드럼린의 장축은 빙하의 유동방향과 평행하고 종단형(縱斷形)은 상류측에서 급하고 하류측에서 완만하며 횡단형(橫斷形)은 거의 대칭 형태를 나타낸다. 장축과 단축의 비는 2:1에서 4:1 사이가 많다. 드럼린의 성인으로서는 오래된 저퇴석이나 융빙하류(融氷河流)의 퇴적물이 새롭게 전진해 온 빙하에 의해 덮쳐질 때 변형하여 형성된다라는 설이 유력하며, 얼음이 얇고 중압(重壓)이 작은 빙하 연변부에 형성되기 쉽다.

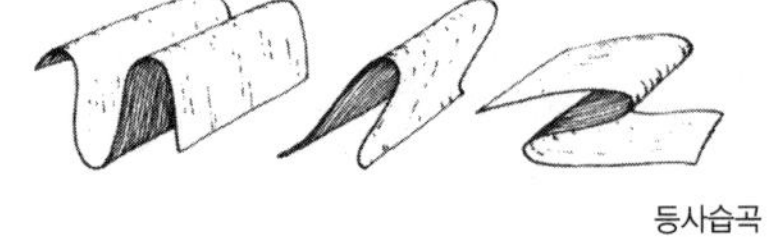
등사습곡

등사습곡(等斜褶曲, isoclinal fold)

습곡의 한 종류로서 지층이 강하게 압축되면 습곡축 양쪽의 지층이 동일 방향으로 같은 정도로 기울어지는 습곡을 말한다.

라테라이트(laterite)

고온다우의 환경에서 염기류의 용탈과 탈규산화 작용이 진행되어 철, 알루미늄과 같은 광물이 농집된 적황색의 흙이다. 라테라이트는 치밀한 철의 결핵이 풍부하며 부식이 적고 생산력이 낮다.

라피에(lapies)

석회암이 지표에 노출되면 그 표면에 빗물이 흘러내려 용식을 받게 된다. 그 결과 많은 소구(小溝)를 형성하여 암석이 불규칙하게 돌출되고 침식된 지형이 발달하는데 이러한 것을 라피에 또는 카렌(karren)이라 한다. 이는 각각 프랑스, 독일에서 사용되는 용어이며, 영국에서는 클린트(clints) 또는 그리크(grykes)라고 한다.

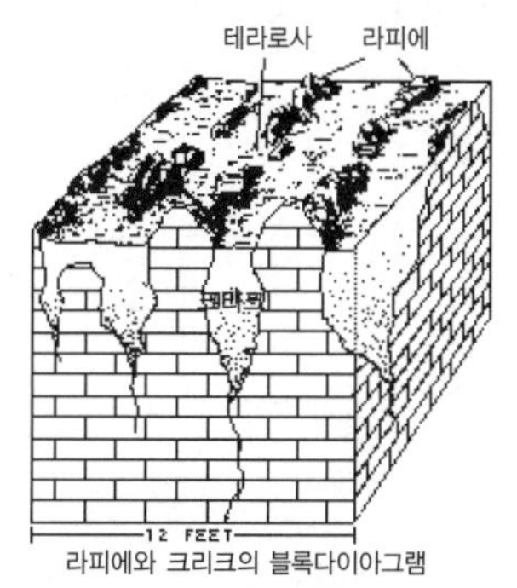

라피에와 크리크의 블록다이아그램

리아스식 해안(-式海岸, rias coast)

리아스식 해안은 하천에 의하여 발달되어 해안선과 직각으로 교차하는 산맥이나 능선 그리고 개석곡 등이 부분적으로 침수되어 형성된 해안이다. 리아스식 해안의 가장 큰 지형적 특징은 익곡(溺谷)과 삼각강(三角江)이다. 지난 플라이스토세의 빙기 때 하천의 개석이 활발하게 진행되어 개석곡들이 형성되었다. 이러한 개석곡들은 최종 빙기가 끝난 후 후빙기 해수면 상승에 의해 하구 부근이 부분적으로 침수되어 익곡이 형성된다. 그리고 삼각강은 하천의 하구가 바다 쪽으로 넓게 벌어져 있어 조석의 영향을 받으며 보통 조수간만의 차가 큰 해안에 잘 발달한다.

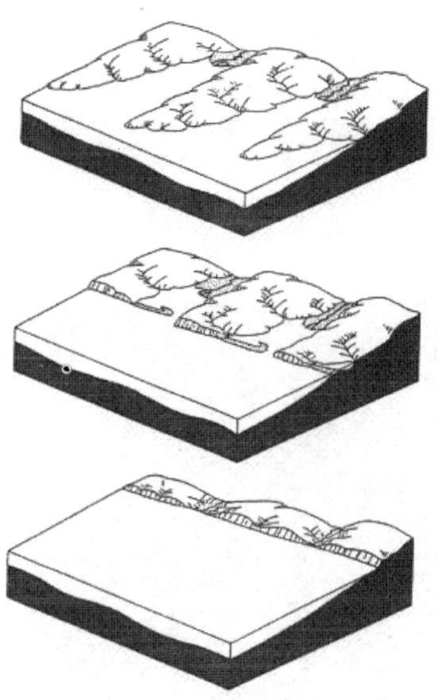

릴(rill)

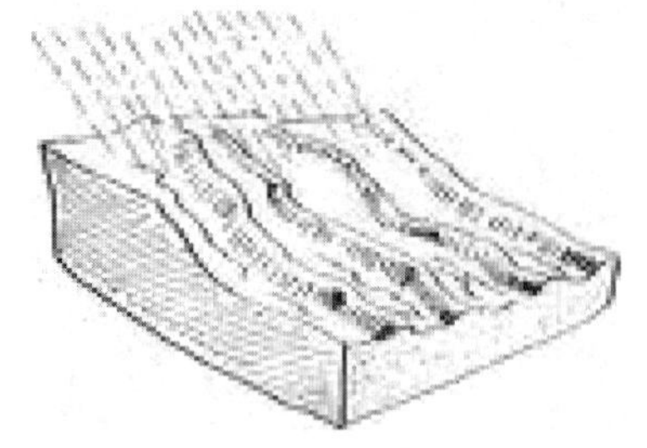

맨땅의 경사지에 비의 작용으로 형성되는 작은 규모의 도랑이다. 비가 내리지 않을 때에는 흐르지 않는다. 같은 성질의 토양이나 암석으로 이루어졌을 경우, 거의 같은 간격으로 발달한다. 릴은 건조·반건조 지역의 식생이 희박한 사면에 내리는 호우로 형성되는 경우가 많다.

ㅁ

마그마(magma)

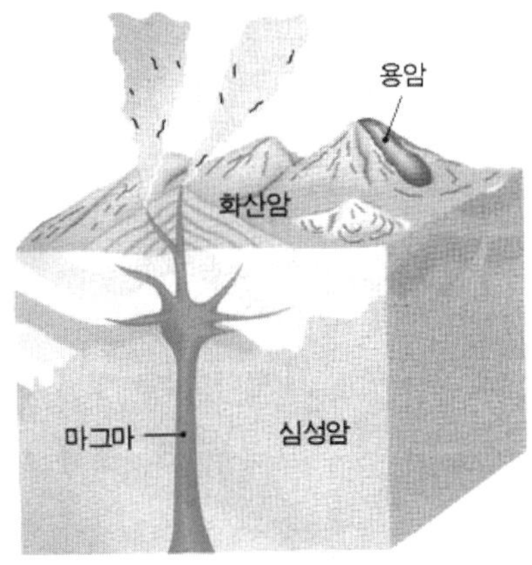

지하(지구 또는 행성의 내부 등)의 고온에서 형성된 용융상태의 암석질 물질로서, 암장(岩漿)이라고도 한다. 이것이 냉각·고결하여 생긴 것이 화성암이고 지상으로 분출하여 형성된 것이 화산이다. 마그마는 액체 상태의 용융체(溶融體)를 가리키지만, 현실적으로는 순수한 액체 상태로 지하에서 올라오는 것에 한정하지 않으며, 또 냉각과정에서 결정이 증가하므로 결정을 포함해서 넓은 의미로 사용하는 경우가 많다.

마그마체임버(magma chamber, magma reservoir)

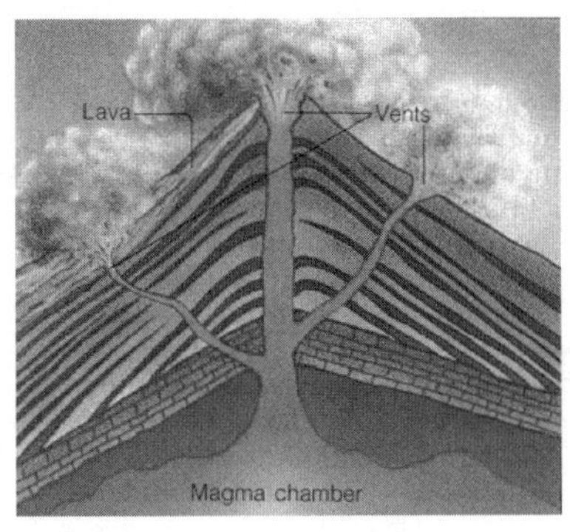

상당량의 마그마가 지하에 괴어 있는 것을 말한다. 큰 화산의 지하 수 ㎞에 마그마체임버가 있어서 화산활동의 원인이 되나, 그 깊이, 크기, 모양 등은 불분명하다. 큰 마그마체임버에서는 대류, 분화작용, 주위 암석에 대한 변성작용 등이 일어난다.

마르(maar)

마르는 화산의 한 종류로 분류되기도 하지만 실제로는 타원형 또는 원형의 분화구를 가리키는 지형이다. 화산활동 당시에 단시간의 폭발적 분출에 의해 형성되는 작은 언덕이 화구를 둘러싼 화산을 말한다. 언저리에 쌓인 쇄설물의 대부분은 기반암에서 떨어져 나온 암편이고, 용암 기원의 것은 적게 포함되어 있다.

마식(磨蝕, abrasion, corrassion)

하천의 침식작용에서 일반적으로 가장 강조되는 것으로, 하상의 기반암이 연마되어 마멸되어가는 침식작용을 말한다. 마식은 유수에 운반되는 자갈이나 모래와 같은 도구를 통해서 일어난다. 여기서, 자갈이나 모래가 유수에 운반되는 중에 깨지고 연마를 받아 작아지고 원형도(圓形度)가 높아지는 것도 마식에 속한다.

만년설(萬年雪, firn, névé)

설선 이상은 여름을 지내도 눈이 녹지 않는데, 이렇게 여름을 지낸 눈, 즉 1년을 묵은 눈을 만년설이라 한다. 만년설은 대개 동글동글한 입자로 이루어져 있고, 비중이 0.5를 넘는다. 만년설이 더욱 치밀해져서 비중이 0.8에 달하면 빙하빙(glacial ice)이 된다.

망상하천(網狀河川, braided stream)

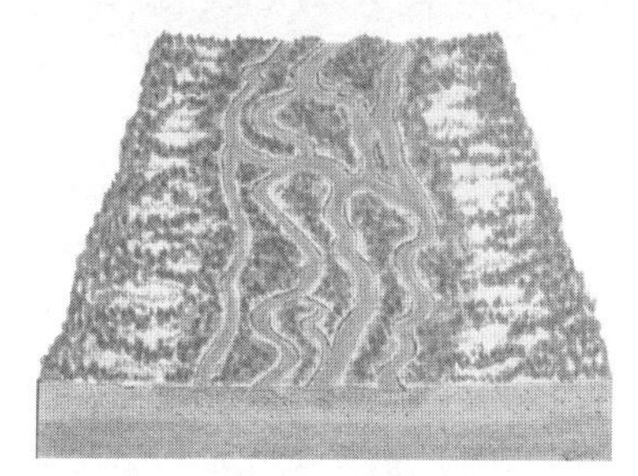

망상하천은 유로가 여러 갈래로 갈라진 하천으로서 유량에 비하여 토사 운반량이 지나치게 많은 경우에 발달한다. 망상하천은 빙하에서 다량의 퇴석(堆石)을 공급받은 하천, 곡구를 중심으로 토사

를 집중적으로 쌓는 선상지의 하천에서 흔히 발달한다.

매스 무브먼트(mass movement)

매스 무브먼트란 유수, 바람, 빙하 등과 같은 운반매개체의 개입 없이 중력작용에 의하여 사면에 쌓여있는 암설(岩屑)이 아래쪽으로 이동하는 일련의 과정을 총칭해서 말하며 매스 웨스팅(mass wasting)이라고도 한다.

맨틀(mantle)

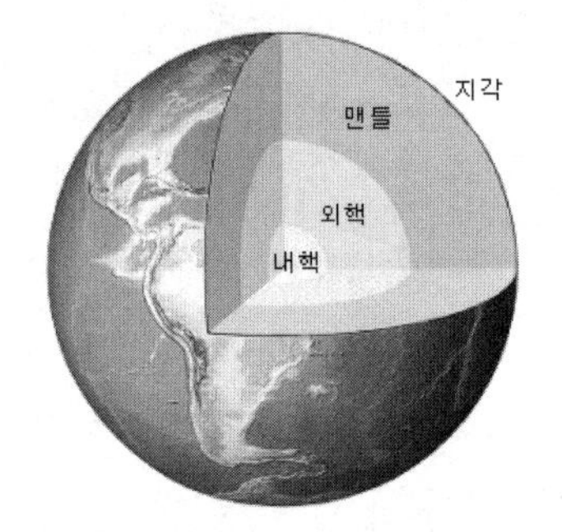

지각의 아래에서부터 지하 2,900㎞까지의 범위를 말한다. 그 상부는 비중이 3.3 정도의 초염기성 암석으로, 주로 감람암질로 되어 있고, 이 상부맨틀은 400~700㎞의 두께를 나타내며 그 아래부분을 하부맨틀로 부르며 하부로 내려갈수록 비중은 점차 커진다. 하부맨틀과 외핵 사이에는 점이지대가 분포하고 있다.

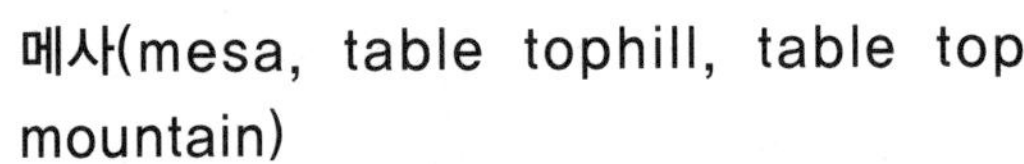

메사(mesa, table tophill, table top mountain)

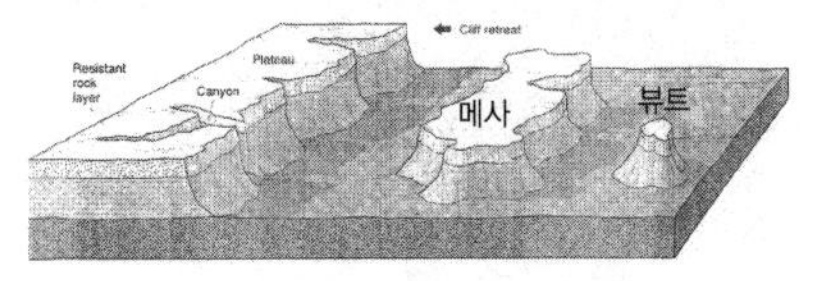

건조지역에서 수평지층의 표면에 있는 경암층이 침식을 받아 제거되면, 그 밑의 연암층은 오래 지탱하지 못하고 다시 경암층의 지표면이 넓게 펼쳐지게 되는데, 이때 침식을 덜 받은 부분은 경암층으로 덮여 있어서 정상부가 평평한 구릉이 남게 되는데 이를 메사라고 한다. 메사는 대개 수십 미터 높이의 암벽으로 둘러싸였다. 메사의 정상부가 아주 좁아지면 이를 뷰트라고 부른다. 정상부의 너비가 언덕의 높이보다 길면 메사, 짧으면 뷰트라고 구분하기도 한다.

모레인(moraine)

빙하에 의해 운반 · 퇴적되는 물질의 집합체를 총칭하는 것으로, 퇴석(堆石) 또는 빙퇴석(氷堆石)이라고도 한다. 모레인은 저퇴석, 측퇴석, 중앙퇴석 등으로 구분할 수 있는데, 저퇴석(ground moraine)은 빙하의 기저에서 끌리고 밀려서 운반되는 하중을 말하고, 측퇴석(lateral moraine)은 곡빙하의 곡벽을 따라 양쪽면에서 운반되는 하중이고, 2개의 곡빙하가 합류하면 안쪽의 측퇴석이 합쳐져 중앙퇴석이라는 검은 밴드가 빙하의 표면에 형성된다.

모세관수(capillary fringe water)

토양 입자에 물이 흡착되어 그 물의 두께가 커지고, 다시 물의 양이 많아지면 토양 입자와 입자 사이의 작은 공극, 즉 모세관에도 물이 채워진다. 이 물이 모세관수인데, 이것은 표면장력에 의해 흡수 · 유지 된다. 모세관 내의 물은 그 자신의 분자 내 응집력보다도 관벽의 물에 대한 부착력이 크기 때문에 물은 관벽을 타고 상승하며, 모세관 내의 수면은 표면장력으로 오목하게 된다. 토양입자의 표면 가까이에 있는 모세관수를 내부 모세관수 또는 팽윤수(澎潤水)라고 하는데, 식물의 생육에는 거의 이용되지 않는다. 이에 대하여 표면장력이나 중력에 견디어 남은 내부 모세관수 외측의 물을 외부 모세관수라고 한다. 모세관수에 의한 물의 상승은 일반적으로 모세관의 반지름에 반비례한다.

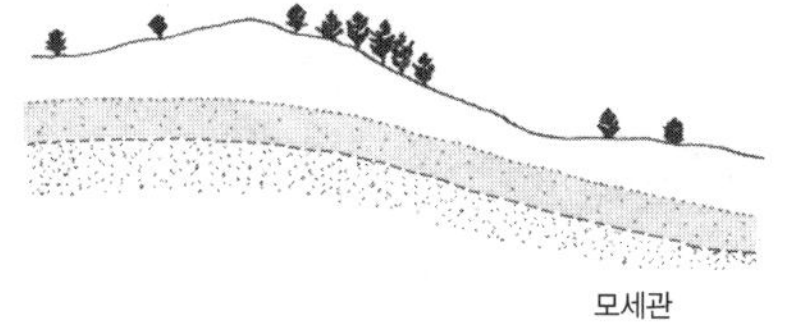

모암(母岩, parent rock)

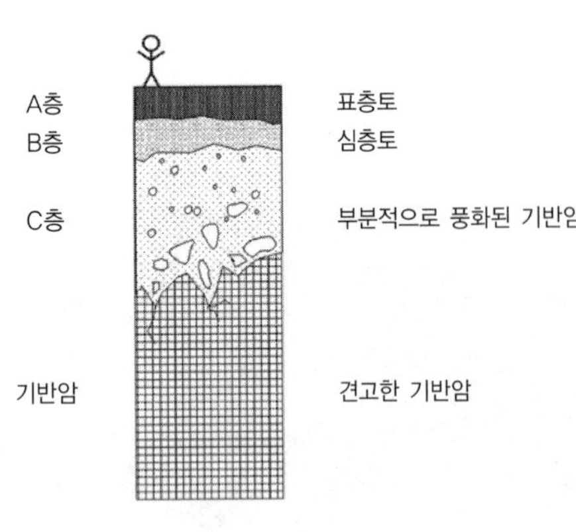

토양의 근원은 암석, 즉 토양 형성에 있어 그 소재를 제공한 암석이다. A · B · C 층위 명명법에서는 D층이 이에 해당되며, R(Rock)로도 표시된다. 모암의 종류에 따라서 토양의 성격이 크게 달라지는 경우가 많다. 즉 모암이 사질인 토양에서는 투수율이 높은 사질토양이 형성되며, 석회석이 풍부한 지역에서는 염기성 토양이 형성된다. 특히 토양의 중요한 성분인 점토는 모암에 의해 좌우되므로 모암을 알면 그 지역에서 형성된 점토의 성질도 유추할 수 있다.

무능하천(underfit stream)

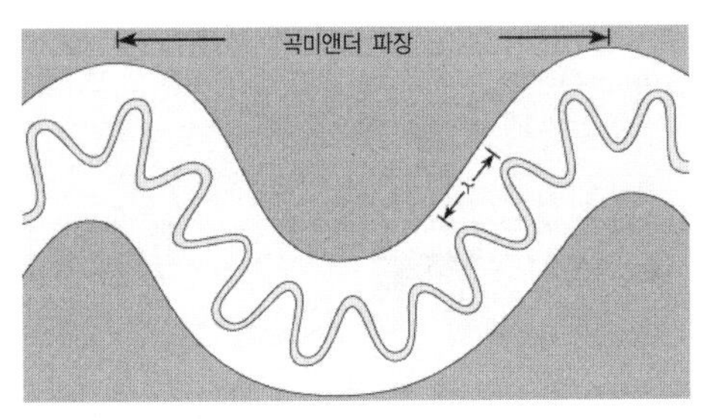

하천쟁탈로 인해 유량이 감소하여 하천의 제기능을 발휘하지 못하는 하천을 말한다.

하천쟁탈의 결과 쟁탈한 하천의 수량은 급격히 증가하고 하방침식이 일시적으로 커지기 때문에 이전보다 깊은 협곡을 파기 시작하며 분수계의 위치는 급격히 이동하게 된다. 한편, 쟁탈당한 하천(beheaded stream)의 경우 하류부에서는 유량이 급격히 감소하여 하천의 여러 작용을 다 못하게 된다.

미기후(微氣候, micro climate)

접지기후(接地氣候)라고도 한다. 상대적으로 작은 범위, 즉 지표면 바로 아래에서부터 지표면 위로 수m까지인 식생군락권의 기후조건이다. 가장 큰 온도 · 습도의 경도(傾倒)와 순환 형태는 지표면 바로 위의 공기층에서 일어난다. 비록 어떤 한 종류의 생물종(種)이 제한된 생물 기후조건에서 생존할지라도, 인접한 지역의 미기후 대조 연구는 식물군과 동물군의 많은 종들이 공존하고 상호작용하는 전체적인 환경조건을 알 수 있게 해준다. 그러므로 복잡한 미기후의 연구는 다양한 생물체의 존재를 위해 필수적이다. 미기후 상태는 온도·습도·바람·대기난류·이슬·서리·열균형·증발작용과 같은 조건에 의해 크게 변화한다. 또한 토질(土質)도 미기후에 큰 영향을 미친다.

미지형(微地形, microtopography)

규모가 작고 미세한 기복을 가진 지형이다. 형성환경과 영력(營力)·구성물질 등에 대응하여 여러 가지 형태가 있다. 자연제방, 과거에 형성된 유로(流路)·비치 커스프(beach cusp)·비치 록(beach rock)·빈제(濱堤)·사퇴(砂堆)·사연(砂漣)·풍식요지(風蝕凹地)·구조토(構造土)·계상토(階狀土)·토어(tor)·핑고(pingo)·라피에(lapies)·산사태 등이 있다. 규모가 작은 것일수록 그 형태와 그것을 만드는 물질이나 영력과의 인과관계가 분명하다.

밀도류(密度流, density current)

유체(流體)의 밀도 차이에 의해 일어나는 해류를 말한다. 밀도류의 방향은 지구 자전의 영향으로 밀도를 달리하는 물의 경계선에 나란히 흐르며 그 속도는 밀도의 차가 클수록 빠르다. 종래에는 모든 해류를 풍송류로만 알았는데 이제는 적도 해류나 쿠로시오 해류까지도 그 내부는 밀도의 차로 흐르고 있다는 것이 알려졌다. 필리핀을 지나서 류큐열도와 일본을 거쳐 동북진하는 쿠로시오 해류는 그 깊이가 수백m, 폭 100~200㎞, 표면 시속 2~5mile이라는 큰 규모의 해류로서 표면은 바람의 영향도 있지만 내부에서는 밀도의 차가 크게 작용하는 것으로 알려져 있다. 이는 겨울에 동중국해와 황해에서 냉각된 물과 북쪽의 홋카이도 방면에서 밑으로 스며 남하한 냉수가 합쳐서 큰 밀도를 이루는데 이 물은 남해의 따뜻하고 밀도가 작은 물과 깊이 400m 부근에서 접촉함에 따라 밀도류를 형성한다.

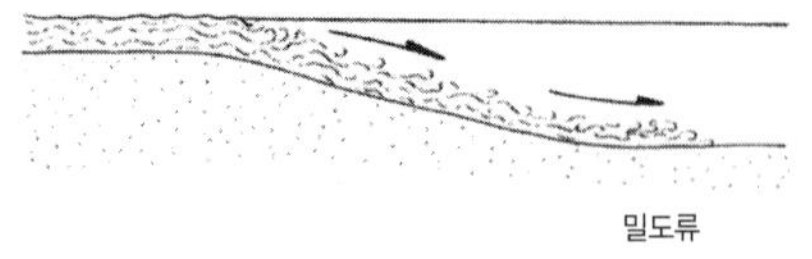

밀도류

바르한(barchan)

이동성 사구 중에서 모양이 가장 단순하고 기본적인 것으로서, 강한 바람이 한 방향으로 부는 곳, 즉 탁월풍(卓越風, prevailing wind)이 한 방향에서 우세하게 부는 지역에서 잘 발달한다. 사주 좌우의 양쪽 끝에 바람부는 쪽으로 뾰족한 날개(wing)가 뻗어 있어서 평면이 마치 초승달처럼 생겼다. 바람맞이 쪽에서는 불어오는 바람에 의해서 모래가 제거되고, 그 반대쪽에서는 모래가 추가되기 때문에 바르한은 결국 한쪽 방향으로 전진하게 된다.

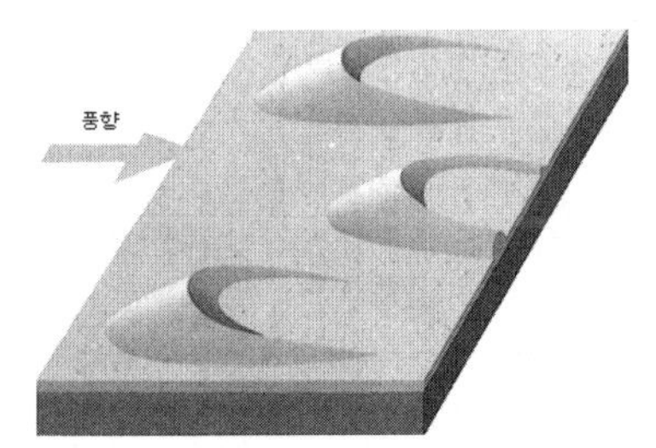

박리(剝離, exfoliation)

기반암에서 암괴가 양파껍질처럼 떨어져 나오는 현상을 말한다. 지표면의 암석은 낮에는 일사에 의하여 가열되고 밤에는 복사에 의하여 냉각되므로 팽창과 수축을 반복한다. 그런데 암석은 열전도율이 낮으므로 가열의 효과는 표층에 집중된다. 따라서 가열로 팽창하는 표층은 압력을 받으며 압력이 일정한 한계를 넘으면 암석 표면에 붕괴현상이 일어나게 된다. 그리고 대부분의 화성암과 변성암은 비열이 서로 다른 광물입자로 구성되어 있기 때문

박리

에 가열에 의해 암석이 팽창할 때에는 구성 광물 간에도 내적 압력이 발생한다. 만일 이러한 압력이 어떤 임계 한도를 초과하면 암석은 마치 양파껍질 벗겨지듯이 암석 표면이 평행하게 쪼개지게 된다. 라틴어로 'ex'는 'out', 'folia'는 'leaf'를 의미한다.

반도지루(半島地壘, halbinlsel horst)

지각(地殼)은 지층에 따라서 많은 단층지괴(斷層地塊)로 구분된다. 지괴는 불등운동(不等運動)을 통하여 어떤 것은 융기하여 상승지괴가 되고, 어떤 것은 하강하여 함몰지괴가 된다. 이때 상승지괴는 일반적으로 단층산지 및 지괴산지가 되고 함몰지괴는 단층분지 내지 단층저지(斷層低地, fault depression)가 된다. 단층산지에는 복잡하고 불규칙한 것도 있으나 보통 산지와는 구분하기가 쉽다. 이에는 경동지괴(傾動地塊, tillted block)와 지루지괴(地壘地塊, horst block)가 있다. 지루지괴는 정단층에 한하며 폭에 비하여 길이가 길고 양측에 대하여 상대적으로 융기한 지괴를 말하다. 두 개의 평행단층애(平行斷層崖)와 교차하는 짧은 단층애에 둘러싸인 지괴 즉, 3면에 단층애를 가지는 지괴를 반도지루라 한다.

반려암(斑礪岩, gabbro)

어두운 색을 띠는 조립질 심성암으로, 화학조성은 현무암과 동일하며, 해양 지각의 아래에서 주로 나타난다. 휘석, 사장석, 각섬석, 감람석이 다양한 비율로 함유되어 있다. 구성 광물로 사장석이 회장석으로 되어있는 경우를 우크라이트라고 한다. 반려암은 입자가 거정질 화강암에 해당할 정도로 크며 사장석과 휘석, 감람석의 결정을 육안으로 볼

수 있을 정도이다. 색은 어두운 색 광물인 휘석, 감람석의 함량에 따라 어두운 색을 띤다.

방사상패턴(放射狀-, radial pattern, radial stream pattern)

하계망 패턴 중의 하나이다. 화산에서와 같이 하나의 중심고지에서 여러 하천이 사방으로 흘러나가는 패턴이다. 전체 하천의 형태는 마치 수레바퀴살의 모양을 이루고 있다.

방상절리(放狀節理, radial joint)

심성암의 지표노출로 인해 암석을 누르는 압력이 제거되면서 수평방향으로 형성된 절리를 방상절리라고 한다. 화산암의 용암분출로 인해 빠른 속도로 냉각수축되어 형성된 주상절리와는 달리 방상절리는 육면체로 쪼개지며, 화강암에서 잘 나타난다.

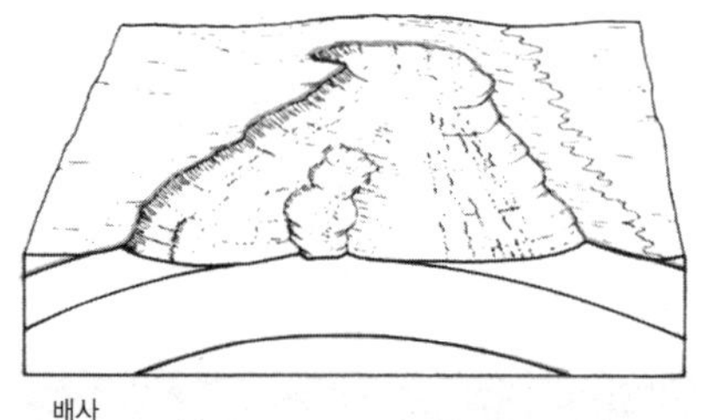

배사

배사(背斜, anticline)

철면(凸面)의 내부에 오래된 지층이 있는 습곡을 말한다. 이 정의에 의하면 수평면과의 위치관계는 문제가 되지 않기 때문에 외견상 향사상(向斜狀)으로 보이는 –逆背斜라고 한다– 경우도 포함된다. 예전에는 수평면에 대(對)해 위쪽으로 철(凸)진 것이 배사적(背斜的, anticlinal)이라 불렀지만 횡와습곡(橫臥褶曲)의 역전부 등에서는 본래의 배사가 전도되어 나타나는 경우가 알려지게 되어 상기(上記)의 정의가 사용되게 되었다. 다만 관용적으로는 위쪽으로 솟은 곳만을 배사라고 부르는 경우가 많다. 통상 석유가 매장되어 있기도 하다.

배후습지(背後濕地, backmarsh, backswamp)

범람원에서 자연제방의 배후에 나타나는 저습지이다. 하도에서 멀리 떨어진 배후습지는 토사의 유입이 적어서 고도가 낮게 유지된다. 그렇기 때문에 매년 발생하는 작은 홍수가 지나갈 때도 물에 깊게 잠긴다. 우리나라는 하천의 범람을 막기 위하여 인공제방을 쌓고 배후습지가 대부분 농경지와 시가지로 개발되었다.

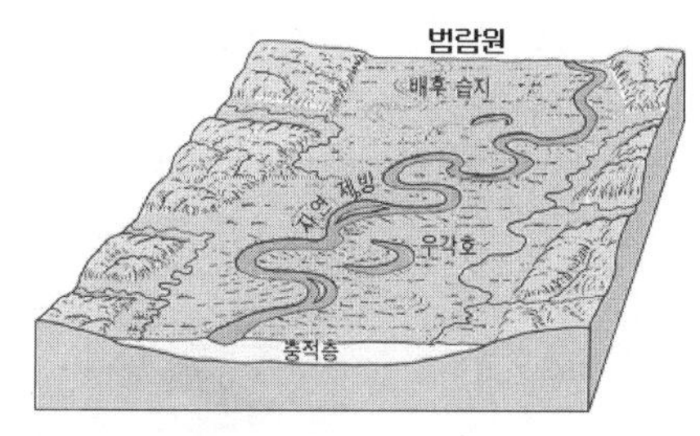

백두대간(白頭大幹)

백두대간은 백두산 장군봉에서 지리산 천왕봉에 이르는 길이 1,400㎞(남한지역 680㎞)의 산줄기이다. 전통적 지리개념에 의하면 우리나라 큰 산줄기는 1대간(大幹) · 1정간(正幹) · 13정맥(正脈)으로 구분되는데, 이 중 그 기둥이 바로 백두대간이다. 지상의 지형을 바탕으로 짜여진 개념이란 점에서 지하지질을 바탕으로 한 산맥개념과는 대조된다. 이러한 백두대간은 한반도 자연환경과 생태계의 근본을 이루는 연결축으로, 생물종 다양성의 공급원이다. 이곳에는 야생동물 500여 종과 1200여 종이 넘는 식물종이 분포하고 있다. 백두대간은 한반도 생활환경과 문화를 결정하는 삶의 토대이기도 하다.

버섯바위(mushroom rock)

버섯 모양으로 생긴 주로 사막에서 볼 수 있는 암석의 형태로서 미암괴(迷岩塊) 또는 받침돌이라고도 한다. 일반적인 경우 바람에 의해 사막바닥을 날아다니는 모래와 먼지에 의한 풍식에 의해 암석의 아래 부분이 깎여 윗부분보다 더욱 가늘도록 만드는데 이로 인해 특이한 형태의 암석들이 조각된다. 보통 약 1미터 아랫부분이 중심적으로 깎이는데 흐르는 물에 의해 생성되기도 한다.

범(berm)

해안에서 스워시(swash)가 비치페이스의 모래를 그 위로 밀어올려 만들어 놓은 턱을 가리킨다. 전형적인 사빈은 평상시에 스워시와 백워시가 오르내리는 급경사의 비치페이스(beach face)와 해안사구 전면의 평평한 비치플래트(beach flat)로 구성되어 있다. 범은 이 두 부분의 경계가 된다.

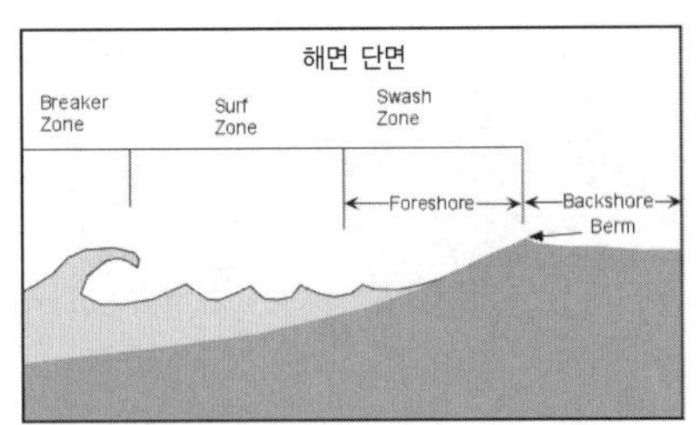

범람원(汎濫原, flood plain)

범람원은 홍수 시에 하천이 범람하는 저습지(低濕地)이다. 곡저평야, 선상지, 충적평야, 삼각주 등에서 홍수로 침수되는 전 지역을 말하는 것이다. 지형적으로는 평탄하며 하천에 가깝게 위치한다. 범람원에는 자연제방과 배후습지가 발달하는 것으로 알려졌다. 홍수시에 물이 하도를 흘러넘칠 때는 유속이 격감하여, 부유하중으로 운반되던 토사 중에서 모래와 실트가 하도 가까이에 쌓이며, 이로 인해 하천 양안에는 지면이 약간 높은 자연제방(自然堤防)이 형성된다. 그리고 하도에서 멀리 떨어진 곳은 토사의 유입이 적어서 고도가 낮게 유지되며, 그 중에서도 낮은 곳은 배후습지(背後濕地), 즉 '늪' 으로 남아 있는다.

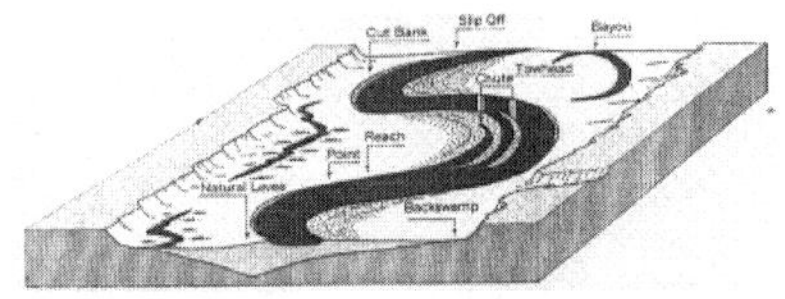

베개용암(-熔岩, pillow lava)

용암이 해저에서 분출되어 그대로 식어 생성된 용암으로, 그 모양은 대체로 둥글둥글하며 베개 구조를 가지고 있다. 용암이 수중에서 급속하게 식은 결과 용암의 중심부는 갈라져 있는 경우가 많다. 베개용암은 해저화산 분출 시 형성되는 경우나 많으

나 화산섬, 수변에서도 발견된다. 우리나라의 경우 독도에서 전형적인 베개용암이 발견된 바 있으며, 육지에서는 발견된 예가 많지 않다.

베니오프대(-帶, Benioff zone)

해양지각이 대륙지각판 밑으로 약 45°의 경사로 섭입되어 들어갈 때의 면을 말한다. 이 부분에서 마그마가 생성되며 화산활동과 지진이 발생한다. 이 용어는 미국의 지진학자 베니오프 휴고(Benioff, Hugo, 1899~1968)의 이름에서 유래하였다.

벽개(劈開, cleavage)

광물을 구성하는 원자 배열의 결합력이 약한 부분에서 광물이 일정한 방향으로 평탄한 면을 보이며 쪼개지는 성질을 말한다.

변성교대작용(變成交代作用, metasomatism)

용액에 의하여 이온이 추가되거나 제거됨으로써 암석의 화학조성을 뚜렷하게 변화시키는 작용을 말한다.

변성암(變成巖, metamorphic rocks)

화성암 또는 퇴적암이 지하에서 열과 압력의 작용을 받아 원래의 성질과 다른 암석으로 변한 것을 말한다. 이러한 결과 본래의 암석으로부터 조암광물의 조성이나 그 모습이 크게 변하여 새로운 성질을 가진 암석으로 변하게 된 것이다. 변성암의 유

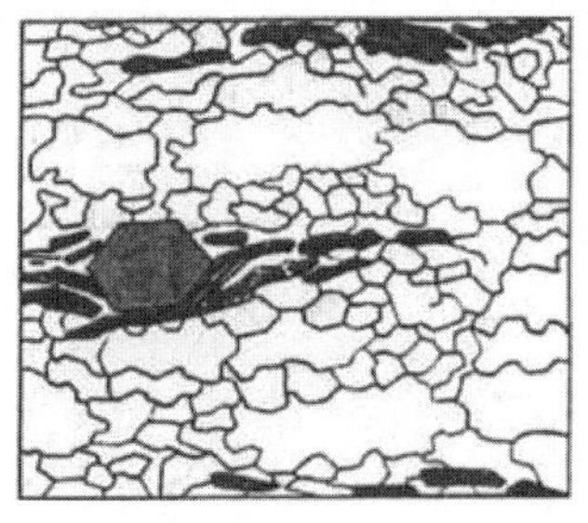

형으로는 퇴적암이 마그마와 접한 곳에서 열을 받아 변성된 접촉변성암이 있으며, 습곡산맥이 형성될 때 지하에서 열과 압력을 받아 변성된 광역변성암의 두 가지가 있다.

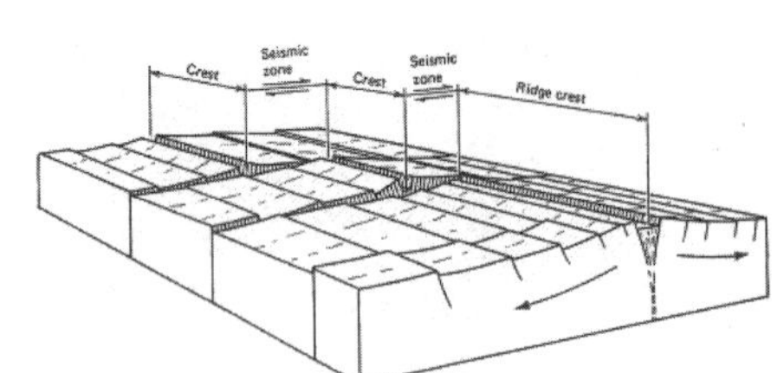

변환단층(變換斷層, transform fault)

중앙해령을 가로질러 평행하게 발달되어 있는 수많은 단열을 변환단층이라 한다. 처음엔 변환단층이 단순한 대양저 산맥을 어긋나게 하는 수평이동단층이라 생각했다. 그러나 단층의 움직임은 대양저 산맥을 어긋나게 하는 방향이 아닌 정반대로 산맥을 가깝게 하는 방향으로 움직였다. 이러한 움직임으로 단순한 수평이동단층이 아닌 같은 판 안에서 차이가 나는 이동속도를 맞춰주고 서로 다른 혹은 같은 판의 경계를 이어주는 새로운 경계로 인식되었다. 변환단층은 판과 판의 경계이기에 지진이 발생한다. 이때 발생하는 지진은 주로 천발지진이다.

병반

병반(餠盤, laccolith)

퇴적암 중에 관입 암상처럼 들어간 화성암체의 일부가 더 두꺼워져서 렌즈 모양으로 부풀어 오른 것으로 G. K. Gilbert(1877)에 의해 명명되었다.

교란(攪亂)을 받지 않은 지층 중에 마그마가 주입되어 상부 지층을 밀어 올린 것으로서 대륙지역에 많으며 일반적으로 염기성 화성암에서 형성된다.

야외에서 화성암체가 병반임을 확인하기 위해서는 그 기저부가 되는 퇴적암이 있어야 한다.

병반돔(餠盤-, laccolithic dome)

퇴적지층 사이에 화성암체인 병반이 관입함으로

써 형성되는 돔 산지의 일종이다. 지하 깊은 곳에서 지표 가까이로 올라온 마그마가 지층과 지층 사이의 성층면을 따라 옆으로 퍼져 볼록렌즈 모양의 화성암체를 이룰 때 그 위에 있는 지층이 들어올려져 형성되는 돔인 것이다.

보른하르트(bornhardt)

급경사를 갖는 돔 형태의 인셀베르그를 말한다. 페디먼트화 작용에 의한 산지 사면의 평행후퇴에 의해 형성된 인셀베르그와 구분하기 위해 윌스(B. Wills, 1936)가 처음 사용하였다. 보른하르트는 화학적 심층풍화(深層風化)에 의해 형성된 핵석(核石)이 2차적으로 지표성에 노출된 것이다. 절리가 없는 화강암 지역에 괴상(塊狀)의 돔으로 나타나는 것이 보통이다.

보초(堡礁, barrier reef)

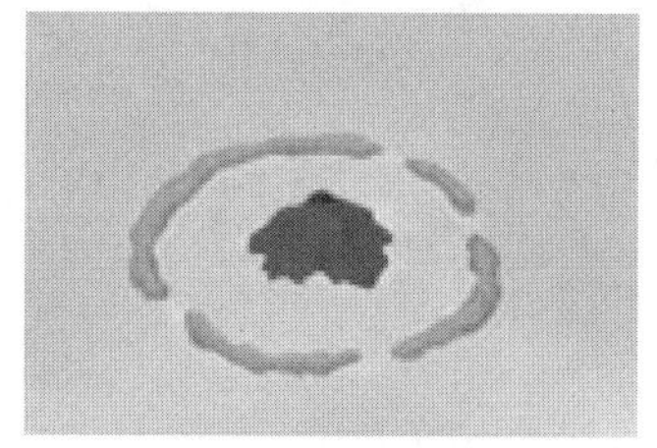

보초는 육지와 떨어져 발달하는 산호초로서 해안선과 평행하게 배열되는 것이 특징이다. 육지와 보초 사이에는 석호가 형성되는데 석호와 외해 사이에는 선박이 다닐 수 있는 수로가 나 있기도 하다. 가장 대표적인 보초로는 오스트레일리아 퀸즈랜드(Queensland) 주 북동부 해안을 따라 발달한 대보초(大堡礁, Great Barrier Reef)로, 폭이 1㎞, 길이는 2,000㎞에 이른다.

보크사이트(bauxite)

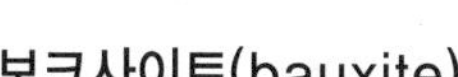

알루미늄을 주성분으로 하는 여러 점토광물의 혼합물로서 열대습윤 지역의 토양에 많이 포함되어 있고, 알루미늄의 원광으로 채굴된다. 고온다습한 열대습윤 지역에서는 고령토도 다시 가수분해를 받

아 보크사이트로 변화해서 토양층에 잔류한다.

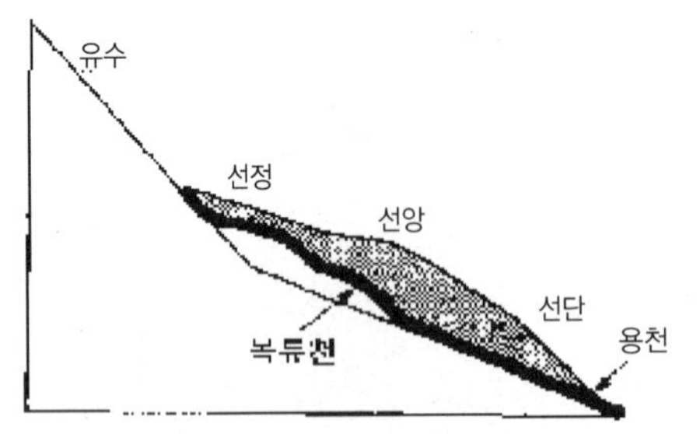

복류수(伏流水, riverbed water)

지표 위에서 흐르지 않고 하천의 하상 및 사력층 속에서 흐르는 물을 복류수라 하며, 복류하는 하천을 복류천(伏流川)이라고 한다. 선상지와 같이 투수성이 좋은 지역에서 찾아볼 수 있으며 석회암 지역과 화산퇴적물 지역에서도 발견할 수 있다.

복성화산(composite volcano)

복성화산

폭발식 분출에 의한 화산 쇄설물과 일출식 분출에 의한 용암류가 겹겹이 누적되면서 성장한 원추 모양의 화산체를 복성화산 또는 성층화산(成層火山)이라고 부른다. 이러한 복성화산은 장기간에 걸친 중심 분출에 의해 형성된다.

일반적으로 화산체가 크고 경사가 매우 급한데, 조립 쇄설물은 화구 가까이에 많이 쌓여 있어서 산정부는 30~40° 정도로 매우 급하며 산록부는 완만하다. 화구는 화산체에 비하여 작고, 기저(基底)의 지름이 순상화산보다 짧다.

이러한 화산의 대표적인 예로서는 베수비오(1,233m) 산, 후지 산(3,776m) 등이 있다.

볼칸식 분화(Vulcanean eruption)

볼칸식 분화는 용암의 폭발이 번갈아 일어난다. 다만 용암의 흐름에서 점성이 크고 화도는 용암의 응고에 의해서 막히므로 전후 폭발 기간 중에 장기간의 쉬는 시간이 있어서 용암의 표면에 피각이 생긴 후에 폭발에 의한 암편을 다시 불러온다. 활동기에 들어가면 정지기간의 에너지 축적으로 인하여 격심한 폭발을 하며 분화 시에는 화산탄(火山

彈), 화산재(火山灰) 등의 많은 쇄설물(碎屑物)을 수반한다.

부가(附加, accretion)

오랜 기간 동안 자연적인 힘에 의해 퇴적물이 해안에 쌓여서 육지의 면적이 눈에 띠지 않게 점차로 커지는 것이다. 심해퇴적물은 지판의 이동과 더불어 섭입대로 접근해 오면 육지에서 공급되는 퇴적물로 덮이는데, 그것은 비중이 작아서 대양지각과 함께 맨틀로 섭입할 수 없으므로 습곡대의 지층에 추가되는 것이다.

부식(腐植, humus)

부식된 나뭇잎과 줄기 및 동물의 유해들로 구성된 유기물이다. 넓은 의미로는 토양 유기물을 총칭하는 용어로 사용되지만 좁은 의미에서는 토양 유기물 중 특히 암색 비정질 콜로이드상 고분자를 의미한다. 동식물 유체가 그 토양이 형성되어 있는 입지조건 하에서 미생물적 분해에 대해 안정되어 있기 때문에 잔유집적된 유기물군이다. 부식은 육성·반육성·수성 부식으로 구분하기도 한다. 야외에서도 토양색을 보고 흑색이면 부식량이 10% 이상으로 부식이 극히 풍부하다고 표현하며, 흑갈색은 5~10%, 암색은 2~5%, 엹은 암색은 0~2% 정도의 부식을 함유한다고 볼 수 있다.

부정합(不整合, unconformity)

각 부정합

어떤 지층이 침식을 받은 후, 다시 그 침식면 위에 퇴적작용이 일어나 서로 시기를 달리하는 상·하 두 지층이 형성될 경우 그 두 지층의 관계를 부정합 관계라고 한다. 이 때 지층의 경계면이 부정합면이며 이는 장기간에 걸친 침식의 진행 과정을 말해주는 것이다.

부정합의 시간 간격은 보통 수백만 년 이상이다. 형태적으로 난정합, 사교부정합, 평행부정합 혹은 비정합, 준정합 등으로 분류된다.

부정합의 법칙(law of unconformity)

지사학의 5대 법칙 중의 하나로, 해침(海浸)과 해퇴(海退)의 문제를 알 수 있다. 지층 사이에 위아래가 서로 연속되지 않는 부정합면이 존재할 때 이를 부정합 관계라 하고 이때의 부정합면은 지표면의 침식된 최종 단면을 말한다. 따라서 바닷물의 상승과 하강에 따른 육지 쪽의 해침과 해퇴로 연결이 되고 이는 지표의 침식기준면(侵蝕基準面)에 변화를 주어 지형발달에 큰 영향을 미친다.

분급(分級, sorting)

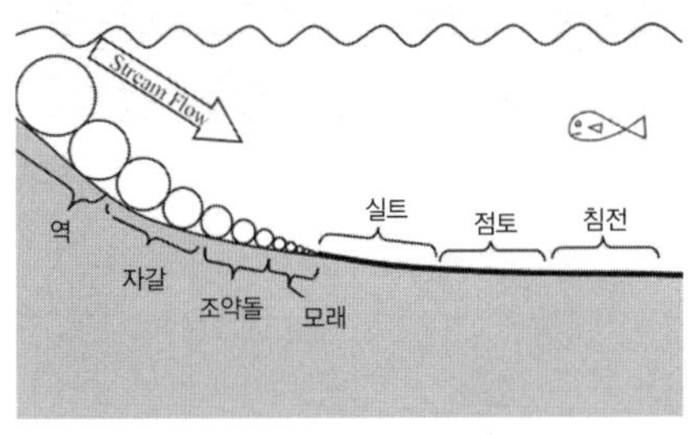

퇴적물이 생길 때 입자가 같은 모양이나 크기로 나뉘는 작용을 말한다. 일반적으로 물 · 공기 등의 유체 속에서 중력에 의해 침강하는 고체 입자는 주위의 유체로부터 그 침강에 저항하는 힘을 받는다. 이 저항력과 중력과의 균형에 의해 정해지는 입자의 평형침강 속도(침강종말 속도)는 다른 조건이 같으면 입자의 크기(지름)에 따라 정해진다. 따라서 퇴적물은 자연히 입자의 크기나 모양별로 따로따로 형성된다. 일반적으로 일정한 강도의 유체력이 반복 작용할 경우에 분급 정도가 높아진다.

분수계(分水界, divide, drainage divide, watershed)

인접해 있는 2개 유역의 경계를 말하며 유역계라한다. 이 경계로 지표수는 반대로 흐른다. 하천의 물은 지하수에서도 유래하기 때문에, 엄밀한 의미에서 분수계는 지표면에서의 지형적 분수계, 지하수에서는 수문적 분수계로 나눈다.

분지(盆地, basin)

주위가 산지로 둘러싸여 주변보다 낮은 지형을 일컫는다. 그 성인에 따라서 침식분지와 구조분지로 나뉘고, 구조분지는 다시 요곡분지와 단층분지로 분류된다. 여기서 침식분지란 지층이나 암석이 무른 곳이 선택적으로 침식되어 주변보다도 낮게 되어 이루어지는 지형이다. 그리고 구조분지는 주로 지반운동에 의해서 발달하는 것이다.

뷰트(butte)

메사가 더욱 축소된 작은 구릉을 말한다. 일반적으로 경암층으로 보호된 대지의 일부가 침식되다가 남은 것인데 주위 사면이 전부 급애로 둘러싸여 있다.

뷰트

평평한 모암 표면의 지름이 인접한 저지와 모암(母岩)간의 비고 보다 길면 메사, 짧으면 뷰트이다.

뷰트는 건조지역에 잘 발달된다. 습윤기후 하에서는 피복 식물과 토양층이 두껍기 때문에 노암(露岩)의 지표에 잘 노출되지 않으면 암석의 경연차로 인한 기복이 건조기후 하에서와 같이 뚜렷하게 나타나지 않는 경향이 있다.

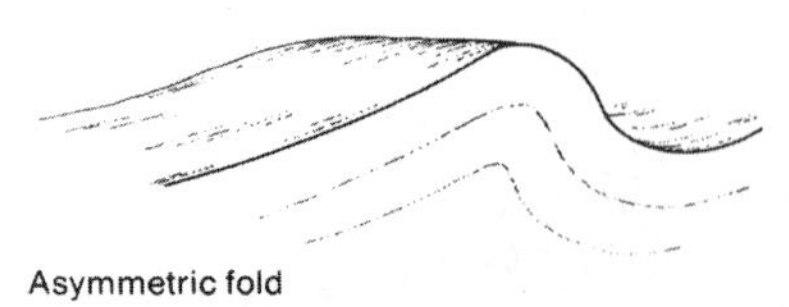

Asymmetric fold

비대칭습곡(asymmetrical fold)

습곡에서 축면(軸面)이 한쪽으로 기울어지고, 두 윙의 지층이 서로 반대쪽을 향하고 있으나 경사가 다른 것을 말한다. 습곡 축면이 이보다 더욱 기울어지면 과습곡(過褶曲, overturned fold)과 횡와습곡(橫臥褶曲, recumbent fold)이 된다.

비등천(沸騰川, boiling spring)

온천은 물리적 · 화학적으로 보통의 물과는 성질이 다른 천연의 특수한 물이 땅속에서 지표로 나오는 현상을 말하고 그 물을 온천수(hot water)라고 한다. 온천수의 온도가 높아서 끓게 되면 이를 비등천이라고 한다. 비등천이 주기적으로 폭발하듯이 끓으면 이는 소규모의 간헐천(間歇川)이 된다.

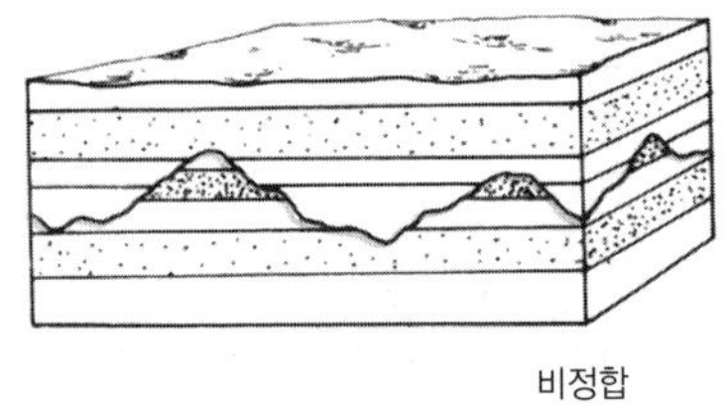

비정합

비정합(非整合, disconformity)

비정합은 상하로 겹쳐져 있는 지층의 층리면이 평행하여 구조적인 차이는 없지만 양층 사이에 뚜렷한 기복을 가진 침식면이나 상당히 긴 시간 간극이 있을 때를 말한다. 평행부정합과 동의어로 쓰인다. 또한, 시간 간극이나 규모가 비교적 작은 지층의 불연속 · 부정합을 말한다. 해저에서의 침식이나 무퇴적 또는 육상에서의 침식이 없는 것 등을 의미한다.

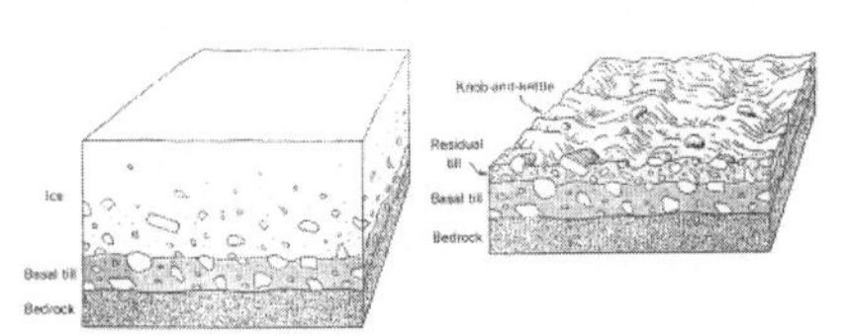

빙력토(氷礫土, glacial deposit, glacial drift)

빙하에 의해 직접 퇴적되고 층리(層理)를 보이지 않으며 분급되지 않은 퇴적물을 지칭한다. 빙력토는 점토, 중간 크기의 거력(巨礫) 또는 이들의 혼합물로 구성되어 있어 표석점토(漂石粘土)라 불리기도 한다.

빙모(氷帽, ice cap)

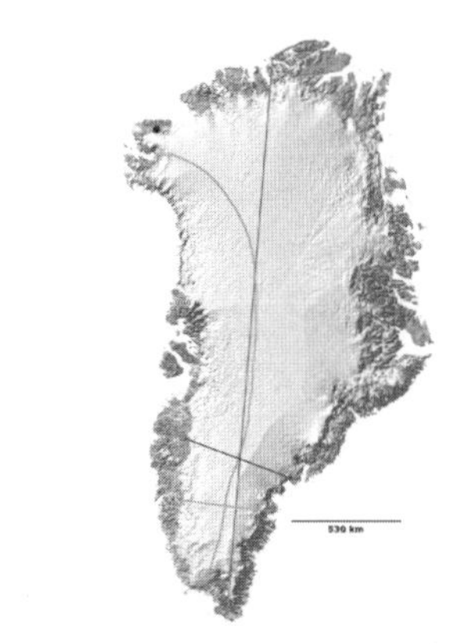

지표기복을 넘어 형성된 빙하로서, 골짜기뿐만 아니라 전체 산지를 완전 덮어버린 돔 모양의 빙하이다. 빙모는 곡빙하와는 달리 그 밑에 묻힌 지표의 기복과 관계없이 표면경사를 따라 높은 곳에서 낮은 곳을 향해 방사상으로 흐른다.

빙붕(氷棚, ice shelf)

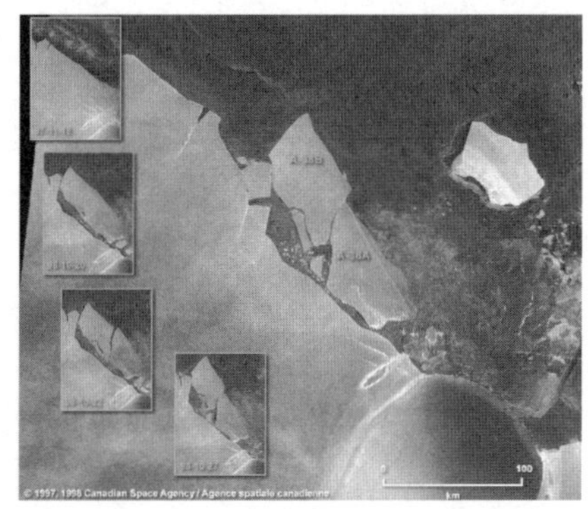

육지로부터 정체된 바다로 확장된 설상(舌狀) 빙하에 의해 형성되어 공급되는, 육지에 접해 있으며 해상에 떠 있는 대규모의 빙괴이다. 강한 해류가 흐르지 않는 곳에서는 해저로 가라앉아 섬이나 암석에 부착되기도 한다. 빙붕은 빙하의 미는 힘에 의해 바다 쪽으로 전진하게 되며 해류에 의해 멈추게 된다. 빙붕은 빙붕의 표면에 내린 눈이 점차 합쳐지면서 성장하므로 대체로 수백만 년 동안은 비교적 안정된 상태를 유지한다. 오늘날은 남극지방에서 유일하게 나타난다. 그 예로는 가장 큰 빙하장벽인 로스 빙붕이 있다.

빙식곡(氷蝕谷, glacial trough)

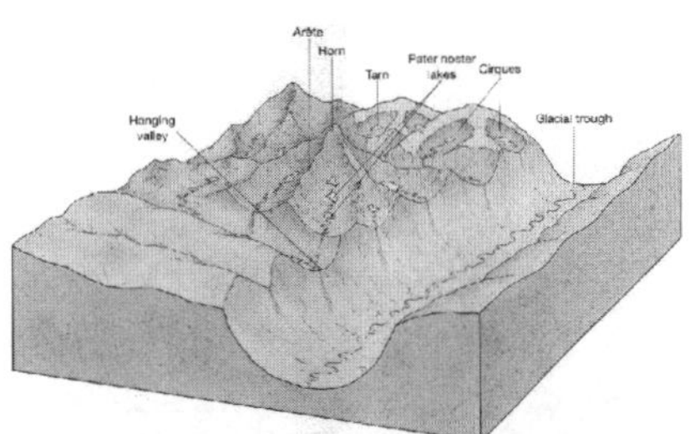

U자곡이라고도 불리우는 것으로, 하식에 의해 형성된 골짜기가 곡빙하의 침식을 받아 변형된 것이다. 빙식곡의 U자형 단면은 곡빙하가 흐를 때 기반암과의 마찰로 인한 에너지 손실이 최소로 줄어들 수 있는 형태이다.

빙식구(氷蝕構, grooves, flutes)

빙하의 기저부에 얼어붙은 암설이 운반되면, 기반암에 찰흔을 새기거나 좁고 긴 홈을 파게 되는데, 이렇게 기반암에 형성된 폭이 좁고 길게 파인

요철지형을 빙식구라 한다.

빙식지형(氷蝕地形, glacial erosion landform)

빙식작용에 의해 형성되는 지형들을 말한다. 빙하에 의한 침식작용은 빙하가 이동할 때 빙하의 기저부에서 빙하와 함께 이동되는 암설에 의해 지표부에 있는 기반암이 연마되는 마식(磨蝕)과 기반암에서 암편을 뜯어내는 굴식(掘蝕)으로 구분된다. 빙식지형은 이런 마식과 굴식이 반복되면서 형성된 권곡(圈谷, Kar), 호른(Horn), U자형 골짜기, 피오르 같은 특수한 형태의 지형을 말한다. 빙식작용의 강약은 빙하의 이동 속도, 빙하의 두께, 빙하 기저부에 있는 암설의 양과 질, 기반암의 암질 등에 의해 결정된다.

빙하빙(氷河氷, glacier ice)

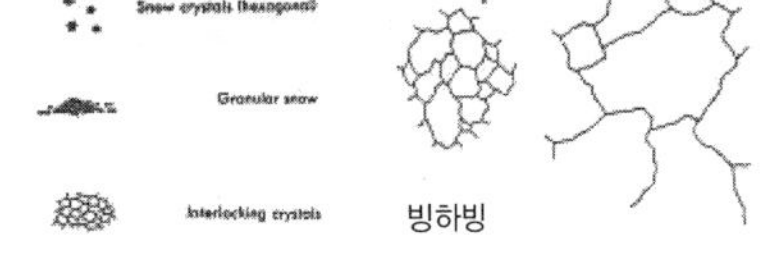

빙하빙

만년설의 비중이 0.8 이상으로 증가하면 빙하의 얼음, 즉 빙하빙이 된다. 빙하빙은 불규칙한 모양의 빙정(氷晶)으로 이루어져 있으며, 만년설의 개별 입자가 더욱 치밀해지면서 동시에 재결정작용(再結晶作用)이 일어나 입자들 간의 틈이 거의 없어질 때 빙하빙이 형성된다.

빙하시대(氷河時代, glacial period, ice age)

플라이오세부터 시작하여 세계 기온이 현재보다 낮아져 극지방과 다수의 고산지방에 빙하가 출현했던 시기이다. 기온이 승강을 되풀이하면서 점점 낮아짐에 따라 중위도 지방에 열대 및 아열대성 식생은 점차 사라졌고, 약 200만 년 전부터 시작되는 제4기 플라이스토세의 기후변동은 매우 격심하여 빙하가 크게 확장되었던 빙기(氷期)와 그 사이에 빙하가 쇠퇴했던 간빙기(間氷期)가 여러 번 나타났다.

사구(砂丘, sand dune)

모래의 집적으로 이루어진 풍퇴적 지형이다. 한 장소에 고정되어 있지 않고 독특한 모양을 유지하면서 바람 부는 쪽으로 이동하는 경우가 많다. 사구는 바깥쪽에서 불려오는 모래가 추가됨에 따라 계속 성장한다.

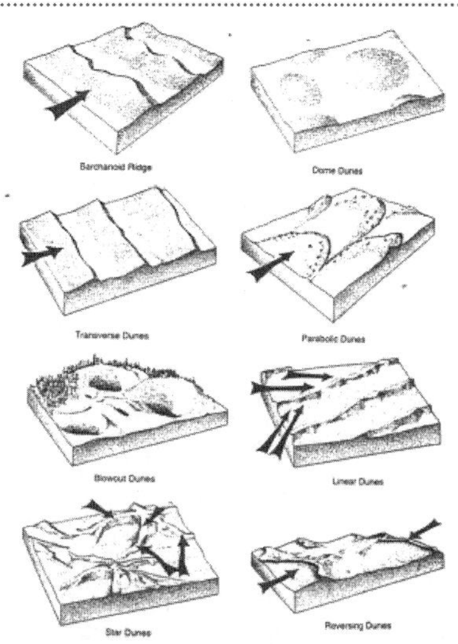

사구사(砂丘砂, dune sand, eolian sand)

모래언덕, 즉 사구를 구성하는 모래를 사구사라 한다. 모래는 바람에 날려 다른 지역으로 이동되어 모래 언덕이 형성되는 것이다. 사구사는 입경의 거의 전부 0.1~1㎜의 범위에 들어갈 정도로 분급이 매우 양호하다.

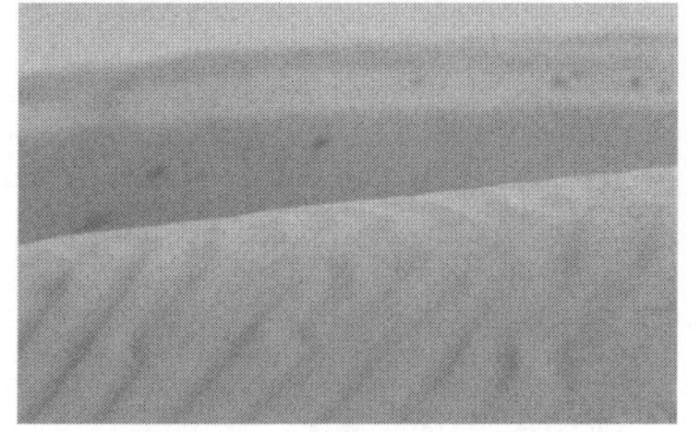

사막포도(砂漠鋪道, desert pavement)

점토나 실트, 모래 같은 퇴적물이 취식에 의해 먼저 제거되고 바람이 운반하기에 너무 큰 자갈 같은 물질은 제자리에 남게 된다. 이러한 잔류물은 마치 자갈로 포장한 도로에서처럼 그 밑에 있는 미립물질을 덮어 이를 취식으로부터 보호하게 되는데, 이러한 자갈의 잔류층을 사막포도라고 한다.

사암(砂岩, sandstone)

주로 입경 2~1/16㎜의 석영질 모래로 이루어졌고, 모든 퇴적암 중에서 침식에 가장 강한 암석이다. 모스경도가 7이고, 화학적으로도 안정한 광물이다. 사암은 또한 공극률이 높아 빗물의 지표유출

에 의한 침식을 지연시킬 수 있다.

사주(砂洲, bar, barrier)

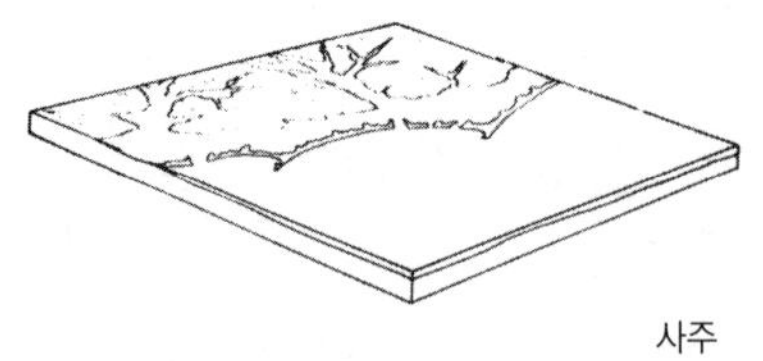
사주

파식(波蝕)에 의해 생긴 사력(砂礫)이나 하천에 의해 운반된 사력이 곶이나 해안의 돌출부에서 바다쪽으로 가늘고 길게 돌출한 지형으로 사취가 더욱 연장되어 대안(對岸)에 거의 연결된 것을 사주라고 한다. 일반적으로 침수 해안의 산지나 구릉성의 해안에 나타나는 경우가 많고, 곶의 선단(先端)이 파식을 받아 애(崖)를 형성하며 그곳에서 생산된 사력이 연안류에 의해 운반되어 만(灣)을 거의 막은 듯한 지형을 형성한다.

해안선에 거의 평행하는 사주는 연안주(沿岸洲) 또는 barrier라 한다. 사주에 의해 내측(內側)에는 석호가 생기고 유입하천(流入河川)으로부터 토사(土砂)에 의해 매적(埋積)이 진행되면 저습지(低濕地)로 된다.

사취(砂嘴, spit)

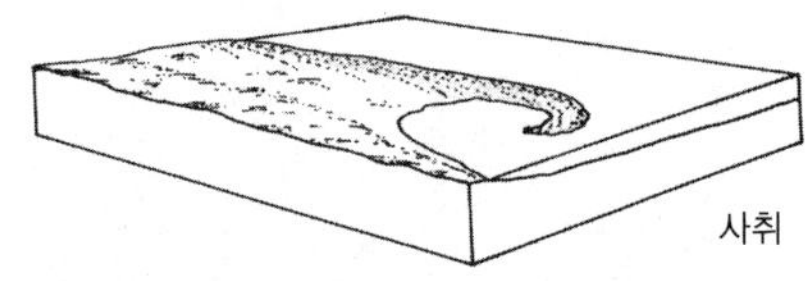
사취

사취(spit)는 파랑과 연안류에 의하여 모래가 해안을 따라 운반되다가 바다 쪽으로 계속 내다 쌓여 형성되는 해안퇴적 지형인데, 한쪽 끝이 모래의 공급원인 육지에 붙어 있는 것이 특색이다. 일반적으로 침식이 용이한 제4기 층으로 이루어진 해안에서 잘 발달한다.

사취의 선단부는 파랑의 굴절현상과 관련하여 육지쪽으로 새의 부리처럼 구부러지는 것이 보통이다. 대개 활발하게 성장하고 있는 사취는 선단부가 몇 개의 가닥으로 갈라져 있다. 이러한 것을 분기사취(recurved spit)라고 부른다. 사취가 길게 성장하여 해안의 만입을 완전히 가로막으면 만구

사주(灣口砂洲, bay-mouth bar)가 되며, 그 뒤에는 석호(潟湖, lagoon)가 생긴다. 그리고, 육지에서 뻗어나간 사취가 섬으로 이어지면 그것을 육계사주(陸繫砂洲, tombolo), 육지에 연결된 섬을 육계도(陸繫島, land-tied island)라고 부른다

사층리(斜層理, cross bedding)

퇴적암에 나타나는 층리(層理) 또는 엽리(葉理, lamina)가 주요한 층리면(層理面)에 대해 평행하지 않고 안식각(安息角) 이하의 다양한 각도로 사교(斜交)하여 있는 것이거나 또는 층리 · 엽리가 절단되어 있는 관계에 있는 것을 말한다. 형태면에서 평판상(平板狀) · 렌즈상 · 쇄기형의 3형(型)으로 구분된다. 흔히 불규칙하게 흐르는 방향이나 강도(强度)가 변동하는 물쪽 공기 등의 빠른 흐름에 의해 형성된다.

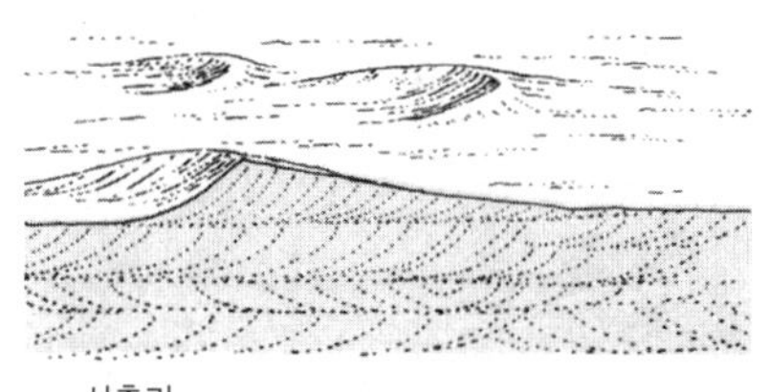

사층리

삭박(削剝, denudation)

지표면이 풍화작용을 받아 풍화물질이 이동하여 토지를 평탄하게 만드는 작용이다. 침식작용에 대응한 말인데, 넓은 의미로는 침식작용을 포함하기도 한다. 삭박작용에 의하여 가동성을 가진 물질이 주로 중력(重力)의 작용으로 아래쪽에 이동하여 토지를 평탄화한다. 침식작용이 선적(線的)으로 작용하는 데 비하여 이 작용은 면적(面的)이다. 넓은 의미로는 침식작용까지 포함하여 사용되므로 침식작용과 혼동되기도 한다.

삭평형작용(削平衡作用, degradation)

지형을 발달시키는 원동력을 지형형성 작용(process)이라고 한다. 그리고 유수, 빙하, 바람,

파랑 등과 같이 지표의 물질을 침식, 운반, 퇴적하는 매개체를 지형형성 기구(agent, agency)라 하고 기구는 중력의 지배를 받는다. 각종 기구는 침식 및 퇴적작용을 통하여 지표를 평형에 도달하도록 하게 되는데 이것을 평형작용(平衡作用)이라고 부른다. 평형작용은 사실상 외적작용과 같은 것으로서 지표면을 낮추는 삭평형작용과 낮은 곳을 메워 높이는 적평형작용(積平衡作用)으로 나뉜다.

산각말단면(山角末端面, super-end facet)

단층애의 골짜기가 많이 파여 축소된 단층애의 골짜기와 골짜기 사이에 생긴 삼각형의 급애이다. 단층애가 골짜기에서 하각되어 새로운 단층변위가 계속해서 일어나는 장소에 형성된다.

산호초(珊瑚礁, coral reef)

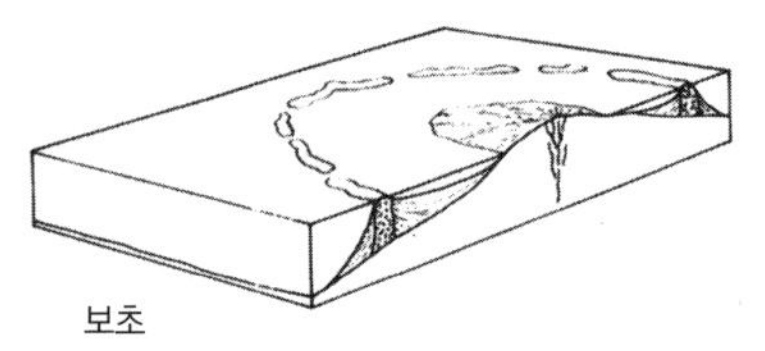

보초

열대 지방의 해안에서 조산호층(造珊瑚層)의 석회질 유해나 석회조류(石灰藻類)가 집적되어 이루어진 암초를 말한다. 산호초의 발달은 조산호층의 생육조건에 의해 결정된다. 조산호층은 수온 18~36℃, 염분 27~40‰의 해수에서 잘 번식하며, 산호초는 적도를 중심으로 남북위 30° 간의 해역에 잘 발달한다. 그리고 공생하는 조류(藻類)는 광선을 필요로 하기 때문에, 수심 30m 미만의 얕은 해저가 서식장소로서 적합한데, 그중에서도 10m 미만의 곳이 가장 알맞다.

또한 조산호층은 산소와 각종 영양염류를 필요로 하기 때문에 맑은 해수가 심하게 요동하는 해안에서 잘 번식한다. 끝으로 산호초가 성장하려면 해저가 암반으로 되어 있어야 한다.

산호초의 종류에는 안초(fringing reef), 보초

(barrier reef), 환초(atoll)가 있다. 산호초의 발달 원인은 침강설과 빙하제약설로 요약된다. 침강설(沈降說, subsidence theory) 은 산호초가 서로 유기적인 관계에 있을 것으로 추측하여 화산도(火山島)를 중심으로 그 발달 과정을 설명하려는 것이다. 빙하제약설(氷河制弱說, glacial control theory)은 석호의 수심이 비교적 일정하다는 점과 빙하성 해면 변동은 열대 지방의 산호초 발달에도 영향을 미쳤을 것으로 보고 성인을 설명하려는 것이다. 오늘날 비교적 지지를 많이 받고 있는 것은 Darwin(1842)의 침강설이며 R. A. Daly의 빙하제약설은 화산도의 침강을 고려하지 않았기 때문에 오늘날 거의 받아들여지지 않는다.

삼각강(三角江, estuary)

강의 하구가 나팔처럼 벌어진 강을 삼각강이라 한다. 이러한 현상은 후빙기 해면 상승 때 하곡이 내륙 깊숙이까지 익곡되고 퇴적물이 충분히 메워지지 못하여 이루어진 것이다. 또한 조차가 커서 하천의 토사가 대부분 조류에 의하여 바다로 제거되는 경우 하천은 삼각주 대신 간석지를 형성하면서 삼각강의 상태를 유지한다.

삼각주(三角洲, delta)

하천 하류의 하구 부근에는 여기까지 운반되어 온 모래나 진흙 등이 퇴적하여 퇴적물에 의한 특수한 지형이 생기게 된다. 그런데 선상지의 경우와 마찬가지로 유로가 방사상으로 나뉘어져 토사를 운반, 퇴적하게 되므로 상류 측에 정점을 갖고 Δ 모양으로 수면을 메워 들어가게 되는데 이것을 삼각주라 한다.

삼각주

삼각주의 형태를 평면적으로 보면 나일 강 삼각주와 같은 원호상 삼각주, 이탈리아의 로마를 통과하는 티베르 강의 첨각상 삼각주, 미국의 미시시피 강의 조족상 삼각주 및 북미 매켄지 강이나 한국의 낙동강의 만입 삼각주 등의 네 가지 유형으로 분류된다. 삼각주라는 말은 그리스인 헤로도투스가 이집트를 방문하였을 때 나일 강에 존재하는 섬들이 삼각을 이루는 데 착안하여 붙여진 것이다.

새프롤라이트(saprolite)

암석의 형체를 유지하고 있으나 푸석푸석해서 삽으로도 잘 파이고 쉽게 부서지는 풍화층을 말한다. 다른 말로 '썩은바위' 라고도 한다. 새프롤라이트는 열대습윤기후 지역에서 가장 두껍게 발달한다.

샐테이션(saltation)

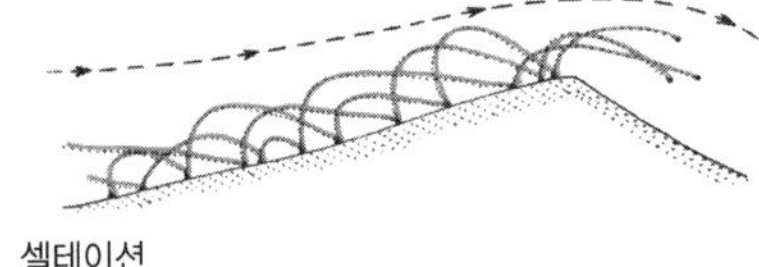
셀테이션

모래알은 풍속이 초속 약 5m에 달할 때 움직이기 시작하는데, 그 이동 과정은 두 가지로 구분된다. 그 중 하나가 샐테이션으로 모래가 개별적으로 길게 뛰면서 이동하는 것을 말하며 도약이라고도 한다.

강풍에 불려서 순간적으로 앞으로 빨리 움직이는 모래입자가 다른 모래입자와 충돌하면 그 충격으로 공기중에 뜬 다음 앞으로 길게 뛸 수 있다. 이 모래입자가 중력으로 지표에 다시떨어질 때는 다른 모래알에 부딪혀서 또 뛰게 된다. 이와 같이 뛰면서 이동하는 모래입자는 다른 모래입자에도 똑같은 운동을 하게 할 수 있다.

서릿발작용(-作用, frost action)

기계적 풍화작용으로, 암석 틈 속의 물이 얼고

녹음이 반복하면서 일어나는 풍화이다. 고산대, 고위도 지방같이 기온이 빙점 부근을 오르내리는 날이 많은 곳에서 잘 일어난다. 또, 암석의 틈 속에 스며든 물이 동결과 융해를 반복함에 따라 일어나는 풍화를 동결풍화(frost weathering)이라 하고, 동결작용에 의해 암석이 깨어지는 것을 동결파쇄작용(凍結破碎作用) 또는 동결쐐기작용이라고 한다. 암석 중의 틈새와 균열을 채우고 있는 물이 겉에서부터 얼어들어가면, 속의 물은 밀폐된 상태에 놓이게 되는데, 이것이 얼 때의 부피 증가는 암석을 쪼갤 수 있는 큰 압력으로 나타난다.

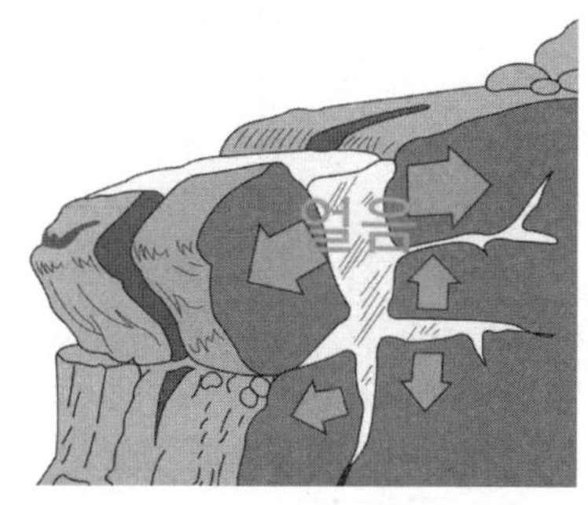

석순(石筍, stalagmite, stalactite)

석회동굴 내부에 발달하는 2차적인 집적지형, 즉 스펠레오뎀의 일종이다.

용해된 탄산칼슘을 포함하고 있는 지하수가 동굴천정에서 바닥으로 떨어지는 지점에 탄산칼슘이 집적되어 시간이 흐르면서 마치 식물체의 싹이 터서 순이 자라나는 형태로 천장을 향해 성장해가는 탄산칼슘의 집적체이다.

보통 종유석에는 그 심(芯)에 빈 관이 있는데 석순에는 이것이 없다. 형태는 원조상의 단순한 것에서부터 복잡하게 장식된 괴상의 거대한 것까지 여러 가지 변화형이 있다.

석영(石英, quartz)

7대 조암광물 중의 하나로서 무색투명하고, 모호경도 6 정도의 굳기를 갖는 광물이다. 석영은 다른 원소를 포함하지 않는 완전한 SiO_2 사면체이다. 주변이 잘 발달되는 석영맥이나 페그마타이트 등에 흔하다.

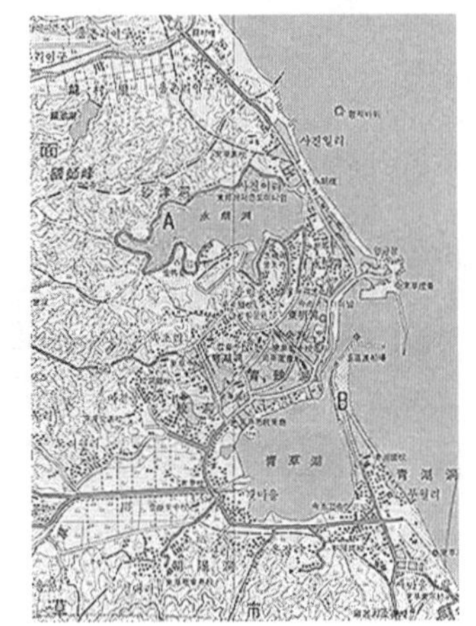

석호(潟湖, lagoon)

사취나 연안사주가 만을 완전히 가로막아 사취나 사주 뒤에 생기는 호소(湖沼)를 석호라 한다. 석호는 하천의 유입으로 염도가 점점 낮아지고 주변은 소택지로 변해 갈대, 부들 등의 식물이 자라며 결국에는 육지화 되어 농경지로 전환된 곳이 많다.

석회동굴(石灰洞窟, limestone cave)

석회암 지대에서 지하수가 석회암을 녹여 생긴 동굴이다. 지반이 거대한 석회암으로 이루어진 지역의 경우 지각의 운동에 의해 단층 따위의 틈으로 지표수가 흘러 들어가는 경우가 있는데 이런 틈을 따라 흘러가는 지표수에 대기에서 또는 토양으로부터 온 이산화탄소가 녹아 있는 경우 물은 약한 산성을 띠게 되고 약산성의 물에 녹아 있는 수소이온에 의해 오랜 기간 동안 탄산칼슘이 탄산수소칼슘으로 녹으면서 동굴을 만든다.

석회암(石灰岩, limestone)

탄산칼슘($CaCO_3$)을 주성분으로 하는 퇴적암을 말한다. 백색, 회색, 또는 암회색, 흑색을 띠며, 괴상 또는 층상을 이룬다. 입자의 크기에 따라, 큰 것부터, 석회질 루다이트, 석회질 아레나이트, 석회질 루타이트로 분류된다. 화석이 많아서 지질시대를 결정하고 퇴적 당시의 환경들을 암시하여 중요하며, 시멘트, 제철 등에 대량 사용된다.

석회화단구(石灰華段丘, travertine terrace)

석회암 지역에서 물에 녹아 있던 탄산칼슘이 침전하여 접시 모양의 지형이 계단 형태로 접하는 지형이다. 동굴바닥에 생성되는 림스톤 뒤의 부분에 탄산칼슘이 침전되어 형성되는 것이다.

선구조(線構造, linear structure, lineation)

암석의 선모양 평행구조로서 기존 구성입자가 신장 또는 회전하여 재결정하여 만들어진다. 침상(針狀) 또는 주상(柱狀) 광물 등의 2개 이상의 면의 교선방향(交線方向), 습곡축과 층리면의 교선, 용암 속의 기포가 배열된 것 등 종류가 많다.

선상지(扇狀地, fan, alluvial fan)

하천에서 산지나 구릉지로부터 평야로 나오는 곡구나 지류가 본류와 만나는 지점에서는 유속이 갑자기 늦어지므로 여기까지 운반되어 온 모래나 자갈이 퇴적하게 된다. 따라서 하저가 퇴적물로 높아지므로 유로의 방향이 보다 낮은 다른 방향으로 바뀌게 되고 다음 홍수 때는 바꾼 방향의 유로도 매몰되므로 다시 유로가 변하게 된다. 선상지는 일반적으로 토질이 거칠고, 배수가 잘 되므로 우기에만 물이 여러 갈래로 흐르고 평상시에는 물이 마를 때가 많아 복류를 한다.

선상지

선상지는 단애가 많고 지형이 험한 장년기나 단층, 융기 등 구조운동이 많은 신생대 지역에서 잘 나타난다. 우리나라의 경우 북한의 석왕사 부근, 남한의 경우 경남의 사천 부근, 경주 남산 부근, 전남 구례 화엄사 부근 등이 지형도 상의 유사성을 보이고 있다.

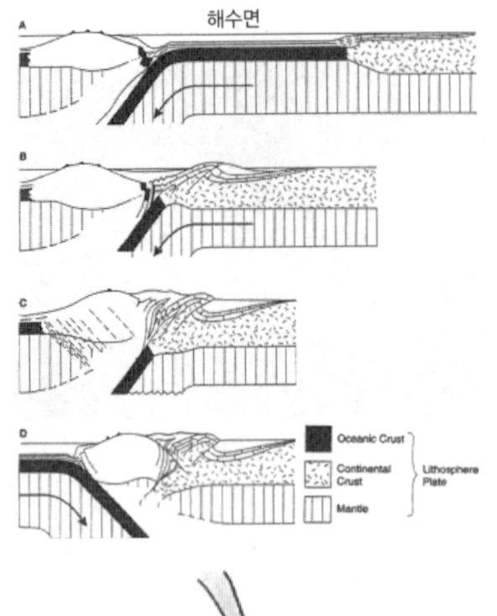

섭입(攝入, subduction)

암석권의 어느 한 지판이 다른 지판 아래로 밀려 들어가는 현상이다.

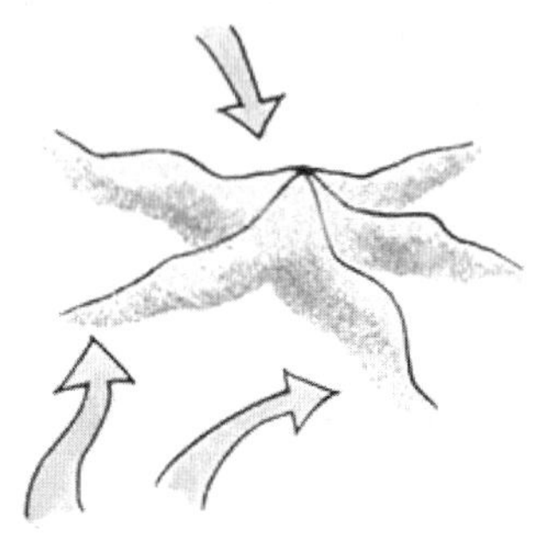

성사구(星砂丘, star dune)

중앙의 봉우리에서 예리한 능선이 사방으로 뻗어 있어서 평면 형태가 별과 같이 보이는 사구를 말한다. 이것은 탁월풍이 뚜렷하지 않은 곳에서 발달하며 한 곳에 오래 고정되어 있어서 대상들의 길잡이가 되기도 한다.

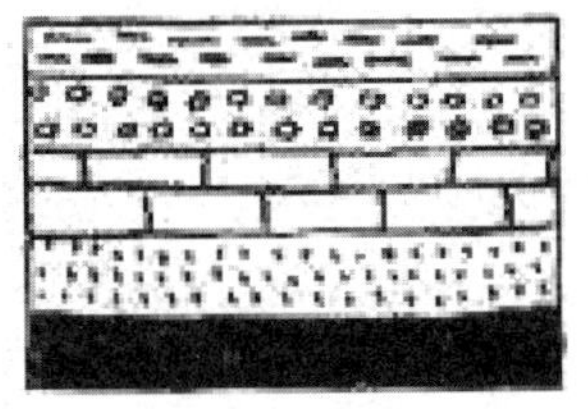

성층면(成層面, bedding plane)

흔히 층리로 이루어진 면을 가리킨다. 특히 개층(bed)의 상하면을 가리키는 경우가 있다. 층리면이라고도 한다.

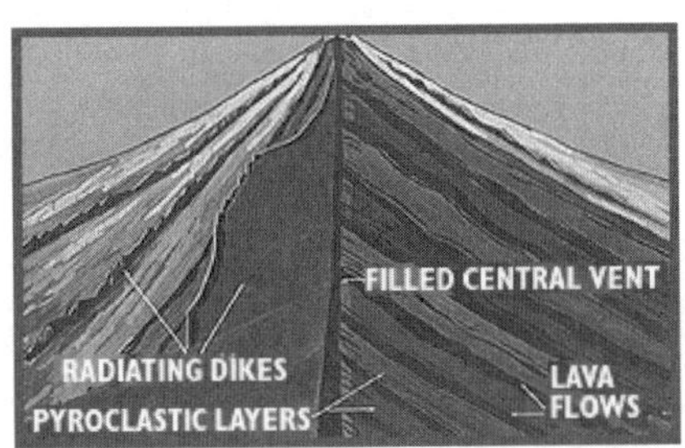

성층화산(成層火山, stratovolcano)

폭발식 분화에 의한 화산쇄설물과 일출식 분출에 의한 용암류가 겹겹이 누적되면서 성장한 원추 모양의 화산이다. 복성화산(複成火山)이라고도 하며 장기간의 중심분화로 형성된다. 대개 화산체가 크며, 유동성이 적은 용암으로 분출하기 때문에 폭발분화를 자주 하며, 분출된 용암도 멀리 흘러가지 못한다.

세탈(洗脫, eluviation)

토양을 구성하는 성분이 용액상태로서 토양층에서 이동 또는 제거되는 작용이다. 세탈은 물리적으로 점토와 같은 미립 물질이 씻겨 내려가는 현상으로서 화학적으로 토양수에 의하여 물에 녹지 않는 물질이 용해되어 제거되는 현상인 용탈(溶脫)과는 다르다.

셰일(shale)

이질(泥質) 퇴적암 중에서 층리면과 평행하여 얇게 벗겨지는 성질을 가진 암석을 말한다. 혈암(頁岩)이라고도 한다. 보통 입자지름 1/16㎜ 이하의 실트(微沙)와 점토로 이루어지며 암색을 띤다. 지층의 단면에서 가늘고 평행하게 발달한 엽리(葉理)가 발견되는 경우가 많다. 함유물질의 차이에 따라 탄질 · 석회질 · 규질 · 응회질 셰일 등이 있으며, 특히 석유성분을 함유하는 것을 유모셰일(油母頁岩, oil shale)이라고 한다.

소택(沼澤, swamp)

수심 3m 이하의 호수와 비슷한 물웅덩이이다. 수심이 얕기 때문에 햇볕이 늪의 바닥까지 충분히 내리쬐므로 순채 · 검정말 · 새우말 · 물수세미 등의 침수식물(沈水植物)이 바닥 전면에 무성한 것이 보통이다. 그 주위에는 오리나무 등이 습지림을 이룬다. 수심이 얕아 바람에 의해서 물이 교란되기 때문에 여름철에도 물이 정체되는 일이 거의 없다. 하천 양안의 자연제방 배후에 나타나는 배후 습지는 그 대표적인 예이다.

속성작용(續成作用, diagenesis)

퇴적물이 굳은 암석으로 되는 과정을 말한다. 이 작용에는 다져짐(compaction), 교결(cementation), 결정질화(crystallization) 등이 있다.

솔리플럭션(solifluction)

수분을 많이 함유한 토양이 자체의 무게로 흘러내리는 것을 가리킨다. 툰드라의 영구동토층을 덮고 있는 활동층(活動層)에서 활발하게 일어난다.

송림운동(松林運動, Songnim Disturbance)

중생대 초기에 한반도에서 일어난 지각변동을 말한다. 송림 변동은 중생대 트라이아스기 말에서 쥐라기 초의 대동 누층군이 퇴적되기 전에 있었던 지각 변동으로, 한반도 북부 지역과 요동 반도 일대를 교란시킨 가장 강렬한 변동이다. 이에 비해 한반도 남부 지역에는 단순히 요곡 작용이나 융기 작용만이 있었던 것으로 알려진다.

수극(水隙, water gap, gorge, gorge gap)

하천이 경암층에 형성한 협곡을 말한다. 습곡산지가 평탄화 된 다음 두꺼운 퇴적층으로 덮이면, 이 퇴적층 위에서 새로 발달하는 하천은 퇴적층 밑에 묻힌 지층의 구조를 반영하지 않을 수 있다. 이러한 하천은 지반의 융기와 더불어 피복 퇴적층이 제거된 후에도 원래의 유로를 유지하게 된다.

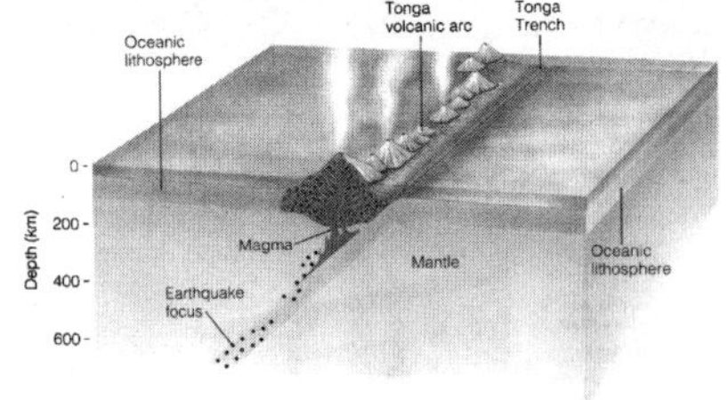

수렴경계(收斂境界, convergent plate boundaries)

지각(地殼)은 6개의 큰 판(板)과 몇 개의 작은 판들로 나누어져 있다. 이들 각 판들은 서로 다른 방향으로 움직이면서 수렴 혹은 분산되면서 경계를 이루고 있는데, 그 중 수렴경계는 중앙 해령에서 형성된 해양지각이 맨틀층을 향해 대륙지각 밑으로 섭입하는 곳으로서 해구가 발달하는 지역이다.

수목한계선(樹木限界線, timber line, tree line)

고산 및 극지에서 수목이 존재할 수 있는 극한의 선을 말한다. 고산이나 고위도 지방에서는 저온, 습원(濕原)에서는 토양수분 과잉, 사막이나 사바나에서는 수분 부족, 극지방에서는 강풍이 한계를 결정하는 요인이 된다. 그 높이는 지방에 따라, 또 산의 사면(斜面)의 방위에 따라 다르다. 보통 고위도가 될수록 낮아지고, 북극 지방의 수목한계선은 평지에 있다. 수목한계선 밖에는 관목이나 초본류 · 지의류 · 이끼류만을 볼 수 있다.

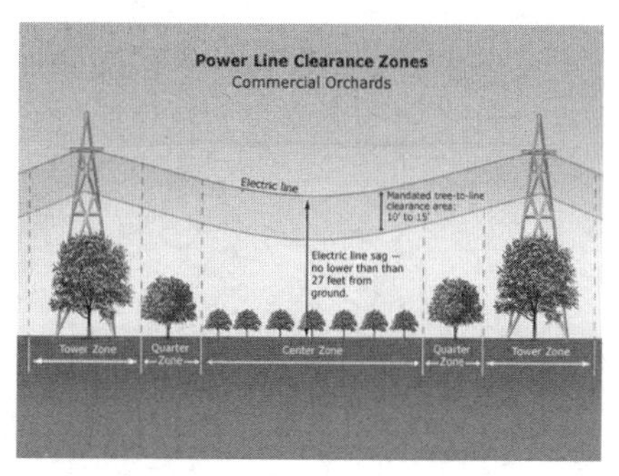

수문학(水文學, hydrology)

물의 생성, 분포, 수문학적 순환, 생물계와의 상호작용 등을 포함한 지구상의 물과 관련된 학문이다. 물의 모든 상(相)에서의 화학적 · 물리적 성질도 다룬다. 수문학의 주목적은 물과 환경 사이의 상호관계를 연구하는 데 있다. 주로 지표 가까이의 물을 연구 대상으로 하기 때문에 그곳에서 일어나는 수문학적 순환의 구성요소들, 즉 강수 · 증발산(蒸發散) · 유거수(流去水) · 지하수에 관심이 집중되어 있다. 수문학의 여러 세부 학문은 이러한 현상의 서로 다른 양상을 다룬다.

수위강하원추(cone of depression)

양수정(揚水井)의 주위에 형성되는 깔때기 모양의 지하수면을 말한다. 수위강하원추의 바깥 부분

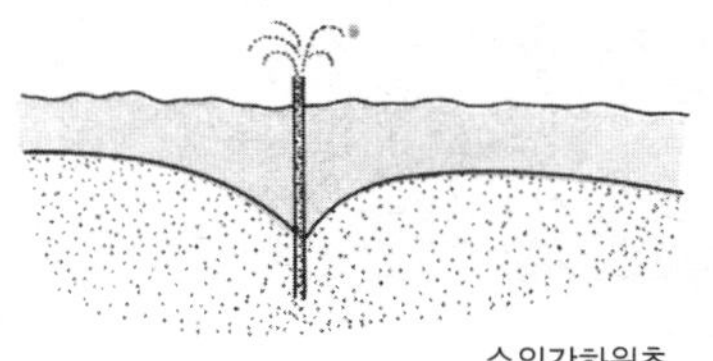
수위강하원추

을 양수정의 영향권이라고 한다. 수시험에 대한 대수층의 투수량계수 및 저류계수(貯留係數)의 결정은 영향권 내에 설치된 하나 또는 그 이상의 관측정(觀測井)의 수위강하를 측정해서 이루어진다. 수위강하는 우물 부근에서 가장 크며, 수위강하원추의 중심을 통과하는 임의의 단면은 수위강하곡선(水位降下曲線, drawdown curve)에 의해 나타난다.

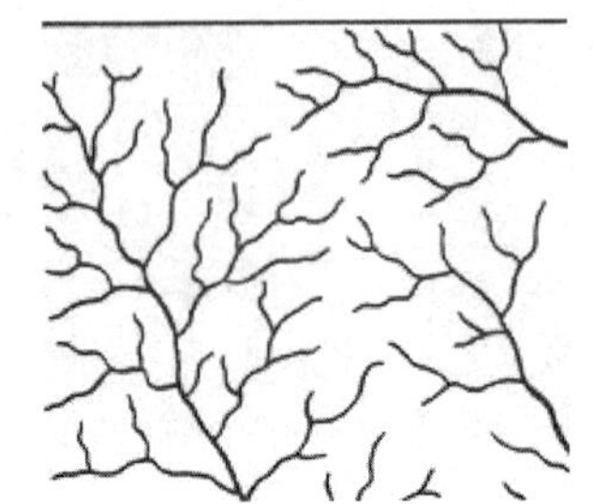

수지상 패턴(樹枝狀-, dendritic pattern)

수지상 패턴은 지류들이 나뭇가지처럼 본류에 유입하는 형태로 암석이 등질적이고 특정한 지질구조가 없으며 침식에 대한 저항력이 균질한 지역에 나타나는 패턴으로 중 가장 일반적인 하계망 패턴이다.

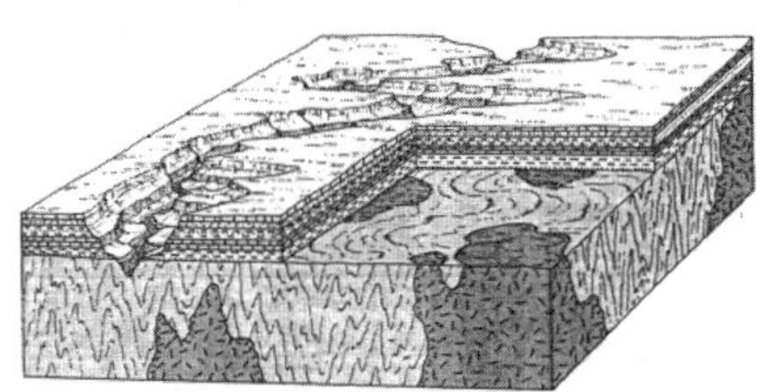

순상지(楯狀地, shield)

대륙지각 하부의 넓고 오래되었으며 평탄할 뿐 아니라 안정된 선캄브리아계대로 되어 있는 강괴(剛塊)를 말한다. 순상지는 오래된 결정질 기반암이며, 대륙지각의 핵심을 이루기도 한다. 지형적으로 비교적 저지대로서 고생대 이래 지각변동이 발생하지 않은 곳이며, 주위는 퇴적층으로 된 탁상지(卓狀地)로 둘러싸여 있다. 형태는 서양의 방패를 엎어놓은 것과 같다.

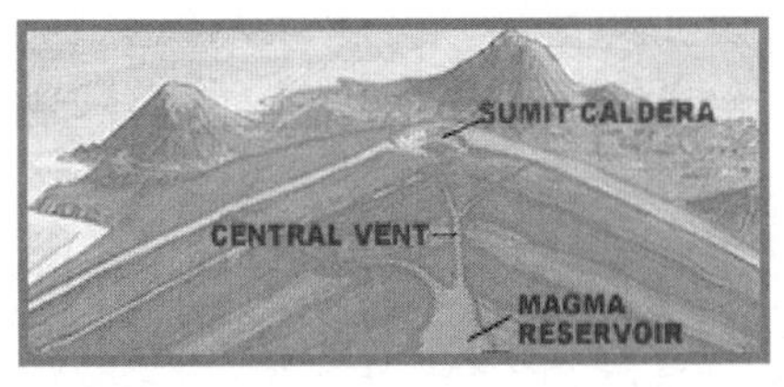

순상화산(楯狀火山, shield volcano)

유동성이 큰 염기성 용암이 화구를 통하여 흘러나올 때 형성된다. 거대한 방패 또는 경사가 완만한 돔모양으로 형성된다. 순상화산은 대체로 화산체(火山體)의 규모가 크고 높이에 비하여 밑부분이 매우 넓으며, 사면의 경사가 지극히 완만하다.

스타일롤라이트(stylolite)

석회암에 생긴 봉합선상(縫合線狀)의 굴곡을 말한다. 이는 성층면을 따라 일어난 용해작용으로 만들어진 동굴이 압력으로 그 천장과 바닥이 합하여 선으로 남은 것이다.

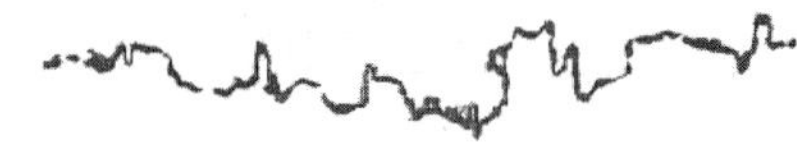

스텝토(steptoe)

용암평원을 뚫고 섬처럼 솟아 있는 기반암의 구릉을 말한다. 다시 말하면, 스텝토란 구릉이나 잔구들이 산재하는 평탄면 상에 용암이 분출되어 기존의 평탄면을 비교적 엷게 피복하였을 경우에 기존의 잔구나 구릉들은 용암 평원 위로 솟아나온 형태로 용암평원에 둘러 싸여 고립되어 남게 되는 지형을 말한다.

스트롬볼리식 분화(strombolian eruption)

스트롬볼리식 분화는 현무암질 용암이 폭발분출을 하는 분화 유형 중의 하나이다. 폭발분출을 하기 때문에 암재질의 화산쇄설물의 비율이 높게 나타나고, 분화는 주기적이거나 거의 연속적인 특징을 지니고 있다.

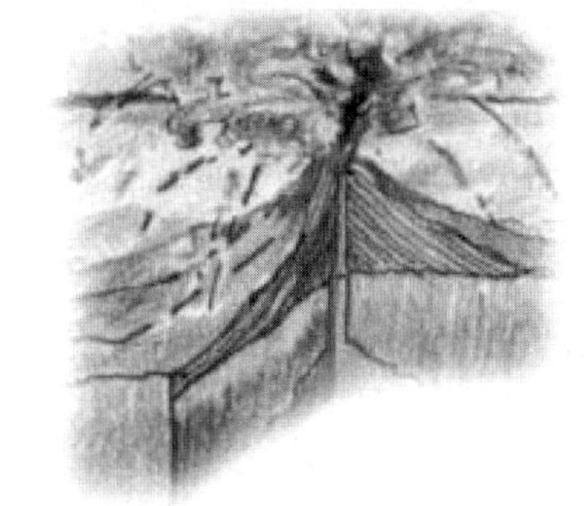

습곡(褶曲, fold)

횡압력에 의하여 지층의 상부에 잡힌 주름을 말하며, 대체로 퇴적암에서 가장 잘 볼 수 있다. 습곡구조는 향사와 배사가 있는데 지층이 위로 구부러져 올라 간 부분을 배사, 아래로 구부러져 내려간 부분을 향사라 한다.

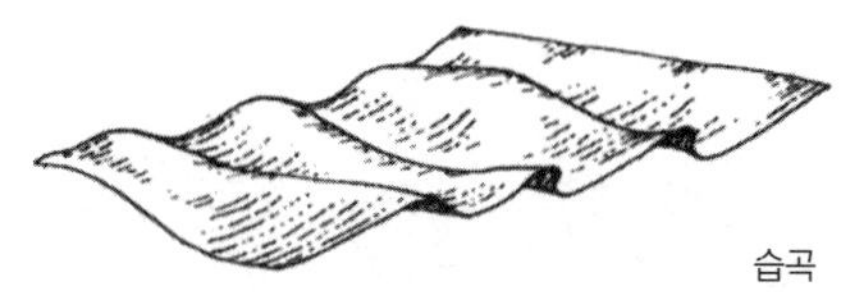
습곡

향사와 배사는 습곡축면을 중심으로 이루어져 있는데 이들의 형태에 따라 여러 유형의 습곡을 볼 수 있다. ① 정습곡(正褶曲, normal fold) : 대칭습곡이

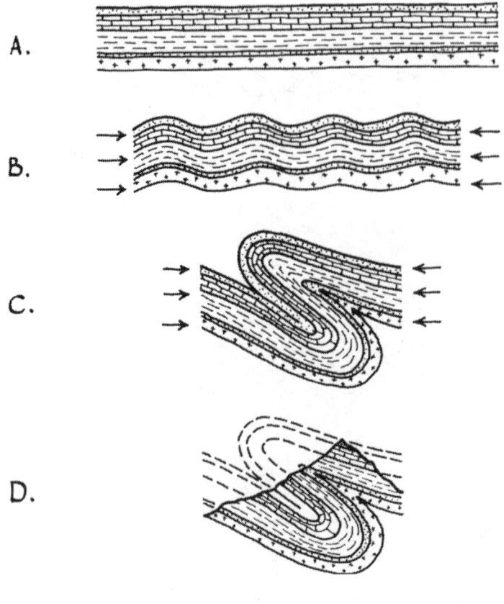

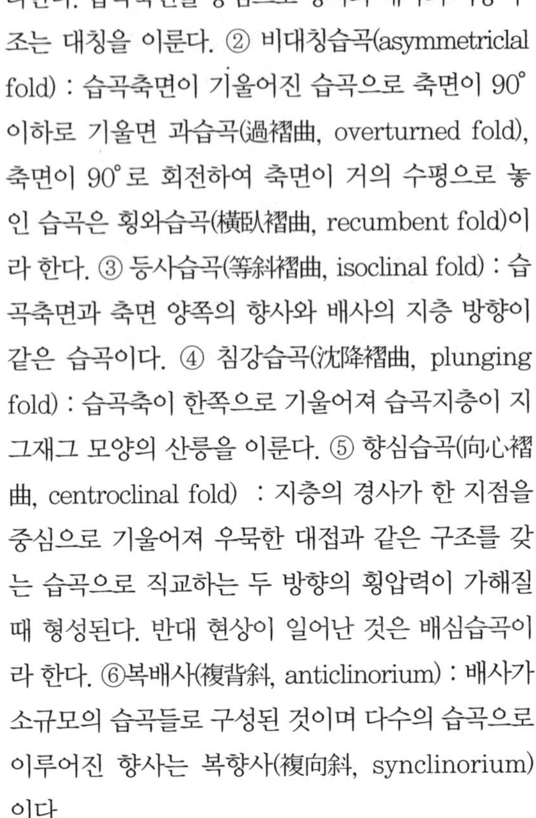

라한다. 습곡축면을 중심으로 향사와 배사의 지층 구조는 대칭을 이룬다. ② 비대칭습곡(asymmetriclal fold) : 습곡축면이 기울어진 습곡으로 축면이 90° 이하로 기울면 과습곡(過褶曲, overturned fold), 축면이 90°로 회전하여 축면이 거의 수평으로 놓인 습곡은 횡와습곡(橫臥褶曲, recumbent fold)이라 한다. ③ 등사습곡(等斜褶曲, isoclinal fold) : 습곡축면과 축면 양쪽의 향사와 배사의 지층 방향이 같은 습곡이다. ④ 침강습곡(沈降褶曲, plunging fold) : 습곡축이 한쪽으로 기울어져 습곡지층이 지그재그 모양의 산릉을 이룬다. ⑤ 향심습곡(向心褶曲, centroclinal fold) : 지층의 경사가 한 지점을 중심으로 기울어져 우묵한 대접과 같은 구조를 갖는 습곡으로 직교하는 두 방향의 횡압력이 가해질 때 형성된다. 반대 현상이 일어난 것은 배심습곡이라 한다. ⑥복배사(複背斜, anticlinorium) : 배사가 소규모의 습곡들로 구성된 것이며 다수의 습곡으로 이루어진 향사는 복향사(複向斜, synclinorium)이다.

시스택(sea stack)

해식애가 후퇴할 때는 차별침식의 결과로 경암부는 바다로 돌출하거나 해안선에서 가까운 얕은 바다에 작은 바위섬으로 떨어져 남게 된다.

육지에서 분리된 이러한 바위섬을 시스택(sea stack)이라고 한다.

시스택

신기조산대(新期造山帶, young orogenic belt)

신생대의 심한 조산운동으로 생긴 지형을 말한다. 판의 이동과 관련이 있으며, 특히 수렴경계에 해당한다. 이 지역은 형성 시기가 얼마 되지 않아

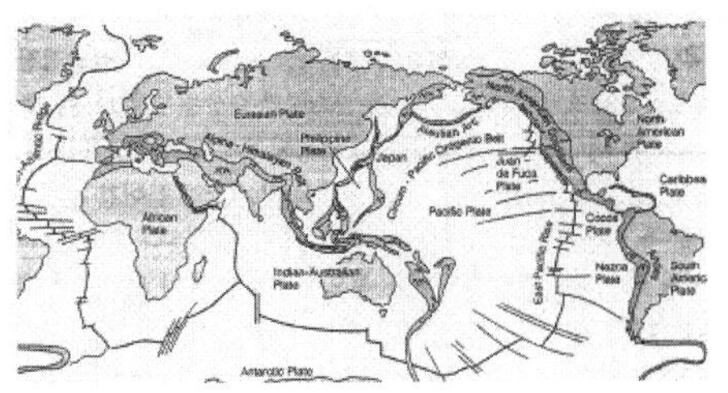

지각이 불안정하여 화산과 지진이 활동이 빈번하다.

신지구구조론(新地球構造論, neotectonics)

신지구구조론은 소련의 옵류체프(Obruchev, V. A., 1948)에 의하여 제창되었으며, 신생대 제3기 및 제4기에 일어난 지각운동을 연구하는 분야이다.

심층풍화(深層風化, deep weathering)

고온다습한 기후조건 하에서 지하의 암석이 화학적으로 풍화되는 것을 말한다. 심층풍화는 암석이 화학적으로 풍화되었더라도 암석의 조직을 그대로 보전하고 있는 것이 특징이다. 심층풍화는 빙하지역을 제외한 거의 모든 지역에서 진행되지만 풍화전선(weathering front)은 열대지방에서 가장 깊다. 화강암이나 현무암 같은 괴상(塊狀)의 암석은 심층풍화를 받는 과정에서 암석이 구상으로 풍화되어 핵석(核石)이 생성된다.

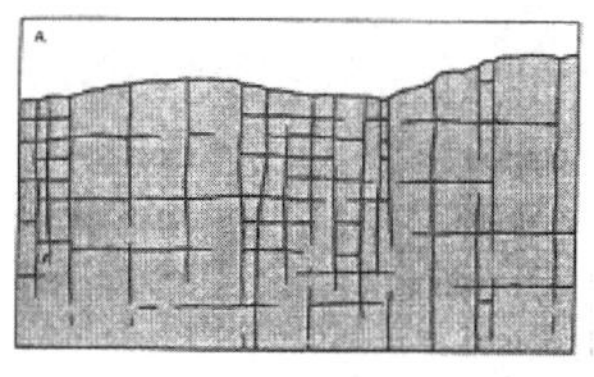

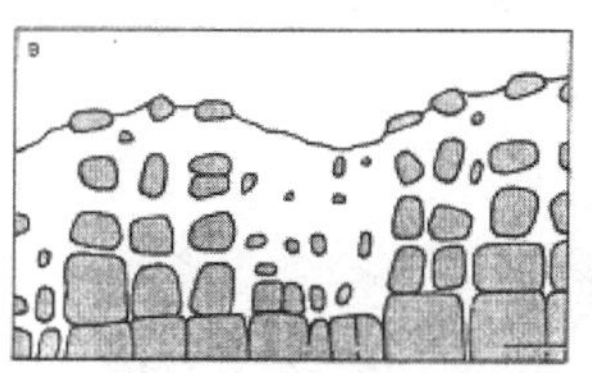

심해평원(深海平原, abyssal plain)

구배가 1:1,000~1:10,000 정도의 대양저 평원이다. 대륙대에 접해있으며, 대서양은 넓게 태평양은 좁게 분포되어 있다. 혼탁류에 의해 대륙사면으로부터 공급된 물질이 퇴적된다. 최근 침식작용, 화산작용으로 하와이 제도, 남태평양군도 등의 대양도서와 잠도(潛島), 기요(guyot)를 형성하여 기복이 큰 거친 지형을 이루기도 한다.

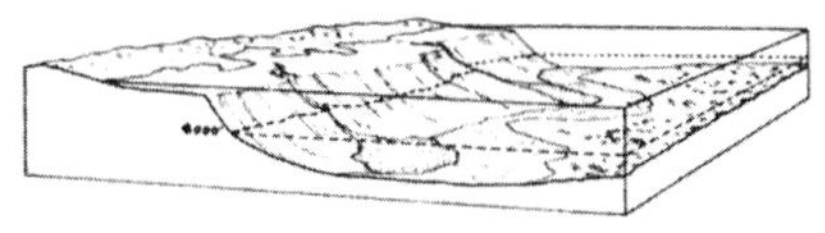

심해 평원

아아용암

아아용암(aa溶岩, aa lava)

현무암질 용암의 한 종류이다. 가스의 급격한 발산의 결과로 표면이 조악하여 요철이 심하고 불규칙한 열목(列目) 상태가 나타나는 편이다. 이와는 반대로 표면이 매끄럽고 광택이 있는 용암은 파호이호이 용암(pahoehoe lava)이라고 한다.

파호이호이 용암으로부터 이화(移和)하는 경우는 아아용암 쪽이 반드시 상대적으로 저온(低溫)이며 점성(粘性)이 큰 특징이 있다. 더욱 저온 · 고점성(高粘性)이 되면 괴상(塊狀)용암으로 이화하는 것으로 알려져 있다. 아아(aa)는 하와이의 토어(土語)이다.

악지(惡地, badland)

호우에 의해 우곡이 무수히 파여서 불모지로 변한 땅을 말한다. 악지는 마치 산악지형을 축소시켜 놓은 것처럼 아주 작은 골짜기와 능선들로 이루어졌으며, 건조지역에 특히 잘 발달한다.

안식각(安息角, angle of repose)

암설이 안정된 상태를 유지하면서 머물 수 있는 최대각도로 암설의 크기, 모양, 조도(組度, roughness)에 따라 다르다. 일반적으로 퇴적물들이 사면에 쌓일 수 있는 사면의 최대 경사는 35° 내외이고 경사가 이보다 급해지면 암설이 굴러떨어지면서 원래의 경사를 유지한다.

안정지괴(安定地塊, stable landmass)

오래전에 지각변동을 받았지만, 그 후 점차 고화되어 고생대 이후는 조산운동을 받은 일 없이 장기간에 걸쳐 완만한 조륙운동만을 받아서 안정된 상태의 육괴를 말한다. 안정지괴의 표면은 오랜 기간 삭박작용을 받아 비교적 기복이 작은 고원상의 지형을 이루고 있는 것이 많다.

안초(岸礁, fringe reef)

선반 모양으로 대륙 주변에 붙어 성장하는 산호초를 말한다. 산호초는 산호충의 유해와 이의 분비물인 탄산석회가 퇴적되어 형성된 암초를 말하는데 산호층은 수심 40m 정도, 수온이 20℃ 이상의 지역에서 성장한다. 안초는 헤드랜드를 따라 성장하며 하천이 유입되는 하구에서는 성장하지 않는다.

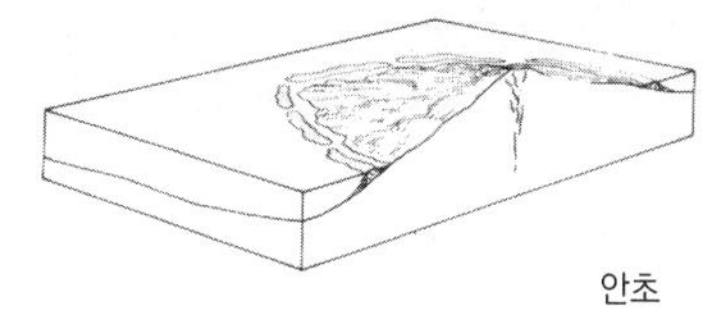
안초

규모는 보통 100m 정도에서부터 1㎞에 해당하는 것까지 있다. 안초의 표면은 저조(低潮) 시에 노출되며 고주(高潮) 시에는 물 속에 잠기는 것이 보통이다. 보통 거초(鋸礁)라고 한다.

암경(岩頸, neck)

전에 화도(火道, volcanic plug)였던 구멍에 분출되려던 녹은 돌이 그대로 굳어 이루어진 둥근 암괴이다. 마그마의 분출통로인 화도를 메우고 있는 화산재, 화산탄, 용암 등이 모두 포함된다.

암괴류(岩塊流, block stream, stone run, rubble stream)

암괴가 집단으로 사면 경사를 따라 비교적 길고 좁게 흘러내린 것을 말한다. 과거 주빙하 작용을 받은 온난 습윤한 기후조건 때문에, 기반암이 풍화되고 이 풍화산물이 빙기 때 솔리플럭션에 의해 사면을 따라 흐르게 된다. 다시 흘러내린 암괴의 매트릭스(matrix)는 후빙기 때 유수작용에 의해 제

거되어 암괴만이 남게 된다. 이것이 암괴류이다.

암괴원(岩塊原, block field, felsenmeer)

암괴가 넓게 덮여 있는 지형을 말하며 주빙하지형으로 알려져 있다. 빙기 때 주빙하기후에 의해 암석에는 절리, 단열이 생기고 여기에 서릿발작용이 가해져 날카로운 모서리를 지닌 암괴를 이루게 된다. 암괴의 흐름을 잘 살펴보면 일정한 방향성을 가지고 있는 것을 알 수 있다.

암맥(岩脈, dyke, dike)

암맥

기존 암석의 틈을 따라 판상(板狀)으로 관입한 화성암의 암체로 주로 반심성암으로 구성된다. 암맥의 두께는 수mm에서 100mm 이상인 것도 있으며 연장길이 또한 수m에서 수100km 이상인 것도 있다.

암맥을 구상하는 암석을 맥암(dike rock)이라 하는데 맥암의 침식 저항 상태에 따라 기존 암석보다 두드러져 보이기도 하며 골을 형성하기도 한다. 또한 색, 풍화정도, 구조가 다르므로 기존 암석과 쉽게 구별이 가능하다.

암석 애버런치(岩石-, rock avalanche)

높은 산에서 특수한 외적요인의 작용을 계기로 절리면이나 지층의 성층면을 따라 거대한 암체가 분리될 때 발생하는 것으로, 유동성 매스 무브먼트의 여러 종류 중에서 속도가 가장 빠르다. 처음에는 암체가 미끄러지는 형식으로 움직이다가 곧 암설로 부서지며, 부서진 암설은 유동성 운동의 형식을 취하면서 빠르게 흘러내린다.

암석학(岩石學, petrology, petrography)

암석학이란 지표를 구성하고 있는 고체물질인 암석의 성질을 연구하고 생성조건을 탐구하는 학문이다. 암석의 기원과 역사, 광물조성, 조직과 구조, 분류 등을 규명하려는 것이다. 암석학은 지질학의 바탕이 되는 학문이기도 하다.

암석은 화학성분을 기준으로 산성암, 중성암, 염기성암으로 구분할 수 있다.

산성암(酸性岩, acidic rock)은 66% 이상의 실리카(SiO_2)를 포함하는 화성암으로 대표적인 것이 화강암과 유문암이다.

중성암(中性岩, intermediate rock)은 화성암 중에서 규장질(산성)암과 고철질(염기성)암의 중간에 해당하는 성분의 암석으로서, 성장암과 섬록암과 같이 실리카(SiO_2)를 54~65% 포함하는 암석을 가리킨다.

염기성암(鹽基性岩, basic rock)은 실리카(SiO_2)의 함량이 비교적 적은(45~52%) 화성암으로 반려암과 현무암이 이에 속한다.

암염돔(岩鹽-, salt dome, salt plug)

암염체가 암석층 사이로 관입됨으로써 이루어지는 것을 말한다. 암염돔은 고밀도 퇴적암 지층 속에 저밀도의 암염이 주입된 다음, 밀도차에 의해 이 암염 자체가 융기하여 독특한 배사구조를 이루게 된다.

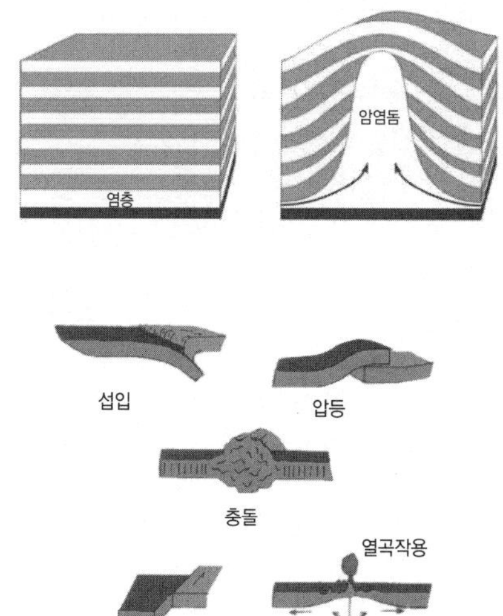

압등(壓登, obduction)

해양 지각의 일부가 대륙 지각 위로 밀려올라가는 현상이다. 주로 오피(誤皮, ophiolite) 연구자들이 생각하는 것인데 실제로 그러한 사실이 일어났는지에 관해서는 분명하지 않다.

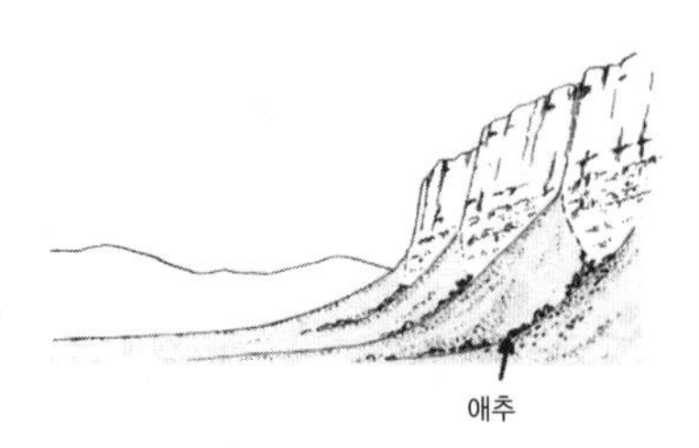
애추

애추(崖錐, talus)

중력작용에 의하여 사면에 설형(舌型)으로 형성된 암설 퇴적물을 말한다. 사면 상층부의 노출된 암벽은 절리를 따라 기계적 풍화를 받기 쉬워 암설이 생산되고, 이 암설은 기저부에 퇴적되어 애추를 형성하게 되는데 이때 암설은 모양과 크기가 일정하지 않으며 각이 져 날카로운 면을 갖는다.

애추사면은 안식각을 이루며 퇴적되어 가고 이곳에는 식물이 잘 자라지 못한다.

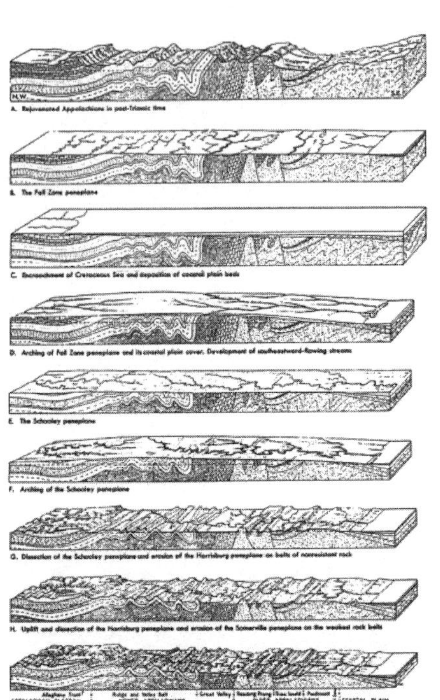

애팔래치아식 기복(Appalachian relief)

애팔래치아 산맥에 발달해 있는 모든 습곡지형을 말한다. 준평원 상태에 도달해 있는 평탄화된 기복은 후에 지각변동이 일어나게 되면 다시 침식윤회를 시작하게 된다. 국지적인 지반의 융기로 하천이 회춘하여 침식이 재개되면 쥐라식 기복 단계에서 볼 수 있는 습곡지형들이 다시 발달하게 된다.

양배암

양배암(Roche moutonnee)

빙하로 인하여 마멸된 기반암 돌출부를 말한다. 빙하의 상류측은 마식으로 인하여 둥글고 매끈하며 흙이 없어 경사가 완만하고 찰흔이 남아 있다.

빙하의 하류측은 굴식으로 인하여 면이 거칠고 급경사를 이뤄 상류와는 대조적이다. 멀리서 보면 양 떼의 등을 쳐다보듯이 흰 부분이 보인다고 하여 양배암이라고 한다.

역단층(逆斷層, reverse falut)

정단층의 상대어이다. 단층의 상반이 상대적으로 하반위로 밀려 올라가는 상태를 말한다. 이것은 횡압력에 의해 지각이 압축되어 상반이 솟아 오른 것이다.

역단층

역암(礫岩, conglomerate)

지름 2㎜ 이상의 둥근 암편들로 이루어진 고화(固化)된 퇴적암을 말한다. 역암은 흔히 각진 암편들로 이루어진 각력암과 대조되며, 구성물질들의 평균크기에 따라 잔자갈(세립질)·왕자갈(중립질)·표력(조립질) 역암으로 나뉜다. 또한 역암은 자갈에 나타난 암상의 범위, 분급 정도, 기질(基質)의 조성에 기초하여 분류된다. 이러한 분류기준은 각각 성인적(成因的) 의미를 갖는다.

연안류(沿岸流, longshore current)

해안의 출입이 그다지 심하지 않은 직선상의 해안에서 파랑이 비스듬히 접근할 때에 파랑의 굴절현상에 의해 해안과 평행하게 흐르는 해류를 말한다. 해안과 평행하게 흐르는 연안류는 쇄파대 내에서 해저의 모래나 잔 자갈 등을 다양한 형태로 운반하기도 한다. 이러한 작용에 의해 사빈·사주·사취 등과 같은 퇴적지형을 발달시키기도 한다.

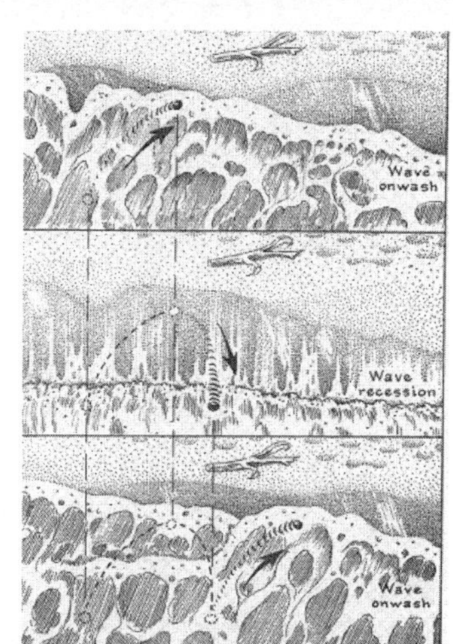

열곡(裂谷, rift valley)

경사이동단층 또는 정단층들 사이에 있는 지각의 일부가 함몰되어 형성된 긴 계곡이다. 이러한 단층은 단층면 상부의 암석이 하부의 암석에 비해 상대적으로 아래로 이동되어 생긴 육지 표면의 갈라진 틈이다. 일반적으로 열곡은 좁고 긴 계곡으

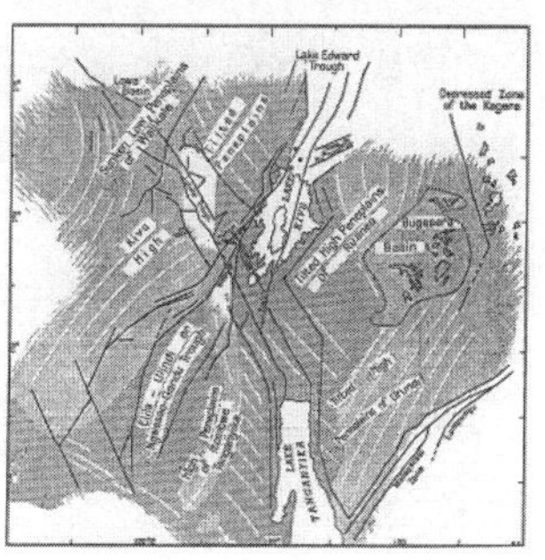

로, 그 길이는 수백km에 이른다. 바닥은 주로 화산 기원물질의 퇴적과 바다나 호수에 의한 퇴적작용 때문에 비교적 평탄하다. 측면은 계단이나 단구(段丘)의 형태로 가파르게 비탈져 있고, 가장자리의 기복은 수천m에 이르기도 한다.

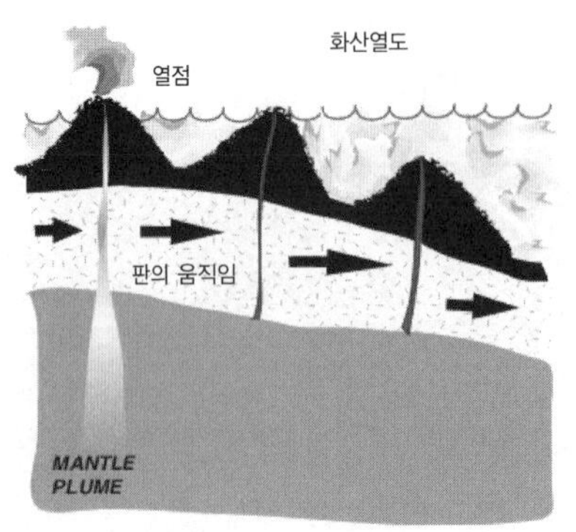

열점(熱點, hot spot)

지구상의 대규모 화성활동 및 변성작용의 유형인 발산, 수렴, 변환단층 외의 화성활동이 판(板)의 내부의 여러 곳에 일어나는 지점을 열점이라고 한다. 태평양 판 내부에 있는 하와이가 대표적인 예라고 할 수 있다.

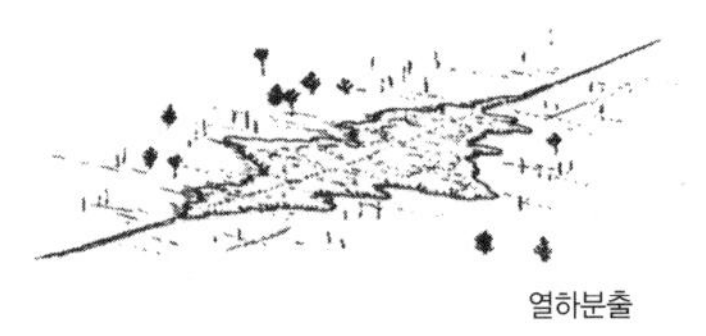

열하분출(裂罅噴出, fissure eruption)

용암이 열하를 따라 분출되는 상태를 말한다. 지각에는 많은 균열 즉 열하를 갖는데 대량의 현무암질 용암이 조용히 흘러나와 물처럼 흐르면서 넓게 퍼진다. 이와 같은 분화를 아이슬란드식 분화라고도 하는데 이 분화가 대규모로 반복되면 컬럼비아대지나 데칸고원과 같은 거대한 용암대지가 형성된다.

염풍화(鹽風化, salt weathering)

염류에 의해 암석이 부서지는 것을 말한다. 암석을 포화시킨 물이 마르게 되면 많은 염(鹽)이 절리와 광물 입자의 경계를 따라 쌓이게 된다. 이 염류가 수분을 흡수하면서 팽창할 때 풍화가 일어나게 되는 것이다. 염풍화가 일어나기 위해서는 염류의 공급이 계속 이루어져야 하고 공급된 염류가 집적될 수 있도록 바람과 비로부터 그늘진 곳이어야 한다.

엽리(葉理, foliation)

결정편암(結晶片岩) 등에서 흔히 볼 수 있는 엷게 벗겨지기 쉬운 구조를 말한다. 결정조각에는 운모나 녹니석 등과 같이 편상(片狀)이나 인상(鱗狀) 광물이 일정한 방향으로 배열되어 편리(片理)를 이루고 있는데, 이것을 따라 암석이 벗겨지는 경향이 있다. 또한 편리면과 일치되지 않는 경우도 있다.

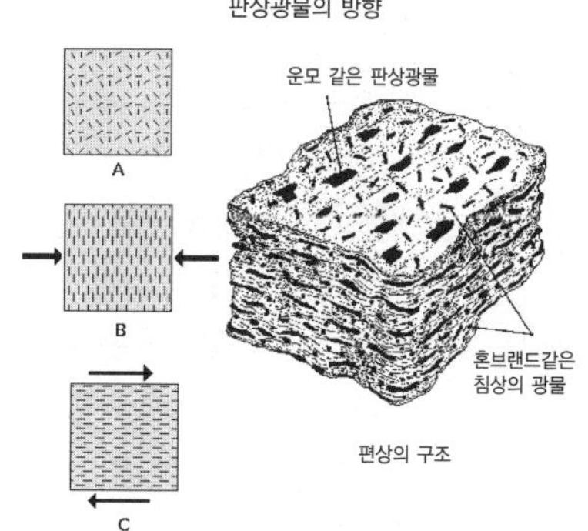

오라이트(oolite)

구상 내지 계란 모양의 석회질 사립(砂粒)이 굳어진 것을 말한다. 각 입자의 중심에는 핵이 있으며, 동심원상의 성장구조를 갖는다. 비슷한 구조의 입자로 두석(豆石)이 있는데, 이것은 입경 2㎜ 이상이 보통이다. 일반적으로 탄산칼슘의 성분을 갖는 것 외에 인산염질의 것이나 함철질(含鐵質)의 것도 있다. 탄산염질 오라이트는 온난한 천해역(淺海域)에 생성되어 있는 경우가 알려져 있다.

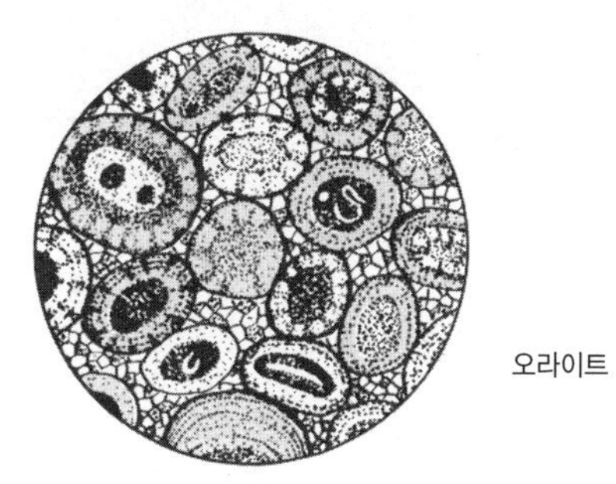
오라이트

옥천지향사(沃川地向斜, Okchon group)

우리나라의 퇴적암층 중에서 오래된 것으로 소백산맥 서사면에 분포한다. 이 지역에 분포하는 퇴적암은 하부의 것은 고생대 전기에 바다 밑에서 형성된 해성층으로 주로 석회암으로 구성된 조선계 지층이며, 상부의 것은 고생대 후기에서 중생대 초기에 걸쳐 얕은 바다와 습지에서 형성된 관계로 습지에 무성했던 식물이 탄화 퇴적된 평안계 지층이 분포한다.

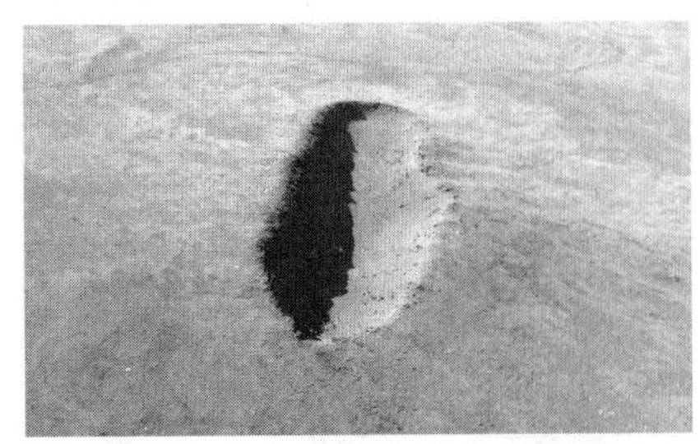

와지(窪地, blowout)

해안사구를 고정시키는 사초(砂草)가 국지적으로 파괴되어 바람에 의해 침식됨으로써 생긴 움푹 파인 지형을 말한다. 이 와지에서 불려나온 모래는 말굽 모양의 U자형 사구를 만든다.

용암대지(溶岩臺地, lava plateau)

지하의 열곡대(裂谷帶)를 따라 용암이 분출되는 것을 열하분출(裂罅噴出)이라고 한다. 용암대지는 이러한 열하분출에 의해 기본의 지복이 매몰됨에 따라 형성되는 대지를 말한다. 고온의 현무암질 용암은 분출 후에도 오랫동안 유동성을 유지하므로 용암류를 이루면서 멀리까지 흘러갈 수 있으며, 그것은 사방으로 멀리 퍼져 나가면서 기존의 평원을 덮어 용암평원을 형성한다.

용암원정구(鎔岩圓頂丘, lava dome)

온도가 낮고 유동성이 작은 안산암질 내지 조면암질 용암이 분화구 위로 천천히 밀려올라온 후 옆으로 약간 퍼지는 경우에 형성된다. 분화구가 없고 사면의 경사가 대단히 급해서 그 모양이 종과 비슷하여 종상화산(鐘狀火山)이라고도 한다.

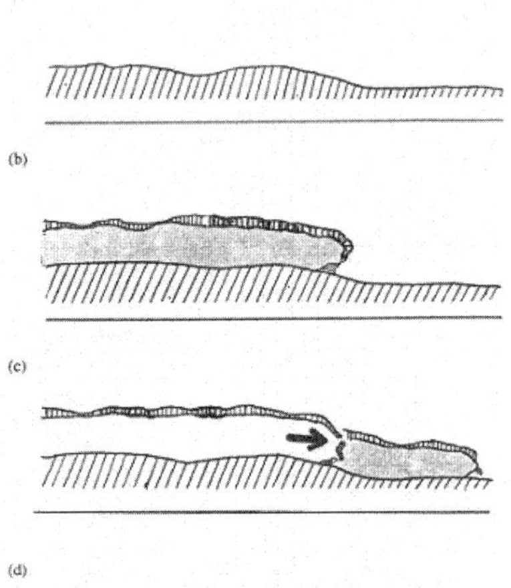

용암터널(溶岩-, lava tunnel)

유출된 현무암질 용암의 표면이 먼저 고결되고 내부에 고온의 액상용암이 들어있을 때, 위로부터 용암이 추가되면 고결된 표부를 뚫고 내부의 용암이 전부 유출되며 공동(空洞)이 생긴다. 이를 용암터널이라고 한다.

우각호(牛角湖, crescent lake, oxbow lake)

하천의 일부가 막혀서 된 호수를 말한다. 자유곡류천에서 하도의 만곡(彎曲)이 커짐에 따라 물의 흐름은 점차 원형에 가까워지게 된다. 그러다가 어느 순간 홍수로 갑자기 물이 불어나서 물의 흐름이 빠르고 높아지면 원형의 휜 곳이 시작하는 잘록한 부분은 터지고 지름길의 새로운 수로가 생기면서 기존의 원형의 하천은 고립되어 반달 또는 '소의 뿔' 처럼 휜 모양의 호수가 남는다. 이렇게 형성된 우각호는 작은 입자의 퇴적물을 채우고 습지로 변했다가 결국엔 사라지고 만다.

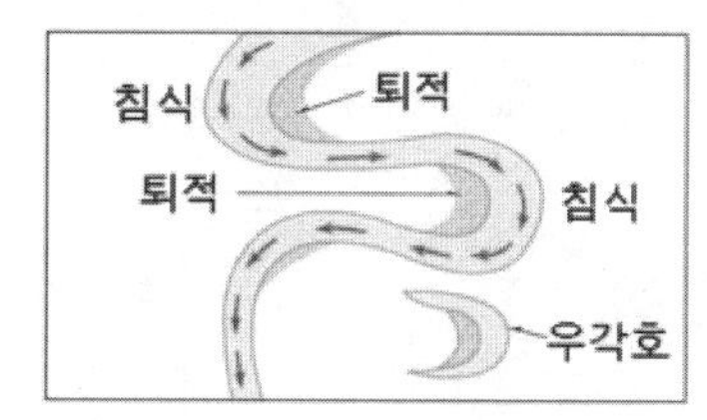

우곡(雨谷, gully)

우곡은 빗물의 침식작용에 의해 형성되는 지형으로 골짜기의 모양을 갖추었으나 비가 많이 내릴 때에만 물이 흐르고, 지면이 갈라진 정도에 불과하여 우열(雨裂)이라고도 부른다. 전형적인 우곡은 단면이 V자형으로서 양쪽 사면이 매우 가파르며, 비고결(非固結)퇴적암인 제3기층이나 기반암의 두꺼운 풍화층에 잘 발달한다.

우상균열(羽狀龜裂, pinnate fracture)

단층이 형성될 때는 주단층선을 중심으로 암층의 위치이동이 있게 마련인데 이때 그 주변에는 규모가 작고 섬세한 균열이 생기게 되며 이를 우상균열이라 한다.

운모(雲母, mica)

운모(雲母, mica)는 완벽한 판상의 쪼개짐을 가지는 특정한 규산염 광물들에 대한 총칭이다. 대부분의 운모는 단사정계이며 육각 판상의 결정형을

가지고 돌비늘이라고도 한다. 완벽한 판상의 쪼개짐은 운모의 특징적인 층상의 원자배열 때문이다. 운모는 화성암, 변성암, 퇴적암에 널리 분포한다. 19세기까지 유럽에서는 공급 부족 때문에 운모의 가격이 매우 비쌌는데, 19세기에 아프리카와 남미에서 운모가 발견되면서 그 값이 급격히 내려갔다. 운모는 절연성이 뛰어나고 화학적으로 안정하기 때문에 축전기와 절연체의 원료로 사용된다.

원마도(圓磨度, roundness)

쇄설물의 마모 정도를 가리키는 용어이며, 능과 모서리의 예리한 정도로 표현된다. 입자 모서리의 곡률반경의 평균치와 입자에 내접하는 최대 구의 반경에 대한 비로서 표현된다.

유기적퇴적암(有機的堆積巖)

퇴적분지에 서식하는 동물의 골각이나 껍질 또는 죽은 식물의 유해가 쌓여 암석화(岩石化)된 것으로, 대표적인 암석은 석회, 처어트, 규조토(硅藻土), 백악(白堊), 석탄 등을 들 수 있다.

유색광물(有色鑛物, mafic mineral, ferro-magnesian minerals)

Mg, Fe를 함유하는 녹색, 암록색, 흑색 등 거무스름한 색을 나타내는 것이 특징인 광물이다. 예를 들면 휘석, 각섬석, 흑운모 등이 있다. 화성암의 경우 염기성일수록 유색광물을 많이 함유하고 있다.

육계도(陸繫島, land-tied island)

대륙(또는 큰 섬)에서 떨어져 있던 해안 근처의 섬이 가느다란 사주, 또는 삼각형모양의 첨상사취(cuspate spit)라 불리는 모래지형의 발달에 의해 육지로 이어지는 섬을 말한다.

육계사주(陸繫砂洲, connecting bar, tombolo)

육지와 섬을 연결하는 1개 또는 2개 이상의 사력(沙礫) 퇴적지형을 말하며, 톰볼로라고도 한다. 1개의 사주로 연결된 단일 육계사주와 2개의 사주로 연결된 2중 육계사주, 여러 개의 사주로 연결된 복합 육계사주, Y자형 사주로 연결된 Y자 육계사주 등이 있다. 2개 이상의 사주 사이에는 석호(潟湖)나 저습지 등을 볼 수 있다.

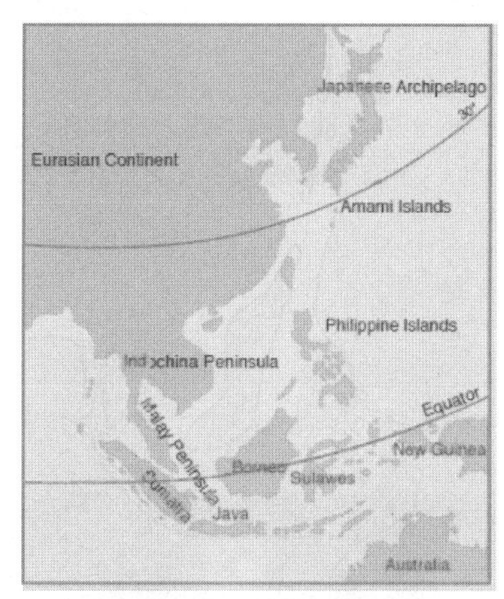

육도(陸島, continental island)

원래 육지의 일부였으나 해수면 상승이나, 육지의 침강 등으로 인하여 주로 산지의 일부가 섬으로 변한 것을 의미한다.

이류(泥流, mudflow)

토석류(土石流)의 한 극단적인 형태로서 역(礫)이나 점토 물질로 구성된 흙물이 급속히 흐르는 것을 말한다. 그 유동성은 매우 커서 시속 100~1000m나 되며 이는 하천의 유속에 가까운 것이다. 호우(豪雨)가 내리거나 얼어붙은 땅의 지표 부근만 급히 녹을 때 산지의 표토가 물을 머금게 되고 이 표

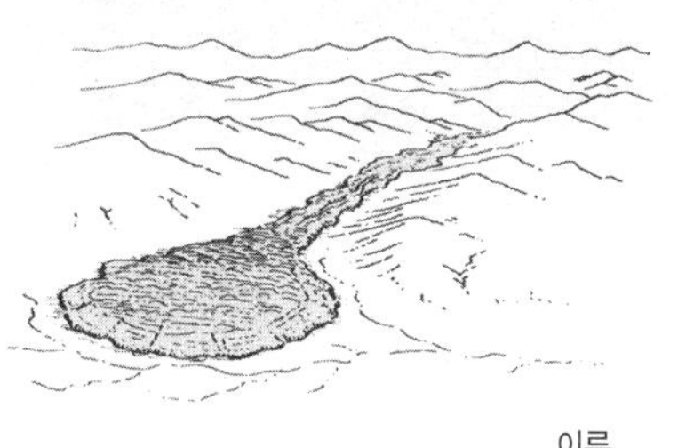

이류

토는 사면을 흘러내려 골짜기를 따라 하천처럼 흐르게 된다. 이것은 유수(流水)와는 관계없이 자체의 무게와 중력 때문에 흐르는 것이므로 매스 무브먼트에 속한다.

화산회(火山灰)로 덮인 화산의 산록에서 호우가 내릴 경우 화산회가 물로 포화되면서 흘러내려 이류를 형성하기도 한다.

이수해안(離水海岸, emerged coast)

지반의 융기나 해수면의 하강에 의해 해저면이 노출된 해안을 말한다. 현재 대부분의 이수해안은 지난 플라이스토세 때 거대한 빙상이나 빙모로 덮였던 지역이 빙하의 후퇴에 의해 지반의 융기율이 후빙기 해수면 상승률보다 빨라 지반이 상대적으로 융기해서 형성된 것이다. 이수해안의 특징은 현재 해수면보다 고도가 높은 곳에 과거의 구정선과 그 주변에 해식지형들이 남아 있고 그 전면에는 퇴적물로 엷게 덮인 평탄한 해안평야와 지반의 간헐적인 융기나 해수면 변동에 의해 형성된 해안단구가 분포하는 경우가 많다.

이탄(泥炭, peat)

화본과식물 또는 수목질의 유체가 분지에 두껍게 퇴적하여 생물화학적인 변화를 받아서 분해되거나 변질된 것이다. 석탄의 한 종류이지만, 지표에서 분해작용을 받아서, 일반적으로 석탄과 구별된다. 이탄은 석탄처럼 지하에 매몰된 수목질이 오랜 세월 동안에 지압(地壓)과 지열작용(石炭化作用이라고 한다)을 받아 생성된 것과는 달리 앞에서 말한 식물질의 주성분인 리그닌 · 셀룰로오스 등이 주로 지표에서 분해작용을 받은 것이다.

입상붕괴(粒狀崩壞, granular disintegration)

기반암이나 큰 암괴가 모래알 크기의 조암광물로 부서지는 것을 말한다. 화강암과 같은 조정질암석(粗晶質岩石)이 풍화작용을 심하게 받으면 장석과 운모는 대부분 점토로 변하고, 석영은 가수분해에 대한 저항력이 강해서 모래알 크기의 원형대로 남는다.

ㅈ

자분정(自噴井, flowing well,artesian flowing)

지하의 불투수층 사이에 존재하는 지하수가 지표로 분출하는 우물로 피압대수층의 피압도가 높고 정수면이 지표면보다 높은 위치에 있을 때 나타난다.

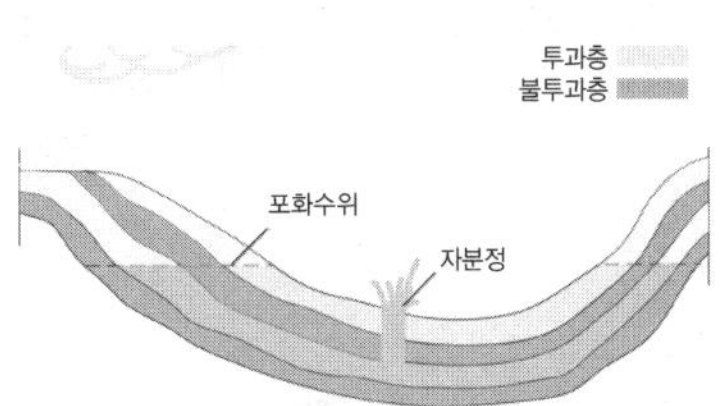

자분천(自噴川, artesian spring)

지하수가 지표면보다 높은 수두압(水頭壓)에 의해 지표로 용출하는 하천을 말하며 중력천과 상대적인 개념이다.

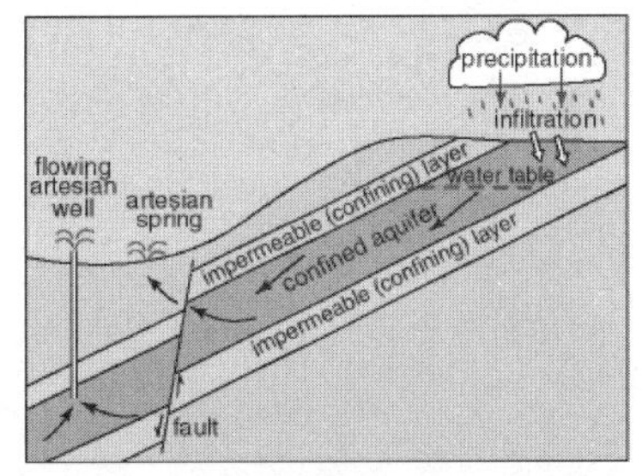

자연교(自然橋, natural bridge)

석회동굴이 발달한 후에 해체되는 과정에서 천장이 무너져 천장의 일부가 좁게 남아 형성된 다리 모양의 지형이다.

자연제방(自然堤防, natural levee)

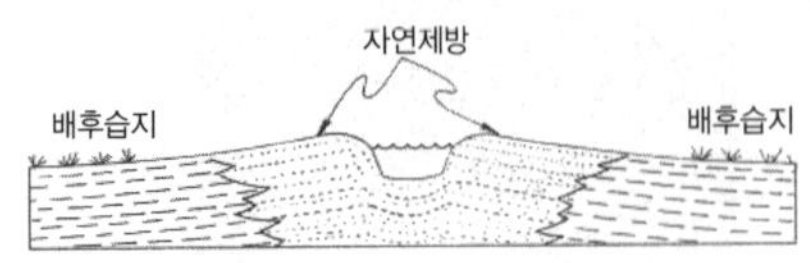

하천 상류로부터 운반되는 토사가 홍수 시의 범람으로 인해 하천 양안을 따라 길게 퇴적된 지형을 말한다. 하도와 가까워 홍수 시에 조립물질이 퇴적되며 침수의 피해가 적고 배수가 양호하다.

장석(長石, feldspar)

조암광물 중에서 가장 흔하며 지각을 구성하는 광물의 50% 이상을 차지하고 입체상으로 나타나는데 정장석과 사장석으로 구분할 수 있다. 광물의 색은 정장석인 경우 백색, 회색, 홍색을 띠고 사장석인 경우 무색, 백색, 회색을 나타내며 조흔색은 둘 다 백색이다. 비중은 정장석이 2.5~2.6, 사장석이 2.6~2.72이고 경도는 모두 6이다.

저반(底盤, batholith)

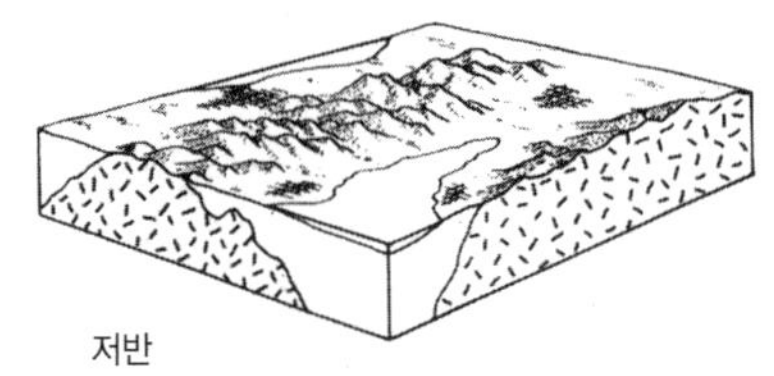
저반

주로 조산대의 중심부에서 관찰되는 대규모의 화강암질 관입암체에 대해서 쥐스(E. Suess, 1888)가 명명한 용어이다.

저반은 일반적으로 조산대의 방향으로 신장되고 암체의 유동구조가 주위의 암층에 거의 평행한 조화성 저반(쥐스형 저반)과 사행하는 비조화성 저반[달리(Daly)형 저반]이 있다.

적재하(積載河, superposed stream)

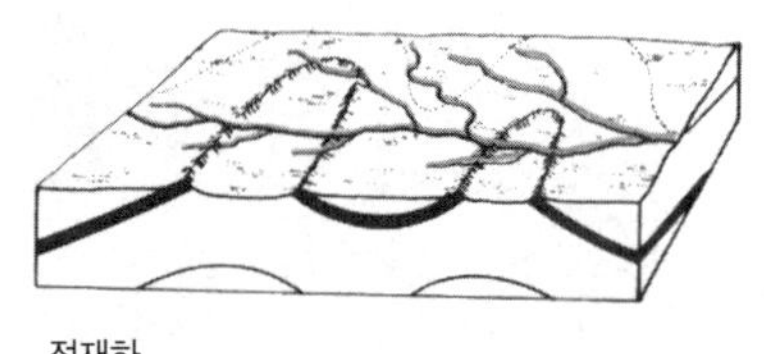
적재하

지질구조의 영향을 받지 않고 흐르는 하천을 말한다. 지반이 융기하고 피복 퇴적층이 전부 제거된 뒤에도 원래의 유로(流路)를 따라 흐르는 하천으로 표생하(表生河)라고도 한다.

미국 동부의 애팔래치아 산지의 허드슨(Hudson)강, 델라웨어 강, 포토맥 강 등이 대표적인 예이다.

적평형작용(aggradation)

각종 지형형성기구는 침식 및 퇴적 작용을 통하여 지표를 평형에 도달하게 하는데 이를 평형작용이라고 한다. 평형작용은 외적작용과 같은 것으로 지표면을 낮추는 삭평형작용과 지표면을 높이는 적평형작용으로 나눈다.

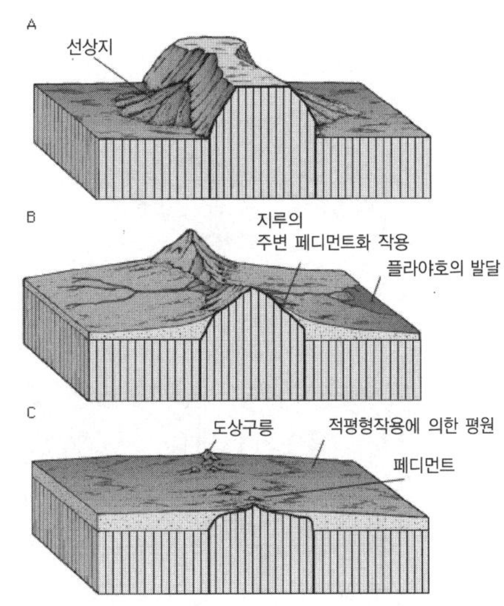

절리밀도(joint density)

노두에 발달한 절리의 밀집정도를 말하며, 단위면적내에 분포하는 절리의 총길이로서 표시된다.

절봉면(切峰面, summit level)

산지에서 산정에 접하는 가상적인 곡면을 말하며 복잡한 산지지형을 개관하는 경우에 많이 사용된다. 절봉면을 사용하여 만든 지도를 절봉면도라고 한다.

점이층리(漸移層理, graded bedding)

퇴적층의 각 층리에 있는 퇴적물질의 입자가 기저부의 조립질에서 상층부의 세립질로 점점 변화해가는 층리의 형태를 말한다. 이는 운반물질인 유수의 유속의 점차 감소하기 때문이다.

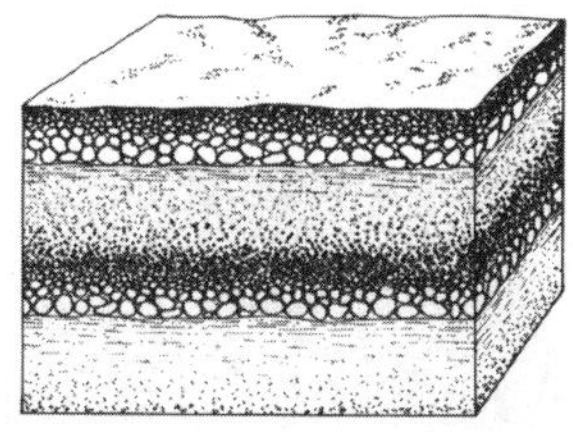

점이층리

점토(粘土, clay)

지름 0.004㎜ 이하의 미세한 토양입자를 말한다. 암석이 풍화와 분해가 되고 난 뒤에 남은 Si와 Al이 물과 결합하여 점토광물을 이룬다. 점토의 함량이 높은 토양을 식토라 한다.

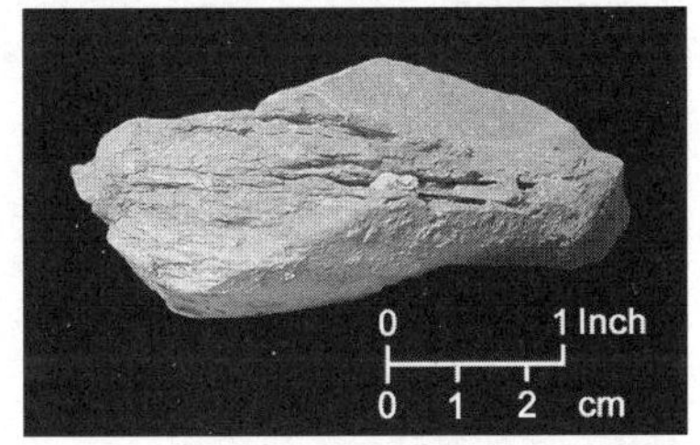

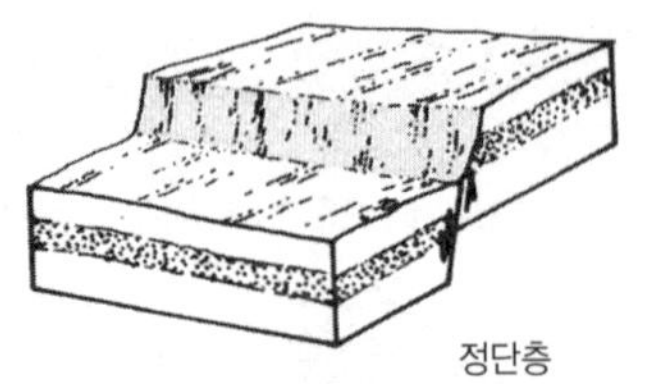

정단층

정단층(正斷層, normal fault)

단층을 상반(上盤)과 하반(下盤)의 이동방향에 의해 분류했을 때 상반이 하반에 대해 상대적으로 떨어져 내린 단층이다. 지각 융기부가 중력에 의해 함락(陷落)되어 정단층이 형성되는 경우가 있어 중력단층(gravity fault)이라고도 한다.

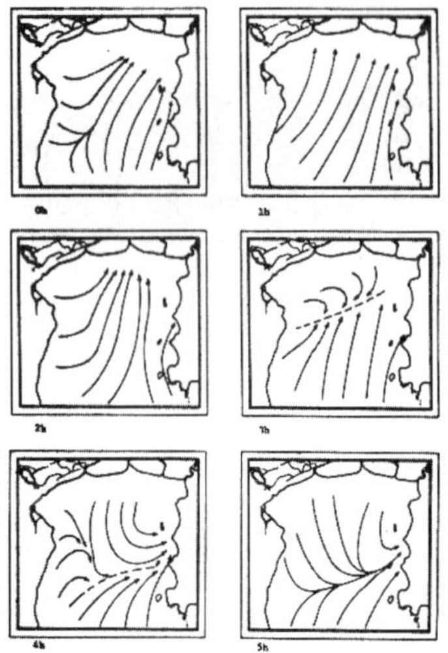

조류(潮流, tidal current)

기조력(起潮力)에 의해 일어나는 해수의 흐름을 말한다. 1일 2회의 만조와 간조가 일어나고 이로 인해 해수가 수평 방향으로 이동하여 발생한다. 조차가 클수록 조류의 유속은 빨라진다.

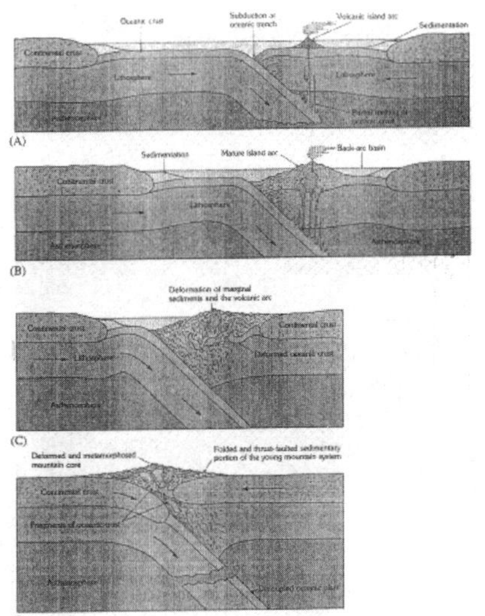

조산대(造山帶, orogenic belt)

습곡과 단층작용을 받은 지층이 길고 좁은 산맥을 이루고 있는 것을 말한다. 지판과 지판의 충돌이 일어나는 지역으로 화산대, 지진대와 일치하며 지각이 불안정한 특징이 있다. 환태평양조산대, 알프스-히말라야조산대가 대표적이다.

조산운동(造山運動, orogenic movement, orogeny)

산지를 형성하는 운동을 말하며 조산대에서 지판과 지판의 충돌로 인해 주로 나타난다. 습곡, 단층, 요곡, 경동운동과 화산활동 등이 일어나 지층이 변형된다.

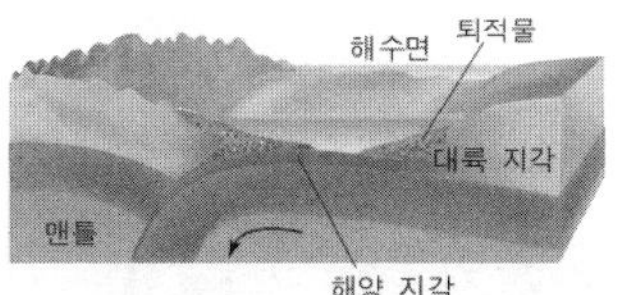

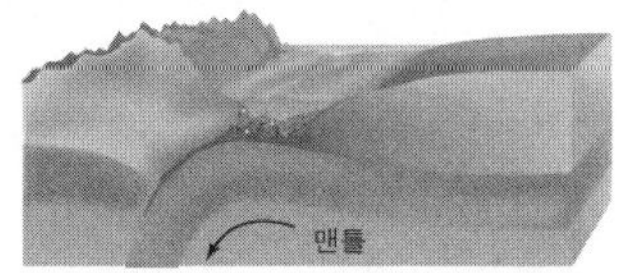

조석(潮汐, tide)

해수면이 하루에 1~2회 정도 주기적으로 승강운동을 하는 것을 말한다. 해수면이 최고일 때를 만조, 최저일 때를 간조라고 하며 주기는 12시간 25분이다.

조암광물(造岩鑛物, rock forming mineral)

암석을 구성하는 광물을 말한다. 규산염광물이 대부분을 차지하며 주성분광물은 석영, 장석, 운모, 각섬석, 휘석, 감람석 등이 있다.

종유석(鐘乳石, stalactite)

좁은 의미로는 석회동굴의 천장에서 아래로 발달하는 일종의 암주를 말한다. 이는 지하수에 용해되어 있는 탄산석회가 동굴 천장부에서 재침전되어 발달하는 것이다. 넓은 의미로는 석회동굴 내부에 발달하는 모든 지형 즉 종유석을 비롯하여 석순, 석주, 석화화 단구 등을 말한다. 후자의 경우는 스펠레오뎀(speleothem)이라고도 한다.

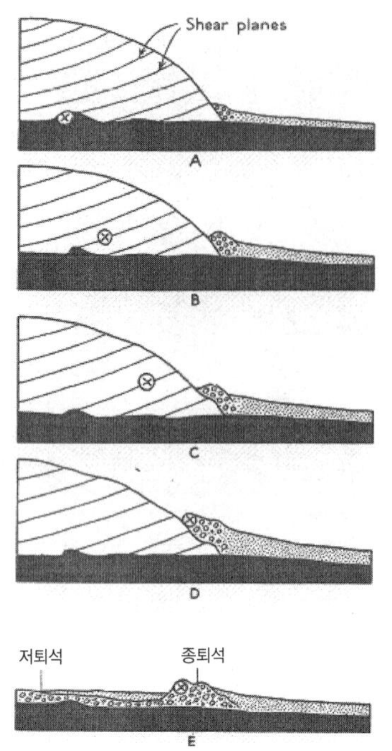

종퇴석(終堆石, terminal moraine)

빙하에 의해 운반되던 암설들이 빙하의 말단에 빙하의 진행방향과 직각인 능선모양으로 쌓여 형성된 언덕을 말한다.

주상절리

주상절리(柱狀節理, columnar joint)

암괴나 지층에 기둥 모양의 절리가 수직으로 형성되어 있는 형태를 말한다. 용암이 분출되어 굳어진 화산암 지역에서 많이 나타나는 현상으로 특히 현무암이 두껍게 덮여 있는 지역에서는 평면형이 6각형인 형태의 주상절리가 수십m의 높이로 발달하는 경우가 있다. 이들 지역에서는 절리면을 따라 암주들이 쉽게 풍화되어 제거되므로 급애를 이루며 특히 하안이나 해안에서는 이 급애면 상에 폭포가 발달하기도 한다.

주빙하(周氷河, periglacial)

시 · 공간적으로 빙하의 주변이라는 것과는 무관하게 넓은 범위의 한랭한 기후조건과 관련된 것으로 지표에 동결과 융해의 반복이 빈번하며 영구동토층이 존재하는 특징이 있다.

주향(走向, strike)

성층면이나 단층면과 같은 구조적인 면과 수평면이 만나서 이루는 교선의 방향을 말한다. 주로 크리노메터를 사용하여 북쪽을 기준으로 측정한다.

주향이동단층(strike slip falut)

단층운동의 한 종류이다. 단층으로 인한 양 지괴의 운동이 상하운동이 아니고 수평으로 이동하는, 즉 주향선(走向線)을 따라 이동하여 지층이 서로 엇갈리는 단층을 말한다.

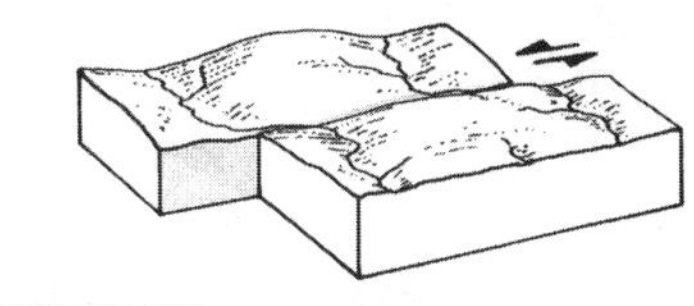

주향 이동 단층

준장석(準長石, feldspathoid)

알칼리 화성암 중 특히 SiO_2가 부족한 암석에서 장석 대신 포함된 규산염광물을 총칭하는 용어이다. 칼륨과 나트륨의 알루미늄 규산염광물로서 화학조합은 장석과 유사하며 3차원의 입체망 구조를 구성한다.

준평원(準平原, peneplain)

데이비스(W. M. Davis)의 지형윤회설(地形輪回說)에서, 원지형이 하천의 침식작용에 의해 평탄화된 저기복의 파랑상 종말지형이다. 데이비스는 이러한 지형이 주로 온난습윤기후 지역에서 형성된다고 설명하고 있다. 평탄한 준평원 상에는 차별침식의 산물로서 잔구 형태의 낮은 산지들이 산재한다. 과거의 준평원이 퇴적층 등에 피복되어 있는 것을 화석준평원이라 하며 퇴적층이 삭박되면 지표에 노출된다. 형태상 준평원과 유사한 지형으로는 페디멘테이션에 의해 형성된 건조지역의 페디

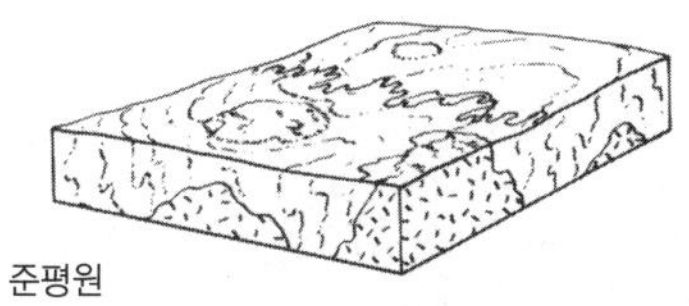

준평원

플레인(panplain), 엣칭(etching)에 의해 형성된 엣치플레인(etchplain) 등이 있다.

중앙퇴석

중앙퇴석(中央堆石, medial moraine)

두 개의 곡빙하가 합류하게 될 경우, 각 곡빙하의 안쪽을 따라 측퇴석(側堆石)이 합류하여 발달하는 가늘고 긴 퇴석열을 말한다.

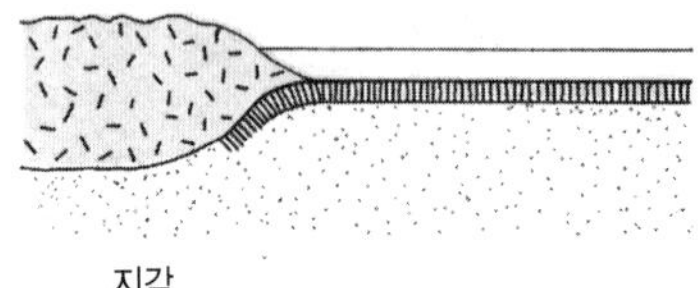
지각

지각(地殼, earth curst)

지구 표면의 암석으로 둘러싸여 있는 일종의 지구 겉 껍데기를 말한다. 대기와 접하고 있는 층으로 시알(sial) 또는 암석권 등으로 불리는 등 다소 불분명하게 정의되어 왔다. 현재는 지표에서 모호로비치불연속면까지의 깊이를 지각이라 부른다. 지각의 두께는 대륙에서 약 30~40km 정도, 대양에서 5~10km 정도이다. 대륙지각은 상부의 두꺼운 화강암질 층으로 되어 있고 그 하부에 약 5km 정도의 얇은 현무암질 암층으로 이루어져 있으며, 대양지각은 비고화된 퇴적물 아래로 역시 약 5km 두께의 현무암질 암층으로 구성되어 있다. 지금까지 알려진 최고의 지각 나이는 약 35억 년이 된다.

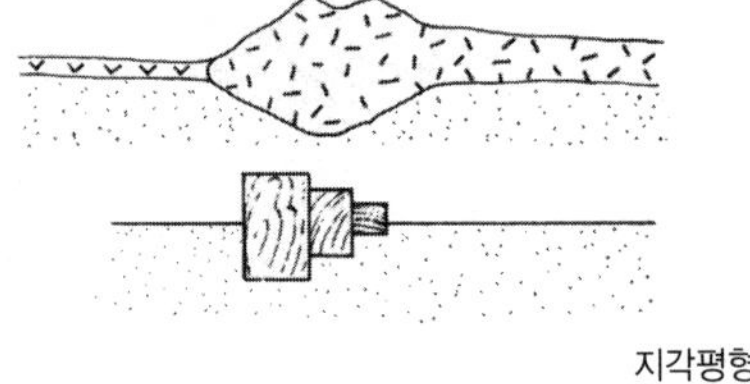
지각평형

지각평형설(theory of isostasy)

일명 지각균형설이라고도 한다. 지각의 각 부분은 각각 다른 비중을 가지고 있어서 두꺼운 부분 지각의 요철을 이루는데 이들은 어떠한 큰 지각변동 없이 자연스럽게 균형을 맞추어 나가고 있다는 이론이다. 인디아의 플레트(Pratt)와 영국의 에어리(G. B. Airy)에 의해 제기된 이론이다. 지각의 모든 부분의 비중이 같다면 지구상 모든 지점의 중력값은 같을 것이나, 실제 계산을 해보면 높은 산지에서의 중력값은 실제와 차이가 나는데 이것은 산지를 이루는 지각의 비중이 보다 낮아 그 산맥의 뿌리 즉 지하의 체적 만큼 지표 위로 솟아 올라와 있는 것이고 보다 낮은 평지나 대양저의 지각은 보다 비중이 높기 때문에 역시 그 뿌리의 체적 만큼 솟아 있다는 것이다. 즉 크고 작은 얼음 덩어리를 물에 넣었을 때 그 모양을 보면 수면 위로 나타난 체적이 큰 것 일수록 수면 아래의 체적도 역시 큰 것을 알 수 있는데 지구에서도 지각의 아래 부분은 유동성의 맨틀이므로 고체인 지각의 평형상태가 유지될 수 있을 것 이라고 보는 이론이다.

지구(地溝, graben, rift valley)

단층 운동의 결과 지각의 일부는 융기하고 일부는 하강하여 양측의 단층애 사이의 중앙부에 지괴가 내려 앉아 형성된 지형이다. 대부분은 폭이 넓은 곡(谷)을 형성한다. 이러한 지구가 길게 연속되어 나타나는 것을 지구대라고 한다. 세계적인 예로는 라인 지구대, 요르단~사해 지구대(地溝帶), 동아프리카 지구대 등이 있으며 우리나라의 경우 길주~명천 지구대, 형산강 지구대 등이 알려져 있다.

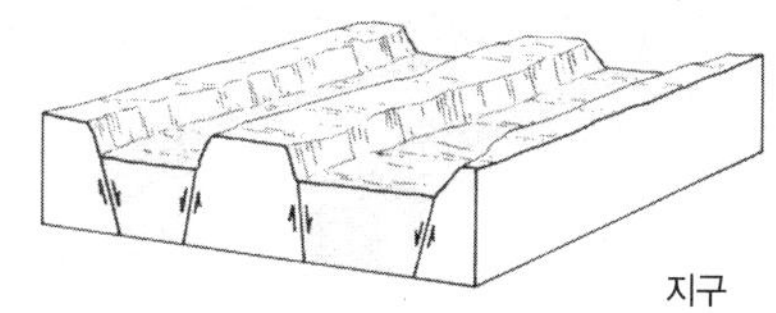

지구

지루(地壘, horst)

단층운동의 결과, 지각의 일부는 상대적으로 높아지거나 낮아져서 단층지괴(斷層地塊)를 형성하는데 평행상의 두 단층에 의해 중앙부의 지괴가 올라가고 양쪽의 지괴가 내려갔을 때 중앙부의 지괴를 지루라고 한다.

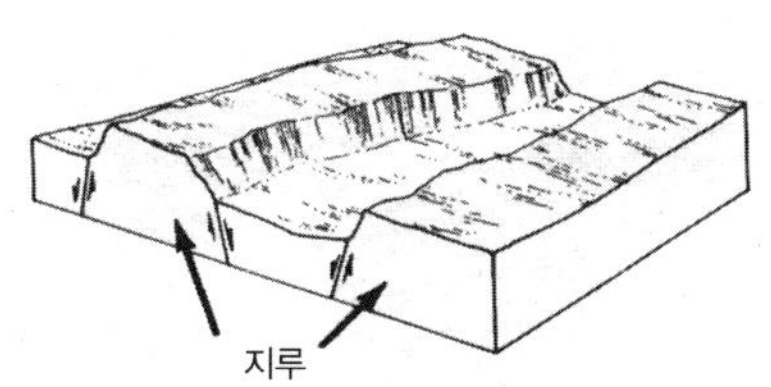

지사학(地史學, historical geology)

지질학 연구로 얻어진 객관적인 사실을 종합하여

지구의 역사를 편찬하는 학문이다. 동일과정의 법칙, 지층누중의 법칙, 동물군천이의 법칙, 부정합의 법칙, 관입의 법칙 등이 지사학의 5대 법칙이다.

지질시대(地質時代, geologic time)

지구가 형성된 후 지질학적으로 연구할 수 있는 지구의 역사를 말한다. 지질작용이 시작된 것은 지구에 수권, 기권, 암권 및 내권의 층상구조가 형성된 이후이다.

지층누중의 법칙(Law of superposition)

지구상에 있는 지층 중에서 아래쪽에 있는 지층이 위의 것보다 먼저 퇴적되었다는 것을 말하며 이를 바탕으로 지층을 서로 대비하고 동정하는 데 중요한 증거가 된다.

지하수면

지하수면(ground water table)

지하 암석의 공극이 물로 가득 찬 포화대의 상한으로 통기대와 경계면을 이루는 곳이다. 대체로 지하수면은 지표의 구배와 비슷한 구배를 갖고 있다. 지하수면의 위치는 지하수위를 측정하는 데 매우 중요한 기초가 된다. 즉, 우물의 수면 위치를 측정하는데 지면으로 부터의 깊이를 측정하여 지하수면의 표고를 구하고, 이런 방법으로 여러 지점을 측정, 표고를 이으면 지하수면의 형태나 지하수의 유동 방향 등을 알 수 있다. 다우지에서는 지하수면이 지표 가까이 있고 건조지에는 또한 강수량의 계절적 변화에 의해서도 지하수면은 변화한다.

진앙(震央, seismic epicenter)

지진이 일어난 곳(震源) 바로 위쪽 지표 지점을 말한다.

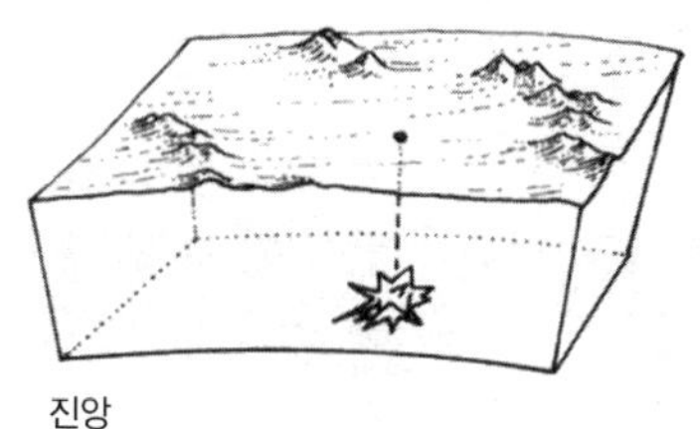

진앙

지향사(地向斜, geosyncline)

지각의 일부가 침강하여 퇴적암과 화산암이 수 ㎞의 두께로 쌓이는 퇴적분지를 말한다. 지향사의 개념은 Hall(1859)이 처음 제시하였으며 Dana (1873)가 명명하였다. 지향사는 지각의 지구조운동과 관련된 것으로 생각되었고 조산운동과 지향사 퇴적작용과도 관련 있는 것으로 생각되었다.

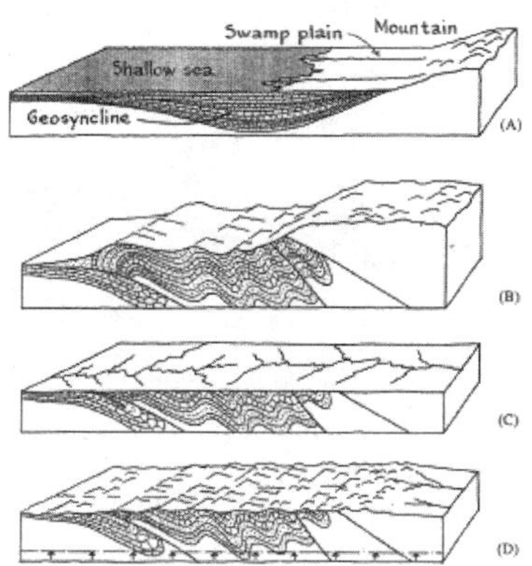

지형형성작용(geomorphic process)

지형을 발달시키는 작용을 말한다. 유수, 빙하, 바람, 파랑 등의 기구 등에 의해 지각의 외부에서 일어나는 외적작용과, 지각변동과 화산작용 등과 같이 지구내부의 열에너지에 의해 발생하는 내적 작용으로 구분한다.

차별침식(差別侵蝕, differential erosion)

지역에 따라 지표면의 단단한 정도, 즉 암석의 경연차에 의해서 정도가 달라지는 침식을 말한다. 즉, 풍화와 침식에 대하여 저항성의 차이가 있는 이질의 암석이 병존할 때 그들 사이에서 침식이 불균등하게 진행되는 것을 말한다.

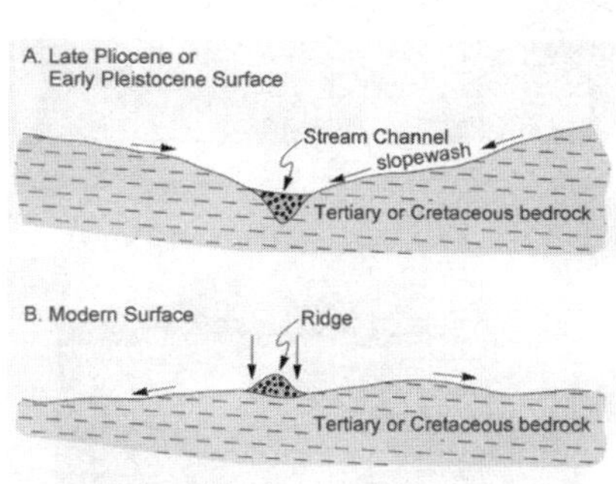

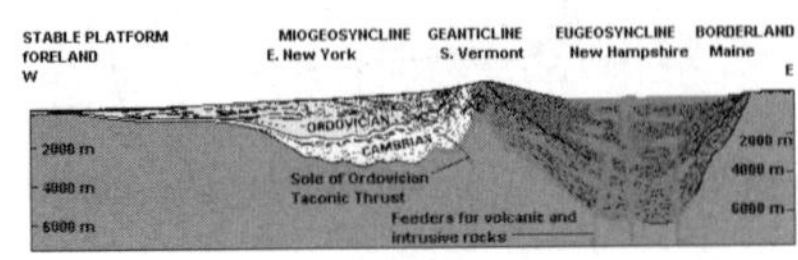

차지향사(次地向斜, miogeosyncline)

정지향사(orthogeosyncline) 중에 크라톤(craton) 가까이에 규칙적으로 침강하는 지향사로서 화산활동을 수반하지 않으며 석회질 퇴적물이 많은 지향사이다.

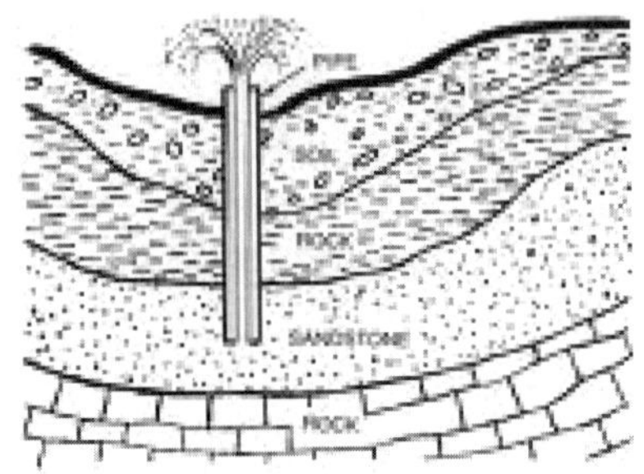

찬정(鑽井, artesian well)

불투수층(셰일층 등) 사이에 끼어 있는 투수층(사암층 등)이 한쪽으로 기울어진 분지구조를 나타내는 지역을 의미한다. 이 투수층은 중생대 이후의 지층이 당시의 내해(內海)나 대호(大湖)에 퇴적하여 이루어진 지하수의 체수층(滯水層)으로서, 상·하위층이 불투수층으로 에워싸여 분지를 이루고 있다. 이 지역에서 불투수층에 구멍을 깊이 뚫어 투수층에 도달하게 하면 투수층 속의 물이 저절로 솟아올라 분출하게 된다. 이렇게 분출하는 우물을 찬정(artesian well)이라고 한다.

찰흔(擦痕, striation, striae)

빙하의 이동에 의해서 암석 표면에 생긴 가느다란 홈 모양의 자국을 말하며 찰흔의 방향을 따라 빙하의 이동방향을 추정할 수 있다. 찰흔이 있는 것은 빙하가 존재하였음을 나타내는 증거가 된다. 또한 찰흔은 빙하작용 이외에 눈사태·산사태·토석류(土石流)·인위적 작용 등에 의해서도 생긴다.

천이점(遷移點, nick point)

여울이나 폭포 등과 같이, 강의 중간에서 강바닥의 기울기가 갑자기 변화하는 지점을 말하며, 급한 기울기가 되는 지점을 천급점(遷急點), 완만한 기울기가 되는 지점을 천완점(遷緩點)이라 한다.

천정천(天井川, raised bed river)

하천바닥이 부근의 평야면보다 높은 하천을 말한다. 토사의 운반이 활발한 하천이나 홍수가 일어나 자연제방이 생겨 토사의 퇴적이 많아지는 등의 작용이 계속되면 하천바닥은 부근의 평야면보다도 높아진다.

천해(淺海, shallow sea)

수심 약 200m 정도의 얕은 바다를 말한다. 거의 대륙붕과 연안대(epicontinental sea)에 국한된 것으로 황해, 발틱 해, 허드슨 만, 멕시코 만 등이 이에 속한다. 해양 환경의 물리적 작용은 주로 파도, 조류, 해류 등에 의해서 나타난다.

최심하상선(最深河床線, thalweg)

하도의 유로를 따라 가장 깊은 곳을 연결한 선을 말한다. 최심하상선은 좌우로 이동하면서 양쪽 하안에 번갈아 가면서 나타난다. 선박의 항해에 이용되는 하천의 수로를 뜻하는 것이다.

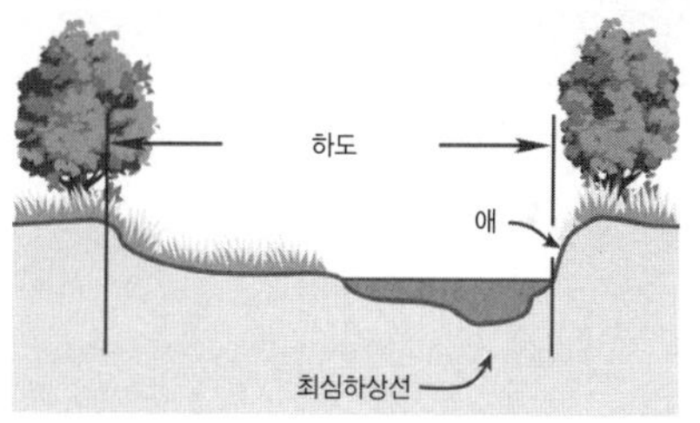

추가령구조곡(楸歌嶺構造谷)

함남 안변군과 강원 평강군과의 도계(현 강원 세포군)에 있는 높이 599m의 추가령을 중심으로 남서 방향으로 뻗어 내린 골짜기를 말한다. 추가령 열곡(裂谷)이라고도 한다. 지형상 · 지질상 남한과 북한을 양분하는 구조선을 이루며, 예로부터 서울과 원산을 연결하는 경원가도(京元街道)였고, 근대에는 경원선이 개통됨으로써 중요한 교통로를 이루었다. 그리고 좌우의 편마암 층에 끼여 있는 연질(軟質)의 화강암층이 북동쪽으로 흐르는 안변의

남대천(南大川)과, 남서쪽으로 흐르는 임진강의 차별침식에 의해 형성된 침식곡이다

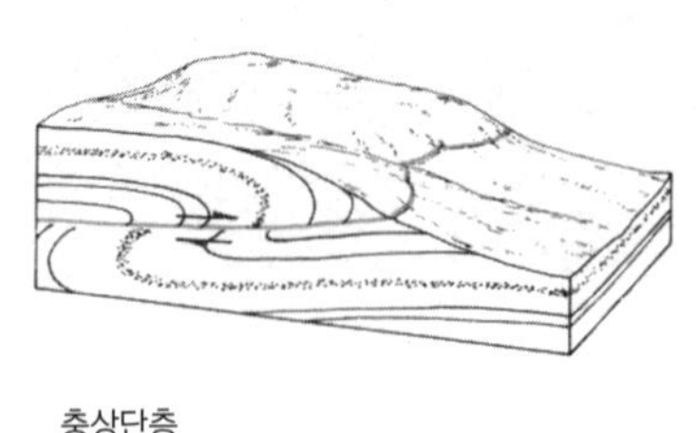
충상단층

충상단층(衝上斷層, thrust falut)

역단층면(逆斷層面)의 경사가 45° 이상인 것을 충산단층이라 한다. 충상단층을 역단층과 같은 의미로 사용하는 경우도 있다.

역단층면의 경사가 45° 이하인 단층은 overthrust fault라고 한다. 고각도(高角度)의 충상단층은 현재 보이는 기복을 증대시키고, overthrust fault는 지질구조를 복잡하게 한다.

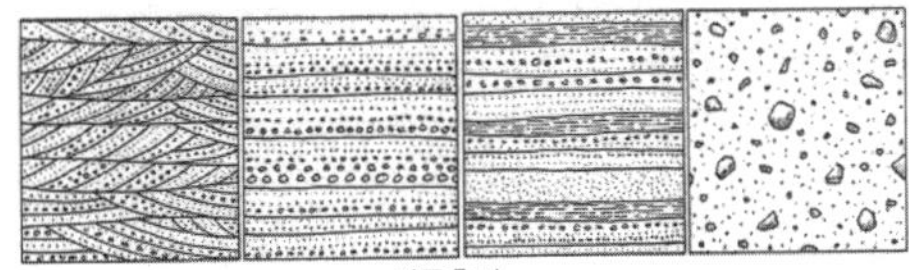
각종층리

층리(層理, bedding, stratification)

퇴적물에서 볼 수 있는 암석의 층상 배열상태를 말한다. 퇴적 과정 중 입자 구성물질의 변화 등으로 광물입자나 암석조각이 층상으로 배열되어 암질(岩質)이 서로 다른 판상 단층(單層)이 겹쳐 있는 것을 말한다. 층리가 생기는 원인으로는 일기 · 계절 · 기후의 변화, 지반의 융기 · 침강, 해면의 변화, 수류(水流)의 변화, 생물 번식 상태의 변화 등을 들 수 있다. 이렇게 해서 생긴 단층과 단층의 경계면을 층리면이라고 한다.

층서학(層序學, stratigraphy)

지층의 복원된 형태 · 배열 · 분포 · 시대순서 · 분류 · 상호관계 · 기원 · 역사 등을 다루는 지질학의 기초적 및 종합적 분과로서, 층위학(層位學) · 지층학이라고도 한다. 층서학의 주 연구대상은 퇴적암이며 화산회 · 용암 · 광역변성암 등 층상의 암석들도 연구대상이 된다. 어떤 지역에서 얻은 지층의 층서나 암상(岩相)을 기반으로 하여 퇴적환경이

나 지사(地史)를 밝히고 다른 지역에서 언은 층서와 대비함으로써 보다 넓은 지역의 지질현상을 알아낼 수 있다.

침수해안(沈水海岸, shoreline of submergence)

육지가 상대적으로 침강하여 생긴 해안으로서, 침강해안(沈降海岸)이라고도 한다. 침수전의 골짜기에 바닷물이 침입하면 익곡(溺谷)이 되고, 산등성이는 반도가 되며, 산괴(山塊)는 섬이 되어, 복잡한 해안선이 생긴다. 그 예로는 복잡한 리아스식 해안, 나팔 모양의 깊은 만(灣)인 에스추어리(estuary) 또는 U자곡이 침수된 피요르를 만든다.

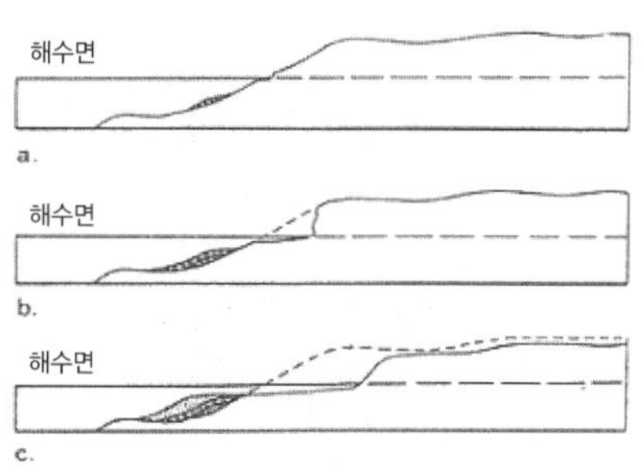

침식기준면(侵蝕基準面, base level of erosion)

침식작용이 정지하는 최저고도를 말한다. 간단히 기준면이라고도 한다. 침식의 최종적인 기준면은 해면(海面)이다. 그러나 하식(河蝕)작용에 있어서는 호수면이, 카르스트 침식이나 풍식(風蝕)작용에 있어서는 지하수면이, 빙식(氷蝕)작용에 있어서는 설선(雪線)의 고도가 국부적인 혹은 일시적인 기준면이 된다.

침식기준면

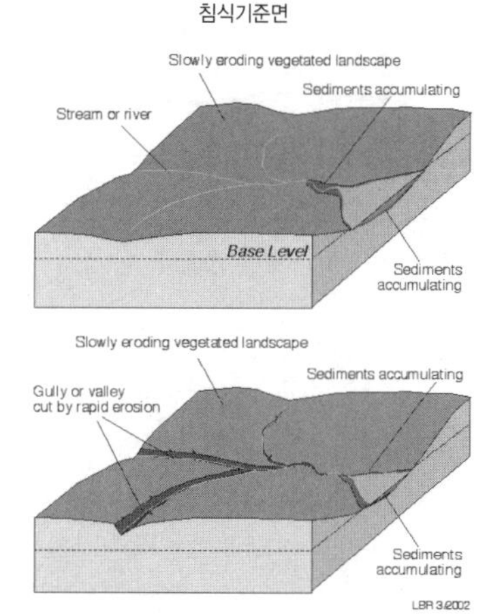

침식단구(侵蝕段丘, erosional terrace)

단구면이 하천의 측각작용에 의하여 평탄화되어 이루어진 단구를 말한다. 하안단구(河岸段丘) 중에서 단구면이 기반암이나 얇은 사력층으로 이루어진 것인 암석단구(岩石段丘)와 같은 의미로 사용하기도 한다. 침식단구의 단구면에는 일반적으로 충적박층(沖積薄層)이라고 불리는 얇은 역층(gravel

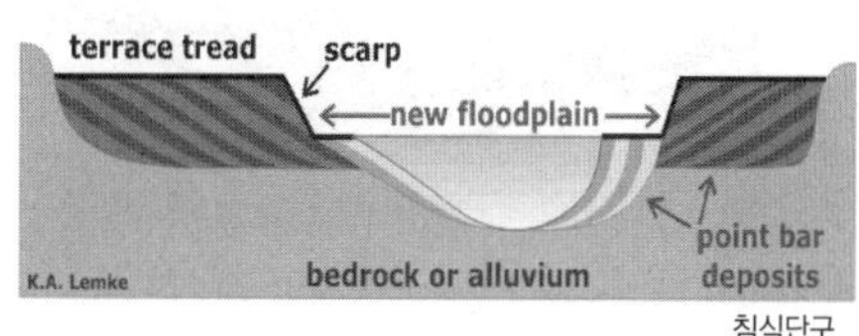

침식단구

veneer)이 있는 경우가 많다.

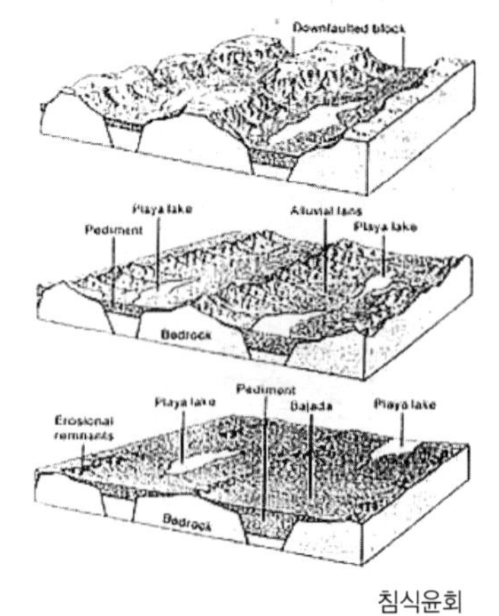

침식윤회

침식윤회(侵蝕輪回, cycle of erosion)

데이비스(Davis, 1889)가 제안한 지형 발달에 관한 개념이다. 새로 융기된 고원(高原)이 유수에 의해 침식을 받으면 기복이 심한 산지로 변하고 결국 평탄한 준평원에 이르는 과정을 하나의 침식윤회라 한다. 그동안 지각변동이나 해수면 변화 또는 기후 변화에 의해 현저한 간섭을 받지 않는다면 침식윤회는 일련의 특이한 수계와 경관을 보여준다.

ㅋ

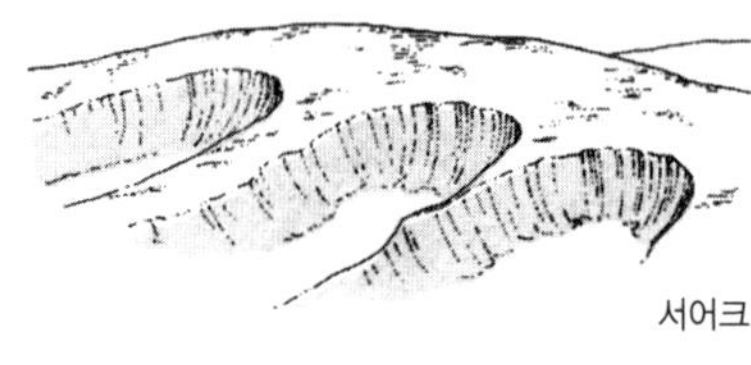
서어크

카르(Kar, cirque)

빙식을 받은 산지의 설선(雪線) 바로 위의 산사면에 발달하는 지형으로 권곡이라고도 한다. 세면은 절벽으로 둘러싸이고 나머지 한 면은 아래쪽으로 트인 반원곡상 모양의 요지(凹地)이다. 빙식곡의 상단부에서 흔히 발견되나 권곡빙하에 의하여 형성되는 것은 독립적이다.

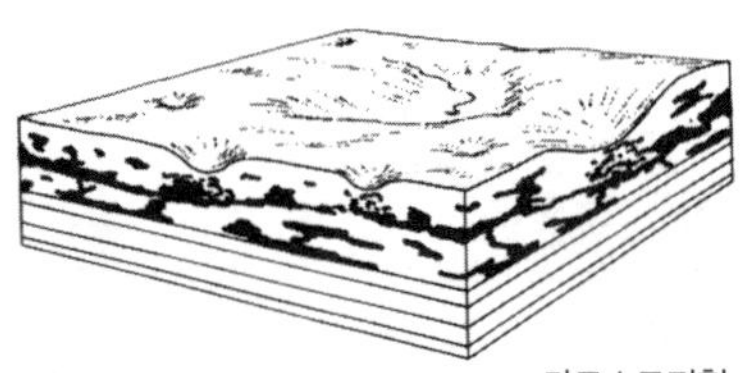
카르스트지형

카르스트 지형(Karst 地形)

물의 용식에 의한 석회암 지형의 총칭이다. karst란 슬라브어의 Krs를 독일어로 옮긴 것이다. karst란 용어는 시비지크(Cvijic)의 「카르스트현상(karstphanomen), 1893」에서 처음 사용되었다. 카르스트란 험한 바위 산을 뜻하는 유고슬라비아어로서 유고슬라비아 아드리아 해안의 석회암 대지가 있는 지방 명칭이기도 하다. 이 지방의 석회암 지형 연구는 19세기 후반부터 유고슬라비아의 지형학자 J. Cvjic(1885~1927)에 의해서 본격적으로 연구되었다. 카르스트 연구는 독일, 프랑스, 동부 유럽에서 이루어져 통일된 용어가 정립되어 있지 않은 편이다. 프랑스의 경우 카르스트란 말 대신 코스(Causses)라는 표현을 쓰는데 이는 프랑스 중앙 고원의 남부 지방 명칭이기도 하다. 카르스트 지형의 세계적인 주요 분포 지역은 유고슬라비아의 카르스트 지방, 남부 프랑스의 코스 지방, 에스파냐의 안달루시아 지방, 그리스, 멕시코의 유카탄 지방, 자메이카 지방, 프에르토리코 지방, 북부 쿠바 지방, 미국 플로리다 반도 지방, 남부 인디애나 지방, 중서부 캔터키 지방, 중북부 테네시 지방, 영국의 백악(chalk) 지방, 중국 화남 지방, 타이, 미얀마, 인도네시아 셀레베즈, 자바, 일본의 아키요시다이 등이다.

우리나라의 황해도 지방(서흥, 신막, 대평), 평남 지방(덕천, 성천), 강원도 지방(삼척, 영월, 대화), 충북 지방(단양), 경북 지방(울진) 등에 카르스트 지형이 발달해 있다.

칼데라(caldera)

화산지역에서 볼 수 있는 대규모의 화구 모양의 와지이다. 보통 화구가 지름 1km인 것에 비해 칼데라는 지름 3km 이상의 화구이다. 강렬한 폭렬에 의해 화산추가 폭발되거나 열운(熱雲)이라는 다량의 마그마가 분출한 후 함몰에 의해 생긴다. 칼데라란 에스파냐 어로 냄비라는 뜻이며 처음에는 카나리아 제도의 화산섬의 와지에 붙여진 이름이었으나 나중에 보통명사로서 널리 쓰이게 되었다.

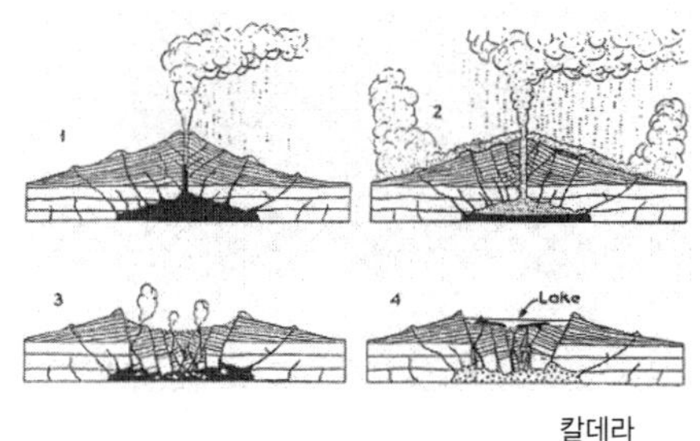

칼데라

케스타(cuesta)

한쪽은 급경사, 반대쪽이 완만한 경사를 이루는 구릉이다. 구조평야에 발달하는 지형으로 단단한 암석과 무른 암석이 호층(互層)이 완만하게 경사하고 있는 곳에서는, 무른 암석은 빨리 침식되어 저지(低地)가 되고, 단단한 암석 부분은 침식에 저항하여 구릉(丘陵)으로 남게 된다. 이 구릉이 비대칭적인 산등성이를 이루어, 한쪽은 지층의 경사를 따라 완만한 경사를 이루고, 다른 쪽은 가파른 절벽이 된다. 파리 분지나 런던 분지는 이 지형의 전형적인 예이다.

코르딜레라형 조산대(Cordillera)

코르딜레라형 조산대는 다소 평행한 산맥들로 구성된 광범위한 산악지대를 말한다. 해양 지각이 대륙판 밑으로 침강해 들어가지 않고 일부가 대륙지각 위로 밀어붙여 압박을 가하여 대륙 연안 쪽에 큰 주름이 잡혀 습곡 산맥과 지향사(geosyncline)가 만들어진 것이다.

코키나(Coquina)

탄산염 암석의 일종이다. 전체 또는 대부분이 도태(淘汰)를 받은 화석 쇄설물로 이루어져 있으며, 약~중 정도로 교결된 물질을 말한다. 암석화된 코키나는 코키나이트(coquinite)라고 한다. 쇄설편은 모래 입자의 크기이며 도태를 받은 것은 메조코키나(mesocoquina), 이보다 세립의 쇄설입자로 이루어진 것은 마이크로코키나(microcoquina)라고 한다.

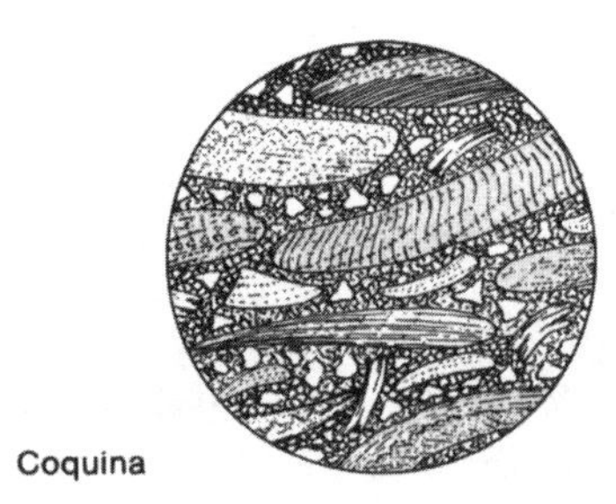

Coquina

크라카토아형 칼데라(Krakatoa)

칼데라를 형태상으로 구분한 유형 중의 하나로, 칼데라 주변부가 많은 화산분출물로 구성되어 있고 안산암이 주 구성물질로서, 하구벽이 가파른 특징을 지니고 있다.

크리노메터(clinometer)

크리노메터는 지층의 주향(走向)과 경사(傾斜)를 신속하게 측정할 수 있게 하는 간편하고 유용한 기구이다. 목제 또는 금속제의 몸체에 방위침(針), 경사측정용 침, 전자형 침, 수준기(水準器) 등으로 구성되어 있다.

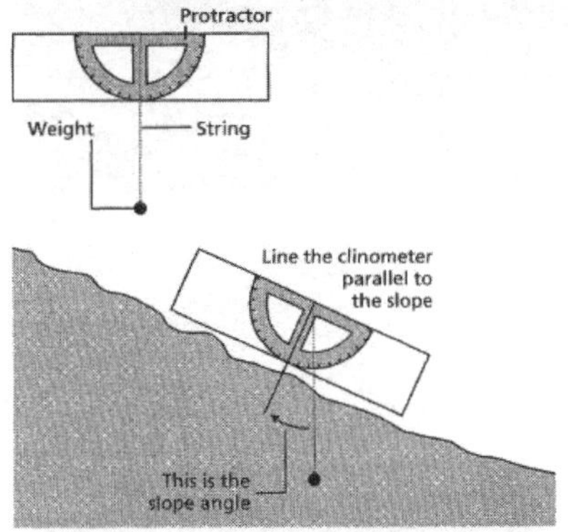

크리노메터의 사용법

크리오플라네이션(cryoplanation)

침식기준면(侵蝕基準面)과 관계없이 주빙하작용에 의해 산지가 평탄화되는 작용을 말한다. 동결·융해에 의한 기계적 풍화작용과 주빙하성 매스 무브먼트의 영향을 장기간 받은 사면은 기반암의 국지적인 요철들이 모두 없어져서 지면이 아주 고르고 경사가 완만한 젤리플럭션 사면(gelifuction slope)이 된다. 그리고 암설로 두껍게 매립된 하곡들 사이의 분수계에는 경사가 1°~5°에 불과한 최종단계의 평탄면이 형성되는데, 이를 크리오플라네이션이라 한다.

타포니(tafoni)

암석이 물리적, 화학적 풍화작용을 받은 결과 암석의 표면에 형성되는 요형(凹型)의 미지형을 풍화혈 또는 타포니라고 한다. 풍화혈 중에서도 특히 암석의 측면(암벽)에 벌집처럼 집단적으로 파인 구멍들을 타포니라고 한다. 풍화혈은 해안이나 화강암 산지에서 흔히 나타나는데, 비가 내린 후 물이 괴거나 그늘이 져서 주변보다 습하기 때문에 입상붕괴가 선택적으로 촉진될 수 있는 부위에 형성된다. 또한 역암, 사암이나 석회암에서도 형성되며, 특히 건조지역에서는 이의 발달이 인상적이다.

테라로사(terra rossa)

석회암이 용식을 받아 탄산칼슘이 제거되고 철 · 알루미늄의 산화물, 석영질 실트와 모래, 점토 등 비가용성 불순물이 잔류하여 이루어진 붉은 색의 토양을 테라로사라고 한다. 테라로사의 붉은 정도는 우리나라 구릉지에 널리 분포하는 적색토(赤色土)와 비슷하다.

테라록사(terra roxa)

브라질 고원 남서부의 파라나 지방을 중심으로 분포하는 적색토양(赤色土壤)을 일컫는데, 포르투칼어의 테라록사는 자색토(紫色土)를 뜻한다. 브라질 고원의 고기퇴적암(古期堆積岩)의 기반을 덮은 휘록암(輝綠岩) · 현무암류(玄武岩類)가 적색(赤色) 풍화 과정을 밟아 생성된 토양으로 약간의 부식을 포함하는 암적자색(暗赤紫色)의 표토 밑에 두꺼운 포화층의 모재(母材)가 계속되고, 세립질(細粒質)의 구조가 잘 발달되어 있다. 습하면 점성(粘性)이 잘 나타나고, 건조하면 풍진(風塵)으로 되어 날아간다. 열대 고지의 토양으로서는 생산성이 비교적 높아 커피(coffee)의 재배에 알맞는 것으로 알려져 있다.

토르(tor)

토르는 차별풍화(差別風化)에 의해 형성된, 독립성이 강한 암괴미지형(岩塊微地形)을 말한다. '똑바로 서 있는 석탑' 이라는 뜻의 켈트 어에서 기인된 영국 Cornwell 지방의 지방어(地方語)이다.

토석류(土石流, earth flow)

매스 무브먼트의 종류 중 빠른 유동성 운동에 해당하는 것으로, 토양을 포함한 사면의 풍화층이 물을 흠뻑 먹었을 때, 강한 바람이나 지진의 충격을 받아 순간적으로 탄성과 응집력을 잃어버리는 경우에 발생한다.

토양구조(土壤構造, soil structure)

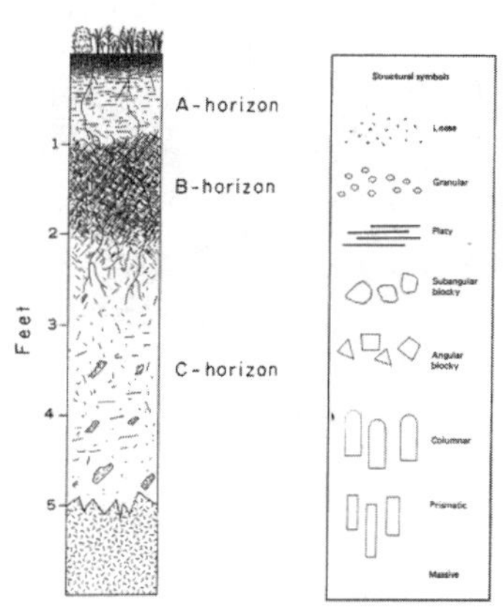

일차적인 토양입자의 배열상태를 말한다. 토성(土性)이 토양입자의 크기를 말하는 데 대하여 토양입자의 배열을 고려할 때는 토양구조를 본다. 단립구조(單粒構造)가 있는가 하면, 단립이 접착물질, 예를 들면 미생물 검(gum) · 점토 · 산화철 · 유기탄소 등에 의해 몇 개씩 한데 뭉쳐서 입단(粒團)을 형성한다.

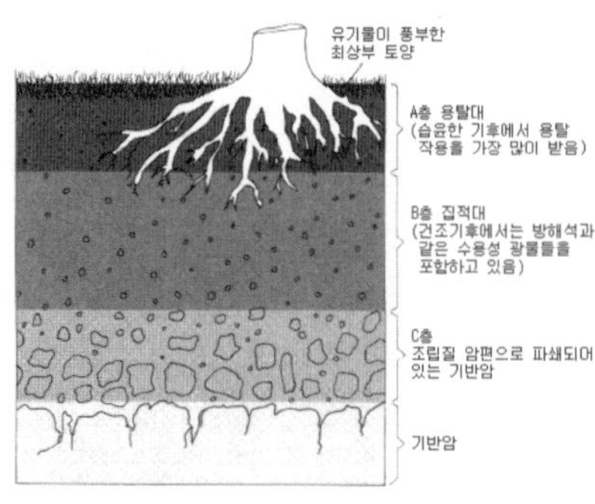

토양단면(土壤斷面, soil profile)

분화된 토양의 각 층위에서부터 토양모재에 이르는 모든 층을 수직으로 배열한 층단면(層斷面)을 말한다. 토양단면은 기후의 영향을 받아 각 층위(層位)의 분화가 잘 일어나며, 유기물의 집적이 있을 때는 더욱 활발하게 일어난다.

토주(土柱, earth pillar)

암괴(岩塊)가 있어서 그 밑의 흙이나 사력층(砂礫層)이 오랜 빗물의 침식(侵蝕)에서 보호(保護)되어 생긴 흙의 기둥을 말한다. 흔히 머리에 바윗돌을 이고 있다. 넓은 의미로 악지지형에 해당한다.

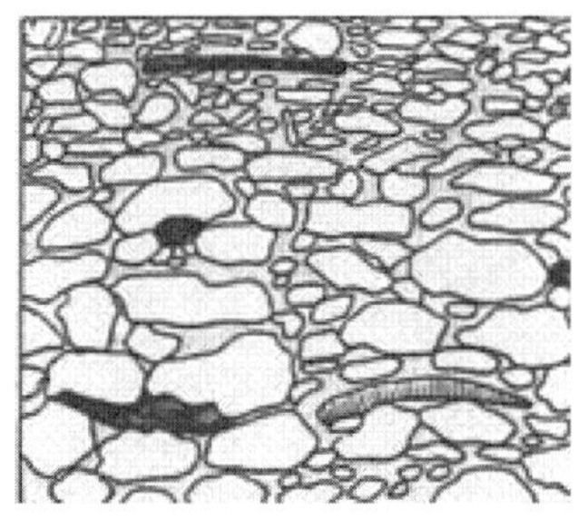

퇴적암(堆積岩, sedimentary rock)

퇴적암은 풍화(風化)와 침식(侵蝕)에 의해 만들어진 물질들이 다양한 생물의 유해와 함께 적당한 곳에 퇴적되어 이루어진 암석이다. 퇴적암은 퇴적물의 성질에 따라 여러 종류로 나뉘는데, 풍화와 침식에 대한 저항력이 각기 다르다. 퇴적암의 저항력은 퇴적암을 구성하고 있는 암설 또는 광물의 성질, 교결물질, 절리 등에 의해 결정된다. 사암, 석회암, 세일이 가장 흔한 퇴적암이다.

파쇄대(破碎帶, shattered zone)

단층을 따라 암석이 부스러진 부분이다. 길쭉한 띠 모양으로, 대규모의 단층에는 대규모의 파쇄대가 있는 경우가 많다. 이러한 파쇄대에 한번 물이 흐르게 되면 각력(角礫) 사이를 메웠던 점토가 씻겨 내려가서 틈새가 넓어지므로 자연히 지하수의 통로를 이루게 된다.

파식대(波蝕帶, shore platform, wave cut platform)

파랑의 침식작용에 의해 해식애가 후퇴할 때 기저부에 형성되는 완만하게 경사진 넓은 침식면을 말한다. 파식대는 만조 시에 침수되며 간조 시에는 해수면 위로 노출된다. 파식대의 형성영력은 파랑에 의한 굴식과 마식작용이다. 해식애의 기저부가 굴식과 마식작용에 의해 침식되어 육지 쪽으로 후퇴할 때 공급되는 모래나 자갈 등과 같은 암설(岩屑)은 마식기구로 작용하여 파식대를 더욱 확대 발달시킨다.

판게아(Pangaea)

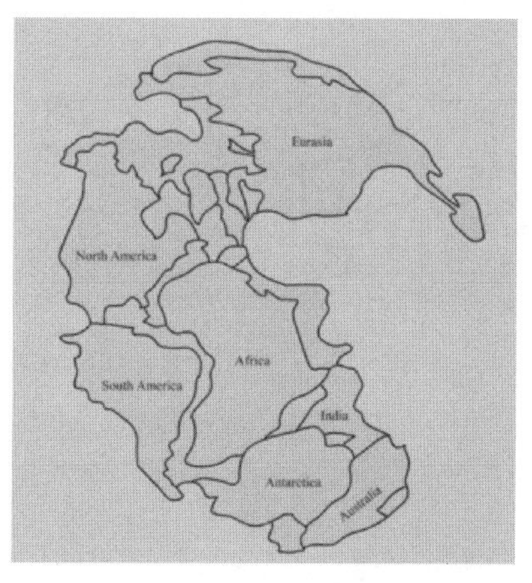

1912년 독일의 기상학자 알프레트 베게너가 그의 대륙이동설의 일부로 제안한 가상의 원시대륙을 말한다. 이 이론에 따르면, 판게아는 대륙지각 표층부인 시알(sial, 화강암질 암석)로 구성되어 있고, 맨틀의 최상부를 구성하는 시마(sima, 현무암질 암석)라고 하는 밀도가 더 큰 물질의 층과 평형을 이루고 있다. 원시대륙은 지구의 절반 정도를 덮고 있었고 판달라사(Panthalassa)라고 하는 대양으로 둘러싸여 있었던 것으로 추정된다. 쥐라기

(약 1억 3,600만~1억 9,000만 년 전) 동안 판게아가 갈라지기 시작해 그 일부인 로라시아(지금의 북반구 대륙 전체)와 곤드와나(지금의 남반구 대륙 전체)가 점차 멀어져서 대서양이 형성되었다. 판게아의 갈라짐은 현재 판구조론으로 설명된다.

판상절리(板狀節理, sheeting joint)

화강암 등이 지표로 노출될 때 암석 위를 누르는 압력이 제거되면서 수평방향으로 형성된 절리를 말한다. 절리의 간격은 지표에 가까울수록 좁고 지표에서 멀어질수록 넓다. 판상절리가 잘 발달한 암괴(岩塊)는 양파껍질처럼 조금씩 암석조각이 떨어져 나간다.

패각상 단구

패각상단구(貝殼狀斷口, conchoidal)

광물이 쪼개짐(cleavage)이 없이 기계적인 힘에 의해 부서질 때 전혀 규칙성 없이 깨어지는데, 석영처럼 깨진 면이 조개껍질과 같은 모양을 하는 경우를 패각상 단구 또는 깨짐이라 한다.

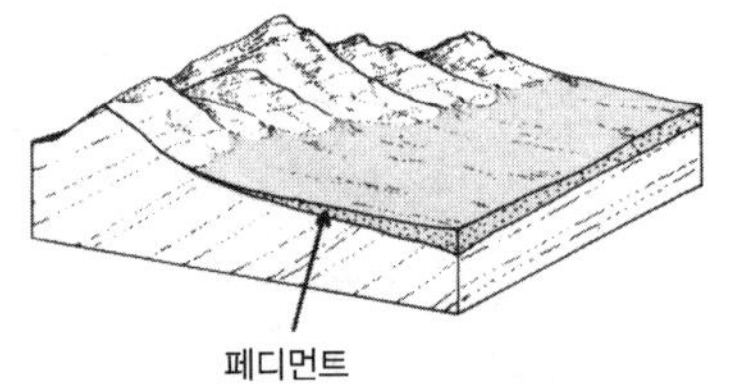
페디먼트

페디먼트(pediment)

건조 지역의 산지 전면(前面)에 발달하는 평활(平滑)한 침식완사면을 말한다. 그 표면은 화강암 지역의 일부 등에서는 기반이 노출되어 있는 경우도 있지만 일반적으로는 얇은 사력층(砂礫層)으로 덮여 있다. nick point, piedmont angle 또는 pediment angle로 불리우는 경사변환점을 경계로 산지사면에 연속되어 있으며 종단면형은 일반적으로 요형상(凹形狀)이다. 구배(勾配)는 그 규모, 암질, 기후 조건에 따라 다르지만 일반적으로 1~7° 이며 때로 13° 에 달하는 것도 있다. 페디먼트의 형성작용에 관해서는 2가지의 견해가 있다.

하나는 호우 시의 간헐류의 측방침식으로 산지 전면(前面)이 후퇴한다는 견해이며 또 다른 하나는 산지 사면이 기계적 풍화작용으로 구배를 변화하지 않고 형행 후퇴한다는 설(說)이다.

펠레식 분화(pelean eruption)

분연이 하늘로 높게 치솟지 않아 조용한 듯하면서도 열운(熱雲)을 동반하는 폭발식 분화를 말한다. 유동성이 작은 유문암질 내지 안산암질 마그마의 활동에서 나타난다. 화산쇄설물류(火山碎屑物流)라고도 불리는 열운에 의해 엄청난 재난을 일으키기도 한다.

편마암(片麻岩, gneiss)

변성 기원의 성분 띠가 나타나는 변성암이 바로 편마암이다. 장석, 석영이 풍부하고 백운모, 흑운모, 보통 각섬석이 흔히 존재하며 고급 광영변성작용의 특징이 있는 다른 광물인 휘석, 석류석도 나타낼 수 있다. 편마암의 조직은 불연속적으로 교호하는 밝고 검은 띠가 특징인 중립 내지 조립질 암석이며 석영과 장석의 존재는 밝은 띠가 입상조직을 가지는 것을 도와준다.

편암(片岩, schist)

잘 발달된 편리, 즉 층상으로 쪼개지는 경향이 있으며 입자가 큰 결정질 암석을 말한다. 엽리는 미약하게 발달하거나 존재하지 않는다. 대부분의 편암은 백운모 · 녹니석 · 활석 · 견운모 · 흑운모 · 흑연 같은 판상 광물들을 많이 함유하고 있으며, 편마암보다는 장석과 석영의 양이 적다. 녹색을 띠

는 많은 편암들은 그 생성온도, 압력 조건에 의해 변성암의 광물상 분류에서 녹색 편암상으로 분류된다. 판상 광물들의 평행배열과 잘 발달된 습곡형태는 편암이 모든 방향으로 동일한 응력이 작용하지 않은 조건에서 형성되었음을 나타낸다. 또한 구성광물과 광물의 높은 물 함량은 편암이 비교적 낮은 온도와 압력 조건에서 형성되었음을 지시해준다.

평행후퇴설(平行後退說)

페디먼트 상에서는 폭우의 지표유출이 포상홍수를 이루는데, 페디먼트의 경사는 산사면 에서 공급되는 암설의 전부를 포상홍수가 유효 적절히 운반, 제거하기에 알맞도록 조절된 것이다. 그리하여 산지의 급사면 평행 후퇴함에 따라 그 기저부에 기반암의 침식면이 발달하게 된다는 이론이 평행후퇴설이다.

평형하천(平衡河川, graded stream)

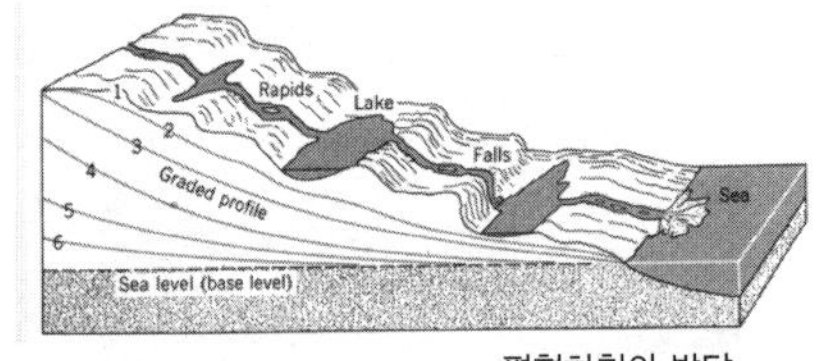

평형하천의 발달

평형종단면(平衡縱斷面)을 가진 하천을 보통 평형하천이라고 한다. 이것은 원래 하천이 하방침식을 활발히 진행해서 유로 중에 있던 호수나 급류 또는 폭포를 완전히 제거한 다음에 발달하는 것으로 알려져 있다.

폐색호(閉塞湖, dammed lake)

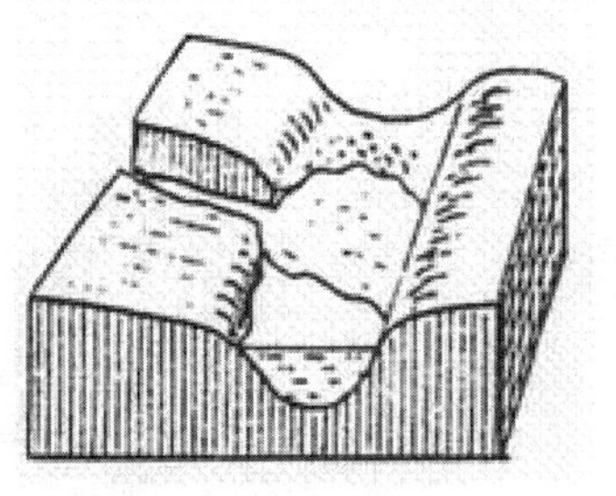

호소를 성인에 따라 분류했을 때의 유형 중의 하나로, 하천이 사태 · 화산분출물 · 빙하퇴적물 · 사구로 가로 막혀서 호수로 변한 것을 말한다. 즉, 지류가 운반해 온 물질을 본류에 급격히 퇴적시켜 하천을 막고 호수를 만드는 것이다.

포상류(布狀流, sheet flow)

지표유출 유형 중의 하나로, 빗물들이 평평한 지표면에서 엷은 수막을 이루면서 흘러내리는 것을 포상류라고 한다.

포인트 바(point bar, meander bar)

곡류 하도에 있어서 공격 사면 맞은 편인 활주사면에 모래나 자갈이 쌓여 이루어진 퇴적 지형을 말한다. 초승달 모양의 평면 형태를 갖는 것이 보통이다.

포인트 바

포트홀(pot hole)

하천침식작용 중에서 마식작용(磨蝕作用)의 결과 급류를 이루는 곳이나 폭포의 바로 밑에 형성된 요지(凹地)를 말한다. 구혈(歐穴)이라고도 한다. 일반적으로 하천에 의해 운반되던 원력(圓礫)이 하상(河床)의 요지에 들어가 선회하면서 마식작용을 일으켜 형성되며, 주로 조직이 균질인 암석 즉, 화강암과 같은 암석의 하상면에 잘 발달한다.

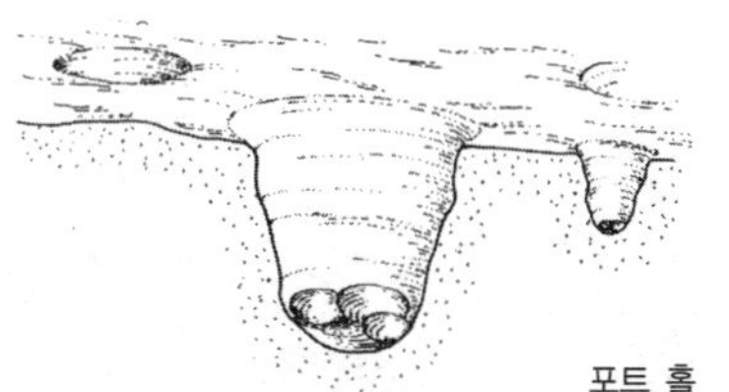

포트 홀

포트홀은 일반적으로 지름 수cm~수십m, 깊이는 직경에 대해 크고 작은 여러 가지로 나타난다. 그 배열은 절리 등에 지배되어 다소 규칙성을 띠는 것도 있지만 때때로 평활한 하상(河床) 위에 포트홀이 조족상(鳥足狀)으로 연결되어 사행유로를 취하는 경우도 있다.

포행(匍行, creep)

사면(斜面)을 구성하는 물질이 부드럽게 변형되어 집단(mass)으로 하방이동(下方移動)되는 현상을 말한다. 매스 무브먼트(mass movement) 중 비교적 느린 유동성(流動性) 이동의 총칭으로서 샤

포행

프(Sharpe, 1938)는 이를 토양포행(soil creep), 애추포행(talus creep), 암석포행(rock creep), 암석빙하포행(rock-gracier crepp) 등으로 분류하였다.

포화대(飽和帶, zone of saturation)

지표면 아래의 물을 포함한 지층 가운데 대기압보다 높은 압력을 가진 물에 의해서 모든 간극이 채워져 있는 부분을 말한다. 통기대(불포화대)의 상대적인 개념으로 지하수면이 포화대의 상한이 된다. 지하수면 바로 위의 불포화대 가운데에 있는 모관수연(毛管水緣)은 완전포화에 가깝지만 물이 갖는 압력이 대기압보다 작기 때문에 포화대와 구분된다.

풍극(風隙, wind gap)

하천쟁탈로 유수를 잃어버린 협곡을 풍극이라고 한다. 경암층의 산릉에 형성되어 있던 수극(水隙)이 하천쟁탈로 인한 유로변경으로 완전히 물이 말라버린 것이다.

풍마력

풍마력(風磨礫, ventifact)

바람으로 운반되는 물질은 사막 지방의 기반암의 표면 · 표토 중의 암편을 깎아 낸다. 풍마작용은 주로 밑짐에 의하여 이루어지므로 두드러져 있는 큰 바위나 전주의 밑둥을 깎아서 넘어뜨린다. 표토 중에 들어있는 암편이나 자갈은 날리는 모래에 의하여 평탄한 면과 능선을 가진 독특한 모양의 풍마력(風磨礫)을 만든다.

풍화혈(風化穴, weathering pit)

암석이 물리적 · 화학적 풍화작용을 선택적으로

받아 암석표면에 형성된 요형(凹形)의 미지형(微地形)을 말한다. 풍화혈을 형태상을 구분했을 때 암체의 측면에 발달하는 것을 타포니(tafoni), 암체 상부에 발달하는 것을 나마(gnamma)라고 한다.

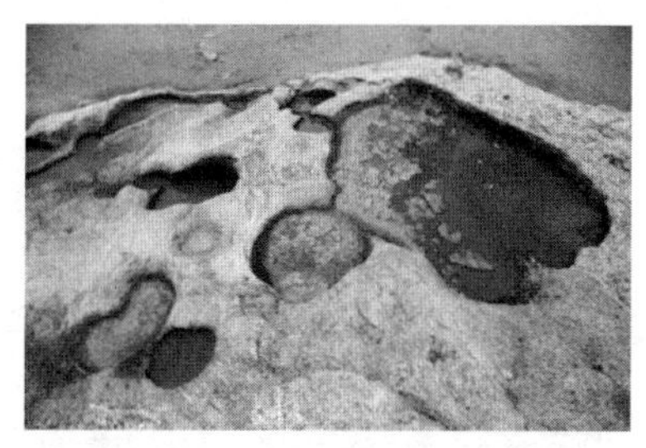

플라야(playa)

사막의 내륙 분지의 가장 낮은 부분에 나타나는 저부(底部)가 평탄한 요지(凹地)를 말한다. 다우기호(多雨期湖)의 흔적이 있는 곳도 많으며, 플라야는 본래 스페인 어로 안(岸)을 의미하였다. 호우(豪雨)가 있은 후 일시적으로 물을 가득히 채워 플라야호(playa lake)를 형성하는 것도 있지만 거의 말라 있는 상태이다. 퇴적물은 실트나 점토이며 종종 염분을 수반한다. 플라야의 구배(勾配)는 일반적으로 1% 이하, 기복은 1m 이하이다. 그 표면형태는 지하수가 깊으면 표면은 대단히 건조하며, 염분은 일반적으로 5% 이하이다. 지하수가 낮으면 표면에 염분이 퇴적되어 나타나는 경우도 있다.

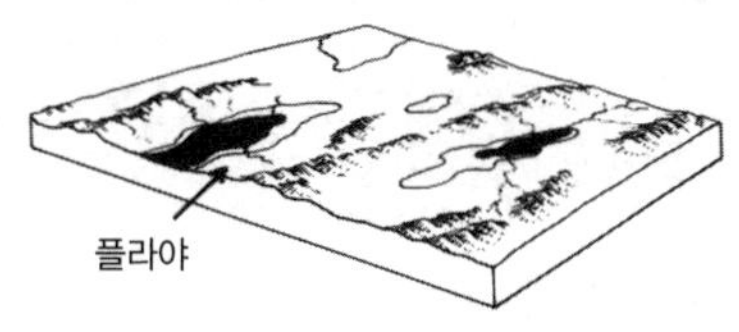

필종하류(consequent stream)

지표면 중 최대 경사의 방향으로 흐르는 하천을 말하며 최대 경사의 방향으로 흐르기 때문에 유로는 직선에 가깝다. 화산 사면에 나타나는 방사상의 하류는 그 전형적인 예이다. 이 용어는 포웰(J. W. Powell, 1875)이 지반운동에 관계없이 본래의 유로를 유지하는 선행성 하천에 대해 지반운동에 의해 변화한 새로운 지표 경사의 방향으로 흐르는 하류를 필종하류로 명명하였다. 데이비스(W. M. Davis, 1899)는 침식윤회의 초기에 원지형면(原地形面)의 제약을 받아 생성된 지형을 필종지형이라 하여 이 경우에 형성된 하류를 필종하류라고 하였다.

필종하류

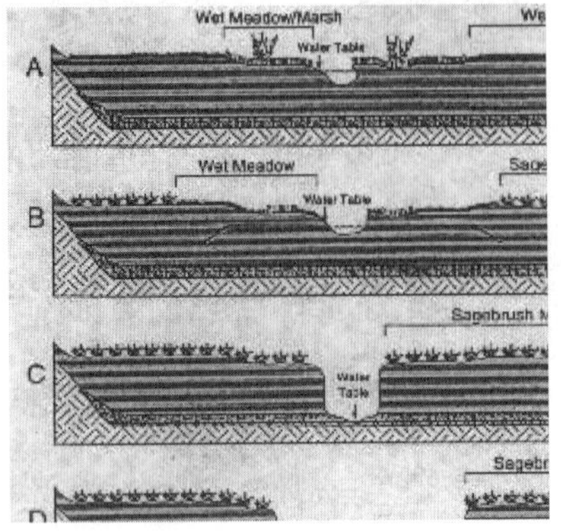

하방침식(下方浸蝕, down cutting)

강물이 하상을 깊게 깎는 작용을 말한다. 유속이 빠른 곳이나 유량이 많은 곳, 암반이 약한 층이 있는 곳 등이 잘 일어난다. 하천이 하방침식을 활발히 계속하면 골짜기는 V자형을 유지하는데, 이러한 골짜기의 하천을 침식윤회설에서는 유년기하천이라고 한다. 물에 운반되는 자갈이나 모래가 하천의 기반암을 깎는 마식은 곧 하방침식에 해당한다. 절리가 많은 기반암의 하상에 가해지는 굴식도 하방침식을 돕는다.

하와이식 분화(Hawaiian eruption)

일출식 분화유형의 하나로서 용암이 주로 하나의 분화구에서 흘러나온다. 규모가 대단히 크고 사면의 경사가 아주 완만한 순상화산(楯狀火山)이 형성된다. 간혹 용암이 분화구에서 분수처럼 뿜어져 나올 뿐 격렬한 폭발이 거의 일어나지 않는다.

하중도(河中島)

곡류하천(曲流河川)이 유로가 바뀌면서 하천 가운데 생긴 퇴적지형이다. 하천이 구불구불 흐르다가 흐르는 속도가 느려지거나 유로가 바뀌면 퇴적물을 하천에 쌓아 놓게 된다. 이러한 과정이 계속 일어나면 하천 바닥에 퇴적물이 쌓이고 하천 한가운데가 섬으로 남게 된다. 보통 큰 하천의 하류에 잘 생긴다.

하천쟁탈(河川爭奪, stream piracy)

하천은 끊임없이 두부침식이나 측방침식에 의해 유역을 확장시키며 인접하는 하천유역은 분수계를 경계로 하여 경합관계(競合關係)에 있다. 하천의 고도차가 커서 한쪽 하천의 침식이 격심한 경우에는 분수계는 대개 침식이 적은 하천 쪽으로 이동하며 결국에는 한쪽 하천의 하류(河流)를 쟁탈하는 현상을 일으킨다. 이것을 하천쟁탈이라고 하며 쟁탈된 하천을 절두하천(beheaded river)이라 한다. 쟁탈이 행해진 곳을 쟁탈굼치(elbow of capture)라 하며 많은 경우, 하천은 쟁탈된 하천의 방향에 대해 직각 또는 예각으로 유향을 변화시킨다. 쟁탈이 행해진 곳에서는 쟁탈 후 유량의 증대로 인하여 하각작용이 급격히 진행되고, 피쟁탈하천의 하곡은 풍극(風隙) 또는 곡중분수계(谷中分水界)로 남는다. 피쟁탈하천 하류부(河流部)는 하류(河流)를 쟁탈당했기 때문에 유량이 감소하여 곡의 크기에 비해 수량이 적은 하천이 된다든가 또는 복류하여 표면하류(表面河流)가 되는 경우가 많다.

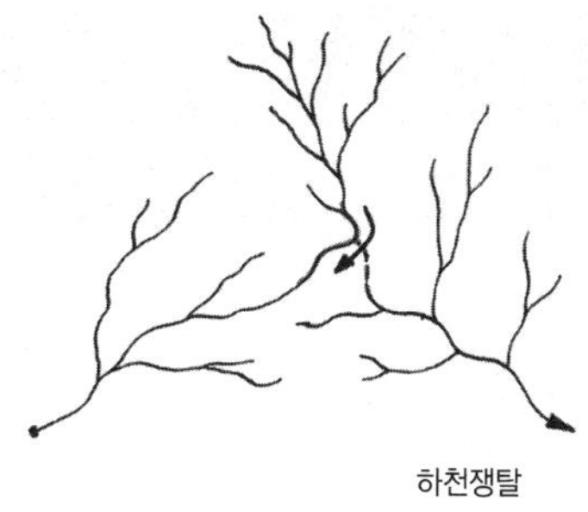
하천쟁탈

이같은 하천을 무능하천(無能河川, underfit river)이라고 한다. 반대로 쟁탈을 일으킨 하천은 유량이 증대하여 과대한 능력을 가진 하천(overfit river)이 된다. 어떤 하천이라도 본래 하곡에 대해서 쟁탈 후의 하류가 적합하지 않은 부적합 하천이다.

함입곡류(entrenched meander)

오래전부터 충적평원을 흐르던 곡류가 지반의 융기로 인하여 그대로 하각하여 생긴 것이다. 이러한 곡류를 함입(陷入)곡류(entrenched meander)라고 한다.

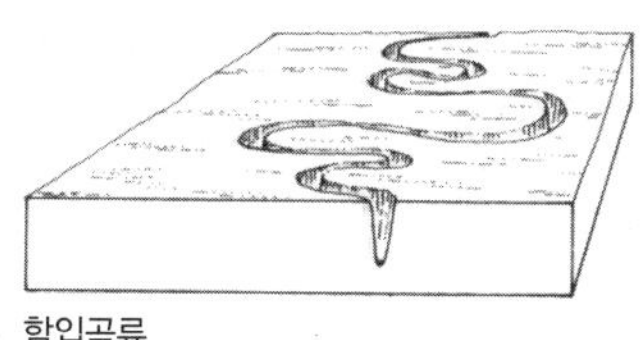
함입곡류

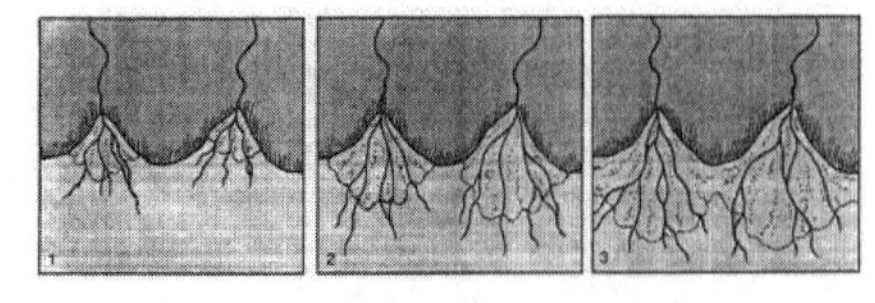

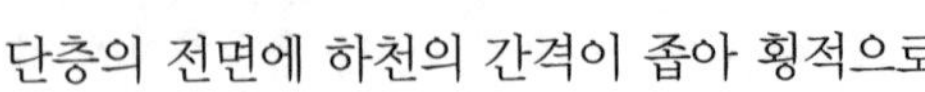

합류선상지(合流扇狀地, bajada, bahada)

단층의 전면에 하천의 간격이 좁아 횡적으로 다수의 선상지가 연결되는 경우가 있는데, 이렇게 여러 선상지가 횡적으로 이어진 것을 합류선상지라고 하며, 또 바하다라고도 한다.

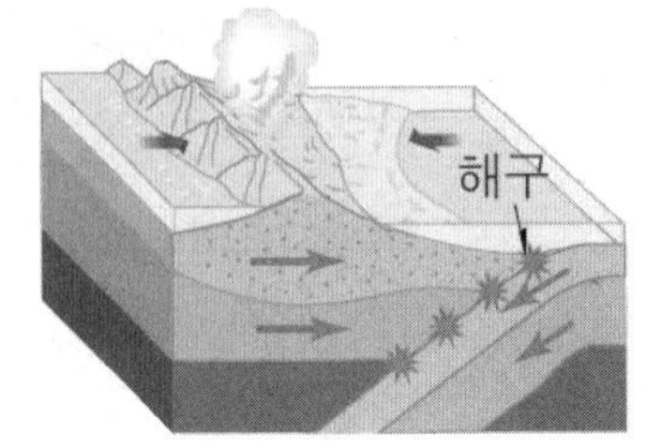

해구(海溝, trench)

해구는 대양분지 중에서 수심이 가장 깊은 곳으로 대체로 대륙연변에 분포한다. 이 지역은 대체로 대륙지각과 해양지각의 경계부로서 해양지각이 대륙지각 밑으로 섭입하는 곳이다. 해구에서는 지진이 자주 발생하며, 해구의 분포는 신기조산대 및 지진화산대와 일치한다.

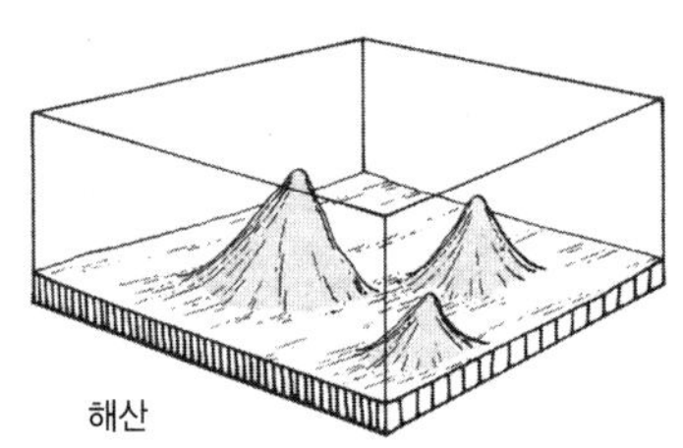

해산(海山, seamount)

대양저(大洋底)위에 고도 1,000m 이상 높게 솟아 있는 고립융기부(孤立隆起部)가 해산이며 해저화산의 정상부가 파도에 의하여 해면 정도의 수준에서 평탄화된 것을 평정해산이라 한다. 해산은 대부분 현무암 분출에 의한 것인데 해저에서 급사면 고립산형이 된 것이고 평정부는 해양지각이 해령에서부터 멀어짐에 따라 해양지각이 하강하여 평정해산이 침강하였다는 설과 화산체가 커짐에 따라 그 무게에 의하여 침강 하였다는 설이 있다.

해수면 승강운동(海水面 昇降運動, eustatic movement)

해면변화의 원인은 빙하성 해면변화라고 말한 쥐스(E. Suess, 1988)가 처음 사용한 용어이다. 수직적인 해면변화가 있으며 그 결과는 해안 단구지형으로 잘 나타난다. 해안단구와 그 퇴적물, 해저

단구, 침수삼각주, 해저곡, 심해퇴적물 등이 해수면 변동의 지표로 사용되었으나 지각변동에 의한 원인을 배제할 수 없으므로 지형대비나 절대연대를 결정하는 데에는 문제가 있다.

해식동(海蝕洞, sea cave, sea arch)

해식애의 기저부에 발달하며 폭에 비하여 높이가 높은 것이 많다. 대부분 해안선 가까이에서 파도, 조류, 연안류 등의 작용을 받아 해안에 형성된 동굴이다. 특히 해안에 주상절리가 발달되면 이곳에 생긴 틈을 파고, 파도가 밀어닥쳐 쐐기 역할을 하며 그 틈을 넓히고 연층부를 관통하여 양쪽에 입구가 만들어져 해식동(海蝕洞)은 자연교(自然橋)의 모양을 띠면서 이루어진다.

해식 아치

해식동은 구정선(舊汀線)고도의 해심, 단구를 인정하는 지표로 이용된다. 우리나라 홍도의 석화굴, 이탈리아 나폴리 만의 카프리 섬에 있는 해식동이 세계적으로 유명하다.

해식애(海蝕崖, sea cliff)

경암으로 구성된 암석해안의 돌출부가 파식에 의해 후퇴할 때 해안에 형성되는 고도가 높은 수직절벽을 말한다. 해식애 형성의 중요한 요인은 파랑의 침식작용이다. 파랑의 침식이 활발한 암석해안에서 해식애의 기저부에는 파식에 의해 오목하게 들어간 노치(notch)가 형성되는데, 노치가 발달함에 따라 해식애의 사면은 불안정해져서 해식애의 후퇴속도가 점차 빨라진다. 해식애가 후퇴하면서 주변에는 파랑의 차별침식에 의해 시스택, 해식동, 블로우홀 등의 해안 미침식지형 들이 나타난다.

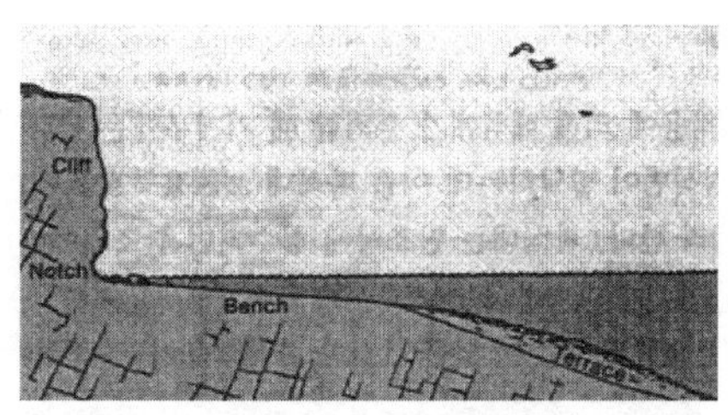

해안사구(海岸砂丘, coastal sand dune)

해빈의 내륙 쪽으로 부는 바람에 의해 모래가 이동·퇴적된 모래언덕을 말한다. 대부분의 해안사구는 해안선과 평행하게 발달한다. 해안사구의 형태는 후안(backshore)의 특성이나 식생피복의 존재유무 등과 같은 인자에 좌우되며, 해안사구의 발달과 규모는 본질적으로 해빈에서 공급되는 모래의 이동량과 이동률에 의해 결정된다.

해안사막(海岸砂漠, coastal desert)

해안을 따라 발달한 사막을 말하며 한류(寒流)의 영향을 받기 쉬운 해안에서는 고기압권 내에 들기 때문에 강수량이 적어 사막을 형성한다. 남아메리카에서는 페루 해류의 영향을 받아 아타카마 사막이, 아프리카에서는 벵겔라 해류의 영향을 받아서 나미브 사막이 발달되어 있는데, 대체로 대륙 서안의 한류가 흐르는 부근 해안에 사막이 분포한다.

해저확장설(海底擴張設, sea-floor spreading theory)

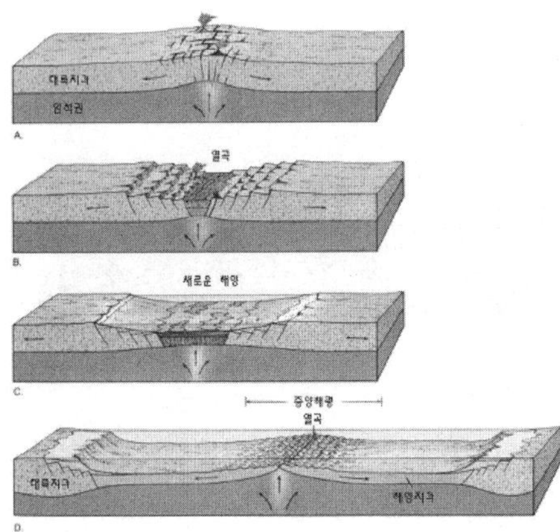

태평양 등의 대양저가 대륙 쪽으로 이동함으로써 해저가 확장되고 있다는 가설을 말하며 지구 표면을 여러 개의 판으로 나누어 대양지각의 이동을 설명하는 판구조론이 이 가설을 기초로 한다. 이에 의하면 맨틀에서 위로 치솟는 용암이 대앙저 산맥을 형성하고, 양쪽으로 분리된 V자형의 열곡 사이로 상승하는 현무암질 마그마가 굳어져서 새로운 해양 지각이 생성되며, 서로 반대 방향으로 이동되어 계속해서 해양 지각이 확장된다고 주장하였다. 새로운 해양 지각의 형성으로 오래된 지각은 밀려서 이동되어 해구에서 침강하여 사라진다고 하였다. 이와 같이 대양지각은 해저산맥에서 탄생하여 해구로 소멸한다고 하는 가설을 전제로 하며, 이 가설을 기초로 하여 지구 표면을 여러 개의 판(板, plate)으로 나누어 대양지각의 이동을 설명하는 판구조론도 있다.

핵석(核石, core stone)

구상풍화를 받은 동글동글한 돌을 말한다. 핵석은 절리 간격이 다소 넓은 부분에 형성되며, 절리가 밀집된 부분은 완전히 썩어버린다. 그리고 새프롤라이트 층이 깎여 나간 후 핵석들이 주변보다 높은 곳에 쌓여 있으며 이를 토르(tor)라고 한다.

현곡(懸谷, hanging valley)

지류 빙하의 빙식곡이 본류 빙하의 빙식곡 위에 높이 걸려 있는 것을 현곡이라고 한다. 지류 빙하는 본류 빙하보다 두께가 얇고 침식력이 약하기 때문에, 빙하가 없어지게 되면 본류 빙하의 빙식곡 위에 걸치게 되는 것이다. 현곡에서는 간혹 높은 폭포가 떨어지기도 한다.

협만(峽灣, fjord)

빙식곡에 바닷물이 들어와서 생긴 것으로 피요르라고도 불린다. 협만의 수심은 입구보다 내륙 쪽이 훨씬 깊으며 전체적인 모양은 U자곡을 이루고 있다. 양쪽에 높은 절벽이 치솟아 있으며 직선상으로 길게 뻗어 있는 경우가 많다. 곡바닥이 넓고 하식곡과는 달리 중간 중간 국지적 침식기준면이 형성되는 경우도 있다.

호른

호른(horn)

하나의 높은 산봉우리를 중심으로 사방에서 여러개의 권곡이 발달하여 이것들이 한 지점에서 서로 만나면 뾰족한 바위산이 형성되는데 이것을 호른이라 한다.

권곡벽은 서릿발 작용으로 인해 계속 파괴되면서 산정을 향해 후퇴한다. 알프스의 마터호른(Mat- terhorn) 산이 대표적인 예이다.

화강암화작용(花崗岩化作用, granitization)

지하 깊은 곳에서 압력이 크고 온도가 높으면 암석에서 분리된 액체는 암석 중의 알칼리 성분과 SiO_2를 많이 용해하게 된다. 이 용액은 주변으로 이동하다가 조산운동으로 깊이 침강한 퇴적암에 침투해 퇴적암에 장석 · 운모 · 석영 등을 생겨나게 하고 재결정을 일으킨다. 이렇게 생성된 암석은 화강암 또는 화강편마암과 비슷한 광물 성분과 조직 및 구조를 갖게 되므로 이러한 변성작용을 화강암화작용이라고 한다. 즉 화강암이 아닌 암석이 변성작용을 받아 화강암으로 변하는 일련의 과정을 말하는 것이다.

화산경

화산경(火山頸, volcanic neck)

화산분출 시에 화도를 따라 분출되던 마그마가 화도(火道) 내에서 굳어 화도를 메우고 화산체 내에서 마치 암맥과 같은 형태로 남아 있는 것을 말한다.

화산암설류(火山岩屑流)

화산쇄설물이 수평 방향 또는 산허리 방향으로 고속 분출되는 현상 또는 그 분출물을 말하며 화쇄

류라고도 한다. 마그마를 직접 거쳐 나온 고온의 용암편이 화산가스를 분출하면서 산허리를 흘러내리는 것을 열운(熱雲)이라 하는데, 용암편과 화산가스의 양비(量比)로 경석류(輕石流)와 좁은 뜻의 열운 등으로 나뉜다. 화산쇄설류는 가장 위험한 분화현상이다.

화산이류(火山泥流, volcanic mudflow)

화산 쇄설물이 많은 물과 섞여 산 밑으로 빠르게 흘러 내려가는 것을 말한다. 화산이류는 화산회부터 커다란 표력에 이르는 모든 크기의 물질을 운반해 화산역암체를 형성한다. 화산이류는 열운에 의해 쌓인 퇴적물같이 느슨하게 쌓인 화산회 퇴적물에 많은 비가 내릴 경우에 형성되며, 암설과 강물이 뒤섞일 경우, 분출에 의해 녹은 눈이나 얼음으로 홍수가 일어날 경우, 화구호의 물질이 빠져나가 화산호의 물질이 느슨해지는 경우에도 형성될 수 있다. 화산이류들은 매우 빠른 속도로 사면의 아래쪽으로 이동하고, 화산이류에 의해 형성된 퇴적물 표면에는 작은 언덕 모양의 구조들이 나타난다. 화산이류는 흔히 많은 죽음과 파괴를 수반하는 재해를 일으키기도 한다.

화산탄(火山彈, volcanic bomb)

화구로부터 분출되는 화산쇄설물 중 하나로 직경 32㎜ 이상의 쇄설물을 말하며 모양은 둥글거나 방추형으로 생겼다. 이 화산탄은 점성이 비교적 적은 용암덩어리가 공중으로 방출되면서 형성된다.

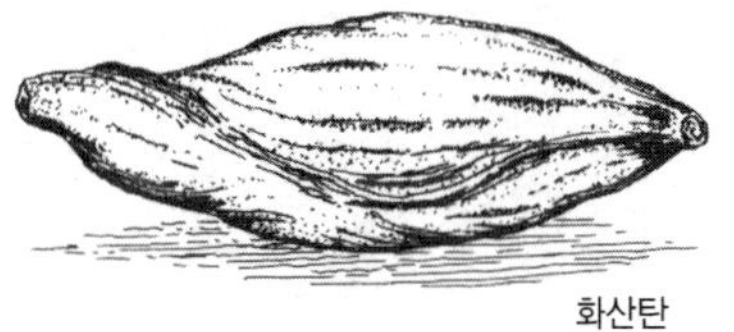
화산탄

현무암질 용암에서는 고구마 모양의 방추형 화산탄, 안삼암질 용암에서는 균열이 많은 빵껍질 모양의 화산탄을 흔히 볼 수 있지만, 그 밖에 화산탄의 대부분은 구상(球狀), 봉상(棒狀), 판상(板狀) 등 특징이 있는 모양과 구조를 가지고 있다.

화성윤회(火成輪廻, magmatic cycle)

고전적 조산 윤회 개념의 중요한 요소이다. 이것은 조산대의 지향사 초기에는 염기성의 화산활동이 일어나 오피올라이트(ophiolite)를 형성하고, 다음 조산기에 이르면 화강암류가 관입(貫入)되며, 마지막 조산운동이 끝난 후에는 또 다른 화성활동이 일어난다는 것이다.

환상구조토(環狀構造土, stone circle)

주빙하 현상 중 가장 대표적인 것으로, 환상구조토는 조립암설이 세립암설을 둥글게 둘러싸고 있는 것으로 개별적으로나 혹은 집단적으로 발달한다. 세립암설로 이루어진 부분은 약간 오목한 특징이 있다.

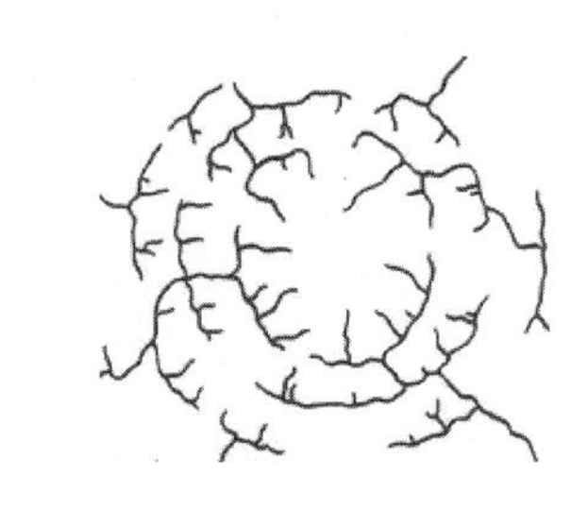

환상패턴(環狀-, annular pattern)

하계망 유형 중의 하나로 퇴적암층의 돔이 개석되어 경암층과 연암층이 교대로 지표에 노출될 때 방사상 패턴과 결부되어 나타난다.

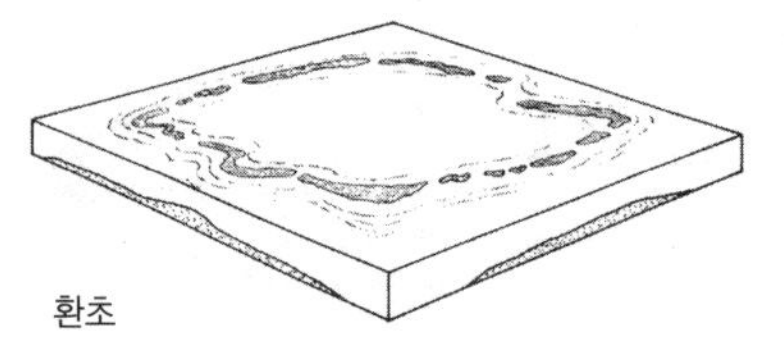

환초

환초(環礁, atoll)

열대지방의 해안에서 산호층의 석회질 유해나 석회조류(石灰藻類)가 집적되어 이루어진 암초의 한 유형으로서 이것은 반지 모양의 산호초인데 중앙에는 육지가 없고 석호만 있다. 환초는 서태평양에 많이 분포한다. 환초 속에 형성되는 호수를 초호(礁湖)라고 한다. 초호는 수심이 6m 내외의 것이 많고 군데 군데에 있는 수도(水道)에 의해서 외양

(外洋)과 통하는데 물결이 잔잔하기 때문에 해상교통이나 군사상의 거점으로 이용되는 경우가 있다.

황토(黃土, loess)

바람에 의해 운반된 실트(silt) 등이 쌓여서 층을 이룬 것을 말한다. 황토는 주로 신선한 석영, 장석, 운모, 방해석 등으로 구성되어 있으며, 화학적 풍화를 거의 받지 않는 광물이다. 담황색 내지 회색으로서 균질 다공질(均質 多孔質)이며, 층리(層理)가 없고 수직적인 벽개(劈開)가 탁월하다.

횡와습곡(橫臥褶曲, recumbent fold)

습곡축면이 수평 내지 수평에 가까운 습곡을 말한다. 습곡의 축면은 수평면에 대해 여러 위치를 취하지만 hinge가 수평인 경우에는 축면의 경사정도에따라 다른 이름이 부여된다. 직립(直立)한 것(直立褶曲, upright fold), 경사진 것(傾斜褶曲, inclined fold), 강하게 경사져 wing의 하나가 역전한 것(逆轉褶曲, overfold, overturned fold ; 過褶曲이라고도 한다) 등이 있다. hinge가 경사진 경우나 수직인 경우에는 위의 명칭이 사용되지 않는다. 횡와습곡은 알프스에서 거대한 것이 발견된다.

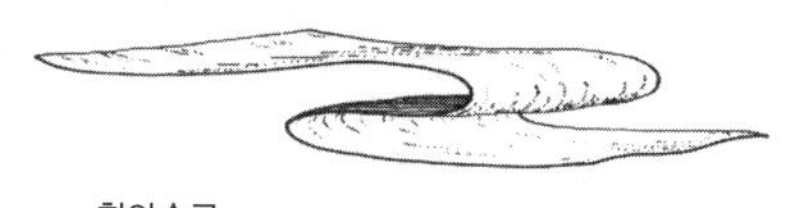

횡와습곡

휘석(輝石, pyroxene)

7대 조암광물의 하나로 화성암과 변성암에서 폭넓게 나타난다. 휘석은 규산염 사면체의 단일사슬 구조로 이루어져 있고, 단사정계 또는 사방정계이다. 비중이 3.2~3.4이고 경도는 5~6이며 광물의 색은 암녹색 내지 흑색을 띠나 조흔색은 무색이다.

참고 문헌

INTERNET 인터넷 사이트

1. 참고 문헌

강석오, 1984, 신한국지리, 대학교재출판사, pp. 42~232

강승삼, 1975, 한국의 화산지형, 청대춘추, 제20호, pp. 46~55

———, 1980, 한국 하천지형의 변화, 지리학연구, 제 5집, pp. 229~249

강영복, 1987, 우리나라 습윤온대 기후지역 평탄면 지형 위의 고적색토의 토양지형 생성적 특성, 지리교육논집 18, pp. 38~54

———, 1989, 지중해 적색토의 성인적 특성과 토양분류 체계에 관한 고찰, 지리학 연구 14, pp. 111~137

———, 1992, 우리나라 고생대 석회암지역의 카르스트 지형과 토양생성 작용에 관한 연구, 한국지구과학회지, 13, pp. 156~175

———, 1994, 카르스트현상의 토양지리학적 특성, 한국지형학회지 1, pp. 85~102

———, 1973, 화강편마암에 발달한 적색토에 관한연구, 지리학연구 1, pp. 64~92

강철성 외, 2000, 자연환경과 인간, 한울아카데미, pp. 307~308

강필종, 양승영, 1989, 야외지질학, 형성출판사, pp. 530

高山武美, 1974, 河川地形, 共立出版(株), pp. 210~304

고성욱, 1990, 五十川의 流路 分析, 동국대 대학원 석사학위논문.

고의장, 1965, 한국의 산록완사면 지형에 대한 연구, 경희대 석사논문.

———, 1984, 제주도와 울릉도의 지형경관에 관한 비교연구, 지리학연구, 9, 한국지리교육학회, pp. 481~506

———, 2002, 국립공원 지리산 동부지역의 자연경관에 대한 지형학적 특성, 지리학 연구 제36권 제2호, 한국지리교육학회, 113~130

———, 이승곤, 2000, 태안 해안 국립공원의 관광 지형학적 특성, 지리학연구, 제 34 권 제1호, 한국지리교육학회, pp. 27~38

권동희, 1982, 서울 近郊 花崗岩山地에 發達한 Tor 現象에 관한 硏究, 동국대 대학원 석사논문

———, 1985a, 금정산의 Tor현상에 관한 연구, 지리학 32, pp. 1~22

———, 1987, 한국지형에 발달한 Tor에 관한 연구, 동국대 대학원 박사학위논문

———, 박희두 공저, 1991, 토양지리학, 교학연구사, pp. 76~217

권보영, 1989, "누드(Nude)", 제8회 대한민국 사진 전람회도록, (사) 한국사협, p. 47

권순식, 1986, 화강암풍화층에 관한 연구, 청주대 인문과학논집 5, pp. 149~163

———, 1987, 한반도 화강암 풍화층에 발달된 제4기 후반의 주빙하 결빙구조에 관한 연구, 지리학논총, 별호 4, pp. 1~120

권용우, 안영진, 2001, 지리학사, 도서출판 한울, pp. 131~142

권혁재, 1973, 낙동강 삼각주의 지형연구, 지리학 제8호, pp. 8~23

———, 1974, 지형학, 법문사, pp. 41~62

———, 1974, 한국의 하천과 충적지형, 고려대 논문집, 제 1집, pp. 75~92

———, 1980, 지형학(개정신판), 법문사, pp. 361~379

———, 1981, 태안반도와 안면도의 해안지형, 사대논집 6, 고려대 사범대학, pp. 261~287

———, 1983, 자연지리학, 법문사 pp. 138~363
———, 1984, 한강하류의 충적지형, 사대논집 9, 고려대 사범대학, pp. 79~114
———, 1990, 지형학, 법문사, pp. 75~450
———, 1990, 한국지리, 법문사, pp. 26~61
———, 2001, 지형학, 법문사, 499 pp.
기근도, 1992, 월출산의 화강암 지형에 관한 연구, 서울대 대학원 석사학위 논문
김광영, 1989, 「形象」, 제8회 대한민국 사진 전람회 도록, (사)한국사협, p. 64
김기우, 1995, 삽교천 하류의 충적단구, 고려대 대학원 석사학위 논문
김대경, 1980, Karst지형에 관한 연구, 강원도 지역을 중심으로, 전주교대논문집 16, 전주교대, pp. 123~135
김도정, 1970, 제주도의 구조토에 관한 연구, 낙산지리 1호, pp. 3~10
———, 1972, 서울 근교의 화강암풍화에 대한 기후 지형학적 연구, 낙산지리 2호, pp. 41~49
———, 1973, 한국의 상식의 유형, 지리학 7호, 대한지리학회, pp. 1~7
김두규, 1998, 우리땅 우리풍수, 동학사, pp. 9~349
김만정, 1972, 개발을 위한 지형분류의 Mesh 법적 평가에 관한 연구, 안동교대 논문집, 제5집, pp. 45~58
———, 박노식, 1975, 사면형요인의 Mesh법적 계량분석, 응용지리 1권 1호, pp. 5~53
김상호, 1961, 한국중부지방의 지형발달, 서울대논문집, 이공계 10집, pp. 111~123
———, 1963, 제주도의 자연지리, 지리학, 1호, pp. 2~14
———, 1964, 추가령열곡에 대한 고찰, 사대학보, 6권 1호, pp. 156~161
———, 1966, pediplain 및 pediplanation, 사대학보 8호 1권, pp. 89~96
———, 1966, 한강하류의 저위침식면지형 연구, 서울대 박사논문
———, 1973, 중부지방의 침식면 지형연구, 서울대 논문집, 이공계21집, pp. 85~115
김서운, 1973, 한국 남동단부(방어진-포항) 해안에 발달하는 단구에 관한 연구, 지질학회지 9권 2호, pp. 89~121
김연옥, 1995, 기후학개론, 정익사, pp. 246~418
김옥준, 1971, 대보조산운동 이후의 남한에 있어서의 해침과 해성층, 지질학회 2호, pp. 102~128
김우관, 1979, 낙동분지 지형의 고도점분포 분석, 지리학, 19호, 대한지리학, pp. 1~12
———, 1984, 지형학, 형설출판사, pp. 246~247
———, 1987, 지형학, 형설출판사, pp. 136~299
———, 2000, 지형학, 형설출판사, pp. 303~307
———, 임용호, 1997, GIS를 이용한 거제도 지형 및 하계 분석, 한국지역지리학회 제 3권 2호, pp. 19~35
———, 전영권, 1987, 제주도 기생화산의 사면형태, 지리학논구, 8호, pp. 47~68
———, 전영권, 1988, "기후지형학의 연구동향", 지리학연구, 제 9 호, p. 2
김유근 외, 1989, 대학지구과학, 형설출판사 p. 143

金子史郎, 1966, 구조지형학, 고금서원, 동경, p. 260
김정혜, 1967, 한강하류의 하중도에 관한 고찰, 이화여자 대학교 대학원 석사논문
김종식, 1984, 충남 안면도의 해안사구 및 Salt Marsh 발달에 관한 연구, 지리학보 6, pp. 41~47
김종욱, 1991, 하천지형 발달에 관여하는 주요변수들간의 기능적인 관계에 관한 연구, 지리학 43, pp. 1~29
김종일, 1994, 영산강 곡류절단부에서의 하도변화에 관한 연구, 한국지형학회지, 1(1), 한국지형학회, pp. 43~61
김주환 외, 1983, 자연지리학연구, 서울 : 대학교재출판사, p. 285
——— 외, 1990, 지구환경, 신라출판사, pp. 92~102
———, 1974, Joint와 花崗岩 風化와의 關係考察, 서울대학교 석사논문, pp. 1~40
———, 1978, Joint現像의 分析과 D-D diagram 開發에 관한 研究, 지리학, 제 17호, pp. 1~10
———, 1983, 韓國東南地帶의 地質構造와 地形發達과의 關係, 연세대 박사논문, pp. 36~226
———, 1985, 韓國東南地帶에 發達한 線構造線에 관한 研究, 지리학연구, pp. 691~712
———, 1985, 형산강, 태화강, 양산천 유역의 Joint 현상에 관한 연구, 논문집 24, 동국대 대학원, pp. 201~237
———, 1988, 태화강 유역의 경사와 절봉면 분석, 지리학, 40, pp. 15~30
———, 1991, "백두산 지형의 특색", 압록강과 두만강-백두산천지- 홍익재, p. 10.
———, 1991. 5. 1(수), 『人間不必要論』, 全敎學新聞 第75號 論思之地.
———, 1992, 白頭山의 地質과 地形, 지리학연구 19, pp. 1~28
———, 1996, 寫眞을 通해서 본 水落山 西斜面의 節理分布, 지리학연구, 제27권, pp. 21~36
———, 1997, 직탕瀑布와 고석정 周邊의 地形, 사진지리 제5호, 한국사진지리학회, pp. 48~52
———, 1997, 楸哥嶺 裂谷內 議政府~東豆川 間에 發達한 斷層構造의 構造地形學的解析, 지리학연구, 제31집, 한국지리교육학회, pp. 19~26
———, 1998, 議政府-抱川 間에 發達한 斷層構造의 構造地形學的 解析, 지리학연구 제32집 2호, pp. 29~38
———, 1999, 地表起伏의 理解, 보문당, pp. 30~32
———, 2000, 漢灘江一帶의 地形情報에 관한 研究, 지리학연구 제34권 제3호, 한국 지리교육학회, pp. 137~150
———, 2002, 華嚴寺 附近의 地形과 地質, 지리학연구 제36권 제2호, 한국지리교육학회, pp. 71~88
———, 장재훈, 1978, 한국의 화강암에 발달된 Salt Weathering 현상에 대한 기후 지형학적 연구, 지리학연구4 pp. 29~53
———, 강영복, 1990, 地圖學, 신라출판사, p. 251
김중세, 1983, "구성", 제 3회한국 국제 사진전 입상·입선작품집, (사)한국사협
김창환, 1987, 丘陵地의 特性에 관한 研究, 동국대 대학원 석사학위논문
———, 1989, 전라북도 남서지역의 구릉지 경사 분석, 지리학연구 14, pp. 74~90
———, 1990, 나주 구릉지의 개석도 분석, 지리학 42, pp. 13~22

———, 1993, 한국남서지역의 구릉지에 관한 연구, 동국대학교 대학원 박사학위논문.
김태호, 2001, 한라산 백록담 화구저의 유상구조토, 대한지리학회지 제 36권 제3호, 대한지리학회, pp. 233~246
김혜자, 1982, 서울 附近 Tafoni 現象에 관한 硏究, 동국대 대학원 석사학위논문
瀧瀨良明, 1978, 自然堤防, 古今書院, pp. 19~25.
대한지구과학연구회편, 1987, 지구과학개론, 교학연구사, pp. 237~238
渡邊光, 1979, 신판 지형학, 일본 고금서원, pp. 7~30
都城秋穗, 南基庠 譯, 1980, 암석학(下), 대학교재 출판사, pp. 2~177
도한진, 1982, Talus의 이동에 관한 연구, 동국대 대학원 석사학위 논문.
마정은, 1996, "탄트라의 비애", 제 15회 보령전국사진 공모전 입상•입선작품집, (사)한국사협 보령지부
박 경, 1987, 천리포 사구내의 적색토적층에 관한 연구, 서울대 대학원 석사논문
박기용, 1995, 제 17회 전국흑백사진대전 작품집, (사)한국사협 대구 광역시지회
박노식 외, 1983, 자연지리학연구, 대학교재출판사, p. 91
———, 1959, 하안 선상지 연구, 경희대 논문집, 1권, 제2호, pp. 1~29
———, 1967, 한강하류 지형면의 분류와 지형발달에 대한 연구, 경희대 박사논문.
———, 1971, 한국의 지형구, 지리학 6호, pp. 1~24
박동원, 1967, 한강력의 원마도와 형태에 관한 연구, 서울대 대학원 석사논문
———, 1977, 遠隔探査法에 의한 淺水灣 干潟地 地形研究, 地理學, 大韓地理學會誌, 第 15號, pp. 1~16
———, 1979, "신지형학 - 방법론과 문제점-," 지리학과 지리교육9, p. 238.
———, 1985, 남한강에 있어서 하계망과 지질 구조선의 관계에 대한 연구, 지리학논총 12, pp. 99~109
박상기, 1989, 천황산 일대 산지지형의 지형계측 특성, 경북지리 창간호, 경북대 사회과학대학, pp. 1~12
박의준, 1995, 강화도 염생습지 퇴적물에 관한 연구, 서울대 대학원 석사학위논문
———, 2001, 해안습지 발달과정에 대한 연구동향과 과제, 지리학연구 제35권 제1호, 한국지리교육학회, pp. 27~44
———, 구자용, 황철수, 2002, GIS기법을 이용한 하천 유역분지 유출량 산출의 효율성 고찰, 지리학연구 제36권 제2호, 한국지리교육학회, pp. 153~165
박종관, 1994, SRC Method에 의한 산지 소유역의 부유토사 유출량 산정, 한국지형학회지 1(1), 한국지형학회, pp. 17~32
박한산, 윤순옥, 황상일, 2001, GIS를 이용한 해안단구 지형면 분류 기법 연구, 대한 지리학회지 제36권 제4호, 대한지리학회, pp. 458~473
박희두, 1989, 남한강 중상류 분지의 지형연구, 동국대학교 대학원 박사논문
———, 1991, 영월지역 단구퇴적물층내의 Sand에 대한 현미경 분석, 지리학연구 18, pp. 125~140
반용부, 장재훈 외, 1983, 자연지리학연구, 대학교재출판사, pp. 374~395

———, 1981, 만수천 상류의 단상지형 연구, 지리학총 9, pp. 19~28
———, 1986, 낙동강삼각주의 지형과 표층퇴적물 입격분석, 경희대 대학원 박사논문
삼척시, 2000, 초당굴 종합 학술조사 보고서, p. 138
서무송, 1969, 강원도 삼척군 일대의 Karst지형에 관한 연구, 경희대 석사논문
———, 1977, "한국의 석회암동굴산 Pisolite에 관한 연구", 지리학, 제16호, pp. 6~7
———, 1996, 韓國의 石灰岩 地形, 세경자료사, pp. 30~50
성춘자, 1996, 산지하천 체계내의 지형발달과 지질구조와의 관계, 동국대 대학원, 박사학위논문
성효현, 1982, 마이산 일대에 나타나는 미지형의 기후지형학적 연구, 녹우회보 24, pp. 63~86
손명원, 1985, 반변천의 하안단구에 관한 연구, 지리학연구 10, pp. 749~767
———, 1993, 낙동강 상류와 왕피천의 하안단구, 서울대 대학원 박사학위논문
손 일, 1983, 하도 변천에 의해 형성된 하안 퇴적지에 관한 연구, 지리학논총 10, pp. 347~358
손치무, 1969, 한국의 지각변동에 관하여, 지질학회지, No. 3, pp. 167~210
송언근, 1993, 한반도 중·남부지역의 감입곡류지형발달, 경북대 박사학위논문
———, 1994, 구계천에 있어서 감입곡류절단과 관련된 하안단구의 지형발달, 한국 지형학회지 1, pp. 33~40
———, 전경숙, 2000, 남한강 상류의 고기성 단상지, 지리학연구 제 34권 제3호, 한국지리교육학회, pp. 221~230
신경준, 1990, 산경표, 도서출판 푸른산, p. 25
신현종, 1991, 花崗岩 山地의 河川縱斷面 硏究, 동국대 대학원 석사학위 논문
안정헌, 1996, 「삶의 터전을 찾아서」(경기), 제18회 전국 사진작품 공모전 작품집, (사)한국사진작가 협회
岩石學(上), 部城秋穗, 久成育夫, 南基庠 譯, 1979, 대학교재출판사, 371 pp.
岩石學(下), 部城秋穗, 久成育夫, 南基庠 譯, 1980, 대학교재출판사, 231 pp.
野滿隆治, 1943, 新河川學, 地人書房, pp. 312~324
연세대 지질학과 동문회, 1982, "韓國의 地質과 鑛物資源", 김옥준교수 정년퇴임 기념논총, pp. 227
오건환, 1967, 한국동해안의 tombolo와 lagoon에 대하여, 경북대학원 석사논문.
———, 1970, 경포의 지형학적 연구, 강릉교대 논문집 2집, pp.163~173
———, 1978, 한반도 동서해안에 분포하는 해성 단구의 대비, 부산여대, 논문집, 제8집, pp. 157~172
———, 1983, 구정선 고도 변화로부터 본 한반도의 제4기 지각변동, 교육논집 10, 부산대 사범대학, pp. 245~253
———, 1996, 강원도 중부(주문진~양양) 해안평야의 형성과정과 고환경, 제4기 학회지 10, pp. 53~68
———, 1996, 낙동강삼각주의 형성과정, 부산지리 1, pp. 1~16
오경섭, 1975, 북평주변의 침식지형 연구, 서울대 석사논문
———, 1989, Bt Band의 형성과정, 제4기 학회지 3(1), 한국제4기학회, pp. 35~46
———, 1989, 화강암 풍화층의 점토조성과 풍화환경, 지리학 40, pp. 31~42
———, 김남신, 1994, 전곡리 용암대지 피복물의 형성과 변화과정, 제4기학회지 8(1), 한국제4기학회,

pp. 43~68
———, 오선희, 1994, 금강과 만경강 역과 모래의 비교연구, 한국지형학회지 1(2), 한국지형학회, pp. 103~124
오남삼, 1986, 화산경과 분출순서 연구, 논문집 3, 제주대 사회과학대 관광개발연구소
오은규, 1974, 한강하류의 충적지형연구, 고대교육대학원 석사논문.
원종관 외, 1991, 지질학원론, 우성문화사, pp. 9~516
———, 1976, 제주도에 분포하는 화산구의 구조해석에 관한 연구, 지리논집, 제2호, pp. 33~44
———, 강상배, 1980, 제주도, 남・북 사면의 지형발달에 관한 비교 연구, 건국대 논문집, 제 5집, pp. 89~108
원학희, 1966, 한국중부와 남부지방의 지형면 대비, 경희대 석사논문
유홍식, 1982, 용오 단상지의 철각 연구, 지리학논총 9, pp. 13~22
윤순옥, 1994, 도대천 충적평야의 홀로세 퇴적환경, 지리학총 21・22, pp. 1~22
———, 조화룡, 1996, 제4기 후기 영양분지의 자연환경변화, 대한지리학회지 제31권 제3호, 대한지리학회, pp. 447~468
———, 황상일, 1999, 한국 남동부 경주시 불국사단층선 북부의 활단층지형, 대한 지리학회지 제34권 제3호, 대한지리학회, pp. 231~246
———, 황상일, 2001, 한국 남동부 경주 및 울산시 불국사단층선 지역의 선상지 분포와 지형발달, 대한지리학회지 제 36권 제3호, 대한지리학회, pp. 217~232
윤인혁, 1994, 대전, 충남지역의 기복량과 기반암의 관계, 지리학연구 14, pp. 16~22
———, 2001, 옥천분지와 진천분지의 지형특성, 한국지역지리학회지 제 7권 제4호, 한국지역지리학회, pp. 93~104
이문원, 손인석, 1984, 제주도는 어떻게 만들어진 섬일까, 도서출판 춘광, p. 85
이민희, 1982, 거창분지의 지형발달, 지리학총 10, pp. 64~83
이수진, 1976, 제주도에 분포하는 기생화산에 관한 연구, 건국대 석사학위 논문.
이용범, 1992, 대관령 지역의 설식지형 연구, 한국교원대학원 석사학위 논문
이윤진, 1996, 火成岩 貫入地域의 地形特性, 동국대 대학원 석사학위 논문.
이의한, 1998, 금강하류와 미호천 유역의 충적단구, 고려대 대학원 박사학위 논문
이정우, 1988, 영월 구하도의 Talus발달, 지리학총 16, pp. 1~10
이형호, 1984, 서해중부이남 해안에 발달한 해식애에 관한 연구, 지리학연구 9, pp. 469~480
———, 1985, 한국의 서해안에 발달한 해식애에 관한 지형적 연구, 지리학연구보고7, pp. 1~113
이호재, 1986, 智異山 斜面 河川의 Pothole에 관한 연구, 동국대 대학원 석사학위논문
이희훈, 1991, "백두산 비경", 91 경남사형합동전시록, 사단법인 한국사진작가협회 경남지부, p. 45
日比野雅俊 譯, 1987, 沙漠　環境科學, 東京：古今書院, pp. 20~69
日下雅義, 1973, 平野의 地形環境, 고금서원, p. 317

임창주, 1973, 영춘지역의 하안단구, 서울대 대학원 석사논문.
———, 1989, 남한강의 하안단구에 관한 연구, 동국대 대학원 박사학위논문
———, 1990, 남한강 유로의 사행과 하안단구 분포의 상관성 연구, 논문집 26, 상명여대, pp. 45~62
임학섭 편저, 1995, 傳統風水地理, 明文堂, p. 15
자연지리학 사전 편찬위원회, 1988, 자연지리학사전, 한울아카데미, 831 pp.
장관웅, 1997,「품」, 제 15회 강릉 종합 예술제, 열한번째 강원 사진 대전 작품집
장기홍, 1985, 한국지질론, 민음사
장상섭, 1987, 濟州道 SEA-STACK의 地形學的 硏究, 동국대 대학원 석사학위논문
장양기, 1992, 정성군 동면 테일러스의 형태적 특징과 형성과정, 충북지리 10, pp. 25~52
장은미, 1988, 석회암과 고석회암지역의 지표피복물에 관한 연구, 지리학논총 15, pp. 99~118
장재훈, 1966, 산록완사면지형에 대한 연구, 지리학 2호, pp. 35~42
———, 1972, 남원지방의 산록완사면연구, 지리학 7호, pp.11~23
———, 1973, 충주지역의 산록완사면 연구, 지리학연구 1권 1호, pp. 93~108
———, 1980, 완사면과 피복퇴적물에 관한 연구, 지리학연구 5, pp. 116~133
———, 1985, 한국의 침식분지에 관한 연구, 응용지리 8, pp. 59~78
———, 2001, 악양분지의 지형발달에 관한 연구, 지리학연구 제35권 제1호, 한국 지리 교육학회, pp. 13~26
장 호, 1976, 강릉주변의 저위침식면지형연구, 서울대 교육대학원 석사논문
———, 1983, 지리산지 주능선동부의 주빙하지형, 지리학 27, pp. 31~50
장홍균, 1997, "세심", 제15회 강릉종합예술제, 열한번째 강원사진 대전 작품집
赤木祥彦, 1965, 조선의 Pediment, 지리학평론 38권 11호
————, 1975, 한국의 Pediment 지학잡지, Vol. 84
전영권, 1991, 태백산맥 남부산지의 암석사면 지형연구, 경북대학교 박사논문, p. 144
———, 1993, 태백산 남부산지의 암설사면지형, 대한지리학회, 28, pp. 77~98
———, 1996, 천황산 Talus의 형성과 지형발달, 한국지역지리학회지, 제 2권 제2호, 한국지역지리학회, pp. 173~182
井關弘太郎, 1972, 삼각주, 조창서점, p. 226
정장호, 1962, 남한의 karst 지역, 서울대 대학원 석사학위 논문
———, 1962, 영월부근의 지형, - 하안단구를 중심으로 - 지리, 서울사대 지리학회.
———, 1966, 한국의 karst 지형, 지산선생화갑기념 논문집, pp. 213~239
———, 1974, 북한강유역 하계망 발달의 정량적 분석, 수도사대 논문집 6호
———, 1975, karst, 지형, 지리학회보 13호, pp. 1~7
———, 1977, 지리학사전, 경인문화사.
———, 1988, 한국지리, 우성문화사, pp. 20~30
町田 貞 外, 1982, 地形學辭典, 二宮書店, p. 335
———, 1969, 하안단구와 그의 지형적 연구, 고금서원, p. 245
———, 1972, 지형분석, 일본 고금서원, p. 401
———, 1984, 地形學, 大明堂, pp. 1~359

정창희 외, 1998, 한국의 지질, 대한지질학회, 시그마프레스, 802 pp
———, 1987, 지질학개론, 박영사, pp. 5~542
제 29차 세계지리학대회 조직위원회, 2000, 한국지리, 교학사, 366 pp
조동규, 1988, 자연지리조사법(Ⅰ), 교학사, 209 pp
———, 김우관 외, 1988, 자연지리조사법, 교학연구사.
조석필, 1997, 태백산맥은 없다. 도서출판 사람과 산, pp. 271~283
조성진 외, 1986, 토양학, 향문사, p. 35
조화룡, 1982, 우리나라 하구퇴적층의 층상구조, 논문집 33, 경북대, pp. 205~222
———, 1986, 만경강 연안 충적평야의 지형발달, 교육연구지 29, 경북사대, pp. 19~353
———, 1986, 만경강 연안 충적평야의 지형발달, 교육연구지 29, 경북사대, pp. 19~353
———, 1986, 만경강해안 충적평야의 지형발달, 경북사대 교육연구지 28, pp. 19~35
———, 1987, 한국의 충적평야, 교학연구사
———, 1990, 남한의 토탄지 연구, 지리학 41, pp. 109~127
———, 1997, 양산단층 주변의 지형분석, 대한지리학회지 32, pp. 19~38
佐藤 久, 町田 洋, 1990, 地形學, 東京 : 朝倉書店, pp. 128~134
淺海重夫, 1990, 土壤地理學, 古今書院, p. 178
村山智順, 1990, 최성길 옮김, 조선의 풍수, 민음사 pp. 10~289
村上 磐, 1979, 火山의 活動과 地形, 대명당, p. 300
최낙민, 1997, "레프팅", 제15회 강릉종합예술제, 열한번째 강원사진 대전 작품집.
최무웅 외, 1990, 지구과학, 서울 : 자유출판사, p. 172~185
——— 외, 1991, 日本의 山地地形, 고금서원, p. 246
——— 외, 1991, 자연과 환경, 교학연구사, p. 43~186
———, 임종호, 1990, 여천리 석회암지역 피복물의 성인과 특성에 관한 분석, 지리학연구 16, pp. 75~90
최병권, 1983, 平昌江의 Meandering에 관한 硏究, 동국대 대학원 석사논문
———, 1995, 南漢江 上流의 曲流河道 發達에 관한 硏究, 동국대 대학원 박사논문
최성길, 1984, 변산반도 일대의 구정선지형 고찰: 격포리와 대항리를 중심으로, 지리학연구 9, pp. 571~582
———, 1985, 진도 내만지역 Shore Platform의 형태와 발달과정에 관한 연구, 지리학연구 31, pp. 16~31
———, 1992, 묵호해안의 Shore Platform과 저위해성단구, 지리학논총 18(1), pp. 1~12
———, 1995, 한반도 중부동해안 저위해성단구의 대비와 편년, 대한지리학회지 30, pp. 103~119
최영주, 1994, 新韓國風水, 동학사, p. 29
최창조 (a), 1990, 한국의 풍수사상, 민음사, p. 23~54
——— (b), 1990, 좋은 땅이란 어디를 말하는가, 서해문집, p.498
최한성, 1982, 연일단상지의 저습지형 퇴적물에 관한 연구, 지리학논총 9, pp. 23~30
최홍규, 1984, 춘천분지의 지형 연구, 강원지리, 창간호, pp. 84~90
추미양, 1983, Tafoni의 형성과정에 관한 연구 – 덕숭산을 대상으로–, 지리학논총 10, pp. 371~381

平川一臣 譯, 氣候地形學, pp. 341~352
하태열, 2000, "해변이야기", 제4회 달구벌 전국사진 공모전 작품집, (사)한국사협 대구광역시지회, p. 44
한국동굴학회, 1998, 동굴환경의 보전 관리 지침, p. 48
함춘동, 1989, "이브(EVE)", 제8회 대한민국 사진 전람회 도록, (사)한국사협, p. 116
협재동굴지대 학술조사 보고서(제주도 용암동굴 지대), 1991, (주) 한림공원, pp. 40~41
홍시환, 1975, 한국의 동굴, 지리학회보 13권, pp. 8~12
홍영국, 1990, 백두산의 지질, 지질학회지 26, pp. 119~126
홍의룡, 1994, 「형상」 제 13회 대한민국사진전람회 도록, (사)한국사협, p. 123
황만익, 1968, 동해안 정동리 일대의 해안평탄면 지형연구, 지리학, 3호, pp.1~10
황상일, 1994, 도대천 충적평야의 지형발달, 지리학총 21?22, pp. 41~60
A. Hallm, 김옥준 역, 1981, 지구과학의 혁명, 학술원, pp. 106~107
A. L. Bloom, 1978, *Geomorphology*, Whitehall Books, pp. 156~158
A. N. Strahler, A. H. Strahler, 1989, *Elements of Physical Geography*, John Wiley & Sons, p. 314
Alan E. Kehew, 1995, *Geology for Engineers and Environmental Scientists*, Prentice Hall, p. 16~187
Alexander Zevenhuizen, 1997, *Erosion and Weathering*, New Halland, 79 pp
Ansel Adams, 1947, *Santa Elena Canyon*, Big Bend National Park, Texas
————, 1948, Vernal Fall, Yosemite National Park, California, p. 48
————, 1951, Surf and Rock, Monterey County Coast, California
Archibald Geikie, 1903, *Text-Book Of Geology*, Macmillan and Co., pp. 711~769
Arthur L. Bloom, 1998, *Geomorphology*, Prentice Hall, 482 pp
Arthur N Strahler, 1963, *Physical Geography*, Wiley, pp. 462~475
————, 1978, *Modern Phygical Geography*, Wiley, pp. 235~343
————, 1963, *Physical Geography*, Wiley, 534 pp
Ben A. van der Pluijm, 1997, *Earth Structure*, McGraw Hill, 495 pp.
Billings, M. P, 1960, *Structural Geology*, 2nd, ed., New york, Prentice Hall, pp. 106~111
————, 1974, *Structural Gelogy*, Prentice Hall of india, New Delhi, p. 147
Bird, E. C. F., 1968, *Coasts*, MIT Press, Cambridge, p. 246
Bruce E. Hobbs & Winthrop D. Means, 1976, *An Outline of Structural Geology*, John Wiley & Sons, Inc. New York, pp. 293~296
Budel, J., 1982, *Climatic Geomorphology*, Princeton University Press, p. 44
————, 平川一臣 譯, 1985, 氣候地形學, 古今書院, p. 40
C. D. Oiller, 1981, *Tectonics and landforms*, Longman, 324 pp
C. Embelton, D. Brunsden & D. K. C. Jones, 1978, *Geomorphology*, Oxford, 281 pp
C. J. N. Fletcher, 1976, *Structures In Folded Rocks*, Geological and Mineral Institute of Korea,
C. R. Twidale, 1971, *Structural Landforms*, The Mit Press, pp. 138~144

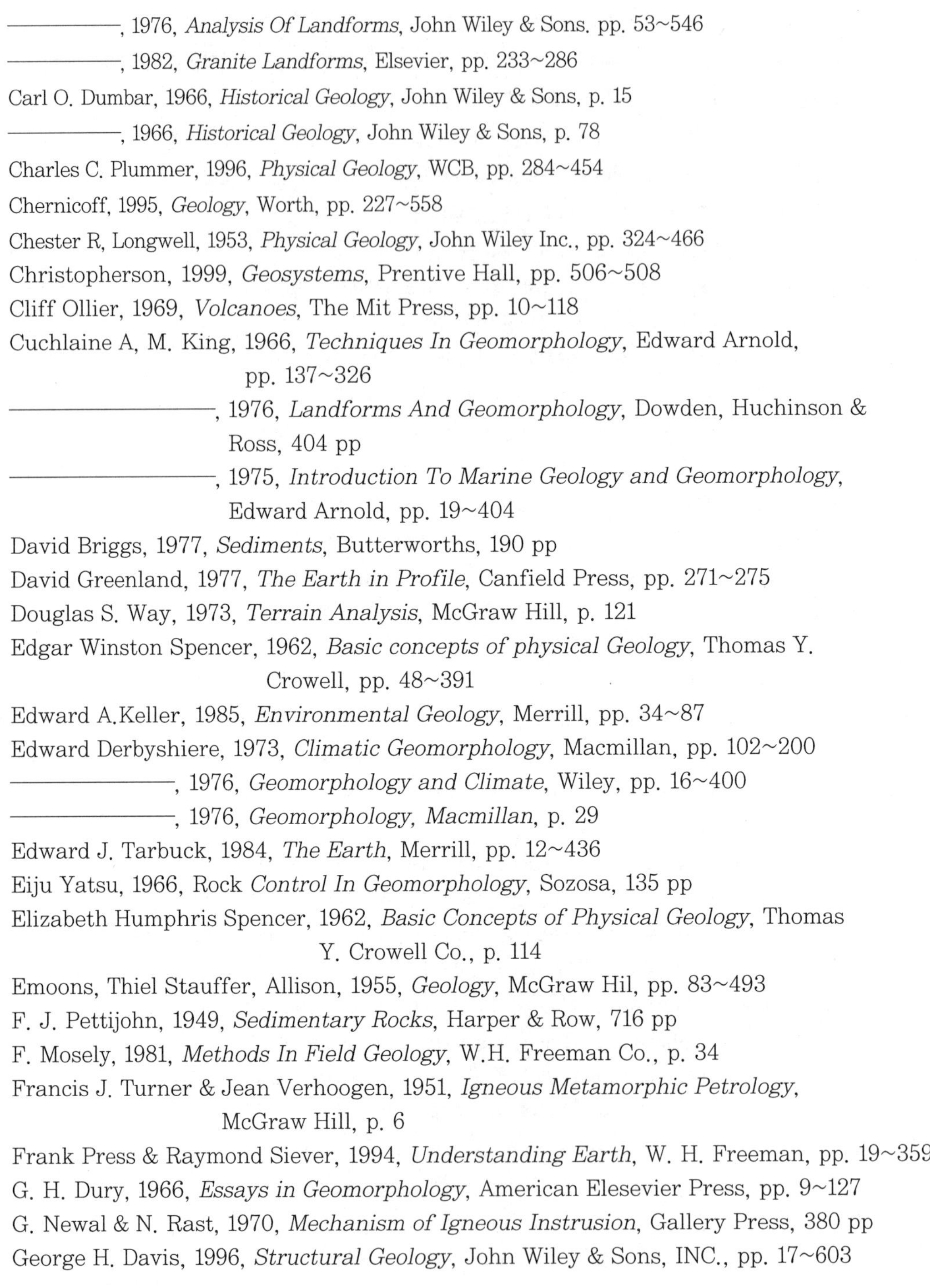

————, 1976, *Analysis Of Landforms*, John Wiley & Sons. pp. 53~546

————, 1982, *Granite Landforms*, Elsevier, pp. 233~286

Carl O. Dumbar, 1966, *Historical Geology*, John Wiley & Sons, p. 15

————, 1966, *Historical Geology*, John Wiley & Sons, p. 78

Charles C. Plummer, 1996, *Physical Geology*, WCB, pp. 284~454

Chernicoff, 1995, *Geology*, Worth, pp. 227~558

Chester R, Longwell, 1953, *Physical Geology*, John Wiley Inc., pp. 324~466

Christopherson, 1999, *Geosystems*, Prentive Hall, pp. 506~508

Cliff Ollier, 1969, *Volcanoes*, The Mit Press, pp. 10~118

Cuchlaine A, M. King, 1966, *Techniques In Geomorphology*, Edward Arnold, pp. 137~326

————, 1976, *Landforms And Geomorphology*, Dowden, Huchinson & Ross, 404 pp

————, 1975, *Introduction To Marine Geology and Geomorphology*, Edward Arnold, pp. 19~404

David Briggs, 1977, *Sediments*, Butterworths, 190 pp

David Greenland, 1977, *The Earth in Profile*, Canfield Press, pp. 271~275

Douglas S. Way, 1973, *Terrain Analysis*, McGraw Hill, p. 121

Edgar Winston Spencer, 1962, *Basic concepts of physical Geology*, Thomas Y. Crowell, pp. 48~391

Edward A.Keller, 1985, *Environmental Geology*, Merrill, pp. 34~87

Edward Derbyshiere, 1973, *Climatic Geomorphology*, Macmillan, pp. 102~200

————, 1976, *Geomorphology and Climate*, Wiley, pp. 16~400

————, 1976, *Geomorphology, Macmillan*, p. 29

Edward J. Tarbuck, 1984, *The Earth*, Merrill, pp. 12~436

Eiju Yatsu, 1966, Rock *Control In Geomorphology*, Sozosa, 135 pp

Elizabeth Humphris Spencer, 1962, *Basic Concepts of Physical Geology*, Thomas Y. Crowell Co., p. 114

Emoons, Thiel Stauffer, Allison, 1955, *Geology*, McGraw Hil, pp. 83~493

F. J. Pettijohn, 1949, *Sedimentary Rocks*, Harper & Row, 716 pp

F. Mosely, 1981, *Methods In Field Geology*, W.H. Freeman Co., p. 34

Francis J. Turner & Jean Verhoogen, 1951, *Igneous Metamorphic Petrology*, McGraw Hill, p. 6

Frank Press & Raymond Siever, 1994, *Understanding Earth*, W. H. Freeman, pp. 19~359

G. H. Dury, 1966, *Essays in Geomorphology*, American Elesevier Press, pp. 9~127

G. Newal & N. Rast, 1970, *Mechanism of Igneous Instrusion*, Gallery Press, 380 pp

George H. Davis, 1996, *Structural Geology*, John Wiley & Sons, INC., pp. 17~603

Gilluly, 1959, *Principles of Geology*, W. H. Freeman, 631 pp.
H. & G. Termier, 1958, *The Geological Drama*, Huchinson, p. 8
H. M. French, 小野有五 譯, 1976, 周氷河環境, 古今書院, pp. 3~189
H. Takeuchi, 1967, *Debate about The Earth*, Freeman, Cooper & Co., pp. 30~33
H. Th. Verstappen, 1977, *Remote Sensing in Geomorphology*, Elsevier, 214 pp
Harm J. de Blij, 1980, *The Earth*, John Wiley & Sons, pp. 13~57
J. D. Hanwell & M. D. Newson, 1973, *Techniques in Physical Geography*, Macmillan, pp. 84~115
J. K. Fraser, 1959, Freeze-thaw frequencies and mechanical weathering in Canada, *Arctic*, 12, pp. 40~53
J. R. Mackay, 1973, The growth of pingos, western Arctic coast, Canada, *Canadian Journal of Earth Science*, 10, pp. 979~1004
J. Tricart, 1970, *Geomorphology Of Cold Environment(Translated By E. Watson)*, Macmillan, St Marins' S Press, New York, N. Y., p. 320
———, 1974, *Structural Geomorphology*, Longman, p. 236
James Gilluly, 1951, *Principles of Geology*, W. H. Freeman, p. 275
James S, Monroe, 1998, *Physical Geology*, Wadsworth Co., p. 90
James S. Gardner, 1977, *Physical Geography*, Harper' s College, pp. 4~487
Jean Goguel, 1952, *Tectonics*, W. H. Freeman and Company, 384 pp
Jean Tricart, 1970, *Geomorphology Of Cold Environments*, Macmillan, pp. 130~134
John C. Weaver, 1961, *Fundamentals of Physical Geography*, McGraw Hill Book Company, INC., p. 50
Jonathan T., & Amos T., 1984, *Environmental Science*, Saunders College, 545 pp
L. Don Leet, 1965, *Physical Geology*, Prentice Hall, INC., p. 263
Leet & Leet, 1961, *The world of geology*, McGraw Hill, p. 199
Leet and Judson, 1965, *Physical Geology*, Prentice Hall, pp. 3~228
Longwell, Knopf, Flint, 1932, *Physical Geology*, John Wiley & Sons, pp. 51~491
Lord Energlyn, 1973, *Through the Crust of the Earth*, McGraw Hill, 127 pp
Marion E. Bickford, 1974, *Geology Today*, CRM Books, pp. 240~259
Marland P. Bllings, 1954, *Structural Geology*, Prentice Hall, 514 pp
Michael P. McIntyre, 1973, *Physical Geography*, Ronald, pp. 283~407
Neville J. Price, 1966, *Fault and Joint Development in Brittle and semibittle-Rock*, Pergamon Press, 176 pp
O. D. von Engeln, K. E. Caster, 1952, *Geology*, McGraw Hill, pp. 21~235
Ollier, 1969, *Volcanoes*, The MIT Press, p. 82
P. J. Wyllie, 1971, *The Dynamic Earth*, John Willey & Sons, 416 pp
Paul E. Desautels, 1968, *The Mineral Kingdom*, A Ridge Press, 251 pp

Peter C. Badgley, 1965, *Structural And Tectonics Principles*, Harper & Row, p. 151

Philip Gersmehl, 1980, *Physical Geography*, Saunders College, pp. 121~144

Plummer & McGeary, 1996, *Physical Geology*, WCB, p. 246

Press, Siever, 1974, *Earth*, W. H. Freeman, pp. 56~395

Putnam, 1964, *Geology*, Oxford, pp. 94~422

R. B. Bunnett, 1968, *Physical Geography in Diagrams*, Frederick A. Preager

R. J. Brown, 1970, *Permofrost In Canada*, University of Toronto Press, p. 22

R. J. Chorley, S. A. Schummm & D. E.. Sugden, 1984, *Geomorphology, Methuen*, Inc., p. 189

R. J. Small, 1978, *The Study of Landforms*,(2ed), Cambrige University Press. pp. 292~403

Raymond C. Moore, 1933, *Historical Geology*, McGraw Hill, 673 pp

Richard M. Pearl, 1956, *Rocks and Minerals*, Barners & Noble, 275 pp

Richard V. Fisher, Grant Heiken, Jeffrey B. Hulen, 1998, *Volcanoes*, Prinston University, 317 pp

Rober W. Charistopherson, 2002, *Geosystems*, Prentice Hall, pp. 350~540

Robert J. Foster, 1969, *General Geology*, A Bell Howel Company, pp. 165~344

Robert R. Compton, 1977, *Interpreting the Earth*, Compton, pp. 174~534

Robet J. Foster, 1969, *General Geology*, A Bell Howel Co., pp. 201~203

Rovert R. Compton, 1977, *Interpreting the Earth*, Compton, p. 105

Ruth Moore, 1956, The *Earth We Live on*, Alfred A. Knopf, Plate Ⅲ~ⅩⅡ

Shepard, F.P., 1973, *Submarine Geology*, Third Edition, Harper & Row, Publishers, pp. 111~122

Sitter, L.U., 1959, *Structural Geology*, Mc Graw Hill Book Company, Inc., New York, p. 133.

Sparks, B. W., 1971, *Rocks and Relief*, Longman, pp. 44~45

Stanley A. Schumm, 1972, *River Morphology*, Dowden, Hutchinson & Ross, 426 pp

Stanley Chernicoff, 1995, *Geology*, Worth Publishers, pp. 4~395

T. L. McKnight, 1987, *Physical Geography*, Prentice-Hall, Inc., p. 446

Takeuchi, 1967, *Debate about The Earth*, Couper & Company, p. 84

Tarbuck & Lutgens, 1984, *The Earth*, Merrill, pp. 4~480

Thornbury, W. D., 1969, *Principles of Geomorphology*, John Wiley & Sons, pp. 100~229.

Tom L. Mcknight, 1967, *Physical Geography - A Landscape Appreciation*, Prentice Hall, pp. 272~465

Trenhaile, A.S., 1987, *The Geomorphology of Rock Coast*, Oxford University Press, pp. 206~207

Trewartha Robinson Hammond, 1961, *Fundamentals of physical geography*, McGraw Hill Book, pp. 56~347

Valentin, H., 1952, *Die Kusten der Erde*, Justus Perthes Gotha, Berlin, p. 118
W. D. Means, 1976, Stress And Strain, Springer-Verlag, 339 pp
W. Kenneth Hamblin, 1975, T*he Earth 's Dynamic Systems*, Burgess Publishing Co., pp. 77~392
―――――――, Eric H. Christiansen, 2001, *Earth's Dynamic Systems*,(9ed), Prentice Hall. pp. 298~299
Walter Sullivan, 1974, *Continents* In Motion, McGraw Hill, 399 pp
William C. Putnam, 1964, *Geology*, Oxford University Press, pp. 104~505

2. 인터넷 사이트

http://geopusan.com.ne.kr/장산.htm
http://gis.sangmyung.ac.kr/geom/geom4.htm
http://heesoo.kongju.ac.kr/prog/korea/txt/1601-3.html
http://invain.pe.kr/invain/me/
http://myhome.hananet.net/~wsc589/newfig/rock001.jpg
http://sansan.ipohang.org/main.htm
http://user.chollian.net/~bdsfm/mater7-11.html
http://www.aerosol.che.cau.ac.kr/ftp_up/A+++/amsuk.htm
http://www.baekdudaegan.or.kr/pds.php?no=24&page=1
http://www.bless.pe.kr/blesskp/sa/sg_32.htm
http://www.cyberschool.co.kr/html/text/ear/ear3/ear331.htm
http://www.geobank.or.kr/photo_index.php?id=pho_dir&view=slide
http://www.geobank.or.kr/pho_loca_list.php?id=%B1%D7%B7%E7%BA%EA
http://www.gis.sangmyung.ac.kr/geom/geom4.htm
http://www.gpa.pe.kr
http://www.ketis.or.kr/~science/gangsci/200018.htm
http://www.kma.go.kr/sub/sub_body93.htm
http://www.metro.seoul.kr/kor/living/disaster/disaster6.html
http://www.parkok.net/papermold/pa23.htm
http://www.science.kongju.ac.kr/highschool/earth/earth1/txt/j008.html~j010.html
http://www.ysgh.chonnam.kr/~eungok/dictionary/html/12-009.htm
http://www.ysgh.chonnam.kr/~eungok/sujunhome/dictionary/html/5-005.htm
http://www.ysgh.chonnam.kr/~eungok/sujunhome/dictionary/html/9-061.htm
http://ysgh.chonnam.kr/~eungok/dictionary/html/12-003.htm

찾아보기
INDEX

▶ 찾아보기 – 한글

▶ 찾아보기 – 영문

ㅈ

찾아보기

지형학 — 요약 · Q&A · 용어해설

2009년 6월 10일 개정판 1쇄 인쇄
2010년 6월 5일 개정판 2쇄 발행

지은이 | 김주환
펴낸이 | 오영교
펴낸곳 | 동국대학교출판부

출판등록 | 제2-163(1973. 6. 28)
주　소 | 서울시 중구 필동 3가 26
전　화 | 02-2260-3482~3, 2264-4705
팩　스 | 02-2268-7851
Homepage | http//www.dgpress.co.kr
E-mail | book@dongguk.edu
인쇄처 | (주)보명C&I

ISBN 978-89-7801-244-7 94450
ISBN 978-89-7801-241-6 (세트)

값 22,000원